袖珍建筑工程造价计算手册

（第二版）

袁建新　编著

中国建筑工业出版社

图书在版编目（CIP）数据

袖珍建筑工程造价计算手册/袁建新编著. —2版. —北京：中国建筑工业出版社，2011.9
ISBN 978-7-112-13474-8

Ⅰ. ①袖… Ⅱ. ①袁… Ⅲ. ①建筑造价-计算-手册 Ⅳ. ①TU723.3-62

中国版本图书馆CIP数据核字（2011）第160980号

袖珍建筑工程造价计算手册
（第二版）
袁建新 编著
*
中国建筑工业出版社出版、发行（北京西郊百万庄）
各地新华书店、建筑书店经销
霸州市顺浩图文科技发展有限公司
北京市密东印刷有限公司印刷
*
开本：787×960毫米 1/32 印张：36 字数：742千字
2011年9月第二版 2014年5月第十七次印刷
定价：**78.00**元
ISBN 978-7-112-13474-8
（21243）

本书重点介绍了工程造价从业人员所需的常用数据和公式等资料，提供了工程造价确定与控制所需的基本知识与基本方法，编写了工程造价计量中所需的计算技巧与简便方法，分别介绍了常用数据与公式、常用图例及符号、常用建筑材料、材料换算及损耗、建筑面积计算、工程量计算、材料用量计算、预算定额及工程量清单计价、工程造价控制等新方法，以及施工常用数据、单项工程工期定额等。以现行工程规范为依据，反映了新材料和新内容，该书具有内容新、实用性强的特点。

本书适合作为建筑工程造价人员、建造师（员）及建筑工程管理人员的工具书，也可作为大专院校工程造价专业及相关专业师生的学习参考书。

* * *

责任编辑：朱象清　吴　绫
责任设计：张　虹
责任校对：刘梦然　姜小莲

第二版前言

本手册第二版主要作了如下修订：一是根据新的国家标准对手册中的相关内容进行了修改；二是改写了工程量清单计价的内容；三是重新编写了建筑面积计算的内容。

根据《总图制图标准》(GB/T 50103—2010)、《建筑制图标准》(GB/T 50104—2010)、《房屋建筑制图统一标准》(GB/T 50001—2010)、《暖通空调制图标准》(GB/T 50114—2010)、《通用硅酸盐水泥检测标准》(GB 175—2007)、《烧结空心砖和空心砌块》(GB 13545—2003)、《建筑材料术语标准》(JGJ/T 191—2009)、《道路硅酸盐水泥》(GB 13693—2005)、《钢筋混凝土用钢 第2部分：热轧带肋钢筋》(GB 1499.2—2007)、《钢筋混凝土用钢第1部分：热轧光圆钢筋》(GB 1499.1—2008)、《蒸压加气混凝土砌块》(GB 11968—2006)、《粉煤灰砖》(JC 239—2001)、《烧结普通砖》(GB 5101—2003)、《中热硅酸盐水泥、低热硅酸盐水泥、低热矿渣硅酸盐水泥》(GB 200—2003)、《冷轧带肋钢筋》(GB 13788—2008)、《预应力混凝土用螺纹钢筋》(GB/T 20065—2006)等标准，对手册的相关内容进行了修订。根据《建设工程工程量清单计价规范》(GB 50500—2008)对手册中工程量清单计价内容进行了重写。根据《建筑工程建筑面积计算规范》(GB/T 50353—2005)重新编写了建筑面积计算的内容。

修订后的第二版反映了工程造价专业新技术、新标准的内容，为广大读者提供了可靠实用的新知识与新方法。

本手册第二版由四川建筑职业技术学院袁建新教授编著，四川建筑职业技术学院秦利萍老师修订了第三章的第一、二、三、四、五、六节的内容，全书的其余部分由袁建新修订。

工程造价的理论与方法正处于发展时期，我们将根据新内容的具体情况不断更新手册内容，若书中的内容有不当之处，敬请广大读者批评指正。

第一版前言

建筑工程造价从业人员的工作内容已经远远超出了原预结算从业人员的工作范围。为了满足这一变化带来的需求，作者根据建筑工程造价从业人员在建设工程招投标阶段和施工阶段所需的工程造价主要知识、数据、方法，编著了本书。本书的主要特点是：

1. 在精简的前提下，为工程造价人员提供在工程造价确定与控制中所需的常用数据和公式；

2. 在简单明了的前提下，尽可能提供工程造价确定与控制所需的基本知识和基本方法；

3. 尽可能地总结和反映工程造价计量中的计算技巧与简便方法；

4. 该书反映了工程量清单计价、工程造价控制等新内容，采用了新的工程设计与施工规范。

本书由袁建新主编，秦永高、迟晓明参加了编写。秦永高编写了第三章；迟晓明编写了第七、八、九章。其余由袁建新编写。

加入 WTO 后，工程造价的方法在不断发展，加上作者的水平有限，书中难免存在不足之处，敬请读者批评指正。

目　录

第一章　常用数据与公式

一、数学符号（见表 1-1）

表 1-1

中文意义	符　号	中文意义	符　号
加、正	$+$	x 的 n 次方	x^n
减、负	$-$	平方根	$\sqrt{\ }$
乘	$\times$或$\cdot$	立方根	$\sqrt[3]{\ }$
除	$\div$	n 次方根	$\sqrt[n]{\ }$
比	$:$	以 b 为底的对数	$\log b$
小数点	$\cdot$		
等于	$=$	常用对数（以10为底数的）	lg
全等于	$\cong$		
不等于	$\neq$	自然对数（以 e 为底数的）	ln
约等于	$\approx$		
小于	$<$	小括弧	( )
大于	$>$	中括弧	[ ]
小于或等于	$\leqslant$	大括弧	{ }
大于或等于	$\geqslant$	阶乘	!
远小于	$\ll$	因为	$\because$
远大于	$\gg$	所以	$\therefore$
最大	max	垂直于	$\perp$
最小	min	平行于	$\parallel$
a 的绝对值	$\|a\|$	相似于	$\backsim$
x 的平方	x^2	加或减，正或负	$\pm$
x 的立方	x^3		

续表

中文意义	符　　号	中文意义	符　　号
减或加，负或正	$\mp$	求　和	$\sum$
三角形	$\triangle$	i 从 1 到 n 的和	$\sum_{i=1}^{n}$
直角	∟		
圆形	$\odot$	函数	$f\ ()$，$\varphi\ ()$
正方形	□	增量	Δ
矩形	▭	微分	d
平行四边形	▱	单变量的函数的各级微商	$f'(x)$，$f''(x)$，$f'''(x)$
［平面］角	$\angle$		
圆周率	π	偏微商	$\frac{\partial}{\partial x}$，$\frac{\partial^2}{\partial x^2}$，$\frac{\partial^3}{\partial x^3}$
弧 AB	$\overset{\frown}{AB}$	积分	$\int$
度	°		
［角］分	′	自下限 a 到上限 b 的字积分	$\int_a^b$
［角］秒	″		
		二重积分	$\iint$
正弦	sin	三重积分	$\iiint$
余弦	cos	虚数单位	i 或 j
正切	tan 或 tg	a 的实数部分	$R\ (a)$
余切	cot 或 ctg	a 的虚数部分	$I\ (a)$
正割	sec	a 的共轭数	$\bar{a}$
余割	cosec 或 csc		
常数	const	矢量	a，b，c 或 $\vec{a}$，$\vec{b}$，$\vec{c}$
数字范围（自…至…）	～	直角坐标系的单位矢量	i，j，k
相等中距	@	矢量的长	$\lvert a \rvert$ 或 a
百分比	%	矢量的标积	$a \cdot b$ 或 $\vec{a} \cdot \vec{b}$
极限	lim	矢量的矢积	$a \times b$ 或 $\vec{a} \times \vec{b}$
趋于	$\rightarrow$	笛卡尔坐标系中矢量 a 的坐标分量	a_x，a_y，a_z
无穷大	∞		

续表

中文意义	符　　号	中文意义	符　　号
(无向量场的)梯度	grad	上确界	sup
(向量场的)旋度	rot	下确界	inf
(向量场的)散度	div	事件的概率	P(·)
属于	$\in$	概率值	p
不属于	$\notin$	总体容量	N
包含	$\ni$	样本容量	n
不包含	$\not\ni$	总体方差	σ^2
成正比	$\propto$	样本方差	s^2
相当于	$\triangleq$	总体标准差	σ
按定义	$\stackrel{def}{\equiv}$	样本标准差	s
上极限	$\overline{\lim}$	序数	i 或 j
下极限	$\underline{\lim}$	相关系数	r
		抽样平均误差	μ
		抽样允许误差	Δ

二、常用字母（见表 1-2）

表 1-2

大写	小写	读音	大写	小写	读音	大写	小写	读音	大写	小写	读音
汉语拼音字母											
A	a	啊	C	c	雌	E	e	鹅	G	g	哥
B	b	玻	D	d	得	F	f	佛	H	h	喝

续表

大写	小写	读音	大写	小写	读音	大写	小写	读音	大写	小写	读音
汉语拼音字母											
I	i	衣	N	n	讷	S	s	思	W	w	乌
J	j	基	O	o	喔	T	t	特	X	x	希
K	k	科	P	p	坡	U	u	乌	Y	y	衣
L	l	勒	Q	q	欺	V	v	万	Z	z	资
M	m	摸	R	r	日						
拉丁(英文)字母											
A	*a*	欸	*H*	*h*	欸曲	*O*	*o*	欧	*U*	*u*	由
B	*b*	比	*I*	*i*	阿哀	*P*	*p*	批	*V*	*v*	维衣
C	*c*	西	*J*	*j*	街	*Q*	*q*	克由	*W*	*w*	达不留
D	*d*	地	*K*	*k*	凯	*R*	*r*	阿尔	*X*	*x*	欸克斯
E	*e*	衣	*L*	*l*	欸耳	*S*	*s*	欸斯	*Y*	*y*	外
F	*f*	欸夫	*M*	*m*	欸姆	*T*	*t*	梯	*Z*	*z*	兹衣
G	*g*	基	*N*	*n*	欸恩						
希腊字母											
A	α	阿尔法	H	η	艾塔	N	ν	纽	T	τ	陶
B	β	贝塔	Θ	θ	西塔	Ξ	ξ	克西	Υ	υ	宇普西隆
Γ	γ	伽马	I	ι	约塔	O	o	奥密克戎	Φ	φ	斐
Δ	δ	德耳塔	K	χ	卡帕	Π	π	派	X	χ	喜
E	ε	艾普西隆	Λ	λ	兰姆达	P	ρ	洛	Ψ	ψ	普西
Z	ζ	截塔	M	μ	米尤	Σ	σ	西格马	Ω	ω	欧美伽

注:读音均系近似读音。

三、化学元素符号（见表1-3）

表1-3

名称	符号	名称	符号	名称	符号	名称	符号	名称	符号	名称	符号	名称	符号
氢	H	硫	S	镓	Ga	钯	Pd	钷	Pm	锇	Os	镤	Pa
氦	He	氯	Cl	锗	Ge	银	Ag	钐	Sm	铱	Ir	铀	U
锂	Li	氩	Ar	砷	As	镉	Cd	铕	Eu	铂	Pt	镎	Np
铍	Be	钾	K	硒	Se	铟	In	钆	Gd	金	Au	钚	Pu
硼	B	钙	Ca	溴	Br	锡	Sn	铽	Tb	汞	Hg	镅	Am
碳	C	钪	Sc	氪	Kr	锑	Sb	镝	Dy	铊	Tl	锔	Cm
氮	N	钛	Ti	铷	Rb	碲	Te	钬	Ho	铅	Pb	锫	Bk
氧	O	钒	V	锶	Sr	碘	I	铒	Er	铋	Bi	锎	Cf
氟	F	铬	Cr	钇	Y	氙	Xe	铥	Tm	钋	Po	锿	Es
氖	Ne	锰	Mn	锆	Zr	铯	Cs	镱	Yb	砹	At	镄	Fm
钠	Na	铁	Fe	铌	Nb	钡	Ba	镥	Lu	氡	Rn	钔	Md
镁	Mg	钴	Co	钼	Mo	镧	La	铪	Hf	钫	Fr	锘	No
铝	Al	镍	Ni	锝	Tc	铈	Ce	钽	Ta	镭	Ra	铹	Lr
硅	Si	铜	Cu	钌	Ru	镨	Pr	钨	W	锕	Ac		
磷	P	锌	Zn	铑	Rh	钕	Nd	铼	Re	钍	Th		

四、计量单位

1. 法定计量单位

我国法定计量单位（以下简称法定单位）包括：

（1）国际单位制（SI）的基本单位（见表1-4）

表 1-4

量的名称	单位名称	单位符号
长　度	米	m
质　量	千克(公斤)	kg
时　间	秒	s
电　流	安[培]	A
热力学温度	开[尔文]	K
物质的量	摩[尔]	mol
发光强度	坎[德拉]	cd

注：1　圆括号中的名称，是它前面的名称的同义词，下同。

2　无方括号的量的名称与单位名称均为全称。方括号中的字，在不致引起混淆、误解的情况下，可以省略，去掉方括号中的字即为其名称的简称。下同。

3　本标准所称的符号，除特殊指明外，均指我国法定计量单位中所规定的符号以及国际符号，下同。

4　人民生活和贸易中，质量习惯称为重量。

（2）国际单位制（SI）中包括辅助单位在内的具有专门名称的导出单位（见表 1-5）

表 1-5

量的名称	SI 导出单位		
	名称	符号	用 SI 基本单位和 SI 导出单位表示
[平面]角	弧　度	rad	$1rad=1m/m=1$
立体角	球面度	sr	$1sr=1m^2/m^2=1$
频　率	赫[兹]	Hz	$1Hz=1s^{-1}$
力	牛[顿]	N	$1N=1kg\cdot m/s^2$
压力,压强,应力	帕[斯卡]	Pa	$1Pa=1N/m^2$

续表

量的名称	SI 导出单位		
	名称	符号	用 SI 基本单位和 SI 导出单位表示
能[量],功,热量	焦[耳]	J	1J=1N·m
功率,辐[射能]通量	瓦[特]	W	1W=1J/s
电荷[量]	库(仑)	C	1C=1A·s
电压,电动势,电位,(电势)	伏[特]	V	1V=1W/A
电容	法[拉]	F	1F=1C/V
电阻	欧[姆]	Ω	1Ω=1V/A
电导	西[门子]	S	$1S=1\Omega^{-1}$
磁通[量]	韦[伯]	Wb	1Wb=1V·s
磁通[量]密度,磁感应强度	特[斯拉]	T	$1T=1Wb/m^2$
电感	亨[利]	H	1H=1Wb/A
摄氏温度	摄氏度	℃	1℃=1K
光通量	流[明]	lm	1lm=1cd·sr
[光]照度	勒[克斯]	lx	$1lx=1lm/m^2$

(3) 由于人类健康安全防护上的需要而确定的具有专门名称的 SI 导出单位（见表 1-6）

表 1-6

量的名称	SI 导出单位		
	名称	符号	用 SI 基本单位和 SI 导出单位表示
[放射性]活度	贝可[勒尔]	Bq	$1Bq=1s^{-1}$
吸收剂量 比授[予]能 比释动能	戈[瑞]	Gy	1Gy=1J/kg
剂量当量	希[沃特]	Sv	1Sv=1J/kg

（4）用于构成十进倍数和分数单位的国际单位制（SI）词头（见表 1-7）

表 1-7

所表示的因数	词头名称	词头符号	所表示的因数	词头名称	词头符号
10^{24}	尧[它]	Y	10^{-1}	分	d
10^{21}	泽[它]	Z	10^{-2}	厘	c
10^{18}	艾[可萨]	E	10^{-3}	毫	m
10^{15}	拍[它]	P	10^{-6}	微	μ
10^{12}	太[拉]	T	10^{-9}	纳[诺]	n
10^{9}	吉[咖]	G	10^{-12}	皮[可]	p
10^{6}	兆	M	10^{-15}	飞[母托]	f
10^{3}	千	k	10^{-18}	阿[托]	a
10^{2}	百	h	10^{-21}	仄[普托]	z
10	十	da	10^{-24}	幺[科托]	y

（5）可与国际单位制（SI）单位并用的我国法定计量单位（见表 1-8）

表 1-8

量的名称	单位名称	单位符号	与 SI 单位的关系
时间	分	min	1min=60s
	[小]时	h	1h=60min=3600s
	日,(天)	d	1d=24h=86400s
[平面]角	度	°	$1°=(\pi/180)$rad
	[角]分	′	$1'=(1/60)°=(\pi/10800)$rad
	[角]秒	″	$1''=(1/60)'=(\pi/648000)$rad

续表

量的名称	单位名称	单位符号	与 SI 单位的关系
体积	升	l,L	$1l=1dm^3=10^{-3}m^3$
质　量	吨 原子质量单位	t u	$1t=10^3kg$ $1u\approx1.660\ 540\times10^{-27}kg$
旋转速度	转每分	r/min	$1r/min=(1/60)s^{-1}$
长　度	海　里	n mile	1n mile=1852m （只用于航行）
速　度	节	kn	1kn =1n mile/h =(1852/3600)m/s （只用于航行）
能	电子伏	eV	$1eV\approx1.602177\times10^{-19}J$
级　差	分　贝	dB	
线密度	特[克斯]	tex	$1tex=10^{-6}kg/m$
面　积	公　顷	hm^2	$1hm^2=10^4m^2$

注：1　平面角单位度、分、秒的符号，在组合单位中应采用（°）、（′）、（″）的形式。
例如，不用°/s 而用（°）/s。
2　升的两个符号属同等地位，可任意选用。
3　公顷的国际通用符号为 ha。

2. 英寸的分数、小数习惯称呼与毫米对照表（见表 1-9）

表 1-9

英寸(in)		我国习惯称呼	毫米(mm)
分数	小数		
1/16	0.0625	半分	1.5875
1/8	0.1250	一分	3.1750
3/16	0.1875	一分半	4.7625
1/4	0.2500	二分	6.3500
5/16	0.3125	二分半	7.9375
3/8	0.3750	三分	9.5250
7/16	0.4375	三分半	11.1125
1/2	0.5000	四分	12.7000
9/16	0.5625	四分半	14.2875
5/8	0.6250	五分	15.8750
11/16	0.6875	五分半	17.4625
3/4	0.7500	六分	19.0500
13/16	0.8125	六分半	20.6375
7/8	0.8750	七分	22.2250
15/16	0.9375	七分半	23.8125
1	1.0000	一英寸	25.4000

3. 长度单位换算（见表 1-10）

4. 面积单位换算（见表 1-11）

5. 体积、容积单位换算（见表 1-12）

6. 质（重）量单位换算（见表 1-13）

7. 公制与日制、俄制面积单位换算（见表 1-14）

8. 一些国家地积单位换算（见表 1-15）

9. 习用非法定计量单位与法定计量单位换算（见表 1-16）

长度单位换算 **表 1-10**

单位	公制				市制		英美制			
	毫米(mm)	厘米(cm)	米(m)	公里(km)	市尺	市里	英寸(in)	英尺(ft)	码(yd)	英里(mile)
1毫米(1mm)	1	0.01	0.001		0.003		0.03937	0.00328	0.00109	
1厘米(1cm)	10	1	0.01	0.00001	0.03	0.00002	0.3937	0.0328	0.0109	
1米(1m)	1000	100	1	0.001	3	0.002	39.3701	3.2808	1.0936	0.0006
1公里(1km)	1000000	100000	1000	1	3000	2		3280.8398	1093.6132	0.6214
1市尺	333.3333	33.3333	0.3333	0.0003	1	0.0007	13.1234	1.0936	0.3645	0.0002
1市里	500000	50000	500	0.5000	1500	1	19685.0	1640.4	546.8	0.3107
1英寸(lin)	25.4	25.4	0.0254		0.0762	0.0001	1	0.0833	0.0278	
1英尺(1ft)	304.8	30.48	0.3048	0.0003	0.9144	0.0006	12	1	0.3333	0.0002
1码(1yd)	914.4	91.44	0.9144	0.0009	2.7432	0.0018	36	3	1	0.0006
1英里(1mile)		160934	1609.34	1.6093	4828.02	3.2186	63360	5280	1760	1

面积单位换算 **表 1-11**

单位	公制				市制		英美制					
	平方米(m^2)	公亩(a)	公顷(ha)	平方公里(km^2)	平方市尺	市亩	平方英尺(ft^2)	平方码(yd^2)	英亩(acre)	美亩	平方英里($mile^2$)
1 平方米($1m^2$)	1	0.01	0.001		9	0.0015	10.7639	1.19600	0.00025	0.00025	
1 公亩(1a)	100	1	0.01	0.0001	900	0.15	1076.39	119.6	0.02471	0.02471	0.00004
1 公顷(1ha)	10000	100	1	0.01	90000	15	107639	11960	2.47106	2.47104	0.00386
1 平方公里($1km^2$)		10000	100	1	9000000	1500	10763900	1196000	247.106	247.104	0.3858
1 平方尺	0.11111	0.00111	0.00011		1	0.00017	1.19598	0.13289	0.00003	0.00003	
1 市亩	666.666	6.66667	0.06667	0.00067	6000	1	7175.9261	793.34	0.16441	0.16474	0.00026
1 平方英尺($1ft^2$)	0.0929	0.00093	0.000093		0.83610	0.000139	1	0.11111	0.00002	0.00002	
1 平方码($1ya^2$)	0.83612	0.00836	0.00084		7.52508	0.00125	8.99991	1	0.00021	0.00021	
1 英亩(lacre)	4046.85	40.4685	0.40469	0.00405	36421.65	6.07029	43559.888	4840.0346	1	0.99999	0.00157
1 美亩	4046.87	40.4687	0.40469	0.00405	36421.83	6.07037	43560.105	4840.0588	1.000005	1	0.00157
1 平方英里($1mile^2$)	2589984	25899.84	259.0674	2.592	23309856	3884.986	27878188	3097606.6	640	639.9936	1

体积、容积单位换算

表 1-12

单位	公制			市制			英美制			
	立方厘米(cm^3)	升(L)	立方米(m^3)	立方市尺	市斗	市石	立方英寸(in^3)	立方英尺(ft^3)	蒲式耳(bu)	加仑(美液量)(gal)
1立方厘米($1cm^3$)	1	0.001	0.000001	0.000027	0.0001	0.00001	0.061024	0.000035	0.000028	0.000264
1升(1L)	1000	1	0.001	0.027	0.1	0.01	61.0237	0.035	0.0283	0.264
1立方米($1m^3$)	1000000	1000	1	27	100	10	61023.7	35.00052	528.299750	263.99165
1立方尺	37037.037	37.037037	0.037037	1	3.703704	0.370370	2260.137	1.30794	1.048148	9.777752
1斗	10000	10	0.01	0.27	1	0.1	610.237	0.35	0.282998	2.639999
1石	100000	100	0.1	2.7	10	1	6102.37	3.500004	2.82999	26.39999
1立方英寸($1in^3$)	16.387075	0.016387	0.000016	0.000442	0.001639	0.000164	1	0.00058	0.000464	0.004326
1立方英尺($1ft^3$)	28571.428	28.571428	0.028571	0.761456	2.857143	0.285714	1728	1	0.808576	7.542857
1蒲式耳(1bu)	35335.689	35.335689	0.035336	0.954064	3.533569	0.353357	2156.31440	1.236750	1	9.328619
1加仑(1gal)	3787.8787	3.787879	0.003788	0.102273	0.378788	0.037879	231.160420	0.132576	0.107197	1

质（重）量单位换算 **表 1-13**

单位	公制			市制			英美制			
	克 (g)	千克 (kg)	吨 (t)	市两	市斤	市担	盎斯 (floz)	磅 (lb)	美(短)吨 (sh·tn)	英(长)吨 (ton)
1 克(1g)	1	0.001		0.02	0.002		0.0353	0.0022		
1 千克(公斤)(1kg)	1000	1	0.001	20	2	0.02	35.274	2.2046		
1 吨(1t)		1000	1		2000	20	35274	2204.6	1.1023	0.9842
1 市两	50	0.05		1	0.1		1.7637	0.1102		
1 市斤	500	0.5		10	1	0.01	17.637	1.1023		
1 市担		50	0.05	1000	100	1	1763.7	110.23	0.0551	0.0492
1 盎斯(1floz)	28.35	0.0234		0.567	0.0567		1	0.0625		
1 磅(1lb)	453.59	0.4536		9.072	0.9072		16	1		
1 美（短）吨(1sh·tn)		907.19	0.9072		1814.4	18.144		2000	1	0.8929
1 英（长）吨(1ton)		1016	1.016		2032.1	20.321		2240	1.12	1

公制与日制、俄制面积单位换算

表 1-14

单位	公制				日制				俄制			
	平方米 (m^2)	公亩 (a)	公顷 (ha)	平方公里 (km^2)	平方日尺	日坪	日亩	平方日里	平方俄尺	平方俄丈	俄顷	平方俄里
$1m^2$	1	0.0100	0.0001	10^{-6}	10.8900	0.3025	0.0101	0.6484×10^{-7}	10.7639	0.2197	0.0001	0.8787×10^{-6}
1a	100	1	0.0100	0.0001	1089	30.2500	1.0083	0.6484×10^{-5}	1076.3910	21.9627	0.0092	0.8787×10^{-4}
1ha	10000	100	1	0.0100	108900	3025	100.8333	0.0006	1.0764×10^{5}	2196.7164	0.9153	0.0088
$1km^2$	1000000	10000	100	1	1.0890×10^{7}	302500	10083.3333	0.0648	1.0764×10^{7}	2.1967×10^{5}	91.5299	0.8787
1平方日尺	0.0918	0.0009	0.9183×10^{-5}	0.9183×10^{-7}	1	0.0278	0.0009	0.5954×10^{-8}	0.9885	0.0202	0.8406×10^{-5}	0.8069×10^{-7}
1日坪	3.3058	0.0331	0.0003	3.3058×10^{-6}	36	1	0.0333	0.2143×10^{-6}	35.5860	0.7262	0.0003	0.2905×10^{-5}
1日亩	99.1736	0.9917	0.0099	0.0001	1080	30	1	0.6430×10^{-5}	1067.5802	21.7874	0.0091	0.8715×10^{-4}
1平方日里	1.5423×10^{7}	1.5423×10^{5}	1542.3471	15.4235	1.6796×10^{8}	4665600	155520	1	1.6603×10^{8}	3.3884×10^{6}	1411.8203	13.5535
1平方俄尺	0.0929	0.0009	0.9290×10^{-5}	0.9290×10^{-7}	1.0116	0.0281	0.0009	0.6023×10^{-8}	1	0.0204	0.8503×10^{-5}	0.8163×10^{-7}
1平方俄丈	4.5522	0.0455	0.0005	0.4552×10^{-6}	49.5700	1.3769	0.0459	0.2951×10^{-6}	49	1	0.0004	0.4000×10^{-5}
1俄顷	1.0925×10^{4}	109.2540	1.0925	0.0109	1.1897×10^{5}	304.6699	110.1557	0.0007	117600	2400	1	0.0096
1平方俄里	1.1381×10^{6}	1.1381×10^{4}	113.8062	1.1381	1.2393×10^{7}	3.4424×10^{5}	1.1475×10^{4}	0.0738	1.2250×10^{7}	250000	104.1667	1

一些国家地积单位换算　　表 1-15

单位	公顷 (ha)	市亩	町步 (朝鲜)	霍尔特 (匈牙利)	狄卡儿 (保加利亚)	杜努姆 (伊拉克)	费丹 (阿联)	摩根 (南非)	卡瓦耶里亚 (古巴)
1 公顷	1	15	1.0101	1.7544	10	4	2.3810	1.2500	0.0745
1 市亩	0.0667	1	0.0673	0.1170	0.6667	0.2667	0.1587	0.0833	0.0050
1 町步	0.9900	14.8500	1	1.7368	9.9000	3.9600	2.3517	1.2375	0.0738
1 霍尔特	0.5700	8.5500	0.5758	1	5.7000	2.2800	1.3571	0.7125	0.0425
1 狄卡儿	0.1000	1.5000	0.1010	0.1754	1	0.4000	0.2381	0.1250	0.0075
1 杜努姆	0.2500	3.7500	0.2525	0.4386	2.5000	1	0.5952	0.3125	0.0186
1 费丹	0.4200	6.3000	0.4242	0.7368	4.2000	1.6800	1	0.5250	0.0313
1 摩根	0.8000	12	0.8081	1.4035	8	3.2000	1.9048	1	0.0596
1 卡瓦耶里亚	13.4180	201.2700	13.5535	23.5404	134.1800	53.6720	31.9476	16.7725	1

习用非法定计量单位与法定计量单位换算 **表 1-16**

量的名称	习用非法定计量单位		法定计量单位		单位换算关系
	名称	符号	名称	符号	
力	千克力	kgf	牛[顿]	N	1kgf=9.80665N
	吨力	tf	千牛	kN	1tf=9.80665N
线分布力	千克力每米	kgf/m	牛每米	N/m	1kgf/m=9.80665N/m
	吨力每米	tf/m	千牛每米	kN/m	1tf/m=9.80665kN/m
面分布力、压强	千克力每平方米	kgf/m^2	牛每平方米（帕[斯卡]）	N/m^2 (Pa)	$1kgf/m^2=9.80665N/m^2$ (Pa)
	吨力每平方米	(tf/m^2)	千牛每平方米（千帕）	kN/m^2 (kPa)	$1tf/m^2=9.80665kN/m^2$ (Pa)
	标准大气压	atm	兆帕	MPa	1atm=0.101325MPa
	工程大气压	at	兆帕	MPa	1at=0.0980665MPa
	毫米水柱	mmH_2O	帕	Pa	$1mmH_2O=9.80665Pa$（按水的密度为 $1g/cm^2$ 计）

续表

量的名称	习用非法定计量单位		法定计量单位		单位换算关系
	名称	符号	名称	符号	
面分布力、压强	毫米汞柱	mmHg	帕	Pa	1mmHg=133.322Pa
	巴	bar	帕	Pa	$1bar=10^5Pa$
体分布力	千克力每立方米	kgf/m^3	牛每立方米	N/m^3	$1kgf/m^3=9.80665N/m^3$
	吨力每立方米	tf/m^3	千牛每立方米	kN/m^3	$1tf/m^3=9.80665kN/m^3$
力矩、弯矩、扭矩、力偶矩、转矩	千克力米	kgf·m	牛米	N·m	1kgf·m=9.80665N·m
	吨力米	tf·m	千牛米	kN·m	1tf·m=9.80665kN·m
双弯矩	千克力二次方米	$kgf \cdot m^2$	牛二次方米	$N \cdot m^2$	$1kgf \cdot m^2=9.80665N \cdot m^2$
	吨力二次方米	$tf \cdot m^2$	千牛二次方米	$kN \cdot m^2$	$1tf \cdot m^2=9.80665kN \cdot m^2$
应力、材料强度	千克力每平方毫米	kgf/mm^2	兆帕	MPa	$1kgf/mm^2=9.80665MPa$
	千克力每平方厘米	kgf/cm^2	兆帕	MPa	$1kgf/cm^2=0.0980665MPa$
	吨力每平方米	tf/m^2	千帕	kPa	$1tf/m^2=9.80665kPa$

续表

量的名称	习用非法定计量单位		法定计量单位		单位换算关系
	名称	符号	名称	符号	
弹性模量、剪变模量、压缩模量	千克力每平方厘米	kgf/cm^2	兆帕	MPa	$1kgf/cm^2=0.0980665MPa$
压缩系数	平方厘米每千克力	cm^2/kgf	每兆帕	MPa^{-1}	$1cm^2/kgf=(1/0.0980665)MPa^{-1}$
地基抗力刚度系数	吨力每三次方米	tf/m^3	千牛每三次方米	kN/m^3	$1tf/m^3=9.80665kN/m^3$
地基抗力比例系数	吨力每四次方米	tf/m^4	千牛每四次方米	kN/m^4	$1tf/m^4=9.80665kN/m^4$
功、能、热量	千克力米	kgf·m	焦[耳]	J	1kgf·m=9.80665J
	吨力米	tf·m	千焦	kJ	1tf·m=9.80665kJ
	立方厘米标准大气压	$cm^3\cdot atm$	焦	J	$1cm^3\cdot atm=0.101325J$
	升标准大气压	L·atm	焦	J	1L·atm=101.325J

续表

量的名称	习用非法定计量单位		法定计量单位		单位换算关系
	名称	符号	名称	符号	
功、能、热量	升工程大气压	L·at	焦	J	1L·at=98.0665J
	国际蒸汽表卡	cal	焦	J	1cal=4.1868J
	热化学卡	cal_{th}	焦	J	1cal_{th}=4.184J
	15℃卡	cal_{15}	焦	J	1cal_{15}=4.1855J
功率	千克力米每秒	kgf·m/s	瓦[特]	W	1kgf·m/s=9.80665W
	国际蒸汽表卡每秒	cal/s	瓦	W	1cal/s=4.1868W
	千卡每小时	kcal/h	瓦	W	1kcal/h=1.163W
	热化学卡每秒	cal_{th}/s	瓦	W	1cak_{th}/s=4.184W
	升标准大气压每秒	L·atm/s	瓦	W	1L·atm/s=101.325W
	升工程大气压每秒	L·at/s	瓦	W	1L·at/s=98.0665W
	米制马力		瓦	W	1米制马力=735.499W
	电工马力		瓦	W	1电工马力=746W
	锅炉马力		瓦	W	1锅炉马力=9809.5W

续表

量的名称	习用非法定计量单位		法定计量单位		单位换算关系
	名称	符号	名称	符号	
动力黏度	千克力秒每平方米	$kgf \cdot s/m^2$	帕秒	$Pa \cdot s$	$1kgf \cdot s/m^2 = 9.80665Pa \cdot s$
	泊	P	帕秒	$Pa \cdot s$	$1P = 0.1Pa \cdot s$
运动黏度	斯托克斯	St	二次方米每秒	m^2/s	$1St = 10^{-4}m^2/s$
发热量	千卡每立方米	$kcal/m^3$	千焦每立方米	kJ/m^3	$1kcal/m^3 = 4.1868kJ/m^3$
	热化学千卡每立方米	$kcal_{th}/m^3$	千焦每立方米	kJ/m^3	$1kcal_{th}/m^3 = 4.184kJ/m^3$
汽化热	千卡每千克	kcal/kg	千焦每千克	kJ/kg	1kcal/kg=4.1868kJ/kg
热负荷	千卡每小时	kcal/h	瓦	W	1kcal/h=1.163W
热强度、容积热负荷	千卡每立方米小时	$kcal/(m^3 \cdot h)$	瓦每立方米	W/m^3	$1kcal/(m^3 \cdot h) = 1.163W/m^3$
热流密度	卡每平方米厘米秒	$cal/(cm^2 \cdot s)$	瓦每平方米	W/m^2	$1cal/(cm^2 \cdot s) = 41868W/m^2$

续表

量的名称	习用非法定计量单位		法定计量单位		单位换算关系
	名称	符号	名称	符号	
热流密度	千卡每平方米小时	$kcal/(m^2 \cdot h)$	瓦每平方米	W/m^2	$1kcal/(m^2 \cdot h)=1.163W/m^2$
比热容	千卡每千克摄氏度	$kcal/(kg \cdot ℃)$	千焦每千克开[尔文]	$kJ/(kg \cdot K)$	$1kcal/(kg \cdot ℃)=4.1868kJ/(kg \cdot K)$
	热化学千卡每千克摄氏度	$kcal_{th}/(kg \cdot ℃)$	千焦每千克开	$kJ/(kg \cdot K)$	$1kcal_{th}/(kg \cdot ℃)=4.184kJ/(kg \cdot K)$
体积热容	千卡每立方米摄氏度	$kcal/(m^3 \cdot ℃)$	千焦每立方米开	$kJ/(m^3 \cdot K)$	$1kcal/(m^3 \cdot ℃)=4.1868kJ/(m^3 \cdot K)$
	热化学千卡每立方米摄氏度	$kcal_{th}/(m^3 \cdot ℃)$	千焦每立方米开	$kJ/(m^3 \cdot K)$	$1kcal_{th}/(m^3 \cdot ℃)=4.184kJ/(m^3 \cdot K)$
传热系数	卡每平方厘米秒摄氏度	$cal/(cm^2 \cdot s \cdot ℃)$	瓦每平方米开	$W/(m^2 \cdot K)$	$1cal/(cm^2 \cdot s \cdot ℃)=41868W/(m^2 \cdot K)$
	千卡每平方米小时摄氏度	$kcal/(m^2 \cdot h \cdot ℃)$	瓦每平方米开	$W/(m^2 \cdot K)$	$1kcal/(m^2 \cdot h \cdot ℃)=1.163W/(m^2 \cdot K)$

续表

量的名称	习用非法定计量单位		法定计量单位		单位换算关系
	名称	符号	名称	符号	
导热系数	卡每厘米秒摄氏度	cal/(cm·s·℃)	瓦每米开	W/(m·K)	1cal/(cm·s·℃)=418.68W/(m·K)
	千卡每米小时摄氏度	kcal/(m·h·℃)	瓦每米开	W/(m·K)	1kcal/(cm·h·℃)=1.163W/(m·K)
热阻率	厘米秒摄氏度每卡	cm·s·℃/cal	米开每瓦	m·K/W	1cm·s·℃/cal=(1/418.68)m·K/W
	米小时摄氏度每千米	m·h·℃/kcal	米开每瓦	m·K/W	1m·h·℃/kcal=(1/1.163)m·K/W
光照度	辐透	ph	勒[克斯]	lx	1ph=10^4lx
光亮度	熙提	sb	坎[德拉]每平方米	cd/m^2	1sd=10^4cd/m^2
	亚熙提	asb	坎每平方米	cd/m^2	1asb=$(1/\pi)$cd/m^2
	朗伯	la	坎每平方米	cd/m^2	1la=$(10^4/\pi)$cd/m^2
声压	微巴	μbar	帕	Pa	1μbar=10^{-1}Pa
声能密度	尔格每立方厘米	erg/cm^3	焦每立方米	J/m^3	1erg/cm^3=10^{-1}J/m^3

续表

量的名称	习用非法定计量单位		法定计量单位		单位换算关系
	名称	符号	名称	符号	
声功率	尔格每秒	erg/s	瓦	W	$1erg/s=10^{-7}W$
声强	尔格每秒平方厘米	$erg/(s \cdot cm^2)$	瓦每平方米	W/m^2	$1erg/(s \cdot cm^2)=10^{-3}W/m^2$
声阻抗率、流阻	CGS 瑞利	CGSrayl	帕秒每米	$Pa \cdot s/m$	$1CGSrayl=10Pa \cdot s/m$
	瑞利	rayl	帕秒每米	$Pa \cdot s/m$	$1rayl=1Pa \cdot s/m$
声阻抗	CGS 声欧姆	$CGS\Omega_A$	帕秒每立方米	$Pa \cdot s/m^3$	$1CGS\Omega_A=10^5 Pa \cdot s/m^3$
	声欧姆	Ω_A	帕秒每立方米	$Pa \cdot s/m^3$	$1\Omega_A=1Pa \cdot s/m^3$
力阻抗	CGS 力欧姆	$CGS\Omega_M$	牛秒每米	$N \cdot s/m$	$1CGS\Omega_M=10^3 N \cdot s/m$
	力欧姆	Ω_M	牛秒每米	$N \cdot s/m$	$1\Omega_M=1N \cdot s/m$
吸声量	赛宾	Sab	平方米	m^2	$1Sab=1m^2$

10. 电力常用单位及换算（见表 1-17）

表 1-17

量	单位名称	单位符号	中文符号	换算关系
电流(I)	安　培	A	安	
	毫　安	mA	毫　安	1A＝1000mA
	微　安	μA	微　安	1A＝1000000μA
电压(U)	伏　特	V	伏	
	毫　伏	mV	毫　伏	1V＝1000mV
	微　伏	μV	微　伏	1V＝1000000μV
	千　伏	kV	千　伏	1kV＝1000V
电阻(R)	欧姆	Ω	欧	
	千　欧	kΩ	千　欧	1kΩ＝1000Ω
	兆　欧	MΩ	兆　欧	1MΩ＝1000000Ω
功率(P)	瓦　特	W	瓦	
	毫　瓦	mW	毫　瓦	1W＝1000mW
	微　瓦	μW	微　瓦	1W＝1000000μW
频率(f)	赫　兹	Hz	赫	
	千　赫	kHz	千　赫	1kHz＝1000Hz
	兆　赫	MHz	兆　赫	1MHz＝1000000Hz
电容(C)	法　拉	F	法	
	微　法	μF	微　法	1F＝1000000μF
	皮　法	pF	皮　法	1μF＝1000000pF
电感(L)	亨　利	H	亨	
	毫　亨	mH	毫　亨	1H＝1000mH
	微　亨	μH	微　亨	1H＝1000000μH

续表

量	单位名称	单位符号	中文符号	换算关系
磁通量(Φ)	韦　伯	Wb	韦	
	麦克斯韦	Mx	麦克斯韦	$1Mx=10^{-8}Wb$
磁感应强度(B)	特斯拉	T	特	
	高　斯	Gs	高　斯	$1Gs=10^{-4}T$
时间(t)	秒	s	秒	
	毫　秒	ms	毫　秒	1s=1000ms
	微　秒	μs	微　秒	1s=1000000μs

五、噪声

1. 城市区域环境噪声标准［单位：等效声级，分贝（A）[1]］（见表1-18）

表1-18

适用区域	昼间	夜间	备　注
特殊住宅区	45	35	1)本表摘自《城市区域环境噪声标准》(GB3096—82)
居民、文教区	50	40	2)特殊住宅区是指特别需要安静的住宅区

[1] A为声级，记作分贝（A）或dB（A）。声级有别于声压级。声级表示经过频率计权后的声压级，配有A、B、C计权网络的声学仪器，它的读数称为声级，单位也是分贝。近年来，人们在噪声测量中，往往就用A网络测得的声压级代表噪声的响度大小叫A声级。

续表

适用区域	昼间	夜间	备　注
一类混合区	55	45	居民、文教区是指纯居民区和文教、机关区；
商业中心区、二类混合区	60	50	一类混合区是指一般商业与居民混合区；
工业集中区	65	55	二类混合区是指工业、商业、少量交通与居民混合区；
交通干线道路两侧	75	55	商业中心区是指商业集中的繁华地区； 工业集中区指在一个城市或区域内规划明确确定的工业区； 交通干线道路两侧是指车流量每小时一百辆以上的道路两侧

2. 新建、扩建、改建企业噪声标准（见表1-19）

表1-19

每个工作日接触噪声时间(h)	允许噪声，dB(A)	备　注
8	85	本表摘自《工业企业噪声卫生标准》(试行草案)
4	88	
2	91	
1	94	

3. 工业企业厂区内各类地点噪声标准（见表 1-20）

表 1-20

<table>
<tr><th>序号</th><th colspan="2">地　点　类　别</th><th>噪声限制值(dB)</th></tr>
<tr><td>1</td><td colspan="2">生产车间及作业场所(工人每天连续接触噪声 8h)</td><td>90</td></tr>
<tr><td rowspan="2">2</td><td rowspan="2">高噪声车间设置的值班室、观察室、休息室(室内背景噪声级)</td><td>无电话通信要求时</td><td>75</td></tr>
<tr><td>有电话通信要求时</td><td>70</td></tr>
<tr><td>3</td><td colspan="2">精密装配线、精密加工车间的工作地点、计算机房(正常工作状态)</td><td>70</td></tr>
<tr><td>4</td><td colspan="2">车间所属办公室、实验室、设计室(室内背景噪声级)</td><td>70</td></tr>
<tr><td>5</td><td colspan="2">主控制室、集中控制室、通信室、电话总机室、消防值班室(室内背景噪声级)</td><td>70</td></tr>
<tr><td>6</td><td colspan="2">厂部所属办公室、会议室、设计室、中心实验室(包括试验、化验、计量室)(室内背景噪声级)</td><td>60</td></tr>
<tr><td>7</td><td colspan="2">医务室、教室、哺乳室、托儿所、工人值班宿舍(室内背景噪声级)</td><td>55</td></tr>
</table>

注：1. 本表所列的噪声级，均应按现行的国家标准测量确定；

2. 对于工人每天接触噪声不足 8h 的场合，可根据实际接触噪声的时间，按接触时间减半噪声限制增加 3dB 的原则，确定其噪声限制值；

3. 本表所列的室内背景噪声级，系在室内无声源发声的条件下，从室外经由墙、门、窗（门窗启闭状况为常规情况）传入室内的室内平均噪声级。

4. 现有企业噪声标准（见表1-21）

表1-21

每个工作日接触噪声时间(h)	允许噪声，dB(A)	备　　注
8	90	本表摘自《工业企业噪声卫生标准》(试行草案)
4	93	
2	96	
1	99	
最高不得超过115		

5. 建筑现场主要施工机械噪声平均A声级表（见表1-22）

表1-22

机械名称	噪声级（dB）	机械名称	噪声级（dB）
推土机	78～96	挖土机	80～93
搅拌机	75～88	运土卡车	85～94
汽锤、风钻	82～98	打桩机	95～105
混凝土破碎机	85	空气压缩机	75～88
卷扬机	75～88	钻　机	87

注：表中所列皆为距离噪声源约15m处测得的数据。现场操作人员所承受的噪声还要大10～20dB。

六、面积、体积计算公式

1. 三角形平面图形面积（见表1-23）
2. 四边形平面图形面积（见表1-24）
3. 内接多边形平面面积（见表1-25）
4. 圆形、椭圆形平面面积（见表1-26）
5. 多面体体积和表面积（见表1-27）

三角形平面图形面积 **表 1-23**

	图形	尺寸符号	面积(A)表面积(S)	重心(G)
三角形		h——高； l——1/2周长； a、b、c——对应角A、B、C的边长	$A=\frac{bh}{2}=\frac{1}{2}ab\sin\alpha$ $l=\frac{a+b+c}{2}$	$GD=\frac{1}{3}BD$ $CD=DA$
直角三角形		a、b——两直角边长； c——斜边	$A=\frac{ab}{2}$ $c=\sqrt{a^2+b^2}$ $a=\sqrt{c^2-b^2}$ $b=\sqrt{c^2-a^2}$	$GD=\frac{1}{3}BD$ $CD=DA$

续表

图形		尺寸符号	面积(A)表面积(S)	重心(G)
锐角三角形	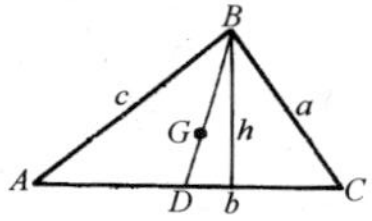 A B C D G a b c h	h——高	$A=\frac{bh}{2}$ $=\frac{b}{2}\sqrt{a^2-\left(\frac{a^2+b^2-c^2}{2b}\right)^2}$ 设 $s=\frac{1}{2}(a+b+c)$ 则 $A=\sqrt{s(s-a)(s-b)(s-c)}$	$GD=\frac{1}{3}BD$ $AD=DC$
钝角三角形	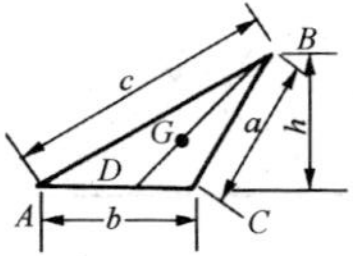 A B C D G a b c h	a、b、c——边长； h——高	$A=\frac{bh}{2}$ $=\frac{b}{2}\sqrt{a^2-\left(\frac{c^2-a^2-b^2}{2b}\right)^2}$ 设 $s=\frac{1}{2}(a+b+c)$ 则 $A=\sqrt{s(s-a)(s-b)(s-c)}$	$GD=\frac{1}{3}BD$ $AD=DC$

续表

	图形	尺寸符号	面积(A)表面积(S)	重心(G)
等边三角形	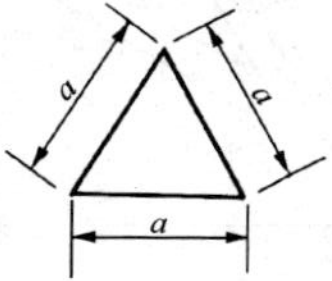 a a a	a——边长	$A=\frac{\sqrt{3}}{4}a^2=0.433a^2$	三角平分线的交点
等腰三角形	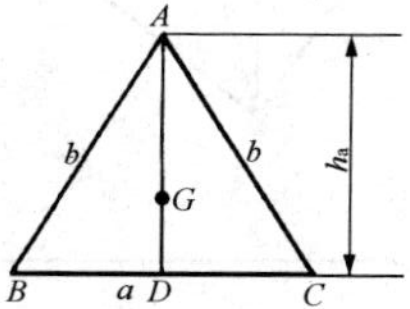 A b b G h_a B a D C	b——两腰； a——底边； h_a——a边上高	$A=\frac{1}{2}ah_a$	$GD=\frac{1}{3}h_a$ ($BD=DC$)

四边形平面图形面积 **表 1-24**

图形		尺寸符号	面积(A)表面积(S)	重心(G)
正方形		a——边长； d——对角线	$A=a^2$ $a=\sqrt{A}=0.707d$ $d=1.414a=1.414\sqrt{A}$	在对角线交点上
长边形		a——短边； b——长边； d——对角线	$A=ab$ $d=\sqrt{a^2+b^2}$	在对角线交点上
平行四边形		a、b——邻边； h——对边间的距离	$A=bh=ab\sin\alpha$ $=\frac{\overline{AC}\cdot\overline{BD}}{2}\sin\beta$	在对角线交点上

续表

图形		尺寸符号	面积(A)表面积(S)	重心(G)
梯形		$CE=AB$ $AF=CD$ $a=CD$(上底边) $b=AB$(下底边) h——高	$A=\frac{a+b}{2}h$	$HG=\frac{h}{3}\cdot\frac{a+2b}{a+b}$ $KG=\frac{h}{3}\cdot\frac{2a+b}{a+b}$
任意四边形		a、b、c、d 为四边长，d_1、d_2 为两对角线，φ 为两对角线夹角	$A=\frac{1}{2}d_1d_2\sin\varphi=\frac{1}{2}d_2(h_1+h_2)$ $=\sqrt{(p-a)(p-b)(p-c)(p-d)-abcd\cos\alpha}$ $p=\frac{1}{2}(a+b+c+d)$ $\alpha=\frac{1}{2}(\angle A+\angle C)$或$=\frac{1}{2}(\angle B+\angle C)$	

表 1-25

内接多边形平面面积

	圆形	公式	重心
正五边形	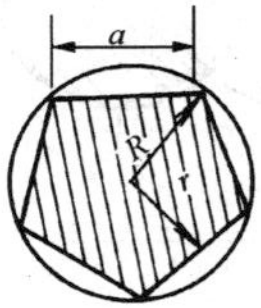	$A=2.3777R^2=3.6327r^2$ $a=1.1756R$	在内接圆的圆心处
正六边形	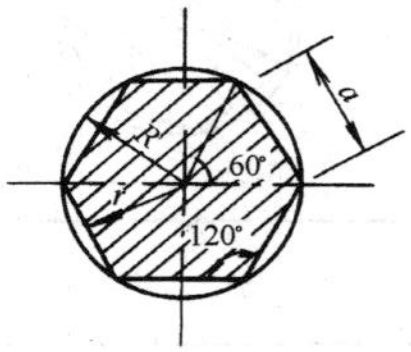	$A=\frac{3\sqrt{3}a^2}{2}=2.5981a^2=2.5981R^2$ $=2\sqrt{3}r^2=3.4641r^2$ $R=a=1.155r$ $r=0.866a=0.866R$	内接圆圆心

续表

圆形		公式	重心
正七边形	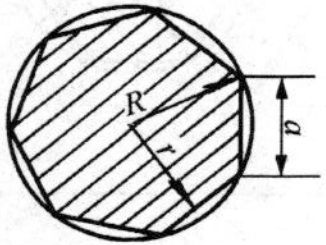	$A=2.7365R^2=3.3714r^2$	内接圆圆心
正八边形	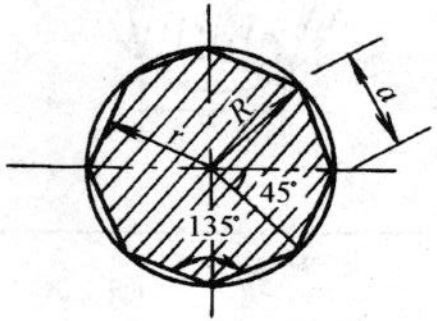	$A=4.828a^2=2.828R^2=3.314r^2$ $R=1.307a=1.082r$ $r=1.207a=0.924R$ $a=0.765R=0.828r$	内接圆圆心

续表

圆形		公式	重心
正多边形		$\alpha=360°\div n, \beta=180°-\alpha$ $a=2\sqrt{R^2-r^2}$ $A=\frac{nar}{2}=\frac{na}{2}\sqrt{R^2-\frac{a^2}{4}}$ $R=\sqrt{r^2+\frac{a^2}{4}}, r=\sqrt{R^2-\frac{a^2}{4}}$	内接圆圆心

注：表中符号 A—面积；α、β—角度；a、b—边长；R—半径、外接圆半径；n—边数；r—内切圆半径。

表 1-26

圆形、椭圆形平面面积

圆形		尺寸符号	面积(A) 表面积(S)	重心(G)
圆形		r——半径； d——直径； p——圆周长	$A=\pi r^2=\frac{1}{4}\pi d^2$ $=0.785d^2=0.07958p^2$ $p=\pi d$	在圆心上
椭圆形		a、b——主轴	$A=\frac{\pi}{4}ab$	在主轴交点 G 上
扇形		r——半径； l——弧长； α——弧的对应中心角	$A=\frac{1}{2}rl=\frac{\alpha}{360}\pi r^2$ $l=\frac{\alpha\pi}{180}r$	$GO=\frac{2}{3}\cdot\frac{rb}{l}$ 当 $\alpha=90°$时， $GO=\frac{4}{3}\frac{\sqrt{2}}{\pi}r$ $\approx 0.6r$

续表

圆形		尺寸符号	面积(A) 表面积(S)	重心(G)
弓形		r——半径； l——弧长； α——中心角； b——弦长； h——高	$A=\frac{1}{2}r^2\left(\frac{\alpha\pi}{180}-\sin\alpha\right)$ $=\frac{1}{2}[r(l-b)+bh]$ $l=r\alpha\frac{\pi}{180}=0.0175r\alpha$ $h=r-\sqrt{r^2-\frac{1}{4}\alpha^2}$	$GO=\frac{1}{12}\cdot\frac{b^2}{A}$ 当$\alpha=180°$时， $GO=\frac{4r}{3\pi}$ $=0.4244r$
圆环		R——外半径； l——内半径； D——外直径； d——内直径； t——环宽； D_{pj}——平均直径	$A=\pi(R^2-r^2)$ $=\frac{\pi}{4}(D^2-d^2)$ $=\pi D_{pj}t$	在圆心O

续表

	圆形	尺寸符号	面积(A) 表面积(S)	重心(G)
部分圆环		R——外半径； r——内半径； D——外直径； d——内直径； t——环宽； R_{pj}——圆环平均半径	$A=\frac{\alpha\pi}{360}(R^2-r^2)$ $=\frac{\alpha\pi}{360}R_{pj}t$	$GO=38.2\times\frac{R^3-r^3}{R^2-r^2}\times\frac{\sin\frac{\alpha}{2}}{\frac{\alpha}{2}}$
抛物线形		b——底边； h——高； l——曲线长； S——$\triangle ABC$ 的面积	$l=\sqrt{b^2+1.3333h^2}$ $A=\frac{2}{3}bh=\frac{4}{3}S$	

多面体的体积和表面积 **表 1-27**

	图　　形	尺寸符号	体积(V) 底面积(F) 表面积(S) 侧表面积(S_1)	重心(G)
立方体		a——棱； d——对角线	$V=a^3$ $S=6a^2$ $S_1=4a^2$	在对角线交点上
长方体(棱柱)		a、b、h——边长； O——底面对角线交点	$v=a\cdot b\cdot h$ $S=2(ab+ah+bh)$ $S_1=2h(a+b)$ $d=\sqrt{a^2+b^2+h^2}$	$GO=\frac{h}{2}$

续表

	图形	尺寸符号	体积(V) 底面积(F) 表面积(S) 侧表面积(S_1)	重心(G)
三棱柱	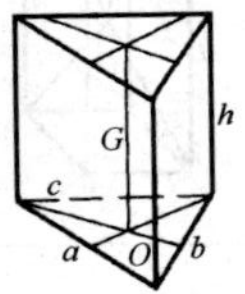	a、b、h——边长； h——高； o——底面对角线交点	$v=F\cdot h$ $S=(a+b+c)\cdot h+2F$ $S_1=2h(a+b+c)$	$Go=\frac{h}{2}$
棱锥	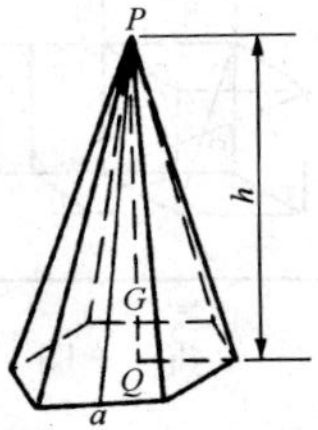	f——一个组合三角形的面积； n——组合三角形个数； O——锥体各对角线交点	$v=\frac{1}{3}F\cdot h$ $S=nf+F$ $S_1=nf$	$GO=\frac{h}{4}$

续表

	图　形	尺寸符号	体积(V) 底面积(F) 表面积(S) 侧表面积(S_1)	重心(G)
正六角柱		a——底边长； h——高； d——对角线	$V=\frac{3\sqrt{3}}{2}a^2h=2.5981a^2h$ $S=3\sqrt{3}a^2+6ah$ $=5.1962a^2+6ah$ $S_1=6ah$ $d=\sqrt{h^2+4a^2}$	$GQ=\frac{h}{2}$（P、Q分别为上下底重心）
棱台		F_1、F_2——两平行底面的面积； h——底面间的距离； a——一个组合梯形面积； n——组合梯形个数	$V=\frac{1}{3}h(F_1+F_2+\sqrt{F_1F_2})$ $S=an+F_1+F_2$ $S_1=an$	$GQ=\frac{h}{4}\times\frac{F_1+2\sqrt{F_1F_2}+3F_2}{F_1+\sqrt{F_1F_2}+\sqrt{F_2}}$

续表

	图　形	尺寸符号	体积(V) 底面积(F) 表面积(S) 侧表面积(S_1)	重心(G)
圆柱体		r——底面半径； h——高	$V=\pi r^2 h$ $S=2\pi r(r+h)$ $S_1=2\pi rh$	$CQ=\frac{h}{2}$ （P,Q 分别为上下底圆心）
空心圆柱体(管)		R——外半径； r——内半径； $\overline{R}$——平均半径； t——管壁厚度； h——高	$V=\pi h(R^2-r^2)$ $=2\pi\overline{R}th$ $S=M+2\pi(R^2-r^2)$ $S_1=2\pi h(R+r)$ $=4\pi h\overline{R}$	$GQ=\frac{h}{2}$

续表

	图形	尺寸符号	体积(V) 底面积(F) 表面积(S) 侧表面积(S_1)	重心(G)
斜截直圆柱		h_1——最小高度； h_2——最大高度； r——底面半径	$V=\pi r^2 \frac{h_1+h_2}{2}$ $S=\pi r(h_1+h_2)+\pi r^2\times\left(1+\frac{1}{\cos\alpha}\right)$ $S_1=\pi r(h_1+h_2)$	$GQ=\frac{h_1+h_2}{4}+\frac{r^2\text{tg}^2\alpha}{4(h_1+h_2)}$ $GK=\frac{r^2\text{tg}\alpha}{2(h_1+h_2)}$
圆锥体		r——底面半径； h——高； l——母线长	$V=\frac{1}{3}\pi r^2 h$ $S_1=\pi r\sqrt{r^2+h^2}=\pi rl$ $l=\sqrt{r^2+h^2}$ $S=S_1+\pi r^2$	$GO=\frac{h}{4}$

续表

	图形	尺寸符号	体积(V) 底面积(F) 表面积(S) 侧表面积(S_1)	重心(G)
圆台		R、r——底面半径； h——高； l——母线	$V=\frac{\pi h}{3}(R^2+r^2+Rr)$ $S_1=\pi l(R+r)$ $l=\sqrt{(R-r)^2+h^2}$ $S=S_1+\pi(R^2+r^2)$	$GQ=\frac{h(R^2+2Rr+3r^2)}{4(R^2+Rr+r^2)}$ （P、Q 分别为上下底圆心）
球		r——半径； d——直径	$V=\frac{4}{3}\pi r^3=\frac{\pi d^3}{6}=0.5236d^3$ $S=4\pi r^2=\pi d^2$	在球心上

续表

	图形	尺寸符号	体积(V) 底面积(F) 表面积(S) 侧表面积(S_1)	重心(G)
球扇形(球楔)		r——球半径； a——弓形底圆半径； h——拱高； α——锥角(弧度)	$V=\frac{2}{3}\pi r^2 h\approx 2.0944r^2 h$ $S=\pi r(2h+a)$ 侧表面(锥面部分)； $S_1=\pi\alpha r$	$GO=\frac{3}{8}(2r-h)$
球冠(球缺)		r——球半径； a——拱底圆半径； h——拱高	$V=\frac{\pi h}{6}(3a^2+h^2)$ $=\frac{\pi h^2}{3}(3r-h)$ $S=\pi(2rh+a^2)=\pi(h^2+2a^2)$ 侧面积(球面部分)； $S_1=2\pi rh=\pi(a^2+h^2)$	$GO=\frac{3(2r-h)^2}{4(3r-h)}$

续表

	图　形	尺寸符号	体积(V) 底面积(F) 表面积(S) 侧表面积(S_1)	重心(G)
圆环体		R——圆环体平均半径； D——圆环体平均直径； d——圆环体截面直径； r——圆环体截面半径	$V=2\pi^2Rr^2=\frac{1}{4}\pi^2Dd^2$ $S=4\pi^2Rr=\pi^2Dd$ $=39.478Rr$	在环中心上
球带体		R——球半径； r_1、r_2——底面半径； h——腰高； h_1——球心 O 至带底圆心 O_1 的距离	$V=\frac{\pi h}{6}(3r_1^2+3r_2^2+h^2)$ $S_1=2\pi Rh$ $S=2\pi Rh+\pi(r_1^2+r_2^2)$	$GO=h_1+\frac{h}{2}$

续表

图形		尺寸符号	体积(V) 底面积(F) 表面积(S) 侧表面积(S_1)	重心(G)
桶形		D——中间断面直径； d——底直径； l——桶高	对于抛物线形桶板： $V=\frac{\pi l}{15}\left(2D^2+Dd+\frac{3}{4}d^2\right)$ 对于圆形桶板； $V=\frac{\pi l}{12}(2D^2+d^2)$	在轴交点上
椭球体		a、b、c——半轴	$V=\frac{4}{3}abc\pi$ $S=2\sqrt{2}\cdot b\cdot\sqrt{a^2+b^2}$	在轴交点上

续表

	图　形	尺寸符号	体积(V) 底面积(F) 表面积(S) 侧表面积(S_1)	重心(G)
交叉圆柱体		r——圆柱半径 $=\frac{d}{2}$； l_1、l——圆柱长	$V=\pi r^2\left(l+l_1-\frac{2r}{3}\right)$	在二轴线交点上
截头方椎体		a', b', a, b——上下底边长； h——高； a_1——截头棱长	$V=\frac{h}{6}[ab+(a+a')(b+b')+a'b']$ $a_1=\frac{a'b-ab'}{b-b'}$	$GQ=\frac{PQ}{2}\times\frac{ab+ab'+a'b+3a'b}{2ab+ab'+a'b+2a'}$ （P、Q 分别为上下底重心）

续表

图形		尺寸符号	体积(V) 底面积(F) 表面积(S) 侧表面积(S_1)	重心(G)
弹簧	D P	A——截面积； x——圈数	$V=Ax\sqrt{9.86965D^2+P^2}$	
楔形体	c h a b	a、b——下底边长； c——棱长； h——棱与底边距离(高)	$V=\frac{(2a+c)bh}{6}$	

6. 储罐内液体体积

贮罐内液体体积为圆柱体部分的体积 V_1 和两端碟形部分的体积 V_2 之和：

$$V=V_1+V_2 \quad m^3$$

贮罐圆柱体部分的体积：$V_1=\frac{\pi d^2}{4}LK$ m³

贮罐两端碟形部分的体积：

$V_2=0.2155h^2$（$1.5d-h$）m³

式中 L——贮罐圆柱体长度，m；

d——贮罐圆柱体内径，m；

h——贮罐内液体高度，m；

K——系数，决定于比值$\frac{h}{d}$，见表 1-28。

系数 K 值

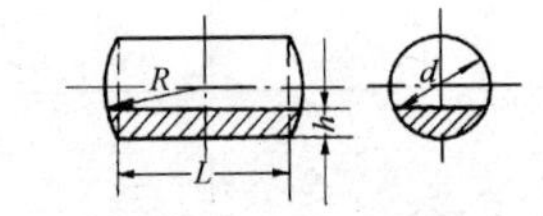

表 1-28

$\frac{h}{d}$	K	$\frac{h}{d}$	K	$\frac{h}{d}$	K	$\frac{h}{d}$	K	$\frac{h}{d}$	K
0.02	0.005	0.22	0.163	0.42	0.399	0.62	0.651	0.82	0.878
0.04	0.013	0.24	0.185	0.44	0.424	0.64	0.676	0.84	0.897
0.06	0.025	0.26	0.207	0.46	0.449	0.66	0.70	0.86	0.915
0.08	0.038	0.28	0.229	0.48	0.475	0.68	0.724	0.88	0.932
0.10	0.052	0.30	0.252	0.50	0.500	0.70	0.748	0.90	0.948
0.12	0.068	0.32	0.276	0.52	0.526	0.72	0.771	0.92	0.963
0.14	0.085	0.34	0.300	0.54	0.551	0.74	0.793	0.94	0.976
0.16	0.103	0.36	0.324	0.56	0.576	0.76	0.816	0.96	0.987
0.18	0.122	0.38	0.349	0.58	0.601	0.78	0.837	0.98	0.995
0.20	0.142	0.40	0.374	0.60	0.627	0.80	0.858	1.00	1.000

7. 物料堆体体积（见表 1-29）

表 1-29

圆　　形	计 算 方 法
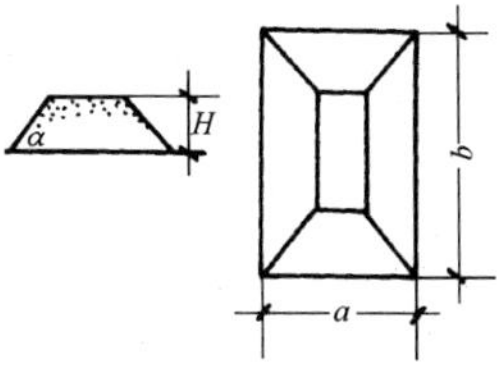	$V=\left[ab-\frac{H}{tg\alpha}\left(a+b-\frac{4H}{3tg\alpha}\right)\right]\times H$ α——物料自然堆积角
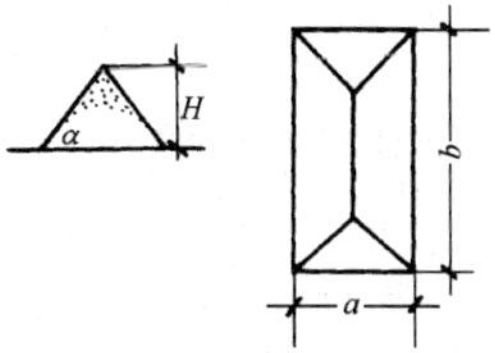	$\alpha=\frac{2H}{tg\alpha}$ $V=\frac{aH}{6}(3b-a)$
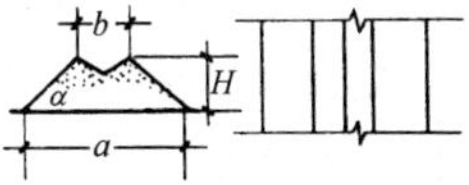	V_0（延米体积） $=\frac{H^2}{tg\alpha}+bH-\frac{b^2}{4}tg\alpha$

第二章　常用图例及符号

一、总平面图例（《总图制图标准》GB/T 50103—2010）

总平面图例　　　　表 2-1

序号	名　称	图　　例	备　　注
1	新建建筑物	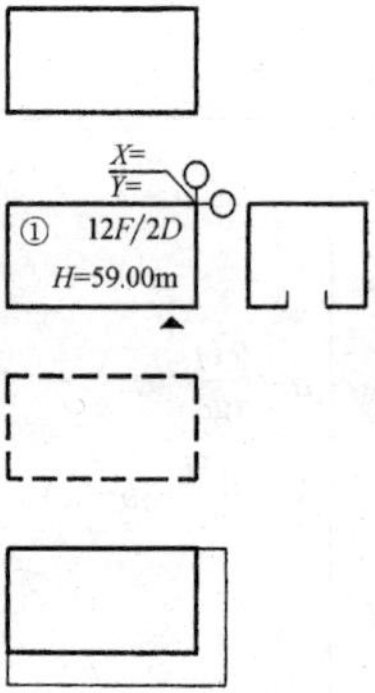 X= Y= ① 12F/2D H=59.00m	新建建筑物以粗实线表示与室外地坪相接处±0.00外墙定位轮廓线 建筑物一般以±0.00高度处的外墙定位轴线交叉点坐标定位。轴线用细实线表示，并标明轴线号 根据不同设计阶段标注建筑编号，地上、地下层数，建筑高度，建筑出入口位置（两种表示方法均可，但同一图纸采用一种表示方法） 地下建筑物以粗虚线表示其轮廓 建筑上部（±0.00以上）外挑建筑用细实线表示 建筑物上部连廊用细虚线表示并标注位置
2	原有建筑物		用细实线表示
3	计划扩建的预留地或建筑物		用中粗虚线表示

续表

序号	名　称	图　例	备　注
4	拆除的建筑物		用细实线表示
5	建筑物下面的通道	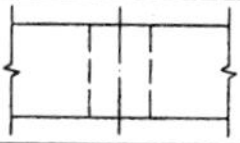	—
6	散状材料露天堆场	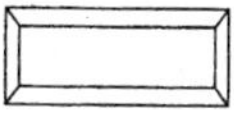	需要时可注明材料名称
7	其他材料露天堆场或露天作业场	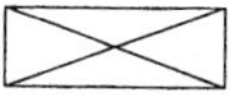	需要时可注明材料名称
8	铺砌场地	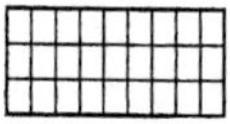	—
9	敞棚或敞廊	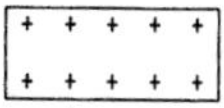	—
10	高架式料仓	 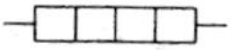	—
11	漏斗式贮仓		左、右图为底卸式 中图为侧卸式
12	冷却塔（池）		应注明冷却塔或冷却池
13	水塔、贮罐	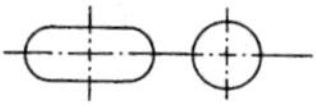	左图为卧式贮罐 右图为水塔或立式贮罐
14	水池、坑槽		也可以不涂黑
15	明溜矿槽（井）		—

续表

序号	名　称	图　例	备　注
16	斜井或平硐	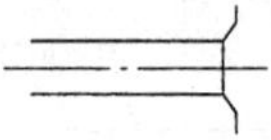	—
17	烟囱		实线为烟囱下部直径，虚线为基础，必要时可注写烟囱高度和上、下口直径
18	围墙及大门	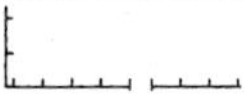	—
19	挡土墙	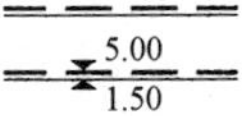 5.00 1.50	挡土墙根据不同设计阶段的需要标注 墙顶标高 墙底标高
20	挡土墙上设围墙		—
21	台阶及无障碍坡道	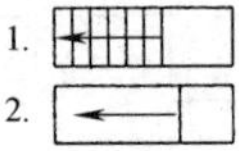 1. 2.	1. 表示台阶（级数仅为示意） 2. 表示无障碍坡道
22	露天桥式起重机	 G_n= (t)	起重机起重量 G_n，以吨计算 "＋"为柱子位置
23	露天电动葫芦	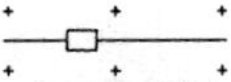 G_n= (t)	起重机起重量 G_n，以吨计算 "＋"为支架位置
24	门式起重机	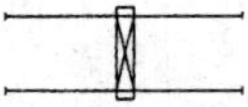 G_n= (t) 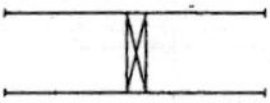 G_n= (t)	起重机起重量 G_n，以吨计算 上图表示有外伸臂 下图表示无外伸臂

续表

序号	名称	图例	备注
25	架空索道		“Ⅰ”为支架位置
26	斜坡卷扬机道		—
27	斜坡栈桥(皮带廊等)	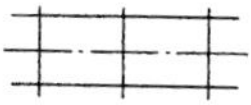	细实线表示支架中心线位置
28	坐标	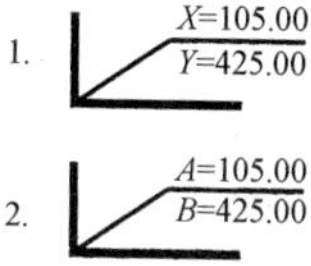 1. X=105.00 Y=425.00 2. A=105.00 B=425.00	1. 表示地形测量坐标系 2. 表示自设坐标系坐标数字平行于建筑标注
29	方格网交叉点标高	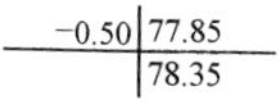 -0.50 | 77.85 78.35	“78.35”为原地面标高 “77.85”为设计标高 “-0.50”为施工高度 “-”表示挖方(“+”表示填方)
30	填方区、挖方区、未整平区及零线	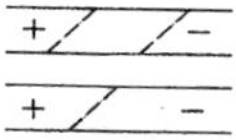 + − + −	“+”表示填方区 “-”表示挖方区 中间为未整平区 点划线为零点线
31	填挖边坡		—
32	分水脊线与谷线	 	上图表示脊线 下图表示谷线
33	洪水淹没线		洪水最高水位以文字标注
34	地表排水方向		—

续表

序号	名称	图例	备注
35	截水沟	 1 40.00	"1"表示1%的沟底纵向坡度，"40.00"表示变坡点间距离，箭头表示水流方向
36	排水明沟	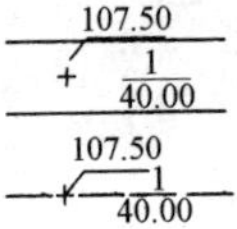 107.50 + 1 40.00 107.50 1 40.00	上图用于比例较大的图面 下图用于比例较小的图面 "1"表示1%的沟底纵向坡度，"40.00"表示变坡点间距离，箭头表示水流方向 "107.50"表示沟底变坡点标高(变坡点以"+"表示)
37	有盖板的排水沟	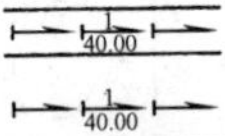 1 40.00 1 40.00	—
38	雨水口	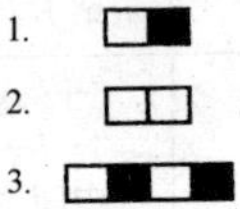 1. 2. 3.	1. 雨水口 2. 原有雨水口 3. 双落式雨水口
39	消火栓井		—
40	急流槽		箭头表示水流方向
41	跌水		
42	拦水(闸)坝	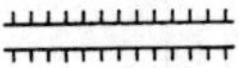	—
43	透水路堤		边坡较长时，可在一端或两端局部表示
44	过水路面		—

续表

序号	名　称	图　　例	备　　注
45	室内地坪标高	151.00 (±0.00)	数字平行于建筑物书写
46	室外地坪标高	143.00	室外标高也可采用等高线
47	盲道		—
48	地下车库入口		机动车停车场
49	地面露天停车场		—
50	露天机械停车场		露天机械停车场

二、道路与铁路图例（《总图制图标准》GB/T 50103—2010）

道路与铁路图例　　表 2-2

序号	名　称	图　　例	备　　注
1	新建的道路	R=6.00 0.30% 100.00 107.50	“R=6.00”表示道路转弯半径；“107.50”为道路中心线交叉点设计标高，两种表示方式均可，同一图纸采用一种方式表示；“100.00”为变坡点之间距离，“0.03%”表示道路坡度，→表示坡向

续表

序号	名称	图例	备注
2	道路断面	1. 2. 3. 4.	1. 为双坡立道牙 2. 为单坡立道牙 3. 为双坡平道牙 4. 为单坡立道牙
3	原有道路		—
4	计划扩建的道路		
5	拆除的道路		—
6	人行道		—
7	道路曲线段	JD R α=95° R=50.00 T=60.00 L=105.00	主干道宜标以下内容: JD 为曲线转折点，编号应标坐标 α 为交点 T 为切线长 L 为曲线长 R 为中心线转弯半径 其他道路可标转折点、坐标及半径
8	道路隧道		—

续表

序号	名称	图例	备注
9	汽车衡	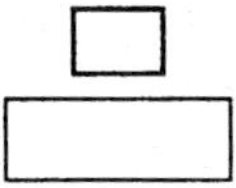	—
10	汽车洗车台	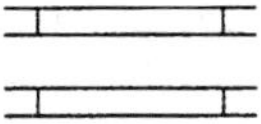 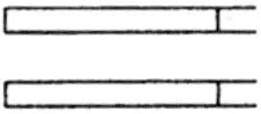	上图为贯通式 下图为尽头式
11	运煤走廊	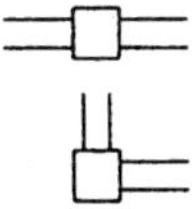	—
12	新建的标准轨距铁路		—
13	原有的标准轨距铁路		—
14	计划扩建的标准轨距铁路		—
15	拆除的标准轨距铁路		—
16	原有的窄轨铁路	 GJ762	—
17	拆除的窄轨铁路	 GJ762	"GJ762"为轨距（以mm计）
18	新建的标准轨距电气铁路		—

续表

序号	名称	图例	备注
19	原有的标准轨距电气铁路		—
20	计划扩建的标准轨距电气铁路		—
21	拆除的标准轨距电气铁路		—
22	原有车站	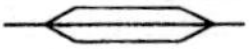	—
23	拆除原有车站	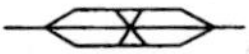	—
24	新设计车站		—
25	规划的车站		—
26	工矿企业车站	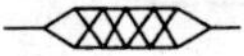	—
27	单开道岔	 n	“1/n”表示道岔号数 n表示道岔号
28	单式对称道岔	 n	
29	单式交分道岔	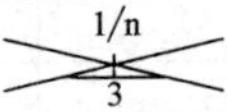 1/n 3	
30	复式交分道岔	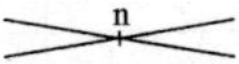 n	
31	交叉渡线	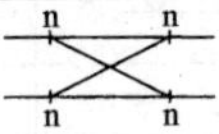 n n n n	—
32	菱形交叉		

续表

序号	名　称	图　　例	备　　注
33	车挡	 	上图为土堆式 下图为非土堆式
34	警冲标		—
35	坡度标	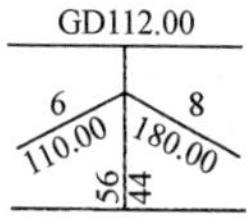 GD112.00 6　8 110.00　180.00 56　44	“GD112.00”为轨顶标高,“6”、“8”表示纵向坡度为6‰、8‰,倾斜方向表示坡向,“110.00”、“180.00”为变坡点间距离,“56”、“44”为至前后百尺标距离
36	铁路曲线段	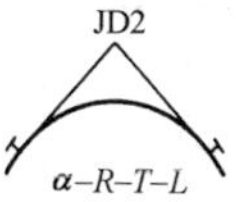 JD2 α-R-T-L	“JD2”为曲线转折点编号,“α”为曲线转向角,“R”为曲线半径,“T”为切线长,“L”为曲线长
37	轨道衡	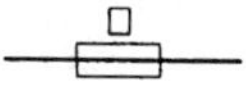	粗线表示铁路
38	站台		—
39	煤台	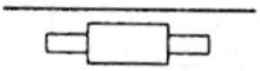	粗线表示铁路
40	灰坑或检查坑	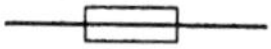	
41	转盘	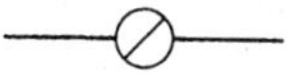	
42	高柱色灯信号机	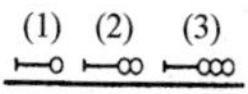 (1)　(2)　(3)	(1)表示出站、预告 (2)表示进站 (3)表示驼峰及复式信号

续表

序号	名称	图例	备注
43	矮柱色灯信号机	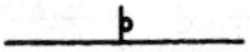	—
44	灯塔		左图为钢筋混凝土灯塔 中图为木灯塔 右图为铁灯塔
45	灯桥	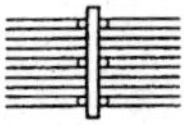	—
46	铁路隧道		—
47	涵洞、涵管	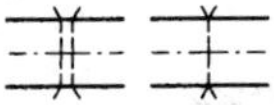 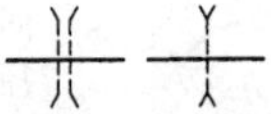	上图为道路涵洞、涵管，下图为铁路涵洞、涵管 左图用于比例较大的图面，右图用于比例较小的图面
48	桥梁	 	用于旱桥时应注明 上图为公路桥，下图为铁路桥
49	跨线桥		道路跨铁路
		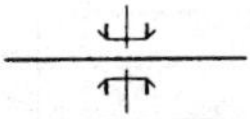	铁路跨道路
		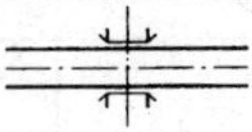	道路跨道路
		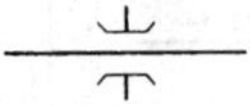	铁路跨铁路

续表

序号	名　称	图　例	备　注
50	码头		上图为固定码头 下图为浮动码头
51	运行的发电站		—
52	规划的发电站		—
53	规划的变电站、配电所		—
54	运行的变电站、配电所		—

三、管线图例（《总图制图标准》GB/T 50103—2010）

管线图例　　表 2-3

序号	名　称	图　例	备　注
1	管线	——代号——	管线代号按国家现行有关标准的规定标注 线型宜以中粗线表示
2	地沟管线	——代号—— ├——代号├——	—
3	管桥管线	—+—代号—+—	管线代号按国家现行有关标准的规定标注
4	架空电力、电信线	—+—代号—+—	“○”表示电杆 管线代号按国家现行有关标准的规定标注

四、园林景观绿化图例（《总图制图标准》GB/T 50103—2010）

园林景观绿化图例　　表 2-4

序号	名　称	图　例	备　注
1	常绿针叶乔木	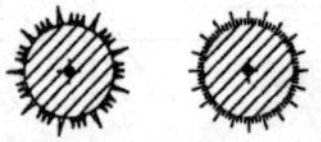	—
2	落叶针叶乔木		—
3	常绿阔叶乔木	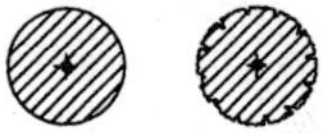	—
4	落叶阔叶乔木	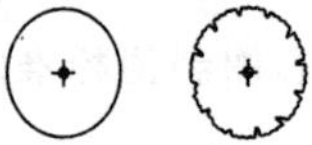	—
5	常绿阔叶灌木		—
6	落叶阔叶灌木		—
7	落叶阔叶乔木林		—
8	常绿阔叶乔木林		—
9	常绿针叶乔木林	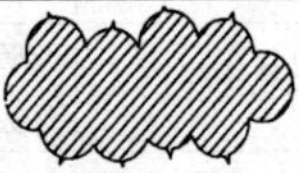	—
10	落叶针叶乔木林		—

续表

序号	名 称	图 例	备 注
11	针阔混交林	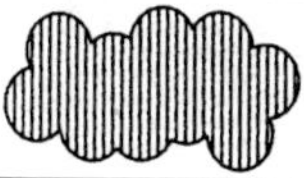	—
12	落叶灌木林	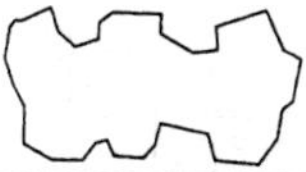	—
13	整形绿篱		—
14	草坪	1. 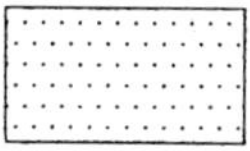 2. 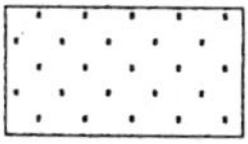 3. 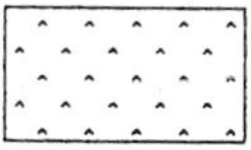	1. 表示草坪 2. 表示自然草坪 3. 表示人工草坪
15	花卉		—
16	竹丛	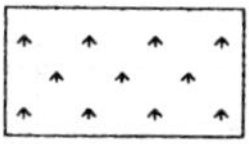 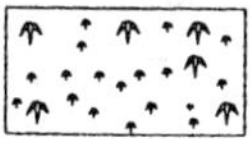	—
17	棕榈植物	 	—

续表

序号	名称	图例	备注
18	水生植物	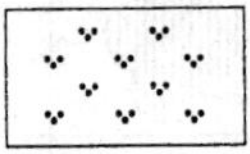	—
19	植草砖		—
20	土石假山	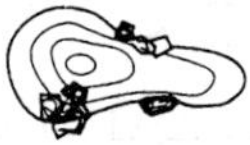	包括“土包石”、“石抱土”及假山
21	独立景石	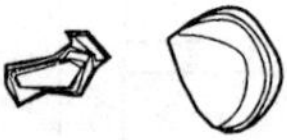	—
22	自然水体	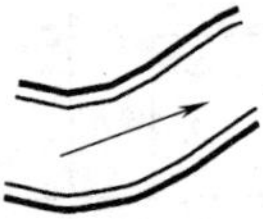	表示河流以箭头表示水流方向
23	人工水体		—
24	喷泉	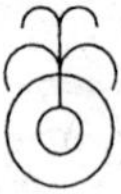	—

五、构造及配件图例（《建筑制图标准》GB/T 50104—2010）

构造及配件图例　　表 2-5

序号	名　称	图　　例	备　　注
1	墙体	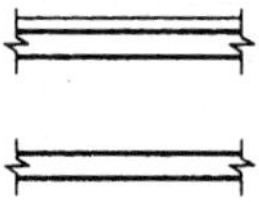	1. 上图为外墙，下图为内墙 2. 外墙细线表示有保温层或有幕墙 3. 应加注文字或涂色或图案填充表示各种材料的墙体 4. 在各层平面图中防火墙宜着重以特殊图案填充表示
2	隔　断		1. 加注文字或涂色或图案填充表示各种材料的轻质隔断 2. 适用于到顶与不到顶隔断
3	玻璃幕墙		幕墙龙骨是否表示由项目设计决定
4	栏　杆		—
5	楼　梯	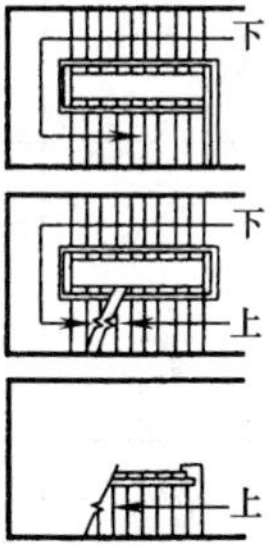 下 下 上 上	1. 上图为顶层楼梯平面，中图为中间层楼梯平面，下图为底层楼梯平面 2. 需设置靠墙扶手或中间扶手时，应在图中表示

续表

序号	名称	图例	备注
6	坡道	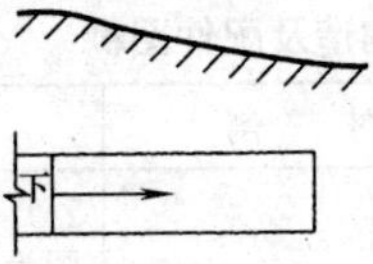 下	长坡道
		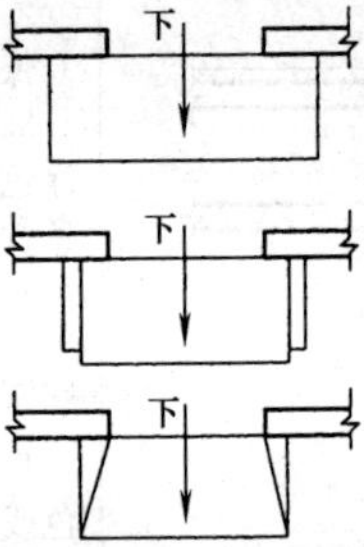 下 下 下	上图为两侧垂直的门口坡道，中图为有挡墙的门口坡道，下图为两侧找坡的门口坡道
7	台阶	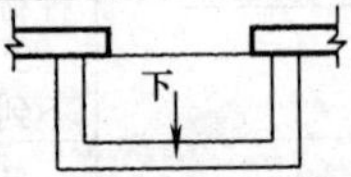 下	—
8	平面高差	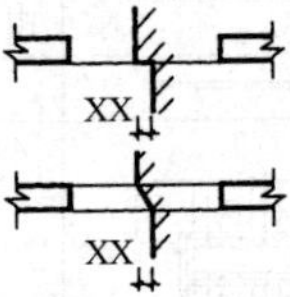 XX XX	用于高差小的地面或楼面交接处，并应与门的开启方向协调
9	检查口		左图为可见检查口，右图为不可见检查口
10	孔洞		阴影部分亦可填充灰度或涂色代替
11	坑槽		—

续表

序号	名　称	图　　例	备　　注
12	墙预留洞、槽	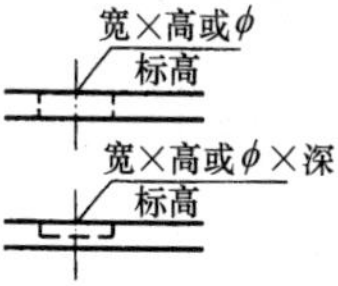 宽×高或ϕ 标高 宽×高或ϕ×深 标高	1. 上图为预留洞，下图为预留槽 2. 平面以洞(槽)中心定位 3. 标高以洞(槽)底或中心定位 4. 宜以涂色区别墙体和预留洞(槽)
13	地沟	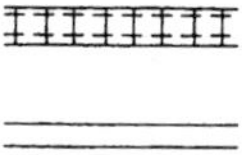	上图为有盖板地沟，下图为无盖板明沟
14	烟道	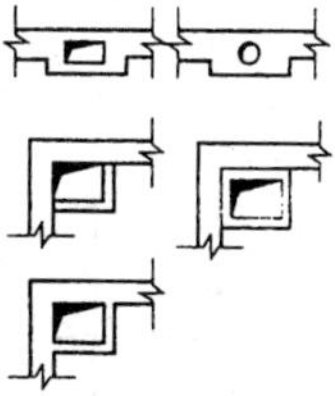	1. 阴影部分亦可填充灰度或涂色代替 2. 烟道、风道与墙体为相同材料，其相接处墙身线应连通 3. 烟道、风道根据需要增加不同材料的内衬
15	风道	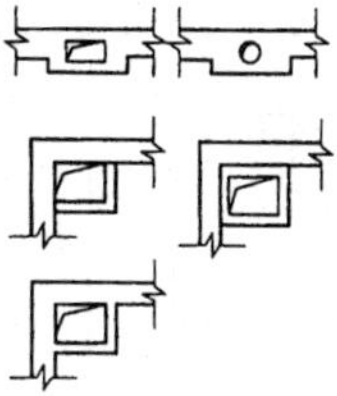	
16	新建的墙和窗	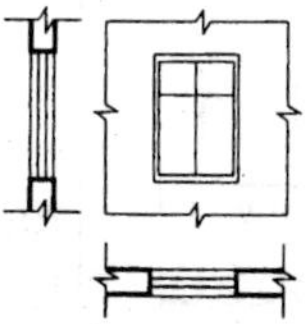	—

续表

序号	名称	图例	备注
17	改建时保留的墙和窗	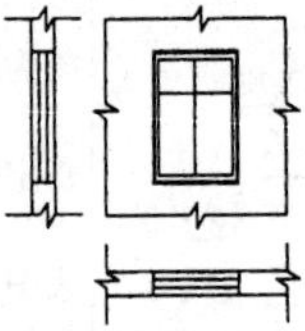	只更换窗，应加粗窗的轮廓线
18	拆除的墙	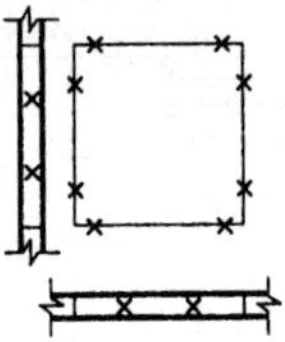	—
19	改建时在原有墙或楼板新开的洞	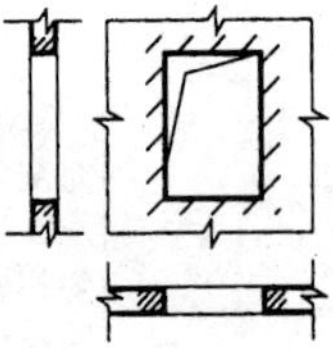	—
20	在原有墙或楼板洞旁扩大的洞	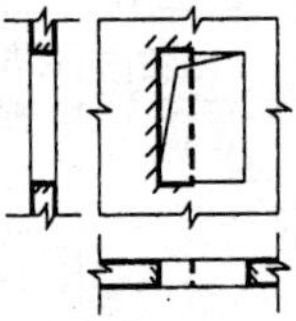	图示为洞口向左边扩大
21	在原有墙或楼板上全部填塞的洞	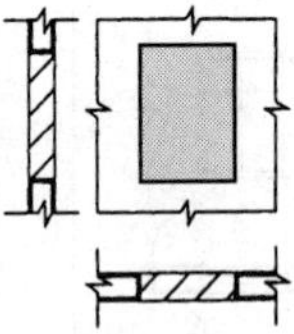	全部填塞的洞 图中立面填充灰度或涂色

续表

序号	名　称	图　　例	备　　注
22	在原有墙或楼板上局部填塞的洞	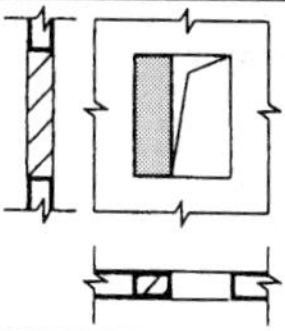	左侧为局部填塞的洞 图中立面填充灰度或涂色
23	空门洞	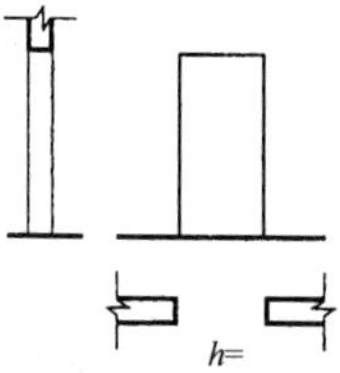 h=	h 为门洞高度
24	单面开启单扇门(包括平开或单面弹簧)	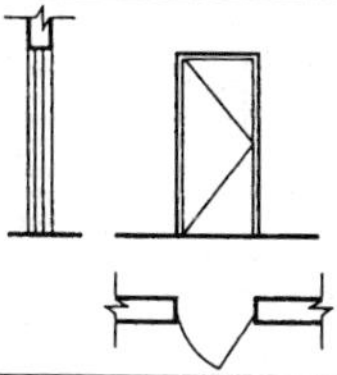	1. 门的名称代号用M表示 2. 平面图中，下为外，上为内 门开启线为90°、60°或45°，开启弧线宜绘出 3. 立面图中，开启线实线为外开，虚线为内开。开启线交角的一侧为安装合页一侧。开启线在建筑立面图中可不表示，在立面大样图中可根据需要绘出 4. 剖面图中，左为外，右为内 5. 附加纱扇应以文字说明，在平、立、剖面图中均不表示 6. 立面形式应按实际情况绘制
	双面开启单扇门(包括双面平开或双面弹簧)	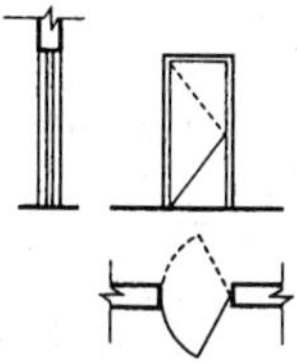	
	双层单扇平开门	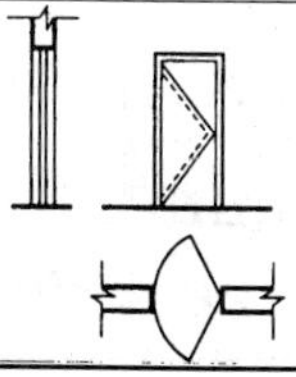	

续表

序号	名称	图例	备注
25	单面开启双扇门(包括平开或单面弹簧)	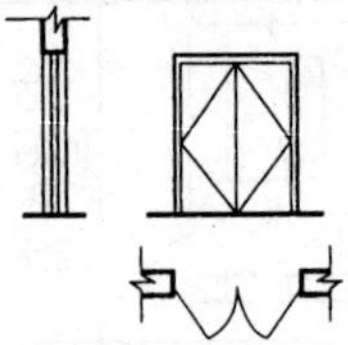	1. 门的名称代号用M表示 2. 平面图中，下为外，上为内 门开启线为90°、60°或45°，开启弧线宜绘出 3. 立面图中，开启线实线为外开，虚线为内开。开启线交角的一侧为安装合页一侧。开启线在建筑立面图中可不表示，在立面大样图中可根据需要绘出 4. 剖面图中，左为外，右为内 5. 附加纱扇应以文字说明，在平、立、剖面图中均不表示 6. 立面形式应按实际情况绘制
	双面开启双扇门(包括双面平开或双面弹簧)	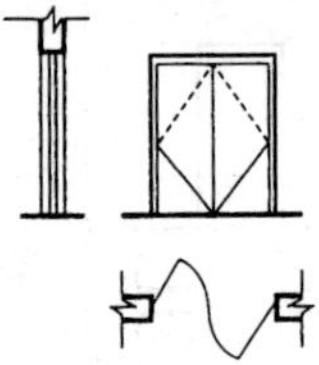	
	双层双扇平开门	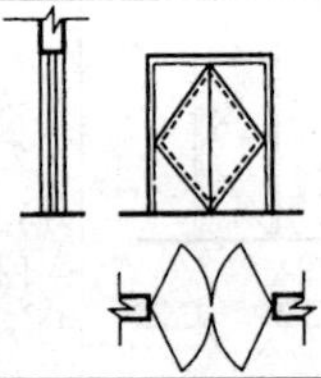	
26	折叠门	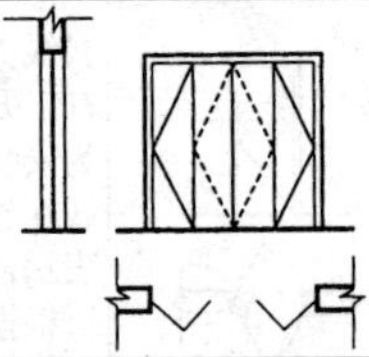	1. 门的名称代号用M表示 2. 平面图中，下为外，上为内 3. 立面图中，开启线实线为外开，虚线为内开。开启线交角的一侧为安装合页一侧 4. 剖面图中，左为外，右为内 5. 立面形式应按实际情况绘制
	推拉折叠门	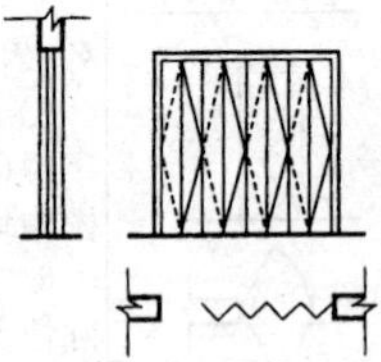	

续表

序号	名称	图例	备注
27	墙洞外单扇推拉门	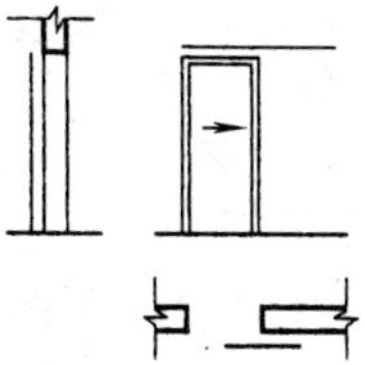	1. 门的名称代号用M表示 2. 平面图中，下为外，上为内 3. 剖面图中，左为外，右为内 4. 立面形式应按实际情况绘制
	墙洞外双扇推拉门	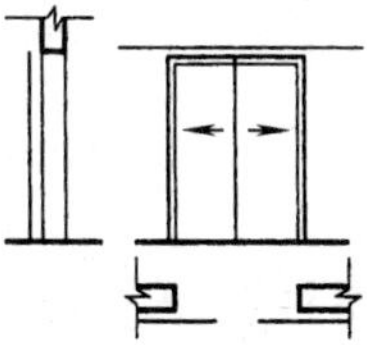	
	墙中单扇推拉门	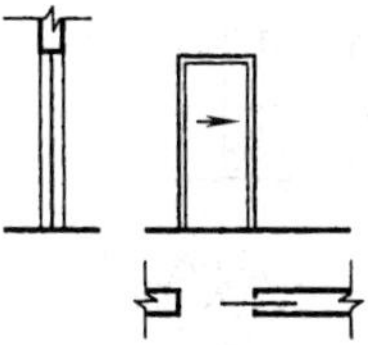	1. 门的名称代号用M表示 2. 立面形式应按实际情况绘制
	墙中双扇推拉门	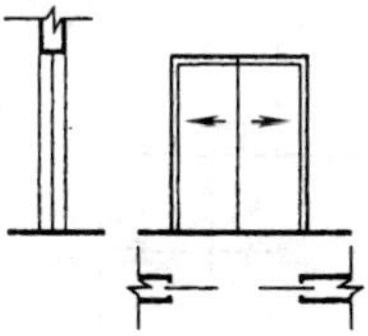	

续表

序号	名　称	图　　例	备　　注
28	推杠门	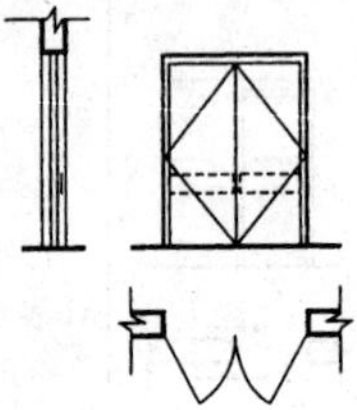	1. 门的名称代号用M表示 2. 平面图中，下为外，上为内，门开启线为90°、60°或45° 3. 立面图中，开启线实线为外开，虚线为内开。开启线交角的一侧为安装合页一侧。开启线在建筑立面图中可不表示，在室内设计门窗立面大样图中需绘出 4. 剖面图中，左为外，右为内 5. 立面形式应按实际情况绘制
29	门连窗	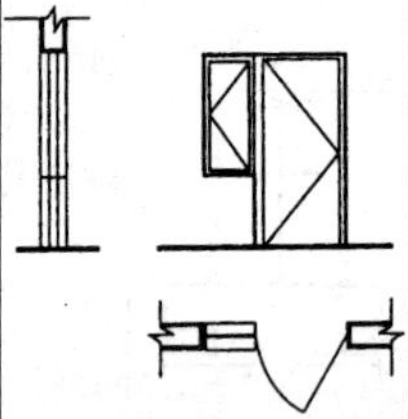	
30	旋转门	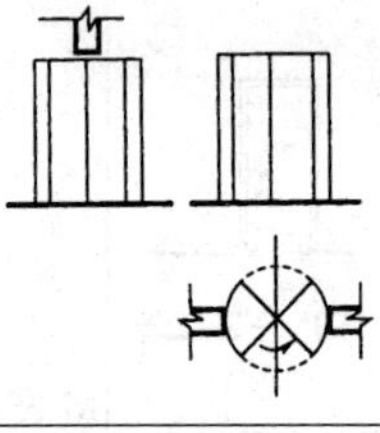	1. 门的名称代号用M表示 2. 立面形式应按实际情况绘制
	两翼智能旋转门	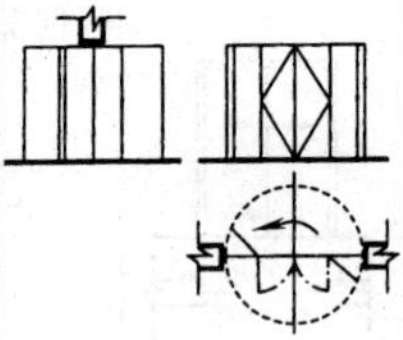	

续表

序号	名称	图例	备注
31	自动门	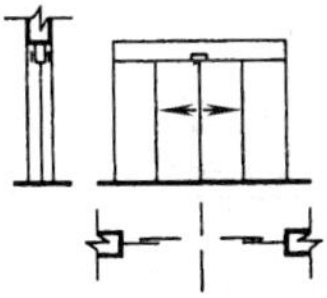	1. 门的名称代号用M表示 2. 立面形式应按实际情况绘制
32	折叠上翻门	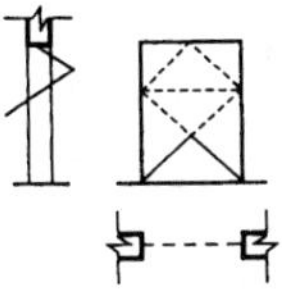	1. 门的名称代号用M表示 2. 平面图中,下为外,上为内 3. 剖面图中,左为外,右为内 4. 立面形式应按实际情况绘制
33	提升门	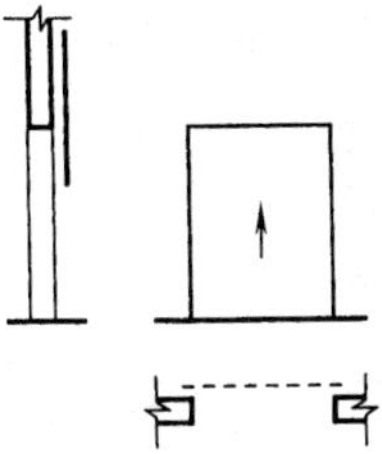	1. 门的名称代号用M表示 2. 立面形式应按实际情况绘制
34	分节提升门		

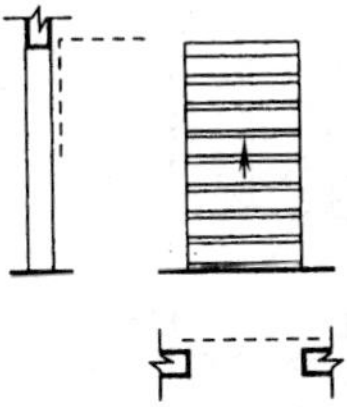

续表

序号	名称	图例	备注
35	人防单扇防护密闭门	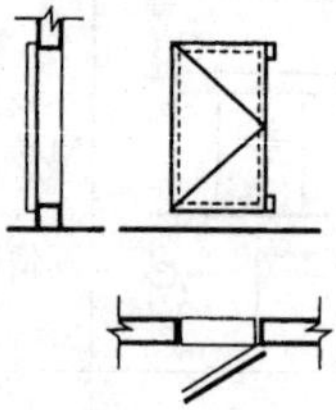	1. 门的名称代号按人防要求表示 2. 立面形式应按实际情况绘制
	人防单扇密闭门	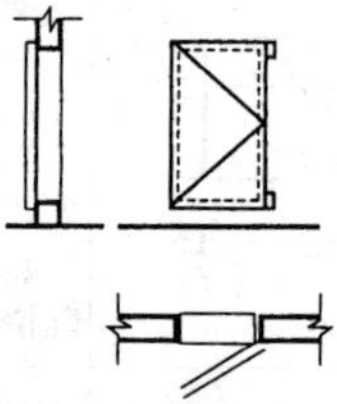	
36	人防双扇防护密闭门	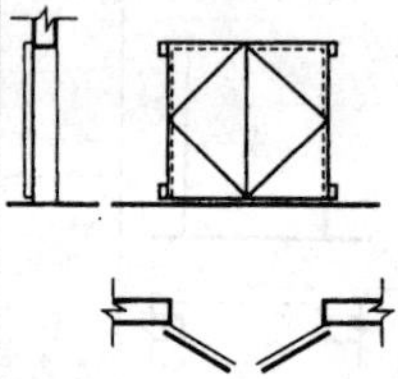	1. 门的名称代号按人防要求表示 2. 立面形式应按实际情况绘制
	人防双扇密闭门	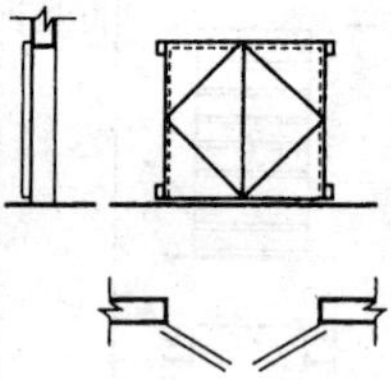	

续表

序号	名 称	图 例	备 注
37	横向卷帘门	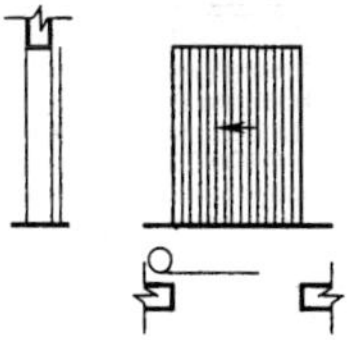	—
	竖向卷帘门	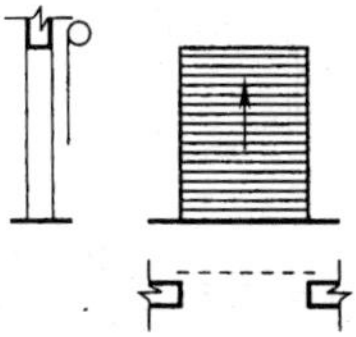	
	单侧双层卷帘门	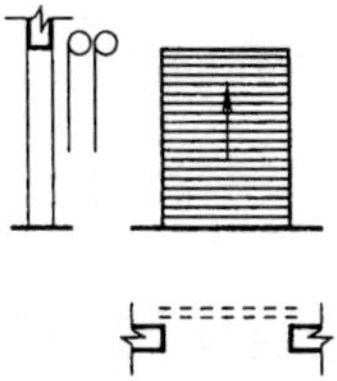	
	双侧单层卷帘门	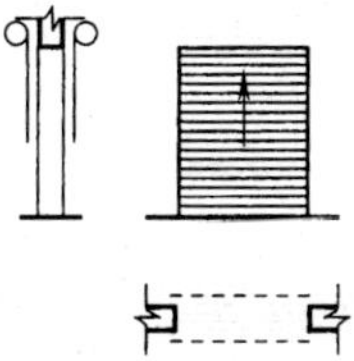	

续表

序号	名　称	图　　例	备　　注
38	固定窗	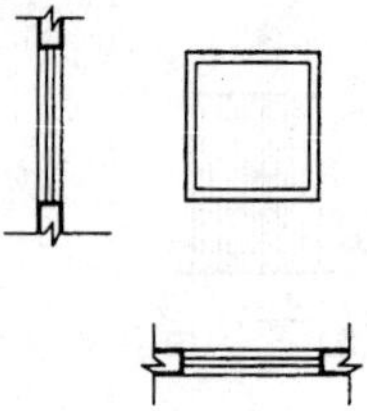	1. 窗的名称代号用C表示 2. 平面图中，下为外，上为内 3. 立面图中，开启线实线为外开，虚线为内开。开启线交角的一侧为安装合页一侧。开启线在建筑立面图中可不表示，在门窗立面大样图中需绘出 4. 剖面图中，左为外、右为内。虚线仅表示开启方向，项目设计不表示 5. 附加纱扇应以文字说明，在平、立、剖面图中均不表示 6. 立面形式应按实际情况绘制
39	上悬窗	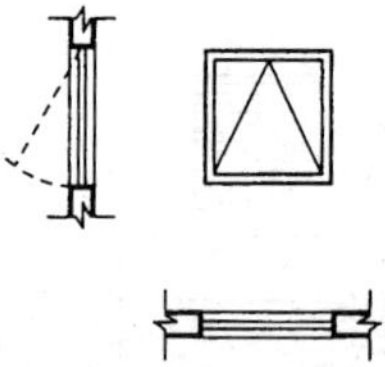	
	中悬窗	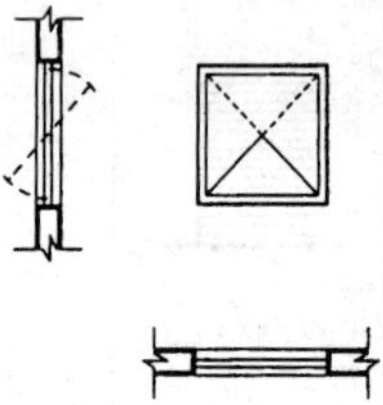	
40	下悬窗	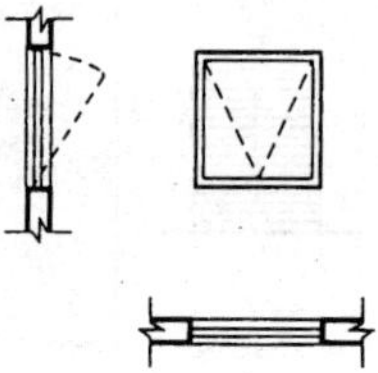	

续表

序号	名　称	图　　例	备　　注
41	立转窗	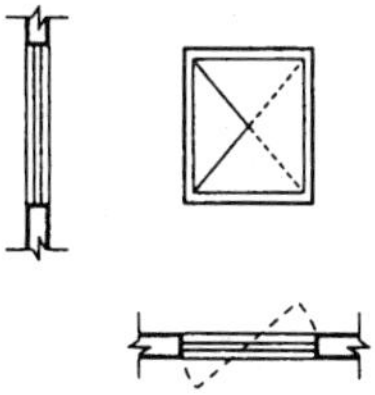	1. 窗的名称代号用C表示 2. 平面图中，下为外，上为内 3. 立面图中，开启线实线为外开，虚线为内开。开启线交角的一侧为安装合页一侧。开启线在建筑立面图中可不表示，在门窗立面大样图中需绘出 4. 剖面图中，左为外、右为内。虚线仅表示开启方向，项目设计不表示 5. 附加纱扇应以文字说明，在平、立、剖面图中均不表示 6. 立面形式应按实际情况绘制
42	内开平开内倾窗	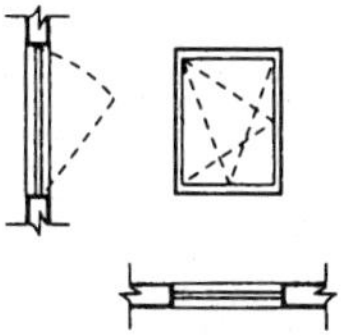	
43	单层外开平开窗	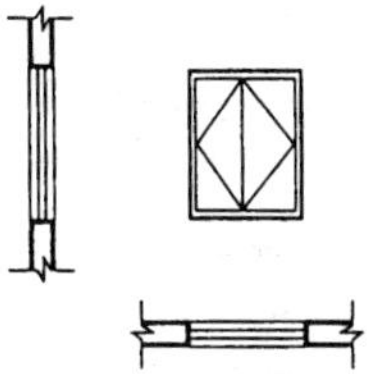	
	单层内开平开窗	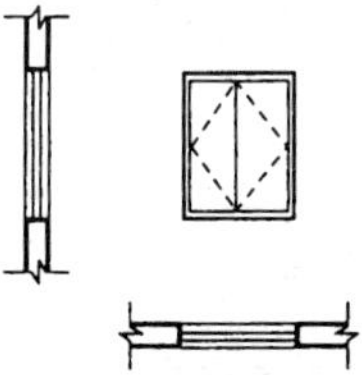	

续表

序号	名称	图例	备注
43	双层内外开平开窗	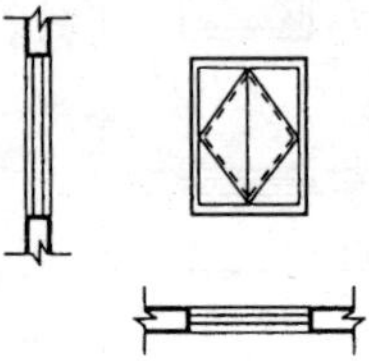	1. 窗的名称代号用C表示 2. 平面图中，下为外，上为内 3. 立面图中，开启线实线为外开，虚线为内开。开启线交角的一侧为安装合页一侧。开启线在建筑立面图中可不表示，在门窗立面大样图中需绘出 4. 剖面图中，左为外、右为内。虚线仅表示开启方向，项目设计不表示 5. 附加纱扇应以文字说明，在平、立、剖面图中均不表示 6. 立面形式应按实际情况绘制
44	单层推拉窗	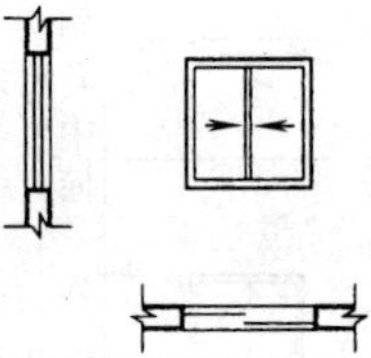	1. 窗的名称代号用C表示 2. 立面形式应按实际情况绘制
	双层推拉窗	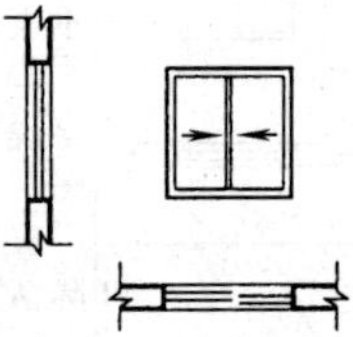	1. 窗的名称代号用C表示 2. 立面形式应按实际情况绘制
45	上推窗	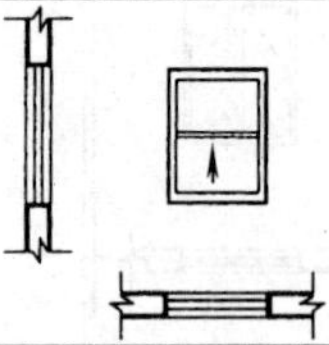	1. 窗的名称代号用C表示 2. 立面形式应按实际情况绘制

续表

序号	名　称	图　　例	备　　注
46	百叶窗	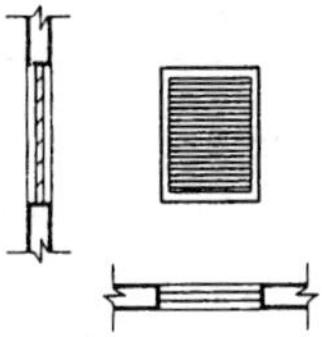	1. 窗的名称代号用C表示 2. 立面形式应按实际情况绘制
47	高窗	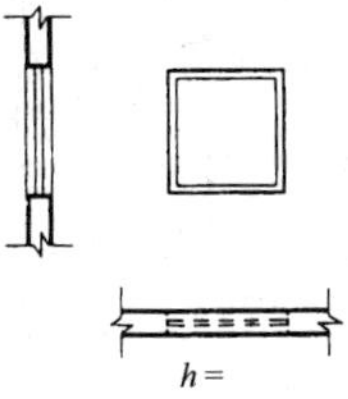 $h=$	1. 窗的名称代号用C表示 2. 立面图中，开启线实线为外开，虚线为内开。开启线交角的一侧为安装合页一侧。开启线在建筑立面图中可不表示，在门窗立面大样图中需绘出 3. 剖面图中，左为外、右为内 4. 立面形式应按实际情况绘制 5. h 表示高窗底距本层地面高度 6. 高窗开启方式参考其他窗型
48	平推窗	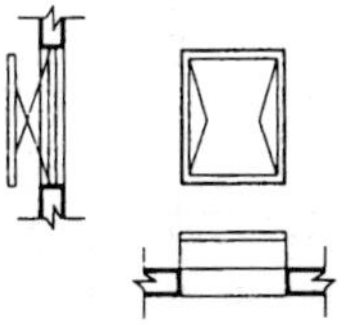	1. 窗的名称代号用C表示 2. 立面形式应按实际情况绘制

六、水平及垂直运输装置图例（《建筑制图标准》GB/T 50104—2010）

水平及垂直运输装置图例　　表 2-6

序号	名　称	图　　例	备　　注
1	铁路		适用于标准轨及窄轨铁路，使用时应注明轨距
2	起重机轨道		—
3	手、电动葫芦	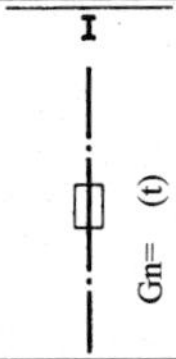 Gn= (t)	1. 上图表示立面（或剖切面），下图表示平面 2. 手动或电动由设计注明 3. 需要时，可注明起重机的名称、行驶的范围及工作级别 4. 有无操纵室，应按实际情况绘制 5. 本图例的符号说明： Gn——起重机起重量，以吨(t)计算 *S*——起重机的跨度或臂长，以米(m)计算
4	梁式悬挂起重机	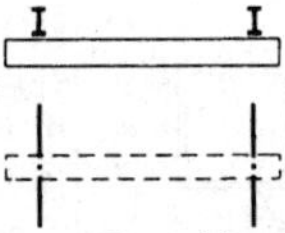 Gn= (t) *S*= (m)	
5	多支点悬挂起重机	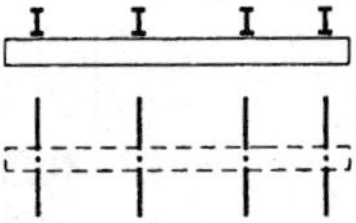 Gn= (t) *S*= (m)	
6	梁式起重机	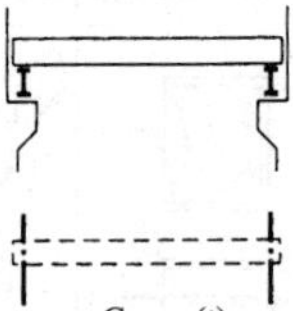 Gn= (t) *S*= (m)	

续表

序号	名　称	图　　例	备　　注
7	桥式起重机	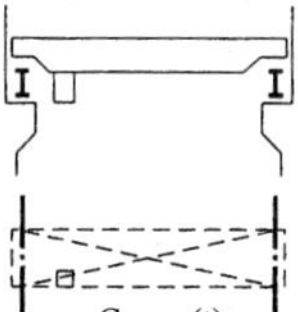 Gn=　(t) S=　(m)	1. 上图表示立面(或剖切面),下图表示平面 2. 有无操纵室,应按实际情况绘制 3. 需要时,可注明起重机的名称、行驶的范围及工作级别 4. 本图例的符号说明: Gn——起重机起重量,以吨(t)计算 S——起重机的跨度或臂长,以米(m)计算
8	龙门式起重机	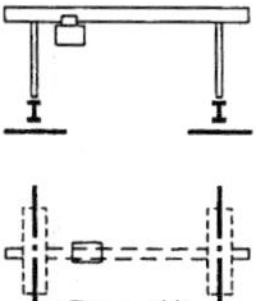 Gn=　(t) S=　(m)	
9	壁柱式起重机	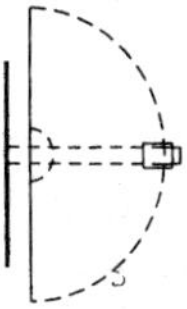 Gn=　(t) S=　(m)	1. 上图表示立面(或剖切面),下图表示平面 2. 需要时,可注明起重机的名称、行驶的范围及工作级别 3. 本图例的符号说明: Gn——起重机起重量,以吨(t)计算 S——起重机的跨度或臂长,以米(m)计算
10	壁行起重机	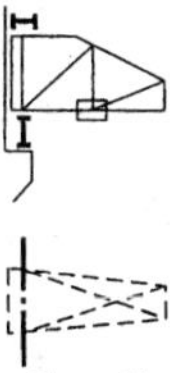 Gn=　(t) S=　(m)	

续表

序号	名称	图例	备注
11	定柱式起重机	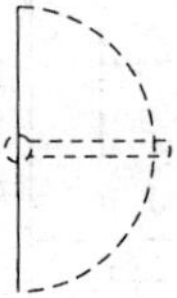 Gn= (t) S= (m)	1. 上图表示立面(或剖切面),下图表示平面 2. 需要时,可注明起重机的名称、行驶的范围及工作级别 3. 本图例的符号说明: Gn——起重机起重量,以吨(t)计算 S——起重机的跨度或臂长,以米(m)计算
12	传送带	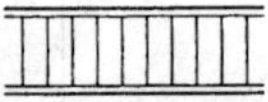	传送带的形式多种多样,项目设计图均按实际情况绘制,本图例仅为代表
13	电梯	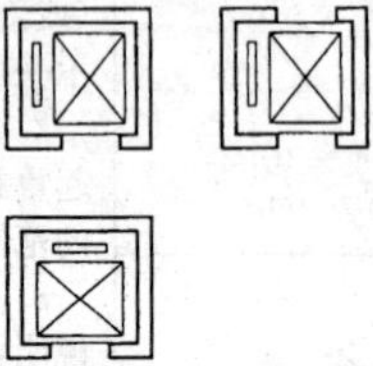	1. 电梯应注明类型,并按实际绘出门和平衡锤或导轨的位置 2. 其他类型电梯应参照本图例按实际情况绘制
14	杂物梯、食梯		

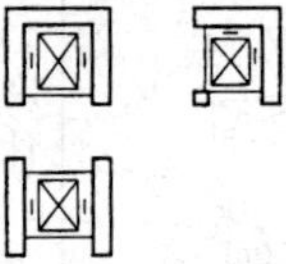

续表

序号	名　称	图　　例	备　　注
15	自动扶梯	下 上　上	箭头方向为设计运行方向
16	自动人行道		
17	自动人行坡道	上	箭头方向为设计运行方向

七、常用建筑材料图例（《房屋建筑制图统一标准》GB/T 50001—2010）

常用建筑材料图例　　表 2-7

序号	名　称	图　　例	备　　注
1	自然土壤		包括各种自然土壤
2	夯实土壤		—
3	砂、灰土		—
4	砂砾石、碎砖三合土		—
5	石材		—
6	毛石		—
7	普通砖		包括实心砖、多孔砖、砌块等砌体。断面较窄不易绘出图例线时，可涂红，并在图纸备注中加注说明，画出该材料图例

续表

<table>
<tr><th>序号</th><th>名 称</th><th>图 例</th><th>备 注</th></tr>
<tr><td>8</td><td>耐火砖</td><td> </td><td>包括耐酸砖等砌体</td></tr>
<tr><td>9</td><td>空心砖</td><td> </td><td>指非承重砖砌体</td></tr>
<tr><td>10</td><td>饰面砖</td><td> </td><td>包括铺地砖、马赛克、人造大理石等</td></tr>
<tr><td>11</td><td>焦渣、矿渣</td><td> 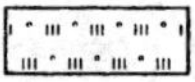</td><td>包括与水泥、石灰等混合而成的材料</td></tr>
<tr><td>12</td><td>混凝土</td><td> 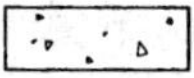</td><td rowspan="2">1. 本图例指能承重的混凝土及钢筋混凝土
2. 包括各种强度等级、骨料、添加剂的混凝土
3. 在剖面图上画出钢筋时,不画图例线
4. 断面图形小,不易画出图例线时,可涂黑</td></tr>
<tr><td>13</td><td>钢筋混凝土</td><td></td></tr>
<tr><td>14</td><td>多孔材料</td><td> </td><td>包括水泥珍珠岩、沥青珍珠岩、泡沫混凝土、非承重加气混凝土、软木、蛭石制品等</td></tr>
<tr><td>15</td><td>纤维材料</td><td> 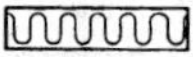</td><td>包括矿棉、岩棉、玻璃棉、麻丝、木丝板、纤维板等</td></tr>
<tr><td>16</td><td>泡沫塑料材料</td><td> 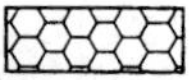</td><td>包括聚苯乙烯、聚乙烯、聚氨酯等多孔聚合物类材料</td></tr>
<tr><td>17</td><td>木 材</td><td> </td><td>1. 上图为横断面,左上图为垫木、木砖或木龙骨
2. 下图为纵断面</td></tr>
</table>

续表

序号	名称	图例	备注
18	胶合板		应注明为×层胶合板
19	石膏板	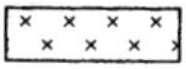	包括圆孔、方孔石膏板、防水石膏板、硅钙板、防火板等
20	金属		1. 包括各种金属 2. 图形小时,可涂黑
21	网状材料		1. 包括金属、塑料网状材料 2. 应注明具体材料名称
22	液体	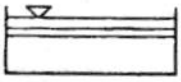	应注明具体液体名称
23	玻璃		包括平板玻璃、磨砂玻璃、夹丝玻璃、钢化玻璃、中空玻璃、夹层玻璃、镀膜玻璃等
24	橡胶		—
25	塑料		包括各种软、硬塑料及有机玻璃等
26	防水材料		构造层次多或比例大时,采用上图例
27	粉刷		本图例采用较稀的点

注:序号1、2、5、7、8、13、14、16、17、18图例中的斜线、短斜线、交叉斜线等均为45°。

八、普通钢筋图例（《建筑结构制图标准》GB/T 50105—2010）

普通钢筋图例　　表 2-8

序号	名　　称	图　　例	说　　明
1	钢筋横断面	•	—
2	无弯钩的钢筋端部		下图表示长，短钢筋投影重叠时，短钢筋的端部用 45°斜划线表示
3	带半圆形弯钩的钢筋端部		—
4	带直钩的钢筋端部		—
5	带丝扣的钢筋端部		—
6	无弯钩的钢筋搭接		—
7	带半圆弯钩的钢筋搭接		—
8	带直钩的钢筋搭接		—
9	花篮螺丝钢筋接头	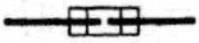	—
10	机械连接的钢筋接头		用文字说明机械连接的方式（或冷挤压或直螺纹等）

九、预应力钢筋图例（《建筑结构制图标准》GB/T 50105—2010）

预应力钢筋图例　　表 2-9

序号	名　称	图　例
1	预应力钢筋或钢绞线	——··——··——
2	后张法预应力钢筋断面 无粘结预应力钢筋断面	⊕
3	预应力钢筋断面	+
4	张拉端锚具	▷—··——··——
5	固定端锚具	▷—··——··——
6	锚具的端视图	⊕
7	可动连接件	—··三··—
8	固定连接件	—··—+—··—

十、钢筋网片图例（《建筑结构制图标准》GB/T 50105—2010）

钢筋网片图例　　表 2-10

序号	名　称	图　例
1	一片钢筋网平面图	W-1
2	一行相同的钢筋网平面图	3W-1

注：用文字注明焊接网或绑扎网片。

十一、钢筋的焊接接头形式（《建筑结构制图标准》GB/T 50105—2010）

钢筋的焊接接头形式　　表 2-11

序号	名　　称	接头形式	标注方法
1	单面焊接的钢筋接头	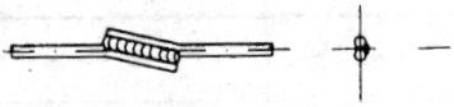	
2	双面焊接的钢筋接头	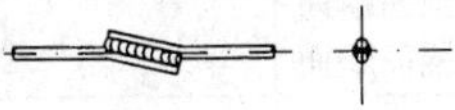	
3	用帮条单面焊接的钢筋接头		
4	用帮条双面焊接的钢筋接头		
5	接触对焊的钢筋接头（闪光焊、压力焊）		
6	坡口平焊的钢筋接头	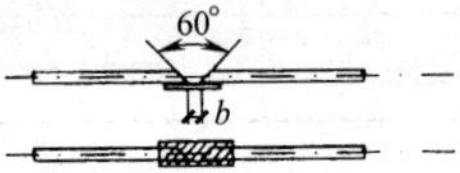 60° b	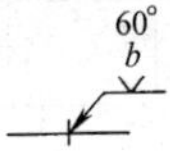 60° b
7	坡口立焊的钢筋接头	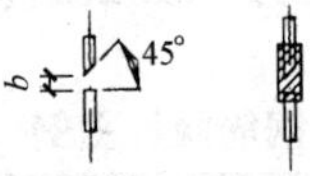 b 45°	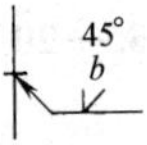 45° b
8	用角钢或扁钢做连接板焊接的钢筋接头	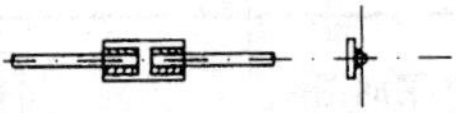	
9	钢筋或螺（锚）栓与钢板穿孔塞焊的接头	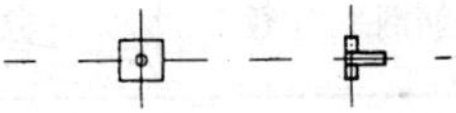	

十二、钢筋的画法及表示方法（《建筑结构制图标准》GB/T 50105—2010）

钢筋画法　　表 2-12

序号	说　明	图　例
1	在结构楼板中配置双层钢筋时，底层钢筋的弯钩应向上或向左，顶层钢筋的弯钩则向下或向右	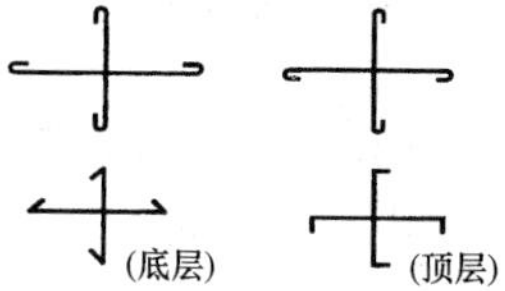 (底层)　(顶层)
2	钢筋混凝土墙体配双层钢筋时，在配筋立面图中，远面钢筋的弯钩应向上或向左而近面钢筋的弯钩向下或向右（JM 近面，YM 远面）	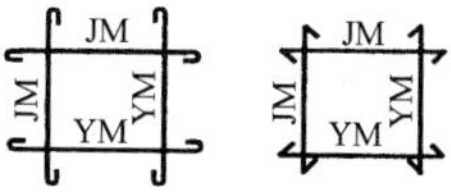 JM　YM
3	若在断面图中不能表达清楚的钢筋布置，应在断面图外增加钢筋大样图（如：钢筋混凝土墙，楼梯等）	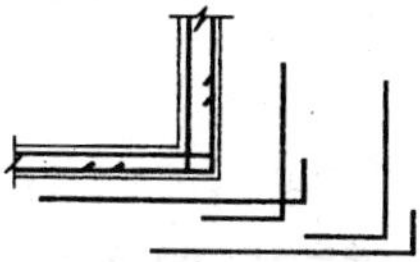
4	图中所表示的箍筋、环筋等若布置复杂时，可加画钢筋大样及说明	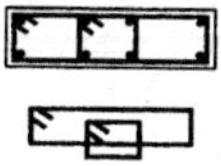
5	每组相同的钢筋、箍筋或环筋，可用一根粗实线表示，同时用一两端带斜短划线的横穿细线，表示其钢筋及起止范围	

钢筋的表示方法

(1) 钢筋在平面图中的表示方法，见图 2-1。

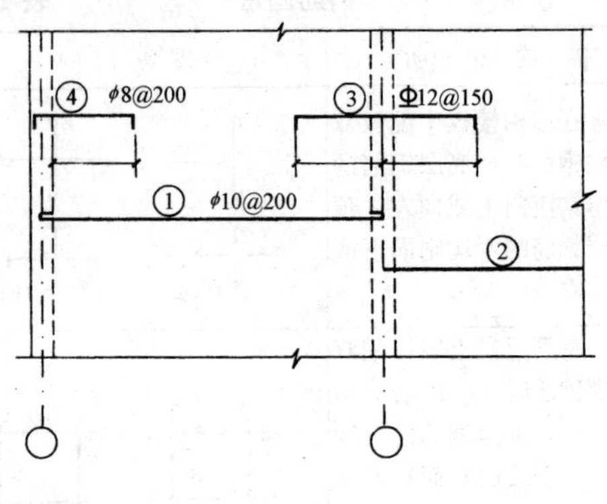

图 2-1

(2) 钢筋在纵、横断面图中的表示方法，见图 2-2。

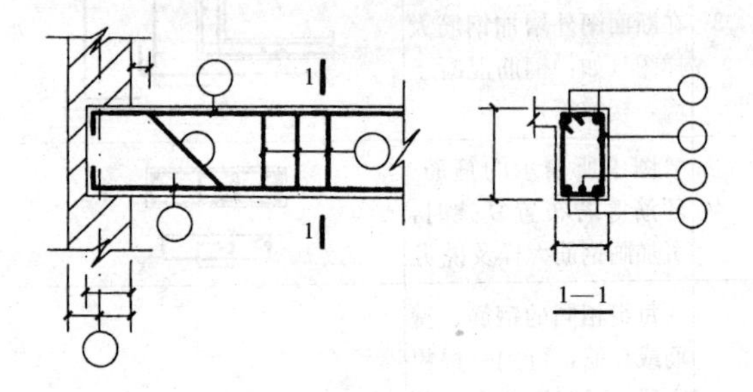

图 2-2

(3) 钢筋的尺寸标注法，见图 2-3。

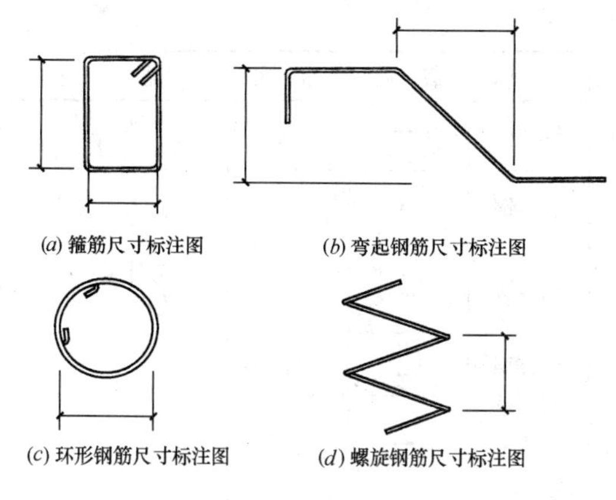

(*a*) 箍筋尺寸标注图　　(*b*) 弯起钢筋尺寸标注图

(*c*) 环形钢筋尺寸标注图　　(*d*) 螺旋钢筋尺寸标注图

图 2-3

十三、常用型钢的标注方法（《建筑结构制图标准》GB/T 50105—2010）

常用型钢的标注方法　　表 2-13

序号	名　称	截　面	标　注	说　　明
1	等边角钢	└	└ $b \times t$	b 为肢宽 t 为肢厚
2	不等边角钢	B └	└ $B \times b \times t$	B 为长肢宽　b 为短肢宽　t 为肢厚
3	工字钢	I	I N　Q I N	轻型工字钢加注Q字
4	槽　钢	[	[N　Q [N	轻型槽钢加注Q字
5	方　钢	▨ b	□ b	—
6	扁　钢	▬ b	— $b \times t$	—

续表

序号	名称	截面	标注	说明
7	钢板	—	$-\frac{-b\times t}{L}$	$\frac{宽\times厚}{板长}$
8	圆钢	⊘	ϕd	—
9	钢管	○	$\phi d\times t$	d 为外径 t 为壁厚
10	薄壁方钢管	□	B □ $b\times t$	薄壁型钢加注 B 字 t 为壁厚
11	薄壁等肢角钢	∟	B ∟ $b\times t$	
12	薄壁等肢卷边角钢		B $b\times a\times t$	
13	薄壁槽钢		B [$h\times b\times t$	
14	薄壁卷边槽钢		B $h\times b\times a\times t$	
15	薄壁卷边Z型钢		B $h\times b\times a\times t$	
16	T型钢	T	TW ×× TM ×× TN ××	TW为宽翼缘T型钢 TM为中翼缘T型钢 TN为窄翼缘T型钢
17	H型钢	H	HW ×× HM ×× HN ××	HW为宽翼缘H型钢 HM为中翼缘H型钢 HN为窄翼缘H型钢
18	起重机钢轨		QU××	详细说明产品规格型号
19	轻轨及钢轨		××kg/m钢轨	

十四、螺栓、孔、电焊铆钉图例（《建筑结构制图标准》GB/T 50105—2010）

螺栓、孔、电焊铆钉图例　　　表 2-14

序号	名称	图　　例	说　明
1	永久螺栓	M ϕ	1. 细“+”线表示定位线； 2. M 表示螺栓型号； 3. ϕ 表示螺栓孔直径； 4. d 表示膨胀螺栓、电焊铆钉直径； 5. 采用引出线标注螺栓时，横线上标注螺栓规格，横线下标注螺栓孔直径
2	高强螺栓	M ϕ	
3	安装螺栓	M ϕ	
4	膨胀螺栓	d	
5	圆形螺栓孔	ϕ	
6	长圆形螺栓孔	ϕ b	
7	电焊铆钉	d	

十五、常用焊缝的表示方法

（1）单面焊缝标注方法，见图 2-4。

（2）双面焊缝标注方法，见图 2-5。

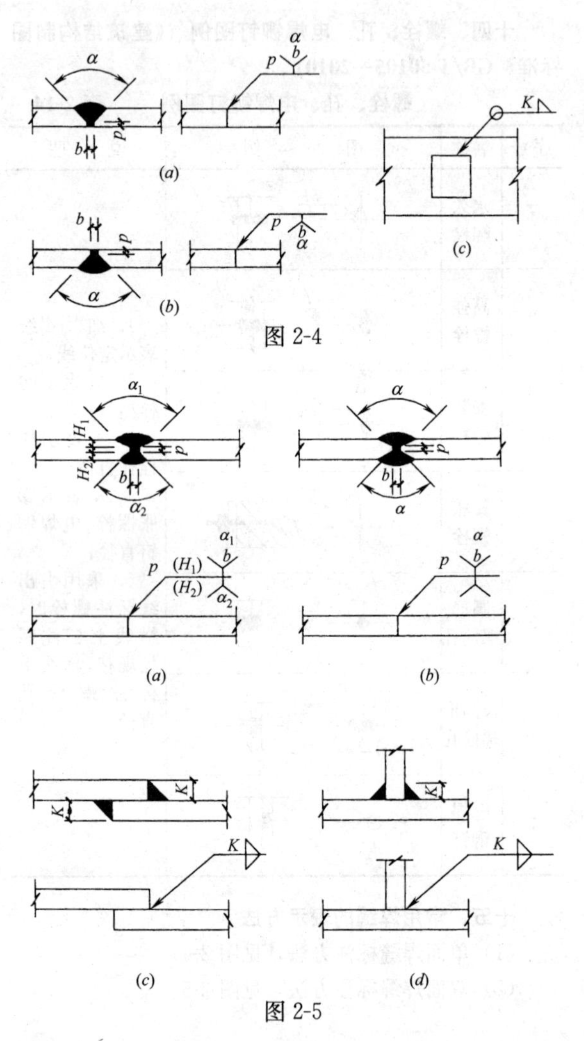

图 2-4

图 2-5

（3）3 个及以上焊件的焊缝标注方法，见图 2-6。

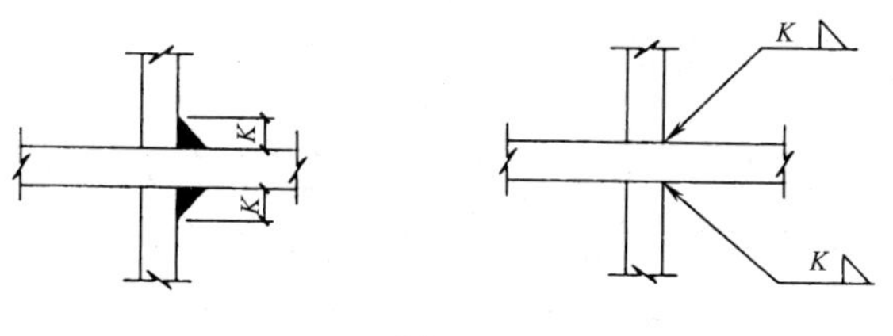

图 2-6

（4）一个焊件带坡口的焊缝标注方法，见图 2-7。

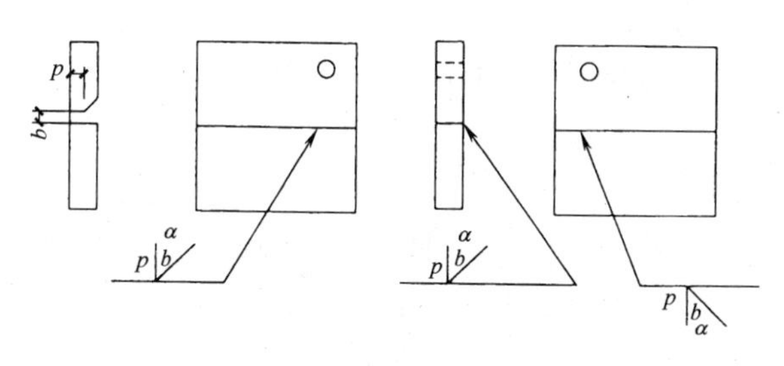

图 2-7

（5）不对称坡口焊缝的标注方法，见图 2-8。

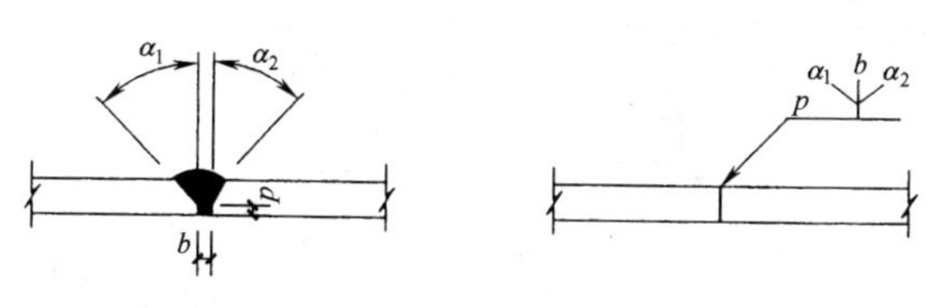

图 2-8

（6）不规则焊缝的标注方法，见图 2-9。

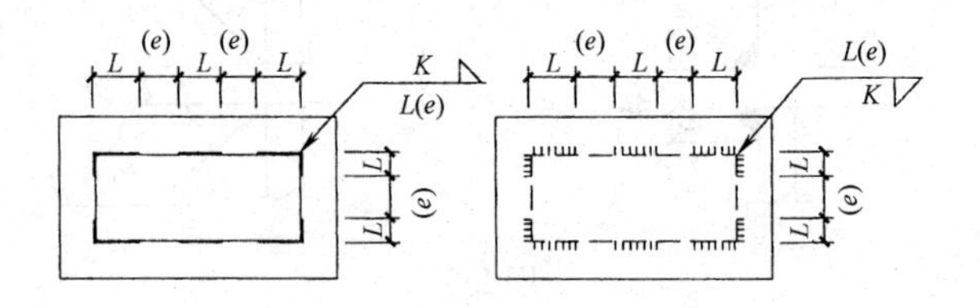

图 2-9

（7）相同焊缝的标注方法，见图 2-10。

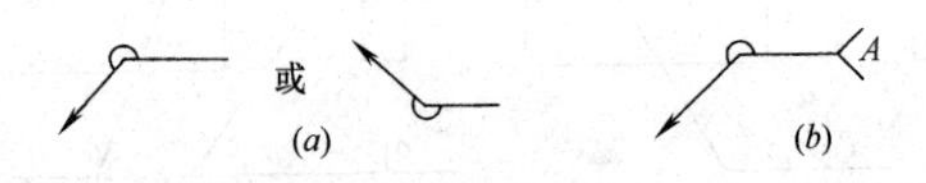

图 2-10

（8）现场焊缝的标注方法，见图 2-11。

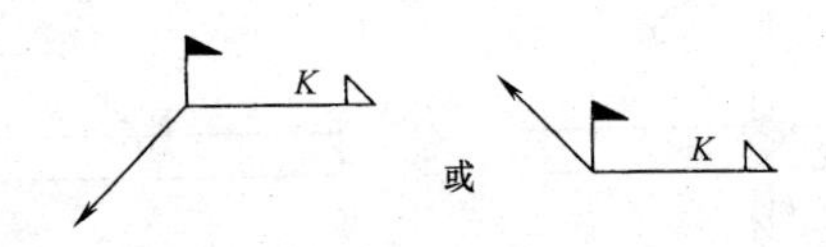

图 2-11

十六、建筑钢结构常用焊缝符号及符号尺寸

建筑钢结构常用焊缝符号及符号尺寸　　表 2-15

序号	焊缝名称	形式	标注法	符号尺寸(mm)
1	V形焊缝	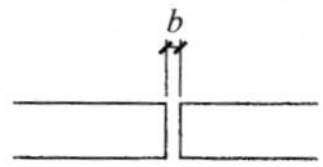 b	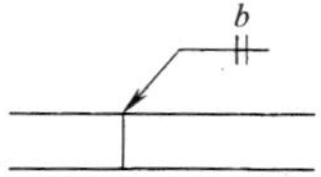 b	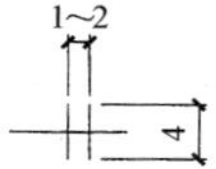 1~2 4
2	单边V形焊缝	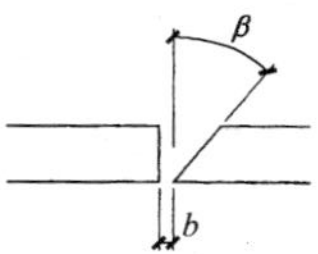 β b	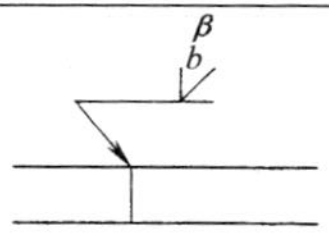 β b 注：箭头指向剖口	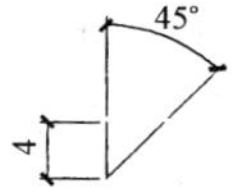 45° 4
3	带钝边单边V形焊缝	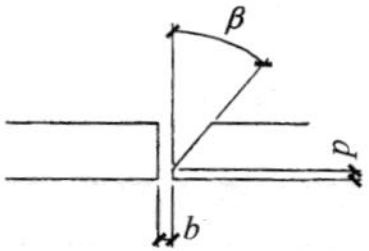 β p b	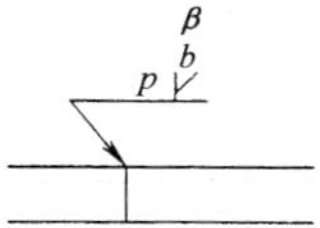 β b p	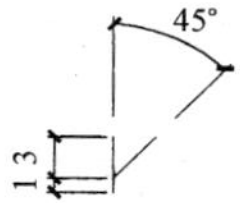 45° 1 3

续表

序号	焊缝名称	形式	标注法	符号尺寸(mm)
4	带垫板带钝边单边 V 形焊缝	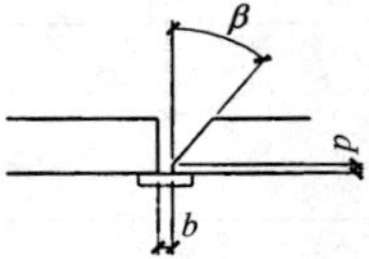 β p b	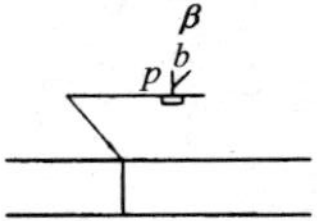 β b p 注:箭头指向剖口	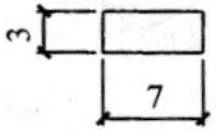 3 7
5	带垫板 V 形焊缝	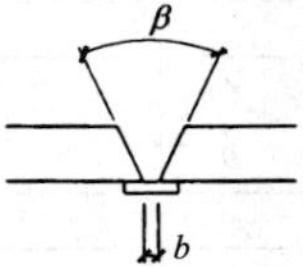 β b	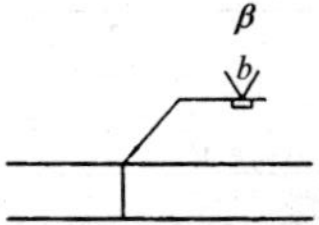 β b	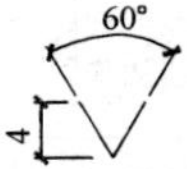 60° 4
6	Y 形焊缝	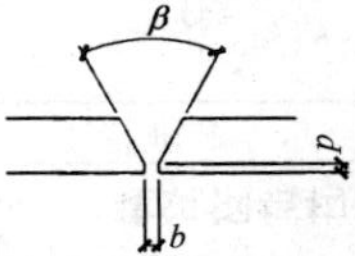 β p b	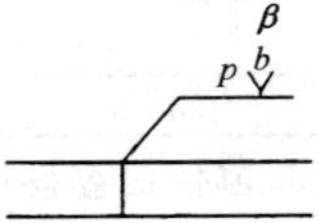 β b p	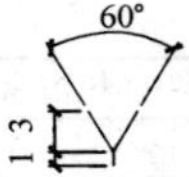 60° 1 3

续表

序号	焊缝名称	形式	标注法	符号尺寸(mm)
7	带垫板 Y形焊缝	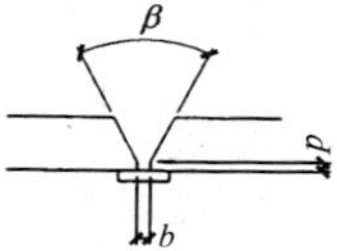 β p b	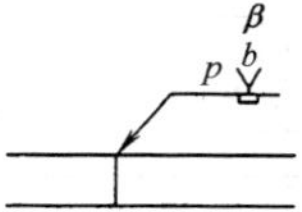 β b p	—
8	双单边V形 焊缝	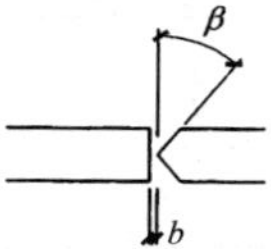 β b	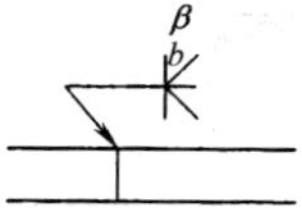 β b	—
9	双V形 焊缝	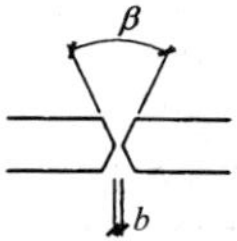 β b	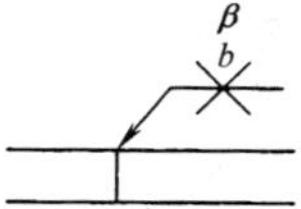 β b	—

续表

序号	焊缝名称	形式	标注法	符号尺寸(mm)
10	带钝边 U形焊缝	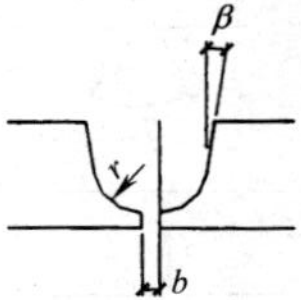	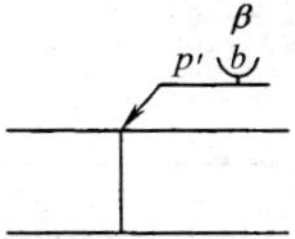	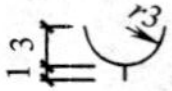
11	带钝边 双U形焊缝	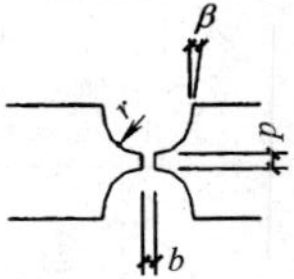	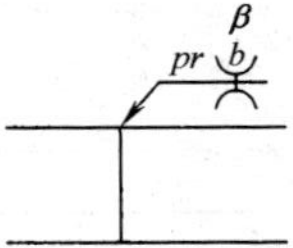	—
12	带钝边 J形焊缝	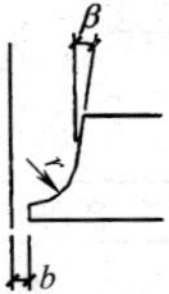	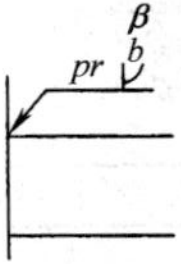	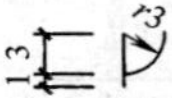

续表

序号	焊缝名称	形式	标注法	符号尺寸(mm)
13	带钝边双J形焊缝	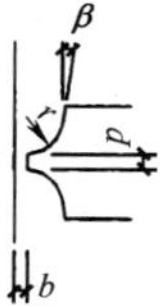	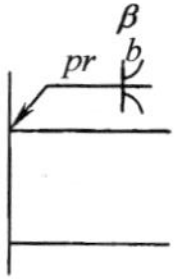	—
14	角焊缝	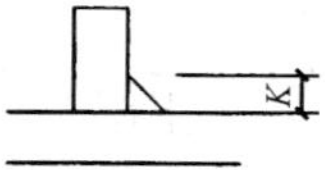	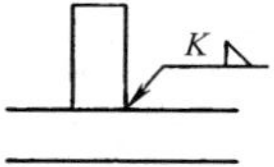	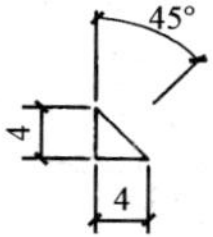
15	双面角焊缝	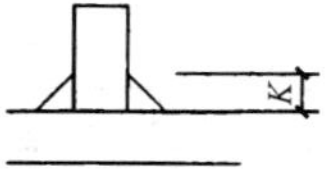	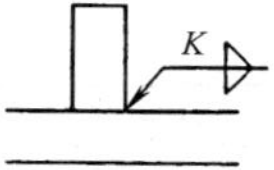	—

续表

序号	焊缝名称	形式	标注法	符号尺寸(mm)
16	剖口角焊缝	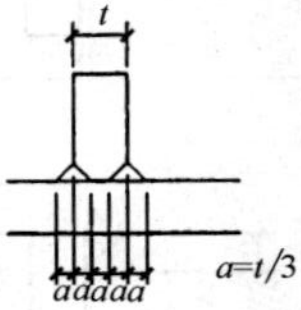 t $aaaaa$ $a=t/3$	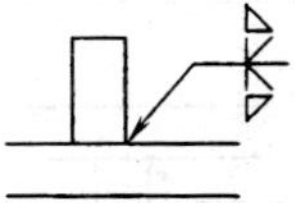	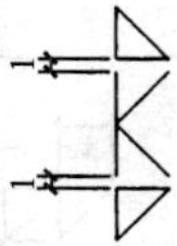 1 1
17	喇叭形焊缝	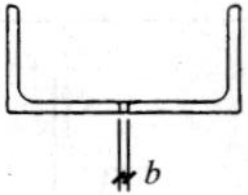 b	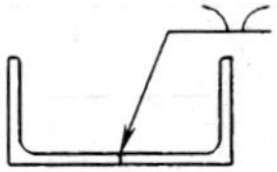	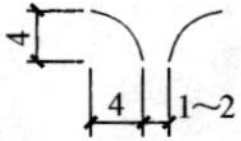 4 4 1~2
18	双面半喇叭形焊缝	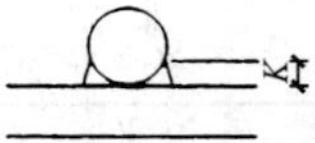 K	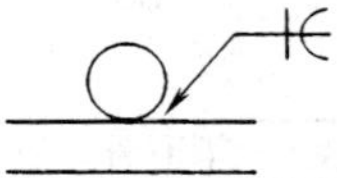	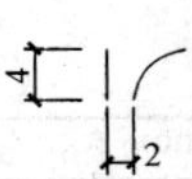 4 2

续表

序号	焊缝名称	形式	标注法	符号尺寸(mm)
19	塞焊	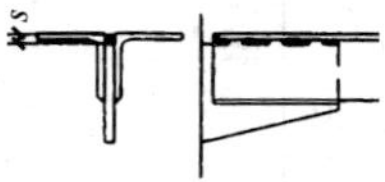 s	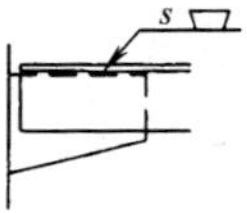 s	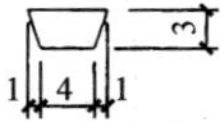 3 1 4 1

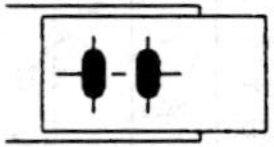

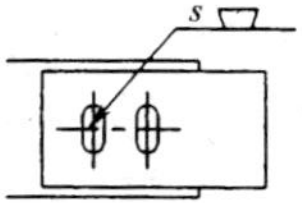

十七、常用木构件断面的表示方法

常用木构件断面的表示方法　　表 2-16

序号	名　称	图　例	说　明
1	圆木	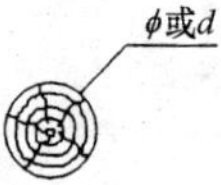 ϕ或d	1. 木材的断面图均应画出横纹线或顺纹线； 2. 立面图一般不画木纹线，但木键的立面图均须绘出木纹线
2	半圆木	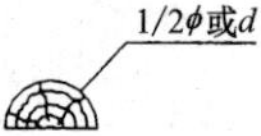 $1/2\phi$或d	
3	方木	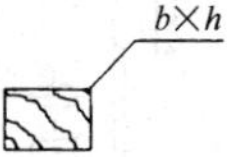 $b\times h$	
4	木板	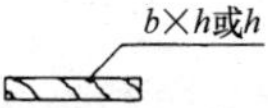 $b\times h$或h	

十八、木构件连接的表示方法

木构件连接的表示方法　　表 2-17

序号	名　称	图　例	说　明
1	钉连接正面画法(看得见钉帽的)	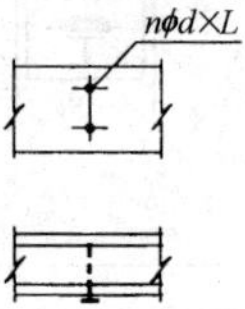 $n\phi d\times L$	—
2	钉连接背面画法(看不见钉帽的)	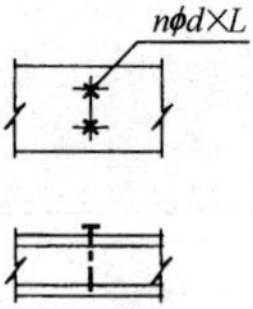 $n\phi d\times L$	

续表

序号	名称	图例	说明
3	木螺钉连接正面画法（看得见钉帽的）	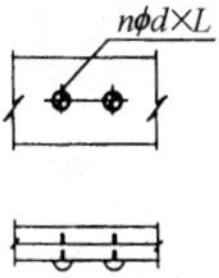 $n\phi d \times L$	—
4	木螺钉连接背面画法（看不见钉帽的）	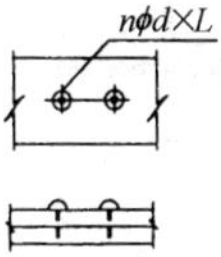 $n\phi d \times L$	
5	杆件连接		仅用于单线图中
6	螺栓连接	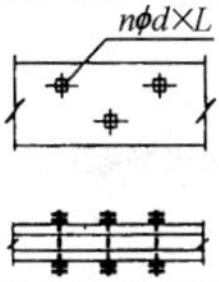 $n\phi d \times L$	1. 当采用双螺母时应加以注明； 2. 当采用钢夹板时，可不画垫板线
7	齿连接	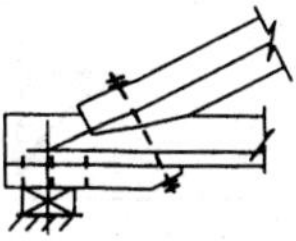 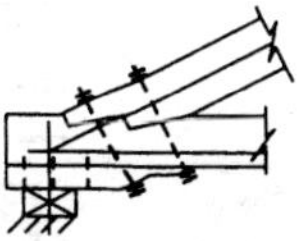	—

十九、通路工程常用图例（GB 50162—92）

通路工程常用图例　　表 2-18

项目	序号	名　　称	图　　例
平面	1	涵洞	
	2	通道	
	3	分离式立交 (*a*)主线上跨 (*b*)主线下穿	(*a*) (*b*)
	4	桥梁(大、中桥按实际长度绘)	
	5	互通式立交(按采用形式绘)	
	6	隧道	
	7	养护机构	
	8	管理机构	

续表

项目	序号	名　　称	图　　例
平面	9	防护网	—×—×—
	10	防护栏	
	11	隔离墩	
纵断	12	箱涵	□
	13	管涵	○
	14	盖板涵	
	15	拱涵	
	16	箱形通道	
	17	分离式立交 (*a*)主线上跨 (*b*)主线下穿	(*a*) (*b*)
	18	互通式立交 (*a*)主线上跨 (*b*)主线下穿	(*a*) (*b*)
材料	19	细粒式沥青混凝土	
	20	中粒式沥青混凝土	
	21	粗粒式沥青混凝土	

续表

项目	序号	名　　称	图　　例
材料	22	沥青碎石	
	23	沥青贯入碎砾石	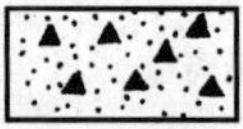
	24	沥青表面处置	
	25	水泥混凝土	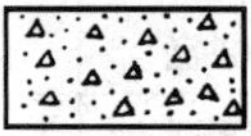
	26	钢筋混凝土	
	27	水泥稳定土	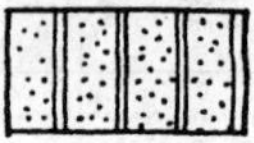
	28	水泥稳定砂砾	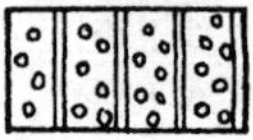
	29	水泥稳定砾石	
	30	石灰土	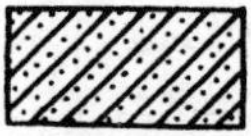
	31	石灰粉煤灰	

续表

项目	序号	名　称	图　例
材料	32	石灰粉煤灰土	
	33	石灰粉煤灰砂砾	
	34	石灰粉煤灰碎砾石	
	35	泥结碎砾石	
	36	泥灰结碎砾石	
	37	级配碎砾石	
	38	填隙碎石	
	39	天然砂砾	
	40	干砌片石	
	41	浆砌片石	

续表

项目	序号	名　称	图　例
材料	42	浆砌块石	
	43	木材 横 纵	
	44	金属	
	45	橡胶	
	46	自然土	
	47	夯实土	

二十、管道、附件、管件图例（GB/T 50106—2010）

1. 管道图例

管道图例　表 2-19

序号	名　称	图　例	备　注
1	生活给水管	—— J ——	
2	热水给水管	—— RJ ——	
3	热水回水管	—— RH ——	
4	中水给水管	—— ZJ ——	

续表

序号	名　　称	图　　例	备　注
5	循环给水管	—— XJ ——	
6	循环回水管	—— Xh ——	
7	热媒给水管	—— RM ——	
8	热媒回水管	—— RMH ——	
9	蒸汽管	—— Z ——	
10	凝结水管	—— N ——	
11	废水管	—— F ——	可与中水原水管合用
12	压力废水管	—— YF ——	
13	通气管	—— T ——	
14	污水管	—— W ——	
15	压力污水管	—— YW ——	
16	雨水管	—— Y ——	
17	压力雨水管	—— YY ——	
18	虹吸雨水管	—— HY ——	
19	膨胀管	—— PZ ——	
20	保温管		也可用文字说明保湿范围
21	伴热管		也可用文字说明保湿范围
22	多孔管		

续表

序号	名　称	图　例	备　注
23	地沟管		
24	防护套管		
25	管道立管	XL-1 平面　XL-1 系统	X为管道类别 L为立管 1为编号
26	空调凝结水管	KN	
27	排水明沟	坡向	
28	排水暗沟	坡向	

注：1. 分区管道用加注角标方式表示：如 J_1、J_2、RJ_1、RJ_2……

2. 原有管线可用比同类型的新设管线细一级的线型表示，并加斜线，拆除管线则加叉线。

2. 管道附件图例

管道附件图例　　表 2-20

序号	名　称	图　例	备　注
1	套管伸缩器		
2	方形伸缩器		
3	刚性防水套管		

续表

序号	名　　称	图　　例	备　　注
4	柔性防水套管		
5	波纹管		
6	可曲挠橡胶接头	单球　双球	
7	管道固定支架		
8	立管检查口		
9	清扫口	平面　系统	
10	通气帽	成品　蘑菇形	
11	雨水斗	YD-　YD- 平面　系统	
12	排水漏斗	平面　系统	
13	圆形地漏	平面　系统	通用。如为无水封，地漏应加存水弯
14	方形地漏	平面　系统	

续表

序号	名　称	图　例	备　注
15	自动冲洗水箱		
16	挡墩		
17	减压孔板		
18	Y形除污器		
19	毛发聚集器	平面　系统	
20	防回流污染止回阀		
21	吸气阀		
22	真空破坏器		
23	防虫网罩		
24	金属软管		

3. 管道连接图例

管道连接图例 **表 2-21**

序号	名　　称	图　　例	备　　注
1	法兰连接		—
2	承插连接		—
3	活接头		—
4	管堵		—
5	法兰堵盖		—
6	盲板		—
7	弯折管	高　低　低　高	—
8	管道丁字上接	高 低	—
9	管道丁字下接	高 低	—
10	管道交叉	低 高	在下面和后面的管道应断开

4. 管件图例

管件图例 **表 2-22**

序号	名　称	图　例
1	偏心异径管	
2	同心异径管	
3	乙字管	
4	喇叭口	
5	转动接头	
6	S形存水弯	
7	P形存水弯	
8	90°弯头	
9	正三通	
10	TY三通	
11	斜三通	
12	正四通	
13	斜四通	
14	浴盆排水管	

二十一、阀门、水龙头、消防设施、卫生设备、仪表等图例（GB/T 50106—2010）

1. 阀门图例

阀门图例　　表 2-23

序号	名　称	图　例	备　注
1	闸阀		—
2	角阀		—
3	三通阀		—
4	四通阀		—
5	截止阀		—
6	蝶阀		—
7	电动闸阀		—
8	液动闸阀		—
9	气动闸阀		—

续表

序号	名　称	图　例	备　注
10	电动蝶阀		—
11	液动蝶阀	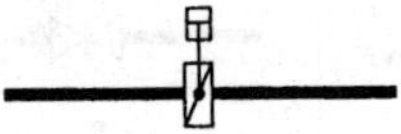	—
12	气动蝶阀	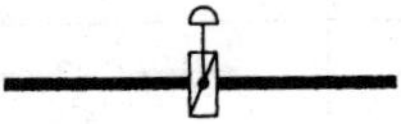	—
13	减压阀		左侧为高压端
14	旋塞阀	 平面 　系统	—
15	底阀	 平面 　系统	—
16	球阀		—
17	隔膜阀		—
18	气开隔膜阀		—
19	气闭隔膜阀		—

续表

序号	名　　称	图　　例	备　　注
20	电动隔膜阀	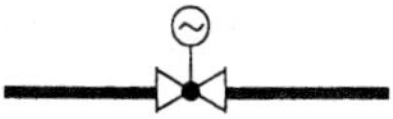	—
21	温度调节阀		—
22	压力调节阀	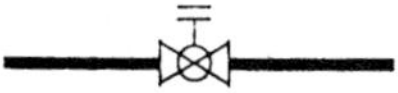	—
23	电磁阀	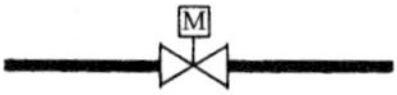 M	—
24	止回阀		—
25	消声止回阀	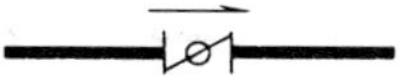	—
26	持压阀	 C	—
27	泄压阀	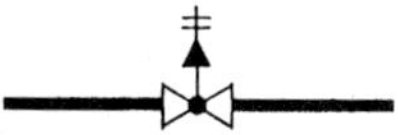	—
28	弹簧安全阀	 	左侧为通用
29	平衡锤安全阀		—
30	自动排气阀	平面 　　系统	—

续表

序号	名　　称	图　　例	备　　注
31	浮球阀	 平面　　系统	—
32	水力液位控制阀	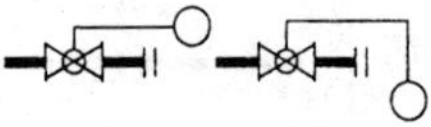 平面　　系统	—
33	延时自闭冲洗阀		—
34	感应式冲洗阀		—
35	吸水喇叭口	 平面　　系统	—
36	疏水器		—

2. 给水配件图例

给水配件图例　　　　表 2-24

序号	名　　称	图　　例
1	水嘴	平面　　系统
2	皮带水嘴	平面　　系统

续表

序号	名　　称	图　　例
3	洒水(栓)水嘴	
4	化验水嘴	
5	肘式水嘴	
6	脚踏开关水嘴	
7	混合水嘴	
8	旋转水嘴	
9	浴盆带喷头混合水嘴	
10	蹲便器脚踏开关	

3. 消防设施图例

消防设施图例　　　　表 2-25

序号	名　　称	图　　例	备　　注
1	消火栓给水管	—— XH ——	—
2	自动喷水灭火给水管	—— ZP ——	—
3	雨淋灭火给水管	—— YL ——	—

续表

序号	名称	图例	备注
4	水幕灭火给水管	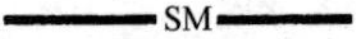 SM	—
5	水炮灭火给水管	 SP	—
6	室外消火栓		—
7	室内消火栓(单口)	平面 系统	白色为开启面
8	室内消火栓(双口)	 平面 系统	—
9	水泵接合器	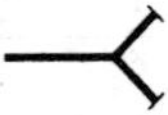	—
10	自动喷洒头(开式)	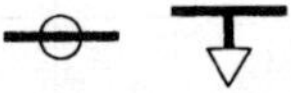 平面 系统	—
11	自动喷洒头(闭式)	平面 系统	下喷
12	自动喷洒头(闭式)	平面 系统	上喷
13	自动喷洒头(闭式)	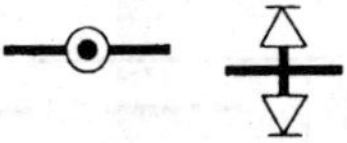 平面 系统	上下喷
14	侧墙式自动喷洒头	 平面 系统	—

续表

序号	名　　称	图　　例	备　　注
15	水喷雾喷头	 平面　系统	—
16	直立型水幕喷头	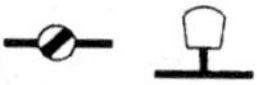 平面　系统	—
17	下垂型水幕喷头	 平面　系统	—
18	干式报警阀	 平面　系统	—
19	湿式报警阀	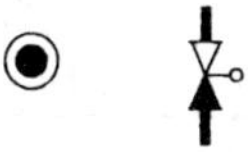 平面　系统	—
20	预作用报警阀	 平面　系统	—
21	雨淋阀	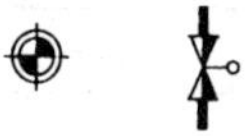 平面　系统	—
22	信号闸阀		—
23	信号蝶阀	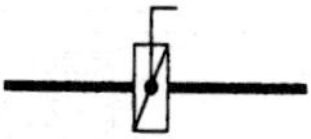	—

续表

序号	名　　称	图　　例	备　　注
24	消防炮	 平面　　系统	—
25	水流指示器		—
26	水力警铃		—
27	末端试水装置	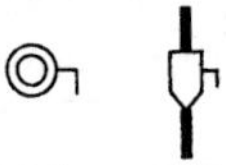 平面　　系统	—
28	手提式灭火器	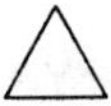	—
29	推车式灭火器	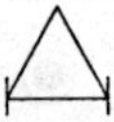	—

注：1. 分区管道用加注角标方式表示。

2. 建筑灭火器的设计图例可按现行国家标准《建筑灭火器配置设计规范》GB 50140 的规定确定。

4. 卫生设施图例

卫生设施图例　　　　表 2-26

序号	名　　称	图　　例	备　　注
1	立式洗脸盆	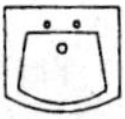	
2	台式洗脸盆	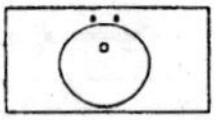	
3	挂式洗脸盆		

续表

序号	名　　称	图　　例	备　　注
4	浴盆	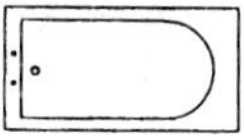	
5	化验盆、洗涤盆		
6	厨房洗涤盆	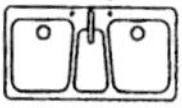	不锈钢制品
7	带沥水板洗涤盆		
8	盥洗槽	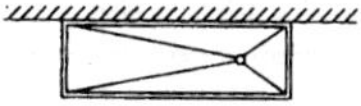	
9	污水池		
10	妇女净身盆		
11	立式小便器	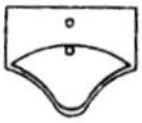	
12	壁挂式小便器		
13	蹲式大便器	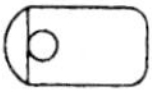	
14	坐式大便器	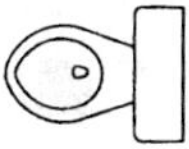	

续表

序号	名　称	图　例	备　注
15	小便槽		
16	淋浴喷头		

注：卫生设备图例也可以建筑专业资料图为准。

5. 小型给水排水构筑物图例

小型给水排水构筑物图例　　表 2-27

序号	名　称	图　例	备　注
1	矩形化粪池	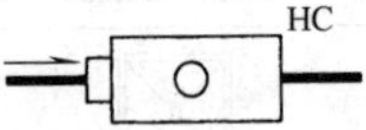 HC	HC 为化粪池
2	隔油池	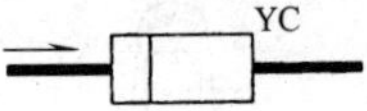 YC	YC 为隔油池代号
3	沉淀池	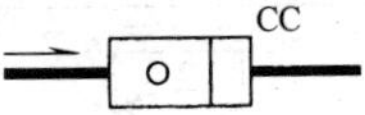 CC	CC 为沉淀池代号
4	降温池	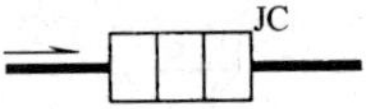 JC	JC 为降温池代号
5	中和池	 ZC	ZC 为中和池代号
6	雨水口（单箅）		

续表

序号	名　　称	图　　例	备　　注
7	雨水口（双箅）		
8	阀门井及检查井	J-×× W-×× Y-××　J-×× W-×× Y-××	以代号区别管道
9	水封井		
10	跌水井		
11	水表井		

6. 给水排水设备图例

给水排水设备图例　　表 2-28

序号	名　　称	图　　例	备　　注
1	卧式水泵	或　平面　系统	
2	立式水泵	平面　系统	
3	潜水泵		
4	定量泵		

续表

序号	名　称	图　例	备　注
5	管道泵		
6	卧式容积热交换器	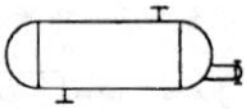	
7	立式容积热交换器	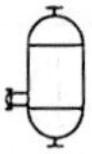	
8	快速管式热交换器		
9	板式热交换器		
10	开水器	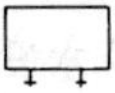	
11	喷射器	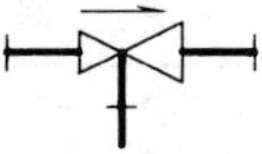	小三角为进水端
12	除垢器		
13	水锤消除器	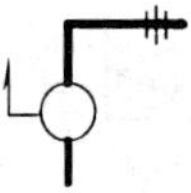	
14	搅拌器	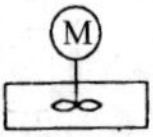 M	
15	紫外线消毒器	 ZWX	

7. 仪表图例

仪表图例 **表 2-29**

序号	名称	图例	备注
1	温度计		
2	压力表		
3	自动记录压力表		
4	压力控制器		
5	水表		
6	自动记录流量计		
7	转子流量计	平面 系统	
8	真空表		
9	温度传感器	T	
10	压力传感器	P	
11	pH 值传感器	pH	

续表

序号	名　　称	图　　例	备　　注
12	酸传感器	———[H]— — —	
13	碱传感器	———[Na]— — —	
14	余氯传感器	———[Cl]— — —	

二十二、电气工程图形符号

1. 控制、保护装置

控制、保护装置图形符号　　　　表 2-30

序　号	图　形　符　号	说　　明	标准
07-02-01		动合(常开)触点 注:本符号也可以用作开关一般符号	IEC
07-02-03		动断(常闭)触点	IEC
07-02-04		先断后合的转换触点	IEC
07-02-05		中间断开的双向触点	IEC

续表

序　号	图　形　符　号	说　　明	标准
07-05-01	形式1	当操作器件被吸合时延时闭合的动合触点	IEC
07-05-02	形式2		
07-05-03	形式1	当操作器件被释放时延时断开的动合触点	GB
07-05-04	形式2		
07-05-05	形式1	当操作器件被释放时延时闭合的动断触点	IEC
07-05-06	形式2		
07-05-07	形式1	当操作器件被吸合时延时断开的动断触点	GB
07-05-08	形式2		

续表

序 号	图 形 符 号	说 明	标准
07-07-01	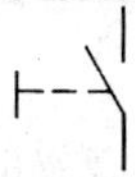	手动开关的一般符号	IEC
07-07-02	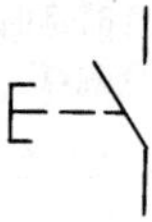	按钮开关（不闭锁）	IEC
07-08-01		位置开关，动合触点 限制开关，动合触点	IEC
07-08-02	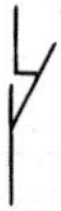	位置开关，动断触点 限制开关，动断触点	IEC
07-13-02		多极开关一般符号单线表示	GB
07-13-03		多极开关一般符号多线表示	GB
07-13-04		接触器（在非动作位置触点断开）	IEC

续表

序号	图形符号	说明	标准
07-13-05		具有自动释放的接触器	IEC
07-13-06		接触器（在非动作位置触点闭合）	IEC
07-13-07		断路器	IEC
07-13-08		隔离开关	IEC
07-13-10		负荷开关（负荷隔离开关）	GB
07-15-01	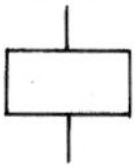	操作器件一般符号	IEC
07-15-07	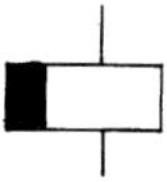	缓慢释放（缓放）继电器的线圈	IEC
07-15-08	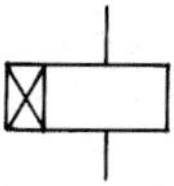	缓慢吸合（缓吸）继电器的线圈	IEC

续表

序号	图形符号	说明	标准
07-15-12	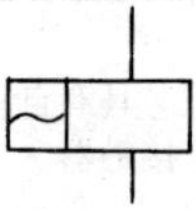	支流继电器的线圈	IEC
07-15-21	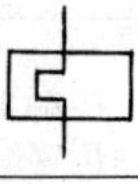	热继电器的驱动器件	IEC
07-21-06		跌开式熔断器	GB
07-21-01		熔断器一般符号	IEC
07-21-07		熔断器式开关	IEC
07-21-08		熔断器式隔离开关	IEC
07-21-09		熔断器式负荷开关	IEC

续表

序　号	图 形 符 号	说　明	标准
07-22-03		避雷器	IEC
02-15-01		接地一般符号 注：如表示接地的状况或作用不够明显，可补充说明	IEC
04-03-01		电感器、线圈、绕组、扼流圈	IEC
06-23-09		电流互感器	IEC
11-08-20	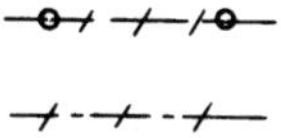	接地装置 (1)有接地极 (2)无接地极	GB
07-13-11		具有自动释放的负荷开关	IEC
11-16-02		阀的一般符号	GB
11-16-03		电磁阀	GB

续表

序号	图形符号	说明	标准
11-16-04	M	电动阀	GB
11-16-05		电磁分离器	GB
11-16-06		电磁制动器	GB
11-16-07		按钮一般符号 注：若图面位置有限，又不会引起混淆，小圆允许涂黑	IEC
11-16-08		按钮盒 (1)一般或保护型按钮盒示出一个按钮示出两个按钮	GB
11-16-09			
11-16-10		(2)密闭型按钮盒	GB
11-16-11		(3)防爆型按钮盒	GB
11-16-12		带指示灯的按钮	IEC
11-16-13		限制接近的按钮(玻璃罩等)	IEC

续表

序　号	图　形　符　号	说　　明	标准
11-16-14	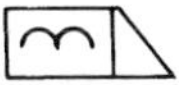	电　锁	IEC
11-B_1-10		避雷针	GB
11-B_1-14		自动开关箱	GB
11-B_1-15	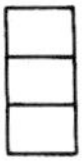	刀开关箱	GB
11-B_1-17	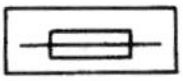	熔断器箱	GB
11-B_1-18	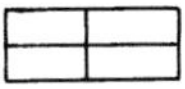	组合开关箱	GB
11-B_1-16		带熔断器的刀开箱	GB

2. 插座、开关

插座、开关图形符号　　　　表 2-31

序号	图形符号	说　　明	标准
11-18-02		单相插座	GB
11-18-03		暗装	GB
11-18-04		密闭(防水)	GB

续表

序号	图形符号	说明	标准
11-18-05		防爆	GB
11-18-06		带保护接地插座 带接地插孔的单相插座	IEC
11-18-07		暗装	GB
11-18-08		密闭(防水)	GB
11-18-09		防爆	GB
11-18-10		带接地插孔的三相插座	GB
11-18-11		带接地插孔的三相插座暗装	GB
11-18-12		密闭(防水)	GB
11-18-13		防爆	GB

续表

序号	图形符号	说　明	标准
11-18-15		多个插座(示出三个)	IEC
11-18-16		具有护板的插座	IEC
11-18-17		具有单极开关的插座	IEC
11-18-18		具有联锁开关的插座	IEC
11-18-19		具有隔离变压器的插座 (如电动剃刀用的插座)	IEC
11-18-14		插座箱(板)	GB
11-18-20		电信插座的一般符号 注:可用文字或符号加以区别如: TP—电话 TX—电传 TV—电视 —扬声器 M—传声器 FM—调频	IEC

续表

序号	图形符号	说　明	标准
11-18-21	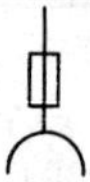	带熔断器的插座	GB
11-18-22	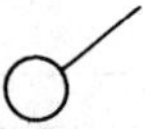	开关一般符号	IEC
11-18-23		单级开关	GB
11-18-24		暗装	
11-18-25	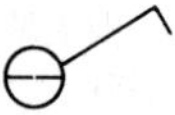	密闭(防水)	GB
11-18-26		防爆	
11-18-27	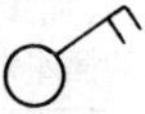	双极开关	IEC
11-18-28	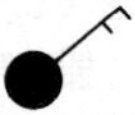	双极开关暗装	GB
11-18-29	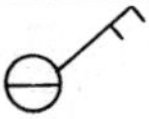	密闭(防水)	
11-18-30		防爆	
11-18-31		三极开关	GB
11-18-32		暗装	

续表

序号	图形符号	说　明	标准
11-18-33	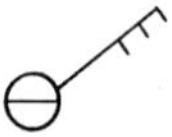	密闭(防水)	GB
11-18-34	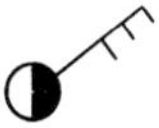	防爆	
11-18-35	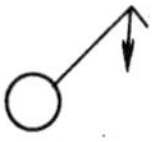	单极拉线开关	IEC
11-18-36	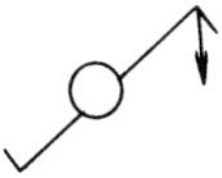	单极双控拉线开关	GB
11-18-40		多拉开关(如用于不同照度)	IEC
11-18-37	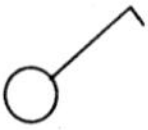	单极限时开关	IEC
11-18-38	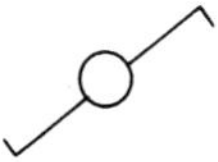	双控开关(单极三线)	IEC
11-18-39		具有指示灯的开关	IEC
11-18-44	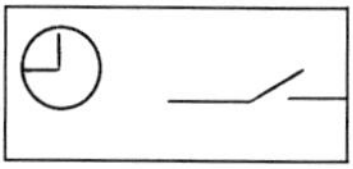	定时开关	IEC
11-18-45		钥匙开关	IEC

3. 仪表、信号器件

仪表、信号器件图形符号　　　　表 2-32

序号	图形符号	说　明	标准
08-02-01	V	电压表	IEC
08-02-02	A	电流表	IEC
08-02-05	cosφ	功率因数表	IEC
08-04-03	Wh	电度表（瓦特小时计）	IEC
08-08-01		钟（二次钟、副钟）一般符号	IEC
08-10-02		闪光型信号灯	IEC
08-10-06		电铃	IEC
08-10-05		电喇叭	IEC

续表

序号	图形符号	说　明	标准
08-10-10		蜂鸣器	IEC
08-10-12		电动汽笛	IEC
11-18-42		调光器	IEC
11-18-43	t	限时装置	IEC

4. 电信、广播、共用天线

电信、广播、共用天线图形符号　　表 2-33

序号	图形符号	说　明	标准
09-02-01		自动交换设备	IEC
09-02-03		人工交换机	IEC
09-05-01		电话机一般符号	IEC

续表

序号	图形符号	说　明	标准
09-05-04	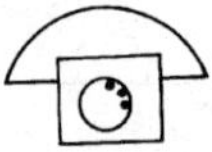	拨号盘式自动电话机 注：如不会引起误解，圆圈（拨号盘）里的圆点可以省略	IEC
09-05-05	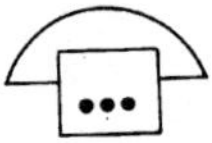	按键电话机	IEC
09-10-01		传声器一般符号	IEC
09-10-11	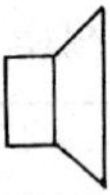	扬声器一般符号	IEC
09-12-01	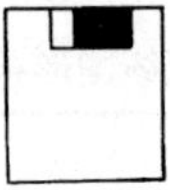	传真机一般符号	GB
09-14-05	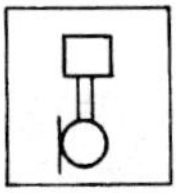	呼叫器	GB
09-14-06	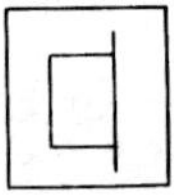	监听器	GB
10-04-01		天线一般符号	IEC

续表

序号	图形符号	说　明	标准
10-15-01	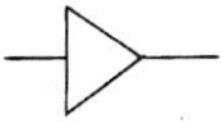	放大器一般符号 中继器一般符号 （示出输入和输出） 注：三角形指向传输方向	IEC
10-15-05	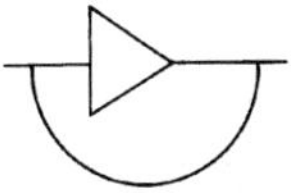	具有输送信号和(或)供电旁路的放大器	IEC
10-15-06	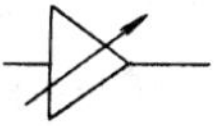	可调放大器	GB
10-16-01	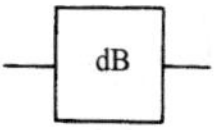 dB	固定衰减器	IEC
10-16-02	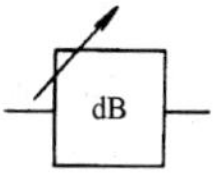 dB	可变衰减器	IEC
10-16-03		滤波器一般符号	IEC
10-16-04	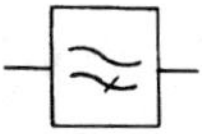	高通滤波器	IEC

续表

序号	图形符号	说　明	标准
10-16-05		低通滤波器	IEC
10-16-06		带通滤波器	IEC
10-16-07		带阻滤波器	IEC
10-09-11	λ/4 λ/4 λ/4 3λ/4	混合器	IEC
11-13-01		均衡器	IEC
11-13-02		可变均衡器	IEC
10-19-08		检波器	GB
11-11-01		两路分配器	IEC
11-11-02		具有一路较高电平输出的三路分配器	IEC
11-11-03		方向耦合器	IEC

续表

序号	图形符号	说　明	标准
11-12-01		用户分支器(示出一路分支) 注:(1)圆内的线可用代号代替 (2)若不产生混乱,表示用户馈线支路的线可省略	IEC
11-12-02		系统出线端	IEC
11-04-07		人工交换台、班长台、中继台、测量台、业务台等一般符号	GB
11-04-10		总配线架	GB
11-B_1-01		电缆交接间	GB
11-B_1-02		架空交接箱	GB
11-B_1-03		落地交接箱	GB
11-B_1-04		壁龛交接箱	GB
11-B_1-05		分线盒一般符号 注:可加注 $\frac{A-B}{C}D$ A—编号 B—容量 C—线序 D—用户数	GB

续表

序号	图形符号	说　　明	标准
11-B_1-06		室内分线盒	GB
11-B_1-07		室外分线盒	GB
11-B_1-08		分线箱	GB
11-B_1-09		壁龛分线箱	GB

5. 电机、变电所、启动器

电机、变电所、启动器图形符号　　表 2-34

序号	图形符号	说　　明	标准
06-04-01	 ☼	电机一般符号 符号内的星号必须用下述字母代替： C——同步变流机 G——发电机 GS——同步发电机 M——电动机	IEC

续表

序号	图形符号	说　明	标准
06-04-01		MG——能作为发电机或电动机使用的电机 MS——同步电动机 SM——伺服电机 TG——测速发电机 TM——力矩电动机 IS——感应同步器	IEC
06-04-05	 M~	交流电动机	GB
06-19-03	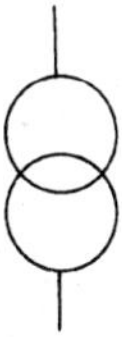	双绕组变压器	IEC
06-19-06	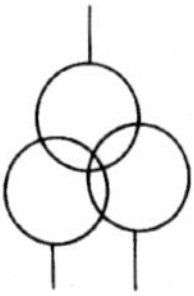	三绕组变压器	IEC
06-19-10		电抗器，扼流圈	IEC

续表

序号	图形符号	说明	标准
06-19-08		自耦变压器	IEC
07-14-01		电动机启动器一般符号 注:特殊类型的启动器可以在一般符号内加上限定符号	IEC
07-14-07		自耦变压器式启动器	IEC
07-14-06		星-三角启动器	IEC
07-14-08		带可控整流器的调节启动器	IEC
11-02-17	规划(设计)的 V/V	变电所(示出改变电压)	GB
11-02-18	运行的 V/V		

6. 照明灯具

照明灯具图形符号 **表 2-35**

序号	图形符号	说 明	标准
08-10-01		灯一般符号 信号灯一般符号 注：①如果要求指示颜色，则在靠近符号处标出下列字母： RD 红 BU 蓝 YE 黄 WH 白 GN 绿 ②如要指出灯的类型，则在靠近符号处标出下列字母 Ne 氖 Xe 氙 Na 钠 Hg 汞 I 碘 IN 白炽 EL 电发光 ARC 弧光 FL 荧光 IR 红外线 UV 紫外线 LED 发光二极管	IEC
11-19-02		投光灯一般符号	IEC
11-19-03	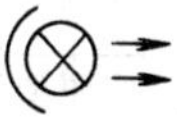	聚光灯	IEC
11-19-04		泛光灯	IEC
11-19-05		示出配线的照明引出线位置	IEC

续表

序号	图形符号	说　明	标准
11-19-06		在墙上的照明引出线(示出配线在左边)	IEC
11-19-07		荧光灯一般符号	IEC
11-19-08		三管荧光灯	GB
11-19-09	5	五管荧光灯	GB
11-19-10		防爆荧光灯	GB
11-19-11		在专用电路上的事故照明灯	IEC
11-19-12		自带电源的事故照明灯装置(应急灯)	IEC
11-19-13		气体放电灯的辅助设备 注:仅用于辅助设备与光源不在一起时	IEC
11-B_1-19		深照型灯	GB
11-B_1-20		广照型灯(配照型灯)	GB
11-B_1-21		防水防尘灯	GB
11-B_1-22		球形灯	GB
11-B_1-23		局部照明灯	GB

续表

序号	图形符号	说　明	标准
11-B_1-24	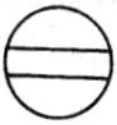	矿山灯	GB
11-B_1-25		安全灯	GB
11-B_1-26		隔爆灯	GB
11-B_1-27		顶棚灯	GB
11-B_1-28		花灯	GB
11-B_1-29	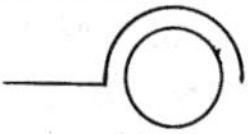	弯灯	GB
11-B_1-30		壁灯	GB

7. 电杆及附属设备

电杆及附属设备图形符号　　表 2-36

序号	图形符号	说　明	标准
11-07-01	$\frac{A\text{-}B}{C}$	电杆的一般符号（单杆、中间杆） 注：可加注文字符号表示： *A*——杆材或所属部门 *B*——杆长 *C*——杆号	GB

续表

序号	图形符号	说　明	标准
11-07-11		带撑杆的电杆	GB
11-07-12		带撑拉杆的电杆	GB
11-07-14	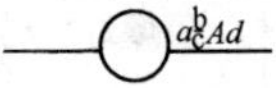	带照明灯的电杆 (1)一般画法 *a*——编号 *b*——杆型 *c*——杆高 *d*——容量 A——连接相序 (2)需要示出灯具的投照方向时	GB
11-07-15	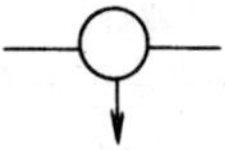		
11-07-19	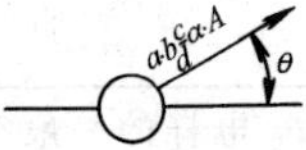	装有投光灯的架空线电杆 一般画法 *a*——编号 *b*——投光灯型号 *c*——容量 *d*——投光灯安装高度 α——俯角 A——连接相序 θ——偏角 注:投照方向偏角的基准线可以是坐标轴线或其他基准线	GB

续表

序号	图形符号	说明	标准
11-07-25	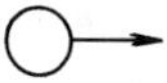	拉线一般符号(示出单方拉线)	GB
11-07-29		有高桩拉线的电杆	GB

8. 配电箱、屏、控制台

配电箱、屏、控制台图形符号　　表 2-37

序号	图形符号	说明	标准
03-02-03	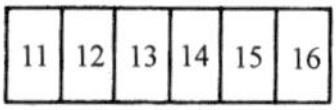 11 12 13 14 15 16	端子板(示出带线端标记的端子板)	IEC
11-15-01		屏、台、箱、柜一般符号	GB
11-15-02		动力或动力—照明配电箱 注:需要时符号内可标示电流种类符号	GB
11-15-03	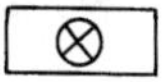	信号板、信号箱(屏)	GB
11-15-04		照明配电箱(屏) 注:需要时允许涂红	GB
11-15-05		事故照明配电箱(屏)	GB

续表

序号	图形符号	说明	标准
11-15-06		多种电源配电箱（屏）	GB
11-15-07		直流配电盘（屏）	GB
11-15-08		交流配电盘（屏）	GB
11-B_1-11	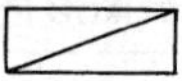	电源自动切换箱（屏）	GB
11-B_1-12	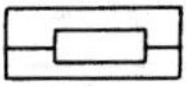	电阻箱	GB

9. 消防报警设备

消防报警设备图形符号　　表 2-38

序号	图形符号	说　明	标准
08-10-09	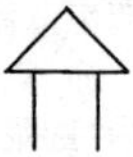	电警笛、报警器	IEC
11-20-01		警卫信号探测器	GB
11-20-02	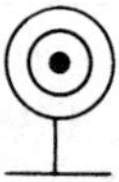	警卫信号区域报警器	GB
11-20-03		警卫信号总报警器	GB

10. 电气线路

电气线路图形符号　　　　表 2-39

序号	图形符号	说　明	标准
03-01-01		导线、导线组、电线、电缆、电路、传输通路（如微波技术）、线路、母线（总线）一般符号 注：当用单线表示一组导线时，若需示出导线数可加小短斜线或画一条短斜线加数字表示	IEC
03-01-06		柔软导线	IEC
03-01-08	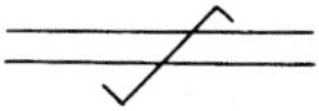	绞合导线（示出两股）	IEC
03-01-07	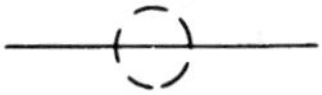	屏蔽导线	IEC
03-04-03	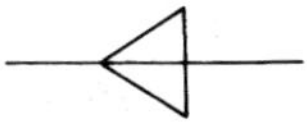	不需要示出电缆芯数的电缆终端头	GB
03-04-06		电缆直通接线盒（示出带三根导线）单线表示	IEC
03-04-08	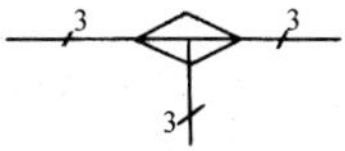	电缆连接盒，电缆分线盒（示出带三根导线 T 形连接）单线表示	IEC

续表

序号	图形符号	说　明	标准
10-01-01～04	F T V S F	电话 电报和数据传输 视频通路(电视) 声道(电视或无线电广播) 示例:电话线路或电话电路	IEC
11-05-02		地下线路	IEC
11-05-03		水下(海底)线路	IEC
11-05-04		架空线路	IEC
11-05-13		沿建筑物明敷设通信线路	GB
11-05-14		沿建筑物暗敷设通信线路	GB
11-05-16		挂在钢索上的线路	GB
11-05-17		事故照明线	GB
11-05-18		50V及其以下电力及照明线路	GB
11-05-19		控制及信号线路(电力及照明用)	GB
11-05-20		用单线表示的多种线路	GB

续表

序号	图形符号	说　明	标准
11-05-21		用单线表示的多回路线路(或电缆管束)	GB
11-05-22		母线一般符号 当需要区别交直流时:	GB
11-05-23	~	(1)交流母线	GB
	= =	(2)直线母线	GB
11-05-24		装在支柱上的封闭式母线	GB
11-05-25		装在吊钩上的封闭式母线	GB
11-05-26		滑触线	GB
11-05-27		中性线	IEC
11-05-28		保护线	IEC
11-05-29		保护和中性共用线	IEC
11-05-30		具有保护线和中性线的三相配线	IEC
11-06-01		向上配线	IEC
11-06-02		向下配线	IEC

续表

序号	图形符号	说　明	标准
11-06-03		垂直通过配线	IEC
11-08-10		电缆铺砖保护	GB
11-08-11		电缆穿管保护 注：可加注文字符号表示其规格数量	GB
11-08-14		电缆预留	GB
11-08-17		母线伸缩接头	GB
11-08-32		人孔一般符号 注：需要时可按实际形状绘制	IEC
11-08-33		手孔的一般符号	GB

11. 空调系统

空调系统图形符号　　表 2-40

图形符号来源	图形符号	说　明
		风机 注：流向自圆弧边至直线边
		水泵 注：流向从三角形的底边至顶点

续表

图形符号来源	图形符号	说　明
GBJ 114—88 8—2		空气过滤器
GBJ 114—88 7—3		手动对开多叶调节阀
GBJ 114—88 7—8	 M	电动对开多叶调节阀
GBJ 114—88 2—13	 M	电磁阀
GBJ 114—88 9—8	 M	电动两通阀
GBJ 114—88 2—15 9—8	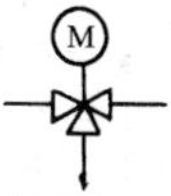 M	电动三通阀
GBJ 114—88 8—7	 −	空气冷却器
GBJ 114—88 8—6	 +	空气加热器
	 ±	空气加热或冷却两用器
GBJ 114—88 8—3		加湿器

续表

图形符号来源	图形符号	说明	
		水冷机组	
		冷却塔	
		区域直接数字控制器	
		电力控制装置	
		室内型传感器	*： t——温度 φ——湿度 CO_2——CO_2浓度
	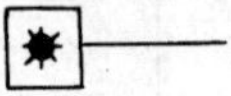	风道型插入式传感器	
		水管型插入式传感器	
		热电阻	
		热电偶	
		风挡	
		压力变送器	
		差压变送器	

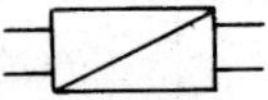

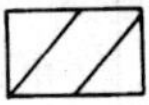

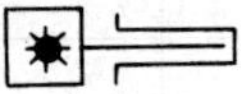

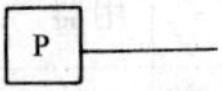

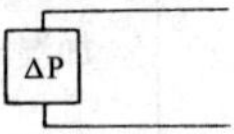

续表

图形符号来源	图形符号	说　明
	F ─◇	流量变送器
	*	限位开关 *： T——温度检测 ϕ——湿度检测 ΔP——压差检测 F——水流检测 A——风流检测 H——高液位检测 L——低液位检测
GBJ 114—88 11—1		指示器(计)
		工况转换开关
GB J114—18—45		钥匙开关
92DQ1 1—40	C	三速开关
92DQ1 1—40	CT	温度与三速开关控制器
	MAX	最大信号选择器
	* * *	就地安装仪表的一般形式 注：功能和参数符号详表 2-41

续表

图形符号来源	图形符号	说明
	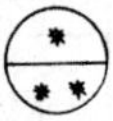	集中安装仪表的一般形式 注:功能和参数符号详表 2-41

*参数符号 **表 2-41(*a*)**

T	温度	ϕ	湿度	P	压力	F	流量		
ΔT	温差	i	焓值	ΔP	压差	CO_2	二氧化碳		

功能符号 **表 2-41(*b*)

T	调节	Z	指示	X	信号	R	人工遥控	H	液位
J	记录	S	积算	L	联锁	B	报警	K	控制

12. 其他

其他图形符号 **表 2-42**

序号	图形符号	说明	标准
02-02-01	—	直流 注:电压可标注在符号右边,系统类型可标注在左边	IEC
02-02-04	～	交流 频率或频率范围以及电压的数值应标注在符号右边,系统类型应标注在符号的左边	IEC

续表

序号	图形符号	说　明	标准
02-02-12		交直流	GB
02-02-16 02-02-17	+ −	正极、负极	IEC
04-01-01		电阻器一般符号	IEC
04-02-01		电容器一般符号	IEC
06-26-01	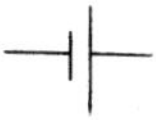	原电池或蓄电池 注：长线代表阳极，短线代表阴极，为了强调短线可画粗些	IEC
11-17-01	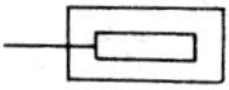	电阻加热装置	GB
11-17-02	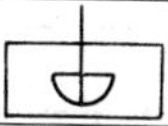	电弧炉	GB
11-17-03	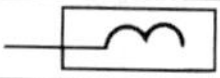	感应加热炉	GB
11-17-04	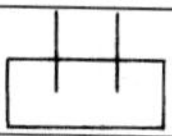	电解槽或电镀槽	GB
11-17-05	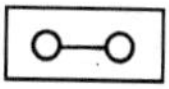	直流电焊机	GB
11-17-06		交流电焊机	GB
11-17-08	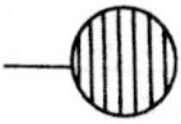	热水器（示出引线）	IEC

续表

序号	图形符号	说　明	标准
11-17-09	∞	风扇一般符号(示出引线) 注:若不引起混淆,方框可省略不画	IEC
11-06-04	○	盒(箱)一般符号	IEC
11-06-07	⊙	连接盒或接线盒	IEC

二十三、通风工程图例（GB/T 50114—2010）

1. 风道代号

风道代号　　表 2-43

序号	代号	管道名称	备　注
1	SF	送风管	—
2	HF	回风管	一、二次回风可附加1、2区别
3	PF	排风管	—
4	XF	新风管	—
5	PY	消防排烟风管	—
6	ZY	加压送风管	—
7	P(Y)	排风排烟兼用风管	—
8	XB	消防补风风管	—
9	S(B)	送风兼消防补风风管	—

2. 风道、阀门及附件图例

风道、阀门及附件图例　　　表 2-44

序号	名称	图　　例	备　　注
1	矩形风管	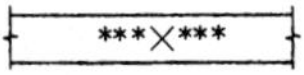 ***×***	宽×高(mm)
2	圆形风管	 ϕ***	ϕ直径(mm)
3	风管向上		
4	风管向下		—
5	风管上升摇手弯	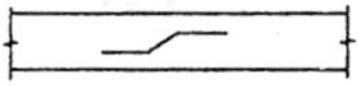	—
6	风管下降摇手弯	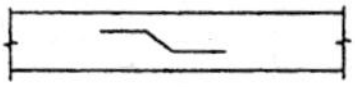	—
7	天圆地方	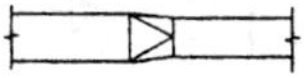	左接矩形风管，右接圆形风管
8	软风管		—
9	圆弧形弯头		—
10	带导流片的矩形弯头		—
11	消声器		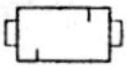

续表

序号	名称	图例	备注
12	消声弯头		—
13	消声静压箱		—
14	风管软接头		—
15	对开多叶调节风阀		—
16	蝶阀		—
17	插板阀		—
18	止回风阀		—
19	余压阀	DPV DPV	—
20	三通调节阀		—
21	防烟、防火阀	*** ***	***表示防烟、防火阀名称代号，代号说明另见附录A防烟、防火阀功能表

续表

序号	名称	图 例	备 注
22	方形风口		—
23	条缝形风口		—
24	矩形风口		—
25	圆形风口		—
26	侧面风口		—
27	防雨百叶		—
28	检修门	J J	—
29	气流方向		左为通用表示法，中表示送风，右表示回风
30	远程手控盒	B	防排烟用
31	防雨罩		—

3. 控制装置及仪表图例

控制装置及仪表图例　　　表 2-45

序号	名 称	图 例
1	温度传感器	T
2	湿度传感器	H

续表

序号	名　称	图　例
3	压力传感器	P
4	压差传感器	ΔP
5	流量传感器	F
6	烟感器	S
7	流量开关	FS
8	控制器	C
9	吸顶式温度感应器	T
10	温度计	
11	压力表	
12	流量计	F.M
13	能量计	E.M
14	弹簧执行机构	
15	重力执行机构	
16	记录仪	
17	电磁(双位)执行机构	

续表

序号	名　　称	图　　例
18	电动(双位)执行机构	□
19	电动(调节)执行机构	○
20	气动执行机构	
21	浮力执行机构	
22	数字输入量	DI
23	数字输出量	DO
24	模拟输入量	AI
25	模拟输出量	AO

注：各种执行机构可与风阀、水阀组合表示相应功能的控制阀门。

4. 风口与附件代号图例

风口与附件代号图例　　　表 2-46

序号	代号	图　　例	备　注
1	AV	单层格栅风口，叶片垂直	—
2	AH	单层格栅风口，叶片水平	—
3	BV	双层格栅风口，前组叶片垂直	—
4	BH	双层格栅风口，前组叶片水平	—
5	C*	矩形散流器，* 为出风面数量	—
6	DF	圆形平面散流器	—
7	DS	圆形凸面散流器	—
8	DP	圆盘形散流器	—

续表

序号	代号	图　　例	备　注
9	DX*	圆形斜片散流器， *为出风面数量	—
10	DH	圆环形散流器	—
11	E*	条缝形风口， *为条缝数	—
12	F*	细叶形斜出风散流器， *为出风面数量	—
13	FH	门铰形细叶回风口	—
14	G	扁叶形直出风散流器	—
15	H	百叶回风口	—
16	HH	门铰形百叶回风口	—
17	J	喷口	—
18	SD	旋流风口	—
19	K	蛋格形风口	—
20	KH	门铰形蛋格式回风口	—
21	L	花板回风口	—
22	CB	自垂百叶	—
23	N	防结露送风口	冠于所用类型风口代号前
24	T	低温送风口	冠于所用类型风口代号前
25	W	防雨百叶	—
26	B	带风口风箱	—
27	D	带风阀	—
28	F	带过滤网	—

二十四、供暖工程图例（GB/T 50114—2010）

1. 水、汽管道代号

水、汽管道代号　　表 2-47

序号	代号	管道名称	备　注
1	RG	采暖热水供水管	可附加 1、2、3 等表示一个代号、不同参数的多种管道
2	RH	采暖热水回水管	可通过实线、虚线表示供、回关系省略字母 G、H
3	LG	空调冷水供水管	—
4	LH	空调冷水回水管	—
5	KRG	空调热水供水管	—
6	KRH	空调热水回水管	—
7	LRG	空调冷、热水供水管	—
8	LRH	空调冷、热水回水管	—
9	LQG	冷却水供水管	—
10	LQH	冷却水回水管	—
11	n	空调冷凝水管	—
12	PZ	膨胀水管	—
13	BS	补水管	—
14	X	循环管	—
15	LM	冷媒管	—
16	YG	乙二醇供水管	—
17	YH	乙二醇回水管	—
18	BG	冰水供水管	—

续表

序号	代号	管道名称	备　注
19	BH	冰水回水管	—
20	ZG	过热蒸汽管	—
21	ZB	饱和蒸汽管	可附加 1、2、3 等表示一个代号、不同参数的多种管道
22	Z2	二次蒸汽管	—
23	N	凝结水管	—
24	J	给水管	—
25	SR	软化水管	—
26	CY	除氧水管	—
27	GG	锅炉进水管	—
28	JY	加药管	—
29	YS	盐溶液管	—
30	XI	连续排污管	—
31	XD	定期排污管	—
32	XS	泄水管	—
33	YS	溢水(油)管	—
34	R_1G	一次热水供水管	—
35	R_1H	一次热水回水管	—
36	F	放空管	—
37	FAQ	安全阀放空管	—
38	O1	柴油供油管	—
39	O2	柴油回油管	—

续表

序号	代号	管道名称	备注
40	OZ1	重油供油管	—
41	OZ2	重油回油管	—
42	OP	排油管	—

2. 水、汽管道阀门和附件

水、汽管道阀门和附件图例　　表 2-48

序号	名称	图例	备注
1	截止阀		—
2	闸阀		—
3	球阀		—
4	柱塞阀		—
5	快开阀		—
6	蝶阀		
7	旋塞阀		—
8	止回阀		
9	浮球阀		—
10	三通阀		—
11	平衡阀		—
12	定流量阀		—
13	定压差阀		—
14	自动排气阀		—
15	集气罐、放气阀		—

续表

序号	名　称	图　例	备　注
16	节流阀		—
17	调节止回关断阀		水泵出口用
18	膨胀阀		—
19	排入大气或室外		—
20	安全阀		—
21	角阀		—
22	底阀		—
23	漏斗		—
24	地漏		—
25	明沟排水		—
26	向上弯头		—
27	向下弯头		—
28	法兰封头或管封		—
29	上出三通		—
30	下出三通		—
31	变径管		—
32	活接头或法兰连接		—
33	固定支架		—
34	导向支架		—

续表

序号	名　称	图　　例	备　　注
35	活动支架	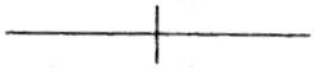	—
36	金属软管		—
37	可屈挠橡胶软接头		—
38	Y形过滤器	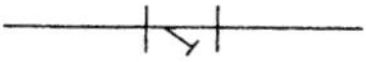	—
39	疏水器		—
40	减压阀		左高右低
41	直通型（或反冲型）除污器	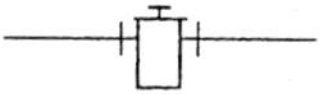	—
42	除垢仪	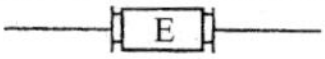 E	—
43	补偿器		—
44	矩形补偿器		—
45	套管补偿器		—
46	波纹管补偿器	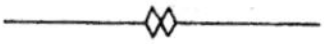	—
47	弧形补偿器		—
48	球形补偿器		—
49	伴热管		—
50	保护套管		—
51	爆破膜		—
52	阻火器		—
53	节流孔板、减压孔板	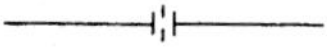	—

续表

序号	名称	图例	备注
54	快速接头	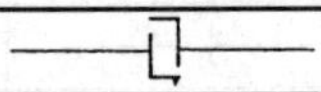	
55	介质流向	或	在管道断开处时，流向符号宜标注在管道中心线上，其余可同管径标注位置
56	坡度及坡向	i=0.003 或 i=0.003	坡度数值不宜与管道起、止点标高同时标注。标注位置同管径标注位置

3. 暖通空调设备图例（GB/T 50114—2001）

暖通空调设备图例　　表 2-49

序号	名称	图例	附注
1	散热器及手动放气阀	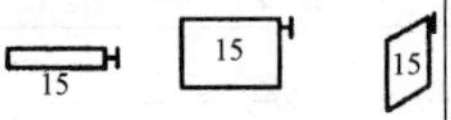 15　15　15	左为平面图画法，中为剖面图画法，右为系统图、Y轴侧图画法
2	散热器及控制	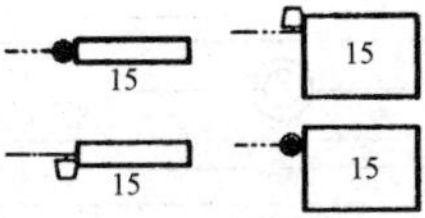 15　15　15　15	左为平面图画法，右为剖面图画法
3	轴流风机	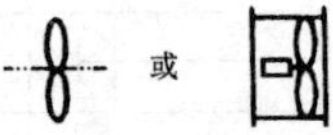 或	
4	离心风机		左为左式风机，右为右式风机

续表

序号	名称	图　例	附　注
5	水泵		左侧为进水，右侧为出水
6	空气加热、冷却器		左、中分别为单加热、单冷却，右为双功能换热装置
7	板式换热器	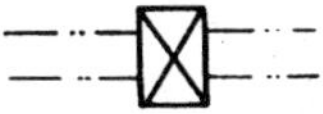	
8	空气过滤器		左为粗效，中为中效，右为高效
9	电加热器		
10	加湿器		
11	挡水板		
12	窗式空调器		
13	分体空调器		
14	风机盘管		可标注型号:如:FP-5
15	减振器	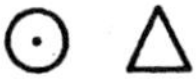	左为平面图画法，右为剖面图画法

二十五、园林图文图例（CJJ—67—95）

1. 景物图例

景物图例　　表 2-50

名　称	符　号	说　明
风景区景点		各级景点依照大小区别
古建筑		以下符号宜供宏观规划时用，不反映实际地形及形态
古塔		
佛寺		
道观		
古桥		
古城镇		
古墓		
文化遗址		
古井		

续表

名　称	符　　号	说　　明
山岳		
孤峰		
峰丛		
岩洞		也可表示地下人工景点
峡谷		
瀑布		
泉		
温泉		
湖泊		
海滩、溪滩		

续表

名　称	符　　号	说　　明
古树名木		
森林		
天然泳场		
植物园		
动物园		
公园		
烈士陵园		

2. 服务设施图例

服务设施图例　　**表 2-51**

名　称	符　　号	说　　明
服务设施点	■	各级服务设施可依方形大小相区别

续表

名称	符号	说明
汽车站		以下符号宜供宏观规划时用，不反映实际地形及形态
火车站		
航空站		
码头、港口		
缆车站		
停车场	p	
加油站		
医疗设施点		
公共厕所	W.C.	
文化娱乐点		

续表

名称	符号	说明
旅游宾馆		
度假村		
休养所		

3. 工程设施图例

工程设施图例 **表 2-52**

名称	符号	说明
电视台	 TV	
发电站		
变电所		
给水厂		
污水处理厂		
垃圾处理站		

续表

名　称	符　　号	说　　明
公路、汽车游览路		
小路、步行游览路	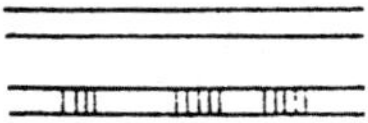	下图指砌有台阶的人行路
架空索道线		
斜坡缆车线	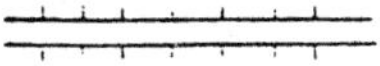	
高架轻轨线		
水上游览线		
供电高压线		
通信线	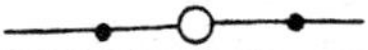	
给水管线	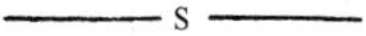 S	
排水管线	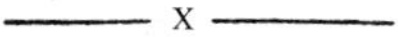 X	

4. 地点类图例

地点类图例　　　　表 2-53

名　称	符　　号	说　　明
村镇建设地	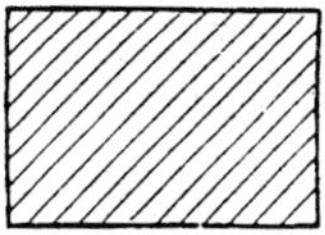	
风景游览地		

续表

名　称	符　号	说　明
旅游度假地		
服务设施地	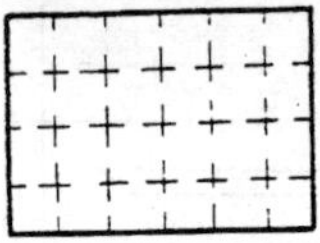	
市政设施地	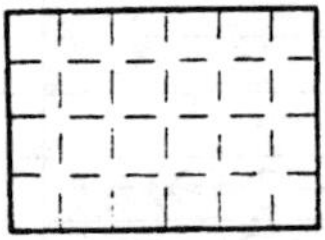	
山林、田园绿化地		
游憩、观赏绿化地	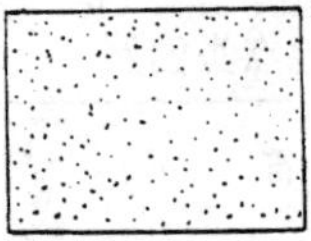	
针叶林	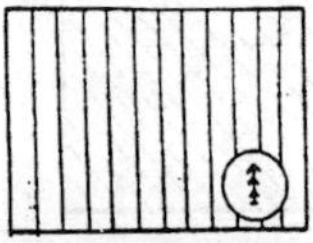	
阔叶林		

续表

名称	符号	说明
针阔混交林		
灌木林	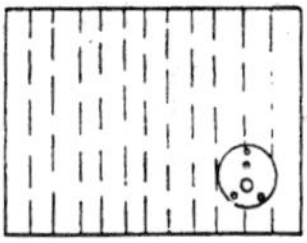	
竹林	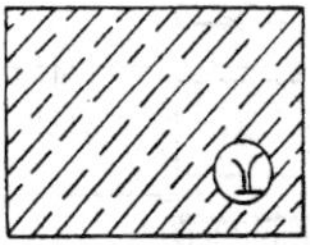	
经济林	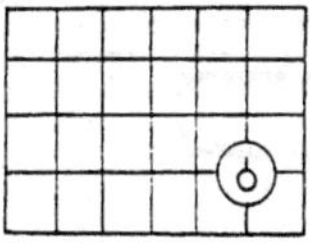	
防护林地	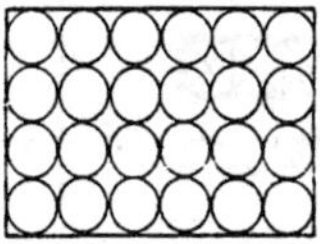	
文物保护地	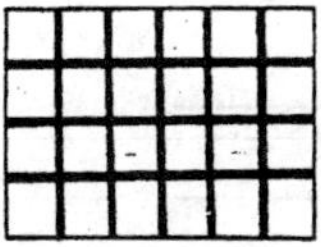	

5. 建筑图例

建筑图例 **表 2-54**

名称	符号	说明
规划的建筑物		
原有的建筑物		
规划扩建的预留地或建筑物		
拆除的建筑物		
地下建筑物		
坡屋顶建筑	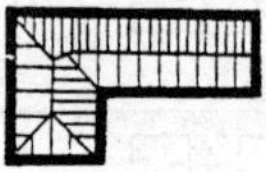	包括瓦顶、石片顶、饰面砖屋顶等
草顶建筑或简屋	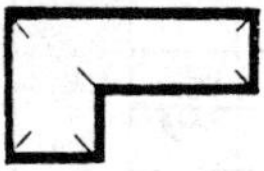	
花架	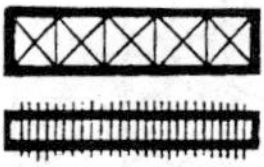	上图用于比例较大的图画，按实际形态表示，下图用于比例较小的图面
围墙		上图为实砌围墙 下图为镂空围墙
篱笆		

6. 山石图例

山石图例　　表 2-55

名称	符号	说明
湖石假山		
黄石假山		
大独立山		包括花岗石、黄蜡石等天然石块及人工塑石
块石		
卵石	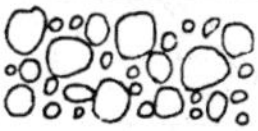	
砾石		

7. 水体图例

水体图例　　表 2-56

名称	符号	说明
自然形水体	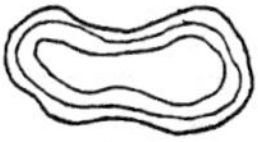	
规则形水体	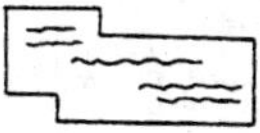	

续表

名 称	符 号	说 明
跌水、瀑布	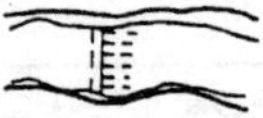	
干涧、溪涧		

8. 绿化图例

绿化图例 表 2-57

名 称	符 号	说 明
常绿灌木丛	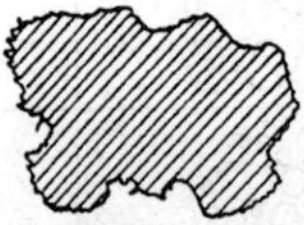	
常绿花灌木丛	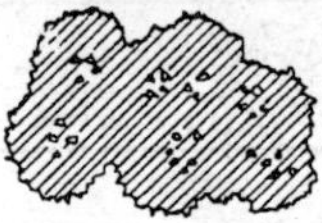	
高绿篱		指绿篱高度1.2～2.0m
中绿篱		指绿篱高度0.5～1.2m
低绿篱	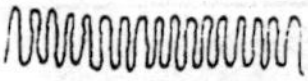	指绿篱高度0.3～0.5m
草本花卉	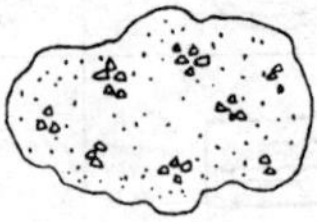	

续表

名　称	符　　号	说　　明
一般草皮	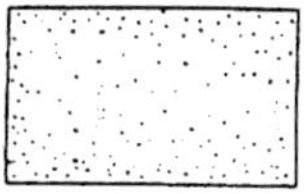	
耐荫草皮	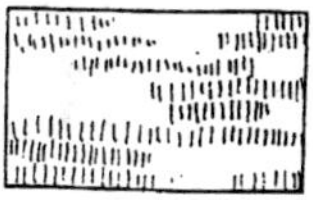	
整形树木		
竹丛		
棕榈植物		
仙人掌植物	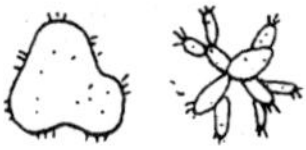	
阔叶乔木树林		
针叶乔木树林	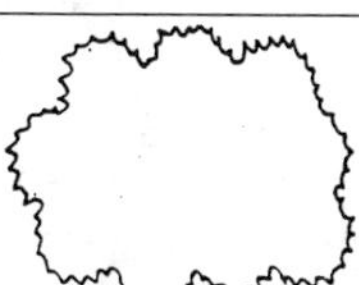	

9. 树干形态图例

树干形态图例 **表 2-58**

名称	符号	说明
直立形	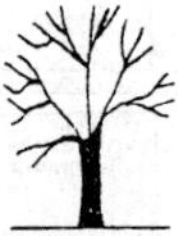	
并立形		
三立形		
丛生形		
攀缘形		
斜立形		
匍匐形		

续表

名　称	符　　号	说　　明
曲立形		
斜上形		
下垂形		
水平形		
斜下形		
分散形		

10. 树冠形态图例

树冠形态图例 **表 2-59**

名 称	符 号	说 明
圆柱形		
圆锥形	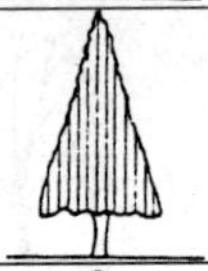	
椭圆形		
圆球形	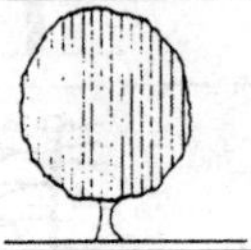	
垂枝形		
伞形		
匍匐形		
悬崖形	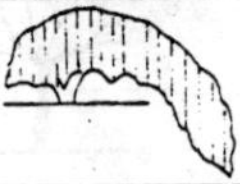	

二十六、常用构件代号（GB 50105—2010）

常用构件代号　　表 2-60

序号	名称	代号	序号	名称	代号	序号	名称	代号
1	板	B	17	轨道连接	DGL	33	支架	ZJ
2	屋面板	WB	18	车挡	CD	34	柱	Z
3	空心板	KB	19	圈梁	QL	35	框架柱	KZ
4	槽形板	CB	20	过梁	GL	36	构造柱	GZ
5	折板	ZB	21	连系梁	LL	37	承台	CT
6	密肋板	MB	22	基础梁	JL	38	设备基础	SJ
7	楼梯板	TB	23	楼梯梁	TL	39	桩	ZH
8	盖板或沟盖板	GB	24	框架梁	KL	40	挡土墙	DQ
9	挡雨板或檐口板	YB	25	框支梁	KZL	41	地沟	DG
10	吊车安全走道板	DB	26	屋面框架梁	WKL	42	柱间支撑	ZC
11	墙板	QB	27	檩条	LT	43	垂直支撑	CC
12	天沟板	TGB	28	屋架	WJ	44	水平支撑	SC
13	梁	L	29	托架	TJ	45	梯	T
14	屋面梁	WL	30	天窗架	CJ	46	雨篷	YP
15	吊车梁	DL	31	框架	KJ	47	阳台	YT
16	单轨吊车梁	DDL	32	刚架	GJ	48	梁垫	LD

续表

序号	名称	代号	序号	名称	代号	序号	名称	代号
49	预埋件	M-	51	钢筋网	W	53	基础	J
50	天窗端壁	TD	52	钢筋骨架	G	54	暗柱	AZ

注：1. 预制钢筋混凝土构件、现浇钢筋混凝土构件、钢构件和木构件，一般可直接采用本附录中的构件代号。在绘图中，当需要区别上述构件的材料种类时，可在构件代号前加注材料代号，并在图纸中加以说明。

2. 预应力钢筋混凝土构件的代号，应在构件代号前加注“Y”，如 Y-DL 表示预应力钢筋混凝土吊车梁。

二十七、常用灯具类型符号

常用灯具类型的符号　　表 2-61

灯具名称	符号
普通吊灯	P
壁灯	B
花灯	H
吸顶灯	D
柱灯	Z
卤钨探照灯	L
投光灯	T
工厂一般灯具	G
荧光灯灯具	Y
隔爆灯	G或专用代号
水晶底罩灯	J
防水防尘灯	F
搪瓷伞罩灯	S
无磨砂玻璃罩万能型灯	W_w

二十八、弱电电气图常用的符号

弱电电气图中常用的符号　　表 2-62

序号	类别	名　　称	符　号	说　　明
1	传输线路	电话 电报和数据传输 视频通路 声道	F T V S	电视或无线电广播
2	电信插座	电话 电传 传声器 电视 调频 调幅中波 调幅短波 扬声器	TP TX M TV FM FM SW	又可划分为SW1、SW2 ……采用扬声器图形符号
3	电信设备	电视 广播 数据终端 光中继器	TV BC DTE O—REP	

二十九、电气工程图常用辅助符号及新旧符号对照

电气工程图中常用的辅助符号及新旧符号对照　　表 2-63

序号	名称	新符号	旧符号		序号	名称	新符号	旧符号	
			单组合	多组合				单组合	多组合
1	高	H	G	G	5	主	M	Z	Z
2	低	L	D	D	6	辅	AUX	F	F
3	升	U	S	S	7	中	M	Z	Z
4	降	D	J	J	8	正	*FW*	*Z*	*Z*

续表

序号	名称	新符号	旧符号		序号	名称	新符号	旧符号	
			单组合	多组合				单组合	多组合
9	反	*R*	*F*	*F*	20	闭合	ON	BH	B
10	红	*RD*	*H*	*H*	21	断开	OFF	DK	D
11	绿	*GN*	*L*	*L*	22	附加	ADD	F	F
12	黄	YE	U	U	23	异步	ASY	Y	Y
13	白	WH	B	B	24	同步	SYN	T	T
14	蓝	BL	A	A	25	自动	A,AUT	Z	Z
15	直流	DC	ZL	Z	26	手动	M,MAN	S	S
16	交流	*AC*	*JL*	*J*	27	启动	ST	Q	Q
17	电压	*V*	*Y*	*Y*	28	停止	STP	T	T
18	电流	*A*	*L*	*L*	29	控制	C	K	K
19	时间	*T*	*S*	*S*	30	信号	S	X	X

三十、电气工程图常用特殊用途符号

电气工程图中常用的特殊用途符号　　表 2-64

序　号	名　　称	符　号	备　注
1	交流系统电源第 1 相	L1	旧符号为 A
2	交流系统电源第 2 相	L2	B
3	交流系统电源第 3 相	L3	C
4	中性线	N	0
5	交流系统设备第 1 相	U	A
6	交流系统设备第 2 相	V	B
7	交流系统设备第 3 相	W	C
8	直流系统电源正极	L+	
9	直流系统电源负极	L−	
10	直流系统电源中间线	M	旧符号为 Z

续表

序　号	名　　称	符　号	备　注
11	接地	E	旧符号为 D
12	保护接地	PE	
13	不接地保护	PU	
14	保护接地线和中性线共用	PEN	
15	无噪声接地	TE	
16	机壳或机架	MM	
17	等电位	CC	
18	交流电	AC	旧符号为 JL
19	直流电	DC	旧符号为 ZL

三十一、导线敷设方式、部位、标注新旧符号对照

1. 导线敷设方式的标注新旧符号对照表

导线敷设方式的标注新旧符号对照表　　表 2-65

序号	名　　称	旧代号（拼音）	新代号（英文）
1	导线或电缆穿焊接钢管敷设	G	SC
2	穿电线管敷设	DG	TC
3	穿硬聚氯乙烯管敷设	VG	PC
4	穿阻燃半硬聚氯乙烯管敷设	ZVG	FPC
5	用绝缘子(瓷瓶或瓷柱)敷设	CP	K
6	用塑料线槽敷设	XC	PR
7	用钢线槽敷设	CC	SR
8	用电缆桥架敷设	—	CT
9	用瓷夹板敷设	CJ	PL
10	用塑料夹板敷设	VJ	PCL
11	穿蛇皮管敷设	SPG	CP
12	穿阻燃塑料管敷设	—	PVC

2. 导线敷设部位的标注新旧符号对照表

导线敷设部位的标注新旧符号对照表

表 2-66

序号	名　　称	旧代号（拼音）	新代号（英文）
1	沿钢索敷设	S	SR
2	沿屋架或跨屋架敷设	LM	BE
3	沿柱或跨柱敷设	ZM	CLE
4	沿墙面敷设	QM	WE
5	沿顶棚面或顶板面敷设	PM	CE
6	在能进人的吊顶内敷设	PNM	ACE
7	暗敷设在梁内	LA	BC
8	暗敷设在柱内	ZA	CLC
9	暗敷设在墙内	QA	WC
10	暗敷设在地面或地板内	DA	FC
11	暗敷设在层面或顶板内	PA	CC
12	暗敷设在不能进人的吊顶内	PNA	ACC

三十二、灯具安装方式、标注文字新旧符号对照

灯具安装方式的标注文字新旧符号对照表

表 2-67

序号	名　　称	旧代号（拼音）	新代号（英文）
1	线吊式	X	CP
2	自在器线吊式	X	CP
3	固定线吊式	X1	CP1
4	防水线吊式	X2	CP2
5	吊线器式	X3	CP3
6	链吊式	L	Ch

续表

序号	名　　称	旧代号（拼音）	新代号（英文）
7	管吊式	G	P
8	壁装式	B	W
9	吸顶式或直附式	D	S
10	嵌入式（嵌入不可进人的顶棚）	R	R
11	顶棚内安装（嵌入可进人的顶棚）	DR	CR
12	墙壁内安装	BR	WR
13	台上安装	T	T
14	支架上安装	J	SP
15	柱上安装	Z	CL
16	座装	ZH	HM

三十三、电气工程图常用双字母符号及新旧符号对照

电气工程图中常用的双字母符号及新旧符号对照　　表 2-68

序号	名　　称	新符号		旧符号
		单字母	双字母	
1	发电机	G		F
	直流发电机	G	GD	ZF
	交流发电机	G	GA	JF
	同步发电机	G	GS	TF
	异步发电机	G	GA	YF
	永磁发电机	G	GM	YCF
	水轮发电机	G	GH	SLF
	汽轮发电机	G	GT	QLF
	励磁机	G	GE	L

续表

序号	名　　称	新符号		旧符号
		单字母	双字母	
2	电动机	M		D
	直流电动机	M	MD	ZD
	交流电动机	M	MA	JD
	同步电动机	M	MS	TD
	异步电动机	M	MA	YD
	笼形电动机	M	MC	LD
3	绕组	W		Q
	电枢绕组	W	WA	SQ
	定子绕组	W	WS	DQ
	转子绕组	W	WR	ZQ
	励磁绕组	W	WE	LQ
	控制绕组	W	WC	KQ
4	控制开关	S	SA	KK
	行程开关	S	ST	CK
	限位开关	S	SL	XK
	终点开关	S	SE	ZDK
	微动开关	S	SS	WK
	脚踏开关	S	SF	TK
	按钮开关	S	SB	AN
	按近开关	S	SP	JK
5	继电器	K		J
	电压继电器	K	KV	YJ
	电流继电器	K	KA	LJ
	时间继电器	K	KT	SJ
	频率继电器	K	KF	PJ
	压力继电器	K	KP	YLJ
	控制继电器	K	KC	KJ
	信号继电器	K	KS	XJ
	接地继电器	K	KE	JDJ
	接触器	K	KM	C

续表

序号	名　　称	新符号		旧符号
		单字母	双字母	
6	电磁铁	Y	YA	DT
	制动电磁铁	Y	YB	ZDT
	牵引电磁铁	Y	YT	QYT
	起重电磁铁	Y	YL	QZT
	电磁离合器	Y	YC	CLH
7	电阻器	R		R
	变阻器	R		R
	电位器	R	RP	W
	启动电阻器	R	RS	QR
	制动电阻器	R	RB	ZDR
	频敏电阻器	R	RF	PR
	附加电阻器	R	RA	FR
8	电容器	C		C
9	电感器	L		L
	电抗器	L		DK
	启动电抗器	L	LS	QK
	感应线圈	L		GQ
10	变压器	T		B
	电力变压器	T	TM	LB
	控制变压器	T	TC	KB
	升压变压器	T	TU	SB
	降压变压器	T	TD	JB
	自耦变压器	T	TA	OB
	整流变压器	T	TR	ZB
	电炉变压器	T	TF	LB
	稳压器	T	TS	WY
	互感器	T		H
	电流互感器	T	TA	LH
	电压互感器	T	TV	YH

续表

序号	名　　称	新符号		旧符号
		单字母	双字母	
11	整流器	U		ZL
	变流器	U		BL
	逆变器	U		NB
	变频器	U		BP
12	断路器	Q	QF	DL
	隔离开关	Q	QS	GK
	自动开关	Q	QA	ZK
	转换开关	Q	QC	HK
	刀开关	Q	QK	DK
13	电线	W		DX
	电缆	W		DL
	母线	W		M
14	避雷器	F		BL
	熔断器	F	FU	RD
15	照明灯	E	EL	ZD
	指示灯	H	HL	SD
16	蓄电池	G	GB	XDC
	光电池	B		GDC
17	晶体管	V		BG
	电子管	V	VE	G
18	调节器	A		T
	放大器	A		FD
	晶体管放大器	A	AD	BF
	电子管放大器	A	AV	GF
	磁放大器	A	AM	CF

续表

序号	名　　称	新符号		旧符号
		单字母	双字母	
19	变换器	*B*		*BH*
	压力变换器	*B*	*BP*	*YB*
	位置变换器	B	BQ	WZB
	温度变换器	B	BT	WDB
	速度变换器	B	BV	SDB
	自整角机	B		ZZJ
	测速发电机	B	BR	CSF
	送话器	B		S
	受话器	B		SH
	拾声器	B		SS
	扬声器	B		Y
	耳机	B		EJ
20	天线	W		TX
21	接线柱	X		JX
	连接片	X	XB	LP
	插头	X	XP	CT
	插座	X	XS	CZ
22	测量仪表	P		CB

注：新符号是新的国家标准规定的文字符号，是以国际电工委员会（IEC）规定的通用英文含义为基础的；而旧符号是以汉语拼音字母为基础。

三十四、塑料、树脂名称缩写代号

塑料、树脂名称缩写代号　　表 2-69

名　　称	代　　号
丙烯腈—丁二烯—苯乙烯共聚物	ABS
丙烯腈—甲基丙烯酸甲酯共聚物	A/MMA

续表

名　　称	代　　号
丙烯腈—苯乙烯共聚物	A/S
丙烯腈—苯乙烯—丙烯酸酯共聚物	A/S/A
乙酸纤维素	CA
乙酸—丁酸纤维素	CAB
乙酸—丙酸纤维素	CAP
甲酚—甲醛树脂	CF
羧甲基纤维素	CMC
聚甲基丙烯酰亚胺	PMI
聚甲基丙烯酸甲酯	PMMA
聚甲醛	POM
聚丙烯	PP
氯化聚丙烯	PPC
聚苯醚	PPO
聚氧化丙烯	PPOX
聚苯硫醚	PPS
聚苯砜	PPSU
聚苯乙烯	PS
聚砜	PSU
聚四氟乙烯	PTFE
聚氨酯	PUR
聚乙酸乙烯酯	PVAC
聚乙烯醇	PVAL
聚乙烯醇缩丁醛	PVB
聚氯乙烯	PVC
聚氯乙烯—乙酸乙烯酯	PVCA
氯化聚氯乙烯	PVCC
聚偏二氯乙烯	PVDC
聚偏二氟乙烯	PVDF
聚氟乙烯	PVF

续表

名　　称	代　　号
聚乙烯醇缩甲醛	PVFM
聚乙烯基咔唑	PVK
聚乙烯基吡咯烷酮	PVP
间苯二酚—甲醛树脂	RF
增强塑料	RP
聚硅氧烷	SI
脲甲醛树脂	UF
不饱和聚酯	UP
氯乙烯—乙烯共聚物	VC/E
氯乙烯—乙烯—丙烯酸甲酯共聚物	VC/E/MA
氯乙烯—乙烯—乙酸乙烯酯共聚物	VC/E/VCA
氯乙烯—丙烯酸甲酯共聚物	VC/MA
氯乙烯—甲基丙烯酸甲酯共聚物	VC/MMA
氯乙烯—丙烯酸辛酯共聚物	VC/OA
氯乙烯—偏二氯乙烯共聚物	VC/VDC

三十五、彩板组角钢门窗类型代号

彩板组角钢门窗类型代号　　表 2-70

门窗类型	代　号	门窗类型	代　号
平　开　门	SPM	固定窗	SPG
双面弹簧门	SPY	平开窗	SPP
附纱推拉门	SGMT	上悬窗	SPS
附纱推拉窗	SGCT	中悬窗	SPZ
		下悬窗	SPX
附纱平开窗	SPFS	立转窗	SPL

第三章　常用建筑材料

一、材料基本性质与代号（见表3-1）

二、水泥

1. 水泥的分类

按照水泥的性能和用途，可以将水泥分为三大类，见下表3-2。

2. 通用硅酸盐水泥

（1）通用硅酸盐水泥的定义、代号和强度等级

以硅酸盐水泥熟料和适量的石膏、规定的混合材料制成的水硬性胶凝材料，其组分应符合表3-3的规定。

（2）通用硅酸盐水泥的技术指标

1）通用硅酸盐水泥的技术指标见表3-4。

2）强度等级

① 硅酸盐水泥的强度等级分为42.5、42.5R、52.5、52.5R、62.5、62.5R六个等级。

② 普通硅酸盐水泥的强度等级分为42.5、42.5R、52.5、52.5R四个等级。

③ 矿渣硅酸盐水泥、火山灰质硅酸盐水泥、粉煤灰硅酸盐水泥、复合硅酸盐水泥的强度等级分为32.5、32.5R、42.5、42.5R、52.5、52.5R六个等级，见表3-5。

材料基本性质及代号 表 3-1

名称	代号	公式	常用单位	说明
密度	ρ	$\rho=\frac{m}{V}$	g/cm^3, kg/m^3	m：材料干燥状态下的质量(g,kg)； V：材料绝对密实状态下的体积(cm^3，m^3)
表观密度	ρ_0	$\rho_0=\frac{m}{V_0}$	kg/m^3	m：材料干燥状态下的质量(kg)； V_0：材料自然状态下的体积(m^3)
孔隙率	P	$P=\left(1-\frac{\rho_0}{\rho}\right)\times 100\%$		ρ：材料的密度(kg/m^3)； ρ_0：材料的表观密度(kg/m^3)
强度	f	$f=\frac{F}{A}$	MPa 或 N/mm^2	F：材料发生破坏时的最大拉力、压力或剪力(N)； A：荷载作用的面积(mm^2)
含水率	$W_{含}$	$W_{含}=\frac{m_{含}-m_{干}}{m_{干}}\times 100\%$		$m_{含}$：材料吸收空气中水分后的质量(kg)； $m_{干}$：材料在干燥状态下的质量(kg)

续表

名称	代号	公式	常用单位	说明
质量吸水率	$W_{质}$	$W_{质}=\frac{m_2-m_1}{m_1}\times100\%$		m_2：材料吸水饱和状态下的总质量(kg)； m_1：材料在干燥状态下的质量 kg)
体积吸水率	$W_{体}$	$W_{体}=\frac{m_2-m_1}{V_0}\cdot\frac{1}{\rho_w}\times100\%$		m_2：材料吸水饱和状态下的总质量(kg)； m_1：材料在干燥状态下的质量(kg)； V_0：材料在自然干燥状态下的体积(m^3)； ρ_w：水的密度(kg/m^3)
软化系数	K_P	$K_P=\frac{f_{饱}}{f_{干}}$		$f_{饱}$：材料在饱和水状态下的抗压强度(MPa)； $f_{干}$：材料在干燥状态下的抗压强度(MPa)
渗透系数	K	$K=\frac{Q}{A}\cdot\frac{L}{H}$		Q/A：单位时间内渗透过材料试件单位面积的水量； L/H：渗透距离(试件厚度)和压力水头的比值

续表

名　称	代号	公　式	常用单位	说　　明
抗冻等级	D_n			材料在吸水饱和状态下，材料在－15℃以下反复冻融循环后强度损失不超过25%，质量损失不超过5%时所能承受的最大冻融循环次数，其中 n 为最大冻融循环次数
抗渗等级	S_n			不致发生渗透现象时材料单位面积上所能承受的最大压力为 $n\times0.1$(MPa)
热导率	λ		W/(m·K)	单位厚度的材料，当两侧的温度差为1K时，在单位时间内通过单位面积传递的热量
比热	c	$c=\frac{Q}{m(t_2-t_1)}$	kJ/(kg·K)	单位质量的材料，温度每升高或降低1K时，所吸收或放出的热量
蓄热系数	S		kJ(kg·K)	表面温度波动为1K时，在1h内，$1m^2$ 围护结构表面吸收或散发的热量

续表

名　称	代号	公　式	常用单位	说　　明
蒸汽渗透系数	μ		g/(m·h·Pa)	单位厚度的材料，两侧水蒸气压力差为133.322Pa时，单位时间内通过单位表面积扩散的水蒸气量
吸声系数	a	$\alpha=\frac{E}{E_0}$		材料吸声能与入射声能的比值

水泥按性能和用途的分类　　表3-2

类别	主　要　用　途	常　用　品　种
通用水泥	用于一般土木工程	硅酸盐水泥，普通硅酸盐水泥，矿渣硅酸盐水泥，火山灰质硅酸盐水泥，粉煤灰硅酸盐水泥，复合硅酸盐水泥等
专用水泥	用于某种专用工程	油井水泥，大坝水泥，砌筑水泥等
特性水泥	用于某些对混凝土有特殊要求的工程	快凝快硬硅酸盐水泥，膨胀水泥，中热硅酸盐水泥，白色硅酸盐水泥，抗硫酸盐水泥等

通用硅酸盐水泥的组分 **表 3-3**

品种	代号	组分				
		熟料＋石膏	粒化高炉矿渣	火山灰质混合材料	粉煤灰	石灰石
硅酸盐水泥	P·Ⅰ	100	—	—	—	—
	P·Ⅱ	≥95	≤5	—	—	—
		≥95	—	—	—	≤5
普通硅酸盐水泥	P·O	≥80且＜95	＞5且≤20[a]			—
矿渣硅酸盐水泥	P·S·A	≥50且＜80	＞20且≤50[b]	—	—	—
	P·S·B	≥30且＜50	＞50且≤70[b]	—	—	—
火山灰质硅酸盐水泥	P·P	≥60且＜80	—	＞20且≤40[c]	—	—
粉煤灰硅酸盐水泥	P·F	≥60且＜80	—	—	＞20且≤40[d]	—
复合硅酸盐水泥	P·C	≥50且＜80	＞20且≤50[e]			

注：a. 本组分材料为符合本标准 5.2.3 的活性混合材料，其中允许用不超过水泥质量 8%且符合标准 5.2.4 的非活性混合材料或不超过水泥质量 5%且符合本标准 5.2.5 的窑灰代替。
b. 本组分材料为符合 GB/T 203 或 GB/T 18046 的活性混合材料，其中允许用不超过水泥质量 8%且符合本标准第 5.2.3 条的活性混合材料或符合本标准第 5.2.4 条的非活性混合材料或符合本标准第 5.2.5 条的窑灰中的任一种材料代替。
c. 本组分材料为符合 GB/T 2847 的活性混合材料。
d. 本组分材料为符合 GB/T 1596 的活性混合材料。
e. 本组分材料为由两种（含）以上符合本标准第 5.2.3 条的活性混合材料或/和符合本标准第 5.2.4 条的非活性混合材料组成，其中允许用不超过水泥质量 8%且符合本标准第 5.2.5 条的窑灰代替。掺矿渣时混合材料掺量不得与矿渣硅酸盐水泥重复。

通用硅酸盐水泥的技术指标　　表 3-4

品　种	代号	不溶物（质量分数）	烧失量（质量分数）	三氧化硫（质量分数）	氧化镁（质量分数）	氯离子（质量分数）
硅酸盐水泥	P·Ⅰ	≤0.75	≤3.0	≤3.5	≤5.0[a]	≤0.06[c]
	P·Ⅱ	≤1.50	≤3.5			
普通硅酸盐水泥	P·O	—	≤5.0			
矿渣硅酸盐水泥	P·S·A	—	—	≤4.0	≤6.0[b]	
	P·S·B	—	—		—	
火山灰质硅酸盐水泥	P·P	—	—	≤3.5	≤6.0[b]	
粉煤灰质硅酸盐水泥	P·F					
复合硅酸盐水泥	P·C					

注：a. 如果水泥压蒸试验合格，则水泥中氧化镁的含量（质量分数）允许放宽至 6.0%。
b. 如果水泥中氧化镁的含量（质量分数）大于 6.0%时，需进行水泥压蒸安定性试验并合格。
c. 当有更低要求时，该指标由买卖双方协商确定。

矿渣水泥、火山灰水泥、粉煤灰水泥的技术指标（单位为兆帕） 表 3-5

品　　种	强度等级	抗压强度		抗折强度	
		3d	28d	3d	28d
硅酸盐水泥	42.5	≥17.0	≥42.5	≥3.5	≥6.5
	42.5R	≥22.0		≥4.0	
	52.5	≥23.0	≥52.5	≥4.0	≥7.0
	52.5R	≥27.0		≥5.0	
	62.5	≥28.0	≥62.5	≥5.0	≥8.0
	62.5R	≥32.0		≥5.5	
普通硅酸盐水泥	42.5	≥17.0	≥42.5	≥3.5	≥6.5
	42.5R	≥22.0		≥4.0	
	52.5	≥23.0	≥52.5	≥4.0	≥7.0
	52.5R	≥27.0		≥5.0	
矿渣硅酸盐水泥 火山灰硅酸盐水泥 粉煤灰硅酸盐水泥 复合硅酸盐水泥	32.5	≥10.0	≥32.5	≥2.5	≥5.5
	32.5R	≥15.0		≥3.5	
	42.5	≥15.0	≥42.5	≥3.5	≥6.5
	42.5R	≥19.0		≥4.0	
	52.5	≥21.0	≥52.5	≥4.0	≥7.0
	52.5R	≥23.0		≥4.5	

3）碱含量（选择性指标）

水泥中碱含量按 $Na_2O+0.658K_2O$ 计算值表示。若使用活性骨料，用户要求提供低碱水泥时，水泥中的碱含量应不大于 0.60%或由买卖双方协商确定。

4）凝结时间

硅酸盐水泥初凝不小于 45min，终凝不大于 390min；

普通硅酸盐水泥、矿渣硅酸盐水泥、火山灰质硅酸盐水泥、粉煤灰硅酸盐水泥和复合硅酸盐水泥初凝不小于 45min，终凝不大于 600min（10h）。

5）安定性

沸煮法合格。

（3）通用水泥的特性和适用范围

常用通用水泥的特性和适用范围见表 3-6。

（4）通用水泥的选用规定

水泥的品种的选择，主要根据混凝土的工程特点或所处的环境条件，结合水泥的性能进行选择。具体选用见表 3-7。

3. 专用水泥

（1）水玻璃型耐酸水泥

水玻璃型耐酸水泥又称为水玻璃耐酸胶泥，是由水玻璃、耐酸填料（石英、辉绿岩或陶瓷碎片磨制的粉）和硬化剂（氟硅酸钠）以适当比例拌制而成。其质量配合比为：水玻璃∶氟硅酸钠∶耐酸填料＝1.0∶0.15∶(2.3～2.60)。水玻璃耐酸水泥的特性、适用范围及注意事项见表 3-8。

通用水泥的特性和适用范围 **表 3-6**

水泥品种	主要特性		适用范围	
	优点	缺点	适用于	不适用于
硅酸盐水泥	①强度等级高 ②快硬、早强 ③抗冻性好，耐磨性和不透水性强	①水化热高 ②抗水性差 ③耐蚀性差	①配制高强混凝土 ②生产预制构件 ③道路、低温下施工的工程	①大体积混凝土 ②地下工程 ③受化学侵蚀的工程
普通水泥	与硅酸盐水泥性能基本相似，有以下特点： ①早期强度略低 ②抗冻性、耐磨性稍有下降 ③低温凝结时间有所延长 ④抗硫酸盐侵蚀能力有所增强		适应性较强，如无特殊要求的工程都可以使用，是工程中应用最广泛的水泥品种之一	

续表

水泥品种	主要特性		适用范围	
	优点	缺点	适用于	不适用于
矿渣水泥	①水化热较低 ②抗硫酸盐侵蚀性好 ③蒸汽养护适应性好 ④耐热性较好	①早期强度较低，后期强度增长较快 ②保水性差 ③抗冻性较差	①地面、地下、水中的混凝土工程 ②高温车间建筑 ③采用蒸汽养护的预制构件	需要早强和受冻融循环，干湿交替的工程
火山灰水泥	①保水性较好 ②水化热低 ③抗硫酸盐侵蚀能力强	①早期强度较低，后期强度增长较快 ②需水性大，干缩性大 ③抗冻性差	①地下、水下工程、大体积混凝土工程 ②一般工业与民用建筑工程	需要早强和受冻融循环，干湿交替的工程

续表

水泥品种	主要特性		适用范围	
	优点	缺点	适用于	不适用于
粉煤灰水泥	①水化热较低 ②抗硫酸盐侵蚀 ③保水性好 ④需水性和干缩率较小	①早期强度比矿渣水泥还低 ②其余同火山灰水泥	①大体积混凝土和地下工程 ②一般工业与民用建筑工程	①对早期强度要求较高的工程 ②低温环境中施工而无保温措施的工程
复合水泥	①早期强度较高 ②和易性较好 ③易于成型	①需水性较大 ②耐久性不及普通水泥混凝土	①一般混凝土工程 ②配制砌筑、抹面砂浆等	耐腐蚀工程

建筑施工中通用水泥的选用规定 **表 3-7**

混凝土工程特点或所处环境条件		优先选用	可以使用	不得使用
工程特点	厚大体积的混凝土工程	粉煤灰水泥、矿渣水泥	普通水泥、火山灰水泥	硅酸盐水泥、快硬硅酸盐水泥
	要求快硬早强的混凝土	快硬硅酸盐水泥、硅酸盐水泥	普通水泥	矿渣水泥、火山灰水泥、粉煤灰水泥
	高强混凝土(≥C40)	硅酸盐水泥	普通水泥、矿渣水泥	火山灰水泥、粉煤灰水泥
	有抗渗要求的混凝土	普通水泥、火山灰水泥		矿渣水泥
	有耐磨性要求的混凝土	硅酸盐水泥、普通水泥(强度等级≥32.5)	矿渣水泥(强度等级≥32.5)	火山灰水泥、粉煤灰水泥
	一般混凝土、砌筑和抹面砂浆		复合水泥	

续表

混凝土工程特点或所处环境条件		优先选用	可以使用	不得使用
环境条件	在普通气候环境中的混凝土	普通水泥	矿渣水泥、火山灰水泥、粉煤灰水泥	
	在干燥环境中的混凝土	普通水泥	矿渣水泥	火山灰水泥、粉煤灰水泥
	在高温环境中或永远处于水下的混凝土	矿渣水泥	普通水泥、火山灰水泥、粉煤灰水泥	
	严寒地区的露天混凝土、寒冷地区处于水位升降范围内的混凝土	普通水泥(强度等级≥32.5)	矿渣水泥(强度等级≥32.5)	火山灰水泥、粉煤灰水泥
	严寒地区处在水位升降范围内的混凝土	普通水泥(强度等级≥32.5)		矿渣水泥、火山灰水泥、粉煤灰水泥
	受侵蚀环境水或侵蚀性气体作用的混凝土	根据侵蚀性介质的种类、浓度等具体条件按专门(或设计)规定选用		

水玻璃耐酸型水泥的特性、适用范围及注意事项　　表 3-8

项　目		技术要求或说明
细度		4900 孔/cm^2 标准筛筛余不得超过 15%
凝结时间		初凝时间不早于 45min，终凝时间不迟于 8h
耐酸安定性		试饼在空气中，常温酸中以及在 40% 硫酸中煮沸后应无突出物、裂纹、脱层、损坏等一切可见的缺陷
耐酸度		不少于 95%
抗拉强度		试饼在空气中养护 28d 后，其抗拉强度不得小于 2MPa，在硫酸内煮沸以后，抗拉强度降低不得超过 25%
煤油吸收率		试饼在空气中养护 10d 后，其煤油吸收率不大于 10%
特性		具有大多数无机酸和有机酸的抗腐蚀能力
用途	适用范围	①化工、冶金、造纸、制糖和纺织工业部门的一般耐酸工程 ②可以制备耐酸胶泥、耐酸砂浆和耐酸混凝土

续表

项目		技术要求或说明
用途	不适用范围	①不能用于食品工业中，必须使用时，应考虑氟硅酸钠的毒性 ②不能用于受氢氟酸、氟硅酸、300℃以上的热磷酸及碱性溶液（包括碱类和碱性酸类）侵蚀工程 ③不能用于长期受水浸润的工程 ④不能用于受高级脂肪酸（油酸、棕榈酸等）侵蚀的工程
注意事项		①配制耐酸胶泥、耐酸砂浆和耐酸混凝土时，须使用的水玻璃为硅酸钠的水溶液。模数为2.40～3.00，相对密度为1.38～1.50 ②生产单位自水泥发出之日起，须于14d内将水泥技术一切试验报告寄给购货单位。耐酸安定性、煤油吸收率及28d抗拉强度等，必须于31d内向购货单位补报 ③运输、保管时，不得受潮和混入杂物，严禁与其他品种水泥混杂贮存

(2) 道路硅酸盐水泥

以适当成分的生料烧至部分熔融，所得以硅酸钙为主要成分和较多量的铁铝酸钙的硅酸盐水泥熟料，加入0～10%活性混合材料和适量石膏磨细制成的水硬性胶凝材料，称为道路硅酸盐水泥。

道路硅酸盐水泥的技术指标和适用性见表3-9。

道路硅酸盐水泥的技术指标和适用性　　表 3-9

项　目		技术要求或说明			
细　度		0.080mm 方孔筛筛余量不得超过 10%			
凝结时间		初凝时间不得早于 1.5h，终凝时间不得迟于 10h			
安定性		用沸煮法检验必须合格			
干缩率		28d 干缩率不得大于 0.10%			
耐磨性		以磨损量表示，不得大于 3.00kg/m²			
烧失量		不得大于 3.0%			
强度（MPa）	强度类别与龄期 / 强度等级	抗压强度		抗折强度	
		3d	28d	3d	28d
	32.5	16	32.5	3.5	6.5
	42.5	21	42.5	4.0	7.0
	52.5	26	52.5	5.0	7.5
氧化镁含量		不得超过 5%			
三氧化硫含量		不得超过 3.5%			
游离氧化钙含量		旋窑生产不得大于 1.0%；立窑生产不得大于 1.8%			
碱含量		如用户有要求时，由供需双方商定			
熟料矿物成分		铝酸三钙含量不得大于 5.0%			
		铁铝酸四钙含量不得小于 16.0%			
适用性		道路硅酸盐水泥具有较高的抗压及抗折强度；具有较高的耐磨及抗冻性；收缩变形较小，因此适用于机场跑道和公路路面工程			

(3) 砌筑水泥

凡由一种或一种以上的水泥混合材料，加入适量的硅酸盐水泥熟料和石膏，经磨细制成的工作性较好的水硬性胶凝材料，称为砌筑水泥，代号为 M，其技术指标、适用范围及注意事项见表 3-10。

砌筑水泥的技术指标、特性、适用范围及注意事项　　表 3-10

项　目		技术指标或说明			
细　度		80μm 的方孔筛筛余不得超过 10%			
凝结时间		初凝不得早于 60min，终凝不得迟于 12h			
安定性		用沸煮法检验必须合格			
水泥中 SO_3 含量		不得超过 4.0%			
强度 (MPa)	强度类别与龄期 / 强度等级	抗压强度		抗折强度	
		7d	28d	7d	28d
	12.5	7.0	12.5	1.5	3.0
	22.5	10.0	22.5	2.0	4.0
特　性		和易性和保水性好，但强度较低，保水率应不低于 80%			
适用范围		适用于工业与民用建筑的砌筑砂浆和内墙抹面砂浆			
注意事项		①不得用于钢筋混凝土结构和构件 ②生产企业应在水泥发出日起 11d 内，寄发品质试验报告。28d 强度值，应在水泥发出日起 32d 内补报 ③运输、贮存时不得受潮和混入杂物，严禁与其他水泥混杂贮放			

4. 特性水泥

(1) 快硬硅酸盐水泥

凡以硅酸盐水泥熟料和适量石膏磨细制成的，以3d抗压强度表示强度等级的水硬性胶凝材料，称为快硬硅酸盐水泥。快硬硅酸盐水泥的技术要求、特性适用范围及注意事项等见表3-11。

快硬硅酸盐水泥的技术要求、特性、适用范围及注意事项　　表3-11

<table>
<tr><th colspan="2">项　目</th><th colspan="6">技术要求或说明</th></tr>
<tr><td colspan="2">细　度</td><td colspan="6">水泥比表面积不得低于4500cm²/g</td></tr>
<tr><td colspan="2">凝结时间</td><td colspan="6">初凝不得早于10min，终凝不得迟于60min</td></tr>
<tr><td colspan="2">安定性</td><td colspan="6">用沸煮法检验必须合格</td></tr>
<tr><td colspan="2">MgO含量</td><td colspan="6">熟料中含量不得超过5.0%</td></tr>
<tr><td colspan="2">SO₃含量</td><td colspan="6">水泥中含量不得超过9.5%</td></tr>
<tr><td rowspan="4">强度(MPa)</td><td rowspan="2">强度类别与龄期 / 强度等级</td><td colspan="3">抗压强度</td><td colspan="3">抗折强度</td></tr>
<tr><td>4h</td><td>1d</td><td>28d</td><td>4h</td><td>1d</td><td>28d</td></tr>
<tr><td>对快150</td><td>150</td><td>190</td><td>325</td><td>28</td><td>35</td><td>55</td></tr>
<tr><td>双快200</td><td>200</td><td>250</td><td>425</td><td>34</td><td>46</td><td>64</td></tr>
<tr><td colspan="2">特　性</td><td colspan="6">凝结硬化快，早期强度增长较快</td></tr>
<tr><td colspan="2">适用范围</td><td colspan="6">机场道面、桥梁、隧道和涵洞等紧急抢修工程，以及冬雨期施工、堵漏等工程</td></tr>
<tr><td colspan="2">注意事项</td><td colspan="6">①使用时每次混凝土的拌和量要少，应随拌和随浇注，并应尽量缩短拌和物的运输距离
②快凝快硬水泥不得与其他任何水泥混合使用</td></tr>
</table>

中低热水泥的技术要求、特性、适用范围及注意事项　表 3-12

项　目		中热硅酸盐水泥	低热矿渣硅酸盐水泥
定义		以适当成分的硅酸盐水泥熟料，加入适量石膏，磨细制成的具有中等水化热的水硬性胶凝材料，称为中热硅酸盐水泥（简称中热水泥），代号 P·MH	以适当成分的硅酸盐水泥熟料，加入矿渣、适量石膏，磨细制成的具有低水化热的水硬性胶凝材料，称为低热矿渣硅酸盐水泥（简称低热水泥），代号 P·LH
强度等级		42.5	32.5
技术要求	铝酸三钙	熟料中含量不得超过 6%	熟料中含量不得超过 8%
	硅酸三钙	熟料中含量不得超过 55%	
	MgO 含量	熟料中含量不得超过 5%，如水泥经压蒸安定性试验合格，允许放宽到 6%	
	游离 CaO	熟料中含量不得超过 1.0%	熟料中含量不得超过 1.2%
	碱	由供需双方商定	

续表

项目			中热硅酸盐水泥			低热矿渣硅酸盐水泥		
技术要求	SO_3 含量		水泥中含量不得超过 3.5%					
	细度		0.080mm 方孔筛筛余不超过 12%					
	凝结时间		初凝不得早于 60min，终凝不迟于 12h					
	安定性		用沸煮法检验应合格					
	品种	龄期 / 强度等级	抗压强度(MPa)			抗折强度(MPa)		
			3d	7d	28d	3d	7d	28d
	中热水泥	42.5	12.0	22.0	42.5	3.0	4.5	6.5
	低热水泥	42.5	—	13.0	42.5	—	3.5	6.5
	低热矿渣水泥	32.5	—	12.0	32.5	—	3.0	5.5
	水化热(kJ/kg)	龄期 / 强度等级	3d		7d	3d		7d
		42.5	251		293			
		32.5				197		230

（2）中低热水泥

中低热水泥的定义、技术要求、特性、适用范围及注意事项等见表 3-12。

（3）铝酸盐水泥

凡以铝酸钙为主的铝酸盐水泥熟料磨细制成的水硬性胶凝材料，称为铝酸盐水泥，代号 CA。铝酸盐水泥的技术要求、特性、主要用途及注意事项等见表 3-13。

铝酸盐水泥的技术要求、特性、主要用途及注意事项　　表 3-13

项　　目		技术要求或说明							
细　　度		比表面积不小于 300m²/kg 或 0.045mm 筛余不大于 20%							
凝结时间		CA-50、CA-70、CA-80 初凝不早于 30min,终凝不得迟于 6h							
化学成分		CA-50 SiO_2≤8%,Fe_2O_3≤2.5%							
强度（MPa）	强度类别 龄期 / 水泥类型	抗压强度				抗折强度			
		6h	1d	3d	28d	6h	1d	3d	28d
	CA-50	20	40	50	—	3.0	5.5	6.5	—
	CA-60	—	20	45	85	—	2.5	5.0	10.0
	CA-70	—	30	40	—	—	5.0	6.0	—
	CA-80	—	25	30	—	—	4.0	5.0	—
特　　性		①快硬高强,1d 强度可达 80%以下,3d 几乎达到 100% ②低温硬化快,在 5～10℃时,1d 强度仅较正常养护时(20℃)的强度约低 30%,3d 的强度与正常养护时接近 ③耐热性好。在预热处理过程中强度下降较少 ④耐蚀性好 ⑤抗冻性与不透水性均好							

续表

项　目	技术要求或说明
主要用途	配制不定形耐火材料；配制膨胀水泥、自应力水泥、化学建材添加剂等；抢建、抢修抗硫酸盐侵蚀和冬期施工等需要的工程
注意事项	①在施工过程中为防止凝结时期失控一般不得与硅酸盐水泥、石灰等能析出氢氧化钙的胶凝物质混合，使用前拌合设备必须冲洗干净 ②不得用于接触碱性溶液的工程 ③铝酸盐水泥水化热集中于早期释放，从硬化开始应立即浇水养护。一般不宜浇注大体积混凝土工程 ④铝酸盐水泥混凝土后期强度下降较大，应以最低稳定强度进行设计 ⑤若采用蒸汽养护加速混凝土硬化时，养护温度不得高于50℃ ⑥用于钢筋混凝土时，钢筋的保护层厚度不得小于60cm ⑦未经试验，不得加入任何外加物 ⑧不得与未硬化的硅酸盐水泥混凝土接触使用，可以与具有脱模强度的硅酸盐水泥混凝土使用，但接触处不得长期处于潮湿状态

(4) 白色硅酸盐水泥

由氧化铁含量少的硅酸盐水泥熟料、适量石膏及GB/T 2015—2005规定的混合材料，磨细制成水硬性胶凝材料称为白色硅酸盐水泥（简称白水泥），代号P·W。白色硅酸盐水泥的技术要求、特性、适用范围及注意事项见表3-14。

白色硅酸盐水泥的技术要求、特性、适用范围及注意事项　　　表 3-14

<table>
<tr><th colspan="2">项　　目</th><th colspan="4">技术要求或说明</th></tr>
<tr><td colspan="2">细　　度</td><td colspan="4">0.080mm 方孔筛筛余不得超过 10%</td></tr>
<tr><td colspan="2">凝结时间</td><td colspan="4">初凝不得早于 45min，终凝不得迟于 10h</td></tr>
<tr><td colspan="2">安定性</td><td colspan="4">用沸煮法检验必须合格</td></tr>
<tr><td colspan="2">白　度</td><td colspan="4">水泥白度值应不低于 87</td></tr>
<tr><td rowspan="5">强度
(MPa)</td><td rowspan="2">强度类别 龄期
强度等级</td><td colspan="2">抗压强度</td><td colspan="2">抗折强度</td></tr>
<tr><td>3d</td><td>28d</td><td>3d</td><td>28d</td></tr>
<tr><td>32.5</td><td>12.0</td><td>32.5</td><td>3.0</td><td>6.0</td></tr>
<tr><td>42.5</td><td>17.0</td><td>42.5</td><td>3.5</td><td>6.5</td></tr>
<tr><td>52.5</td><td>22.0</td><td>52.5</td><td>4.0</td><td>7.0</td></tr>
<tr><td colspan="2">适用范围</td><td colspan="4">①建筑装饰工程的粉刷和雕塑
②制造有艺术性的各种彩色和白色混凝土或钢筋混凝土等的装饰结构部件
③制造各种彩色的水刷石、人造大理石及水磨石等制品
④配制彩色水泥</td></tr>
<tr><td colspan="2">注意事项</td><td colspan="4">①使用时不得掺入其他物质以免影响白度
②施工和养护方法与普通水泥相同
③水泥厂应在水泥发出 11d 内，向购货单位寄发品质试验报告，28d 强度值，应在水泥发出日起 32d 内补报
④在运输与贮存时，不得受潮或混入杂物，不同强度等级和白度的水泥应分别贮运，不得混杂</td></tr>
</table>

三、普通混凝土配合比设计

1. 普通混凝土配合比设计

普通混凝土配合比及配合比设计的有关内容见表3-15。

(1) 配合比及其表示方法

普通混凝土各组成材料用量之比。

普通混凝土配合比设计步骤与方法 表 3-15

<table>
<tr><th>项　目</th><th>基　本　内　容</th></tr>
<tr><td>主要步骤</td><td>计算施工配制强度⟶计算水灰比⟶确定用水量⟶计算水泥用量⟶确定砂率⟶计算砂石用量⟶确定初步配合比⟶试配、调整，确定基准配合比⟶计算施工配合比</td></tr>
<tr><td>1. 计算施工配制强度 $f_{cu,0}$</td><td>混凝土试配强度按下式计算：
$f_{cu,0}=f_{cu,k}+1.645\sigma$
式中：$f_{cu,0}$——混凝土试配强度（N/mm²）
$f_{cu,k}$——混凝土强度等级（N/mm²）
σ——混凝土强度标准差（N/mm²）

标准差 σ 取值（N/mm²）
<table><tr><td>$f_{cu,k}$</td><td>C10～C20</td><td>C25～C40</td><td>C45～C60</td></tr><tr><td>σ</td><td>4.0</td><td>5.0</td><td>6.0</td></tr></table></td></tr>
</table>

续表

<table>
<tr><th>项　目</th><th>基　本　内　容</th></tr>
<tr><td rowspan="2">2. 计算水灰比 m_w/m_c</td><td>(1)按照强度要求计算水灰比
$$\frac{m_w}{m_c}=\frac{1.13\times\alpha_a\times f_{ce,k}}{f_{cu,0}+1.13\alpha_a\alpha_b\cdot f_{ce,k}}$$
式中：m_w/m_c——混凝土水灰比；
$f_{cu,0}$——混凝土施工配制强度(N/mm^2)；
α_a、α_b——经验常数，可按右表选取；
$f_{ce,k}$——水泥的强度值(MPa)；
1.13——水泥强度等级值的富余系数 γ_c。按统计资料确定，一般可取 $\gamma_c=1.13$。

A、B 常数取值
<table><tr><th>粗集料</th><th>α_a</th><th>α_b</th></tr><tr><td>碎石</td><td>0.46</td><td>0.07</td></tr><tr><td>卵石</td><td>0.48</td><td>0.33</td></tr></table></td></tr>
<tr><td>(2)按耐久性要求复核水灰比
将计算出的水灰比值与标准规定的最大水灰比值(见下表)进行比较，如果超过规定的最大水灰比值，则耐久性不合格，此时取规定的最大水灰比值作为混凝土的水灰比值</td></tr>
</table>

续表

<table>
<tr><th>项目</th><th colspan="10">基本内容</th></tr>
<tr><td rowspan="6">2. 计算水灰比 m_w/m_c</td><td colspan="2" rowspan="2">环境条件</td><td rowspan="2">结构物类别</td><td colspan="3">最大水灰比</td><td colspan="3">最小水泥用量(kg)</td></tr>
<tr><td>素混凝土</td><td>钢筋混凝土</td><td>预应力混凝土</td><td>素混凝土</td><td>钢筋混凝土</td><td>预应力混凝土</td></tr>
<tr><td colspan="2">(1)干燥环境</td><td>·正常的居住或办公房屋内部件</td><td>不作规定</td><td>0.65</td><td>0.60</td><td>200</td><td>260</td><td>300</td></tr>
<tr><td rowspan="2">(2)潮湿环境</td><td>无冻害</td><td>·高湿度的室内部件
·室外部件
·在非侵蚀性土和(或)水中的部件</td><td>0.70</td><td>0.60</td><td>0.60</td><td>225</td><td>280</td><td>300</td></tr>
<tr><td>有冻害</td><td>·经受冻害的室外部件
·在非侵蚀性土和(或)水中且经常受冻害的部件
·高湿度且经受冻害的室内部件</td><td>0.55</td><td>0.55</td><td>0.55</td><td>250</td><td>280</td><td>300</td></tr>
<tr><td colspan="2">(3)有冻害和除冰剂的潮湿环境</td><td>·经受冻害和除冰剂作用的室内和室外部件</td><td>0.50</td><td>0.50</td><td>0.50</td><td>300</td><td>300</td><td>300</td></tr>
</table>

续表

<table>
<tr><th>项　目</th><th colspan="9">基　本　内　容</th></tr>
<tr><td rowspan="8">3. 确定单位用水量 m_w</td><td colspan="9">根据混凝土施工时要求的坍落度大小，所使用的粗细集料品种、规格等选择混凝土的单位用水量(kg)，按下表选择</td></tr>
<tr><td rowspan="2">所需坍落度(mm)</td><td colspan="4">卵石最大粒径(mm)</td><td colspan="4">碎石最大粒径(mm)</td></tr>
<tr><td>10</td><td>20</td><td>31.5</td><td>40</td><td>16</td><td>20</td><td>31.5</td><td>40</td></tr>
<tr><td>10～30</td><td>190</td><td>170</td><td>160</td><td>150</td><td>200</td><td>185</td><td>175</td><td>165</td></tr>
<tr><td>35～50</td><td>200</td><td>180</td><td>170</td><td>160</td><td>210</td><td>195</td><td>185</td><td>175</td></tr>
<tr><td>55～70</td><td>210</td><td>190</td><td>180</td><td>170</td><td>220</td><td>205</td><td>195</td><td>185</td></tr>
<tr><td>75～90</td><td>215</td><td>195</td><td>185</td><td>175</td><td>230</td><td>215</td><td>205</td><td>195</td></tr>
<tr><td colspan="9">(1)本表系采用中砂时的平均取值。采用细砂时，每 $1m^3$ 混凝土用水量可增加 5～10kg；采用粗砂时，则可减少 5～10kg
(2)本表适用于水灰比在 0.40～0.80 的普通混凝土。水灰比不在此范围内的混凝土以及采用特殊工艺成型的混凝土，掺外加剂及掺合料时，其用水量通过试验确定
混凝土的坍落度小于 10mm 的干硬性混凝土，其用水量可按下表进行选择</td></tr>
</table>

续表

项目	基本内容						
	维勃稠度(S)	卵石最大粒径(mm)			碎石最大粒径(mm)		
		10	20	40	16	20	40
	16～20	175	160	145	180	170	155
	11～15	180	165	150	185	175	160
4. 计算水泥用量 m_c	5～10	185	170	155	190	180	165
	(1)计算水泥用量 1)计算：$m_c=\frac{m_w}{m_w/m_c}$(kg) 2)复核耐久性：将计算出的水泥用量与规定的最小水泥用量比较，不得大于规定的最小水泥用量。否则耐久性不合格，此时以最小水泥用量作为混凝土的水泥用量						

续表

项目	基本内容
5. 确定砂率 β_s	(1)计算：基本原则是用砂子填充石子空隙，并稍有富余，其公式如下： $$\beta_s=\frac{\rho_s\times P}{\rho_s\times P+\rho_g}\times\alpha$$ 式中 ρ_s、ρ_g——分别为砂、石子的视密度（kg/m^3）； P——石子的空隙率（%）； α——砂浆的剩余系数，又称为拨开系数。一般取值为1.1～1.4。 (2)查表确定：根据混凝土拌合物的水灰比，所使用的粗细集料的品种、规格，按下表取值。在规定的范围内任意选择一个砂率值（%）即可

水灰比（m_w/m_c）	卵石最大粒径（mm）			碎石最大粒径（mm）		
	10	20	40	16	20	40
0.40	26～32	25～31	24～30	30～35	29～34	27～32
0.50	30～35	29～34	28～33	33～38	32～37	30～35
0.60	33～38	32～37	31～36	36～41	35～40	33～38
0.70	36～41	35～40	34～39	39～44	38～43	36～41

注：(1)表中数值系中砂选用砂率，用细砂或粗砂，可相应减少或增加砂率。
(2)本表适用于坍落度为10～60mm的混凝土。坍落度大于或等于100mm时，可按坍落度每增大20mm，砂率增大1%的幅度予以调整。
(3)只用一个单粒级粗集料配制混凝土时，砂率应适当增加；对于薄壁构件砂率取大值。
(4)坍落度大于60mm或小于10mm的混凝土及掺有各种外加剂或掺合料时，其合理砂率值应经试验或参照其他有关规定选用

续表

项目	基本内容
6. 计算砂石用量 m_s、m_g	(1)体积法：又称为绝对体积法。$1m^3$ 混凝土的组成材料（水泥、砂、石子、水、外加剂等）经过搅拌均匀、成型密实后其体积为 $1m^3$ 的混凝土拌合物，则： $\begin{cases} \frac{m_c}{\rho_c}+\frac{m_s}{\rho_s}+\frac{m_g}{\rho_g}+\frac{m_w}{\rho_w}+0.01\alpha=1 \\ \frac{m_s}{m_s+m_g}\times100\%=\beta_s \end{cases}$ 式中 m_c、m_s、m_g、m_w——分别为 $1m^3$ 混凝土中水泥、砂、石子、水的用量(kg)； ρ_c、ρ_s、ρ_g、ρ_w——分别为混凝土中水泥、砂、石子、水的密度(kg/m^3)； α——混凝土的含气量体积百分数(%)。当不掺引气型外加剂时，可取等于1。 (2)质量法： $\begin{cases} m_c+m_s+m_g+m_w=m_{cp} \\ \frac{m_s}{m_s+m_g}\times100\%=\beta_s \end{cases}$ 式中 m_{cp}——每立方米混凝土拌合物的假定重度(kg/m^3)；根据混凝土的强度等级高低假定为2350～2450(kg/m^3)

续表

项目	基本内容
7. 确定混凝土初步配合比	(1)以 $1m^3$ 混凝土中的材料用量表示如下： $m_c=$　　$m_s=$　　$m_g=$　　$m_w=$　　(kg) (2)以质量比表示： $m_c:m_s:m_g:=1:x:y, m_w/m_c=?$
8. 试配、调整，确定试验室配合比	(1)根据 JTJ 81—2002 的有关要求，测定混凝土拌合物的坍落度。若不能满足设计要求，则在保证混凝土水灰比一定的条件下，相应调整用水量和砂率，直到符合要求 (2)根据 GB 50080—2002 的有关要求，测定混凝土的强度 (3)在测定混凝土强度时，测定混凝土拌合物的坍落度及表观密度 (4)将试配得出的混凝土水灰比及其强度，用作图法或计算方法求出 f_c 和 m_w/m_c 的关系，并据此调整每立方米混凝土的材料用量 (5)将实测定的混凝土表观密度与计算的混凝土密度比较，得出校正系数： $\beta=\frac{实测表观密度}{计算表观密度}$ (6)将得出的每立方米混凝土材料用量乘以校正系数，即为混凝土的配合比

续表

项　目	基　本　内　容
9. 计算施工配合比	设建筑施工现场的砂、石子含水率分别为 $a\%$和 $b\%$，则混凝土的施工配合比为： $m_c'=m_c$ $m_s'=m_s\times(1+a\%)$ $m_g'=m_g\times(1+b\%)$ $m_w'=m_w-m_s\times a\%-m_g\times b\%$ $m_c':m_s':m_g'=1:x:y, m_w'/m_c'=?$

有质量配合比和体积配合比两种表示方法。具体表示如下：

质量比：$m_C : m_S : m_G = 1 : x : y$，$m_W/m_C = ?$

体积比：$V_{c0} : V_{s0} : V_{g0} : V_{w0} = 1 : x : y : z$

工程中常用质量配合比表示。而质量配合比的表示方法又包括两种，举例如下：

① 以 $1m^3$ 混凝土中材料的用量表示：

如 $m_c = 286kg$，$m_s = 596kg$，$m_g = 1348kg$，$m_w = 160kg$

② 以质量比表示

如 $m_c : m_s : m_g = 1 : 2.08 : 4.71$，$m_w/m_c = 0.56$

（2）配合比设计的要求

① 和易性要求：满足施工要求的和易性。

② 强度要求：达到结构设计对混凝土要求的强度等级，满足施工进度要求的混凝土强度要求。

③ 耐久性要求：混凝土应具有在使用条件下一定的耐久性。

④ 经济性要求：配合比设计应在保证技术要求的基础上，尽量节约原材料，降低成本。

（3）配合比设计的参数

① 单位用水量（m_w）：反映水泥浆与集料之间的关系。主要影响混凝土的流动性。

② 水灰比$\left(\frac{m_w}{m_c}\right)$：反映水泥与水之间的关系。主要影响混凝土的强度及耐久性。

③ 砂率（S_p）：反映中粗细集料之间的关系。主要影响混凝土的黏聚性和保水性。

（4）配合比设计的方法与步骤

普通混凝土配合比设计的步骤与方法见表 3-15。

2. 普通混凝土配合比设计实例

【例题】 某工程室内钢筋混凝土梁，混凝土设计强度等级为C20，施工要求的坍落度为30～50mm，采用机械拌和和振捣。所用原材料如下：

水泥：普通硅酸盐水泥32.5级，$\rho_c=3100kg/m^2$

砂：中砂，级配在Ⅱ区，合格。$\rho_s=2650kg/m^2$

石子：卵石，5～40mm。$\rho_g=2600kg/m^2$

水：自来水（未掺外加剂）。$\rho_w=1000kg/m^2$

施工单位无混凝土强度历史统计资料，生产质量水平为优良。

试用体积法和质量法计算该混凝土的初步配合比。

【解】

1. 计算混凝土的施工配制强度 $f_{cu,0}$

根据题意，查表可得 $\sigma=4.0N/mm^2$

$$f_{cu,0}=f_{cu,k}+1.645\sigma$$

$$=20.0+1.645\times4.0=26.6N/mm^2$$

2. 计算水灰比 m_w/m_c 据题意知 $f_{ce,k}=32.5MPa$，$A=0.48$，$B=0.33$

（1）按照强度要求计算 m_w/m_c

$$\frac{m_w}{m_c}=\frac{1.13\times\alpha_a\times f_{ce,k}}{f_{cu,0}+1.13\times\alpha_a\cdot\alpha_b\cdot f_{ce,k}}$$

$$=\frac{1.13\times0.48\times32.5}{26.6+1.13\times0.48\times0.33\times32.5}$$

$$=0.54$$

（2）复核耐久性：经过复核，混凝土水灰比在0.56的情况下，耐久性合格。

3. 确定用水量 m_w

根据题意，查表取 $m_w=160kg$。

4. 计算水泥用量 m_c

(1) 计算

$$m_c=\frac{m_w}{m_w/m_c}=\frac{160}{0.54}=296\text{kg}$$

(2) 复核耐久性经过复核，混凝土中水泥用量在296kg的情况下，混凝土耐久性合格。

5. 确定砂率 β_s

根据题意，查表3-15，取混凝土的砂率为 $\beta_s=32\%$。

6. 计算砂、石用量 m_s、m_g

(1) 体积法　将已知数据代入“体积法”的计算公式，可得方程组：

$$\begin{cases}\dfrac{m_s}{2600}+\dfrac{m_g}{2650}=1-0.01-\dfrac{296}{3100}-\dfrac{160}{1000}\\ \dfrac{m_s}{m_s+m_g}\times100\%=32\%\end{cases}$$

解方程组可得：$m_s=615\text{kg}$　　$m_g=1307\text{kg}$

(2) 质量法

根据混凝土的强度等级，假定该混凝土的表观密度为 $m_{cp}=2400\text{kg/m}^3$，则有：

$$\begin{cases}m_s+m_g=2400-296-160\\ \dfrac{m_s}{m_s+m_g}\times100\%=32\%\end{cases}$$

解方程组可得：$m_s=622\text{kg}$　　$m_g=1322\text{kg}$

7. 计算初步配合比（以质量比表示）

(1) 体积法：$m_c:m_s:m_g=1:2.08:4.42$，$m_w/m_c=0.54$

(2) 质量法：$m_c:m_s:m_g=1:2.10:4.47$，$m_w/m_c=0.54$

8. 试配、调整（略）

四、砌筑砂浆配合比设计

1. 砌筑砂浆概述

（1）砌筑砂浆定义

由水泥、砂、水以及必要时掺入的外加剂或外掺料组成，用于砌筑各种砖石砌体的砂浆。按胶凝材料不同，分为石灰砂浆、水泥砂浆和混合砂浆等。

（2）组成材料的要求

为了保证砌筑砂浆的质量，对组成材料的要求见表 3-16。

砌筑砂浆组成材料的技术要求　　表 3-16

组成材料	技　术　要　求
水泥	砌筑砂浆用水泥的强度等级应根据设计要求进行选择，其强度等级不宜大于 32.5 级；水泥混合砂浆采用的水泥，其强度等级不宜大于 42.5 级
砂	宜使用中砂，砂的粒径不得超过灰缝宽度的 1/5～1/4，一般选用粒径小于 2.5mm 的中砂。砂中不但含有草根等杂物。砂中含泥量，对于强度等级≥M5 的砂浆，不得超过 5%；对于强度等级<M5 的砂浆，不得超过 10%
掺加料	1. 生石灰熟化成石灰膏时，应用孔径不大于 3mm×3mm 的网过滤，熟化时间不得少于 7d；磨细生石灰粉的熟化时间不得小于 2d。沉淀池中贮存的石灰膏，应采取防止干燥、冻结和污染的措施。严禁使用脱水硬化的石灰膏。 2. 采用黏土或亚黏土制备黏土膏时，宜用搅拌机加水搅拌，通过孔径不大于 3mm×3mm 的网过筛。用比色法鉴定黏土中的有机物含量时应浅于标准色。 3. 制作电石膏的电石渣应用孔径不大于 3mm×3mm 的网过滤，检验时应加热至 70℃并保持 20min，没有乙炔气味后，方可使用。 4. 消石灰粉不得直接用于砌筑砂浆中
水	采用天然的洁净水或自来水

2. 砌筑砂浆配合比设计（砌筑吸水底面材料）

砌筑砂浆配合比设计，根据所使用砌体材料的性能不同，设计的方法也不相同。现以砌筑吸水底面材料为例，介绍砌筑砂浆的配合比设计的过程。有关内容见表 3-17。

砌筑砂浆配合比设计　　　表 3-17

<table>
<tr><th>项　目</th><th>基　本　内　容</th></tr>
<tr><td>1. 计算砂浆的配制强度（MPa）</td><td>

$f_{m,0}=f_2+0.645\sigma$

式中　$f_{m,0}$——砂浆的试配强度，精确至 0.1MPa（MPa）；

f_2——砂浆抗压强度平均值，精确至 0.1MPa

σ——砂浆现场强度标准差，精确至 0.1MPa。

砂浆现场强度标准差按以下方法确定：

（1）当有统计资料时，按下式计算：

$$\sigma=\sqrt{\frac{\sum_{i=1}^{n}f_{m,i}{}^{2}-n\mu_{fm}^{2}}{n-1}}$$

式中　$f_{m,i}$——统计周期内同一品种砂浆第 I 组试件的强度（MPa）；

μ_{fm}——统计周期内同一品种砂浆 n 组试件强度的平均值（MPa）；

n——统计周期内同一品种砂浆试件的总组数，$n\geqslant 25$。

（2）当不具有近期统计资料时，其砂浆现场强度标准差 σ 可按下表选用

<table>
<tr><th>强度等级
施工水平</th><th>M2.5</th><th>M5</th><th>M7.5</th><th>M10</th><th>M15</th><th>M20</th></tr>
<tr><td>优良</td><td>0.50</td><td>1.00</td><td>1.50</td><td>2.00</td><td>3.00</td><td>4.00</td></tr>
<tr><td>一般</td><td>0.62</td><td>1.25</td><td>1.88</td><td>2.50</td><td>3.75</td><td>5.00</td></tr>
<tr><td>较差</td><td>0.75</td><td>1.50</td><td>2.25</td><td>3.00</td><td>4.50</td><td>6.00</td></tr>
</table>

</td></tr>
</table>

续表

组成材料	技 术 要 求
2. 计算 $1m^3$ 砂浆中的水泥用量 Q_c(kg)	(1)$1m^3$ 砂浆中的水泥用量按照以下公式计算： $$Q_c=\frac{1000(f_{m,0}-\beta)}{\alpha\cdot f_{ce}}$$ 式中 Q_c——$1m^3$ 砂浆中水泥用量，精确至 1kg(kg)； $f_{m,0}$——砂浆的试配强度，精确至 0.1MPa； f_{ce}——水泥的实测抗压强度，精确至 0.1MPa； α、β——砂浆的特征系数，其中 $\alpha=3.03$，$\beta=-15.09$。(注：各地区也可以用本地区试验资料确定 α、β 值，统计用试验组数不得少于 30 组。) 当计算出水泥砂浆中的水泥计算用量不足 $200kg/m^3$ 时，应按 $200kg/m^3$ 采用。 (2)在无法取得水泥的实测强度时，可按下式计算 f_{ce}： $$f_{ce}=\gamma_c\cdot f_{ce,k}$$ 式中 $f_{ce,k}$——水泥强度等级对应的强度值； γ_c——水泥强度等级值的富余系数，该值应按实际统计资料确定。无统计资料时 γ_c 可取 1.0
3. 计算外掺料的用量 Q_D(kg)	水泥混合砂浆中外掺料的计算按下式进行： $$Q_D=Q_A-Q_C$$ 式中 Q_D——$1m^3$ 砂浆中外掺料的用量，精确至 1kg(kg)；石灰膏、黏土膏使用时的稠度为 120±5mm； Q_C——$1m^3$ 砂浆中的水泥用量，精确至 1kg(kg)； Q_A——$1m^3$ 砂浆中水泥和掺合料的总量，精确至 1kg(kg)，宜在 300～350kg 之间

续表

组成材料	技 术 要 求
4. 计算砂的用量 Q_S(kg)	1m³ 砂浆中砂的用量按下式计算： $$Q_s=V_{s0}\cdot\rho_{s0}$$ 式中 V_{s0}——1m³ 砂浆中砂的堆积体积(m³)； 当砂的含水率为零时，取 V_{s0}=0.90m³； 当砂的含水率为 2%时，取 V_{s0}=1.00m³； 当砂含水率大于 2% 时，取 V_{s0} = 1.10～1.25m³。 ρ_{s0}——砂在干燥状态下（含水率小于 0.5%）的堆积密度(kg/m³)
5. 确定用水量 Q_w(kg)	1m³ 砂浆中的用水量，根据砂浆稠度等要求可选用 240～310kg。 说明：1. 混合砂浆中的用水量，不包括石灰膏或黏土膏中的水； 2. 当采用细砂或粗砂时，用水量分别取上限或下限； 3. 稠度小于 70mm 时，用水量可小于下限； 4. 施工现场气候炎热或干燥季节，可酌量增加用水量
6. 计算砂浆的初步配合比	砂浆配合比的表示方法有两种： 1. 质量比：$Q_C:Q_D:Q_S=1:x:y$； 2. 体积比：$V_{C0}:V_{D0}:V_{S0}=1:x:y$ 砌筑砂浆一般用质量比表示；普通抹面砂浆、装饰抹面砂浆等一般用体积比表示
7. 试配、调整与确定	1. 试配时应采用工程中实际使用的材料；搅拌要求应符合本规程的规定。 2. 按计算或查表所得配合比进行试拌时，应测定其拌合物的稠度和分层度，当不能满足要求时，应调整材料用量，直到符合要求为止，然后确定为试配时的砂浆基准配合比。 3. 试配时至少应采用三个不同的配合比，其中一个为按本规程规定得出的基准配合比，其他配合比的水泥用量应按基准配合比分别增加及减少 10%。在保证稠度、分层度合格的条件下，可将用水量或掺加料用量作相应调整。 4. 对三个不同的配合比进行调整后，应按现行行业标准《建筑砂浆基本性能试验方法》JGJ 70 的规定成型试件，测定砂浆强度；并选定符合试配强度要求的且水泥用量最低的配合比作为砂浆配合比

3. 水泥砂浆配合比选用

水泥砂浆材料用量可按表3-18选用。

每 $1m^3$ 水泥砂浆材料用量　　表3-18

强度等级	水泥用量(kg)	砂用量(kg)	用水量(kg)
M2.5～M5	200～300	$1m^3$ 砂的堆积密度值	270～330
M7.5～M10	220～280		
M15	280～340		
M20	340～400		

注：1. 此表水泥强度等级为32.5级，大于32.5级水泥用量宜取下限；

2. 根据施工水平合理选择水泥用量；

3. 当采用细砂或粗砂时，用水量分别取上限或下限；

4. 稠度小于70mm时，用水量可不小于下限；

5. 施工现场气候炎热或干燥季节，可酌量增加用水量；

6. 试配强度应按 $f_{m,0}=f_2+0.645\sigma$ 计算。

4. 砌筑砂浆配合比设计实例

【例】 要求设计用于砌筑砖墙的强度等级为M7.5、稠度70～100mm的水泥石灰砂浆的配合比。原材料及主要参数如下：

水泥：普通硅酸盐水泥32.5级；

砂：中砂，堆积密度为1450kg/m³，含水率为2%；

石灰膏：稠度120mm；施工水平一般。

【解】

(1) 计算试配强度 $f_{m,0}$：

$f_2=7.5\text{MPa}$，通过查表，取 $\sigma=1.88\text{MPa}$，则

$f_{m,0}=f_2+0.645\sigma=7.5+0.645\times1.88=8.7\text{MPa}$

（2）计算水泥用量 Q_C：

查表取：$f_{ce}=32.5\text{MPa}$，$\alpha=3.03$，$\beta=-15.09$

$$Q_C=\frac{1000(f_{m,0}-\beta)}{\alpha\cdot f_{ce}}=\frac{1000\times(8.7+15.09)}{3.03\times32.5}=242\text{kg}$$

（3）计算石灰膏用量 Q_D：

$Q_D=Q_A-Q_C=300-242=58\text{kg}$

（4）计算砂用量 Q_S：

$Q_S=1450\times(1+0.02)=1479\text{kg}$

（5）选择用水量 m_w：

查表取 $Q_w=300\text{kg}$。

砂浆初步配合比为：

$Q_C:Q_D:Q_S:Q_w=242:58:1479:300=1:0.24:6.11:1.24$

（6）试配、调整

按照规定的方法和初步配合比对砂浆进行试配与调整，最终确定出符合要求的配合比。

五、常用建筑钢材

1. 建筑钢材概述

（1）建筑钢材的品种

在建筑工程中使用的钢材，其种类如下：

建筑钢材
- 各种型钢
  - 简单截面型钢：如圆钢、方钢、六角钢等
  - 复杂截面型钢：如工字钢、角钢、槽钢、钢轨等
- 各种线材、板材、管材等

（2）钢筋的分类

1）按钢筋的外形分

钢筋{光圆钢筋
带肋钢筋（月牙肋钢筋）

2）按使用的钢的种类分

钢筋{碳素结构钢钢筋
低合金高强度钢钢筋

3）按生产工艺可分为：热轧钢筋、冷轧钢筋、冷拉钢筋、热处理钢筋等。

（3）钢筋常用术语（见表 3-19）

钢筋常用术语及其含义、代号　　表 3-19

术语名称	含　义	代　号	举例
钢筋公称直径	与钢筋公称横截面积相等的圆直径(mm)		
钢　　筋	一般直径 $\phi \geq 8$mm，强度较低、塑性高的线材(强度数量级：1000MPa)		
钢　　丝	一般直径 $\phi < 8$mm，强度高、塑性低的线材(强度数量级：1000MPa)		
热轧钢筋	经热轧成型并自然冷却的成品钢筋		
低碳钢热轧圆盘条钢筋	低碳钢经热轧工艺轧成圆形断面卷成盘条状的连续长条	Q××—××—×	Q235AF-J
热轧光圆钢筋	经热轧成型并自然冷却的成品横截面为圆形，且表面光滑的钢筋混凝土配筋用钢材	HPB×××	HPB235

续表

术语名称	含　义	代　号	举例
热轧带肋钢筋	横截面通常为圆形，经热轧成型并自然冷却且表面通常有两条纵肋和沿长度方向均匀分布的横肋的钢筋	HRB× ××	HRB335
余热处理钢筋	热轧后立即穿水，进行表面控制冷却，然后利用芯部余热自身完成回火处理所得的成品钢筋	KL× ××	KL400
冷拉钢筋	热轧光圆钢筋或热轧带肋钢筋在常温下经拉伸强化以提高其屈服强度的钢筋		
热处理钢筋	用于预应力混凝土结构的经过调质热处理的螺纹钢筋。不适用于焊接和点焊的钢筋	RB150	RB150
冷轧带肋钢筋	热轧钢筋盘条经冷轧减径后，在其表面带有沿长度方向均匀分布的三面或两面横肋的钢筋	CRB ×××	CRB550

2. 建筑工程中常用的钢筋

(1) 钢筋混凝土用钢筋

1) 热轧光圆钢筋

① 热轧光圆钢筋的公称直径、公称横截面积、理论重量见表 3-20。

分级、牌号

钢筋按屈服强度特征值分为235、300级。

分称直径范围及推荐直径

钢筋的公称直径范围6～22mm，本部分推荐的钢筋公称直径为6mm、8mm、10mm、12mm、16mm、20mm。

钢筋的公称截面面积与理论重量表　表3-20

公称直径(mm)	公称横断面积(mm^2)	公称重量(kg/m)	直径允许偏差(mm)	不圆度(mm)
6(6.5)	28.27(33.18)	0.222(0.260)	±0.30	≤0.4
8	50.27	0.395		
10	78.54	0.617		
12	113.1	0.888		
14	153.9	1.21	±0.40	
16	201.1	1.58		
18	254.5	2.00		
20	314.2	2.47		
22	380.1	2.98		

② 热轧光圆钢筋的力学性能及工艺性能见表3-21。

钢筋的屈服强度R_{el}、钢筋抗拉强度R_m、断后伸长率A、最大力总伸长率A_{gt}等力学性能特征值见表3-21。

力学性能及工艺性能　表3-21

牌号	R_{el}(MPa)	R_m(MPa)	A(%)	A_{gt}(%)	冷弯试验180° d——弯心直径 a——钢筋公称直径
	不小于				
HPB235	235	270	25	10	$d=a$
HPB300	300	420			

2）热轧带肋钢筋

钢筋混凝土用热轧带肋钢筋是横截面通常为圆形，且表面通常有两条纵肋和沿长度方向均匀分布的横肋的钢筋。横肋的形状为月牙形，称为月牙肋。

① 分类、牌号

热轧带肋钢筋的牌号有HRB和牌号的屈服点最小值构成。有HRB335、HRB400、HRB500三个牌号和细晶粒热轧钢筋HRBF335、HRBF400、HRBF500三个牌号，其中HRB335、HRB400、HRB500分别以3、4、5表示，HRBF335、HRBF400、HRBF500分别以C3、C4、C5表示。H、R、B分别为热轧、带肋、钢筋三个词英文首字母。

② 热轧带肋钢筋的公称直径、公称横截面积和公称质量

公称直径：与钢筋公称横截面积相等的圆的直径。一般可按下述方法确定：

当$\phi<30$mm时，将其内径取整数；

当$\phi\geqslant30$mm时，将其内径取整数后加1；

当内径为整数时，直接加1。

热轧钢筋的公称直径范围为6～50mm，推荐的钢筋公称直径为6、8、10、12、16、20、25、32、40和50（mm）。

热轧带肋钢筋的公称直径、公称横截面积和公称质量见表3-22。

③ 热轧带肋钢筋的力学性能和工艺性能

热轧带肋钢筋的力学性能和工艺性能见表3-23、3-24。

热轧带肋钢筋的公称直径、公称横截面积和公称质量　　表 3-22

公称直径（mm）	公称横截面积（mm^2）	公称质量（kg/m）	公称直径（mm）	公称横截面积（mm^2）	公称质量（kg/m）
6	28.27	0.222	22	380.1	2.98
8	50.27	0.395	25	490.9	3.85
10	78.54	0.617	28	615.8	4.83
12	113.1	0.888	32	804.2	6.31
14	153.9	1.21	36	1018	7.99
16	201.1	1.58	40	1257	9.87
18	254.5	2.00	50	1964	15.42
20	314.2	2.47			

热轧带肋钢筋的力学性能　　表 3-23

牌号	R_{el}（MPa）	R_m（MPa）	A（%）	A_{gt}（%）
	不小于			
HRB335 HRBF335	335	455	17	7.5
HRB400 HRBF400	400	540	16	
HRB500 HRBF500	500	630	15	

按规定的弯芯直径弯曲 180°后，钢筋受弯曲部位表面不得产生裂纹。

3）钢筋混凝土用余热处理钢筋

钢筋混凝土用余热处理钢筋是在热轧后立即穿水，进行表面控制冷却，然后利用芯部余热自身完成回火处理所得的成品钢筋。

① 公称直径范围及推荐直径

热轧带肋钢筋的工艺性能　　表 3-24

牌　号	公称直径 d	弯心直径
HRB335 HRBF335	6～25	$3d$
	28～40	$4d$
	>40～50	$5d$
HRB400 HRBF400	6～25	$4d$
	28～40	$5d$
	>40～50	$6d$
HRB500 HRBF500	6～25	$6d$
	28～40	$7d$
	>40～50	$8d$

余热处理钢筋的公称直径范围为 8～40mm，共有 13 个规格。推荐的公称直径为 8、10、12、16、20、25、32 和 40mm。

② 余热处理钢筋的力学性能和工艺性能，见表 3-25。

余热处理钢筋的力学性能和工艺性能　表 3-25

表面形状	钢筋级别	强度等级代号	公称直径（mm）	屈服点 σ_s(MPa)	抗拉强度 σ_b(MPa)	伸长率 δ_5(%)	冷弯 d——弯心直径 a——钢筋公称直径
				不小于			
月牙肋	Ⅲ	KL400	8～25 28～40	440	600	14	90°$d=3a$ 90°$d=4a$

4）冷轧带肋钢筋

冷轧带肋钢筋，是由热轧圆盘条经冷轧或冷拔减径后在其表面冷轧成沿长度方向均匀分布的三面或两面横肋的钢筋。

① 公称直径范围及推荐直径

CRB550 钢筋的公称直径范围为 4～12mm，CRB650 及以上牌号钢筋的公称直径为 4mm、5mm、6mm。

② 冷轧带肋钢筋的分类

冷轧带肋钢筋的牌号有 CRB 和钢筋的抗拉强度最小值构成。C、R、B 分别为冷轧（coltrolled）、带肋（Ribbed）、钢筋（Bar）三个词的英文首位字母。冷轧带肋钢筋分为 CRB550、CRB650、CRB800、CRB970 四个牌号。CRB550 为普通钢筋混凝土用钢筋，其他牌号为预应力混凝土用钢筋。

③ 冷轧带肋钢筋的力学性能及工艺性能见表 3-26。

热轧带肋钢筋的力学性能和工艺性能　　表 3-26

牌号	$R_{p0.2}$(MPa)不小于	R_m(MPa)不小于	伸长率(%)不小于		弯曲试验180°	反复弯曲次数	应力松弛初始应力相当于公称抗拉强度的70%
			$A_{11.3}$	A_{100}			1000h 松弛率(%)不大于
CRB550	500	550	8.0	—	$D=3d$	—	—
CRB650	585	650	—	4.0	—	3	8
CRB800	720	800	—	4.0	—	3	8
CRB970	875	970	—	4.0	—	3	8

注：表中 D 为弯心直径；d 为钢筋公称直径。

（2）预应力混凝土用钢筋

1）冷拉钢筋

冷拉钢筋是由热处理钢筋经过冷拉和时效处理而成。

冷拉控制应力及最大冷拉率和测定冷拉率时钢筋的冷拉应力见表 3-27。

冷拉控制应力及最大冷拉率和测定冷拉率时钢筋的冷拉应力　　表 3-27

钢筋级别	钢筋直径(mm)	冷拉控制应力(N/mm^2)	最大冷拉率(%)	冷拉应力(N/mm^2)
Ⅰ级	≤12	280	10.0	310
Ⅱ级	≤25	450	5.5	480
	28～40	430	5.5	460
Ⅲ级	8～40	500	5.0	530
Ⅳ级	10～28	700	4.0	730

注：当钢筋平均冷拉率低于1%时，仍应按1%进行冷拉。

2）预应力混凝土用热处理钢筋

热处理钢筋是用于预应力混凝土结构的经过调质热处理的螺纹钢筋。

① 种类及规格：热处理钢筋按照其螺纹外形分为有纵肋和无纵肋两种。规格有公称直径 6mm、8.2mm、10mm 三种。

② 热处理钢筋的力学性能见表 3-28。

热处理钢筋的力学性能　　表 3-28

公称直径(mm)	牌　号	$\sigma_{0.2}$	σ_b	δ_{10}(%)
		(MPa)不小于		
6	$40Si_2Mn$	1325	1470	6
8.2	$48Si_2Mn$			
10	$45Si_2Cr$			

冷拉钢丝的力学性能 **表 3-29**

公称直径 d_n(mm)	抗拉强度 σ_b(MPa) 不小于	规定非比例伸长应力 $\sigma_{p0.2}$(MPa) 不小于	最大力下总伸长率 (L_n=200mm) δ_{gt}(%) 不小于	弯曲次数/(180°) 不小于	弯曲半径 R(mm)	断面收缩率 ψ(%) 不小于	每210mm扭矩的扭转次数 n 不小于	初始应力相当于70%公称抗拉强度时，1000h后应力松弛率 r(%) 不大于
3.00	1470	1100	1.5	4	7.5	—	—	8
4.00	1570	1180		4	10	35	8	
5.00	1670	1250		4	15		8	
	1770	1330						
6.00	1470	1100		5	15	30	7	
7.00	1570	1180		5	20		6	
8.00	1670	1250		5	20		5	
	1770	1330						

消除应力光圆及螺旋肋钢丝的力学性能 **表 3-30**

公称直径 d_n(mm)	抗拉强度 σ_b(MPa) 不小于	规定非比例伸长应力 $\sigma_{p0.2}$(MPa) 不小于		最大力下总伸长率 (L_n=200mm) δ_{gt}(%) 不小于	弯曲次数/(次/180°) 不小于	弯曲半径 R(mm)	应力松弛性能		
							初始应力相当于公称抗拉强度的百分数(%)	1000h后应力松弛率 r(%) 不大于	
		WLR	WNR					WLR	WNR
							对所有规格		
4.00	1470	1290	1250	3.5	3	10	60	1.0	4.5
4.80	1570	1380	1330		4	15			
5.00	1670	1470	1410		4				
	1770	1560	1500						
	1860	1640	1580						
6.0	1470	1290	1250		4	15	70	2.0	8
6.25	1570	1380	1330		4	20			
7.00	1670	1470	1410		4	20			
	1770	1560	1500						
8.00	1470	1290	1250		4	20	80	4.5	12
9.00	1570	1380	1330		4	25			
10.00	1470	1290	1250		4	25			
12.00					4	30			

消除应力的刻痕钢丝的力学性能　　表 3-31

公称直径 d_n(mm)	抗拉强度 σ_b(MPa) 不小于	规定非比例伸长应力 $\sigma_{p0.2}$(MPa) 不小于		最大力下总伸长率 (L_n=200mm) δ_{gt}(%) 不小于	弯曲次数/(次/180°) 不小于	弯曲半径 R(mm)	应力松弛性能		
							初始应力相当于公称抗拉强度的百分数(%)	1000h 后应力松弛率 r(%) 不大于	
		WLR	WNR					WLR	WNR
							对所有规格		
≤5.0	1470	1290	1250	3.5	3	15			
	1570	1380	1330						
	1670	1470	1410				60	1.5	4.5
	1770	1560	1500						
	1860	1640	1580				70	2.5	8
>5.0	1470	1290	1250			20			
	1570	1380	1330				80	4.5	12
	1670	1470	1410						
	1770	1560	1500						

3）预应力混凝土用钢丝

预应力混凝土用钢丝是以优质碳素结构钢盘条为原料，经淬火索氏体化、酸洗、冷拉制成的用作预应力混凝土骨架的钢丝。

① 分类及代号

钢丝按加工状态分为冷拉钢丝和消除应力钢丝两类。消除应力钢丝按松弛性能又分为低松弛级钢丝和普通松弛级钢丝，其代号：

冷拉钢丝：WCD；低松弛钢丝：WLR；普通松弛钢丝：WNR。

冷拉钢丝——用盘条通过拔丝模或轧辊经冷加工而成产品，以盘卷供货的钢丝。

消除应力钢线——按下述一次性连续处理方法之一生产的钢丝。

Λ. 钢丝在塑性变形卜（轴应变）进行的短时间热处理，得到的应是低松弛钢丝。

B. 钢丝通过矫直工序后在适当温度下进行的短时热处理，得到的应是普通松弛钢丝。

松弛——在恒定长度下应力随时间而减小的现象。

螺旋肋钢丝——钢丝表面沿长度方向上具有规则间隔的肋条。

刻痕钢丝——钢丝表面沿着长度方向上具有规则间隔的压痕。

钢丝按外形分为光圆、螺旋肋、刻痕三种，其代号为：

光圆钢丝：P；螺旋肋钢丝：H；刻痕钢丝：1。

② 冷拉钢丝的力学性能应符合表 3-29

③ 消除应力光圆及螺旋肋钢丝的力学性能应符合

表 3-30

④ 消除应力的刻痕钢丝的力学性能应符合表 3-31

4）预应力混凝土用钢绞线

预应力混凝土用钢绞线，简称预应力钢绞线，由 7 根圆形断面钢丝捻制而成。

① 分类、代号

用两根钢丝捻制的钢绞线：1×2

用三根钢丝捻制的钢绞线：1×3

用七根钢丝捻制的钢绞线：1×7

预应力钢绞线按其应力松弛性能分为：

应力松弛级别	代号
Ⅰ级松弛	Ⅰ
Ⅱ级松弛	Ⅱ

② 预应力钢绞线的尺寸及拉伸性能见表 3-32。

六、墙体用块材

1. 砖和砌块的分类

（1）砖的分类

1）按生产方法不同，分为烧结砖和非烧结砖两种。

2）按孔洞率不同，分为实心砖、多孔砖和空心砖。

（2）砌块的分类

1）按砌块的产品规格分为

砌块
- 大型砌块（系列主规格中高度大于 980mm）
- 中型砌块（系列主规格中高度为 380～980mm）
- 小型砌块（系列主规格中高度大于 115mm）

钢绞线尺寸及拉伸性能 **表 3-32**

钢绞线结构	钢绞线公称直径(mm)		强度级别(MPa)	整根钢绞线的最大负荷(kN)	屈服负荷(kN)	伸长率(%)	1000h松弛率(%)不大于			
							Ⅰ级松弛		Ⅱ级松弛	
							初始负荷			
				不小于			70%公称最大负荷	80%公称最大负荷	70%公称最大负荷	80%公称最大负荷
1×2		10.00	1720	67.9	57.7	3.5	8.0	12	2.5	4.5
		12.00		97.9	83.2					
1×3		10.80		102	86.7					
		12.90		147	125					
1×7	标准型	9.50	1860	102	86.6					
		11.10	1860	138	117					
		12.70	1860	184	156					
		15.20	1720	239	203					
			1860	259	220					
	模拔型	12.70	1860	209	178					
		15.20	1820	300	255					

注：
1. Ⅰ级松弛即普通松弛级，Ⅰ级松弛即低松弛级，它们分别适用所有钢绞线。
2. 屈服负荷不小于整根钢铰线公称最大负荷的85%。

2）按生产工艺分

砌块 {烧结砌块
蒸压蒸养砌块

3）按有无孔洞分为实心砌块和空心砌块

2. 非黏土砖

非黏土砖包括各种非黏土烧结砖、内燃砖、蒸养砖、蒸压砖和碳化砖等，主要用于房屋建筑的基础、墙体工程的砌筑。

（1）烧结普通砖

1）品种、质量等级、强度等级和产品标记

烧结普通砖的品种、质量等级、强度等级和产品标记　　表 3-33

类　别	质量等级	强度等级	产品标记
黏土砖(N) 页岩砖(Y) 煤矸石砖(M) 粉煤灰砖(F)	优等品(A) 一等品(B) 合格品(C)	MU30、MU25、MU20、MU15、MU10	按产品名称、类别、强度等级、质量等级和标准标号顺序编写，如：烧结普通砖，强度等级 MU15，一等品的黏土砖，其标记：烧结普通砖 N　MU15 B GB 5101

2）技术要求

① 尺寸允许偏差　烧结普通砖的尺寸偏差应符合 GB/T 5101 的规定。

② 外观质量　砖的外观质量应符合 GB/T 5101 的规定。

③ 强度等级

砖的强度等级应符合表 3-34 的规定。

砖的强度等级（MPa）　　表 3-34

强度等级	10 块砖抗压强度平均值 $R \geqslant$	10 块砖抗压强度标准值 $f_k \geqslant$
MU30	30.0	22.0
MU25	25.0	18.0
MU20	20.0	14.0
MU15	15.0	10.0
MU10	10.0	6.5

④ 抗风化性能

砖的抗风化性能必须符合严重风化区和非严重风化区的有关规定（略）。

⑤ 泛霜

优等品不得泛霜；一等品不允许出现中等泛霜；合格品不得严重泛霜。

⑥ 石灰爆裂

优等品：不允许出现最大破坏尺寸大于 2mm 的爆裂区域。

一等品：最大破坏尺寸不大于 2mm，且小于等于 10mm 的爆裂区域，每组砖样不得多于 15 处。不允许出现最大破坏尺寸大于 10mm 的爆裂区域。

合格品：最大破坏尺寸大于 2mm 且小于等于 15mm 的爆裂区域，每组砖样不得多于 15 处，其中大于 10mm 的不得多于 7 处；不允许出现最大破坏尺寸大于 15mm 的爆裂区域。

（2）烧结多孔砖

以页岩、煤矸石等为主要原料，经焙烧而成的用于清水墙或带有装饰面的多孔砖（以下简称装饰砖）。

分类：按主要原料砖分为黏土砖（N）、页岩砖（Y）、煤矸石砖（M）和粉煤灰砖（F）。

1）规格及等级

① 规格

砖的外形为直角六面体，其长度、宽度、高度尺寸应符合下列要求：

290、240、190、180；

175、140、115、90。

② 孔洞

砖的孔洞尺寸应符合 GB 13544 的规定。

③ 等级

分级：根据抗压强度分为 MU30、MU25、MU20、MU15、MU10 五个强度等级。

分等：强度和抗风化性能合格的砖，根据尺寸偏差、外观质量、孔形及孔洞排列、泛霜、石灰爆裂分为优等品（A）、一等品（B）和合格品（C）三个质量等级。

④ 产品标记

砖的产品标记按产品名称、品种、规格、强度等级、质量等级和标准编号顺序编写。标记示例：规格尺寸 290mm×140mm×90mm、强度等级 MU25、优等品的黏土砖，其标记为：烧结多孔砖 N290×140×90 25 A GB 13544。

2）技术要求

① 尺寸允许偏差

烧结多孔砖的尺寸偏差应符合 GB 13544 的规定。

② 外观质量

砖的外观质量应符合 GB 13544 的规定。

③ 强度

砖的强度等级应符合表 3-35 的规定。

砖的强度要求　　表 3-35

强度等级	抗压强度平均值，$f \geqslant$(MPa)	变异系数，$\delta \leqslant 0.21$	变异系数，$\delta > 0.21$
		强度标准值 $f_k \geqslant$(MPa)	单块最小抗压强度值 $f_{min} \geqslant$(MPa)
MU30	30.0	22.0	25.0
MU25	25.0	18.0	22.0
MU20	20.0	14.0	16.0
MU15	15.0	10.0	12.0
MU10	10.0	6.5	7.5

孔型孔洞率及孔洞排列应符合表 3-36 的规定。

孔型孔洞率及孔洞排列　　表 3-36

产品等级	孔形	孔洞率，%≥	孔洞排列
优等品	矩形条孔或矩形孔	25	交错排列，有序
一等品	矩形条孔或矩形孔	25	交错排列，有序
合格品	矩形孔或其他孔型形	25	—

注：
1. 所有孔宽 b 应相等，孔长 $L \leqslant 50$mm。
2. 孔洞排列上下、左右应对称，分布均匀，手抓孔的长度方向尺寸必须平行于砖的条面。
3. 矩形孔的孔长 L、孔宽 b 满足式 $L \geqslant 3b$ 时，为矩形条孔。

抗风化能力 表 3-37

项目 砖种类	严重风化区				非严重风化区			
	5h 沸煮吸水率，%≤		饱和系数≤		5h 沸煮吸水率，%≤		饱和系数≤	
	平均值	单块最大值	平均值	单块最大值	平均值	单块最大值	平均值	单块最大值
黏土砖	21	23	0.85	0.87	23	25	0.88	0.90
粉煤灰砖	23	25			30	32		
页岩砖	16	18	0.74	0.77	18	20	0.78	0.80
煤矸石转	19	21			21	23		

注：粉煤灰掺入量（体积比）小于 30%时按黏土砖规定判定。

④ 物理性能

砖的物理性能应符合 GB 13544 的规定。

（3）烧结空心砖和空心砌块

以页岩、煤矸石等为主要原料，经焙烧而成的用于非承重部位的多孔砌体材料。

1）规格及分类

按主要原料分为黏土砖和砌块（N）、页岩砖和砌块（Y）、煤矸石砖和砌块（M）、粉煤灰砖和砌块（F）。

① 规格

砖和砌块的外形为直角六面体，其长度、宽度、高度尺寸应符合下列要求，单位为 mm：390、290、240、190、180（175）、140、115、90。其他规格尺寸由供需双方协商确定。

② 孔洞

孔洞采用矩形条孔或其他孔形，且平行于大面和条面。

③ 等级

分级：

抗压强度分为 MU10.0、MU7.5、MU5.0、MU3.5、MU2.5。

体积密度分为 800 级、900 级、1000 级、1100 级。

分等：强度、密度、抗风化性能（表 3-38）和放射性物质合格的砖和砌块，根据尺寸偏差、外观质量、孔洞排列及其结构、泛霜、石灰爆裂、吸水率（表 3-39）分为优等品（A）、一等品（B）和合格品（C）三个质量等级。

④ 产品标记

砖和砌块的产品标记按产品名称、类别、规格、密度等级、强度等级、质量等级和标准编号顺序编写，如规格尺寸 290mm×190mm×90mm、密度等级 800、强度等级 MU7.5、优等品的页岩空心砖，其标记为：烧结空心砖 Y（290 × 190 × 90）800 MU7.5A GB 13545。

2）技术要求

① 尺寸允许偏差　应符合 GB 13545 的规定。

② 外观质量　外观质量应符合 GB 13545 的规定。

③ 强度　强度应符合表 3-40 的规定。

④ 密度　密度级别应符合表 3-41 的规定。

⑤ 孔洞及其结构　孔洞及其排数应符合 GB 13545 的规定，见表 3-36。

抗风化性能　　表 3-38

分类	饱和系数≤			
	严重风化区		非严重风化区	
	平均值	单块最大值	平均值	单块最大值
黏土砖和砌块 粉煤灰砖和砌块	0.85	0.87	0.88	0.90
页岩砖和砌块 煤矸石转和砌块	0.74	0.77	0.78	0.80

⑥ 物理性能　砖和砌块的物理性能应符合 GB 13545的规定。

（4）粉煤灰砖

粉煤灰砖是以粉煤灰（约 80%，可加入部分煤渣作骨料）为主要原料，掺入适量的石灰（约 10%）、石

吸水率（单位：%）　　表 3-39

等级	吸水率≤	
	黏土砖和砌块、页岩砖和砌块、煤矸石砖和砌块	粉煤灰砖和砌块
优等品	16.0	20.0
一等品	18.0	22.0
合格品	20.0	24.0

注：粉煤灰掺入量（体积比）小于30%时，按黏土砖和砌块规定判定。

强度　　表 3-40

强度等级	抗压强度(MPa)			密度等级范围(kg/m³)
	抗压强度平均值 $\bar{f}\geqslant$	变异系数 $\delta\leqslant0.21$	变异系数 $\delta>0.21$	
		强度标准值 $f_k\geqslant$	单块最小抗压强度值 $f_{min}\geqslant$	
MU10.0	10.0	7.0	8.0	≤1100
MU7.5	7.5	5.0	5.8	
MU5.0	5.0	3.5	4.0	
MU3.5	3.5	2.5	2.8	
MU2.5	2.5	1.6	1.8	≤800

密度等级（kg/m³）　　表 3-41

密 度 等 级	5块密度平均值
800	≤800
900	801～900
1000	901～1000
1100	1001～1100

膏（约2%），加水（约占混合材料的20%～25%）经混合、搅拌、陈化、轮碾、成型、常压或高压蒸汽养护而成的一种砌体材料。砖的颜色分为本色（N）和彩色（CO）。

1）分类

① 产品规格

砖的外形为六面体，公称尺寸为：240mm×115mm×53mm。

② 产品等级

强度等级：根据抗压强度和抗折强度，强度等级分为MU30、MU25、MU20、MU15、MU10。

质量等级：根据质量偏差、外观质量、强度等级、干燥收缩分为优等品（A）、一等品（B）和合格品（C）三个等级。

③ 产品标记

粉煤灰砖产品标记按产品名称（FB）、颜色、强度等级、选材等级、标准编号顺序编写。示例：强度等级为20级、优等品的彩色粉煤灰砖的标记为：

FB 20 A JC 231—2001

2）技术要求

① 外观质量　粉煤灰砖的外观质量应符合表JC 239的规定。

② 抗折强度和抗压强度

粉煤灰砖的抗折强度和抗压强度应符合表3-42的规定，优等品的强度级别应不低于15级，一等品的强度级别应不低于10级。

③ 抗冻性　粉煤灰砖的抗冻性应符合表3-43的规定。

④ 干燥收缩

干燥收缩值：优等品和一等品应不大于0.65mm/m；合格品应不大于0.75mm/m。

⑤ 碳化系数 K_c≥0.8。

粉煤灰砖的强度指标（MPa）　　表 3-42

强度等级	抗压强度(MPa)		抗折强度(MPa)	
	10 块平均值≥	单块值≥	10 块平均值≥	单块值≥
MU30	30.0	24.0	6.2	5.0
MU25	25.0	20.0	5.0	4.0
MU20	20.0	16.0	4.0	3.2
MU15	15.0	12.0	3.3	2.6
MU10	10.0	8.0	2.5	2.0

粉煤灰砖抗冻性　　表 3-43

强度等级	抗压强度(MPa)平均值≥	砖的干质量损失(%)单块值≤
MU30	24.0	2.0
MU25	20.0	
MU20	16.0	
MU15	12.0	
MU10	8.0	

(5) 煤渣砖

煤渣砖是以煤渣为主要原料，掺入适量石灰、石膏，经混合、压制成型、蒸养或蒸压而成的实心墙体材料。

可用于工业与民用建筑的墙体和基础，但用于基础或易受冻融和干湿交替作用的部位，必须使用15级与15级以上的砖。煤渣砖不得用于长期受热200℃以上、受急冷急热和有酸性介质侵蚀的建筑部位。

1）分类

①产品规格

砖的外形为矩形体，公称尺寸为：240×115×53（mm）。

②产品等级

强度等级：根据抗压强度和抗折强度分为20、15、10、7.5四级；

质量等级：根据尺寸偏差、外观质量、强度级别分为优等品（A）、一等品（B）和合格品（C）三个等级。

③产品标记

煤渣砖按产品名称（MZ）、强度级别、产品等级、标准编号顺序进行标记。如，强度级别为20级，优等品煤渣砖的标记为：

MZ-20-A-JC 525

2）技术要求

①尺寸偏差与外观质量　应符合JC 525的规定。

②强度级别

煤渣砖的强度级别应符合表3-44的规定，优等品的强度级别应不低于15级，一等品的强度级别应不低于10级，合格品的强度级别应不低于7.5级。

③抗冻性　抗冻性应符合JC 525的规定。

④碳化性能　煤渣砖的碳化性能应符合JC 525的规定。

⑤放射性　放射性应符合GB 9196的规定。

煤渣砖的强度级别（MPa）　　表 3-44

强度级别	抗压强度		抗折强度	
	10 块平均值不小于	单块值不小于	10 块平均值不小于	单块值不小于
20	20.0	15.0	4.0	3.0
15	15.0	11.2	3.2	2.4
10	10.0	7.5	2.5	1.9
7.5	7.5	5.6	2.0	1.5

3. 常用砌块

(1) 加气混凝土砌块

1) 分类　加气混凝土的分类如下所示：

加气混凝土砌块
- 按原材料分
  - 水泥-矿渣-砂
  - 水泥-石灰-砂
  - 水泥-石灰-粉煤灰
- 强度级别有：A1.0，A2.0，A2.5，A3.5，A5.0，A7.5，A10 七个级别
- 干密度级别有：B03，B04，B05，B06，B07，B08 六个级别
- 砌块按尺寸偏差与外观质量、干密度、抗压强度和抗冻性分为：优等品（A）、合格品（B）二个等级。示例：强度级别为 A3.5、干密度级别为 B05、优等品、规格尺寸为 600mm×200mm×250mm 的蒸压加气混凝土砌块，其标记为：ACB　A3.5　B05　600×200×250A　GB 11968

2) 加气混凝土砌块的规格

加气混凝土砌块的规格见表 3-45 所示。

加气混凝土砌块的规格　　表 3-45

产品名称	规格尺寸(mm)			备注
	长度	高度	宽度	
系列一	600	200,250,300	75,100,125,150,175,200,250…(以 25mm 递增)	其他规格可由供需双方商定
系列二	600	240,300	60,120,180,240…(以 60mm 递增)	

3）技术要求

加气混凝土砌块的技术性能要求见表 3-46。

加气混凝土砌块的技术性能　　表 3-46

项目		指标						
强度级别		A1.0	A2.0	A2.5	A3.5	A5.0	A7.5	A10.0
立方体抗压强度(MPa)	平均值	≥1.0	≥2.0	≥2.5	≥3.5	≥5.0	≥7.5	≥10.0
	最小值	≥0.8	≥1.6	≥2.0	≥2.8	≥4.0	≥6.0	≥8.0
干体积密度(kg/m^3)		300～350	400～450	400～550	500～650	600～750	700～850	800～830
干燥收缩值(mm/m)	温度 50±1℃，相对湿度 28%～32%条件下测定	≤0.8						
	温度 20±2℃，相对湿度 41%～45%条件下测定(特殊要求时采用)	≤0.5						

续表

项目		指标						
抗冻性	重量损失（%）	≤5						
	冻后强度（MPa）	≥0.8	≥1.6	≥2.0	≥2.4	≥2.8	≥4.0	≥6.0

注：立方体抗压强度是采用 100mm×100mm×100mm 立方体试件，含水率为 25%～45%时测定的抗压强度。

（2）粉煤灰硅酸盐砌块

1）分类

粉煤灰硅酸盐砌块按材料品种分类如下：

材料品种
- 按集料分为：煤渣、高炉矿渣、石子、煤矸石砌块等
- 按强度等级分为：MU5、MU7、MU10、MU15
- 按密实情况分为：密实砌块和空心砌块

2）规格

粉煤灰硅酸盐砌块的规格见表 3-47。

粉煤灰硅酸盐砌块的规格　　表 3-47

产品种类	规格尺寸（mm）			生产厂家
	长度	宽度	高度	
密实粉煤灰硅酸盐砌块	880	380	240	上海硅酸盐制品厂
	580	380	240	
	430	380	240	
	280	380	240	
	880	380	180	贵阳硅酸盐厂
	580	380	180	
	480	380	180	
	280	380	180	

续表

产品种类	规格尺寸(mm)			生产厂家
	长度	宽度	高度	
空心粉煤灰硅酸盐砌块	1170	380	200	杭州市空心砖厂
	970	380	200	
	770	380	200	
	685	380	200	
	470	380	200	

3）技术要求

粉煤灰硅酸盐砌块的技术要求见表 3-48。

粉煤灰硅酸盐砌块的技术性能指标 表 3-48

项　　目	指　　标	
	10 级	13 级
抗压强度(MPa)	3 块试件平均值不小于 10.0，单块最小值 8.0	3 块试件平均值不小于 13.0，单块最小值 10.5
人工碳化后强度(MPa)	不小于 6.0	不小于 7.5
抗冻性	冻融循环结束后，外观无明显酥松、剥落或裂缝；强度损失不大于 20%	
密　　度		不超过设计密度 10%
干缩值(mm/m)		一等品≤0.75 合格品≤0.90

(3）混凝土小型空心砌块

以普通混凝土拌合物为原料，经成型、养护而成的空心块体墙材。

1）分类

按照是否承重分为：承重砌块和非承重砌块；

按外观质量分为：一等品和二等品；

按抗压强度分为：MU3.5、MU5.0、MU7.5、MU10.0、MU15.0 五个等级。

2）主要技术指标

混凝土小型空心砌块的尺寸规格见表 3-49。

混凝土小型空心砌块的尺寸规格　表 3-49

分类	规格	外形尺寸(mm)			每块质量(kg)
		长	宽	高	
承重	主规格	390	190	190	18～20
	辅助规格	290 190 90	190 190 190	190 190 190	14～15 9～10 6～7
非承重	主规格	390	90～190	190	10～12
	辅助规格	190 90	90～190 90～190	190 190	5～10 4～7

混凝土小型空心砌块的抗压强度指标见表 3-50。

混凝土小型空心砌块尺寸、外观质量及技术性能见表 3-51。

混凝土小型空心砌块的抗压强度　表 3-50

项目	抗压强度(≥MPa)					
	MU3.5	MU5.0	MU7.5	MU10.0	MU15.0	MU20.0
5 块平均值	3.5	5.0	7.5	10.0	15.0	20.0
单块最小值	2.8	4.0	6.0	8.0	12.0	16.0

注：非承重砌块在有试验数据的条件下，强度等级可降低到 2.8。

混凝土小型空心砌块尺寸、外观质量及技术性能 表 3-51

检验项目		允许偏差(mm)或质量要求			检验规则
		优等品(A)	一等品(B)	合格品(C)	
尺寸	长度	±2	±3	±3	(1)在一批(10000 块)砌块中,随机抽样 32 块作外观质量检验,当其中有 7 块以上不符合本表规定,则这批砌块为不合格; (2)检验用尺量和目检; (3)轻质小砌块可参照本表进行检验
	宽度	±2	±3	±3	
	高度	±2	±3	±3 −4	
弯曲(mm)不小于		2	2	3	
掉角缺棱	个数(个)不多于	0	2	2	
	三个方向投影尺寸的最小值(mm)不大于	0	20	30	
裂纹延伸的投影尺寸累计(mm)不大于		0	20	30	
相对含水率(%)	使用地区的年平均湿度	>75	50～75	<50	由外观合格的主规格砌块中随机抽取 3 块
	3 块平均值	≤45	≤40	≤35	

续表

检验项目		允许偏差(mm)或质量要求			检验规则	
		优等品(A)	一等品(B)	合格品(C)		
抗渗性(用于清水外墙)		水面下降高度 3块中任1块≤10mm			在外观合格的主规格砌块中随机抽取3块	
抗冻性	使用环境条件	非采暖地区			采暖地区	
					一般环境	干湿交替环境
	抗冻等级	不规定			F15	F25
	指标	—			强度损失≤25% 重量损失≤5%	
干缩率(%) 用于清水外墙 用于承重墙 用于非承重内墙、隔墙		 <0<0.5 <0<0.6 <0.8			以外观合格的主规格砌块中随机抽取3块，本值仅供参考	

注：非采暖地区指最冷月份平均气温高于－5℃地区；采暖地区指最冷月份平均气温低于或等于－5℃地区。

七、建筑陶瓷

1. 概述

(1) 陶、瓷器的定义、特点及分类

陶器、瓷器的定义、特点及分类见表 3-52。

陶器、瓷器的定义、特点及分类　表 3-52

名称	定义	特点	分类
陶器	凡以陶土、河砂等为主要原料经低温烧制而成的制品称为陶器	气孔率较大、强度较低、断面粗糙、吸水率较大等	粗陶——缸管、红砖等 精陶——陶板、面砖等
瓷器	凡以磨细的岩石粉(如瓷土粉、长石粉、石英粉等)为主要原料经高温烧制而成的制品称为瓷器	结构致密、气孔率较小、强度较高、断面细致、吸水率小。比陶器坚硬,但较脆	硬瓷、软瓷、粗瓷、细瓷等。建筑陶瓷绝大部分属于瓷类

(2) 建筑陶瓷的分类、说明及用途

建筑陶瓷的分类、说明及用途见表 3-53。

建筑陶瓷的分类、说明及用途　表 3-53

产品分类	简要说明	主要用途
陶瓷面砖(又称墙贴面砖或墙地砖)	主要用作建筑物外墙面装饰的块状陶瓷材料,分有釉和无釉两种。后者是将破碎成一定粒度的陶瓷原料经筛分、半干压成型,于窑内焙烧而成。前者在坯体或素坯上施以釉料,再经釉烧而成。通常利用原料中天然含有的矿物质如赤铁矿等进行自然着色	建筑物的外墙面、柱面、门窗套及建筑物的其他室外部分

续表

产品分类	简 要 说 明	主要用途
陶瓷铺地砖（简称铺地砖或地砖）	建筑物地面装饰用的块状陶瓷材料。分有釉和无釉两种，有方形、长方形、八边形等多种，砖面可制成单色和彩色的。 无釉制品系将破碎成一定粒度的优质陶瓷原料，经筛分后进行半干压成型，并在窑内焙烧而成。带釉制品在成型后再上透时釉一次焙烧而成。通常利用天然含有的矿物着色，也可人工着色	建筑物室内外地面、台阶、踏步、楼梯等处
釉面砖（瓷砖、内墙贴面砖或瓷片）	用于建筑物内墙面装饰的薄片状精陶建筑材料，有正方形、矩形、异形配件等品种。按其组成可分为：石灰石质、长石质、滑石质、硅灰石质、叶蜡石质等。为了克服单一原料带来的缺陷，通常采用多种熔剂原料，制成混合精陶。磨细的泥浆经干燥、半干压成型、素烧后施以釉料，再入窑烧制而成或生坯施釉后一次烧制而成	建筑物的内墙或其他室内部位的贴面。不能用于外墙或室外，否则经风吹日晒、严寒酷暑，会导致碎裂
陶瓷马赛克或纸皮砖	用于建筑物墙面、地面上的、组成各种装饰图案的片状小瓷砖。它是以磨细的泥浆经脱水干燥后，半干压成型，入窑焙烧而成。可在泥料中引入各种着色剂进行着色	主要用于地面及室内外墙面或其他部位的饰面
卫生陶瓷	专供卫生间、厕所及其他房间使用的陶瓷卫生洁具，如洗面器、洗涤池、浴盆、大小便器、妇女洗涤器、水箱、肥皂盒、手纸盒等	主要用于卫生间、厕所等处
园林陶瓷	专供园林建筑使用的陶瓷制品，如各种琉璃花窗、栏杆、坐墩、水果箱、琉璃瓦等	主要应用于园林、旅游等建筑

续表

产品分类	简要说明	主要用途
古建陶瓷	使用于宫殿、庙宇和高建筑的工程屋面、栏杆、花窗的陶瓷制品	主要应用于我国古建筑修缮工程及仿古建筑工程
耐酸陶瓷	专用于要求具有耐酸部位的建筑工程	主要应用于建筑工程中要求耐酸部位及耐酸管道、沟槽等
美术陶瓷	用于壁画、壁挂、壁饰、室内陈设等	主要应用于宾馆、饭店及公共建筑等处

2. 陶瓷面砖

(1) 陶瓷面砖分类及花色品种

陶瓷面砖分类及花色品种见表 3-54。

陶瓷面砖分类及花色品种　　表 3-54

分　类	简要说明	产　品　名　称
表面无釉外墙贴面砖	主要有光面、毛面两种	①仿石砖：有仿花岗石、红米石及粗细面等多种，可代替石料装饰墙体，故名仿石砖 ②磨光砖：具有天然花岗石纹点，晶莹如镜，富丽豪华 ③无釉砖：又名无釉面砖。无釉，面光 ④无釉毛面砖：无釉、面毛。又名泰山砖

续表

分类	简要说明	产品名称
表面有釉外墙贴面砖	产品表面有釉，色彩丰富。主要有平面、立体两种，并有有光釉、无光釉之分。釉各种颜色，并有单色、复色斑点、过渡色等多种	①平面彩釉砖：表面有釉，釉分有光、无光两种 ②立体彩釉砖：表面有釉，并做成各种图案 ③线砖有釉，表面有凸起线纹
大型陶瓷饰面板	该产品不同于一般彩釉墙地砖，而是一种瓷质陶瓷装饰板。吸水率小，单位面积大，砌筑效率高，强度高，自重轻，抗冻、抗热性能均好	该产品表面有平面、斑点、条纹、波浪纹、网纹等多种。各种颜色均有
新型陶瓷墙地装饰砖	该产品系国外20世纪80年代流行的一种建筑陶瓷装饰材料，其生产工艺中的成型方法与彩釉砖、釉面砖、锦砖等均不相同。砖表面具有各种强烈的凹凸线条和图案，适用于内、外墙及地面等处。釉分高级无光釉、半无光釉、有光釉3种	分有釉、无釉两种，有釉者如左所示。无釉者具有朴实、自然的质感，美观大方。品种有：装饰砖、凹凸图案砖、平板墙地砖、梯级砖、转角墙砖6种

（2）表面无釉外墙地砖

表面无釉外墙地砖的产品名称及规格见表3-55

表面无釉外墙地砖的产品名称、技术指标及规格　表 3-55

<table>
<tr><th>产品名称</th><th>技术指标</th><th colspan="2">规格(mm)</th></tr>
<tr><td>劈离砖(即无釉面砖、无釉墙地砖)</td><td>①吸水率:深色者<6%,浅色者≤3%
②抗折强度:>20.4MPa
③划痕硬度:>6 莫氏度
④抗冻性及热稳定性:均符合 DIN52104 有关规定</td><td colspan="2">240×52×11
240×115×11
190×190×13
150×150×13
120×60×16
240×55×12</td></tr>
<tr><td>“西方时髦”型无釉砖</td><td>①抗折强度:>27MPa
②耐磨强度:>1500 转
③表面擦痕硬度:>6 莫氏度
④吸水率:≤3%
⑤热稳定性:15～105℃循环 10 次不裂
⑥抗冻性:－15～15℃ 50 次循环不裂</td><td colspan="2">200×100×7
200×200×8
300×200×8
300×300×9
有各种图案及颜色</td></tr>
<tr><td>磨光砖</td><td>①光泽度:>80%
②吸水率:≤3%
③抗折强度:>27MPa
④划痕硬度:>5 莫氏度
⑤热稳定性:15～105℃热交换 10 次循环不裂
⑥抗冻性:－15～15℃,50 次循环不裂</td><td colspan="2">200×200×8.5
200×300×8.5
300×300×8.5
具有天然花岗石纹点,晶莹如镜,富丽豪华,色为天然花岗石等多种</td></tr>
<tr><td rowspan="12">石泉牌墙地砖</td><td rowspan="12">吸水率:<4%
耐急冷急热性:150～19℃热交换 15 次无裂纹</td><td rowspan="4">各色外墙砖</td><td>200×100×9</td></tr>
<tr><td>150×75×8</td></tr>
<tr><td>150×50×7</td></tr>
<tr><td>100×100×9</td></tr>
<tr><td rowspan="4">黑色外墙砖</td><td>200×100×9</td></tr>
<tr><td>150×75×8</td></tr>
<tr><td>150×50×7</td></tr>
<tr><td>100×100×9</td></tr>
<tr><td rowspan="4">素色外墙砖</td><td>200×100×9</td></tr>
<tr><td>150×75×8</td></tr>
<tr><td>150×50×7</td></tr>
<tr><td>150×150×8</td></tr>
</table>

(3) 陶瓷墙地砖

陶瓷墙地砖的品种、规格和性能见表 3-56。

陶瓷墙地砖的品种、规格和性能　　表 3-56

产品名称	品种	规格(mm)	技术性能	
			项目	指标
高级墙地瓷砖	平面、麻面、防滑、无光、耐磨、大理石台釉、丝网印刷等多种系列	150×150×6	吸水率(%)	3
		100×200×6	尺寸公差(%)	±0.75
		200×200×6	抗折强度(MPa)	40
		150×250×8	耐急冷急热性能	合格
		250×250×8	耐腐蚀性	合格
		300×300×9	耐磨性(mg/mm^2)	<0.032±0.002
		330×330×9	抗冻性	合格
墙地砖	仿花岗石岩砖(包括抛光仿花岗石砖)	200×200×8	吸水率(%)	≤1
		200×300×9	抗弯强度(MPa)	不小于 27
		300×300×9	表面划痕硬度(莫氏)	>6

续表

产品名称	品种	规格(mm)	技术性能	
			项目	指标
墙地砖	仿花岗石岩砖(包括抛光仿花岗石砖)	200×200×8 200×300×9 200×300×9	无釉面砖纵深耐磨性 热震性(温差 130℃时) 抗冻性(−15℃～常温) 耐日用化学品的浸蚀性 耐酸碱	最大 205 3 次不裂 20 次不裂 符合 EN122 要求 符合要求
	非施釉地砖	200×200×8 200×300×9 300×300×9	吸水率(%) 抗弯强度(MPa) 表面划痕硬度(莫氏) 无釉面砖纵深耐磨性 热震性(温差 130℃时) 耐日用化学品的浸蚀性 耐酸碱	≤3 不小于 27 >6 最大 205 3 次不裂 符合 EN122 要求 符合要求

续表

产品名称	品种	规格(mm)	技术性能	
			项目	指标
墙地砖	一次烧成施釉墙地砖	200×200×8 200×300×9 300×300×9	吸水率(%)	3<E≤6
			抗弯强度(MPa)	不小于22
			表面划痕硬度(莫氏)	>5
			无釉面砖表面耐磨性	符合要求
			抗热震性(温差130℃时)	3次不裂
			釉面砖抗釉裂性	符合要求
			抗冻性(−15℃～常温)	20次不裂
			釉面砖耐污性(1～3级)	最小2级
			耐日用化学品的浸蚀性	至少B级

续表

产品名称	品种	规格(mm)	技术性能	
			项目	指标
墙地砖	二次烧成施釉墙砖适于内墙铺贴	150×150×5 200×150×5 200×200×6 200×300×6 300×300×6	吸水率(%) 抗弯强度(MPa) 表面划痕硬度(莫氏) 无釉面砖表面耐磨性 线性热膨胀(室温到100℃) 抗热震性(温差130℃时)	10<E≤20 不小于12 >3 符合要求 9×10^{-6}/℃ 3次不裂
	各色彩釉砖、红地砖、印花彩釉砖、吸声砖、琉璃砖、棱形砖、琉璃线砖、防滑砖	200×100×9 200×200×9 200×60×20 200×67×20 100×100×10 150×150×12 300×300×9	吸水率(%) 急冰急热性(150℃后快速投入20℃)	<4 3次循环不裂

续表

产品名称	品种	规格(mm)	技术性能	
			项目	指标
墙地砖	梯级砖、斑点砖、瓷化砖、防滑砖、泰山砖、劈开砖、耐酸砖等	200×100×8 200×200×8 200×300×8 240×60×8 另外可生产更大规格的特制砖	抗压强度(MPa) 抗折强度(MPa) 耐酸蚀性(3%盐酸或3%氢氧化钾溶液中浸泡7d) 抗冻性(-15℃3h～20℃3h反复交换) 热稳定性(100℃降至20℃水中) 吸水率(%)	196.2～245.3 34.34～39.24 釉面无腐蚀痕迹 10次不裂 一次不裂 <10

续表

产品名称	品种	规格(mm)	技术性能	
			项目	指标
墙地砖	无釉砖、彩轴砖、印花装饰瓷砖等	100×200 200×200 200×300 300×300	抗折强度(MPa)	彩轴砖＞30 无釉砖＞40
			耐磨强度(转)	彩釉砖＞400 无釉砖＞1500
			有面擦痕硬度(莫氏)	彩釉砖＞6 无釉砖＞7
			吸水率(%)	彩釉砖＜15 无釉砖≤1
			热稳定性(25～150℃循环)	一次不裂
			抗冻性(－15～＋25℃循环)	5次循环不裂
			外观质量	符合欧洲EN98-84要求

续表

产品名称	品种	规格(mm)	技术性能	
			项目	指标
墙地砖	彩色釉面及无釉墙地贴面砖	100×50×8 200×100×8 100×100×8 200×65×12 150×75×8	吸水率 抗折强度(MPa) 抗冻性(－15～＋20℃冻融) 热稳定性(150～19℃热交换)	有≤10%及≤5%两类 ≥25 5次无裂纹 一次不裂
	无釉外墙装饰面砖、防滑地砖等	长方形面砖 156×78×10 196×98×10 平面防滑地砖 150×150×12	急冷急热(150～20℃,6次循环) 抗冻(－15～＋15℃,15次冻融循环) 吸水率(%) 表观密度(kg/m^3) 抗折强度(MPa)	无裂纹 无分层冻裂现象试件冻后质量损失不大于1% 小于10% 2000～2100 不小于10

续表

产品名称	品种	规格(mm)	技术性能	
			项目	指标
墙地砖	有红砖、外墙砖等品种	按 GB 4100—83 规定	吸水率(%) 耐急冷急热性(150～20±1℃水) 弯曲强度(MPa) 白度	16～19 一次不裂 18.4 80 度以上
外墙砖	釉砂釉、淡黄釉、中黄釉、天蓝釉、虎皮斑釉		吸水率(%) 急冷急热性(150℃后快速投入 19±1℃冷水中) 抗冻性(1℃－30℃反复 50 次)	20～21 一次不裂 不裂
	有素面和釉面等品种	100×100×10 100×100×8 100×50×10 100×50×8	吸水率(%) 弯曲强度(MPa) 耐急冷急热性能(20℃～140,水) 抗冻性能(经－30℃)	<1 大于 45.0 一次不裂 冷冻不裂

续表

产品名称	品种	规格(mm)	技术性能	
			项目	指标
劈离砖	有釉面和无釉面砖	240×52×11 240×115×11 194×94×11 190×190×13 240×115/52×13 194×94/52×13	吸水率（%） 抗折强度（MPa） 硬度（莫氏） 抗冻性（－15～+15℃反复25次） 颜色稳定性（500W汞弧灯照射28d）	深色小于6，浅色小于3 20 无釉砖大于6 不裂 不褪色

3. 卫生陶瓷

(1) 概述

1) 定义　以磨细的石英粉、长石粉及黏土等为主要原料，经细加工注浆成型，一次烧制而成的表面施釉的卫生洁具称为陶瓷卫生洁具。

2) 特点　具有结构致密、气孔率小、强度较高、吸水率小、抗无机酸的腐蚀（氢氟酸除外）、热稳定性好等特点。

3) 分类　按用途可粉为洗面器、大便器、小便器、水槽、水箱、返水弯和小型零件等 8 类产品。

(2) 卫生陶瓷的质量标准及物理性能

卫生洁具的尺寸偏差应符合有关规定。

一级品卫生陶瓷的外观质量标准应符合有关规定。

卫生洁具的最大允许变形值应符合有关规定。

卫生洁具的冲洗能量及物理性能见表 3-57。

卫生洁具的冲洗能量及物理性能　表 3-57

产品名称	项目	简要说明	
坐便器	用水量	虹吸式及冲落式	排污口外径<100mm,用水量≤9L 外径≥100mm,不超过 13L
		喷射虹吸式及旋涡虹吸式	用水量≤13L。连体型旋涡虹吸式坐便器用水量≤15L
	排污能量	一次排出全部污物及卫生纸,并不留墨水痕迹	
蹲便器	用水量	≤11L	
	排污能量	一次排出全部污物,洗刷不留墨水痕迹	
卫生洁具	物理性能	平均吸水率:≤3%(煮沸法),≤3.5%(真空法)	
		抗裂性能:经抗裂试验,不允许有裂痕	
		色差:一件产品或全套产品之间,不允许有明显色差	

(3) 陶瓷便器

1) 大便器

大便器分为坐式、蹲式两种。坐式大便器根据排水方式又分为虹吸式及冲落式（即冲洗式）两种。坐式和蹲式大便器的产品名称、规格及说明见表3-58，表3-59。

坐式大便器的产品名称、规格及说明

表 3-58

产品名称	编 号	规格(长×宽×高 mm)	技术标准类别
福州式坐便器	3号	460×350×360	国家标准
儿童福州式坐便器	9号	305×220×270	国家标准
新天津直管坐便器	15号P	520×350×390	国家标准
新天津弯管坐便器	15号S	530×350×395	国家标准
坐便器	18号P	480×350×390	国家标准
直式坐便器		460×350×390	国家标准
更进式坐便器	82-2号	460×350×390	国家标准
B-801坐便器	19号	500×350×360	国家标准

说明：1. 品牌有：前进、唐陶、华丽、华山、天洁、博陶、长城、天坛等品牌；

2. 生产厂家：唐山、唐山建筑、咸阳、天津、唐山越河、沈阳、北京、博山等陶瓷厂。

蹲式大便器的产品名称与规格　　表 3-59

产品名称	编 号	规格(长×宽×高 mm)	技术标准类别
和丰式蹲便器	1号	610×280×200	国家标准
平口和丰蹲便器	2号	610×260×200	国家标准
小平蹲式蹲便器	12号	520×350×390	国家标准
大平蹲式蹲便器	14号	670×340×300	国家标准

续表

产品名称	编 号	规格(长×宽×高 mm)	技术标准类别
沃力沙 A 式蹲便器	13 号	600×430×285	国家标准
沃力沙 B 式蹲便器	17 号	635×450×305	国家标准
沃力沙 D 式蹲便器	30 号	610×430×200	国家标准
蹲便器	73-1 号	610×280×220	国家标准
	83-1 号	610×260×200	
	84-1 号	610×260×200	
	81-1 号	610×230×200	

说明：1. 品牌有：前进、唐陶、华丽、石湾、天洁、博陶、长城、天坛等品牌；

2. 生产厂家：唐山、唐山建筑、石湾建筑、天津、唐山越河、沈阳、北京、博山等陶瓷厂。

2）小便器

小便器可分为立式、挂式、壁挂式小便器，可配有自动冲洗装置，当人离开后，定时定量自动冲水。小便器的产品名称及规格见表 3-60。

小便器的产品名称与规格　　表 3-60

产品名称	编 号	规格(长×宽×高 mm)	技术标准类别
平面小便器	小 3 号	490×340×270	国家标准
立式小便器	立小1号	1000×410×360	国家标准
挂式小便器	610	615×330×310	国家标准
挂式小便器	660	660×410×330	国家标准

说明：1. 品牌有：胜利、前进、唐陶、华丽、华山、天洁、博陶、长城、天坛等品牌；

2. 生产厂家：唐山、唐山建筑、唐山越河、唐山第六、咸阳、天津、沈阳、北京、博山等陶瓷厂。

(4) 陶瓷水箱

水箱分为低水箱、高水箱。形式有壁挂式、坐装式两种。产品的技术要求是：产品表面不应有明显的填料斑、波纹、溢料缩痕、翘曲、划伤、擦伤、修饰损伤，各种活动部位必须动作灵活无卡阻现象。水箱的产品名称与规格见表3-61。

水箱的产品名称与规格　　表3-61

产品名称	编 号	规格(长×宽×高 mm)	技术标准类别
高水箱	高2号	420×240×280	国家标准
低水箱	低12号	480×215×365	国家标准
211新式水箱	低211	446×203×361	国家标准
更进式水箱	82-2号	490×190×395	国家标准
低水箱	801	400×180×340	国家标准

说明：1. 品牌有：前进、唐陶、华丽、华山、天洁、博陶、长城、天坛等品牌；

2. 生产厂家：唐山、唐山建筑、唐山越河、咸阳、天津、沈阳、北京、博山等陶瓷厂。

(5) 陶瓷洗面器

洗面器按安装方法分为托架式洗面器、立式洗面器和台式洗面器3种。其产品名称与规格见表3-62。

洗面器的产品名称与规格　　表3-62

产品名称	编 号	规格(长×宽×高 mm)	技术标准类别
559mm(22in)港式	洗3号	560×410×295	国家标准
559mm(22in)港式	洗3A号	560×410×295(暗三眼)	国家标准
559mm(22in)英式	洗5号	560×410×270	国家标准

续表

产品名称	编号	规格(长×宽×高 mm)	技术标准类别
559mm(22in) 新式	洗27号	560×410×215	国家标准
508mm(22in) 港式	洗4号 洗4A号 洗6号	510×410×280 510×410×280 (暗三眼) 510×410×250	国家标准
508mm×356mm	洗14号	510×360×250	国家标准
508mm×305mm	洗12号	510×310×250	国家标准
457mm英式	洗21号	455×310×212	国家标准
406mm(16in) 英式	洗13号	410×310×200	国家标准
台式	台5号 台32号	510×435×195 560×480×200	国家标准
角形	角1号 角6号	650×525×215 (火车专用) 630×385×205 (火车专用)	国家标准
洗面器	沈1号 80-1号 7号	560×410×200 510×410×240 560×460×220	国家标准
台式洗面器	1号	540×380×190	国家标准
B-801洗面器	洗33号	410×370×190	国家标准
305mm(12in) 洗面器	手4号	305×276×175	国家标准
洗面器	831号 42号	510×410×225 560×410×200	国家标准
508mm(20in) 洗面器	329号	520×390×290	国家标准

续表

产品名称	编 号	规格(长×宽×高 mm)	技术标准类别
洗面器	8501	680×530×800	国家标准

说明：1. 品牌有：前进、唐陶、华丽、华山、天洁、博陶、长城、天坛等品牌；

2. 生产厂家：唐山、唐山建筑、唐山越河、咸阳、天津、沈阳、北京、博山等陶瓷厂。

(6) 陶瓷洗涤槽

洗涤槽的产品名称与规格见表 3-63。

洗涤槽的产品名称与规格　　表 3-63

产品名称	编 号	规格(长×宽×高 mm)	技术标准类别
卷式槽	卷槽 1 号	610×460×204	国家标准
卷式槽	卷槽 2 号	610×408×204	国家标准
卷式槽	卷槽 3 号	510×357×204	国家标准
台式化验槽	化 1 号	610×440×510	国家标准

说明：1. 品牌有：胜利、前进、唐陶、华丽、华山、天洁、博陶、长城、天坛等品牌；

2. 生产厂家：唐山、唐山建筑、唐山越河、唐山第六、咸阳、天津、沈阳、北京、博山等陶瓷厂。

(7) 陶瓷返水弯及小件

返水弯及小件的产品名称与规格见表 3-64。

返水弯及小件的产品名称与规格　表 3-64

产品名称	编 号	规格(长×宽×高 mm)	技术标准类别
S 型返水弯	返 1 号	435×110×215	国家标准
P 型返水弯	返 6 号	335×110×180	国家标准
无把大皂盒	大皂 1 号	305×152×80	国家标准

续表

产品名称	编 号	规格(长×宽×高 mm)	技术标准类别
带把大皂盒	大皂 2 号	305×152×80	国家标准
无把小皂盒	小皂 1 号	152×152×80	国家标准
带把小皂盒	小皂 2 号	152×152×140	国家标准
手纸盒	手 1 号	152×152×80	国家标准
化装板	化装 1 号	600×140×50	国家标准

说明：1. 品牌有：前进、唐陶、华丽、华山、天洁、博陶、长城、天坛等品牌；

2. 生产厂家：唐山、唐山建筑、唐山越河、咸阳、天津、沈阳、北京、博山等陶瓷厂。

(8) 配套卫生洁具

配套卫生洁具的产品名称与规格见表 3-65。

配套卫生洁具的产品名称与规格　　表 3-65

产品名称	编 号	规格(长×宽×高 mm)	技术标准类别
7301	坐式便器 低水箱 妇女洗涤器 洗面器 洗面器支柱	670×350×390 490×190×330 590×370×360 635×510×235 200×200×650	国家标准
7901	坐式便器 低水箱 妇女洗涤器 洗面器 洗面器支柱	670×350×390 490×190×330 590×370×360 635×510×235 200×200×650	国家标准
7201	坐式便器 低水箱 妇女洗涤器 洗面器 洗面器支柱	670×350×390 480×220×370 590×370×360 710×530×200 220×285×650	国家标准

续表

产品名称	编 号	规格(长×宽×高 mm)	技术标准类别
8302	坐式便器 低水箱 洗面器	460×350×360 410×195×310 410×360×185	国家标准
8301	坐式便器 低水箱 洗面器 洗面器支柱	670×350×390 480×220×370 610×470×210 220×285×650	国家标准
8403	坐式便器 低水箱 洗面器 洗面器支柱	670×350×360 480×220×370 615×515×230 185×150×630	国家标准
8531	坐式便器 妇女洗涤器 洗面器	750×370×835 700×370×455 700×580×800	国家标准
79-2 号	坐式便器 低水箱 洗面器	460×350×390 490×350×190 560×410×195	国家标准
SP-1 号	坐式便器 低水箱 洗面器	590×350×370 510×350×200 510×460×234	国家标准
82-1 号	坐式便器 低水箱 洗面器	460×350×390 470×380×202 510×410×240	国家标准

说明：1. 品牌有：前进、唐陶、华丽、华山、天洁、博陶、长城、天坛等品牌；

2. 生产厂家：唐山、唐山建筑、咸阳、天津、唐山越河、沈阳、北京、博山等陶瓷厂。

八、常用化学建材

1. 化学建材概述

（1）化学建材及其应用

化学建材是继钢材、木材、水泥之后，当代新兴的第四大类新型建筑材料。化学建材在建筑工程、市政工程、村镇建设以及工业建设中用途十分广泛，大力开发和推广应用化学建材具有显著的经济效益和社会效益。

（2）化学建材的种类

化学建材的品种繁多，主要包括塑料管、塑料门窗、建筑防水材料、密封材料、隔热保温材料、建筑涂料、装饰装修材料、建筑胶粘剂以及混凝土外加剂等。

2. 建筑工程中常用的化学建材

（1）铝塑复合管

1）简介

铝塑复合管是一种由中间纵焊铝管，内外层聚乙烯塑料以及层与层间热熔胶共挤复合而成的新型管道。

聚乙烯是一种无毒、食品级的塑料，具有良好的耐撞击、耐腐蚀、抗老化性能。中间层使用超声波焊接铝合金，使管子具有金属的耐压强度、耐冲击能力，使管子易弯曲不反弹。铝塑复合管拥有金属管坚固耐压和塑料管抗酸碱、耐腐蚀的两大特点，是新一代管材的典范。

铝塑复合管按照其用途可分为四类：

①普通饮用水管（PA/P 管）；②热水用复合管（XPA/H 管）；③燃气用复合管（PA/R 管）；④特种流体用复合管（PA/T 管）。

2）铝塑复合管的特点

与传统金属管道相比，其特点见表3-66。

铝塑复合管与其他管材相比的特点　表3-66

其他管材(黑钢管、镀锌钢管、铜管、塑料管)	塑　料　复　合　管
粗糙、笨重	内壁光滑、重量轻
不宜弯曲	易弯曲
连接复杂、需绞螺纹、施工强度大	任意长度铺设
易泄露	安装简便、省工省费用
易渗透	100%的防氧渗透性
易生锈	不结露
寿命短	长期使用平稳可靠
管内壁易积沉淀	不结垢
塑料管易产生化学反应	绝对抗腐蚀和抗紫外线性能
易脆易碎易变形	柔韧性强
耐压性差	耐压高
线膨胀量大	热膨胀系数小(接近于铜的热膨胀率)

3）铝塑复合管的主要性能指标

铝塑复合管的技术性能及指标见表3-67。

铝塑复合管的技术性能及指标　表3-67

性能名称	指　标	性能名称	指　标
导热系数	0.45W/(m·K)	工作压力	1.0MPa
热膨胀系数	2.5×10^{-5} m/(m·K)	气体(氧气)渗透率	0
弯曲半径	≥5D	管道内壁	平滑，阻力小
工作温度	－40～＋95℃	其他	抗静电性好，使用寿命可达50年

4）铝塑复合管常用规格

铝塑复合管常见的规格和生产厂家见表 3-68，表 3-69 和表 3-70。

铝塑复合管常见的规格（沈阳金德铝塑复合管有限公司） **表 3-68**

品名	规格型号	内径	外径	标准工作压力(MPa)	标准工作温度(℃)	爆破强度	标准包装(m)	颜色
热水管	1014R	10	14	1.0	95	8.0	200	白色或橘红色
	1216R	12	16	1.0	95	8.0	200	
	1418R	16	18	1.0	95	8.0	200	
	1620R	16	20	1.0	95	7.0	200	
	2025R	20	25	1.0	95	6.0	100	
	3632R	26	32	1.0	95	6.0	50	
	3240R	32	40	1.0	95	6.0	6	
	4150R	41	50	1.0	95	6.0	6	
	5063R	50	63	1.0	95	5.5	6	
	6075R	60	75	1.0	95	5.5	6	

续表

品名	规格型号	内径	外径	标准工作压力(MPa)	标准工作温度(℃)	爆破强度	标准包装(m)	颜色
冷水管	1014L	10	14	1.0	60	8.0	200	白色
	1216L	12	16	1.0	60	8.0	200	
	1418L	14	18	1.0	60	8.0	200	
	1620L	16	20	1.0	60	7.0	200	
	2025L	20	25	1.0	60	6.0	100	
	2632L	26	32	1.0	60	6.0	50	
	3240L	32	40	1.0	60	6.0	6	
	4150L	41	50	1.0	60	6.0	6	
	5063L	50	63	1.0	60	5.5	6	
	6075L	60	75	1.0	60	5.5	6	

续表

品名	规格型号	内径	外径	标准工作压力(MPa)	标准工作温度(℃)	爆破强度	标准包装(m)	颜色
煤气管	1014Q	10	14	1.0	60	8.0	200	白色或黄色
	1216Q	12	16	1.0	60	8.0	200	
	1418Q	14	18	1.0	60	8.0	200	
	1620Q	16	20	1.0	60	7.0	200	
	2025Q	20	25	1.0	60	6.0	100	
	2632Q	26	32	1.0	60	6.0	50	
	3240Q	32	40	1.0	60	6.0	6	
	4150Q	41	50	1.0	60	6.0	6	
	5063Q	50	63	1.0	60	5.5	6	
	6075Q	60	75	1.0	60	5.5	6	

铝塑复合管常用规格

（广州粤塑实业有限公司）　　表 3-69

品名	型号规格	标准工作压力(MPa)	最小爆破压力(MPa)	工作温度(℃)
普通型管	L-1014	1.0	7.0	−40～60
	L-1216	1.0	6.0	−40～60
	L-1418	1.0	5.0	−40～60
	L-1620	1.0	5.0	−40～60
	L-2025	1.0	5.0	−40～60
	L-2632	1.0	4.0	−40～60
	L-3340	1.0	4.0	−40～60
	L-4250	1.0	3.0	−40～60
	L-5463	1.0	3.0	−40～60
	适用范围≤60°的液体、气体介质输送，主要用于饮水、化工、医疗真空电器等导管 颜色：白色			
耐高温管	R-1014	1.0	7.0	−40～95
	R-1216	1.0	6.0	−40～95
	R-1418	1.0	5.0	−40～95
	R-1620	1.0	5.0	−40～95
	R-2025	1.0	4.0	−40～95
	R-2632	1.0	4.0	−40～95
	R-3340	1.0	3.0	−40～95
	R-4250	1.0	3.0	−40～95
	R-5463	1.0	3.0	−40～95
	适用范围≤95°的液体、气体介质输送、瞬间耐高温达 110℃ 颜色：橙红			

续表

品名	型号规格	标准工作压力(MPa)	最小爆破压力(MPa)	工作温度(℃)
燃气管	Q-1014	0.5	7.0	−20～40
	Q-1216	0.5	6.0	−20～40
	Q-1418	0.5	5.0	−20～40
	Q-1620	0.5	5.0	−20～40
	Q-2025	0.5	4.0	−20～40
	Q-2632	0.5	4.0	−20～40
	Q-3340	0.5	3.0	−20～40
	Q-4250	0.5	3.0	−20～40
	Q-5463	0.5	3.0	−20～40
	适用范围:介质工作温度−20～40℃之间的天然气、液化气、煤气的输与给管系统 颜色:黄色			

铝塑复合管常见的规格

(广东南海双赢企业有限公司) 表 3-70

型号规格	工作压力(MPa)	最小爆破压力(MPa)	工作温度(℃)	长度(m/卷)
A-1014	1.0	7.0	−40～60	200/150/100
A-1216	1.0	6.0	−40～60	200/150/100
A-1418	1.0	5.0	−40～60	200/150/100
A-1620	1.0	5.0	−40～60	200/150/100
A-2025	1.0	4.0	−40～60	100/50
A-2632	1.0	4.0	−40～60	60/30

续表

型号规格	工作压力（MPa）	最小爆破压力（MPa）	工作温度（℃）	长度（m/卷）
B-1014	1.0	7.0	－40～95	200/150/100
B-1216	1.0	6.0	－40～95	200/150/100
B-1418	1.0	5.0	－40～95	200/150/100
B-1620	1.0	5.0	－40～95	200/150/100
B-2025	1.0	4.0	－40～95	100/50
B-2632	1.0	4.0	－40～95	60/30
C-1014	0.4	7.0	－40～60	200/150/100
C-1216	0.4	6.0	－40～60	200/150/100
C-1418	0.4	5.0	－40～60	200/150/100
C-1620	0.4	5.0	－40～60	200/150/100
C-2025	0.4	4.0	－40～60	100/50
C-2632	0.4	4.0	－40～60	60/30
适用范围	小于60度的液体、气体介质输送。中央空调冷凝水、氧气、压缩空气、其他化学液体输送或真空系统的配管及其他工业设备的配管系统			
主要颜色	白色			

5）铝塑复合管的应用

适用于冷、热水供应、化学物质输送、煤气供应、空调配管、地板采暖、船舶舾装、医疗供氧等几乎所有需要管的领域，是一种无限制使用的配管。目前在世界许多国家和地区，已经广泛使用铝塑管。

针对传统管材的种种缺陷，根据有关部门已经禁止冷度锌钢管用于室内给水管道，而推广应用塑料复合管等新型管材。

(2) 硬聚氯乙烯塑料型材

1) 排水用硬聚氯乙烯塑料管材和管件

① 排水用硬聚氯乙烯管材

室内排水用硬聚氯乙烯管材是以聚氯乙烯树脂为主要原料，加入稳定剂、润滑剂、颜料、填充剂、加工改良剂和增塑剂等经过混合、塑化、造粒再经注塑或挤压制成的塑料管材。

由于其内壁光滑，摩擦阻力小，不易堵塞，且外形美观，所以使用较广。硬聚氯乙烯管材的物理力学性能指标、外观质量及产品规格等见表3-71、3-72。

管材的力学性能指标、外观质量及尺寸偏差　　表3-71

物理力学性能指标		外观质量及尺寸允许偏差
试验项目	指标	
拉伸强度	≥42	1. 颜色均匀一致 2. 内外壁光滑平整，不允许有气泡、裂口及显著的波纹、凹陷、分解变色线等 3. 管材同一截面的壁厚偏差不得超过14% 4. 管材两端应齐平、无锯口毛刺
维卡软化温度	≥79	
偏平试验、压至1/2时	无裂缝	
落锤冲击试验	不破裂	
液压试验，1.25MPa 保持1min	无渗漏	
纵向尺寸变化率(%)	±2.5	

管材的产品规格、尺寸公差及生产厂家　　表 3-72

公称外径 D (mm)		壁厚 S (mm)		长度 (mm)		生产厂家
基本尺寸	公差	基本尺寸	公差	基本尺寸	公差	
40 50 75 110 160	+0.4 +0.4 +0.6 +0.8 +1.2	2.0 2.0 2.3 3.2 4.0	+0.4 +0.4 +0.5 +0.5 +0.8	4000 或 6000	±10.0	北京市云岗砖厂、上海胜德塑料厂、北京市塑料七厂、济南塑料一厂

② 排水用硬聚氯乙烯管件

用硬聚氯乙烯制成的管箍、45°弯头、90°弯头、伸缩节、P 型及 N 型存水弯、三通、四通等均属于室内排水用硬聚氯乙烯管件。硬聚氯乙烯管件的物理力学性能指标、外观质量及产品规格等见表 3-73、3-74。

管件的物理力学性能指标、外观质量及尺寸允许偏差　　表 3-73

物理力学性能指标		外观质量及尺寸允许偏差
试验项目	指标	①颜色均匀一致 ②内外壁光滑平整，不允许有气泡、裂口及显著的波纹、凹陷、分解变色等 ③管件同一截面的壁厚偏差不得超过 14%
维卡软化温度	≥70	
扁平试验，在规定试验压力下	无破裂	
坠落试验	无破裂	

管件的品种及规格

表 3-74

产品名称	简图	规格						
		公称外径	d_1		d_2		L	
			基本尺寸	公差	基本尺寸	公差	基本尺寸	公差
黏结承口		40	40.33	+0.5	39.83	+0.5	25	±1
		50	50.40	+0.6	49.90	+0.6	25	±1
		75	75.33	+0.6	74.73	+0.6	40	±2
		110	110.66	+0.7	109.66	+0.7	50	±2
		160	160.66	+0.9	159.46	+0.7	60	±2

产品名称	简图	公称外径 D	Z	L
45°弯头		50	12	37
		75	17	57
		110	25	75
		160	36	96

续表

<table>
<tr><th>产品名称</th><th>简图</th><th colspan="8">规　　格</th></tr>
<tr><td rowspan="5">90°弯头</td><td rowspan="5"></td><td colspan="3">公称外径 D</td><td colspan="3">Z</td><td colspan="2">L</td></tr>
<tr><td colspan="3">50</td><td colspan="3">40</td><td colspan="2">65</td></tr>
<tr><td colspan="3">75</td><td colspan="3">50</td><td colspan="2">90</td></tr>
<tr><td colspan="3">110</td><td colspan="3">70</td><td colspan="2">120</td></tr>
<tr><td colspan="3">160</td><td colspan="3">90</td><td colspan="2">150</td></tr>
<tr><td rowspan="7">顺水三通</td><td rowspan="7"></td><td>公称外径 D</td><td>Z_1</td><td>Z_2</td><td>Z_3</td><td>L_1</td><td>L_2</td><td>L_3</td><td>R</td></tr>
<tr><td>50×50</td><td>30</td><td>26</td><td>35</td><td>55</td><td>51</td><td>60</td><td>31</td></tr>
<tr><td>75×75</td><td>47</td><td>39</td><td>54</td><td>87</td><td>79</td><td>94</td><td>49</td></tr>
<tr><td>110×50</td><td>30</td><td>29</td><td>65</td><td>80</td><td>79</td><td>90</td><td>31</td></tr>
<tr><td>110×75</td><td>48</td><td>41</td><td>72</td><td>98</td><td>91</td><td>112</td><td>49</td></tr>
<tr><td>110×110</td><td>68</td><td>55</td><td>77</td><td>118</td><td>105</td><td>127</td><td>63</td></tr>
<tr><td>160×160</td><td>97</td><td>83</td><td>110</td><td>157</td><td>143</td><td>170</td><td>82</td></tr>
</table>

续表

<table>
<tr><th>产品名称</th><th>简图</th><th colspan="11">规　　格</th></tr>
<tr><td rowspan="7">45°斜三通</td><td rowspan="7"></td><td>公称外径 D</td><td>Z_1</td><td colspan="2">Z_2</td><td colspan="3">Z_3</td><td colspan="2">L_1</td><td>L_2</td><td>L_3</td></tr>
<tr><td>50×50</td><td>13</td><td colspan="2">64</td><td colspan="3">64</td><td colspan="2">38</td><td>89</td><td>89</td></tr>
<tr><td>75×75</td><td>18</td><td colspan="2">94</td><td colspan="3">94</td><td colspan="2">58</td><td>134</td><td>134</td></tr>
<tr><td>110×50</td><td>−16</td><td colspan="2">94</td><td colspan="3">110</td><td colspan="2">34</td><td>144</td><td>135</td></tr>
<tr><td>110×75</td><td>−1</td><td colspan="2">113</td><td colspan="3">121</td><td colspan="2">49</td><td>163</td><td>161</td></tr>
<tr><td>110×110</td><td>25</td><td colspan="2">138</td><td colspan="3">138</td><td colspan="2">75</td><td>188</td><td>188</td></tr>
<tr><td>160×160</td><td>34</td><td colspan="2">199</td><td colspan="3">199</td><td colspan="2">94</td><td>259</td><td>259</td></tr>
<tr><td rowspan="2">瓶形三通</td><td rowspan="2"></td><td>公称外径 D</td><td>Z_1</td><td>Z_2</td><td>Z_3</td><td>Z_4</td><td colspan="2">L_1</td><td colspan="2">L_2</td><td>L_3</td><td>R</td></tr>
<tr><td>110×50</td><td>71</td><td>55</td><td>77</td><td>21</td><td colspan="2">121</td><td colspan="2">101</td><td>127</td><td>63</td></tr>
<tr><td rowspan="7">正四通</td><td rowspan="7"></td><td>公称外径 D</td><td>Z_1</td><td colspan="2">Z_2</td><td colspan="2">Z_3</td><td colspan="2">L_1</td><td>L_2</td><td>L_3</td><td>R</td></tr>
<tr><td>50×50</td><td>30</td><td colspan="2">26</td><td colspan="2">35</td><td colspan="2">55</td><td>51</td><td>60</td><td>31</td></tr>
<tr><td>75×75</td><td>47</td><td colspan="2">39</td><td colspan="2">54</td><td colspan="2">87</td><td>79</td><td>94</td><td>49</td></tr>
<tr><td>110×50</td><td>30</td><td colspan="2">29</td><td colspan="2">65</td><td colspan="2">80</td><td>79</td><td>90</td><td>31</td></tr>
<tr><td>110×75</td><td>48</td><td colspan="2">41</td><td colspan="2">72</td><td colspan="2">98</td><td>91</td><td>112</td><td>49</td></tr>
<tr><td>110×110</td><td>68</td><td colspan="2">55</td><td colspan="2">77</td><td colspan="2">118</td><td>105</td><td>127</td><td>63</td></tr>
<tr><td>160×160</td><td>97</td><td colspan="2">83</td><td colspan="2">110</td><td colspan="2">157</td><td>143</td><td>170</td><td>82</td></tr>
</table>

续表

<table>
<tr><th>产品名称</th><th>简图</th><th colspan="12">规　　格</th></tr>
<tr><td rowspan="7">45°斜四通</td><td rowspan="7"></td><td colspan="2">公称外径 D</td><td colspan="2">Z_1</td><td colspan="2">Z_2</td><td colspan="2">Z_3</td><td>L_1</td><td>L_2</td><td colspan="2">L_3</td></tr>
<tr><td colspan="2">50×50</td><td colspan="2">13</td><td colspan="2">64</td><td colspan="2">64</td><td>38</td><td>89</td><td colspan="2">89</td></tr>
<tr><td colspan="2">75×75</td><td colspan="2">18</td><td colspan="2">94</td><td colspan="2">94</td><td>58</td><td>134</td><td colspan="2">134</td></tr>
<tr><td colspan="2">110×50</td><td colspan="2">—16</td><td colspan="2">94</td><td colspan="2">110</td><td>34</td><td>144</td><td colspan="2">135</td></tr>
<tr><td colspan="2">110×75</td><td colspan="2">—1</td><td colspan="2">113</td><td colspan="2">121</td><td>49</td><td>163</td><td colspan="2">161</td></tr>
<tr><td colspan="2">110×110</td><td colspan="2">25</td><td colspan="2">138</td><td colspan="2">138</td><td>75</td><td>188</td><td colspan="2">188</td></tr>
<tr><td colspan="2">160×160</td><td colspan="2">34</td><td colspan="2">199</td><td colspan="2">199</td><td>94</td><td>259</td><td colspan="2">259</td></tr>
<tr><td rowspan="6">异径管</td><td rowspan="6"></td><td colspan="2">公称外径 D</td><td colspan="3">D_1</td><td colspan="3">D_2</td><td colspan="2">L_1</td><td colspan="2">L_2</td></tr>
<tr><td colspan="2">50×50</td><td colspan="3">50</td><td colspan="3">40</td><td colspan="2">25</td><td colspan="2">20</td></tr>
<tr><td colspan="2">75×75</td><td colspan="3">75</td><td colspan="3">50</td><td colspan="2">40</td><td colspan="2">25</td></tr>
<tr><td colspan="2">110×50</td><td colspan="3">110</td><td colspan="3">50</td><td colspan="2">50</td><td colspan="2">25</td></tr>
<tr><td colspan="2">110×75</td><td colspan="3">110</td><td colspan="3">75</td><td colspan="2">50</td><td colspan="2">40</td></tr>
<tr><td colspan="2">160×110</td><td colspan="3">160</td><td colspan="3">110</td><td colspan="2">60</td><td colspan="2">50</td></tr>
</table>

续表

产品名称	简图	规格							
直角四通		公称外径 D	Z_1	Z_2	Z_3	L_1	L_2	L_3	R
		50×50	30	26	35	55	51	60	31
		75×75	47	39	54	87	79	94	49
		110×110	68	55	77	118	105	127	63
		160×160	97	83	110	157	143	170	82
管箍		公称外径 D	Z		L_1		L_2		
		50	2		52		25		
		75	2		82		40		
		110	3		103		50		
		160	4		124		60		

2）供水用硬聚氯乙烯塑料管材和管件

供水用聚氯乙烯塑料管主要用于室内给水部分。是有卫生级聚氯乙烯树脂加入专用助剂，经混粒、塑化、造粒后，再经注射或挤塑而制成。供水用硬聚氯乙烯塑料管材和管件的物理力学性能、卫生标准等应符合有关标准的规定。

产品规格及生产厂家见表3-75和表3-76。

供水管材的规格及生产厂家　　表3-75

规格				每米质量(kg/m)		生产厂家
公称直径	外径	壁厚 工作压力(MPa)		工作压力(MPa)		
		0.6	1.0	0.6	1.0	
20	$20^{+0.4}_{0.0}$	$1.5^{+0.4}_{0.0}$		0.126		上海建筑材料厂
25	$25^{+0.2}_{0.0}$	$1.5^{+0.4}_{0.0}$		0.156		
32	$32^{+0.2}_{0.0}$	$1.8^{+0.4}_{0.0}$		0.221		
40	$40^{+0.2}_{0.0}$	$1.9^{+0.4}_{0.0}$		0.313		
50	$50^{+0.2}_{0.0}$	$2.4^{+0.5}_{0.0}$		0.537		
63	$63^{+0.2}_{0.0}$	$3.0^{+0.5}_{0.0}$		0.847		
15	22±0.2	3.0±0.3		0.255		中建六局四公司塑料制品厂
20	26±0.3	3.0±0.3		0.310		
25	32±0.3	3.5±0.3		0.450		

供水管件的规格及生产厂家　　表 3-76

名　称	规　格(mm)			参考单重(g/只)	生产厂家
	公称直径	内径	外径		
GIV(90°弯头)	20	$20^{+0.3}_{+0.1}$	27	18	上海建筑材料厂
	25	$25^{+0.3}_{+0.1}$	33	32	
	32	$32^{+0.3}_{+0.1}$	41	53	
	40	$40^{+0.3}_{+0.1}$	50	88	
	50	$50^{+0.3}_{+0.1}$	61	147	
	63	$63^{+0.3}_{+0.1}$	76	262	
TIV(三通)	20	$20^{+0.3}_{+0.1}$	27	25	
	25	$25^{+0.3}_{+0.1}$	33	44	
	32	$32^{+0.3}_{+0.1}$	41	75	
	40	$40^{+0.3}_{+0.1}$	50	126	
	50	$50^{+0.3}_{+0.1}$	61	198	
	63	$63^{+0.3}_{+0.1}$	76	429	
HIV(45°弯头)	20	20	27		

名称	规格(mm)					参考单重(g/只)	生产厂家
	公称直径	内径 1	外径 1	内径 1	外径 2		
RIV(异径束节)	25×20	$25^{+0.3}_{+0.1}$	33	$20^{+0.3}_{+0.1}$	27	12	上海建筑材料厂
	32×25	$32^{+0.3}_{+0.1}$	41	$25^{+0.3}_{+0.1}$	33	19	
	40×32	$40^{+0.3}_{+0.1}$	50	$32^{+0.3}_{+0.1}$	41	34	
	50×32	$50^{+0.3}_{+0.1}$	61	$32^{+0.3}_{+0.1}$	41	47	
	50×40	$50^{+0.3}_{+0.1}$	61	$40^{+0.3}_{+0.1}$	50	53	
	63×40	$63^{+0.3}_{+0.1}$	76	$40^{+0.3}_{+0.1}$	50	80	

续表

名称	规格(mm)					参考单重(g/只)	生产厂家
	公称直径	内径1	外径1	外径1	外径2		
TRIV(异径三通)	25×20	$25^{+0.3}_{+0.1}$	33	$20^{+0.3}_{+0.1}$	27	37	
	32×20	$32^{+0.3}_{+0.1}$	41	$20^{+0.3}_{+0.1}$	27	60	
	40×20	$40^{+0.3}_{+0.1}$	50	$20^{+0.3}_{+0.1}$	27	100	
	40×25	$40^{+0.3}_{+0.1}$	50	$25^{+0.3}_{+0.1}$	33	103	
	50×40	$50^{+0.3}_{+0.1}$	61	$40^{+0.3}_{+0.1}$	50	106	
	63×25	$63^{+0.3}_{+0.1}$	76	$25^{+0.3}_{+0.1}$	33	282	
TIFV(内螺纹三通)	20mm×1/2in	$20^{+0.3}_{+0.1}$	27	1/2 in		29	

九、建筑涂料

1. 建筑涂料的分类

表 3-77

序号	分类方法	涂料种类	
1	按涂料状态分	1)溶剂型涂料； 2)水溶性涂料；	3)乳液型涂料； 4)粉末涂料
2	按涂料的装饰质感分	1)薄质涂料； 2)厚质涂料；	3)复层涂料
3	按主要成膜物质分	1)油脂； 2)天然树脂； 3)酚醛树脂； 4)沥青； 5)醇酸树脂； 6)氨基树脂； 7)硝基纤维素； 8)纤维脂、纤维醚；	9)烯类树脂； 10)丙烯酸树脂； 11)聚酯树脂； 12)环氧树脂； 13)聚氨基甲酸酯； 14)元素有机聚合物； 15)橡胶； 16)元素有机聚合物

续表

序号	分类方法	涂 料 种 类	
4	按建筑物涂刷部位分	1)外墙涂料； 2)内墙涂料； 3)地面涂料；	4)顶棚涂料； 5)屋面涂料
5	按涂料的特殊功能分	1)防火涂料； 2)防火涂料； 3)防霉涂料；	4)防结露涂料； 5)防虫涂料

2. 常用外墙薄涂料的品种及适用范围

表 3-78

名 称	主要成分及特点	适用范围及施工注意事项
建 81 外墙涂料	主要成分为苯乙烯丙烯酸酯 无毒，无味，耐水，耐酸碱、耐冻	适用于外墙。喷、刷均可。要求基层平整无灰土及黏附物。最低施工温度：5℃，干燥时间 2h
SA-1 型 乙-丙外墙涂料	主要成分：醋酸乙烯丙烯酸 无毒、无味、耐老化、耐水、耐酸碱	适用于水泥砂浆、混凝土外墙墙面。喷、刷、滚涂施工均可。两次涂饰间隔时间 4h 以上。最低施工温度：0℃。干燥时间<2h
有机无机复合涂料	主要成分：硅溶液 耐污染、耐洗刷、耐水、耐碱	室内外墙面喷、刷均可，最低施工温度 2℃
高级喷瓷型涂料	底层、面层为防碱底漆（溶剂型）；中层为弹性类涂料，耐水、耐酸碱、耐磨良好	适用于混凝土、砂浆、石棉瓦楞板等墙面。底层涂料可喷、涂施工。中层涂料喷、滚、刷均可；面层涂料必须在中层充分干燥后进行。最低施工温度 5℃

3. 常用外墙厚涂料和复层涂料品种及适用范围

表 3-79

名　称	主要成分及特点	适用范围及施工注意事项
PG-838浮雕漆厚涂料	主要成分：丙烯酸酯 具有鲜明的浮雕花纹，耐水、耐碱、耐冻、耐紫外线良好	适用于水泥砂浆、混凝土、石棉水泥板、砖墙等墙面。可用喷涂施工，涂层干燥后再罩一遍面层罩光涂料。 施工温度 5℃，实干：24h，表干：30min
彩砂	主要成分：苯乙烯、丙烯酸酯 无毒、不燃、耐强光、不褪色、耐水、耐酸碱、耐老化	适用于混凝土墙面及砂浆墙面，喷涂施工。本品严禁受冻，风雨天禁用。最低施工温度 5℃
乙-丙乳液厚涂料	主要成分：醋酸乙烯丙烯酸酯 涂层厚实、外观美丽、耐候性好	用于水泥砂浆、加气混凝土、石棉水泥板面等。可喷、滚、刷施工。如果太稠，可用水稀释，最低施工温度 8℃，干燥时间：30min
丙烯酸拉毛涂料	主要成分：苯乙烯、丙烯酸酯 有较好的柔韧性和耐污染性，黏结强度高，耐水、耐碱	适用于水泥砂浆基层墙面或顶棚、滚、弹施工均可。施工最低温度 5℃，表干：30min，实干：2h
JH8501无机厚涂料	主要成分：硅酸钾 无毒、无味、涂膜强度及粘结强度高，耐候性、耐水性好、耐碱	适用于外墙饰面。喷涂、滚涂均可，施工时应先在基层上封底料 最低施工温度 0℃，大风、雨天不得施工

4. 常用内墙及顶棚涂料品种及使用范围

表 3-80

名　称	主要成分及特点	适用范围及施工注意事项
LT-1有光乳胶涂料	主要成分:苯乙烯、丙烯酸酯。无着火危险,能在潮湿面施工	用于混凝土、灰泥、木质基面,刷喷施工均可,严禁掺入油料和有机溶剂,最低施工温度8℃,相对湿度≤85%
JQ-831、JQ-841耐擦洗涂料	主要成分:丙烯酸乳液。无毒、无味、保色、耐酸、不易燃,耐水、耐擦洗 100～250次	适用于内墙及家具着色。刷涂、喷涂均可,不能与溶剂或溶剂型涂料混合,若涂料太稠可用水稀释。最低成膜温度5℃
乙-乙乳液彩色内墙涂料	主要成分:聚乙烯醇。无毒、无味,成膜坚硬,平整光滑,耐水	用于水泥砂浆、石灰砂浆、混凝土、石膏板、石棉水泥板等基层。滚刷、喷均可。不宜用铁制容器包装,最低施工温度10℃
乙-丙涂料	主要成分:醋酸乙烯丙烯酸酯。耐火、保色、无毒、不燃、外观细腻	适用于墙面,可用水稀释。喷、滚、刷均可。一般一遍成活。施工最低温度15℃,表干≤30min,实干24h
803涂料	主要成分:聚乙烯醇缩甲醛。无毒、无嗅,涂膜表面光洁、耐洗刷性100次	适用水泥墙面,新旧石灰墙面。涂刷施工。不可加水或其他涂料,最低施工温度10℃,表干:30min,实干:2h
膨胀珍珠岩喷涂浆料	主要成分:聚乙烯醇聚醋酸乙烯,质感好装饰效果似小拉毛	适用于木材、水泥砂浆等基层的顶棚。喷涂施工。涂料不能长期装于铁桶中。也不宜长期暴露于空气中,施工最低温度5℃

续表

名称	主要成分及特点	适用范围及施工注意事项
206内墙涂料	主要成分：氯乙烯、偏氯乙烯。无毒、无味，耐碱。各种气体、蒸汽等只有极低的透过性	适于潮湿的基层的内墙。本涂料分两组分配比为色浆∶氯—偏清漆＝4∶1
过氯乙烯内墙涂料	主要成分：过氯乙烯树脂、属溶剂型涂料，具有较好的防水耐老化性	适用于内墙面装修，本品有刺激性气味，不宜喷涂作业
水性无机高分子平面状涂料	主要成分：硅溶液，外观平滑无光，具有消光装饰作用	适用于厨房、卫生间、走廊等墙面、顶棚喷涂。最低施工温度5℃
乳胶漆（丙烯酸乳胶漆、乙丙乳胶漆、苯丙乳胶漆）	丙烯酸乳胶漆，主要由丙烯酸共聚乳液、水及颜料组成，施工安全，干燥迅速，不燃不爆、漆膜光泽柔和耐候性好	适用于室内外混凝土及木质和金属表面刷、滚涂施工成膜温度0℃
	乙丙乳胶漆主要成分：乙丙乳液	分有光与无光两种，适用于内外墙面成膜温度：0℃
	苯丙乳胶漆主要成分：苯乙烯和丙烯酸酯共聚乳液	分有光、半光、无光三种，适用于内外墙面，成膜温度0℃

续表

名　称	主要成分及特点	适用范围及施工注意事项
多彩内墙涂料	底涂——醇酸树脂涂料。中涂—主要成分是丙烯酸树脂，面涂主要是合成树脂和清漆，本品具有良好的耐久性、耐油性、耐化学腐蚀、耐擦洗、有较好的透气性，难燃	适用于室内各种基层的墙面、顶棚 底涂施工前基层含水率应低于10%，刷涂时注意通风、防火 面涂用喷涂施工：涂料勿用水或稀释剂稀释，表干：2h，实干：＜2h

5. 木材、金属饰面涂料品种及适用范围

表3-81

名　称	主要成分及特点	适用范围及施工注意事项
虫胶清漆	将虫胶溶于酒精，制成棕红色溶液 干燥快，木纹清晰	适用于木器、木装修饰面。可加极少量水，容易抛光
醇酸清漆	由长油度季戊四醇醇酸树脂溶于有机溶剂。黏结性好，干燥慢	适用于木材及金属面罩光喷、刷施工均可
环氧清漆	由环氧树脂与己二胺双组分按比例混合使用 附着力好，耐水、抗腐蚀能力强	适用于铝、镁等金属面打底及建筑构配件和化工设备防腐等
硝基木器清漆	由硝化棉、醇酸树脂、顺酐树脂等组成光泽高，可打磨抛光，耐候性较差	适用于高级木器、木装修，不宜于室外

续表

名称		主要成分及特点	适用范围及施工注意事项
调合漆	各色油性调合漆 各色(酯胶调合漆) 各色醇酸调合漆	它是能充当面漆的一种色漆,是针对开桶不能即用的"厚漆"命名的 它们均有三种:平光、半光、有光	适用于室内外一般金属、木材及建筑物表面刷、滚涂施工
各色脂胶磁漆		以天然树脂为主要成膜物质。漆膜光亮坚韧,有一定耐水性,对金属附着力好	用于室内木材、金属表面及家具门窗涂饰。不宜用于室外
各色醇酸磁漆	CO4-2 CO4-42	以醇酸树脂为主要成膜物质,具有优良的耐火、耐候性和保光性、耐汽油性,机械强度好 CO4-2 能常温干燥 CO4-42 耐火性、附着力优于 CO4-2,但干燥时间较长	适用于室外。最宜金属表面涂饰,也可用于木材表面涂饰,喷、刷、浸施工均可
各色硝基内用磁漆(亦称:工业喷漆)		主要成分:硝基纤维素、合成树脂 干燥、迅速,耐火、耐磨性好、耐候性差	只能用于室内木材、金属表面涂饰,不能用于室外,否则漆膜表面粉化开裂。用于喷涂施工

6. 常用地面涂料的品种及适用范围

表 3-82

名　称	主要成分及特点	适用范围及施工注意事项
多功能聚氨酯弹性彩地面涂料	主要成分:聚氨酯。本品耐油、耐水、耐一般酸、碱,有弹性、黏结力强,不因基层发生微裂纹面导致涂膜开裂	适于旅游建筑、机械工业厂房、纺织化工、电子仪表及文化体育建筑物地面。一般采用刷涂施工
BS707 地面涂料	主要成分:苯乙烯、丙烯酸酯。本品为厚质涂料,能做各种图案,耐水、耐老化。耐一般碱、酸	适用于新旧水泥砂浆地面,采用刮涂施工。最低施工温度 5℃,表干:2h,实干:8h
505 地面涂料	主要成分:聚醋酸乙烯,其黏结力强,具有一定的耐水、耐酸、碱性	适用于木质、水泥地面,可做成各种图案。三遍成活,最低施工温度 5℃
RD-01 地坪涂料	主要成分:氯乙烯、偏氯乙烯。其流平性较好,耐磨耐水性	适用于室内地坪,基层要求平整、干净,最低施工温度 10℃
DJQ-地面漆	主要成分:尼龙树脂,本品只有一定弹性,无毒、耐水、耐磨。不耐酸碱	适用于新旧水泥地面,涂刷施工,施工时其周围不能有明火,表干:2h,实干:24h
脂胶地板漆(紫红地板漆)	漆膜坚韧,平整光亮耐水、耐磨性好	适用于木质地板、楼梯、栏杆等表面涂饰

续表

名　称	主要成分及特点	适用范围及施工注意事项
酚醛地板漆(铁红地板漆)	主要成分:酚醛漆料,漆膜光亮、坚韧、平滑、耐磨、耐水	适用于木质地板、楼梯、栏杆及钢质甲板表面涂饰,采用刷涂
钙酯地板漆(地板清漆)	涂膜平滑,光亮耐磨,有一定耐水性	适用于木质地板、楼梯、栏杆、饰面
聚氨基甲酸酯清漆(聚氨酯地板清漆)	属双组分催化剂固化型的氨基甲酸清漆。其有良好的耐磨、耐水、耐溶剂性及洗净性,在室温下涂膜干燥迅速	适用于防酸碱、防磨损木质表面及混凝土和金属表面
塑料地板漆	涂膜坚韧耐磨,耐水性好,干燥快,施工方便	适用于水泥地面、木质地板
SH131-2型超厚膜工业地坪	主要成分:环氧树脂。常温下固化双组分涂料干膜厚度可达1～5mm其硬度大,且有一定韧性,耐磨、耐油、耐热、抗冲击、黏结强、耐火、耐酸碱和有机溶剂,防油渗、水渗,无毒	适用于医院、食品加工厂等室内地面。本品由底层、中层和面层组成,底层采用刮涂施工,面层可用高压无气喷涂施工或刷涂施工 一般7d后,才能承受负荷

7. 常用特殊涂料品种及适用范围

表 3-83

名　称	主要成分及特点	适用范围及施工注意事项
各种油性防锈漆	主要成分：天然植物油、动物油；其干燥速度慢，不耐酸、碱及有机溶剂，耐磨性也差	涂刷于金属表面、锌灰油性防锈漆宜选作已涂过铁红或其他防锈漆的钢铁物件表面，为防锈面漆
红丹醇酸防锈漆	主要成分：醇酸树脂本品具有优良的耐火、耐候性、耐汽油性	涂于金属表面，刷、喷浸均可
铝基反光隔热涂料	本品具有反光、隔热、防水、防腐蚀，防老化等优点	主要用于各种沥青基防水层面防水层、纤维瓦楞板罩面 基层应干燥，无油斑、无锈迹本品易燃，施工时应远离火种
JS 内墙耐水涂料	主要成分：聚乙烯醇缩甲醛、苯乙烯、丙烯酸酯等。耐擦洗，质感油腻，适用于潮湿基层施工	适用于浴室、厕所、厨房等潮湿房间内墙刷涂施工。先在基层上刮水泥浆或防水腻子
有机硅建筑防水剂	主要成分：甲基硅酸钠，该产品透明无色，保护物体彩色不退，有防水、防潮、防渗、防腐、防风化开裂、防老化之优点	适用于土壁、石墙、文物、浴室、厕所、厨房等墙面及顶棚的罩面。刷、喷均可。施涂后 24h 内防止雨淋，以水为稀释剂

续表

名　称	主要成分及特点	适用范围及施工注意事项
各色丙烯酸过氯乙烯厂房防腐漆	主要成分：丙烯酸树脂、过氯乙烯树脂。本品快干，保色、耐腐蚀防湿热、防盐雾、防霉	用于厂房内外墙防腐与涂刷装修。喷、刷、滚涂均可，表干：20min，实干：30min
各色过氯乙烯防火漆	主要成分：过氯乙烯树脂、醇酸树脂阻火蔓延	适用于露天或室内建筑物板壁、木结构等作防火配套漆用
钢结构防火涂料	主要成分：无机胶蛭石骨料。涂层厚2.8cm耐火极限：3h，涂层厚2～2.5cm时满足一级耐火等级	适用于钢结构、钢筋混凝土结构的梁柱、墙和楼板的防火阻挡层。采用抹涂或喷涂。最低施工温度5℃
CT-01-3微珠防火涂料	主要成分：无机空心微珠。其隔热、耐高温、防火	用于钢木结构、混凝土结构，喷、刷皆可
水性内墙防霉涂料	主要成分：氯—偏乳液，本品无毒、无味、不燃、耐水、耐碱、防霉	适用于易霉变的内墙，以水泥砂浆基层为宜，刷涂施工，程序为：清洁⟶杀菌⟶批嵌⟶刷涂。涂料应避免与铁器接触，最低施工温度5℃

8. 按建筑物不同部位选用建筑涂料

表 3-84

涂料种类 \ 建筑部位		屋面	外墙面	室外地面	住宅内墙及顶棚	工厂车间内墙及顶棚	住宅地面	工厂车间地面
选用涂料类型		屋面防水涂料	外墙涂料	室外地面涂料	内墙涂料	内墙涂料	地面涂料	地面涂料
溶剂型涂料	油性漆		×		○		○	
	过氯乙烯涂料		○		○	○	○	○
	苯乙烯涂料		○		△	×	○	○
	聚乙烯醇缩丁醛涂料		○		○	○		
溶剂型涂料	氯化橡胶涂料		△		○	○		
	丙烯酸酯涂料		△		○	△		
	环氧树脂涂料	△		○			○	△
	聚氨酯系涂料	○	△	△	○	△	○	△

续表

建筑部位 / 涂料种类		屋面	外墙面	室外地面	住宅内墙及顶棚	工厂车间内墙及顶棚	住宅地面	工厂车间地面
选用涂料类型		屋面防水涂料	外墙涂料	室外地面涂料	内墙涂料	内墙涂料	地面涂料	地面涂料
乳液型涂料	聚醋酸乙烯涂料		×		○	○		
	乙—丙涂料		○		○	○		
	乙—顺涂料		○		○	○		
	氯—偏涂料		○		○	○		
	氯—醋—丙涂料		△		○	○		
	苯—丙涂料	○	△		○	○	△	○
	丙烯酸酯涂料	○	△		○	○		
	水乳性环氧树脂涂料		△		○	○		

续表

建筑部位 / 涂料种类		屋面	外墙面	室外地面	住宅内墙及顶棚	工厂车间内墙及顶棚	住宅地面	工厂车间地面
选用涂料类型		屋面防水涂料	外墙涂料	室外地面涂料	内墙涂料	内墙涂料	地面涂料	地面涂料
水泥系	聚合物水泥系涂料		○	○			△	○
无机涂料	石灰浆涂料		×		○	×		
	碱金属硅酸盐系涂料		○		×	×		
	硅溶胶无机涂料		△		○	○		
水性涂料	聚乙烯醇系涂料		×		△	○		

注：△——优先选用；○——可能选用；×——不能使用。

9. 按基层材质选用涂料

表 3-85

涂料种类		基层材质类型								
		混凝土基层	轻质混凝土基层	预制混凝土基层	加气混凝土基层	砂浆基层	石棉水泥板基层	石灰浆基层	水基层	金属基层
溶剂型涂料	油性漆	×	×	×	×	×	○	○	△	△
	过氯乙烯涂料	○	○	○	○	○	○	○	△	△
	苯乙烯涂料	○	○	○	○	○	○	○	△	△
	聚乙烯醇缩丁醛涂料	○	○	○	○	○	○	○	△	△
	氯化橡胶涂料	○	○	○	○	○	○	○	△	△
	丙烯酸酯涂料	○	○	○	○	○	○	○	△	△
	聚氨酯系涂料	○	○	○	○	○	○	○	△	△
	环氧树脂涂料	○	○	○	○	○	○	○	△	△

续表

涂料种类		基层材质类型								
		混凝土基层	轻质混凝土基层	预制混凝土基层	加气混凝土基层	砂浆基层	石棉水泥板基层	石灰浆基层	水基层	金属基层
乳液型涂料	聚醋酸乙烯涂料	○	○	○	○	○	○	○	×	
	乙—丙涂料	○	○	○	○	○	○	○	×	
	乙—顺涂料	○	○	○	○	○	○	○	×	
	氯—偏涂料	○	○	○	○	○	○	○	×	
	氯—醋—丙涂料	○	○	○	○	○	○	○	○	
	苯—丙涂料	○	○	○	○	○	○	○	○	
	丙烯酸酯涂料	○	○	○	○	○	○	○	○	
	水乳型环氧树脂涂料	○	○	○	○	○	○	○	×	

续表

涂料种类		基层材质类型								
		混凝土基层	轻质混凝土基层	预制混凝土基层	加气混凝土基层	砂浆基层	石棉水泥板基层	石灰浆基层	水基层	金属基层
水泥系	聚合物水泥系涂料	△	△	△	△	△	△	×	×	×
无机涂料	石灰浆涂料	○	○	○	○	○	○	○	×	×
	碱金属硅酸盐系涂料	○	○	○	○	○	○	○	×	×
	硅溶胶无机涂料	○	○	○	○	○	○	○	×	×
水性涂料	聚乙烯醇系涂料	○	○	○	○	○	○	○	×	×

注：△——优先选用；○——可以选用；×——不能选用。

10. 金属及木材面的底层涂料与面层涂料的配套

表 3-86

面层涂料	基层材料		
	黑色金属	铝合金	木材
	底层涂料		
油性涂料类	醇酸底漆	锌黄酚醛底漆	醇酸底漆
醇酸涂料类	酚醛底漆、过氯乙烯底漆、环氧底漆	锌黄酚醛底漆、锌黄过氯乙烯底漆、锌黄环氧底漆	酚醛底漆、硝基底漆、过氯乙烯底漆
氨基涂料类	醇酸底漆、环氧底漆	锌黄环氧底漆	
沥青涂料类	沥青底漆	沥青底漆	
酚醛涂料类	硝基底漆、过氯乙烯底漆、醇酸底漆、油性底漆	锌黄过氧乙烯底漆、锌黄油性底漆	油性底漆、醇酸底漆、硝基底漆
过氯乙烯涂料类	醇酸底漆、丙烯酸底漆	锌黄酚醛底漆、锌黄环氧底漆	醇酸底漆
丙烯酸涂料类	醇酸底漆、环氧底漆、过氯乙烯底漆	锌黄酚醛底漆、锌黄环氧底漆	酚醛底漆、醇酸底漆、硝基底漆
硝基涂料类	醇酸底漆、酚醛底漆、环氧底漆、丙烯酸底漆	锌黄酚醛底漆、锌黄环氧底漆、锌黄丙烯酸底漆	醇酸底漆、丙烯酸底漆、酚醛底漆
环氧树脂涂料类	醇酸底漆、酚醛底漆、丙烯酸底漆	锌黄酚醛底漆、锌黄丙烯酸底漆	

11. 木门窗涂料配套层次关系

表 3-87

底层		中层		面层		效果评价
涂料名称	层次	涂料名称	层次	涂料名称	层次	
厚漆	1			调合漆	1	较差
清油	1	厚漆	1	调合漆	1	较差
清油	1	厚漆、调合漆	2	调合漆	1	中等
清油	1	铅油	2	无光油	1	较好
清油	1	油色	1	清漆	1	较差
清油	1	油色	1	清漆	2	较差
润粉、刮腻子	1	厚漆	2	调合漆	1	较好
润粉、刮腻子	1	无光调合漆	2	磁漆	2	良好
润粉、刮腻子	1	无光调合漆	1	磁漆	3	良好
润粉、刮腻子	1～2	油色	1	清漆	2	中等
润粉、刮腻子	1～2	油色	1	清漆	3	较好
润粉、刮腻子	1～2	油色	1	清漆	4	良好
润粉、刮腻子	1～2	漆片	1～2	硝基清漆（蜡克）	成活	较好
润粉、刮腻子	1～2	硝基清漆	4～6	硝基清漆（蜡克）	成活	良好

注：厚漆——铅油；清油——鱼油；润粉——油粉。

12. 木地板的涂料配套层次关系

表 3-88

底层		中层		面层		效果评价
涂料名称	层次	涂料名称	层次	涂料名称	层次	
清油	1	油色	1	清漆	2	中等
清油	1	地板腻子	1～2	地 板 漆	2	良好
润粉	1	油色、漆片	1～3	软蜡	成活	良好
润粉	1	油色	1	硬蜡	成活	良好
润粉、刮腻子	1～2	油色	1	清漆	2	较好
		本色		硬蜡	成活	良好

13. 金属面层的涂料配套层次关系

表 3-89

底层		中层		面层		效果评价
涂料名称	层次	涂料名称	层次	涂料名称	层次	
铅油	1			调合漆	1	较差
防锈漆	1			调合漆	1	中等
防锈漆	1	厚漆	1	调合漆	1	中等
防锈涂料	1	厚漆	2	调合漆	1	较好
防锈涂料	1～2	无光调合漆	1	磁漆	2	良好
防锈涂料	1～2	厚漆	2	调合漆	1	较好
防锈涂料	1～2			调合漆	3	良好
底浆、腻子	2	无光调合漆	1	磁漆	2	良好
				调合漆	3	较好

14. 抹灰基层的涂料配套层次关系

表 3-90

底层		中层		面层		效果评价
涂料名称	层次	涂料名称	层次	涂料名称	层次	
腻子	2	底油、厚漆	2	调合漆	1	中等
腻子	2	底油、厚漆	1,2	调合漆	1	较好
腻子	2	无光调合漆	1	磁漆	2	良好
腻子	2	底油、厚漆	1,1	调合漆、无光油	1,1	较好
腻子	2	底油、厚漆	1,2	假木面	1	较好
腻子	2	底油、厚漆	1,2	假木面	1	较好
腻子	2	石膏腻子拉毛	成活	调合漆或铅油	3	较好

15. 各种涂料稀释剂配方

(1) L01-14 沥青涂料稀释剂配方（%）　表 3-91

组成材料	配合比	备注
重质苯	80	质量配合比
煤油	20	

(2) 聚氨酯涂料稀释剂配方（%）　表 3-92

组成材料	1 号配方配合比	2 号配方配合比	备注
无水二甲苯	50	70	配合比为重量配合比
无水环己酮	50	20	
无水醋酸丁酯	—	10	

(3) 过氯乙烯稀释剂配方（%）　表 3-93

组成材料	1 号配方配合比	2 号配方配合比	3 号配方配合比	备注
醋酸丁酯	20	38	10	配合比为重量配合比
丙酮	10	12	10	
甲苯	65	—	80	
环己酮	5	—	—	
二甲苯	—	50	—	

(4) 环氧树脂涂料稀释剂配方（%）　表 3-94

组成材料	1 号配方配合比	2 号配方配合比	3 号配方配合比	备注
环己酮	10	—	—	配合比为重量配合比
丁醇	30	30	25	
二甲苯	60	70	75	

(5) 丙烯酸涂料稀释剂配方 (%) 表 3-95

组成材料	配合比	备注
醋酸乙酯	16.5	配合比为重量配合比
醋酸丁酯	44.0	
丁醇	22.0	
丙酮	5.5	
苯	12	

(6) 聚乙烯醇缩醛稀释剂配方 (%) 表 3-96

组成材料	配合比	备注
醋酸丁酯	15	配合比为重量配合比 常温下混合均匀，过滤即成
丁醇	15	
乙醇	30	
苯	40	

(7) 金属面涂料稀释剂配方 (%) 表 3-97

组成材料	配合比	备注
醋酸丁酯	20	配合比为重量配合比
醋酸乙酯	20	
无水乙醇	40	
丙酮	20	

(8) 硝基漆稀释剂配方 (%) 表 3-98

稀释剂组成材料	1号配比	2号配比	3号配比	4号配比	5号配比	备注
醋酸丁酯	25	18	20	16	18	
醋酸乙酯	18	14	20	14	16	
丙酮	2	—	—	—	—	
乙醇	—	8	—	2	6	
丁醇	10	10	16	12	4	
苯	—	—	—	—	56	
甲苯	45	50	44	56	—	

注：配合比为重量配合比。其中4号稀释剂为硝基喷漆用稀释剂；5号为硝基木器漆用稀释剂。

16. 常用色漆颜色的调配

表 3-99

颜　色	配　比　（重量比）
奶白色	98 份白漆，2 份黄漆
奶黄	96.5 份白漆，3.5 份黄漆，微量红漆
桔黄	18 份黄漆，80 份铁红漆，2 份黑漆
灰色	93.5 份白漆，6.5 份黑漆
蓝灰色	90 份白漆，7.5 份黑漆，2.5 份蓝漆
绿色	55 份蓝漆，45 份黄漆
苹果绿色	94.6 份白漆，3.6 份绿漆，1.8 份黄漆
豆绿色	75 份白漆，15 份黄漆，10 份蓝漆
墨绿色	56 份蓝漆，37 份黄漆，7 份黑漆
天蓝色	95 份白漆，4.5 份蓝漆，0.5 份黄漆
海蓝色	75 份白漆，21.5 份蓝漆，3 份黄漆，0.5 份黑漆
深蓝色	13 份白漆，85 份蓝漆，2 份黑漆
紫红色	85 份红漆，14.5 份黑漆，0.5 份蓝漆
粉红色	96.5 份白漆，3.5 份红漆
肉红色	92.7 份白漆，3.5 份红漆，3.5 份黄漆，0.25 份蓝漆
棕色	62 份红漆，30 份黄漆，8 份黑漆
奶油色	95 份白漆，5 份黄漆
象牙色	99 份白漆，1 份黄漆

17. 常用腻子的配方

表 3-100

腻子名称	配合比形式	配合比例及调制	用　途
石膏腻子	体积比	1. 石膏粉：熟桐油：松香水：水=16：5：1：(4～6)，另加少量催干剂。调制时，先将熟桐油、松香水、催干剂拌匀，再加石膏粉，并加水调制	金属、木材及刷过油的墙面

续表

腻子名称	配合比形式	配合比例及调制	用途
		2. 石膏粉∶白厚漆∶熟桐油∶松香水(或汽油)=3∶2∶1∶0.6(或0.7) 3. 石膏粉∶干性油∶水=8∶5∶(4～6)室外及干燥环境应适量加入煤油	
	重量比	1. 石膏粉∶熟桐油∶水=20∶7∶50	木材表面
清漆腻子	重量比	1. 大白粉∶水∶硫酸钡∶钙脂清漆∶颜料=51.2∶2.5∶5.8∶23∶17.5 2. 石膏∶清油∶厚漆∶松香水=50∶15∶25∶10,适量加入水 3. 石膏∶油性清漆∶颜料∶松香水∶水=75∶6∶4∶14∶1	木材表面刷清漆
油粉腻子	重量比	大白粉∶松香水∶熟桐油=24∶16∶2	木材表面刷清漆
水粉腻子	重量比	大白粉∶骨胶∶土黄(或其他颜料)∶水=14∶1∶1∶18	木材表面刷清漆
油胶腻子	重量比	大白粉∶动物胶水(6%)∶红土子∶熟桐油∶颜料=55∶26∶10∶6∶3	木材表面油漆
虫胶腻子	重量比	虫胶清漆∶大白粉∶颜料=24∶75∶1 虫胶清漆浓度为15%～20%	木器油漆
金属面腻子	体积比	氯化锌∶炭黑∶大白粉∶滑石粉∶油性腻子涂料∶酚醛涂料∶甲苯=5∶0.1∶70∶7.9∶6∶6∶5	金属表面油漆
	重量比	石膏粉∶熟桐油∶油性腻子(或醇酸腻子)∶底漆∶水=20∶5∶10∶7∶45	

续表

腻子名称	配合比形式	配合比例及调制	用途
喷漆腻子	体积比	石膏粉∶白厚漆∶熟桐油∶松香水＝3∶1.5∶1∶0.6,加适量水和催干剂(为白厚漆和熟桐油总重量的1%～2.5%)	物面喷漆
聚醋酸乙烯乳液腻子	重量比	聚醋酸乙烯乳液:滑石粉(或大白粉)∶2%羧甲基纤维素溶液＝1∶5∶3.5	混凝土表面或抹灰面
大白腻子及大白水泥腻子	体积比	1. 大白粉∶滑石粉∶聚醋酸乙烯乳液∶羧甲基纤维素溶液(2%)∶水＝100∶100∶(5～10)∶适量∶适量 2. 大白粉∶滑石粉∶水泥∶107胶＝100∶100∶50∶(20～30),适量加入羧甲基纤维素溶液(2%)和水	混凝土表面及抹灰面,常用于内墙
	体积比	大白粉∶滑石粉∶聚醋酸乙烯乳液＝7∶3∶2,适量加入2%羧甲基纤维素溶液	混凝土表面及抹灰面,常用于外墙
内墙涂料腻子	体积比	大白粉∶滑石粉∶内墙涂料＝2∶2∶10	内墙涂料
水泥腻子	重量比	1. 水泥∶108胶＝100∶(15～20),适量加入水和羧甲基纤维素 2. 聚醋酸乙烯乳液∶水泥∶水＝1∶5∶1 3. 水泥∶108胶∶细砂＝1∶0.2∶2.5,加入适量水	外墙、内墙、地面、厨房、厕所墙面涂料

十、人造板材

1. 胶合板的分类、特性及适用范围

表 3-101

种类	分类	名称	胶种	特性	适用范围
阔叶树材胶合板	Ⅰ类	NQF（耐气候、耐沸水胶合板）	酚醛树脂胶或其他性能相当的胶	耐久，耐煮沸或蒸汽处理，耐干热，抗菌	室内、外工程
	Ⅱ类	NS（耐水胶合板）	尿醛树脂胶或其他性能相当的胶	耐冷水浸泡及短时间热水浸泡，抗菌，但不耐煮沸	室内、外工程
	Ⅲ类	NC（耐潮胶合板）	血胶、低树脂含量的尿醛树脂胶或其他性能相当的胶	耐短期冷水浸泡	室内工程（一般常态下使用）
	Ⅳ类	BNC（不耐潮胶合板）	豆胶或其他性能相当的胶	有一定的胶合强度，但不耐潮	室内工程（一般常态下使用）
针叶树材胶合板	Ⅰ类	NQF（耐气候、耐沸水胶合板）	酚醛树脂胶或其他性能相当的胶	耐久，耐煮沸或蒸汽处理，耐干热，抗菌	室内、外工程
	Ⅱ类	NS（耐水胶合板）	尿醛树脂胶或其他性能相当的胶	耐冷水浸泡及短时间热水浸泡，抗菌，但不耐煮沸	室内、外工程
	Ⅲ类	NC（耐潮胶合板）	血胶、低树脂含量的尿醛树脂胶或其他性能相当的胶	耐短期冷水浸泡	室内工程（一般常态下使用）
	Ⅳ类	BNC（不耐潮胶合板）	豆胶或其他性能相当的胶	有一定胶合强度，但不耐水	室内工程（一般常态下使用）

注：按材质和加工工艺质量，胶合板分为“一、二、三”三个等级，各等级的质量标准，分别见 GB738—75《阔叶树材胶合板》及 GB1349—78《针叶树材胶合板》中的有关规定。

2. 胶合板的标定规格

表 3-102

种类	厚度(mm)	宽度(mm)	长度(mm)					
			915	1220	1525	1830	2135	2440
阔叶树材胶合板	2.5、2.7、3、3.5、4、5、6、…(自 4mm 起，按每 1mm 递增)	915	915	—	—	1830	2135	—
		1220	—	1220	—	1830	2135	2440
针叶树材胶合板	3、3.5、4、5、6、…(自 4mm 起，按每 1mm 递增)	1525	—	—	1525	1830	—	—

注：1. 阔叶树材胶合板 3mm 厚为常用规格，针叶树材胶合板 3.5mm 厚为常用规格。其他厚度的胶合板，可通过协议生产。

2. 胶合板表板的木材纹理方向，与胶合板的长向平行的，称为顺纹胶合板。

3. 经供需双方协商同意，胶合板的幅面尺寸，可不受本规定的限制。

3. 胶合板体积、张数的换算（见表 3-103）

表 3-103

幅面(mm)	面积(m^2)	每立方米张数(张)							
		三层			五层		七层	九层	十一层
		厚度(mm)							
		3	3.5	4	5	6	7	9	11
915×915	0.837	398	345	303	239	199	172	135	109
915×1220	1.116	294	256	222	179	147	128	96	31
915×1830	1.675	199	171	149	119	100	85	67	54
915×2135	1.953	171	147	128	102	85	73	56	46
1220×1830	2.233	149	128	112	90	75	64	50	41
1220×2135	2.605	128	109	96	77	64	55	43	35
1525×1830	2.791	119	102	90	72	60	51	40	33
1220×2440	2.977	112	96	84	67	56	48	37	30
1525×2135	3.256	102	88	77	61	51	44	34	28
1525×2440	3.271	90	76	66	53	45	38	30	24

4. 硬质纤维板的分类（见表3-104）

表3-104

按原料分类	1. 木质纤维板：由木本纤维加工制成的纤维板。 2. 非木质纤维板：由竹材和草本纤维加工制成的纤维板
按光滑面分类	1. 一面光纤维板：一面光滑，另一面有网痕的纤维板。 2. 两面光纤维板：具有两面光滑的纤维板
按处理方式分类	1. 特级纤维板：指施加增强剂或浸油处理，并达到标准规定的物理力学性能指标的纤维板。 2. 普通纤维板：无特殊加工处理的纤维板。按物理力学性能指标分为一、二、三3个等级
按外观分类	特级纤维板分为一、二、三3个等级； 普通纤维板分为一、二、三3个等级

5. 硬质纤维板的标定规格

表3-105

幅面尺寸（宽×长）（mm）	厚度(mm)	尺寸允许公差(mm)		
		长、宽度	厚度	
			3,4	5
610×1220 916×1830 915×2135 1220×1830 1220×2440 1220×3050 1000×2000	3(3.2),4,5(4.8)	±5	±0.3	±0.4

注：如需标定规格以外的纤维板，可通过供需双方协议生产。

6. 硬质纤维板的物理力学性能及外观质量要求

表 3-106

物理力学性能					外观质量要求			
项　目	特级	普通级			缺陷名称	允许限度（特级和普通）		
		一等	二等	三等		一等	二等	三等
表观容度（kg/m³）不小于	1000	900	800	800	水渍	轻微	不显著	显著
					油污	不许有	不显著	显著
吸水率(%)不大于	15	20	30	35	斑纹	不许有	不许有	轻微
					粘痕	不许有	不许有	轻微
含水率(%)	4～10	5～12	5～12	5～12	压痕	轻微	不显著	显著
静曲强度（MPa）不小于	50	40	30	20	鼓泡、分层、水湿、炭化、裂痕、边角松软	不许有	不许有	不许有

7. 刨花板的标定规格

表 3-107

幅面尺寸（宽×长）(mm)	厚 度（mm）	长、宽度允许公差(mm)	厚度允许公差(mm)					
			平　压　板					挤压板
			6～不足10	10～不足16	16～不足20	20～不足30	30以上	
915×1220 915×1525 915×1830 915×2135 1220×1220 1220×1525 1220×1830 1220×2135 1220×2440 1000×2000	6,8,10,13,16,19,22,25,30 ……	±10	±0.6	±0.8	±1.0	±1.2	±1.4	±0.5

第四章　材料及构件重量

一、钢材理论重量

1. 钢材断面积计算公式

钢材断面积的计算公式表　　　表 4-1

项目	钢材类别	断面积计算公式	代号说明
1	方钢	$F=a^2$	a—边宽
2	圆角方钢	$F=a^2-0.8584r^2$	a—边宽； r—圆角半径
3	钢板、扁钢、带钢	$F=a\times\delta$	a—边宽； δ—厚度
4	圆角扁钢	$F=a\delta-0.8584r^2$	a—边宽； δ—厚度； r—圆角半径
5	圆钢、圆盘条、钢丝	$F=0.7854d^2$	d—外径
6	六角钢	$F=0.866a^2=2.598s^2$	a—对边距离； s—距离
7	八角钢	$F=0.8284a^2=4.8284s^2$	
8	钢管	$F=3.1416\delta(D-\delta)$	D—外径； δ—壁厚
9	等边角钢	$F=d(2b-d)+0.2146(r^2-2r_1^2)$	d—边厚； b—边宽；

续表

项目	钢材类别	断面积计算公式	代号说明
9	等边角钢	$F=d(2b-d)+0.2146(r^2-2r_1^2)$	r—内面圆角半径； r_1—端边圆角半径
10	不等边角钢	$F=d(B+b-d)+0.2146(r^2-2r_1^2)$	d—边厚； B—长边宽； b—短边宽； r—内面圆角半径； r_1—端边圆角半径
11	工字钢	$F=hd+2t(b-d)+0.58(r^2-r_1^2)$	h—高度； b—腿宽； d—腰厚； t—平均腿厚； r—内面圆角半径； r_1—边端圆角半径
12	槽钢	$F=hd+2t(b-d)+0.34(r^2-r_1^2)$	

2. 钢材理论重量计算公式

(1) 基本公式

W（重量，公斤）$=F$（断面积，毫米^2）$\times L$（长度，米）$\times g$（重量，克/厘米^3）$\times 1/1000$

注：由于型材在制造过程中的允许偏差值，因此用公式计算的理论重量与实际重量有一定出入，只作为估算时的参考。

(2) 钢材理论重量计算简式见表 4-2。

钢材理论重量计算简式　　　　表 4-2

材料名称	理论重量 W(kg/m)	备　注
扁钢、钢板、钢带	W=0.00785×宽×厚	1. 角钢、工字钢和槽钢的准确计算公式很繁，表列简式用于计算近似值 2. f 值：一般型号及带 a 的为 3.34，带 b 的为 2.65，带 c 的为 2.26 3. e 值：一般型号及带 a 的为 3.26，带 b 的为 2.44，带 c 的为 2.24 4. 各长度单位均为毫米
方钢	W=0.00785×边长^2	
圆钢、线材、钢丝	W=0.00617×直径^2	
六角钢	W=0.0068×对边距离^2	
八角钢	W=0.0065×对边距离^2	
钢管	W=0.02466×壁厚(外径－壁厚)	
等边角钢	W=0.00795×边厚(2边宽－边厚)	
不等边角钢	W=0.00795×边厚(长边宽＋短边宽－边厚)	
工字钢	W=0.00785×腰厚[高＋f(腿宽－腰厚)]	
槽钢	W=0.00785×腰厚[高＋e(腿宽－腰厚)]	

3. 常用钢筋的计算截面面积及理论重量

(GB 50010—2002) 钢筋的计算截面面积及理论重量　　　　表 4-3

公称直径(mm)	不同根数钢筋的计算截面面积(mm^2)									单根钢筋理论重量(kg/m)
	1	2	3	4	5	6	7	8	9	
6	28.3	57	85	113	142	170	198	226	255	0.222
6.5	33.2	66	100	133	166	199	232	265	299	0.260

续表

公称直径(mm)	不同根数钢筋的计算截面面积(mm^2)									单根钢筋理论重量(kg/m)
	1	2	3	4	5	6	7	8	9	
8	50.3	101	151	201	252	302	352	402	453	0.395
8.2	52.8	106	158	211	264	317	370	423	475	0.432
10	78.5	157	236	314	393	471	550	628	707	0.617
12	113.1	226	339	452	565	678	791	904	1017	0.888
14	153.9	308	461	615	769	923	1077	1231	1385	1.21
16	201.1	402	603	804	1005	1206	1407	1608	1809	1.58
18	254.5	509	763	1017	1272	1527	1781	2036	2290	2.00
20	314.2	628	942	1256	1570	1884	2199	2513	2827	2.47
22	380.1	760	1140	1520	1900	2281	2661	3041	3421	2.98
25	490.9	982	1473	1964	2454	2945	3436	3927	4418	3.85
28	615.8	1232	1847	2463	3079	3695	4310	4926	5542	4.83
32	804.2	1609	2413	3217	4021	4826	5630	6434	7238	6.31
36	1017.9	2036	3054	4072	5089	6107	7125	8143	9161	7.99
40	1256.6	2513	3770	5027	6283	7540	8796	10053	11310	9.87
50	1964	3928	5892	7856	9820	11784	13748	15712	17676	15.42

注：表中直径 d=8.2mm 的计算截面面积及理论重量仅适用于有纵肋的热处理钢筋。

(GB 50010—2002) 钢绞线公称直径、公称截面面积及理论重量　　表 4-4

种　类	公称直径(mm)	公称截面面积(mm^2)	理论重量(kg/m)
1×3	8.6	37.5	0.295
	10.8	59.3	0.465
	12.9	85.4	0.671

续表

种　类	公称直径 (mm)	公称截面面积 (mm^2)	理论重量 (kg/m)
1×7 标准型	9.5	54.8	0.432
	11.1	74.2	0.580
	12.7	98.7	0.774
	15.2	139	1.101

(GB 50010—2002) 钢丝公称直径、公称截面面积及理论重量　　表 4-5

公称直径(mm)	公称截面面积(mm^2)	理论重量(kg/m)
4.0	12.57	0.099
5.0	19.63	0.154
6.0	28.27	0.222
7.0	38.48	0.302
8.0	50.26	0.394
9.0	63.62	0.499

4. 工字钢尺寸、截面面积、理论重量（见表 4-6）

表 4-6

型号	尺　寸　(mm)						截面面积 (cm^2)	理论重量 (kg/m)
	h	b	d	t	r	r_1		
10	100	68	4.5	7.6	6.5	3.3	14.345	11.261
12.6	126	74	5.0	8.4	7.0	3.5	18.118	14.223
14	140	80	5.5	9.1	7.5	3.8	21.516	16.890

续表

型号	尺寸 (mm)						截面面积 (cm^2)	理论重量 (kg/m)
	h	b	d	t	r	r_1		
16	160	88	6.0	9.9	8.0	4.0	26.131	20.513
18	180	94	6.5	10.7	8.5	4.3	30.756	24.143
20a	200	100	7.0	11.4	9.0	4.5	35.578	27.929
20b	200	102	9.0	11.4	9.0	4.5	39.578	31.069
22a	220	110	7.5	12.3	9.5	4.8	42.128	33.070
22b	220	112	9.5	12.3	9.5	4.8	46.528	36.524
25a	250	116	8.0	13.0	10.0	5.0	48.541	38.105
25b	250	118	10.0	13.0	10.0	5.0	53.541	42.030
28a	280	122	8.5	13.7	10.5	5.3	55.404	43.492
28b	280	124	10.5	13.7	10.5	5.3	61.004	47.888
32a	320	130	9.5	15.0	11.5	5.8	67.156	52.717
32b	320	132	11.5	15.0	11.5	5.8	73.556	57.741
32c	320	134	13.5	15.0	11.5	5.8	79.956	62.765
36a	360	136	10.0	15.8	12.0	6.0	76.480	60.037
36b	360	138	12.0	15.8	12.0	6.0	83.680	65.689
36c	360	140	14.0	15.8	12.0	6.0	90.880	71.341
40a	400	142	10.5	16.5	12.5	6.3	86.112	67.598
40b	400	144	12.5	16.5	12.5	6.3	95.112	73.878
40c	400	146	14.5	16.5	12.5	6.3	102.112	80.158
45a	450	150	11.5	18.0	13.5	6.8	102.446	80.420
45b	450	152	13.5	18.0	13.5	6.8	111.446	87.485

续表

型号	尺寸 (mm)						截面面积 (cm^2)	理论重量 (kg/m)
	h	b	d	t	r	r_1		
45c	450	154	15.5	18.0	13.5	6.8	120.446	94.550
50a	500	158	12.0	20.0	14.0	7.0	119.304	93.654
50b	500	160	14.0	20.0	14.0	7.0	129.304	101.504
50c	500	162	16.0	20.0	14.0	7.0	139.304	109.354
56a	560	166	12.5	21.0	14.5	7.3	135.135	106.316
56b	560	168	14.5	21.0	14.5	7.3	146.635	115.108
56c	560	170	16.5	21.0	14.5	7.3	157.835	123.900
63a	630	176	13.0	22.0	15.0	7.5	154.658	124.407
63b	630	178	15.0	22.0	15.0	7.5	167.258	131.298
63c	630	180	17.0	22.0	15.0	7.5	179.858	141.189

注：截面图和表中标注的圆弧半径 r、r_1 的数据用于孔型设计，不作交货条件。

注：工字钢计算理论重量时，钢的密度为 $7.85g/cm^3$。

工字钢截面面积的计算公式为：

$$hd+2t(b-d)+0.815(r^2-r_1^2)$$

5. H形钢截面面积，理论重量（见表4-7）

表 4-7

代号	截面尺寸 (mm)					截面面积 (cm^2)	理论重量 (kg/m)
	H	B	t_1	t_2	r		
HK100a	96	100	5.0	8.0	12	21.2	16.7
b	100	100	6.0	10.0	12	26.0	20.4
c	120	106	12.0	20.0	12	53.2	41.8

续表

代　号	截　面　尺　寸　（mm）					截面面积 (cm²)	理论重量 (kg/m)
	H	B	t_1	t_2	r		
HK120a	114	120	5.0	8.0	12	25.3	19.9
b	120	120	6.5	11.0	12	34.0	26.7
c	140	126	12.5	21.0	12	66.4	52.1
HK140a	133	140	5.5	8.5	12	31.4	24.7
b	140	140	7.0	12.0	12	43.0	33.7
c	160	146	13.0	22.0	12	80.6	63.2

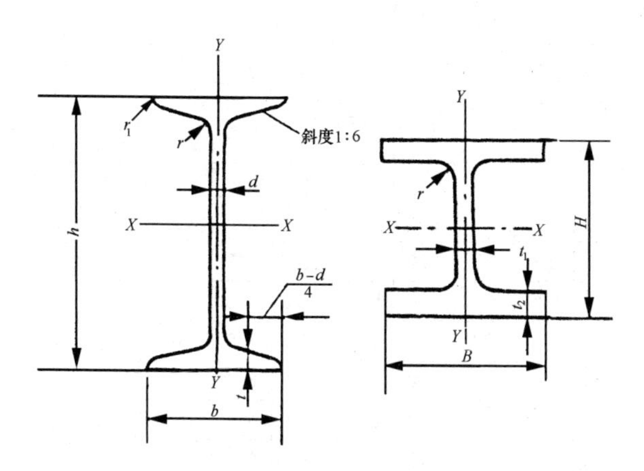

图 4-1　工字钢截面图

h—高度；b—腿宽度；
d—腰厚度；t—平均腿厚度；
r—内圆弧半径；r_1—腿端圆弧半径

图 4-2　H 形钢截面图

H—高度；B—宽度；
t_1—腹板厚度；t_2—翼缘厚度；r—工艺圆角

6. 槽钢截面面积、理论重量（见表 4-8）

表 4-8

型号	尺寸 (mm)						截面面积 (cm²)	理论重量 (kg/m)
	h	b	d	t	r	r_1		
5	50	37	4.5	7.0	7.0	3.5	6.928	5.438
6.3	63	40	4.8	7.5	7.5	3.8	8.451	6.634
8	80	43	5.0	8.0	8.0	4.0	10.248	8.045
10	100	48	5.3	8.5	8.5	4.2	12.748	10.007
12.6	126	53	5.5	9.0	9.0	4.5	15.692	12.318
14a	140	58	6.0	9.5	9.5	4.8	18.516	14.535
14b	140	60	8.0	9.5	9.5	4.8	21.316	16.733
16a	160	63	6.5	10.0	10.0	5.0	21.962	17.240
16	160	65	8.5	10.0	10.0	5.0	25.162	19.752
18a	180	68	7.0	10.5	10.5	5.2	25.699	20.174
18	180	70	9.0	10.5	10.5	5.2	29.299	23.000
20a	200	73	7.0	11.0	11.0	5.5	28.837	22.637
20	200	75	9.0	11.0	11.0	5.5	32.837	25.777
22a	220	77	7.0	11.5	11.5	5.8	31.846	24.999
22	220	79	9.0	11.5	11.5	5.8	36.246	28.453
25a	250	78	7.0	12.0	12.0	6.0	34.917	27.410
25b	250	80	9.0	12.0	12.0	6.0	39.917	31.335
25c	250	82	11.0	12.0	12.0	6.0	44.917	35.260
28a	280	82	7.5	12.5	12.5	6.2	40.034	31.427
28b	280	84	9.5	12.5	12.5	6.2	45.634	35.823
28c	280	86	11.5	12.5	12.5	6.2	51.234	40.219
32a	320	88	8.0	14.0	14.0	7.0	48.513	38.083
32b	320	90	10.0	14.0	14.0	7.0	54.913	43.107
32c	320	92	12.0	14.0	14.0	7.0	61.313	48.131

续表

型号	尺寸 (mm)						截面面积 (cm²)	理论重量 (kg/m)
	h	b	d	t	r	r_1		
36a	360	96	9.0	16.0	16.0	8.0	60.910	47.814
36b	360	98	11.0	16.0	16.0	8.0	68.110	53.466
36c	360	100	13.0	16.0	16.0	8.0	75.310	59.118
40a	400	100	10.5	18.0	18.0	9.0	75.068	58.928
40b	400	102	12.5	18.0	18.0	9.0	83.068	65.208
40c	400	104	14.5	18.0	18.0	9.0	91.068	71.488

注：截面图和表中标注的圆弧半径 r、r_1 的数据用于孔型设计，不做交货条件。

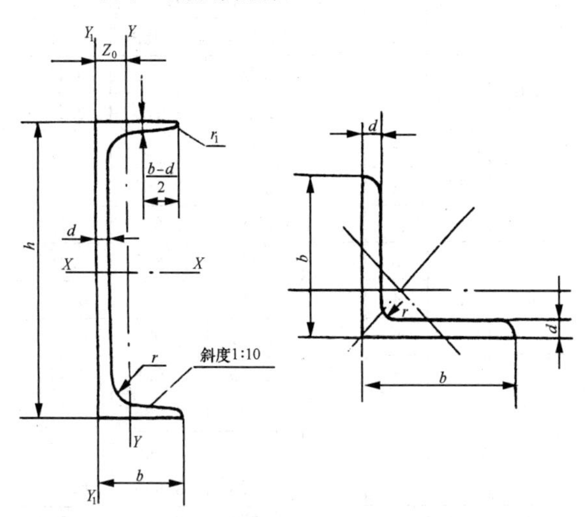

图 4-3　槽钢截面图

h—高度；b—腿宽度；d—腰厚度；t—平均腿厚度；r—内圆弧半径；r_1—腿端圆弧半径

图 4-4　等边角钢截面图

b—边宽度；d—边厚度；r—内圆弧半径

槽钢计算理论重量时，钢的密度为 7.85g/cm^3。

槽钢截面面积的计算公式为：

$$hd+2t(b-d)+0.349(r^2-r_1^2)$$

7. 等边角钢截面面积，理论重量（见表 4-9）

表 4-9

型号	尺寸 (mm)			截面面积 (cm^2)	理论重量 (kg/m)	外表面积 (m^2/m)
	b	d	r			
2	20	3	3.5	1.132	0.889	0.078
		4		1.459	1.145	0.077
2.5	25	3		1.432	1.124	0.098
		4		1.859	1.459	0.097
3.0	30	3	4.5	1.749	1.373	0.117
		4		2.276	1.786	0.117
3.6	36	3		2.109	1.656	0.141
		4		2.756	2.163	0.141
		5		3.382	2.654	0.141
4	40	3	5	2.359	1.852	0.157
		4		3.086	2.422	0.157
		5		3.791	2.976	0.156
4.5	45	3		2.659	2.088	0.177
		4		3.486	2.736	0.177
		5		4.292	3.369	0.176
		6		5.076	3.985	0.176
5	50	3	5.5	2.971	2.332	0.197
		4		3.897	3.059	0.197
		5		4.803	3.770	0.196
		6		5.688	4.465	0.196

续表

型号	尺寸 (mm)			截面面积 (cm²)	理论重量 (kg/m)	外表面积 (m²/m)
	b	d	r			
5.6	56	3	6	3.343	2.624	0.221
		4		4.390	3.446	0.220
		5		5.415	4.251	0.220
		8		8.367	6.568	0.219
6.3	63	4	7	4.978	3.907	0.248
		5		6.143	4.822	0.248
		6		7.288	5.721	0.247
		8		0.515	7.469	0.247
		10		11.657	9.151	0.246
7	70	4	8	5.570	4.372	0.275
		5		6.875	5.397	0.275
		6		8.160	6.406	0.275
		7		9.424	7.398	0.275
		8		10.667	8.373	0.274

8. 不等边角钢截面面积、理论重量（见表 4-10）

表 4-10

型号	尺寸 (mm)				截面面积 (cm²)	理论重量 (kg/m)	外表面积 (m²/m)
	B	b	d	r			
2.5/1.6	25	16	3	3.5	1.162	0.912	0.080
			4		1.499	1.176	0.079

续表

型号	尺寸(mm)				截面面积 (cm^2)	理论重量 (kg/m)	外表面积 (m^2/m)
	B	b	d	r			
3.2/2	32	20	3	3.5	1.492	1.171	0.102
			4		1.939	1.522	0.101
4/2.5	40	25	3	4	1.890	1.484	0.127
			4		2.467	1.936	0.127
4.5/2.8	45	28	3	5	2.149	1.687	0.143
			4		2.806	2.203	0.143
5/3.2	50	32	3	5.5	2.431	1.908	0.161
			4		3.177	2.494	0.160
5.6/3.6	56	36	3	6	2.743	2.153	0.181
			4		3.590	2.818	0.180
			5		4.415	3.466	0.180
6.3/4	63	40	4	7	4.058	3.185	0.202
			5		4.993	3.920	0.202
			6		5.908	4.633	0.201
			7		6.802	5.339	0.201
7/4.5	70	45	4	7.5	4.547	3.570	0.226
			5		5.609	4.403	0.225
			6		6.647	5.218	0.225
			7		7.657	6.011	0.225
7.5/5	75	50	5	8	6.125	4.808	0.245
			6		7.260	5.699	0.245
			8		9.467	7.431	0.244
			10		11.590	9.098	0.244

续表

型号	尺寸 (mm)				截面面积 (cm²)	理论重量 (kg/m)	外表面积 (m²/m)
	B	b	d	r			
8/5	80	50	5	8	6.375	5.005	0.255
			6		7.560	5.935	0.255
			7		8.724	6.848	0.255
			8		9.867	7.745	0.254
9/5.6	90	56	5	9	7.212	5.661	0.287
			6		8.557	6.717	0.286
			7		9.880	7.756	0.286
			8		11.183	8.779	0.286
10/6.3	100	63	6	10	9.617	7.550	0.320
			7		11.111	8.722	0.320
			8		12.584	9.878	0.319
			10		15.467	12.142	0.319
10/8	100	80	6		10.637	8.350	0.354
			7		12.301	9.656	0.354
			8		13.944	10.946	0.353
			10		17.167	13.476	0.353
11/7	110	70	6		10.637	8.350	0.354
			7		12.301	9.656	0.354
			8		13.944	10.946	0.353
			10		17.167	13.476	0.353

9. 六角钢理论重量（见表 4-11）

表 4-11

规格（mm）	kg/m	规格（mm）	kg/m	规格（mm）	kg/m
8	0.435	21	3.00	40	10.88
9	0.551	22	3.29	42	11.99
10	0.680	23	3.59	45	13.77
11	0.823	24	3.92	48	15.66
12	0.979	25	4.25	50	16.99
13	1.150	26	4.59	53	19.10
14	1.330	27	4.96	56	21.32
15	1.530	28	5.33	58	22.08
16	1.740	30	6.12	60	24.50
17	1.960	32	6.96	63	26.98
18	2.200	34	7.86	65	28.70
19	2.450	36	8.81	68	31.43
20	2.720	38	9.82	70	33.30

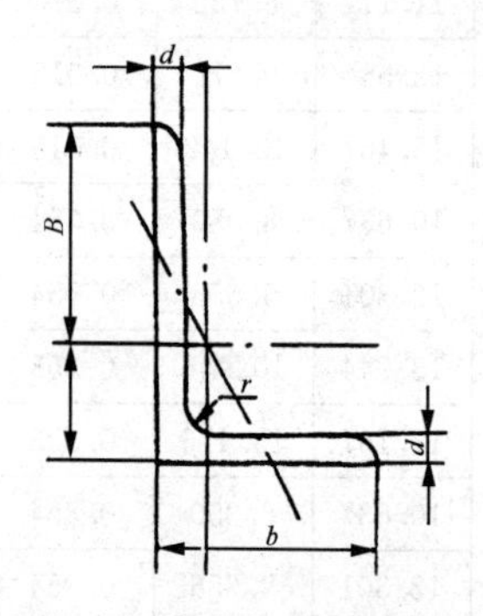

图 4-5　不等边角钢截面图

B—长边宽度；*b*—短边宽度；

d—边厚度；*r*—内圆弧半径

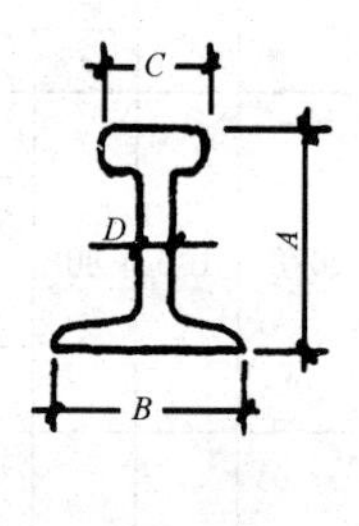

图 4-6

10. 钢轨理论重量（见表 4-12）

表 4-12

名称		截面尺寸（mm）				理论重量(kg/m)
		高度(A)	底宽(B)	头宽(C)	腰厚(D)	
轻轨	8kg	65	54	25	7.0	8.42
	11kg	80.5	66	32	7.0	11.20
	15kg	91	76	37	7.0	14.72
	18kg	90	80	40	10.0	18.06
	24kg	107	92	51	10.9	24.95
重轨	33kg	120	110	60	12.5	33.29
	38kg	134	114	68	13	38.73
	43kg	140	114	70	14.5	44.65
	50kg	152	132	70	15.5	51.51
起重机轨	QU70	120	120	70	28	52.80
	QU80	130	130	80	32	63.69
	QU100	150	150	100	38	88.96
	QU120	170	170	120	44	118.10

注：钢轨截面尺寸符号如图 4-6 所示。

11. 焊接钢管理论重量（见表 4-13）

12. 镀锌钢管增加重量系数（见表 4-14）

13. 普通碳素钢电线套管理论重量（见表 4-15）

表 4-13

公称直径①		外径		普通钢管			加厚钢管		
				壁厚		理论重量 (kg/m)	壁厚		理论重量 (kg/m)
mm	in	公称尺寸 (mm)	允许偏差	公称尺寸 (mm)	允许偏差 (%)		公称尺寸 (mm)	允许偏差 (%)	
6	1/8	10.0	±0.50mm	2.00	+12 −15	0.39	2.50	+12 −15	0.46
8	1/4	13.5		2.25		0.62	2.75		0.73
10	3/8	17.0		2.25		0.82	2.75		0.97
15	1/2	21.3		2.75		1.26	3.25		1.45
20	3/4	26.8		2.75		1.63	3.50		2.01
25	1	33.5		3.25		2.42	4.00		2.91
32	1¼	42.3		3.25		3.13	4.00		3.78
40	1½	48.0		3.50		3.84	4.25		4.58
50	2	60.0	±1%	3.50		4.88	4.50		6.16
65	2½	75.5		3.75		6.64	4.50		7.88
80	3	88.5		4.00		8.34	4.75		9.81
100	4	114.0		4.00		10.85	5.00		13.44
125	5	140.0		4.00		13.42	5.50		18.24
150	6	165.0		4.50		17.81	5.50		21.63

注：①公称直径，表示近似内径的参考尺寸。对各种规格的钢管，其外径决定于 YB822 所规定的尺寸。每种规格的实际内径随着管壁厚度而变化。公称直径不等于外径减 2 倍壁厚之差。

镀锌钢管比黑管增加的重量系数表　　表 4-14

公称直径		外　径	镀锌钢管比黑管增加的重量系数 C	
mm	in	mm	普通钢管	加厚钢管
6	1/8	10.0	1.064	1.059
8	1/4	13.5	1.056	1.046
10	3/8	17.0	1.056	1.046
15	1/2	21.3	1.047	1.039
20	3/4	26.8	1.046	1.039
25	1	33.5	1.039	1.032
32	1¼	42.3	1.039	1.032
40	1½	48.0	1.036	1.030
50	2	60.0	1.036	1.028
65	2½	75.5	1.034	1.028
80	3	88.5	1.032	1.027
100	4	114.0	1.032	1.026
125	5	140.0	1.028	1.023
150	6	165.0	1.028	1.023

表 4-15

公称口径(内径)		外　径 (mm)	壁　厚 (mm)	kg/m (不计管接头)
mm	in(英寸)			
10	3/8	9.51	1.24	0.261
12	1/2	12.70	1.60	0.451
15	5/8	15.87	1.60	0.562
20	3/4	19.05	1.80	0.765
25	1	25.40	1.80	1.035
32	1¼	31.75	1.80	1.335

续表

公称口径(内径)		外 径 (mm)	壁 厚 (mm)	kg/m (不计管接头)
mm	in(英寸)			
40	1½	38.10	1.80	1.611
50	2	50.80	2.00	2.400
64	2½	63.50	2.50	3.760
76	3	76.20	3.20	5.750

14. 铸铁管理论重量（见表 4-16）

表 4-16

内径 (mm)	普压承插管				低压承插管			
	有效长 (m)							
	3	4	5	6	3	4	5	6
	kg/根							
75	58.5	75.6	—	—	58.5	75.6	—	—
100	75.5	97.7	119.9	—	75.5	97.7	—	—
125	—	119.0	146.3	—	—	119.0	—	—
150	—	149.0	183.3	217.6	—	143.0	175.6	208.2
200	—	207.0	254.5	302.0	—	196.0	240.8	285.6
250	—	277.0	340.7	404.4	—	254.0	312.0	370.0
300	—	348.0	428.3	508.6	—	315.0	387.1	459.2
350	—	420.0	524.3	622.6	—	382.0	469.1	556.2
400	—	520.0	640.0	760.0	—	453.2	556.0	659.0
450	—	608.0	748.0	888.0	—	533.0	564.0	775.0
500	—	706.0	869.0	1032.0	—	615.0	755.0	895.0
600	—	928.0	1142.0	1356.0	—	798.0	980.0	1162.0
700	—	1160.0	1427.0	1694.0	—	986.0	1210.0	1434.0

续表

内径 (mm)	普压承插管				低压承插管			
	有效长 (m)							
	3	4	5	6	3	4	5	6
	kg/根							
800	—	1440.0	1773.0	2106.0	—	1210.0	1485.0	1760.0
900	—	1760.0	2166.0	2572.0	—	1430.0	1754.0	2078.0
1000	—	2210.0	2717.0	3224.0	—	—	—	—
1100	—	2590.0	3185.0	3780.0	—		—	—
1200	—	3010.0	3700.0	4390.0	—	—	—	—
1350	—	3740.0	4594.0	5448.0	—	—	—	—
1500	—	4350.0	5564.0	6598.0	—	—	—	—

15. 螺旋焊缝电焊钢管理论重量（见表 4-17）

表 4-17

外径 (mm)	壁厚 (mm)					
	5	6	7	8	9	10
	kg/m					
245	29.59	35.36	41.09	—	—	—
273	—	—	45.92	52.28	—	—
299	—	—	50.41	—	—	—
325	—	—	54.90	62.54	—	—
351	—	—	59.39	—	—	—
377	—	—	63.87	—	81.67	—
426	—	—	72.32	82.47	92.55	—
478	—	—	81.31	92.73	104.09	—
529	—	—	90.11	102.90	115.40	—
631	—	—	107.50	122.70	137.80	152.90
720	—	—	123.50	140.50	157.80	175.10

16. 薄钢板理论重量（见表 4-18）

表 4-18

厚度(mm)	kg/m^2	厚度(mm)	kg/m^2	厚度(mm)	kg/m^2
0.2	1.570	0.75	5.888	1.8	14.130
0.25	1.963	0.8	6.280	2.0	15.700
0.3	2.355	0.9	7.065	2.2	17.270
0.35	2.748	1.0	7.850	2.5	19.630
0.4	3.140	1.1	8.635	2.8	21.980
0.45	3.533	1.2	9.420	3.0	23.550
0.5	3.925	1.25	9.813	3.2	25.120
0.55	4.318	1.3	10.205	3.5	27.480
0.6	4.710	1.4	10.990	3.8	29.83
0.65	5.103	1.5	11.775	4.0	31.40
0.7	5.495	1.6	12.560		

17. 花纹钢板理论重量（见表 4-19）

表 4-19

菱形				扁豆形			
厚度(mm)	kg/m^2	厚度(mm)	kg/m^2	厚度(mm)	kg/m^2	厚度(mm)	kg/m^2
2.5	21.6	5	42.3	2.5	22.6	5	42.3
3	25.6	5.5	46.2	3	26.6	5.5	46.2
3.5	29.5	6	50.1	3.5	30.5	6	50.1
4	33.4	7	59.0	4	34.4	7	58.0
4.5	37.3	8	66.8	4.5	38.3	8	65.8

18. 镀锌铁丝理论重量（见表 4-20）

表 4-20

直径(mm)	kg/km	相当英制		每千克大约长度(m)
		线规号(BWG)	直径(mm)	
0.20	0.247	33	0.20	4055
0.22	0.298	32	0.28	3351
0.25	0.385	31	0.25	2595
0.28	0.483	—	—	2069
0.30	0.555	30	0.31	1802
—	—	29	0.33	—
0.35	0.755	28	0.36	1324
0.40	0.987	27	0.41	1014
0.45	1.250	26	0.46	801
0.50	1.540	25	0.51	649
0.55	1.870	24	0.56	536
0.60	2.220	23	0.64	451
0.70	3.020	22	0.71	331
0.80	3.95	21	0.81	253
0.90	4.99	20	0.89	200
1.00	6.17	—	—	162
—	—	19	1.07	—
1.20	8.88	18	1.25	113
1.40	12.1	17	1.47	82.8
1.60	15.8	16	1.65	63.4
1.80	20.0	15	1.83	50.0
2.00	24.7	—	—	40.6
2.20	29.8	14	2.11	33.5
2.50	38.5	13	2.41	26.0
2.80	48.3	12	2.77	20.7

续表

直径(mm)	kg/km	相当英制		每千克大约长度(m)
		线规号(BWG)	直径(mm)	
3.00	55.5	11	3.05	18.0
3.50	75.5	10	3.40	13.2
—	—	9	3.76	—
4.0	98.7	8	4.19	10.10
4.5	125.0	7	4.57	8.01
5.0	154.0	6	5.16	6.49
5.5	187.0	5	5.59	5.36
6.0	222.0	4	6.05	4.51

注：镀锌铁丝又称镀锌低碳钢丝、铅丝。

二、有色金属理论重量

1. 有色金属理论重量简易计算公式

铜棒每米重量=0.00698×直径×直径

黄铜棒每米重量=0.00668×直径×直径

铝棒每米重量=0.0022×直径×直径

方铜棒每米重量=0.0089×边宽×边宽

方黄铜棒每米重量=0.0085×边宽×边宽

六角铜棒每米重量=0.0077×对边×对边

六角黄铜棒每米重量=0.00736×对边×对边

铜板每平方米重量=0.0089×厚×宽

黄铜板每平方米重量=0.0085×厚×宽

铝板每平方米重量=0.00271×厚×宽

紫铜管每米重量=0.028×壁厚×(外径−壁厚)

黄铜管每米重量=0.0267×壁厚×(外径−壁厚)

铝管每米重量=0.00879×壁厚×(外径−壁厚)

铜排每米重量=0.0089×厚×宽

铝排每米重量=0.0027×厚×宽

2. 铝及铝合金板理论重量（见表 4-21）

表 4-21

厚度 (mm)	kg/m²	厚度 (mm)	kg/m²	厚度 (mm)	kg/m²	厚度 (mm)	kg/m²
0.3	0.702	1.8	4.850	7.0	19.95	25.0	71.25
0.4	0.997	2.0	5.421	8.0	22.80	30.0	85.50
0.5	1.284	2.3	6.255	9.0	25.65	35.0	99.75
0.6	1.541	2.5	6.776	10.0	28.50	40.0	114.00
0.7	1.824	2.8	7.589	12.0	34.20	50.0	142.50
0.8	2.111	3.0	8.131	14.0	39.90	60.0	171.00
0.9	2.374	3.5	9.558	16.0	45.60	70.0	199.50
1.0	2.639	4.0	10.984	18.0	51.30	80.0	228.00
1.2	3.210	5.0	14.25	20.0	57.00		
1.5	3.994	6.0	17.10	22.0	62.70		

注：1. 理论重量对厚度小于 5mm 者，按板材公称厚度减去厚度负差之半的厚度规格进行理论计算。厚度大于或等于 5mm 及厚度为 0.3、0.4mm，按公称厚度进行理论计算。

2. 铝及铝合金板密度 2.85。

3. 钢板及黄铜板理论重量（见表 4-22）

表 4-22

厚度 (mm)	铜　板	黄铜板	厚度 (mm)	铜　板	黄铜板
	kg/m²			kg/m²	
0.20	1.78	1.70	0.45	4.01	3.83
0.22	1.96	1.87	0.50	4.45	4.25
0.25	2.23	2.13	0.60	5.34	5.10
0.30	2.67	2.55	0.70	6.23	5.95
0.35	3.12	2.98	0.80	7.12	6.80
0.40	3.56	3.40	0.90	8.01	7.65

续表

厚度 (mm)	铜　板	黄铜板	厚度 (mm)	铜　板	黄铜板
	kg/m²			kg/m²	
1.00	8.90	8.50	3.50	31.15	29.75
1.10	9.79	9.35	4.00	35.60	34.00
1.20	10.68	10.20	4.50	40.05	38.20
1.35	12.02	11.48	5.00	44.50	42.50
1.50	13.35	12.75	5.50	48.95	46.75
1.65	14.69	14.03	6.00	53.40	51.00
1.80	16.02	15.30	6.50	57.85	55.25
2.00	17.80	17.00	7.00	62.30	59.50
2.25	20.03	19.13	7.50	66.75	63.75
2.50	22.25	21.25	8.00	71.20	68.00
2.75	24.48	23.38	9.00	80.10	76.50
3.00	26.70	25.50	10.00	89.00	85.00

注：计算理论重量的密度：铜板为8.9；黄铜板为8.5。

4. 铅板理论重量（见表4-23）

表4-23

厚度 (mm)	长度 (mm)	kg/m²	厚度 (mm)	长度 (mm)	kg/m²
1.0	3000～6500	11.37	5.0	1500～13000	56.85
1.5	3000～6500	17.06	6.0	1500～12000	68.22
2.0	3000～10000	22.74	7.0	1000～9000	79.59
2.5	3000～10000	28.43	8.0	1000～6000	90.96
3.0	3000～13000	34.11	9.0	1000～5000	102.33
3.5	2000～13000	39.80	10.0	5000以下	113.70
4.0	1500～13000	45.48	12.0	5000以下	136.44
4.5	1500～13000	51.17	15.0	5000以下	170.55

注：1. 铅板的宽度1000～2500mm，按500mm进级。
　　2. 铅板的密度为11.37。

三、常用材料和构件自重

1. 木材（见表 4-24）

表 4-24

名称	自重 kN/m³	备注
杉木	4	随含水率而不同
冷杉、云杉、红松、华山松、樟子松、铁杉、拟赤杨、红椿、杨木、枫杨	4～5	随含水率而不同
马尾松、云南松、油松、赤松、广东松、桤木、枫香、柳木、榛木、秦岭落叶松、新疆落叶松	5～6	随含水率而不同
东北落叶松、陆均松、榆木、桦木、水曲柳、苦楝、木荷、臭椿	6～7	随含水率而不同
锥木（栲木）、石栎、槐木、乌墨	7～8	随含水率而不同
青风砾（楮木）、栎木（柞木）、桉树、木麻黄	8～9	随含水率而不同
普通木板条、椽檩木料 锯末 木丝板 软木板 刨花板	5 2～2.5 4～5 2.5 6	随含水率而不同 加防腐剂时为 3kN/m³

2. 胶合板（见表 4-25）

表 4-25

名　　称	自重 kN/m²	备　　注
胶合三夹板(杨木)	0.019	
胶合三夹板(椴木)	0.022	
胶合三夹板(水曲柳)	0.028	
胶合五夹板(杨木)	0.03	
胶合五夹板(椴木)	0.034	
胶合五夹板(水曲柳)	0.04	
甘蔗板(按 10mm 厚计)	0.03	常用厚度为 13、15、19、25mm
隔声板(按 10mm 厚计)	0.03	常用厚度为 13、20mm
木屑板(按 10mm 厚计)	0.12	常用厚度为 6、10mm

3. 金属矿产（见表 4-26）

表 4-26

名　　称	自重 kN/m³	备　　注
铸铁	72.5	
锻铁	77.5	
铁矿渣	27.6	
赤铁矿	25～30	
钢	78.5	
紫铜、赤铜	89	
黄铜、青铜	85	
硫化铜矿	42	
铝	27	
铝合金	28	
锌	70.5	
亚锌矿	40.5	

续表

名　　称	自重 kN/m³	备　　注
铅	114	
方铅矿	74.5	
金	193	
白金	213	
银	105	
锡	73.5	
镍	89	
水银	136	
钨	189	
镁	18.5	
锑	66.6	
水晶	29.5	
硼砂	17.5	
硫矿	20.5	
石棉矿	24.6	
石棉	10	压实
石棉	4	松散、含水量不大于15%
白垩(高岭土)	22	
石膏矿	25.5	
石膏	13～14.5	粗块堆放 φ=30°　细块堆放 φ=40°
石膏粉	9	

4. 土、砂、砂砾、岩石（见表4-27）

表 4-27

名　　称	自重 kN/m³	备　　注
腐殖土	15～16	干，φ＝40°；湿，φ＝35°；很湿，φ=25°
黏土	13.5	干，松，空隙比为1.0

续表

名　　称	自重 kN/m³	备　　注
黏土	16	干,$\varphi=40°$,压实
黏土	18	湿,$\varphi=35°$,压实
黏土	20	很湿,$\varphi=20°$,压实
砂土	12.2	干,松
砂土	16	干,$\varphi=35°$,压实
砂土	18	湿,$\varphi=35°$,压实
砂土	20	很湿,$\varphi=25°$,压实
砂子	14	干,细砂
砂子	17	干,粗砂
卵石	16～18	干
黏土夹卵石	17～18	干,松
砂夹卵石	15～17	干,松
砂夹卵石	16～19.2	干,压实
砂夹卵石	18.9～19.2	湿
浮石	6～8	干
浮石填充料	4～6	
砂岩	23.6	
页岩	28	
页岩	14.8	片石堆置 $\varphi=40°$
泥灰石	14	
花岗石、大理石	28	
花岗石	15.4	片石堆置
石灰石	26.4	
石灰石	15.2	片石堆置
贝壳石灰岩	14	
白云石	16	片石堆置,$\varphi=48°$
滑石	27.1	
火石(燧石)	35.2	

续表

名　称	自重 kN/m³	备　注
云斑石	27.6	
玄武石	29.5	
长石	25.5	
角闪石、绿石	30	
角闪石、绿石	17.1	片石堆置
碎石子	14～15	堆置
岩粉	16	黏土质或石灰质的
多孔黏土	5～8	作填充料用，$\varphi=35°$
硅藻土填充料	4～6	
辉绿岩板	29.5	

5. 砖（见表 4-28）

表 4-28

名　称	自重 kN/m³	备　注
普通砖	18	240×115×53－684 块
普通砖	19	机器制
缸砖	21～21.5	230×110×65－609 块
红缸砖	20.4	
耐火砖	19～22	230×110×65－609 块
耐酸瓷砖	23～25	230×113×65－590 块
灰砂砖	18	砂：白灰＝92：8
煤渣砖	17～18.5	
矿渣砖	18.5	硬矿渣：烟灰：石灰＝75：15：10
焦渣砖	12～14	炉渣：电石渣：烟灰＝30：40：30
烟灰砖	14～15	
黏土坯	12～15	

续表

名　　称	自重 kN/m³	备　　注
锯末砖	9	
焦渣空心砖	10	290×290×140－85 块
水泥空心砖	9.8	290×290×140－85 块
水泥空心砖	10.3	300×250×110－121 块
水泥空心砖	9.6	300×250×160－83 块
碎砖	12	堆置
水泥花砖	19.8	200×200×24－1042 块
瓷面砖	17.8	150×150×8－5556 块
马赛克	0.12kN/m²	厚 5mm

6. 石灰、水泥、灰浆及混凝土（见表 4-29）

表 4-29

名　　称	自重 kN/m³	备　　注
生石灰块	11	堆置，$\varphi=30°$
生石灰粉	12	堆置，$\varphi=35°$
熟石灰膏	13.5	
石灰砂浆、混合砂浆	17	
水泥石灰焦渣砂浆	14	
石灰炉渣	10～12	
水泥炉渣	12～14	
石灰焦渣砂浆	13	
灰土	17.5	石灰：土＝3：7，夯实
稻草石灰泥	16	
纸筋石灰泥	16	
石灰锯末	3.4	石灰：锯末＝1：3
石灰三合土	17.5	石灰、砂子、卵石

续表

名　　称	自重 kN/m³	备　　注
水泥	12.5	轻质松散，$\varphi=20°$
水泥	14.5	散装，$\varphi=30°$
水泥	16	袋装压实，$\varphi=40°$
矿渣水泥	14.5	
水泥砂浆	20	
水泥蛭石砂浆	5～8	
石灰水泥浆	19	
膨胀珍珠岩砂浆	7～15	
石膏砂浆	12	
碎砖混凝土	18.5	
素混凝土	22～24	振捣或不振捣
矿渣混凝土	20	
焦渣混凝土	16～17	承重用
焦渣混凝土	10～14	填充用
铁屑混凝土	28～65	
浮石混凝土	9～14	
沥青混凝土	20	
无砂大孔混凝土	16～19	
泡沫混凝土	4～6	
加气混凝土	5.5～7.5	单块
钢筋混凝土	24～25	
碎砖钢筋混凝土	20	
钢丝网水泥	25	用于承重结构
水玻璃耐酸混凝土	20～23.5	
粉煤灰陶粒混凝土	19.5	

7. 沥青、煤灰、油料（见表 4-30）

表 4-30

名　称	自重 kN/m³	备　注
石油沥青	10～11	根据相对密度
柏油	12	
煤沥青	13.4	
煤焦油	10	
无烟煤	15.5	整体
无烟煤	9.5	块状堆放，$\varphi=30°$
无烟煤	8	碎块堆放，$\varphi=35°$
煤末	7	堆放，$\varphi=15°$
煤球	10	堆放
褐煤	12.5	
褐煤	7～8	堆放
泥炭	7.5	
泥炭	3.2～4.2	堆放
木炭	3～5	
煤焦	12	
煤焦	7	堆放 $\varphi=45°$
焦渣	10	
煤灰	6.5	
煤灰	8	压实
石墨	20.8	
煤蜡	9	
油蜡	9.6	
原油	8.8	
煤油	8	
煤油	7.2	桶装，相对密度 0.82～0.89
润滑油	7.4	
汽油	6.7	
汽油	6.4	桶装，相对密度 0.72～0.89
动物油、植物油	9.3	
豆油	8	大铁桶装，每桶 360kg

8. 杂项（见表 4-31）

表 4-31

名　　称	自重 kN/m³	备　　注
普通玻璃	25.6	(注:导热系数的单位为“[W/(m·K)]”。)
钢丝玻璃	26	
泡沫玻璃	3～5	
玻璃棉	0.5～1	作绝缘层填充料用
岩棉	0.5～2.5	
沥青玻璃棉	0.8～1	导热系数 0.03～0.04
玻璃棉板(管套)	1～1.5	导热系数 0.03～0.04
玻璃钢	14～22	
矿渣棉	1.2～1.5	松散,导热系数 0.027～0.038
矿渣棉制品(板、砖、管)	3.5～4	导热系数 0.04～0.06
沥青矿渣棉	1.2～1.6	导热系数 0.035～0.045
膨胀珍珠岩粉料	0.8～2.5	干,松散,导热系数 0.045～0.065
水泥珍珠岩制品	3.5～4	强度 0.4～0.8N/mm² 导热系数 0.05～0.07
膨胀蛭石	0.8～2	导热系数 0.045～0.06
沥青蛭石制品	3.5～4.5	导热系数 0.07～0.09
水泥蛭石制品	4～6	导热系数 0.08～0.12
聚氯乙烯板(管)	13.6～16	
聚苯乙烯泡沫塑料	0.5	导热系数不大于 0.03
石棉板	13	含水率不大于 3%
乳化沥青	9.8～10.5	
软橡胶	9.3	
白磷	18.3	
松香	10.7	

续表

名　　称	自重 kN/m³	备　　注
磁	24	
酒精	7.85	纯
酒精	6.6	桶装，相对密度0.79～0.82
盐酸	12	浓度40%
硝酸	15.1	浓度91%
硫酸	17.9	浓度87%
火碱	17	浓度60%
氯化氨	7.5	袋装堆放
尿素	7.5	袋装堆放
碳酸氢氨	8	袋装堆放
水	10	温度4℃密度最大时
冰	8.96	
书籍	5	书籍藏置
道林纸	10	
报纸	7	
宣纸类	4	
棉花、棉纱	4	压紧平均重量
稻草	1.2	
建筑碎料(建筑垃圾)	15	

9. 食物（见表4-32）

表4-32

名　　称	自重 kN/m³	备　　注
稻谷	6	$\varphi=35°$
大米	8.5	散放

续表

名　　称	自重 kN/m³	备　　注
豆类	7.5～8	$\varphi=20°$
豆类	6.8	袋装
小麦	8	$\varphi=25°$
面粉	7	
玉米	7.8	$\varphi=28°$
小米、高粱	7	散装
小米、高粱	6	袋装
芝麻	4.5	袋装
鲜果	3	装箱
花生	2	袋装带壳
罐头	4.5	装箱
酒、酱油、醋	4	成瓶装箱
豆饼	9	圆饼放置，每块 28kg
矿盐	40	成块
盐	8.6	细粒散放
盐	8.1	袋装
砂糖	7.5	散装
砂糖	7	袋装

10. 砌体（见表 4-33）

表 4-33

名　　称	自重 kN/m³	备　　注
浆砌细方石	26.4	花岗岩、方整石块
浆砌细方石	25.6	石灰石
浆砌细方石	22.4	砂岩
浆砌毛方石	24.8	花岗岩、上下面大致平整
浆砌毛方石	24	石灰石
浆砌毛方石	20.8	砂岩
干砌毛石	20.8	

续表

名　　称	自重 kN/m³	备　　注
干砌毛石	20	
干砌毛石	17.6	
浆砌普通砖	18	
浆砌机砖	19	
浆砌缸砖	21	
浆砌耐火砖	22	
浆砌矿渣砖	21	
浆砌焦渣砖	12.5～14	
土坯砖砌体	16	
黏土砖空斗砌体	17	中填碎瓦砾、一眠一斗
黏土砖空斗砌体	13	全斗
黏土砖空斗砌体	12.5	不能承重
黏土砖空斗砌体	15	能承重
粉煤灰泡沫砌块砌体	8～8.5	粉煤灰:电石渣:废石膏=74:22:4
三合土	17	灰:砂:土=1:1:9～1:1:4

11. 隔墙与墙面（见表 4-34）

表 4-34

名　　称	自重 kN/m²	备　　注
双面抹灰板条隔墙	0.9	每面抹灰厚 16～24mm，龙骨在内
单面抹灰板条隔墙	0.5	灰厚 16～24mm，龙骨在内
C 型轻钢龙骨隔墙	0.27	两层 12mm 纸面石膏板，无保温层
	0.32	两层 12mm 纸面石膏板，中填岩棉保温板 50mm
	0.38	三层 12mm 纸面石膏板，无保温层

续表

名　　称	自重 kN/m²	备　　注
C型轻钢龙骨隔墙	0.43	三层12mm纸面石膏板，中填岩棉保温板50mm
	0.49	四层12mm纸面石膏板，无保温层
	0.54	四层12mm纸面石膏板，中填岩棉保温板50mm
贴瓷砖墙面	0.5	包括水泥砂浆打底，其厚25mm
水泥粉刷墙面	0.36	20mm厚，水泥粗砂
水磨石墙面	0.55	25mm厚，包括打底
水刷石墙面	0.5	25mm厚，包括打底
石灰粗砂粉刷	0.34	20mm厚
剁假石墙面	0.5	25mm厚，包括打底
外墙拉毛墙面	0.7	包括25mm水泥砂浆打底

12. 屋架、门窗（见表4-35）

表4-35

名　　称	自重 kN/m²	备　　注
木屋架	0.07+0.007×跨度	按屋面水平投影面积计算，跨度以米计
钢屋架	0.12+0.011×跨度	无天窗，包括支撑，按屋面水平投影面积计算，跨度以米计
木框玻璃窗	0.2～0.3	
钢框玻璃窗	0.4～0.45	
木门	0.1～0.2	
钢铁门	0.4～0.45	

13. 屋顶（见表 4-36）

表 4-36

名　　称	自重 kN/m²	备　　注
黏土平瓦屋面	0.55	按实际面积计算，下同
水泥平瓦屋面	0.5～0.55	
小青瓦屋面	0.9～1.1	
冷摊瓦屋面	0.5	
石板瓦屋面	0.46	厚 6.3mm
石板瓦屋面	0.71	厚 9.5mm
石板瓦屋面	0.96	厚 12.1mm
麦秸泥灰顶	0.16	以 10mm 厚计
石棉板瓦	0.18	仅瓦自重
波形石棉瓦	0.2	1820mm×725mm×8mm
白铁皮	0.05	24 号
瓦楞铁	0.05	26 号
玻璃屋顶	0.3	5mm 铅丝玻璃，框架自重在内
玻璃砖顶	0.65	框架自重在内
油毡防水层	0.05	一层油毡刷油两遍
	0.25～0.3	四层作法，一毡二油上铺小石子
	0.3～0.35	六层作法，二毡三油上铺小石子
	0.35～0.4	八层作法，三毡四油上铺小石子
捷罗克防水层	0.1	厚 8mm
屋顶天窗	0.35～0.4	9.5mm 铅丝玻璃，框架自重在内

14. 顶棚（见表 4-37）

表 4-37

名　　称	自重 kN/m^2	备　　注
钢丝网抹灰吊顶	0.45	
麻刀灰板条顶棚	0.45	吊木在内，平均灰厚 20mm
砂子灰板条顶棚	0.55	吊木在内，平均灰厚 25mm
苇箔抹灰顶棚	0.48	吊木龙骨在内
松木板顶棚	0.25	吊木在内
三夹板顶棚	0.18	吊木在内
马粪纸顶棚	0.15	吊木及盖缝条在内
木丝板吊顶棚	0.26	厚 25mm，吊木及盖缝条在内
木丝板吊顶棚	0.29	厚 30mm，吊木及盖缝条在内
隔声纸板顶棚	0.17	厚 10mm，吊木及盖缝条在内
隔声纸板顶棚	0.18	厚 13mm，吊木及盖缝条在内
隔声纸板顶棚	0.2	厚 20mm，吊木及盖缝条在内
V 形轻钢龙骨吊顶	0.12	一层 9mm 纸面石膏板，无保温层
	0.17	一层 9mm 纸面石膏板，有厚 50mm 的岩棉板保
	0.20	二层 9mm 纸面石膏板，无保温层
	0.25	二层 9mm 纸面石膏板，有厚 50mm 的岩棉板保温层

续表

名　　称	自重 kN/m²	备　　注
V形轻钢龙骨及铝合金龙骨吊顶	0.1～0.2	一层矿棉吸声板厚15mm,无保温层
顶棚上铺焦渣锯末绝缘层	0.2	厚50mm焦渣、锯末按1∶5混合

15. 地面（见表4-38）

表4-38

名　　称	自重 kN/m²	备　　注
地板搁栅	0.2	仅搁栅自重
硬木地板	0.2	厚25mm,剪刀撑、钉子等自重在内,不包括搁栅自重
松木地板	0.18	
小瓷砖地面	0.55	包括水泥粗砂打底
水泥花砖地面	0.6	砖厚25mm,包括水泥粗砂打底
水磨石地面	0.65	10mm面层,20mm水泥砂浆打底
油地毡	0.02～0.03	油地纸,地板表面用
木块地面	0.7	加防腐油膏铺砌厚76mm
菱苦土地面	0.28	厚20mm
铸铁地面	4～5	60mm碎石垫层,60mm面层
缸砖地面	1.7～2.1	60mm砂垫层,53mm面层,平铺
缸砖地面	3.3	60mm砂垫层,115mm面层,侧铺
黑砖地面	1.5	砂垫层,平铺

16. 建设用压型钢板（见表 4-39）

表 4-39

名　　称	自重 kN/m²	备　　注
单波型 V—300(S—60)	0.13	波高 173mm，板厚 0.8mm
双波型 W—550	0.11	波高 130mm，板厚 0.8mm
三波型 V—200	0.135	波高 70mm，板厚 1mm
多波型 V—125	0.065	波高 35mm，板厚 0.6mm
多波型 V—115	0.079	波高 35mm，板厚 0.6mm

四、部分塑料密度（见表 4-40）

单位：g/cm³　　**表 4-40**

名　　称	密　度	名　　称	密　度
聚氨酯泡沫塑料(硬质)	0.02～0.3	聚氯乙烯（软质）	1.3～1.5
聚氨酯泡沫塑料(软质)	0.03～0.045	聚丙烯	0.9～0.91
		低压聚乙烯	0.94～0.95
可发性聚苯乙烯泡沫塑料	0.02～0.05	高压聚乙烯	0.91～0.93
		聚苯乙烯	1.04～1.09
乳液聚苯乙烯泡沫塑料	0.02～0.1	AS 塑料	1.00～1.08
		ABS 塑料	1.02～1.20
聚乙烯泡沫塑料	≤0.06	尼龙-6	1.12～1.14
		尼龙-66	1.15
聚氯乙烯泡沫塑料(软)	0.08～0.15	尼龙-610	1.09～1.13
		尼龙-9	1.05
聚氯乙烯泡沫塑料(硬)	≤0.045	尼龙-1010	1.04～1.09
		尼龙-11	1.04

续表

名　称	密　度	名　称	密　度
酚醛泡沫塑料	0.14～0.2	玻纤增强尼龙	1.3～1.52
脲醛泡沫塑料	0.15	碎木酚醛塑料	1.3～1.4
脲醛泡沫塑料	0.01～0.02	石棉酚醛塑料	1.5～1.6
有机硅泡沫塑料	0.19～0.40	酚醛玻纤压塑料	1.7～1.8
环氧树脂泡沫塑料	0.084	DAP塑料	1.55～1.90
聚乙烯醇缩甲醛泡沫塑料	0.1～0.5	脲-甲醛模压塑料(α-纤维填充)	1.4～1.52
聚氯乙烯(硬质)	1.35～1.60	三聚氰胺-甲醛压塑料(玻纤增强)	1.8～2.0
聚甲醛(共)	1.43	三聚氰胺-甲醛塑料	1.45～1.5
聚碳酸酯	1.2		
玻纤增强聚碳酸酯	1.4	不饱和聚酯玻纤压塑料	2.1
聚四氟乙烯	2.1～2.2	聚酯塑料	1.38～1.39
聚三氟氯乙烯	2.09～2.16	环氧玻纤压塑料	1.8～2.0
氟塑料-46	2.10～2.2		
聚砜	1.24	玻纤增强糠醛-丙酮塑料	1.7
聚苯撑氧	1.06		
聚酰亚胺	1.4～1.6	赛璐珞塑料	1.35～1.40
有机玻璃	1.19	有机硅玻纤层压塑料	1.7
聚氯醚	1.4		
糖醛	1.16	氨基塑料	1.35～1.45
酚醛	1.25～1.40		
碎布酚醛塑料	1.3～1.4		

五、石棉制品重量

1. 石棉绳（见表4-41）
2. 石棉板（见表4-42）
3. 石棉布（见表4-43）

表 4-41

规格(mm)	重量(kg/m)			规格(mm)	重量(kg/m)		
	石棉扭绳	石棉编绳	石棉方绳		石棉扭绳	石棉编绳	石棉方绳
3	0.008			19		0.230	0.276
5	0.013			22		0.285	0.342
6	0.0182	0.033	0.0396	25		0.370	0.444
8	0.0333	0.050	0.0600	32		0.560	0.672
10	0.0571	0.066	0.0792	38		0.830	0.996
13		0.110	0.1320	45		1.100	1.320
16		0.150	0.1800	50		1.500	1.800

表 4-42

厚度(mm)	1.6(1/6 in)	3.2(1/8 in)	4.8(3/16 in)	6.4(1/4 in)	8.0(5/16 in)
宽度(mm)	1000				
长度(mm)	1000				
每平方米质量(kg)	1.85	3.70	5.55	7.40	9.25
厚度(mm)	9.6(3/8 in)	11.2(7/16 in)	12.7(1/2 in)	14.3(9/16 in)	15.9(5/8 in)
宽度(mm)	1000				
长度(mm)	1000				
每平方米质量(kg)	11.10	12.95	14.80	16.65	18.50

石棉纸每平方米每厚 1mm 质量为 1.84kg。

表 4-43

品种	厚度(mm)			
	3	2.5	2	1.5
	每平方米质量(kg)			
普通石棉布	2~2.2	1.6~1.8	1.2~1.4	0.85~1.0
钢丝石棉布	2.4~2.7	2~2.3	1.6~1.9	1.2~1.5
食盐电解石棉布		1.8~2.1		1.4~1.6
隔膜石棉布	不大于 3.8(3.5mm 厚)			

4. 橡胶石棉板材　板厚0.4～6mm（密度按1.75）（见表4-44）

表 4-44

厚度(mm)	面积 (m^2)									
	1	2	3	4	5	6	7	8	9	10
	质量 (kg)									
0.4	0.700	1.400	2.100	2.800	3.500	4.200	4.900	5.600	6.300	7.000
0.5	0.875	1.750	2.625	3.500	4.375	5.250	6.125	7.000	7.875	8.750
0.6	1.050	2.100	3.150	4.200	5.250	6.300	7.350	8.400	9.450	10.500
0.8	1.400	2.800	4.200	5.600	7.000	8.400	9.800	11.200	12.600	14.000
1.0	1.750	3.500	5.250	7.000	8.750	10.500	12.250	14.000	15.750	17.500
1.2	2.100	4.200	6.300	8.400	10.500	12.600	14.700	16.800	18.900	21.000
1.5	2.625	5.250	7.875	10.500	13.125	15.750	18.375	21.000	23.625	26.250
2.0	3.500	7.000	10.500	14.000	17.500	21.000	24.500	28.000	31.500	35.000
2.5	4.375	8.750	13.125	17.500	21.875	26.250	30.625	35.000	39.375	43.750
3.0	5.250	10.500	15.750	21.000	26.250	31.500	36.750	42.000	47.250	52.500
3.5	6.125	12.250	18.375	24.500	30.625	36.750	42.875	49.000	55.125	61.250
4.0	7.000	14.000	21.000	28.000	35.000	42.000	49.000	56.000	63.000	70.000
4.5	7.875	15.750	23.625	31.500	39.375	47.250	55.125	63.000	70.875	78.750
5.0	8.750	17.500	26.250	35.000	43.750	52.500	61.250	70.000	78.750	87.500
5.5	9.625	19.250	28.875	38.500	48.125	57.750	67.357	77.000	86.625	96.250
6.0	10.500	21.000	31.500	42.000	52.500	63.000	73.500	84.000	94.500	105.00

5. 碳酸镁石棉板（见表 4-45）

表 4-45

规　格 (mm)	密度 (kg/m³)	导热系数 (W/m·K)	抗折强度 (MPa)	耐温度 (℃)	水分 (%)	生产厂
500×170×30、40、50	450	0.105	0.27	450	5	大连保温材料厂

注：系由钙、镁、碳酸盐与石棉绒混合加水，经加压成型，烘干制成。适用于450℃以内各种热力设备外层保温用。

六、橡胶制品重量

1. 工业用橡胶板材　板厚 0.5～50mm（密度按 1.2）（见表 4-46）

表 4-46

厚度 (mm)	面　积 (m^2)									
	1	2	3	4	5	6	7	8	9	10
	质　量 (kg)									
0.5	0.6	1.2	1.8	2.4	3.0	3.6	4.2	4.8	5.4	6.0
1	1.2	2.4	3.6	4.8	6.0	7.2	8.4	9.6	10.8	12.0
1.5	1.8	3.6	5.4	7.2	9.0	10.8	12.6	14.4	16.2	18.0
2	2.4	4.8	7.2	9.6	12.0	14.4	16.8	19.2	21.6	24.0
2.5	3.0	6.0	9.0	12.0	15.0	18.0	21.0	24.0	27.0	30.0
3	3.6	7.2	10.8	14.4	18.0	21.6	25.2	28.8	32.4	36.0
4	4.8	9.6	14.4	19.2	24.0	28.8	33.6	38.4	43.2	48.0

续表

厚度(mm)	面积 (m²)									
	1	2	3	4	5	6	7	8	9	10
	质量 (kg)									
5	6.0	12.0	18.0	24.0	30.0	36.0	42.0	48.0	54.0	60.0
6	7.2	14.4	21.6	28.8	36.0	43.2	50.4	57.6	64.8	72.0
8	9.6	19.2	28.8	38.4	48.0	57.6	67.2	76.8	86.4	96.0
10	12.0	24.0	36.0	48.0	60.0	72.0	84.0	96.0	108.0	120.0
12	14.4	28.8	43.2	57.6	72.0	86.4	100.8	115.2	129.6	144.0
14	16.8	33.6	50.4	67.2	84.0	100.8	117.6	134.4	151.2	168.0
16	19.2	38.4	57.6	76.8	96.0	115.2	134.4	153.6	172.8	192.0
18	21.6	43.2	64.8	86.4	108.0	129.6	151.2	172.8	194.4	216.0
20	24.0	48.0	72.0	96.0	120.0	144.0	168.0	192.0	216.0	240.0
22	26.4	52.8	79.2	105.6	132.0	158.4	184.8	211.2	237.6	264.0
25	30.0	60.0	90.0	120.0	150.0	180.0	210.0	240.0	270.0	300.0
30	36.0	72.0	108.0	144.0	180.0	216.0	252.0	288.0	324.0	360.0
40	48.0	96.0	144.0	192.0	240.0	288.0	336.0	384.0	432.0	480.0
50	60.0	120.0	180.0	240.0	300.0	360.0	420.0	480.0	540.0	600.0

2. 输油胶管　内径×壁厚 4×3.5～51×5mm（密度按 1.2）（见表 4-47）

3. 真空胶管　内径×壁厚 3×3～16×13mm（密度按 1.29）（见表 4-48）

表 4-47

内径×壁厚 (mm)	长度 (m)									
	1	2	3	4	5	6	7	8	9	10
	质量 (kg)									
4×3.5	0.099	0.193	0.297	0.396	0.495	0.594	0.693	0.792	0.891	0.990
6×3.5	0.125	0.250	0.375	0.500	0.625	0.750	0.875	1.000	1.125	1.250
8×3.5	0.152	0.304	0.456	0.608	0.760	0.913	1.064	1.216	1.368	1.520
10×3.5	0.178	0.356	0.534	0.712	0.890	1.068	1.246	1.424	1.602	1.780
13×4	0.256	0.512	0.768	1.024	1.280	1.536	1.792	2.048	2.304	2.560
16×4	0.302	0.604	0.906	1.208	1.510	1.812	2.114	2.416	2.718	3.020
19×5	0.452	0.904	1.356	1.808	2.260	2.712	3.164	3.616	4.068	4.520
22×5	0.509	1.018	1.527	2.036	2.545	3.054	3.563	4.072	4.581	5.090
25×5	0.565	1.130	1.695	2.260	2.825	3.390	3.955	4.520	5.085	5.650
45×5	0.942	1.884	2.826	3.768	4.710	5.652	6.594	7.536	8.478	9.420
51×5	1.056	2.112	3.168	4.224	5.280	6.336	7.392	8.448	9.504	10.560

表 4-48

内径×壁厚 (mm)	长度 (m)									
	1	2	3	4	5	6	7	8	9	10
	质量 (kg)									
3×3	0.0729	0.1458	0.2187	0.2916	0.3645	0.4374	0.5103	0.5832	0.6561	0.7290
4×4	0.1297	0.2594	0.3891	0.5188	0.6485	0.7782	0.9079	1.0376	1.1673	1.2970
6×6	0.2918	0.5836	0.8754	1.1672	1.4590	1.7508	2.0426	2.3344	2.6262	2.9180
8×8	0.5187	1.0374	1.5561	2.0748	2.5935	3.1122	3.6309	4.1496	4.6683	5.1870
9×9	0.6565	1.3130	1.9695	2.6260	3.2825	3.9390	4.5955	5.2520	5.9085	6.5650
10×10	0.8105	1.6210	2.4315	3.2420	4.0525	4.8630	5.6735	6.4840	7.2945	8.1050
12×10	0.8916	1.7832	2.6748	3.5664	4.4580	5.3496	6.2412	7.1328	8.0244	8.9160
14×12	1.2644	2.5288	3.7932	5.0576	6.3220	7.5864	8.8508	10.115	11.380	12.644
15×12	1.3131	2.6262	3.9393	5.2524	6.5655	7.8786	9.1917	10.505	11.818	13.131
16×13	1.5278	3.0556	4.5834	6.1112	7.6390	9.1668	10.695	12.222	13.750	15.278

第五章　材料换算及损耗

一、材料换算

1. 平板玻璃

(1) 标准箱

平板玻璃以厚度 2mm；$10m^2$ 为 1 标准箱。

折算标准箱计算公式

$$标准箱=\frac{某厚度玻璃面积\ (m^2)}{10\ (m^2)}\times 折合标准箱系数$$

或

$$标准箱=\frac{某厚度玻璃面积\ (m^2)}{该玻璃每标准箱折合面积\ (m^2)}$$

平板玻璃折算标准箱面积及系数见表 5-1。

平板玻璃折算标准箱面积及系数表　　表 5-1

厚度 (mm)	每 $10m^2$ 折合标准箱系数	每 1 标准箱折合 (m^2)
2	1	10.00
2.5	1.25	8.00
3	1.65	6.06
4	2.5	4.00
5	3.5	2.86
6	4.5	2.22
8	6.5	1.54
10	3.5	1.17
12	10.5	0.95

【例】 厚3mm的平板玻璃，30m² 折合为多少标准箱？

【解】 30÷10×1.65=4.95标准箱

或：30÷6.06=4.95标准箱

（2）重量箱

重量箱是指2mm厚平板玻璃，1标准箱的重量。

折算重量箱计算公式

$$重量箱=\frac{某厚度玻璃面积\ (m^2)}{10\ (m^2)}\times 折算重量箱系数$$

平板玻璃折算重量箱系数见表5-2。

平板玻璃折合重量箱及系数表　　表5-2

厚度(mm)	每10m² 折合(kg)	折重量箱系数
2	50	1.00
2.5	62.5	1.25
3	75	1.50
4	100	2.00
5	125	2.50
6	150	3.00
8	200	4.00
10	250	5.00
12	300	6.00

2. 石棉水泥管

3. 胶管折合标准米

1标准米=内圆直径25.40mm的胶管1m长。

石棉水泥管标准米换算　　表 5-3

说　明	换　算　数　值		
	水泥管规格(mm)	每根管折合标准米数(标准米)	每米管折合标准米数(标准米)
石棉水泥管是以标准米为计量单位的。内径189mm、壁厚16mm、长度1000mm的管子为一标准米，其他规格者按上述标准管的体积比例进行折算	100×13×4000	1.7916	0.4479
	141×16×4000	3.0636	0.7659
	189×18×4000	4.544	1.136
	147×16×4000	3.1804	0.7951
	195×20×4000	5.244	1.311
	235×21×4000	6.556	1.639
	279×25×4000	9.2684	2.3171
	368×34×4000	16.6683	4.1671

胶管标准米折算表　　表 5-4

规　格	折算标准米的折算系数	规　格	折算标准米的折算系数
内圆直径 6.35mm，长 1m	0.2500	内圆直径 15.88mm，长 1m	0.6250
内圆直径 7.94mm，长 1m	0.3125	内圆直径 19.05mm，长 1m	0.7500
内圆直径 9.53mm，长 1m	0.3750	内圆直径 22.23mm，长 1m	0.8750
内圆直径 12.70mm，长 1m	0.5000	内圆直径 25.40mm，长 1m	1.000

【例】　有一内圆直径 7.94mm 的胶管长 100m，按表中系数计算为标准米。

【解】　100m×0.3125=31.25 标准米。

4. 石油产品体积重量换算

石油产品体积重量换算表　　　表 5-5

项目	每升折合(kg)	每立方米折合(t)	每吨折合桶	每吨折合(L)
汽　油	0.742	国产 0.7428 进口 0.7066	6.7538	1347.16
煤　油	0.814	0.8434	6.1415	1228.30
轻柴油	0.831			1240.00
中柴油	0.838			1136.00
重柴油	0.880	0.9320		1055.54
燃料油	0.947	1.0404	5.2777	
润滑油			5.5472	

注：每桶 200L。

5. 液体密度、容量及重量换算

液体密度、容量及重量换算表　　　表 5-6

液体名称	平均密度	容量折合重量数	
		每 1L(kg)	每 1gal(kg)
原油	0.86	0.86	3.26
汽油	0.73	0.73	2.76
动力苯	0.88	0.88	3.33
煤油	0.82	0.82	3.10
轻柴油	0.86	0.86	3.25
重柴油	0.92	0.92	3.48
变压器油	0.86	0.86	—
机油	0.90	0.90	—
酒精	0.80	0.80	3.02
煤焦油	1.20	1.20	4.54
页岩油	0.91	0.91	3.44
豆油(植物油)	0.93	0.93	3.52
鲸油(动物油)	0.92	0.92	3.48
苯	0.90	0.91	3.40
醋酸	1.05	1.05	3.97
石炭酸	1.07	1.07	4.05
蓖麻油	0.96	0.96	3.63

续表

液体名称	平均密度	容量折合重量数	
		每1L(kg)	每1gal(kg)
甘油	1.26	1.26	4.77
乙醚(以脱)	0.74	0.74	2.78
亚麻仁油	0.93	0.93	3.53
桐油	0.94	0.94	3.56
花生油	0.92	0.92	3.43
硫酸(100%)	1.83	1.83	6.93
硝酸(100%)	1.51	1.51	5.72
甲苯	0.83	0.83	3.33
二甲苯	0.86	0.86	3.26
苯胺	1.04	1.04	3.91
硝基苯	1.21	1.21	4.58
松节油	0.87	0.87	3.29
盐酸(40%)	1.20	1.20	4.54
水银	13.59	13.59	51.46
润滑油	0.91	0.91	3.44

注：1L（升）=0.264gal（加仑）；

1gal（加仑）=3.787L（升）。

6. 水磨石子规格粒径对照

水磨石子也叫白石子、米石，可供做水磨石、人造大理石、水刷石、剁假石、干粘石等骨料之用。

水磨石粒径对照表 **表5-7**

序号	习惯称呼	粒径(mm)
1	特大八厘(大二分)	约20
2	一分半	约15
3	大八厘	约8
4	中八厘	约6
5	小八厘	约4
6	米粒石	2～6

7. 美术水磨石颜料掺量

在美术水磨石中，常用的矿物颜料有如下几种：

红色：氧化铁红、朱红、镉红。

黄色：氧化铁黄、铅铬黄、镉黄。

蓝色：群青蓝、铁蓝。

绿色：氧化铁绿、铬绿、锌绿。

黑色：炭黑、氧化铁黑。

矿物颜料在水磨石拌合物中的掺量，按占水泥用量的百分比划分为以下几个等级：

颜料掺量等级表　　表 5-8

序号	颜料掺量等级	占水泥量(%)
1	微量	0.1 以下
2	轻量	0.1～0.9
3	中量	1～5
4	重量	6～10
5	特重量	11～15

8. 粉化石灰、石灰膏的石灰用量折算

粉化石灰、石灰膏的石灰用量表　　表 5-9

生石灰块末比例		每 1m³	
		粉化石灰	石灰膏
块	末	生石灰用量(kg)	
10	0	392.70	—
9	1	399.84	—
8	2	406.98	571
7	3	414.12	600
6	4	421.62	636
5	5	428.40	674
4	6	460.50	716

续表

生石灰块末比例		每 1m³	
		粉化石灰	石灰膏
块	末	生石灰用量(kg)	
3	7	493.17	736
2	8	525.30	820
1	9	557.94	—
0	10	590.38	—

注：1. 每 1m³ 生石灰（块 70%末 30%）的容量是按 1050kg 计算的；淋制每 1m³ 石灰膏所需的生石灰是按 600kg 计算的；包括场内外运输损耗及淋化后的残渣均考虑在内。

2. 如石灰质量不同，应进行调整。

9. 不同强度水泥用量换算

不同强度水泥用量换算表　　表 5-10

设计强度(MPa) \ 换用强度(MPa)	22.07 (225)	26.98 (275)	31.88 (325)	41.68 (425)	51.03 (525)	61.31 (625)
22.07（225）	1	0.85	0.79	0.73	0.63	0.54
26.98（275）	1.17	1	0.83	0.75	0.68	0.63
31.88（325）	1.26	1.21	1	0.88	0.86	0.84
41.68（425）	1.36	1.35	1.15	1	0.92	0.90
51.03（525）	1.60	1.48	1.17	1.09	1	0.95
61.31（625）	1.78	1.60	1.19	1.10	1.05	1

注：1. 表中水泥强度带括号者为旧称水泥标号。

2. 使用举例：混凝土 C18（200 号）每 1m³ 用 31.88MPa 水泥为 304kg，现换用 41.68MPa 水泥。查表设计强度为 31.88MPa 与现换用 41.68MPa 相对应，其换用系数为 0.88。则 41.68（MPa）水泥用量＝0.88×304＝268kg

10. 石棉水泥瓦标准张数折算

石棉水泥瓦折合标准张数 **表 5-11**

说明	标准张数折合方法	举例
石棉水泥瓦以宽 720mm、长 1820mm、厚 8mm 为标准张	1 标准张$=0.72\times1.82\times0.008=0.0105m^3$ 标准张数量$=\frac{长\times宽\times厚}{0.0105}\times$张数	宽 1002mm、长 2800mm、厚 8mm 的石棉水泥瓦 100 张，折合标准张的方法为： $\frac{1.002\times2.8\times0.008}{0.0105}\times100=213.8$ 张

11. $1m^3$ 材积胶合板折合张数

$1m^3$ 胶合板材积折合张数 **表 5-12**

规格		三层			五层	说明
mm	ft	厚 3.0mm	厚 3.5mm	厚 4.0mm	厚 6.5mm	
915×610	3×2	597 张	512 张	448 张	276 张	胶合板折材积（指胶合板材积，不是厚木体积）： $1m^3$ 胶合板材积的张数$=\frac{1}{厚\times长\times宽}$ 例：$1m^3$ 厚 3mm、宽 915mm、长 1830mm 的胶合板的张数$=\frac{1}{0.003\times0.915\times1.830}=199.2$（林业部规定为 200 张）
915×915	3×3	399 张	341 张	299 张	184 张	
915×1220	3×4	299 张	256 张	224 张	138 张	
915×1525	3×5	239 张	205 张	180 张	110 张	
915×1830	3×6	200 张	171 张	149 张	92 张	

12. 木门材积参考

木门材积参考表（毛截面材积）　　单位：m^3/m^2　**表 5-13**

地　区	类别					
	夹板门	镶纤维板门	镶木板门	半截玻璃门	弹簧门	拼板门
华北	0.0296	0.0353	0.0466	0.0379	0.0453	0.0520
华东	0.0287	0.0344	0.0452	0.0368	0.0439	0.0512
东北	0.0285	0.0341	0.0450	0.0366	0.0437	0.0510
中南	0.0302	0.0360	0.0475	0.0387	0.0462	0.0539
西北	0.0258	0.0307	0.0405	0.0330	0.0394	0.0459
西南	0.0265	0.0316	0.0417	0.0340	0.0406	0.0473

注：1. 本表按无纱门考虑；

2. 本表以华北地区木门窗标准图的平均数为基础，其他地区按断面大小折算。

13. 木窗材积参考

木窗材积参考表（毛截面材积）　　单位：m^3/m^2　**表 5-14**

地　区	类别				
	单层玻璃窗	一玻一纱窗	双层玻璃窗	中悬窗	百叶窗
华北	0.0291	0.0405	0.0513	0.0285	0.0431
华东	0.0400	0.0553	—	0.0311	0.0471
东北	0.0337	—	0.0638	0.0309	0.0467
中南	0.0390	0.0578	—	0.0303	0.0459
西北	0.0369	0.0492	—	0.0287	0.0434
西南	0.0360	0.0485	—	0.0281	0.0425

注：1. 本表以华北地区木门窗标准图为基础，其他地区按断面大小折算。

二、钢筋代换

1. 代换原则

当施工中遇有钢筋的品种或规格与设计要求不符时，可参照以下原则代换：

（1）等强度代换：当构件受强度控制时，钢筋可按强度相等原则代换。

（2）等面积代换：当构件按最小配筋率配筋时，钢筋可按面积相等原则代换。

（3）当构件受裂缝宽度或挠度控制时，代换后应进行裂缝宽度或挠度验算。

2. 等强代换方法

（1）计算法

$$n_2 \geqslant \frac{n_1 d_1{}^2 f_{y1}}{d_2{}^2 f_{y2}} \tag{5-1}$$

式中 n_2——代换钢筋根数；

n_1——原设计钢筋根数；

d_2——代换钢筋直径；

d_1——原设计钢筋直径；

f_{y2}——代换钢筋抗拉强度设计值（见表 5-15）；

f_{y1}——原设计钢筋抗拉强度设计值。

上式有两种特例：

① 设计强度相同、直径不同的钢筋代换：

$$n_2 \geqslant n_1 \frac{d_1^2}{d_2^2} \tag{5-2}$$

② 直径相同、强度设计值不同的钢筋代换：

$$n_2 \geqslant n_1 \frac{f_{y1}}{f_{y2}} \tag{5-3}$$

（2）查表法

查表时，首先根据原设计钢筋的类别、直径及根数查得钢筋拉力；然后根据代换钢筋的类别、直径，在相同拉力条件下，查得代换钢筋根数（见表5-16）。

普通钢筋强度设计值（N/mm^2）（GB 50010—2002） **表5-15**

种类		符号	f_y	f'_y
热轧钢筋	HPB 235（Q235）	Φ	210	210
	HRB 335(20MnSi)	$\underline{\Phi}$	300	300
	HRB 400（20MnSiV、20MnSiNb、20MnTi）	$\underline{\Phi}$	360	360
	RRB 400(K20MnSi)	$\underline{\Phi}^R$	360	360

注：1. 在钢筋混凝土结构中，轴心受拉和小偏心受拉构件的钢筋抗拉强度设计值大于 $300N/mm^2$ 时，仍应按 $300N/mm^2$ 取用。

2. 当构件中配有不同种类的钢筋时，每种钢筋应采用各自的强度设计值。

3. 构件截面的有效高度影响

钢筋代换后，有时由于受力钢筋直径加大或根数增多而需要增加排数，则构件截面的有效高度 h_0 减小，截面强度降低。通常对这种影响可凭经验适当增加钢筋面积，然后再作截面强度复核。

对矩形截面的受弯构件，可根据弯矩相等方法，按下式复核截面强度。

$$N_2\left(h_{02}-\frac{N_2}{2f_{cm}b}\right)\geqslant N_1\left(h_{01}-\frac{N_1}{2f_{cm}b}\right) \quad (5\text{-}4)$$

式中 N_1——原设计的钢筋拉力，等于 $A_{s1}f_{y1}$（A_{s1}——原设计钢筋的截面面积，

f_{y1}——原设计钢筋的抗拉强度设计值）；

N_2——代换钢筋拉力，同上；

h_{01}——原设计钢筋的合力点至构件截面受压边缘的距离；

h_{02}——代换钢筋的合力点至构件截面受压边缘的距离；

f_{cm}——混凝土的弯曲抗压强度设计值，对C20混凝土为11N/mm^2，对C30混凝土为16.5N/mm^2；

b——构件截面宽度。

4. 代换注意事项

钢筋代换时，必须充分了解设计意图和代换材料性能，并严格遵守现行混凝土结构设计规范的各项规定；凡重要结构中的钢筋代换，应征得设计单位同意。

（1）对某些重要构件，如吊车梁、薄腹梁、桁架下弦等，不宜用Ⅰ级光圆钢筋代替Ⅱ级带肋钢筋。

（2）钢筋代换后，应满足配筋构造规定，如钢筋的最小直径、间距、根数、锚固长度等。

（3）同一截面内，可同时配有不同种类和直径的代换钢筋，但每根钢筋的拉力差不应过大，以免构件受力不匀。

（4）梁的纵向受力钢筋与弯起钢筋应分别代换，以保证正截面与斜截面强度。

（5）偏心受压构件（如框架柱、有吊车厂房柱、桁架上弦等）或偏心受拉构件作钢筋代换时，不取整个截面配筋量计算，应按受力面（受压或受拉）分别代换。

钢筋拉力（$A_s f_y$）值

表 5-16

钢筋级别直径(mm)	根数							
	1	2	3	4	5	6	7	8
当 f_y=210N/mm^2 时，钢筋拉力 $A_s \cdot f_y$(kN)								
ϕ6	5.94	11.80	17.74	23.77	29.71	35.40	41.43	47.54
ϕ8	10.56	21.13	31.69	42.25	52.82	63.38	73.94	84.50
ϕ10	16.49	32.97	49.47	69.54	86.03	98.94	115.43	131.88
ϕ12	23.75	47.50	71.25	95.00	118.75	142.50	166.25	190.00
ϕ14	32.32	64.64	96.96	129.98	161.60	193.92	226.24	258.55
ϕ16	42.23	84.46	126.69	168.92	211.15	253.38	295.61	337.85
ϕ18	53.45	106.89	160.35	213.78	267.25	320.70	374.15	427.56
ϕ20	65.98	131.96	197.94	263.93	329.90	395.88	461.86	527.86
ϕ22	79.82	159.64	239.46	319.28	399.10	478.92	558.74	638.56
ϕ25	103.09	206.18	309.27	412.36	515.45	618.54	721.63	824.71
ϕ28	129.21	258.42	387.63	516.84	646.05	775.26	904.47	1033.68
ϕ32	168.90	337.81	506.71	675.62	844.52	1013.42	1182.32	1351.22

续表

钢筋级别直径(mm)	根数							
	1	2	3	4	5	6	7	8
当 f_y=300N/mm^2 时,钢筋拉力 $A_s \cdot f_y$(kN)								
ϕ10	23.56	47.12	70.68	94.24	117.81	141.37	164.93	188.49
ϕ12	33.92	67.85	101.78	135.71	169.64	203.57	237.5	271.43
ϕ14	46.18	92.36	138.54	184.72	230.9	277.08	323.27	369.45
ϕ16	60.31	120.63	180.95	241.27	301.59	361.91	422.23	482.54
ϕ18	76.34	152.68	229.02	305.36	381.7	458.04	534.38	610.72
ϕ20	94.24	188.49	282.74	376.99	471.24	565.48	659.73	753.98
ϕ22	114.04	228.08	342.12	456.16	570.2	684.24	798.28	912.32
ϕ25	147.26	294.52	441.78	589.05	736.31	883.57	1030.83	1178.1
ϕ28	184.72	369.45	554.17	738.9	923.63	1108.35	1293.08	1477.8
ϕ32	241.27	482.54	723.82	965.09	1206.37	1447.64	1688.92	1930.19

（6）当构件受裂缝宽度控制时，如以小直径钢筋代换大直径钢筋，强度等级低的钢筋代替强度等级高的钢筋，则可不作裂缝宽度验算。

5. 钢筋代换实例

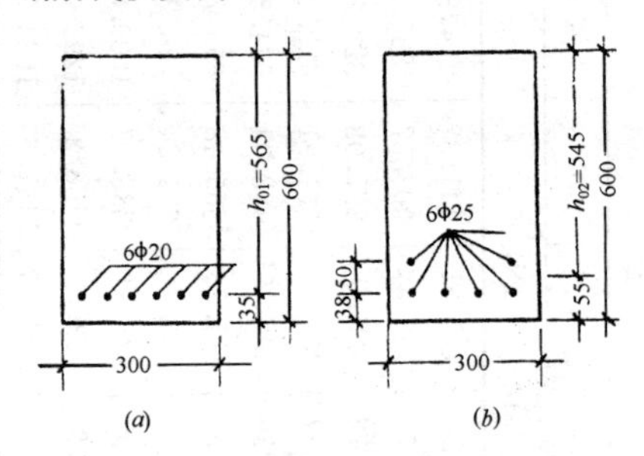

图 5-1　矩形梁的钢筋代换示意图

（*a*）原设计的钢筋；（*b*）代换钢筋

已知梁的截面面积尺寸如图 5-1 所示，采用 C20 混凝土制作，原设计的纵向受力钢筋采用Ⅱ级钢筋 6Φ20，中间四根分别在两处弯起。现拟用Ⅰ级钢筋 ϕ25 代换，求所需钢筋根数。

【解】　弯起钢筋与纵向受力钢筋分别代换，以 2Φ20 为单位，按公式 5-1 计算：

$n \geqslant \frac{2\times20^2\times300}{25^2\times210}=1.83$ 根，取 2 根或查表 5-16，2Φ20 钢筋拉力 $N_1=188.49$kN，用 2ϕ25 钢筋代换，则钢筋拉力 $N_2=206.18\text{kN}>188.49\text{kN}$，已满足要求。

代换后的钢筋根数虽不变，需要复核钢筋的净间距 S：

$S=\frac{300-2\times25-6\times25}{5}=20$，小于钢筋直径 25mm

因此，需要将钢筋排成两排（图 5-1，b），则

$$a=\frac{4\times38+2\times88}{6}=55\text{mm},\ h_{02}=600-55=545\text{mm}$$

从本例可以看出，代换后的钢筋拉力虽比原设计有所提高，但由于构件的有效高度减小，因此，需按公式（5-4）验算构件截面强度是否较原设计有所降低，验算时按 6 根钢筋总数考虑：

$$N_1\left(h_{01}-\frac{N_1}{2f_{cm}b}\right)$$

$$=3\times188.49\left(0.565-\frac{3\times188.49}{2\times11\times300}\right)=271.04\text{kN}\cdot\text{m}$$

$$N_2\left(h_{02}-\frac{N_2}{2f_{cm}b}\right)$$

$$=3\times206.18\left(0.548-\frac{3\times206.18}{2\times11\times300}\right)$$

$$=280.8\text{kN}\cdot\text{m}>271.04\text{kN}\cdot\text{m}$$

因此，满足公式（5-4）要求，无需增加钢筋。

三、材料损耗

材料损耗是指材料从工地仓库、现场堆放地点或施工现场内加工地点，经领料后运至施工操作地点的场内运输损耗以及施工操作地点的堆放损耗与施工操作损耗。但不包括场外运输损耗、场内二次搬运损耗及由于材料供应，规格和质量标准不符合要求而发生的加工损耗。

1. 材料损耗计算公式

（1）损耗率

材料、成品、半成品的损耗量与总消耗量之比称为损耗率，表达式为：

$$\text{损耗率}=\frac{\text{损耗量}}{\text{总消耗量}}\times100\%$$

（2）净用量、损耗量与总消耗量的关系

总消耗量=净用量+损耗量

$$总消耗量=\frac{净用量}{1-损耗率}=净用量\times\frac{1}{1-损耗率}$$

$$=净用量\times损耗率系数$$

2. 常用损耗系数

常用损耗率与损耗率系数对应参考表见表5-17。

常用损耗率系数参考表　　表5-17

损耗率（%）	损耗率系数	损耗率（%）	损耗率系数
1	1.01	7	1.075
2	1.02	8	1.087
2.5	1.026	10	1.111
3	1.031	11	1.124
3.5	1.036	12	1.136
4	1.042	13	1.160
5	1.053	16	1.191
6	1.064	17	1.205

3. 土建工程建筑材料、成品、半成品场内运输及操作损耗

土建工程建筑材料、成品、半成品场内运输及操作损耗率参考表　　表5-18

序号	名　　称	损　耗　率	
		工程项目	%
	(一)砖瓦灰砂石类		
1	红(青)砖	地面、屋面、空花墙、空斗墙	1
2	红(青)砖	基础	0.4
3	红(青)砖	实心砖墙	1

续表

序号	名　　称	损　耗　率	
		工程项目	%
4	红(青)砖	方砖柱	3
5	红(青)砖	圆砖柱	7
6	红(青)砖	圆弧形砖墙	3.8
7	红(青)砖	烟囱	4
8	红(青)砖	水塔	2.5
9	黏土空心砖	墙	1
10	泡沫混凝土块	包括改锯	10
11	轻质混凝土块	包括改锯	2
12	硅酸盐砌块	包括改锯	2
13	加气混凝土块	包括改锯	2
14	加气混凝土	各部位安装	2
15	加气混凝土板		2
16	水泥蛭石板		4
17	沥青珍珠岩块		4
18	白瓷砖		1.5
19	陶瓷锦砖	(马赛克)	1
20	水泥花砖		1.5
21	铺地砖	(缺砖)	0.8
22	耐酸砖	用于平面	2
23	耐酸砖	用于立面	3
24	耐酸陶瓷板		4
25	耐酸陶瓷板	用于池槽	6
26	沥青浸渍砖		5
27	瓷砖、面砖、缸砖		1.5
28	水磨石板		1
29	花岗岩板		1
30	大理石板		1
31	人造大理石板		1

续表

序号	名　　称	损耗率	
		工程项目	%
32	混凝土板		1
33	沥青板		1
34	铸石板	平面	5
35	铸石板	立面	7
36	天然饰面板		1
37	小青瓦、黏土瓦、水泥瓦	(包括脊瓦)	2.5
38	石棉垄瓦		3.85
39	水泥石棉管		2
40	天然砂		2
41	砂	混凝土工程	1.5
42	石灰石砂		2
43	石英砂		2
44	砾(碎)石		2
45	细砾石		2
46	白石子		4
47	重晶石		1
48	碎大理石		1
49	石膏		2
50	石灰膏		1
51	生石灰	(不包括淋灰损耗)	1
52	生石灰	(用于油漆工程)	2.5
53	乱毛石		1
54	乱毛石	砌墙	2
55	方整石		1
56	方整石	砌体	3.5
	(二)渣土粉类		
57	素(黏)土		2.5

续表

序号	名称	损耗率	
		工程项目	%
58	硅藻土		3
59	菱苦土		2
60	炉(矿)渣		1.5
61	碎砖		1.5
62	珍珠岩粉		4
63	蛭石粉		4
64	铸石粉		1.5
65	滑石粉		1
66	滑石粉	(用于油漆工程)	5
67	石英粉		1.5
68	防水粉		1
	水泥		1
69	(三)砂浆、混凝土、胶泥类		
70	砌筑砂浆	砖砌体	1
71	砌筑砂浆	空斗墙	5
72	砌筑砂浆	黏土空心砖墙	10
73	砌筑砂浆	泡沫混凝土块墙	2
74	砌筑砂浆	毛石、方石砌体	1
75	砌筑砂浆	加气混凝土、硅酸盐砌块	2
76	水泥石灰砂浆	抹顶棚	3
77	水泥石灰砂浆	抹墙面及墙裙	2
78	石灰砂浆	抹顶棚	1.5
79	石灰砂浆	抹墙面及墙裙	1
80	纸筋磨刀灰浆	不分部位	1
81	水泥砂浆	抹顶棚、梁、柱、腰线、挑檐	2.5

续表

序号	名　　称	损耗率	
		工程项目	%
82	水泥砂浆	抹墙面及墙裙	2
83	水泥砂浆	地面、屋面、构筑物	1
84	水泥白石子浆		2
85	水泥石屑浆		2
86	炉灰砂浆		2
87	素水泥浆		1
88	水磨石浆	地面	1.5
89	菱苦土浆		1
90	耐酸砂浆		1
91	沥青砂浆	熬制	5
92	沥青砂浆	操作	1
93	沥青胶泥		1
94	耐酸胶泥		5
95	树脂胶泥	酚醛、环氧、呋喃	5
96	石油沥青玛琋脂	熬制	5
97	石油沥青玛琋脂	操作	1
98	硫磺砂浆		2
99	钢屑砂浆		1
100	混凝土(现浇)	洞库	2
101	混凝土(现浇)	二次灌浆	3
102	混凝土(现浇)	地面	1
103	混凝土(现浇)	其余部分	1.5
104	混凝土(预制)	桩、基础，梁、柱	1
105	混凝土(预制)	空心板	1.5
106	混凝土(预制)	其余部分	1.5
107	细石混凝土		1
108	轻质混凝土		2
109	炉(矿)渣混凝土		2

续表

序号	名称	损耗率	
		工程项目	%
110	沥青混凝土		1
111	耐酸混凝土		2
112	硫磺混凝土		2
113	重晶石混凝土		1.5
114	水泥石灰炉渣混凝土		1
115	灰土		1
116	石灰炉渣		1
117	碎砾石三合土		1
118	碎砖三合土		1
	(四)金属材料类		
119	钢筋	捣制混凝土	3
120	钢筋	预制混凝土	2
121	钢筋(预应力)	后张吊车梁	13
122	钢筋(预应力)	先张高强钢丝	9
123	钢筋(预应力)	其他粗筋	6
124	铁件		1
125	铁件	洞库	2
126	镀锌铁皮	屋面	2
127	镀锌铁皮	水落管	6
128	镀锌铁皮	檐沟、天沟排水	5.4
129	钢管		4
130	铸铁管		1
131	铅板		6
132	铅块		1
133	钻杆		2
134	合金钻头		0.1
135	铁钉		2
136	扒钉		6

续表

序号	名　　称	损　耗　率	
		工程项目	%
137	镀锌螺钉代垫		2
138	铁钉代垫		2
139	铁丝		1
140	铁丝网		5
141	电焊条		12
142	小五金	成品	1
143	金属屑		2
144	钢材	其他部分	6
	(五)竹木类		
145	毛竹		5
146	木材	企口地板制作 7.5cm	25
147	木材	企口地板制作 10cm	17
148	木材	企口地板制作 15cm	11
149	木材	席纹地板制作	53
150	木材	席纹地板安装	2
151	木材	(平板)毛板、企口板安装	4
152	木材	踢脚板	2
153	木材	间壁墙墙筋制作安装	3
154	木材	地面、顶棚楞木	2
155	木材	间壁镶板、屋面错口板厚 1.5cm	11.1
156	木材	间壁、顶棚错口板安装	4
157	木材	间壁镶板、屋面错口板厚 1.8cm	12.1
158	木材	间壁镶板、屋面错口板厚 2.0cm	13.1

续表

序号	名称	损耗率	
		工程项目	%
159	木材	平口板制作	3.4
160	木材	鱼鳞板制作安装	5
161	木材	门窗框(包括配料)	5
162	木材	门窗扇(包括配料)	5
163	木材	圆窗料(包括配料)	37.5
164	木材	圆木屋架、檩、椽木	5
165	木材	屋面板平口制作	3.4
166	木材	屋面板平口安装	2.3
167	木材	瓦条(代望板)	0.5
168	木材	瓦条(不代望板)	3
169	木材	木栏杆及扶手	3.7
170	木材	楼梯弯头	36
171	木材	封条、披水、门窗贴脸	3
172	木材	窗帘盒、挂镜线	3
173	木材	封檐板	1.5
174	木材	装饰用板条	4
175	木材	洞库用坑木	1
176	木材	软木(屋面)	5
177	模板制作	各种混凝土结构	5
178	模板制作	烟囱、水塔基础	3.5
179	模板制作	烟囱筒壁	2
180	模板制作	烟囱圈梁	3.88
181	模板制作	水塔塔顶、槽底	6
182	模板制作	水塔内外壁、塔身、筒身	2～3
183	模板制作	储水(油)池	1.5～3
184	模板制作	地沟	2～2.5

续表

序号	名称	损耗率	
		工程项目	%
185	模板制作	圆形储仓	3
186	模板安装	烟囱、水塔基础	2.5
187	模板安装	烟囱筒壁	2.5
188	模板安装	烟囱圈梁	3.88
189	模板安装	水塔塔顶、槽底	6
190	模板安装	水塔内外壁、筒身、塔身	2.5～4
191	模板安装	储水(油)池	1.5～4
192	模板安装	地沟	3
193	模板平口对缝	圆形储仓	3
194	模板平口对缝	烟囱、水塔	5
195	模板平口对缝	水池、地沟	5
196	胶合板、纤维板	顶棚、间壁	5
197	胶合板、纤维板	门窗扇(包括配料)	15
198	刨花板、木丝板		3.5
199	锯木屑		2
200	木炭		10
201	木炭	(用于油漆工程)	8
202	隔声纸、板		4
203	石棉板、瓦		4
	(六)沥青及其制品类		
204	石油沥青		1
205	柏油、煤焦油、臭油		3
206	油毡、油纸		1
207	沥青玻璃棉		3
208	沥青矿渣棉		4

续表

序号	名　　称	损　耗　率	
		工程项目	%
209	刷沥青	屋面、地面	1
	(七)玻璃油漆类		
210	玻璃	配制	15
211	玻璃	安装	3
212	油灰	成品	2
213	汽油	用于机械	1
214	汽油	用于其他工程	10
215	煤油		3
216	柴油	用于机械	2
217	光油		4
218	清油		2
219	清油	用于油漆工程	3
220	铅油		2.5
221	香水油		2
222	松节油		3
223	熟桐油		4
224	油漆溶剂油		4
225	大白粉		8
226	石膏粉		5
227	色粉	包括颜料	3
228	铅粉		2
229	银粉		2
230	樟丹粉		2
231	石性颜料		4
232	血料		10
233	水(骨)胶		2
234	108　胶		3
235	可赛银	装饰用	3

续表

序号	名称	损耗率	
		工程项目	%
236	可赛银	油漆用	5
237	砂蜡		2
238	光蜡		1
239	硬白蜡		2.5
240	软黄蜡		1
241	硬黄蜡		2.5
242	地板蜡		1
243	羧甲基纤维素		3
244	聚醋酸乙烯乳液		3
245	醇酸漆稀释剂		8
246	硝基稀释剂		10
247	过氯乙烯稀释剂	喷涂	30
248	无光调和漆		3
249	调合漆		3
250	磁漆		3
251	漆片		1
252	有机硅耐热漆	喷涂	30
253	地板漆		2
254	乳胶漆		3
255	红丹防锈漆		3
256	防锈漆		3
257	磷化底漆		5
258	醇酸锌黄底漆		3
259	酚醛耐酸漆		3
260	过氯乙烯防腐漆	喷涂	30
261	环氧防腐漆		5
262	烟囱漆		3
263	过氯乙烯腻子		3

续表

序号	名称	损耗率	
		工程项目	%
264	防火漆		3
265	黑板漆		2
266	清漆		3
267	酒精		7
268	草酸		2
	(八)化工类		
269	火碱		9
270	水玻璃		1
271	氟硅酸钠		1
272	乙二胺		2.5
273	丙酮		2.5
274	乙醇		2.5
274	苯黄酰氯		2.5
276	硫酸		2.5
277	盐酸		5
278	卤水		2
279	氯化镁		2
280	聚硫橡胶		2.5
281	甲苯		2.5
282	硫磺		2.5
283	环氧树脂		2.5
284	酚醛树脂		2.5
285	呋喃树脂		2.5
	(九)棉麻及其他		
286	麻丝		1
287	麻刀		1
288	麻布		1
289	石棉		3

续表

序号	名　　称	损耗率	
		工程项目	%
290	毛毡		8
291	炸药、雷管		2
292	电管		2
293	导火线		6
294	橡皮		1
295	纸筋		1
296	稻壳		2
297	麦草		2
298	草袋		10
299	苇箔		5
300	食盐		2
301	煤		8
302	电力	机械	5
303	焊锡		5
304	矿渣棉		5

4. 安装工程材料、成品、半成品场内运输及操作损耗

(1) 电气设备安装工程

表 5-19

序号	材料名称	损耗率（%）
1	裸软导线	1.3
2	绝缘导线	1.8
3	电力电缆	1.0
4	控制电缆	1.5

续表

序号	材料名称	损耗率(%)
5	硬母线	2.3
6	钢绞线、镀锌铁线	1.5
7	金属管材、管件	3.0
8	金属板材	4.0
9	型钢	5.0
10	金具	1.0
11	压接线夹、螺丝类	2.0
12	木螺钉、圆钉	4.0
13	绝缘子类	2.0
14	低压瓷横担	3.0
15	瓷夹等小瓷件	3.0
16	一般灯具及附件	1.0
17	荧光灯、水银灯灯泡	1.5
18	灯泡(白炽)	3.0
19	玻璃灯罩	5.0
20	灯头、开关、插座	2.0
21	刀开关、铁壳开关、保险器	1.0
22	塑料制品(槽、板、管)	5.0
23	木槽板、圆木台	5.0
24	木杆类	1.0
25	混凝土电杆及制品类	0.5
26	石棉水泥板及制品	8.0
27	砖、水泥	4.0
28	砂、石	8.0
29	油类	1.8

（2）送电线路工程

表 5-20

序号	材料名称		损耗率（%）
1	裸软导线	平地、丘陵	1.4
		山地、高山大岭	2.5
2	专用跨接线和引线		2.5
3	电力电缆		1.0
4	控制电缆		1.5
5	镀锌钢绞线（避雷线）		1.5
6	镀锌钢绞线（拉线）		2.0
7	电缆终端头瓷套		0.5
8	塑料制品（管材、板材）		5.0
9	金具		1.0
10	螺栓、脚钉、垫片（不包括基础用底脚螺栓）		3.0
11	钢筋型钢（成品、半成品）		0.5
12	耐张压接管		2.0
13	绝缘子、瓷横担（不包括出库前试验损耗）		2.0
14	护线条		2.0
15	铝端夹		3.0
16	混凝土杆（包括底盘、拉盘、卡盘、夹盘）		0.5
17	混凝土叉梁及盖板（方矩形）		3.5
18	砖		2.5
19	水泥	山地	7.0
		其他地区	5.0
20	石子	山地	15.0
		其他地区	10.0
21	黄沙	山地	18.0
		其他地区	15.0

(3) 通信设备安装工程

表 5-21

序号	材料名称	损耗率（%）
1	铁线	1.50
2	钢绞线	1.50
3	铜包钢线	1.50
4	铜线	0.50
5	铝线	2.50
6	铜(铝)板、棒材	1.00
7	钢材(型钢、钢管)	2.00
8	各种铁件	1.00
9	各种穿钉、螺丝	1.00
10	直螺脚	0.50
11	各种绝缘子	1.50
12	木杆材料(包括木杆、横担、横木)	0.20
13	水泥电杆及水泥制品	0.30
14	水泥(袋装)	1.10
15	水泥(散装)	5.00
16	木材	5.00
17	局内配线电缆	2.00
18	各种绝缘导线	1.50
19	电力电缆	1.00
20	开关、灯头、插销等	2.00
21	日光灯管	1.50
22	白炽灯泡	3.00
23	地漆布	6.00
24	橡皮垫	3.00
25	硫酸	4.00
26	蒸馏水	10.00

(4) 通信线路工程

表 5-22

序号	材 料 名 称	损耗率(%)
1	铁线	1.50
2	钢绞线	1.50
3	铜包钢线	1.50
4	铜线	0.50
5	铝线	2.50
6	铅套管	1.00
7	钢筋	2.00
8	铜铝管、带材	1.00
9	钢材(型钢、钢管)	2.00
10	顶管用钢管	3.00
11	各种铁件	1.00
12	各种穿钉	1.00
13	直螺脚	0.50
14	各种绝缘子	1.50
15	水泥电杆及水泥制品	0.30
16	埋式电缆	0.50
17	管道电缆	1.50
18	架空电缆	0.70
19	局内配线电缆	2.00
20	电缆挂钩	3.00
21	绝缘导线	1.50
22	局内成端电缆(单裁)	600mm/条
23	局内成端电缆(双裁)	500mm/条
24	同轴电缆内外导体接续铜管	10.00
25	塑料接头保护管	1.00
26	水泥(袋装)	1.10
27	毛石	16.00
28	石子	4.00
29	砂子	5.00
30	砂浆	3.00
31	混凝土	2.00

续表

序号	材料名称	损耗率（%）
32	白灰	3.00
33	砖（青、红）	2.00
34	木材	5.00
35	标石	2.00
36	水泥盖板	2.00
37	水银告警器	15.00
38	木杆、木担、横木、桩木	0.20

（5）工艺管道工程

表 5-23

材料名称	损耗率（%）	材料名称	损耗率（%）
低、中压碳钢管	2.2	铅管	2.8
高压碳钢管	2.0	硅铁管	2.8
碳钢板卷管	2.4	法兰铸铁管	1.0
低、中压不锈钢管	1.5	酚醛石棉塑料管	2.8
高压不锈钢管	2.0	塑料管	3.0
不锈钢板卷管	2.2	玻璃管	4.0
高、中、低压铬钼钢管	2.0	玻璃钢管	2.0
有缝低温钢管	2.0	搪瓷管	2.0
无缝铝管	2.4	石墨管	1.0
铝板卷管	2.3	冷冻排管	2.0
铝镁、铝锰合金钢管	2.4	预应力混凝土管	1
铝镁、铝锰合金板卷管	2.2	承插陶土管、承插铸铁排水管	见定额
无缝铜管	2.5	螺纹管件	1.0
铜板卷管	2.2	螺纹阀门 Dg20 以下	2.0
低、中压钛材管	2.5	螺纹阀门 Dg20 以上	1.0
衬里钢管	3.0	螺栓	3.0

（6）长距离输送管道工程

表 5-24

序号	名称	施工地点或项目	摊销率%	损耗率%
1	改性沥青	预制厂		10
2	改性沥青	现场补口		35
3	玻璃布	沥青防腐损耗及搭边		4.5
4	聚氯乙烯工业膜	沥青防腐损耗及搭边		15
5	钢管	管道敷设和穿跨越工程		1.5
6	钢管	拱跨钢结构	15	3
7	型钢	不分项目		5
8	圆钢	不分项目		5
9	钢板	不分厚度、用于加强筋板		13
10	钢板	用于其他项目		3

续表

序　　号	名　　称	施工地点或项目	摊销率%	损耗率%
11	汽油	预 制 厂		5
12	汽油	现场		10
13	油漆	现场		2.5
14	氧气	现场		15
15	电石	现场		15
16	锯材	不分地点和项目	5	
17	道木	堆用	5	
18	道木	吊装用	10	
19	道木	拖拉用	15	
20	钢丝绳	牵引、吊装	10	
21	钢丝绳	施工主索	20	

续表

序　　号	名　　称	施工地点或项目	摊销率%	损耗率%
22	煤	预制厂		10
23	煤	现场		25
24	TNT 炸药			3
25	雷管			10
26	沥青底漆			10
27	各种水泥			3
28	砂			10
29	碎(卵)石			10
30	滑轮及滑轮座		10	
31	绳卡和卡环		50	
32	铸铁管	现场		2.4

（7）给排水、采暖、煤气工程

表 5-25

材料名称	使用部位	损耗率取定数%
镀锌及焊接钢管	室外管道	1.5
镀锌及焊接钢管	室内管道	2.0
承插排水铸铁管	室内排水管道	7.0
承插塑料管	室内排水管道	2.0
铸铁片式散热器	采暖	1.0
散热器对丝	采暖	5.0
散热器钩子	采暖	5.0
水龙头		1.0
丝扣阀门		1.0
钢管接头零件	室内外管道	1.0
妇女卫生盆		1.0
洗脸盆		1.0
洗手盆		1.0
洗涤盆		1.0
化验盆		1.0
大便器		1.0
瓷高低水箱		1.0
瓷存水弯		0.5
坐便器		1.0
小便器		1.0
小便槽冲洗管		2.0
型钢		5.0
带帽螺栓		3.0
焦炭		5.0
锯条		5.0
铅油		2.5
机油		3.0

续表

材料名称	使用部位	损耗率取定数%
油麻		5.0
青铅		8.0
木柴		5.0
石棉		10.0
砂子		10.0
水泥		10.0
石棉绳		4.0
橡胶石棉板		15.0
漂白粉		5.0
油灰		4.0
线麻		5.0
胶皮板		15.0
铜丝		1.0
清油		2.0
沥青油		2.0

(8) 通风、空调工程

1) 风管、部件板材损耗率　　表 5-26

序号	项　　目	损耗率(%)	备　注
	钢　板　部　分		
1	咬口通风管道	13.8	综合厚度
2	焊接通风管道	10.8	综合厚度
3	圆形阀门	14	综合厚度
4	方、矩形阀门	8	综合厚度
5	风管插板式风口	13	综合厚度
6	网式风口	13	综合厚度

续表

序号	项　　目	损耗率(%)	备　注
7	单、双、三层百叶风口	13	综合厚度
8	连动百叶风口	13	综合厚度
9	钢百叶窗	13	综合厚度
10	活动箅板式风口	13	综合厚度
11	矩形风口	13	综合厚度
12	单面送吸风口	20	δ=0.7～0.9
13	双面送吸风口	16	δ=0.7～0.9
14	单双面送吸风口	8	δ=1～1.5
15	带调节板活动百叶送风口	13	综合厚度
16	矩形空气分布器	14	综合厚度
17	旋转吹风口	12	综合厚度
18	圆形、方形直片散流器	45	综合厚度
19	流线型散流器	45	综合厚度
20	135 型单层双层百叶风口	13	综合厚度
21	135 型带导流片百叶风口	13	综合厚度
22	圆伞形风帽	28	综合厚度
23	锥形风帽	26	综合厚度
24	筒形风帽	14	综合厚度
25	筒形风帽滴水盘	35	综合厚度
26	风帽泛水	42	综合厚度
27	风帽拉绳	4	综合厚度
28	升降式排气罩	18	综合厚度
29	上吸式侧吸罩	21	综合厚度
30	下吸式侧吸罩	22	综合厚度
31	上、下吸式圆形回转罩	22	综合厚度
32	手锻炉排气罩	10	综合厚度
33	升降式回转排气罩	18	综合厚度
34	整体，分组、吹吸侧边侧吸罩	10.15	综合厚度
35	各型风罩调节阀	10.15	综合厚度

续表

序号	项　　目	损耗率(%)	备　注
36	皮带防护罩	18	δ=1.5
37	皮带防护罩	9.35	δ=4
38	电动机防雨罩	33	δ=1～1.5
39	电动机防雨罩	10.6	δ=4 以上
40	中、小型零件焊接工作台排气罩	21	综合厚度
41	泥心烘炉排气罩	12.5	综合厚度
42	各式消声器	13	综合厚度
43	空调设备	13	δ=1 以下
44	空调设备	8	δ=1.5～3
45	设备支架	4	综合厚度
	塑　料　部　分		
46	塑料圆形风管	16	综合厚度
47	塑料矩形风管	16	综合厚度
48	圆形蝶阀(外框短管)	16	综合厚度
49	圆形蝶阀(阀板)	31	综合厚度
50	矩形蝶阀	16	综合厚度
51	插板阀	16	综合厚度
52	槽边侧吸罩、风罩调节阀	22	综合厚度
53	整体槽边侧吸罩	22	综合厚度
54	条缝槽边抽风罩(各型)	22	综合厚度
55	条缝槽边抽风罩(环形)	22	综合厚度
56	塑料风帽(各种类型)	22	综合厚度
57	插板式侧面风口	16	综合厚度
58	空气分布器类	20	综合厚度
59	直片式散流器	22	综合厚度
60	柔性接口及伸缩节	16	综合厚度
	净　化　部　分		

续表

序号	项　目	损耗率(%)	备　注
61	净化风管	14.90	综合厚度
62	净化铝板风口类	38	综合厚度
	不锈钢板部分		
63	不锈钢板通风管道	8	
64	不锈钢板圆形法兰	150	$\delta=4\sim10$
65	不锈钢板风口类	8	$\delta=1\sim3$
66	不锈钢板阀类	14	$\delta=2\sim6$
	铝　板　部　分		
67	铝板通风管道	8	
68	铝板圆形法兰	150	$\delta=4\sim12$
69	铝板风口类	8	$\delta=2\sim4$
70	铝板风帽	14	$\delta=3\sim6$
71	铝板阀类	14	$\delta=2\sim6$

2）型钢及其他材料损耗率　　表 5-27

序号	项　目	损耗率(%)	序号	项　目	损耗率(%)
1	型钢	4	9	橡胶板	15
2	安装用螺栓(M12以下)	4	10	石棉橡胶板	15
			11	石棉板	15
3	安装用螺栓(M12以上)	2	12	石棉绳	15
			13	电焊条	5
4	螺母	6	14	气焊条	2.5
5	垫圈(ϕ12 以下)	6	15	氧气	18
6	自攻螺钉、木螺钉	4	16	电石	18
7	铆钉	10	17	管材	4
8	开口销	6	18	镀锌铁丝网	20

续表

序号	项目	损耗率(%)	序号	项目	损耗率(%)
19	帆布	15	32	塑料焊条(编网格用)	25
20	玻璃板	20			
21	玻璃棉、毛毡	5	33	不锈钢型材	4
22	泡沫塑料	5	34	不锈钢带母螺栓	4
23	方木	5	35	不锈钢铆钉	10
24	玻璃丝布	15	36	不锈钢电焊条、焊丝	5
25	矿棉、卡普隆纤维	5			
26	泡钉、鞋钉、圆钉	10	37	铝焊粉	20
27	胶液	5	38	铝型材	4
28	油毡	10	39	铝带母螺栓	4
29	铁丝	1	40	铝铆钉	10
30	混凝土	5	41	铝焊条、焊丝	3
31	塑料焊条	6			

(9) 自动化控制装置及仪表工程

表 5-28

材料名称	损耗率%	材料名称	损耗率%
钢管	3.5	型钢	4
不锈钢管	3	补偿导线	4
铜管	3	绝缘导线	3.5
铝管	3	电缆	2
管缆	3		

(10) 工艺金属结构工程

表 5-29

序号	主要材料名称	供应条件	损耗率%
1	平板	设计选用的规格钢板	6.2
2	平板	非设计选用的规格钢板	按实际情况确定
3	毛连钢板		按实际情况确定
4	型钢	设计选用的规格型钢	5
5	钢管	设计选用的规格钢管	3.5
6	卷板	卷筒钢板	按钢板卷材开卷与平直执行

(11) 刷油、绝热、防腐蚀工程

1) 瓦块、板材材料　　表 5-30

序号	保温项目		材料名称	损耗率(%)
1	保温瓦块安装	管道 设备	保温瓦块 保温瓦块	8 5
2	微孔硅酸钙安装	管道 设备	微孔硅酸钙 微孔硅酸钙	5 5
3	聚苯乙烯泡沫塑料板材、瓦块	管道 设备 风道	聚苯乙烯泡沫塑料瓦 聚苯乙烯泡沫塑料板 聚苯乙烯泡沫塑料板	2 20 6
4	泡沫玻璃瓦块、板材	管道 设备	泡沫玻璃 泡沫玻璃	8～15 瓦块 20 板 8 瓦块/20 板
5	聚氨酯泡沫瓦块,板材	管道 设备	聚氨酯泡沫 聚氨酯泡沫	3 瓦块/20 板 3 瓦块/20 板
6	软木瓦块板材	管道 设备 风道	软木瓦 软木板 软木板	3 12 6

续表

序号	保温项目		材料名称	损耗率(%)
7	岩棉瓦块	管道	岩棉瓦块	3
	板材	设备	岩板	3
8	矿棉瓦块	管道	矿棉瓦块	3
	矿棉席安装	设备	矿棉席	2
9	玻璃棉毡	管道	玻璃棉毡	5
		设备	玻璃棉毡	3
10	超细玻璃棉毡	管道	超细玻璃棉毡	4.5
		设备	超细玻璃棉毡	4.5
11	牛毛毡	管道	牛毛毡	4
		设备	牛毛毡	3

2）保护层材料　　　　表 5-31

序号	保 温 项 目		材 料 名 称	损耗率(%)
1	麻刀白灰（管道）	10mm	麻刀 白灰	6 6
		15mm	麻刀 白灰	6 6
		20mm	麻刀 白灰	6 6
2	麻刀白灰（设备）	10mm	麻刀 白灰	3 3
		15mm	麻刀 白灰	3 3
		20mm	麻刀 白灰	3 3

续表

序号	保温项目		材料名称	损耗率（%）
3	石棉灰 麻刀水泥 （管道）	10mm	石棉灰Ⅵ级 麻刀 水泥	6 6 6
		15mm	石棉灰Ⅵ级 麻刀 水泥	6 6 6
		20mm	石棉灰Ⅵ级 麻刀 水泥	6 6 6
4	石棉灰 麻刀水泥 （设备）	10mm	石棉灰Ⅵ级 麻刀 水泥	3 3 3
5	石棉灰 麻刀水泥 （设备）	15mm	石棉灰Ⅵ级 麻刀 水泥	3 3 3
		20mm	石棉灰Ⅵ级 麻刀 水泥	3 3 3
6	缠玻璃布	管道	玻璃布	6.42
	缠塑料布	管道	塑料布	6.42
	包油毡纸	管道 设备	油毡纸 350g 油毡纸 350g	7.65 7.65
7	包铁皮	管道 设备	铁皮 2000×1000～900×1800 铁皮 2000×1000～1800×900	5.32 5.32
8	包铁丝网	管道 设备	铁丝网 铁丝网	5 5

耐酸砖、板及耐酸胶泥　　表 5-32

序号	砖、板规格(mm)	衬厚	损耗率(%)	
			耐酸砖、板	耐酸胶泥
1	230×113×65	230mm	4	5
2	230×113×65	113mm	4	5
3	230×113×65	65mm	4	5
4	180×110×30	一层	6	5
5	180×110×50	一层	6	5
6	180×110×20	一层	6	5
7	150×150×30	一层	6	5
8	150×150×25	一层	6	5
9	150×150×20	一层	6	5
10	150×75×20	一层	6.6	5
11	150×75×15	一层	6.6	5
12	150×75×10	一层	6.6	5

（12）热力设备安装工程

表 5-33

序号	名　　称	损耗率(%)	序号	名　　称	损耗率(%)
	一、锅炉炉墙材料及半成品		7	微孔硅酸钙板	10
			8	水泥	4
1	标准耐火砖	7	9	瓷板	6
2	异型耐火砖	4	10	耐火泥	4
3	硅藻土砖	4	11	生料硅藻土粉	6
4	硅藻土板	6	12	珍珠岩粉	6
5	水泥珍珠岩板	12	13	石英粉	4
6	水玻璃珍珠岩板	12	14	菱苦土	6

续表

序号	名　　称	损耗率（%）	序号	名　　称	损耗率（%）
15	氯化镁	10	24	保温混凝土	6
16	石棉绒	4	25	炉墙抹料	6
17	高硅氯纤维	4	26	密封涂料	5.1
18	超细玻璃棉缝合毡	1		二、锅炉主蒸汽、主给水管道材料	
19	铸石板	8			
20	石棉剂	4			
21	硅质酸泥及环氧胶泥	5	1	高压碳钢管	4.5
			2	合金钢管	4.5
22	耐火混凝土	6	3	高压螺栓、螺帽、垫圈	5.5
23	耐火塑料	6			

注：锅炉主蒸汽、主给水管道所用的其他各种管件（包括：锻造三通、铸造三通、铸造弯头、锻造法兰、堵板、阀门、蠕动测点等）均不计损耗。

第六章 建筑面积

一、建筑面积计算规则

由于建筑面积是计算各种技术指标的重要依据，这些指标又起着衡量和评价建设规模、投资效益、工程成本等方面重要尺度的作用。因此，中华人民共和国建设部颁发了《建筑工程建筑面积计算规范》(GB/T 50353—2005)，规定了建筑面积的计算方法。

《建筑工程建筑面积计算规范》主要规定了三个方面的内容：①计算全部建筑面积的范围和规定；②计算部分建筑面积的范围和规定；③不计算建筑面积的范围和规定。这些规定主要基于以下几个方面的考虑。

(1) 尽可能准确地反映建筑物各组成部分的价值量，例如，有永久性顶盖、无围护结构的走廊，按其结构底板水平面积 1/2 计算建筑面积；有围护结构的走廊（增加了围护结构的工料消耗）则计算全部建筑面积；又如，多层建筑坡屋顶内和场馆看台下，当设计加以利用时，净高在超过 2.10m 的部位应计算建筑面积，净高在 1.20m 至 2.10m 的部位应计算 1/2 面积，净高不足 1.20m 时不应计算面积。

(2) 通过建筑面积计算的规定，简化了建筑面积过程，例如，附墙拉、垛等不应计算建筑面积。

二、应计算建筑面积的范围

1. 单层建筑物

(1) 计算规定

单层建筑物的建筑面积，应按其外墙勒脚以上结构外围水平面积计算，并应符合下列规定：

1）单层建筑物高度在 2.20m 及其以上应计算全面积；高度不足 2.20 者应计算 1/2 面积。

2）利用坡屋顶内空间时，净高超过 2.10m 的部位应计算全面积；净高在 1.20m 至 2.10m 的部位应计算 1/2 面积；净高不足 1.20m 的部位不应计算面积。

（2）计算规定解读

1）单层建筑物可以是民用建筑、公共建筑，也可以是工业厂房。

2）“应按其外墙勒脚以上结构外围水平面积计算”的规定，主要强调，勒脚是墙根部很矮的一部分墙体加厚，不能代表整个外墙结构，因此要扣除勒脚墙体加厚部分。另外还强调，建筑面积只包括外墙的结构面积，不包括外墙抹灰厚度、装饰材料厚度所占的面积，如图 6-1 所示，其建筑面积为

$S=a\times b$（外墙外边尺寸，不含勒脚厚度）。

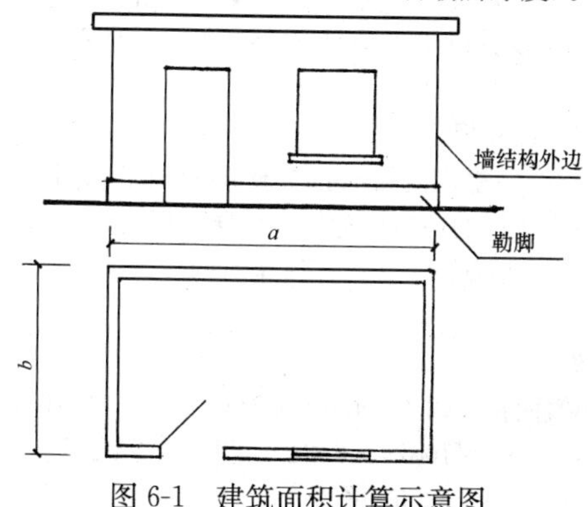

图 6-1 建筑面积计算示意图

3）利用坡屋顶空间净高计算建筑面积的部位举例如下，见图 6-2。

• 应计算 1/2 面积：（$A_{轴}$～B_{m}）

符合1.2m高的宽　　坡屋面长

$$S_1=(2.70-0.40)\times5.34\times0.50=6.15\text{m}^2$$

• 应计算全部面积：（$B_{轴}$～$C_{轴}$）

$$S_2=3.60\times5.34=19.22\text{m}^2$$

小计：$S_1+S_2=6.15+19.22=25.37\text{m}^2$

4）单层建筑物应按不同的高度确定面积的计算。高度指室内地面标高至屋面板板面结构标高之间的垂直距离。遇有以屋面板找坡的平屋顶单层建筑物，其高度指室内地面标高至屋面板最低处板面结构标高之间的垂直距离。

2. 单层建筑物内设有局部楼层

（1）计算规定

单层建筑物内设有局部楼层者，局部楼层及其以上楼层，有围护结构的应按其围护结构外围水平面积计算，无围护结构的应按其底板水平面积计算。层高在 2.20m 及其以上者应计算全面积；层高不足 2.20m 者应该计算 1/2 面积。

（2）计算规定解读

1）单层建筑内设有部分楼层的例子见图 6-3。这时，局部楼层的墙厚应包括在楼层面积内。

例 1　根据图 6-3 计算该建筑的建筑面积（墙厚均为 240mm）

解

$$\begin{aligned}\text{底层建筑面积}&=(6.0+4.0+0.24)\times(3.30+2.70+0.24)\\&=10.24\times6.24\\&=63.90\text{m}^2\end{aligned}$$

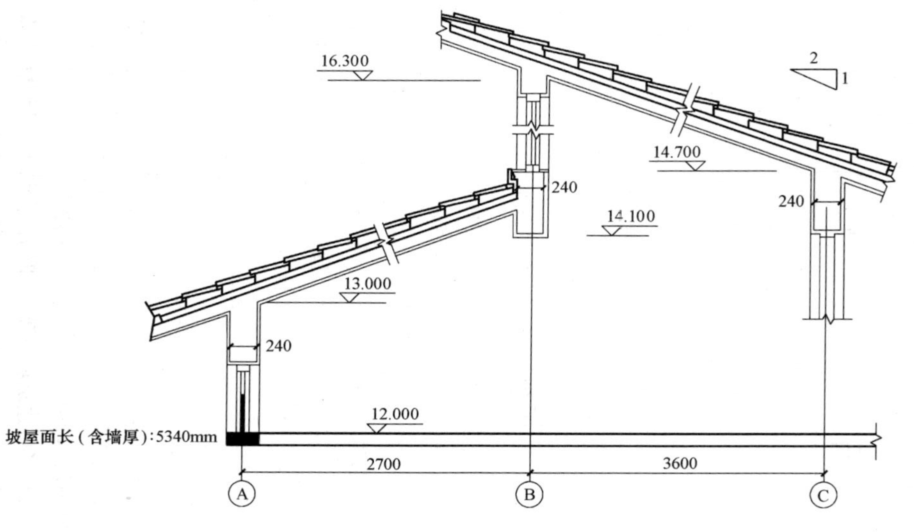

图 6-2　利用坡屋顶空间应计算建筑面积示意图

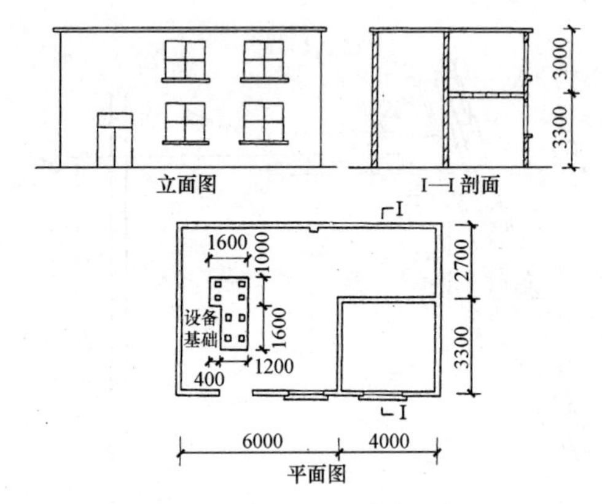

图6-3 建筑面积计算示意图

楼隔层建筑面积＝(4.0＋0.24)×(3.30＋0.24)

＝4.24×3.54

＝15.01m²

全部建筑面积＝69.30＋15.01＝78.91m²

2）本规定没有说不算建筑面积的部位，我们可以理解为局部楼层层高一般不会低于1.20m。

3. 多层建筑物

(1) 计算规定

1）多层建筑物首层应按其外墙勒脚以上结构外围水平面积计算；二层及以上楼层应按其外墙结构外围水平面积计算。层高在2.20m及以上者应计算全面积；层高不足2.20m者应计算1/2面积。

2）多层建筑坡屋顶内和场馆看台下，当设计加以利用时，净高超过2.10m的部位应计算全面积；净高在1.20m至2.10m的部位应计算1/2面积；当设计不利用或室内净高不足 1.20m 时不应计算面积。

(2) 计算规定解读

1) 规定明确了外墙上的抹灰厚度或装饰材料厚度不能计入建筑面积。

2) “二层及以上楼层”是指，有可能各层的平面布置不同，面积也不同，因此要分层计算。

3) 多层建筑物的建筑面积应按不同的层高分别计算。层高是指上下两层楼面结构标高之间的垂直距离。建筑物最底层的层高指，当有基础底板时按基础底板上表面结构标高至上层楼面的结构标高之间的垂直距离确定；当没有基础底板时按地面标高至上层楼面结构标高之间的垂直距离确定。最上一层的层高是指楼面结构标高至屋面板板面结构标高之间的垂直距离；若遇到以屋面板找坡的屋面，层高指楼面结构标高至屋面板最低处板面结构标高之间的垂直距离。

4) 多层建筑坡屋顶内和场馆看台下的空间应视为坡屋顶内的空间，设计加以利用时，应按其净高确定其面积的计算；设计不利用的空间，不应计算建筑面积，其示意图见图 6-4。

4. 地下室

(1) 计算规定

地下室、半地下室（车间、商店、车站、车库、仓库等)，包括相应的有永久性顶盖的出入口，应按其外墙上口（不包括采光井、外墙防潮层及其保护墙）外边线所围水平面积计算。层高在 2.20m 及以上者应计算全面积；层高不足 2.20m 者应计算 1/2 面积。

(2) 计算规定解读

1) 地下室采光井是为了满足地下室的采光和通风

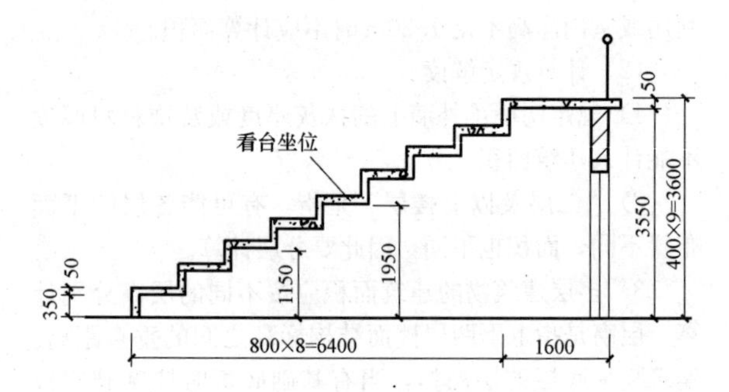

图 6-4　看台下空间（场馆看台剖面图）计算建筑面积示意图

要求设置的。一般在地下室围护墙上口开设一个矩形或其他形状的竖井，井的上口一般设有铁栅，井的一个侧面安装采光和通风用的窗子，见图 6-5。

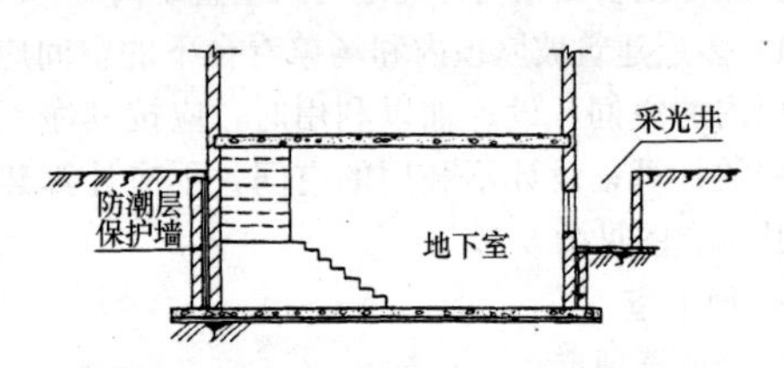

图 6-5　地下室建筑面积计算示意图

2）地下室、半地下室应以其外墙上口外边线所围水平面积计算。以前的计算规则规定：按地下室、半地室上口外墙外围水平面积计算，文字上不甚严密，“上口外墙”容易被理解成为地下室、半地下室的上一层建筑的外墙。因为通常情况下，上一层建筑外墙与地下室墙的中心线不一定完全重叠，多数情况是凹进或凸出地下室外墙中心线。

5. 建筑物吊脚架空层、深基础架空层

(1) 计算规定

坡地的建筑物吊脚架空层、深基础空层，设计加以利用并有围护结构的，层高在 2.20m 及以上的部位应计算全面积，层高不足 2.20m 的部位应该计算 1/2 面积；设计加以利用的无围护结构的建筑物吊脚架空层，应按其利用部位水平面积的 1/2 计算，设计不利用的深基础架空层、坡地吊脚架空层不应计算面积。

(2) 计算规定解读

1) 建于坡地的建筑物吊脚架空层示意见图 6-6。

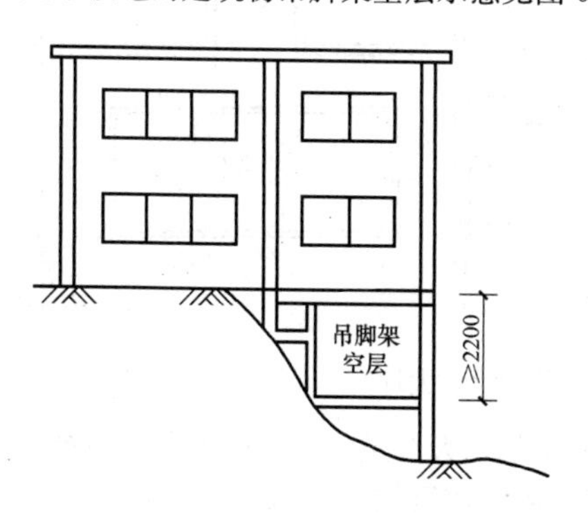

图 6-6　坡地建筑物吊脚架空层示意图

2) 层高在 2.20m 的及以上的吊脚架空层可以设计用来作为一个房间使用。

3) 深基础架空层 2.20m 及以上层高时，可以设计用来作为安装设备或做储藏间使用。

6. 建筑物内门厅、大厅

(1) 计算规定

建筑物的门厅、大厅按一层计算建筑面积。门厅、大厅内设有回廊时，应按其结构底板水平面积计算。层高在 2.20m 及以上者应计算全面积；层高不足 2.20m 者应计算 1/2 面积。

(2) 计算规定解读

1)“门厅、大厅内设有回廊”是指，建筑物大厅、门厅的上部（一般该大厅、门厅占二个或二个以上建筑物层高）四周向大厅、门厅、中间挑出的走廊称为回廊，如图 6-7。

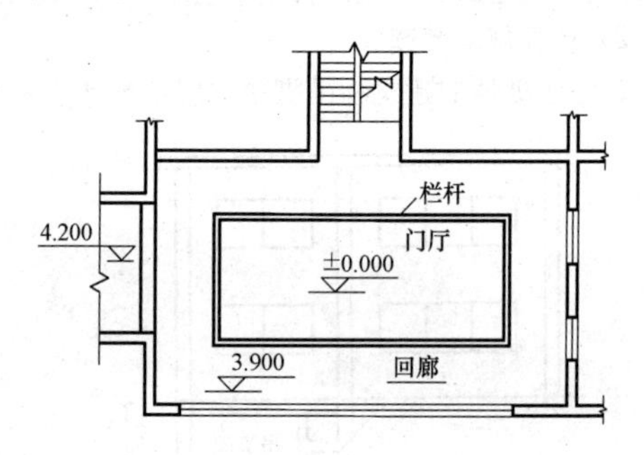

图 6-7　大厅、门厅内设有回廊示意图

2) 宾馆、大会堂、教学楼等大楼内的门厅或大厅，往往要占建筑物的二层或二层以上的层高，这时也只能计算一层面积。

3)“层高不足 2.20m 者应计算 1/2 面积”，应该指回廊层高可能出现的情况。

7. 架空走廊

(1) 计算规定

建筑物间有围护结构的架空走廊，应按其围护结构外围水平面积计算。层高在 2.20m 及以上者应计算全面积；层高不足 2.20m 者应计算 1/2 面积。有永久性顶盖无围护结构的应按其结构底板水平面积 1/2 计算。

（2）计算规定解读

架空走廊是指建筑物与建筑物之间，在二层或二层以上专门为水平交通设置的走廊，见图 6-8。

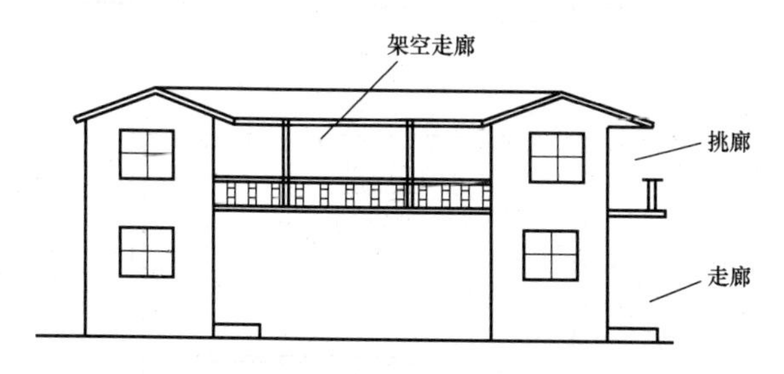

图 6-8　有永久性顶盖架空走廊示意图

8. 立体书库、立体仓库、立体车库

（1）计算规定

立体书库、立体仓库、立体车库，无结构层的应按一层计算；有结构层的应按其结构层面积分别计算。层高在 2.20m 及以上者应计算全面积；层高不足 2.20m 者应计算 1/2 面积分别计算。

（2）计算规定解读

1）计算规范对以前的计算规则进行了修订，增加了立体车库的面积计算。立体车库、立体仓库、立体书库不规定是否有围护结构，均按是否有结构层，应区分不同的层高确定建筑面积计算的范围。改变了以前按书架层和货架层计算面积的规定。

2）立体书库建筑面积计算（按图 6-9 计算）如下：

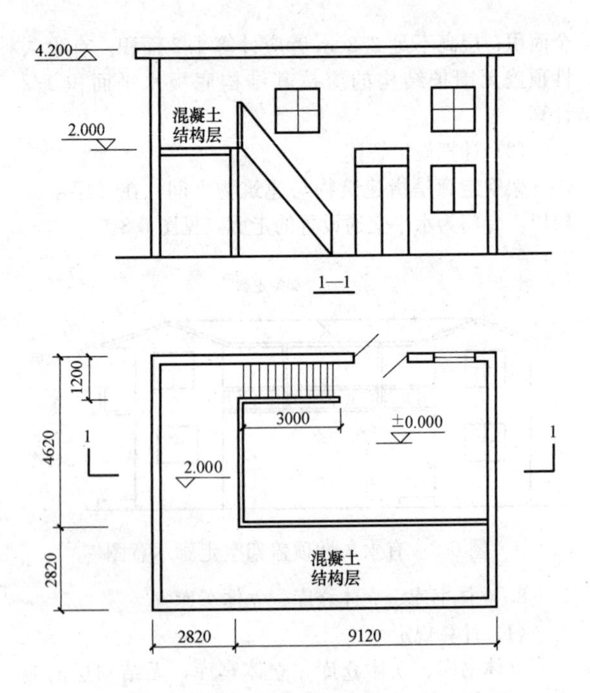

图 6-9　立体书库建筑面积计算示意图

底层建筑面积＝(2.82＋4.62)×(2.82＋9.12)＋3.0×1.20

＝7.44×11.94＋3.60

＝92.43m^2

结构层建筑面积＝(4.62＋2.82＋9.12)×2.82×0.50(层高2m)

＝16.56×2.82×0.50

＝23.35m^2

9. 舞台灯光控制室

（1）计算规定

有围护结构的舞台灯光控制室，应按其围护结构外围水平面积计算。层高在 2.20m 及以上者应计算全面积；层高不足 2.20m 者应计算 1/2 面积。

(2) 计算规定解读

如果舞台灯光控制室有围护结构且只有一层，那么就不能另外计算面积，因为整个舞台的面积计算已经包含了该灯光控制室的面积。

10. 落地橱窗、门斗、挑廊、走廊、檐廊

(1) 计算规定

建筑物外有围护结构的落地橱窗、门斗、挑廊、走廊、檐廊，应按其围护结构外围水平面积计算。层高在 2.20m 及以上者应计算全面积；层高不足 2.20m 者应计算 1/2 面积。有永久性顶盖无围护结构的应按其结构底板水平面积的 1/2 计算。

(2) 计算规定解读

1) 落地橱窗是指突出外墙面、根基落地的橱窗。

2) 门斗是指在建筑物出入口设置的起分隔、挡风、御寒等作用的建筑过渡空间。保温门斗一般有围护结构，见图 6-10。

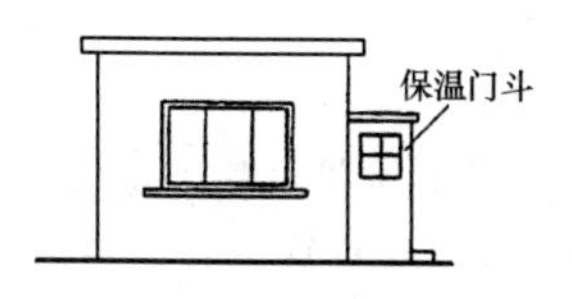

图 6-10　有围护结构门斗示意图

3) 挑廊是指挑出建筑物外墙的水平交通空间，见图 6-11；走廊指建筑物底层的水平交通空间，见图 6-12；檐廊是指设置在建筑物底层檐下的水平交通空间，见图 6-12。

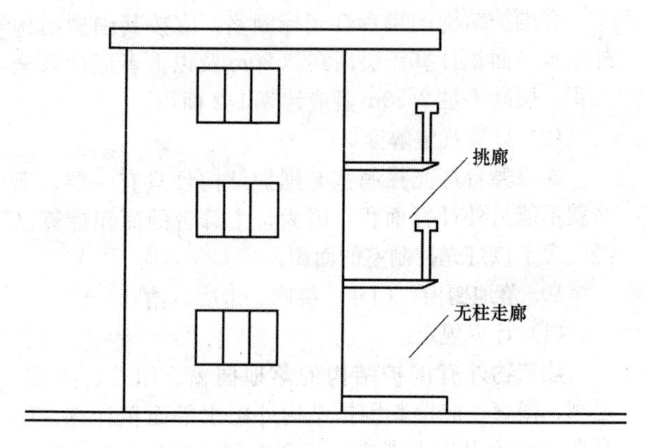

图 6-11　挑廊、无柱走廊示意图

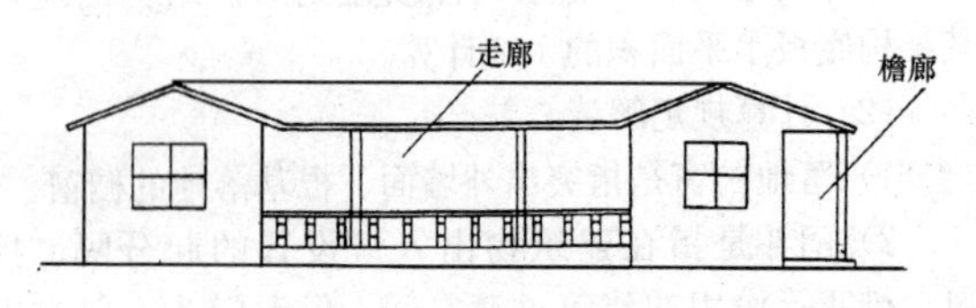

图 6-12　走廊、檐廊示意图

11. 场馆看台

(1) 计算规定

有永久性顶盖无围护结构的场馆看台，应按其顶盖水平投影面积的 1/2 计算。

(2) 计算规定解读

这里所称的“场馆”实际上是指“场”（如足球场、网球场等），看台上有永久性顶盖部分。“馆”应是有永久性顶盖和围护结构的，应按单层或多层建筑相关规定计算面积。

12. 建筑物顶部楼梯间、水箱间、电梯机房

(1) 计算规定

建筑物顶部有围护结构的楼梯间、水箱间、电梯机房等，层高在 2.20m 及以上者应计算全面积；层高不足 2.20m 者应计算 1/2 面积。

(2) 计算规定解读

1) 如遇建筑物屋顶的楼梯间是坡屋顶时，应按坡屋顶的相关规定计算面积。

2) 单独放在建筑物屋顶上的混凝土水箱或钢板水箱，不计算面积。

3) 建筑物屋顶水箱间、电梯机房见示意图 6-13。

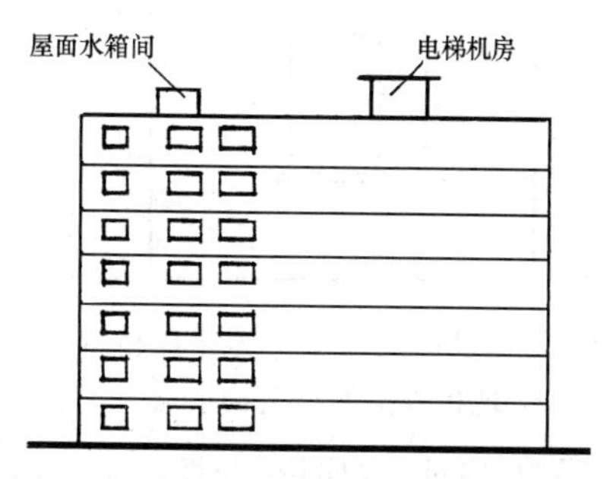

图 6-13 屋面水箱间、电梯机房示意图

13. 不垂直于水平面而超出底板外沿的建筑物

(1) 计算规定

设有围护结构不垂直于水平面而超出底板外沿的建筑物，应按其底板面的外围水平面积计算。层高在 2.20m 及以上者应计算全面积；层高不足 2.20m 者应计算 1/2 面积。

(2) 计算规定解读

设有围护结构不垂直于水平面而超出地板外沿的建筑物是指向建筑物外倾斜的墙体（见图 6-14）。若遇有向建筑物内倾斜的墙体，应视为坡屋面，应按坡屋顶的有关规定计算面积。

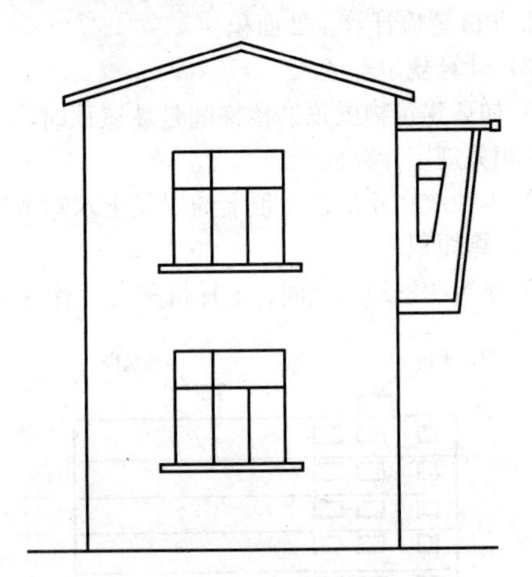

图 6-14　不垂直于水平面超出地板外沿的建筑物示意图

14. 室内楼梯间、电梯井、垃圾道等

（1）计算规定

建筑物内的室内楼梯间、电梯井、观光电梯井、提物井、管道井、通风排气竖井、垃圾道、附墙烟囱应按建筑物的自然层计算面积。

（2）计算规定解读

1）室内楼梯间的面积计算，应按楼梯依附的建筑物的自然层数计算，合并在建筑物面积内。若遇跃层建筑，其共用的室内楼梯应按自然层计算面积；上下两错层户室共用的室内楼梯，应选上一层的自然层计算面积，见图 6-15。

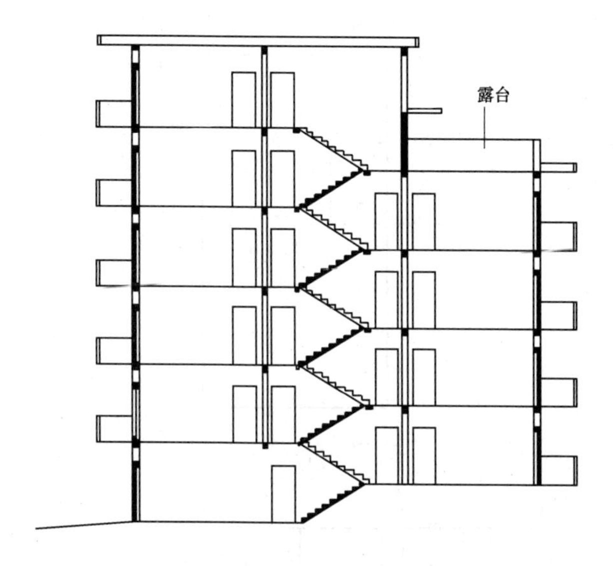

图 6-15　户室错层剖面示意图

2）电梯井是指安装电梯用的垂直通道，见图 6-16。

例 2　某建筑物共 12 层，电梯井尺寸（含壁厚）如图 6-16，求电梯井面积。

解　$S=2.80\times3.40\times12$ 层$=114.24$（m^2）

3）提物井是指图书馆提升书籍、酒店提升食物的垂直通道。

4）垃圾道是指写字楼等大楼内每层设垃圾倾倒口的垂直通道。

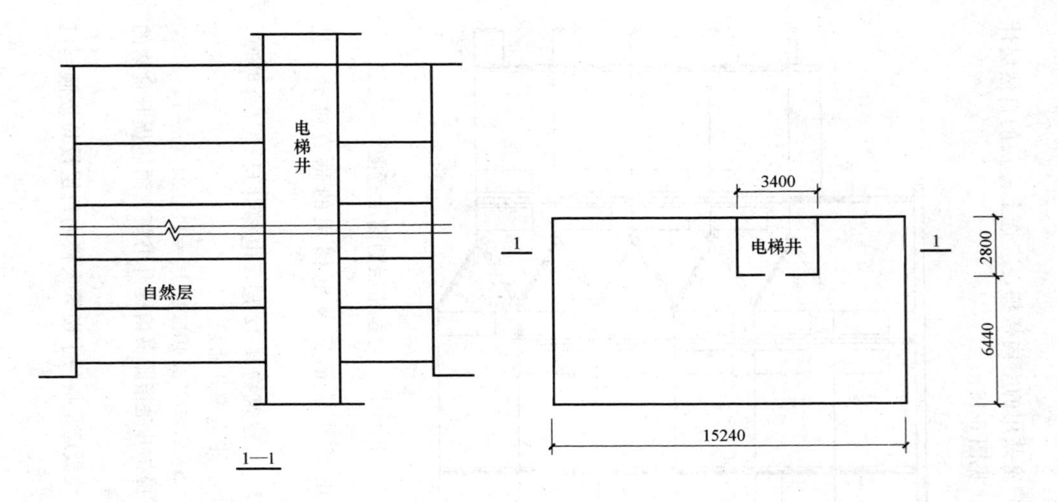

图 6-16　电梯井示意图

5）管道井是指宾馆或写字楼内集中安装给排水、采暖、消防、电线管道用的垂直通道。

15. 雨篷

（1）计算规定

雨篷结构的外边线至外墙结构外边线的宽度超过2.10m者，应按雨篷结构板的水平投影面积的1/2计算面积。

（2）计算规定解读

1）雨篷均以其宽度超过2.10m或不超过2.10m划分。超过者按雨篷结构板水平投影面积的1/2计算；不超过者不计算。上述规定不管雨篷是否有柱或无柱，计算应一致。

2）有柱的雨篷、无柱的雨篷、独立柱的雨篷见图6-17、图6-18。

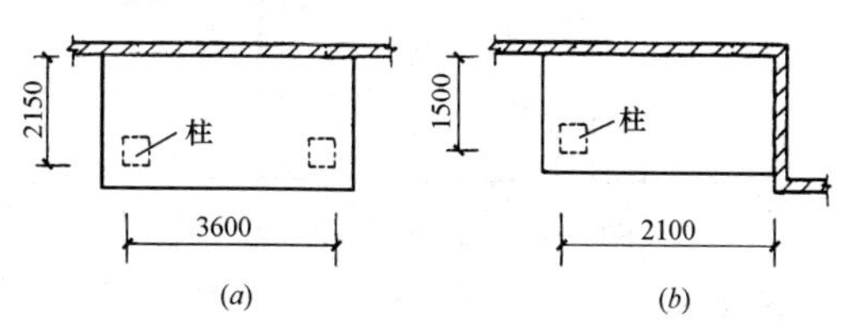

图6-17　有柱雨篷示意图

（*a*）计算1/2面积；（*b*）不计算面积

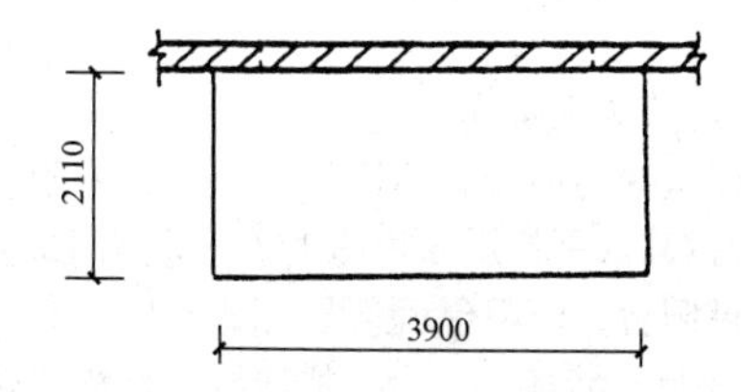

图6-18　无柱雨篷示意图（计算1/2面积）

16. 室外楼梯

(1) 计算规定

有永久性顶盖的室外楼梯，应按建筑自然层的水平投影面积1/2计算。

(2) 计算规定解读

室外楼梯，最上层楼梯无永久性顶盖或不能完全遮盖楼梯的雨篷，上层楼梯不计算面积；上层楼梯可视为下层楼梯的永久性顶盖，下层楼梯应计算面积，见图6-19。

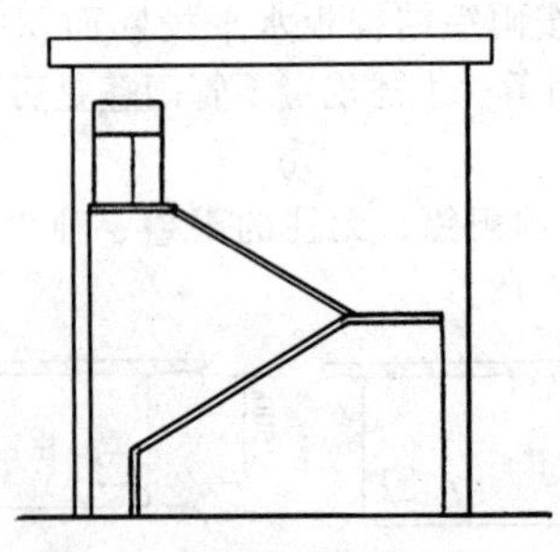

图6-19　室外楼梯示意图

17. 阳台

(1) 计算规定

建筑物的阳台均应按其水平投影面积的1/2计算建筑面积。

(2) 计算规定解读

1) 建筑物的阳台，不论是凹阳台、挑阳台、封闭阳台，均按其水平投影面积的1/2计算建筑面积。

2) 挑阳台、凹阳台示意图见图6-20、图6-21。

18. 车棚、货棚、站台、加油站、收费站等

(1) 计算规定

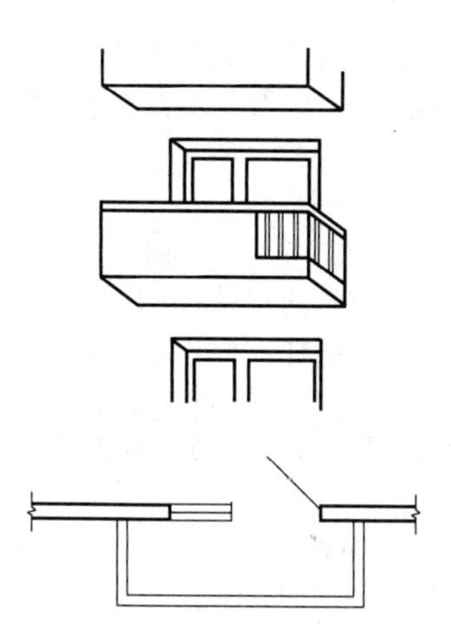

图 6-20　挑阳台示意图

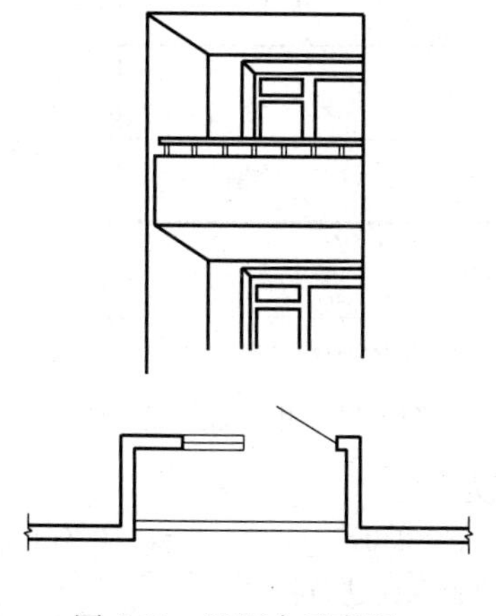

图 6-21　凹阳台示意图

有永久性顶盖无围护结构的车棚、货棚、站台、加油站、收费站等，应按其顶盖水平投影面积的 1/2 计算建筑面积。

(2) 计算规定解读

1) 车棚、货棚、站台、加油站、收费站等的面积计算，由于建筑技术的发展，出现许多新型结构，如柱不再是单纯的直立柱，而出现正 V 形、倒∧形等不同类型的柱，给面积计算带来许多争议。为此，我们不以柱来确定面积，而依据顶盖的水平投影面积计算面积。

2) 在车棚、货棚、站台、加油站、收费站内设有带围护结构的管理房间、休息室等，应另按有关规定计算面积。

3) 站台示意图见图 6-22。

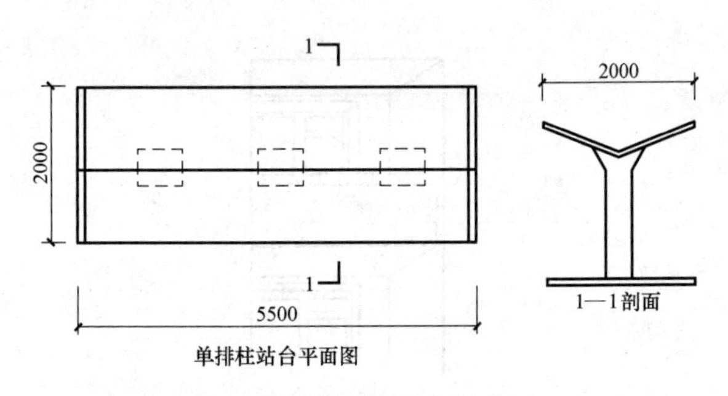

图 6-22　单排柱站台示意图

面积为：

$$S=2.0\times5.50\times0.5=5.50\ (\mathrm{m}^2)$$

19. 高低联跨建筑物

(1) 计算规定

高低联跨的建筑物，应以高跨结构外边线为界，分别计算建筑面积；其高低跨内部联通时，其变形缝应计算在低跨面积内。

(2) 计算规定解读

1) 高低联跨建筑物示意图见图 6-23。

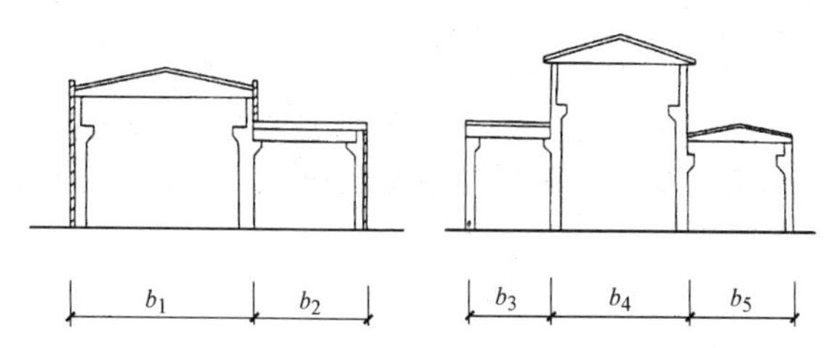

图 6-23 高低跨单层建筑物建筑面积计算示意图

2) 建筑面积计算示例。

例 3 当建筑物长为 L 时，其建筑面积分别为：

解

$$S_{高1}=b_1\times L$$

$$S_{高2}=b_4\times L$$

$$S_{低1}=b_2\times L$$

$$S_{低2}=(b_3+b_5)\times L$$

20. 以幕墙作为围护结构的建筑物

(1) 计算规定

以幕墙作为围护结构的建筑物，应按幕墙外边线计算建筑面积。

(2) 计算规定解读

围护性幕墙是指直接作为外墙起围护作用的幕墙。

21. 建筑物外墙外侧有保温隔热层

计算规定

建筑物外墙外侧有保温隔热层的，应按保温隔热层外边线计算建筑面积。

22. 建筑物内的变形缝

(1) 计算规定

建筑物内的变形缝，应按其自然层合并在建筑面积内计算。

(2) 计算规定解读

1) 本条规定所指建筑物内的变形缝是与建筑物相联通的变形缝，即暴露在建筑物内，可以看得见的变形缝。

2) 室内看得见的变形缝如示意图 6-24 所示。

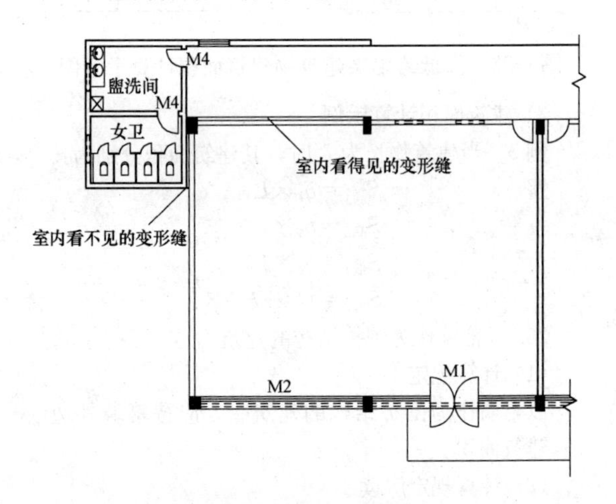

图 6-24 室内看得见的变形缝示意图

三、不计算建筑面积的范围

1. 建筑物通道

(1) 计算规定

建筑物的通道（骑楼、过街楼的底层），不应计算建筑面积。

(2) 计算规定解读

1) 骑楼是指楼层部分跨在人行道上的临街楼房，见图 6-25。

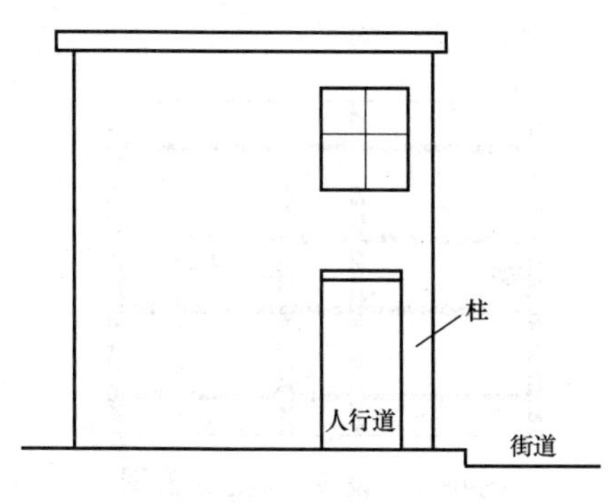

图 6-25　骑楼示意图

2) 过街楼是指有道路穿过建筑空间的楼房，见图 6-26。

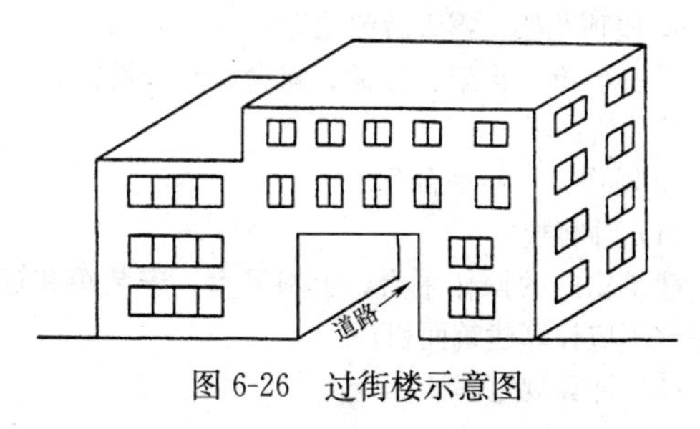

图 6-26　过街楼示意图

2. 设备管道夹层

（1）计算规定

建筑物内的设备管道夹层不应计算建筑面积。

（2）计算规定解读

高层建筑的宾馆、写字楼等，通常在建筑物高度的中间部分设置管道及设备层，主要用于集中放置水、暖、电、通风管道及设备。这一设备管道层不应计算建筑面积，如图 6-27 所示。

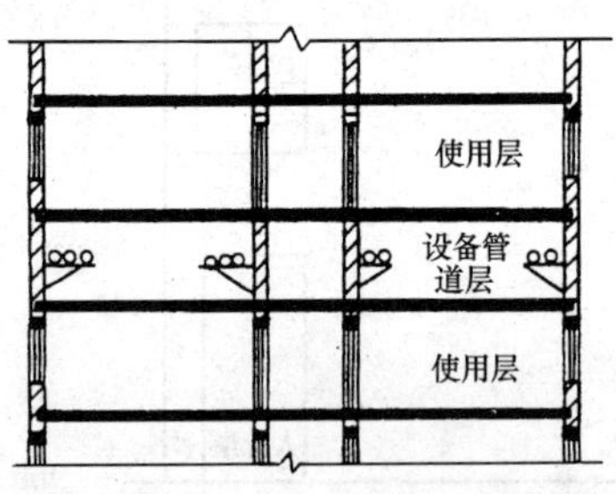

图 6-27　设备管道层示意图

3. 建筑物内单层房间、舞台及天桥等

建筑物内分隔的单层房间、舞台及后台悬挂幕布、布景的天桥、挑台等不应计算建筑面积。

4. 屋顶花架、露天游泳池等

屋顶水箱、花架、凉棚、露台、露天游泳池等不应计算建筑面积。

5. 操作、上料平台等

（1）计算规定

建筑物内的操作平台、上料平台、安装箱和罐体的平台不应计算建筑面积。

（2）计算规定解读

建筑物外的操作平台、上料平台等应该按有关规定确定是否应计算建筑面积。操作平台示意图见图 6-28。

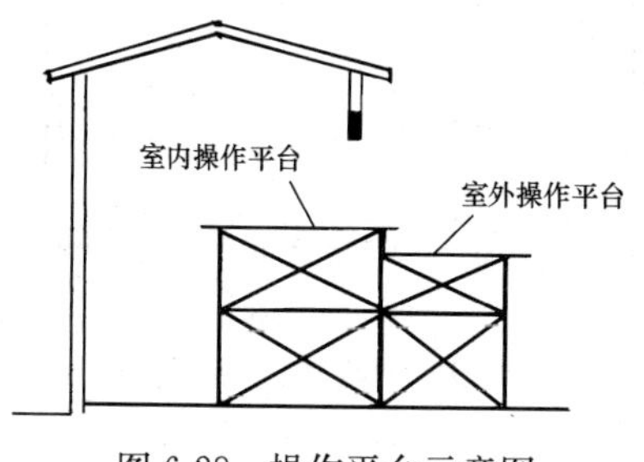

图 6-28　操作平台示意图

6. 勒脚、附墙柱、垛等

(1) 计算规定

勒脚、附墙柱、垛、台阶、墙面抹灰、装饰面、镶贴块料面层、装饰性幕墙、空调机外机搁板（箱）、飘窗、构件、配件、宽度在 2.10m 以内的雨篷以及与建筑物内不相连的装饰性阳台、挑廊等不应计算建筑面积。

(2) 计算规定解读

1）上述内容均不属于建筑结构，所以不应计算建筑面积。

2）附墙柱、垛示意图见图 6-29。

3）飘窗是指为房间采光和美化造型而设置的突出外墙的窗，如图 6-30 所示。

4）装饰性阳台、挑廊是指人不能在其中间活动的空间。

7. 无顶盖架空走廊和检修梯等

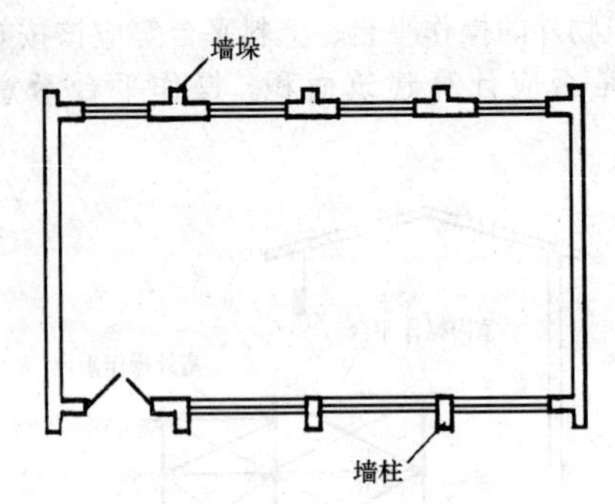

图 6-29　附墙柱、垛示意图

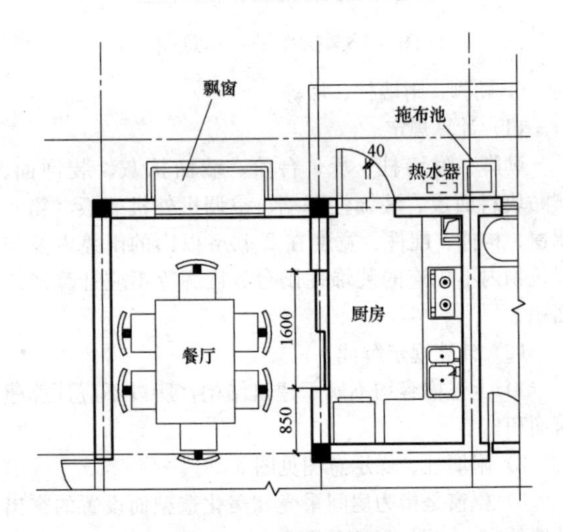

图 6-30　飘窗示意图

(1) 计算规定

无永久性顶盖的架空走廊、室外楼梯和用于检修、消防等室外钢楼梯、爬梯不应计算建筑面积。

(2) 计算规定解读

室外检修钢爬梯见图 6-31。

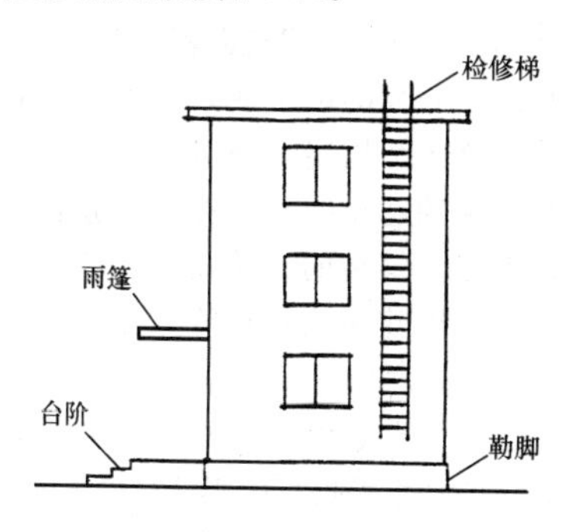

图 6-31　室外检修钢爬梯示意图

8. 自动扶梯等

(1) 计算规定

自动扶梯、自动人行道不应计算建筑面积。

(2) 计算规定解读

自动扶梯、自动人行道属于安装在楼板上的设备，不应计算建筑面积。

四、仿古建筑建筑面积计算

1. 计算建筑面积的范围

(1) 单层建筑不论其出檐层数及高度如何，均按一层计算建筑面积。其中有台明的按上边外围水平面积计算；无台明有围护结构的按围护结构外边外围水平面积计算。围护结构外有檐廊柱、构架柱的，按柱外边线内水平面积计算；无围护结构，按其构架柱外边线内水平面积计算。

(2) 一般台阶如果达到古建筑的台明（高度大于或等于500mm）者，按台明上边外围水平面积计算建筑面积。如果只是一般的无柱走廊和檐廊的，按走廊和檐廊的规定“计算一半建筑面积”。

(3) 有楼层分界的两层或多层建筑，不论其出檐层数如何，按自然结构层的分层水平面积总和计算建筑面积。其首层的建筑面积计算方法分有、无台明两种，按上述单层建筑物的建筑面积计算方法计算；二层及二层以上各层建筑面积计算方法，按上述单层无台明建筑物的建筑面积计算方法执行。

(4) 单层建筑或多层建筑的两自然结构楼层间局部有楼层者，按其水平投影面积计算建筑面积。

(5) 碉楼式建筑物的碉台内无楼层分界的按一层计算建筑面积，碉台内有楼层分界的按分层累计计算建筑面积。单层碉台及多层碉台首层有台明的，按台明外围水平面积计算建筑面积；无台明的按围护结构底面外围水平面积计算建筑面积。多层碉台的二层及二层以上均按各层围护结构底面外围水平面积计算建筑面积。

(6) 不是实心的砖塔、石塔、木塔及混凝土仿古塔的建筑面积计算，参照碉楼式建筑物的建筑面积规定计算。

(7) 两层或多层建筑物构架柱外有围护装修或围栏的挑台部分，按构架柱外边线到挑台外围线间的水平投影面积的二分之一计算建筑面积。

(8) 坡地建筑物、临水建筑物或跨越水平建筑物的首层构架柱外有围栏的挑台部分，按构架柱外边线至挑台外围线间的水平投影面积的二分之一计算建筑面积。

2. 不计算建筑面积的范围

(1) 有台明的单层或多层建筑中的柱门罩、窗罩、雨篷、挑檐、无围护的挑台、台阶等。

(2) 无台明建筑或多层建筑的二层及以上突出墙面或构架柱外边线以外的部分，如墀头垛、窗罩等。

(3) 牌楼、实心或半实心的砖、石塔；碉（楼）台的无围护平台。

(4) 构筑物：月台、环丘台、城台、院墙及随墙门、花架等。

五、园林（建筑）面积计算

1. 园林绿化工程覆盖面计算

(1) 单株（小）乔木按 16m^2 计算。

(2) 单丛小灌木，以种植地带每米按 1～1.5m^2 计算。

(3) 单丛大灌木，以种植地带每米按 3～4m^2 计算。

(4) 行道树（丛木）每树距为 4～6m 时，绿化面积按行道树种植地带长度乘宽度（单行宽度）按 4m 计算。

(5) 成排小灌木绿化面积种植地带长度乘宽度按 1～1.20m计算。

(6) 成排大灌木绿化面积种植地带长度乘宽度按 1.5m 计算。

(7) 铺装草皮按实铺面积计算，在草坪面积中并有乔木、灌木者，其绿化面积不另计算。

2. 园林小型建筑面积计算

凡在园林内建设的工程，所计算建筑面积的工程量时，属于一般建筑工程、仿古建筑工程，均分别按两者规则执行。一些小型建筑物可参照下列计算。

（1）有盖、有围护结构的建筑物，按外墙外边线计算面积。

（2）亭廊、有柱雨篷按顶盖水平投影面积计算建筑面积。

（3）水榭（无盖）、飘台、花架廊按水平投影面积50%计算。

（4）凡楼、阁、廊、榭、舫等与仿古建筑工程或一般建筑工程建筑物的建筑面积计算方法相同。

（5）假山、水池、园路、绿化等不计算建筑面积。

第七章　工程量计算

一、基数计算

基数是指在计算分项工程量中多次反复使用的基本数据，是工程量计算方法与顺序的实践总结。采用基数计算工程量可以收到事半功倍的效果。

基数一般分为外墙中心线、内墙净长线、外墙外边线、底层建筑面积，简称“三线一面。”

（1）$L_{中}$——外墙中心线长，用来计算外墙上带形基础、地槽土方、垫层、圈梁、女儿墙、砖墙等分项工程量的基本数据。

（2）$L_{内}$——内墙净长，用来计算内墙上带形基础、地槽土方、垫层、圈梁、砖墙等分项工程量的基本数据。

（3）$L_{外}$——外墙外边长，用来计算平整场地、勒脚、散水、外墙装饰、外墙脚手架、挑檐等分项工程量的基本数据。

（4）$S_{底}$——底层建筑面积、用来计算平整场地、室内回填土、地面垫层、面层、脚手架等分项工程量的基本数据。

【例】 根据图 7-1 计算“三线一面”基数。

【解】　“三线一面”基数计算详表

二、利用基数计算工程量程序

利用基数计算工程量的统筹程序见表 7-2。

三、土石方工程

1. 有关规定

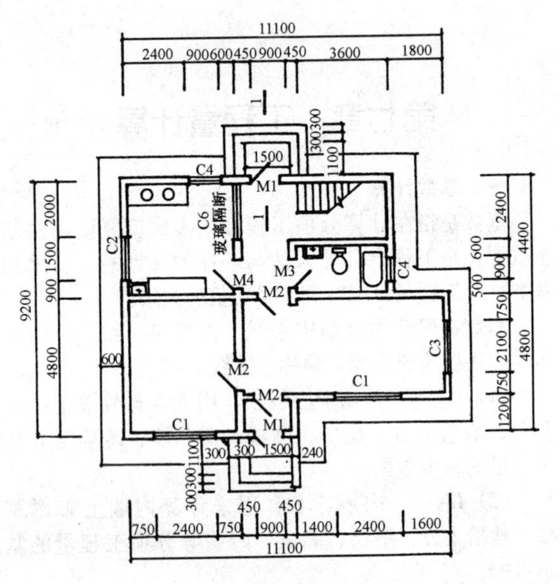

图 7-1　底层平面图

（1）计算土石方工程量前，应确定下列各项资料：

1）土质及岩石类别的确定。

2）地下水位标高及排（降）水方法。

3）土方、沟槽、基坑挖（填）土起止标高、施工方法及运距。

4）岩石开凿、爆破方法、石渣清运方法及运距。

5）其他有关资料。

（2）土方体积，均以挖掘前的天然密实体积为准计算。如遇有必须以天然密实体积折算时，可按表 7-3

基数计算表 表 7-1

序号	基数名称	代号	单位	墙高	墙厚	数量	计　算　式
1	外墙中心线	$L_{中}$	m	3.06	0.24	40.60	(11.10＋9.20)×2＝40.60
2	内墙净长线	$L_{内}$	m	3.06	0.24	24.70	(11.10－1.80－0.24)＋(1.80－0.24)＋(4.40－0.24)＋(4.80－0.24)＝24.70
3	外墙外边线	$L_{外}$	m			41.56	(11.0＋0.24＋9.20＋0.24)×2＝41.56
4	底层建筑面积	$S_{底}$	m^2				(9.20＋0.24)×(11.10＋0.24)－(4.40×1.80)－(1.20×5.40)＝92.65

利用基数计算工程量程序表　　表 7-2

序号	分部分项工程名称	单位	数量	计　算　式	备　注
	一、土方与基础工程				
1	场地平整	m^2		$S_1+L_{外}\times 2+16$	
2	地槽原土夯实	m^2		$\sum(a+2c)\cdot L_{缝}$	挖地槽(坑)定额如已包括打夯，此项不计
3	地坑原土夯实	m^2		$\sum(a+2c)\cdot(b+2c)$	同上
4	人工挖地槽	m^3			
	其中：不放坡			$\sum$②$\cdot H$	
	由垫层下表面起放坡			$\sum(a+2c+KH)\cdot H\cdot L_{修}$	
	由垫层上表面起放坡			$\sum[aH_1+(a+KH_2)\cdot H_2]\cdot L_{修}$	
5	人工挖地坑	m^3			

续表

序号	分部分项工程名称	单位	数量	计算式	备注
	其中:不放坡			Σ③·H	
	放　坡			$\sum(a+2c+KH)\cdot(b+2c+KH)\cdot H+\frac{1}{3}K^2H^3$	
6	墙基垫层	m^3		$\sum a\cdot H_1\cdot L_{修}$ 或:②·H_1	
7	柱基垫层	m^3		$\sum a\cdot b\cdot H_1$ 或:③·H_1	
8	基础防潮层	m^2		Σ基顶宽×l_{n-n}或:同$A_{基}$	有柱基防潮层时另加
9	钢筋混凝土地圈梁	m^3		Σ梁断面积×L_{n-n}或:$A_{基}$×梁高	
10	砌砖墙砖基础	m^3		Σ基顶宽×(设计高+折加高)×L_{n-n}−⑨	

续表

序号	分部分项工程名称	单位	数量	计算式	备注
11	砖柱砖基础	m^3		$\sum a' \cdot b' \cdot H + \Delta V$	
12	基础回填土	m^3			
	其中:墙基回填土			④－(⑥＋⑨＋⑩)＋$A_{基}$×室内外高差	
	柱基回填土			⑤－(⑦＋⑪)＋$\sum a' \cdot b'$·室内外高差	
13	室内原土夯实	m^2		$S_1 - A_{基}$	
14	室内回填土	m^3		⑬×填土厚	
15	运出土方	m^3		④＋⑤－⑫－⑭	
16	借土内运	m^3		(⑫＋⑭－④－⑤)×压实系数	
	二、砌砖工程				

续表

序号	分部分项工程名称	单位	数量	计　算　式	备　注
17	24 外墙净面积	m^2		$I_{中24}$ × 层高 × 层数 − 相应的门窗洞口面积	
18	37 外墙净面积	m^2		$L_{中37}$ × 层高 × 层数 − 相应的门窗洞口面积	
19	砌 24 厚外墙	m^3		⑰×0.24−相应的墙体埋件体积	
20	砌 37 厚外墙	m^3		⑱×0.365−相应的墙体埋件体积	
21	砌女儿墙	m^3		$L_{中}$ × 女儿墙高 × 墙厚	
22	24 内墙净面积	m^2		$L_{内24}$ × 净高 × 层数 − 相应的门窗洞口面积	
23	18 内墙净面积	m^2		$L_{内18}$ × 净高 × 层数 − 相应的门窗洞口面积	

续表

序号	分部分项工程名称	单位	数量	计 算 式	备 注
24	12 内墙净面积	m^2		$L_{内12}$×净高×层数－相应的门窗洞口面积	
25	砌 24 厚内墙	m^3		㉒×0.24－相应的墙体埋件体积	
26	砌 18 厚内墙	m^3		㉓×0.18－相应的墙体埋件体积	
27	砌 12 厚内墙	m^3		㉔×0.115－相应的墙体埋件体积	
28	全部室内墙面抹灰	m^2		⑰＋⑱＋(㉒＋㉓＋㉔)×2	
29	砌砖柱及其他零星砌体	m^3		按图示尺寸计算	
	三、楼地面工程				
30	地坪垫层	m^2		⑬×垫层厚	

续表

序号	分部分项工程名称	单位	数量	计　算　式	备　注
31	块料面层或其他特殊楼地面	m^2		按图示尺寸计算	
32	整体面层楼梯	m^2		楼梯水平投影面积×(层数－1)×个数	
33	一般整体面层楼地面	m^2		$(S_1-A_1)+(S_n-A_n)\times$(层数－1)－(㉛＋㉜)	
34	块料面层或其他特殊踢脚线	m		按图示要求计算	
35	一般整体面层踢脚线	m		$(L_{中}+L_{内}\times 2)\times$层数－㉞	楼地面定额内如已含踢脚线，此项不计
36	散水原土夯实	m^2		($L_{外}$＋坡宽×4－台阶、花池长)×坡宽	
37	散水挖土	m^3		㊱×挖土深	
38	散水垫层	m^3		㊱×垫层厚	

续表

序号	分部分项工程名称	单位	数量	计算式	备注
39	散水面层	m^2		同㊱	
40	楼面找平层	m^2		$(S_n - A_n)\times$(层数 − 1) − ㉜	设计无明确要求时，此项不计
41	地面防潮层	m^2		按设计要求与计算规则计算	
42	楼地面伸缩缝及楼梯防滑条	m		按设计长度计算	
	四、屋面工程				
43	屋面隔汽层	m^2		同 $S_{顶}$	
44	屋面保温层(有挑檐)	m^3		$S_{顶}\times$平均厚	
45	屋面保温层(有女儿墙)	m^3		$(S_{顶} - L_{中}\times$女儿墙厚$)\times$平均厚	
46	屋面找平层(有挑檐)	m^2		$[S_{顶} + (L_{外} +$ 檐宽 $\times 4)\times$ 挑檐展开宽$]\times$ 坡度系数	

续表

序号	分部分项工程名称	单位	数量	计 算 式	备 注
47	屋面找平层(有女儿墙)	m^2		[($S_{顶}-L_{中}$×女儿墙厚)+($L_{中}$－女儿墙厚×4)×立面高]×坡度系数	
48	屋面防水层(有挑檐)	m^2		同㊻	
49	屋面防水层(有女儿墙)	m^2		同㊼	
50	屋面架空隔热层	m^2		按图示尺寸计算	
51	屋面伸缩缝	m		按设计要求与计算规则计算	
52	屋面排水项目			同上	
53	坡屋面木基层	m^2		[$S_{顶}$+($L_{外}$+檐宽×4)×挑檐宽]×坡度系数	
54	坡屋面挂瓦	m^2		同53	

续表

序号	分部分项工程名称	单位	数量	计　算　式	备　注
55	坡屋面封檐板和搏风板	m		$L_{外}$＋檐宽×8＋山墙长×（坡度系数－1）×2＋2.00	式中 2.00 为四个大刀头的增加长度
	五、装饰工程				
56	局部内墙裙粉饰	m^2		按图示尺寸计算	
57	内墙面局部特殊粉饰	m^2		同上	
58	内墙面一般粉饰	m^2		㉘－㊻－㊼＋扶墙柱侧面	
59	顶棚局部特殊粉饰	m^2		按图示尺寸计算	
60	顶棚梁侧面粉饰	m^2		同上	
61	顶棚一般粉饰	m^2		（S_n－A_n）×层数＋㊿＋㉜×0.2－㊾	
62	勒脚粉饰	m^2		（$L_{外}$－外墙门洞宽＋粉饰伸入门洞两侧宽）×勒脚高	

续表

序号	分部分项工程名称	单位	数量	计　算　式	备　　注
63	统腰线粉饰	m^2		$L_{外}$×展开宽×道数	
64	外墙圈梁粉饰	m^2		$L_{外}$×梁高×道数	
65	外墙面局部粉饰	m^2		按图示尺寸计算	
66	外墙面勾缝	m^2		$L_{外}$×外墙全高－(62)－(65)	
67	外墙面全部粉饰	m^2		$L_{外}$×外墙全高－外墙洞口面积＋外墙门窗框外侧面积	
68	挑檐平顶粉饰	m^2		($L_{外}$＋檐宽×4)×檐宽	
69	挑檐檐口粉饰	m^2		($L_{外}$＋檐宽×8)×展开宽	
70	雨篷粉饰	m^2		按图示构造与尺寸计算	
71	阳台粉饰	m^2		同上	
72	刷水质涂料	m^2		(58)＋(61)＋(68)＋(70)＋(71)	

续表

序号	分部分项工程名称	单位	数量	计　算　式	备　注
73	梁、柱及其他零星抹灰	m^2		按图示尺寸以展开面积计算	
74	木材面油漆	m^2 或 m		利用表 4-1 和其他已算工程量乘定额折算系数计算	
75	金属面油漆	m^2 或 t		同上	
76	抹灰面油漆	m^2		利用抹灰工程量计算	

说明：1. 本表所列计算项目与计算公式是按一般情况编制的，计算工程量时，应按设计情况灵活运用。

2. 本表所列计算式应结合有关分部的《工程量计算规则》。

3. 本表计算式中的各种代号，除“三线一面”基数外，其余代号的含义是：a、b——地槽（坑）边长；a'、b'——矩形砖柱截面边长；C——工作面宽度；H——地槽（坑）深度；H_1——垫层厚度；H_2——垫层上表面至室外地坪之间的距离；K——土方放坡系数；ΔV——砖柱基础四边大放脚的体积；L_{n-n}——某基础断面的基础长度，如 L_{1-1}、L_{2-2}；$L_{修}$——按基础长度修正后的地槽长度；S_n——建筑物某层的建筑面积，如 S_1、S_2；$S_{顶}$——建筑物顶层建筑面积；A_n——建筑物某层结构面积，如 A_1、A_2；$A_{基}$——基础顶面水平截面积；①、②……——计算序号。

所列数值换算。

土方体积折算表　　　表 7-3

虚　方 体　积	天然密实 度体积	夯实后 体　积	松　填 体　积
1.00	0.77	0.67	0.83
1.30	1.00	0.87	1.08
1.50	1.15	1.00	1.25
1.20	0.92	0.80	1.00

查表方法实例：已知挖天然密实 $4m^3$ 土方，求虚方体积 V。解：$V=4.0\times1.30=5.20m^3$

(3) 挖土一律以设计室外地坪标高为准计算。

2. 大型土石方

(1) 方格网法

用于地形较平缓或台阶宽度较大的地段。其计算步骤和方法如下：

1) 划分方格网

根据已有地形图将拟计算场地划分成若干个方格网，尽量与测量的纵、横坐标网对应，方格一般采用 20m×20m 或 40m×40m，将相对应的设计标高和自然地面标高分别标注在方格点的右上角和右下角，将自然地面标高与设计地面标高的差值，即各角点的施工高度（挖或填），填在方格点的左上角，挖方为（+），填方为（-）。

2) 计算零点位置

在一个方格网内同时有挖方和填方时，应先算出方格网边上的零星位置，并标注于方格网上，连接零点即得填方区与挖方区的分界线（即零线），如图 7-2。

常用方格网点计算公式　　表 7-4

项　目	图　式	计　算　公　式
一点填方或挖方（三角形）	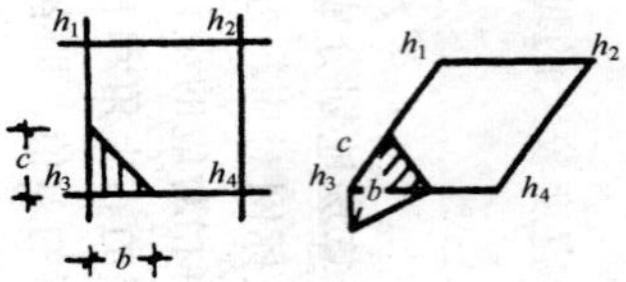	$V=\frac{1}{2}bc\frac{\sum h}{3}=\frac{bch_3}{6}$ 当 $b=c=a$ 时，$V=\frac{a^2h_3}{6}$
二点填方或挖方（梯形）	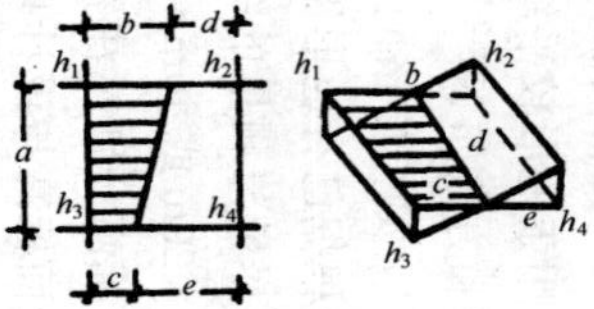	$V_-=\frac{b+c}{2}a\frac{\sum h}{4}=\frac{a}{8}(b+c)(h_1+h_3)$ $V_+=\frac{d+e}{2}a\frac{\sum h}{4}=\frac{a}{8}(d+e)(h_2+h_4)$

续表

项　目	图　式	计算公式
三点填方或挖方（五角形）	h_1 h_2 h_3 h_4 b c	$V = \left(a^2 - \frac{bc}{2}\right)\frac{\sum h}{5} = \left(a^2 - \frac{bc}{2}\right)\frac{h_1 + h_2 + h_4}{5}$
四点填方或挖方（正方形）	h_1 h_2 h_3 h_4	$V = \frac{a^2}{4}\sum h = \frac{a^2}{4}(h_1 + h_2 + h_3 + h_4)$

注：1. a——方格网的边长(m)；b、c——零点到一角的边长(m)；h_1、h_2、h_3、h_4——方格网四角点的施工高程(m)，用绝对值代入；$\sum h$——填方或挖方施工高程的总和(m)，用绝对值代入；V——挖方或填方体积(m^3)。

2. 本表公式是按各计算图形底面积乘以平均施工高程而得出的。

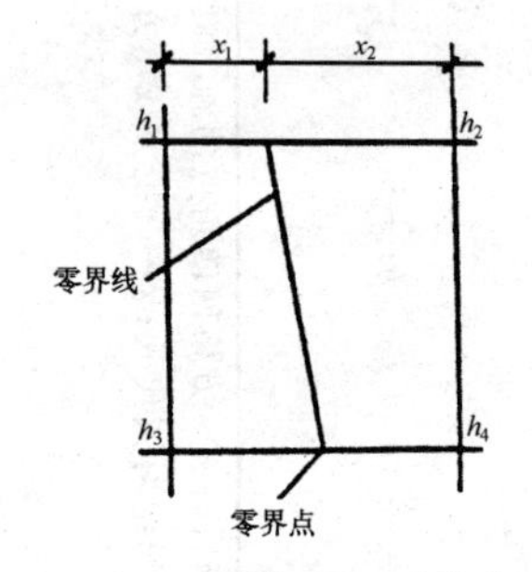

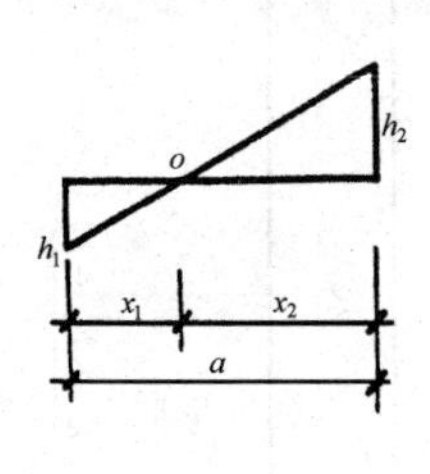

图 7-2　零点位置计算示意图

零点位置计算式：

$$x_1=\frac{h_1}{h_1+h_2}\times a$$

$$x_2=\frac{h_2}{h_1+h_2}\times a$$

式中　x_1、x_2——角点至零点的距离(m)；

h_1、h_2——相邻两角点的施工高度(m)的绝对值；

a——方格网的边长。

3）计算土方工程量

常用方格网点计算公式见表 7-4。

【例】 某工程场地方格网的一部分如图 7-3 所示，方格边长为 20m×20m，试计算挖、填土方总量。

【解】 ① 划分方格网，计算角点施工高度角点 5 的施工高度＝44.56－44.04＝＋0.52m 其余类推。

② 计算零点位置

从图 7-3 中知，8～13、9～14、14～15 三条方格边两端的施工高度符号不同，表明在这些方格边上有零点存在。

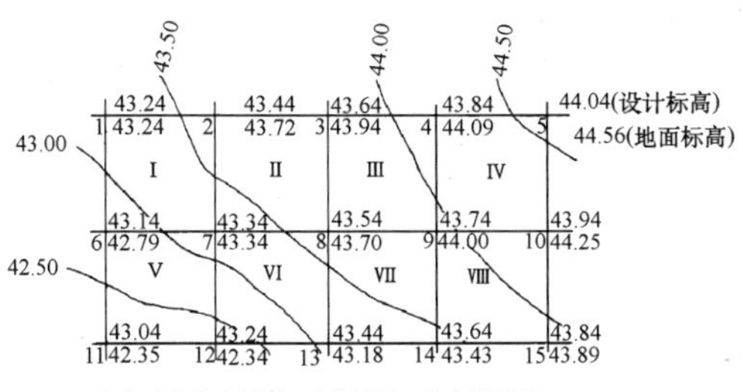

(a) 方格角点标高、方格编号、角点编号图

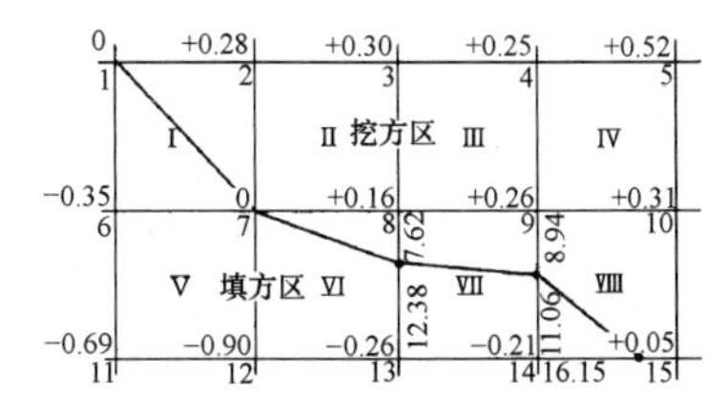

(b) 角点施工高度、零线、角点编号图

图 7-3 场地方格网图

由公式 $x_1=\dfrac{h_1}{h_1+h_2}\times a$ 求得如下：

8～13 线：$b=\dfrac{0.16}{0.16+0.26}\times20=7.62\text{m}$

9～14 线：$b=\dfrac{0.26}{0.26+0.21}\times20=8.94\text{m}$

14～15 线：$b=\dfrac{0.21}{0.21+0.05}\times20=16.15\text{m}$

将各零点标于图上，并将零点线连接起来。

③ 计算土方量（见表 7-5）

(2) 横截面法

横截面法适用于起伏变化较大的地形或者狭长、挖

方格网土方量计算法 **表 7-5**

方格编号	底面图形及编号	挖方(m^3)(+)	填方(m^3)(－)
Ⅰ	三角形 1、2、7 三角形 1、6、7	$\frac{0.28}{6}\times20\times20=18.67$	$\frac{-0.35}{6}\times20\times20=23.33$
Ⅱ	正方形 2、3、7、8	$\frac{20\times20}{4}(0.28+0.30+0.16+0)$ $=74.00$	
Ⅲ	正方形 3、4、8、9	$\frac{20\times20}{4}(0.30+0.25+0.16+0.26)$ $=97.00$	
Ⅳ	正方形 4、5、9、10	$\frac{20\times20}{4}(0.25+0.52+0.26+0.31)$ $=134.00$	
Ⅴ	正方形 6、7、11、12		$\frac{20\times20}{4}(0.35+0+0.69+0.90)$ $=194.00$

续表

方格编号	底面图形及编号	挖方(m^3)(+)	填方(m^3)(－)
Ⅵ	三角形 7、8、0 梯形 7、0、12、13	$\frac{0.16}{6}(7.62\times20)=4.06$	$\frac{20}{8}(20+12.38)(0.90+0.26)$ $=93.90$
Ⅶ	梯形 8、9、0、0 梯形 0、0、13、14	$\frac{20}{8}(7.62+8.94)(0.16+0.26)=17.39$	$\frac{20}{8}(12.38+11.06)(0.26+0.21)$ $=27.54$
Ⅷ	三角形 0、14、15 五角形 9、10、0、0、15	$\left(20\times20-\frac{16.15\times11.06}{2}\right)\times$ $\left(\frac{0.26+0.31+0.05}{5}\right)=38.53$	$\frac{0.21}{6}\times11.06\times16.15=6.25$
	小计	380.65	345.02

填深度较大又不规则的地形，其计算步骤与方法如下：

1）划分横截面

根据地形图、竖向布置或现场测绘，将要计算的场地划分截面 AA'、BB'、CC'、……，使截面尽量垂直于等高线或主要建筑物的边长，各断面间的间距可以不等，一般可用 10m 或 20m，在平坦地区可用大些，但最大不大于 100m。

2）划横截面图形

按比例绘制每个横截面的自然地面和设计地面的轮廓线。自然地面轮廓线与设计地面轮廓线之间的面积，即为挖方或填方的截面。

3）计算横截面面积

常用截面面积计算公式见表 7-6。

常用截面计算公式　　表 7-6

横截面图式	截面积计算公式
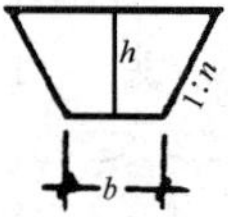	$A=h(b+nb)$
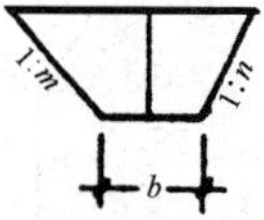	$A=h\left[b+\frac{h(m+n)}{2}\right]$
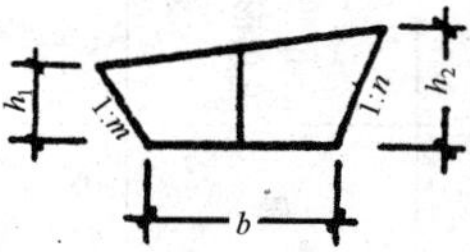	$A=b\frac{h_1+h_2}{2}+nh_1h_2$

续表

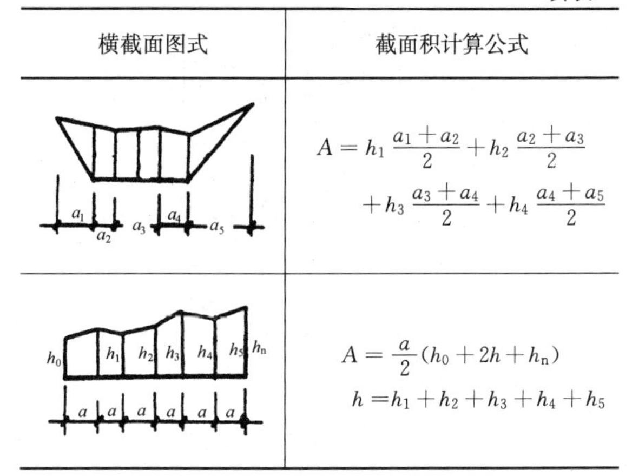

横截面图式	截面积计算公式
	$A=h_1\frac{a_1+a_2}{2}+h_2\frac{a_2+a_3}{2}+h_3\frac{a_3+a_4}{2}+h_4\frac{a_4+a_5}{2}$
	$A=\frac{a}{2}(h_0+2h+h_n)$ $h=h_1+h_2+h_3+h_4+h_5$

4）计算土方量

根据算出的横截面面积按下式计算土方量：

$$V=\frac{A_1+A_2}{2}\times s$$

式中 V——相邻两横截面间的土方量（m^3）；

A_1、A_2——相邻两横截面挖或填的截面积（m^2）；

s——相邻两横截面的间距（m）。

【例】 根据某丘陵地段场地平整如图 7-4 所示，已知 AA'、BB'、…EE' 截面的填方面积分别为 47、45、20、5、0m^2；

挖方面积分别为 15、22、38、20、16m^2，试求该地段的总填方和挖方量。

【解】 根据图 7-4 所示各截面间距，用公式计算各截面间土方量，并加以汇总。

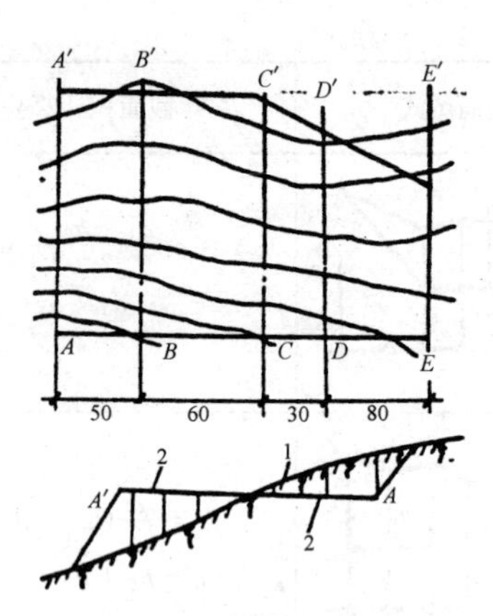

图 7-4　划横截面示意图

1—自然地面；2—设计地面

土方工程量计算汇总表　　　　表 7-7

截　面	填方面积（m^2）	挖方面积（m^2）	截面间距（m）	填方体积（m^3）	挖方体积（m^3）
A−A′	47	15	50	2300	925
B−B′	45	22	60	1950	1800
C−C′	20	38	30	375	870
D−D′	5	20	80	200	1440
E−E′	0	16			
合计			2200	4825	5035

3. 人工平整场地

（1）人工平整场地是指建筑场地挖、填土方厚度在±30cm以内的找平。挖、填土方厚度超过±30cm以外时，按场地平整的方格网法另行计算，如图7-5。

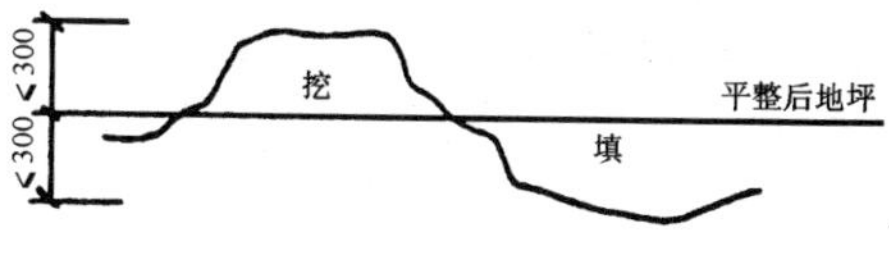

图7-5　平整场地示意图

（2）平整场地工程量按建筑物外墙外边线（$L_{外}$）每边各加2m，以平方米计算，如图7-6。

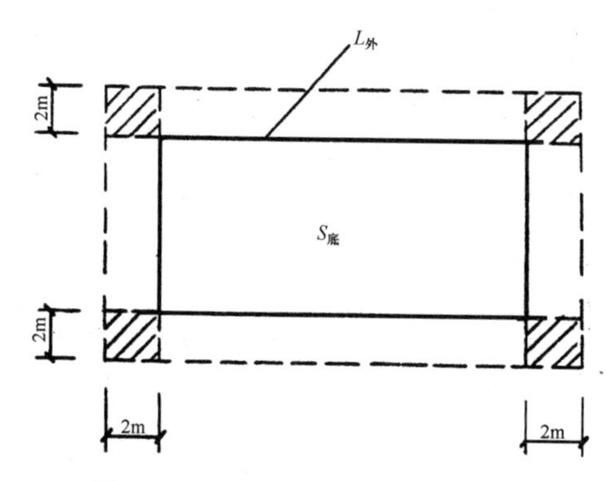

图7-6　平整场地计算公式示意图

（3）平整场地工程量计算公式

$$S_{平} = S_{底} + L_{外} \times 2 + 16$$

【例】 根据图7-7计算人工平整场地工程量。

【解】 $S_{底} = (10.0 + 4.0) \times 9.0 + 10.0 \times 7.0 + 18.0 \times 8 = 340m^2$

$$L_{外}=(18+24+4)\times 2=92\text{m}$$

$$S_{平}=340+92\times 2+16$$
$$=540\text{m}^2$$

注：上述平整场地工程量的计算公式只适用于由矩形组成的建筑物平面。

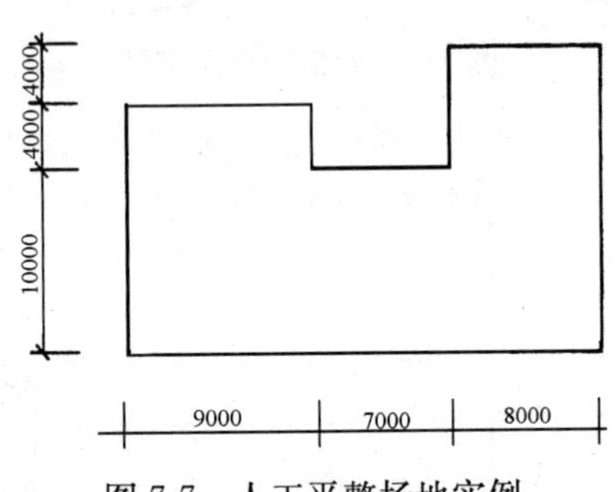

图 7-7　人工平整场地实例

4. 沟槽、基坑土方

（1）沟槽、基坑划分

1）底宽在 3m 以内，长大于底宽 3 倍以上的沟为沟槽，如图 7-8。

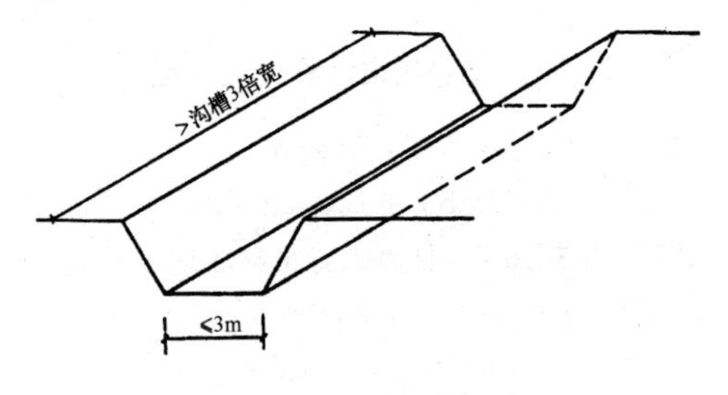

图 7-8　沟槽示意图

2）底面积在$20m^2$以内的坑为基坑，如图 7-9。

3）凡图示沟槽底宽大于 3m，坑底面积大于$20m^2$，平整场地挖方厚度大于 30cm，均按挖土方计算。

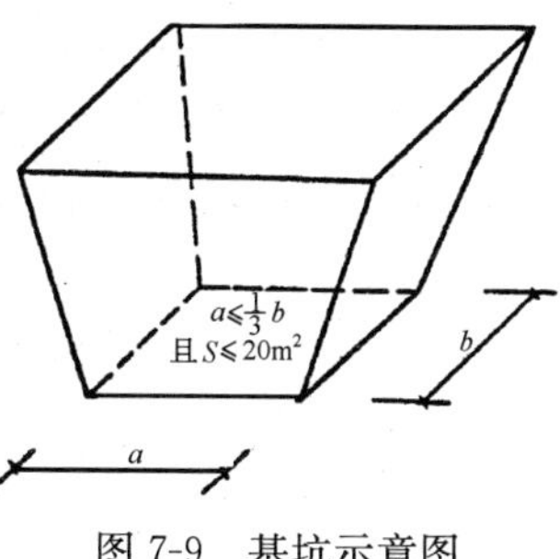

图 7-9　基坑示意图

注：图示沟槽底宽和基坑底面积的长、宽均不含两边工作面的宽度。

（2）放坡系数

开挖沟槽、基坑等，为保持土体稳定，防止塌方，保证施工安全，其边沿或侧壁应留有一定斜度的坡，叫放坡。

土方的放坡宽度 b 与挖方深度 H 之比，叫放坡系数，以 K 表示，即 $K=\dfrac{b}{H}$，如图 7-10。

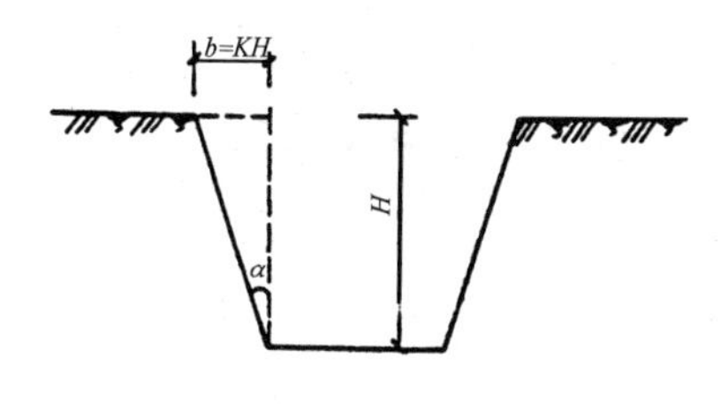

图 7-10　放坡示意图

计算挖沟槽、基坑、土方工程量，需放坡时，放坡系数可按表 7-8 规定取值。

放坡系数表 **表 7-8**

土的类别		放坡起点高度/m	人工挖土	机械挖土	
				在坑内作业	在坑上作业
普通土	一、二类土	1.20	0.5	0.33	0.75
坚土	三类土	1.50	0.33	0.25	0.67
砂砾坚土	四类土	2.00	0.25	0.10	0.33

注：1. 当沟槽、基坑中土的类别不同时，其放坡系数分别按各层土的放坡高度、放坡系数、土的厚度加权平均计算；

2. 计算放坡工程量时，在交接处的重复工程量不予扣除，原槽、坑中做基础垫层时，放坡高度从垫层上表面开始计算。

（3）沟槽放坡时交接处处理

沟槽放坡时，交接处重复工程量不予扣除，如图7-11。

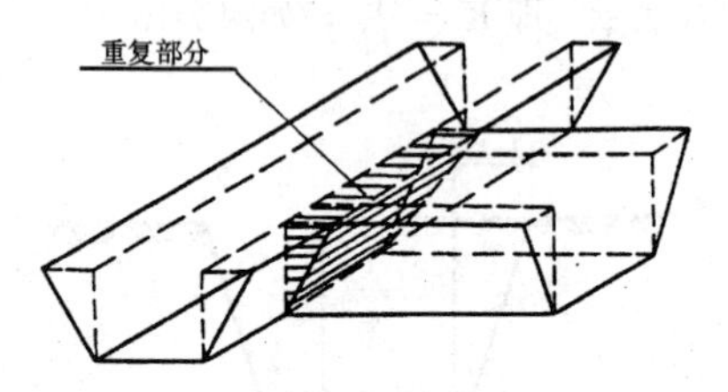

图 7-11　沟槽放坡时，交接处重复工程量示意图

（4）基础施工工作面

基础施工的工作面，当施工方案有规定时，按施工方案处理；否则可参照表 7-9 规定确定。

基础施工所需工作面宽度　　　表 7-9

基　础　材　料	每边各增加工作面宽度/mm
砖基础	200
浆砌毛石、条石基础	150
混凝土基础垫层支模板	300
混凝土基础支模板	300
基础垂直面做防水层	800

(5) 沟槽长度

沟槽挖土方的长度，外墙按图示中心线长度计算；内墙按图示基础底面之间的净长度计算；内外突出部分（垛、附墙烟囱等）的土方量，并入沟槽土方工程量内计算。

【例】 根据图 7-12 计算地槽长度。

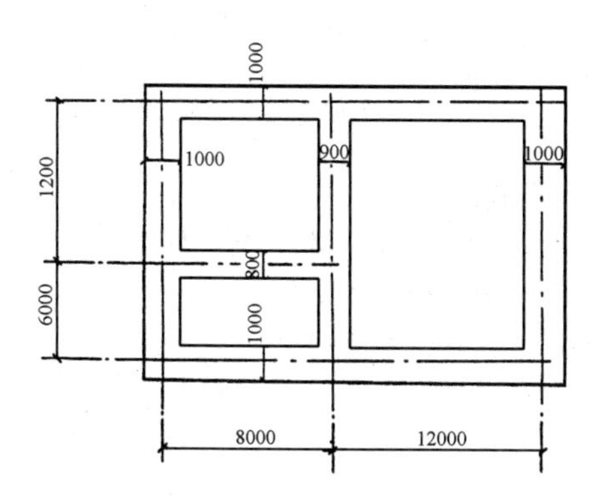

图 7-12　地槽及槽底宽度平面图

【解】 外墙地槽长(1.0m 宽)

=(12+6+8+12)×2=76m

内墙地槽长(0.9m 宽)$=6+12-\frac{1.0}{2}\times2=17\text{m}$

内墙地槽长(0.8m 宽)$=8-\frac{1.0}{2}-\frac{0.9}{2}=7.05\text{m}$

(6) 地槽(沟)

1) 有放坡地槽(见图 7-13)

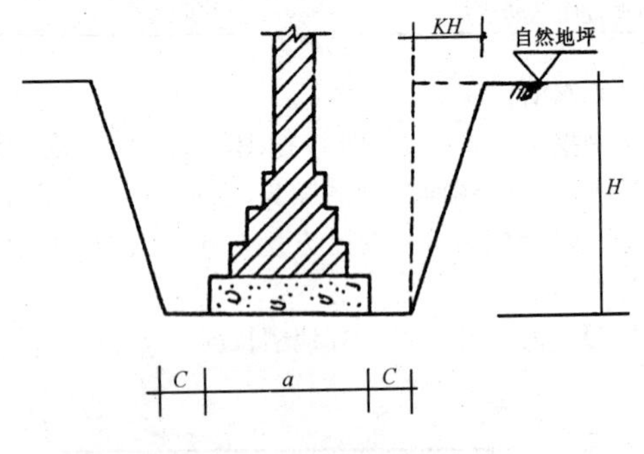

图 7-13 放坡地槽示意图

计算公式:

$$V=(a+2C+KH)HL$$

式中 a——基础垫层宽度(m);

C——工作面宽度(m);

H——地槽深度(m);

K——放坡系数;

L——地槽长度(m)。

【例】 某工程地槽长 15.50m,地槽深 1.60m,混凝土垫层宽 0.90m,工作面宽 0.30m,三类土,放坡系数 0.33,求人工挖地槽工程量。

【解】 $V=(a+2C+KH)HL$

$=(0.90+2\times0.30+0.33\times1.60)\times$
1.60×15.50
$=50.29m^3$

2）支撑挡土板地槽（见图 7-14）

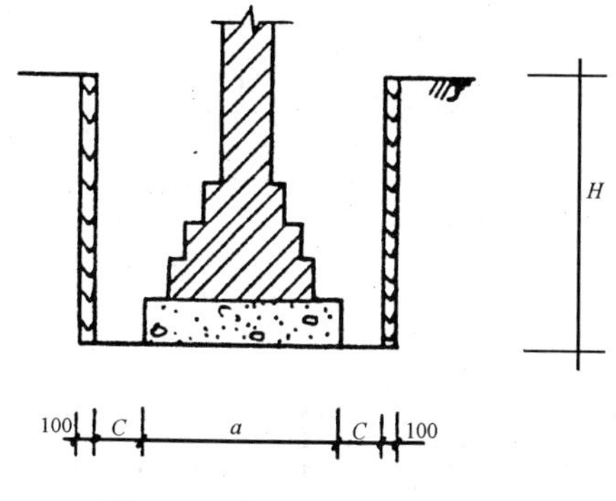

图 7-14　支挡土板地槽示意图

计算公式：

$$V=(a+2C+2\times0.10)HL$$

3）有工作面不放坡地槽（见图 7-15）

计算公式：

$$V=(a+2C)HL$$

4）无工作面不放坡地槽（见图 7-16）

计算公式：　$V=aHL$

5）自垫层上表面放坡地槽（见图 7-17）

计算公式：

$$V=[a_1H_2+(a_2+2C+KH_1)H_1]L$$

【例】　已知某工程地槽长 12.80m，$a_1=0.90$m，

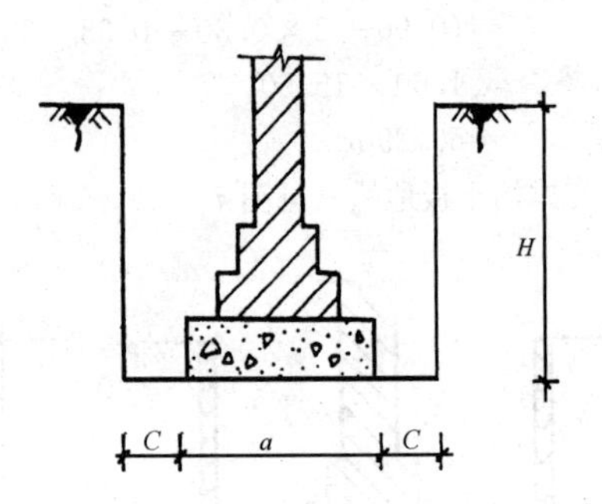

图 7-15 有工作面不放坡地槽示意图

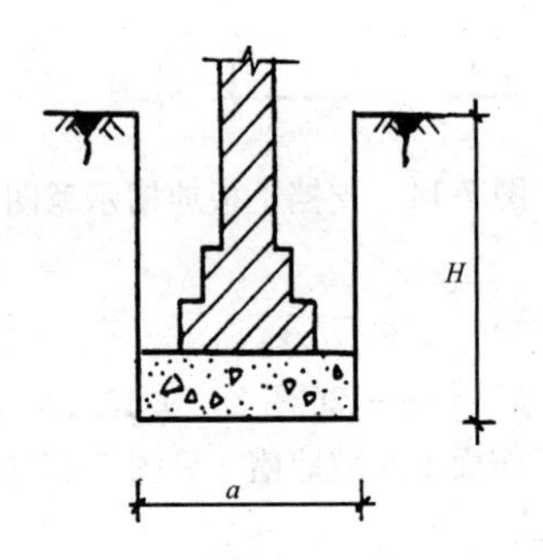

图 7-16 无工作面不放坡地槽示意图

a_2=0.63m，C=0.30m，H_1=1.55m，H_2=0.30m，K=0.33，求地槽挖方量。

【解】 $V=[(0.90\times0.30)+(0.63+2\times0.30+0.33\times1.55)\times1.55]\times12.80$

$=38.02\text{m}^3$

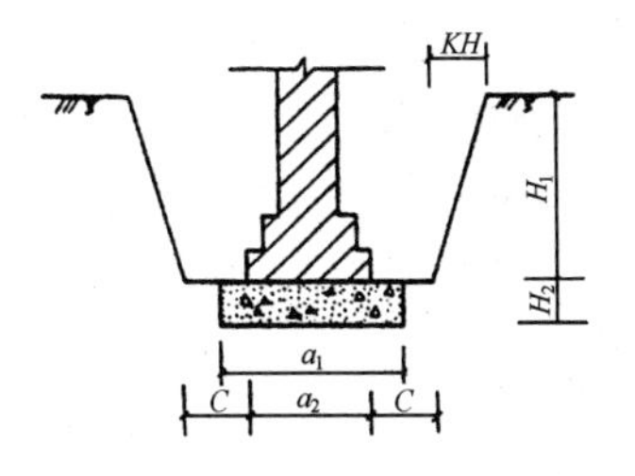

图 7-17　自垫层上表面放坡示意图

(7) 地坑

1) 矩形不放坡地坑

计算公式：$V = abH$

2) 矩形放坡地坑（见图 7-18）

计算公式：

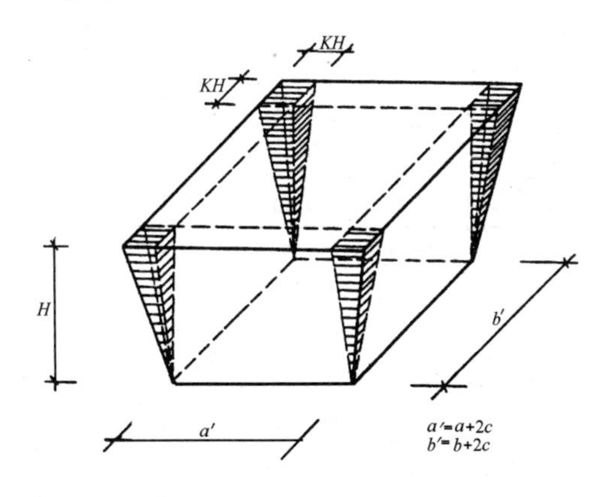

图 7-18　放坡地坑示意图

$$V=(a+2c+KH)(b+2c+KH)H+\frac{1}{3}K^2H^3$$

式中 a——基础垫层宽；

b——基础垫层长；

c——工作面宽；

H——地坑深度；

K——放坡系数。

地坑放坡时四角的角锥体积表 $\left(\frac{1}{3}K^2H^3\right)$

单位：m^3 **表 7-10**

系数 K	坑深 H (m)											
	1.2	1.3	1.4	1.5	1.6	1.7	1.8	1.9	2.0	2.1	2.2	2.3
0.10	0.01	0.01	0.01	0.01	0.01	0.02	0.02	0.02	0.03	0.03	0.04	0.04
0.25	0.04	0.05	0.06	0.07	0.09	0.10	0.12	0.14	0.17	0.19	0.22	0.25
0.33	0.06	0.08	0.10	0.12	0.15	0.18	0.21	0.25	0.29	0.34	0.39	0.44
0.50	0.14	0.18	0.23	0.28	0.34	0.41	0.49	0.57	0.67	0.77	0.89	1.01
0.67	0.26	0.33	0.41	0.51	0.61	0.74	0.87	1.03	1.20	1.39	1.59	1.82
0.75	0.32	0.41	0.51	0.63	0.77	0.92	1.09	1.29	1.50	1.74	2.00	2.28
1.00	0.58	0.73	0.91	1.13	1.37	1.64	1.94	2.29	2.67	3.09	3.55	4.06

系数 K	坑深 H (m)											
	2.4	2.5	2.6	2.7	2.8	2.9	3.0	3.1	3.2	3.3	3.4	3.5
0.10	0.05	0.05	0.06	0.07	0.07	0.08	0.09	0.10	0.11	0.12	0.13	0.14
0.25	0.29	0.33	0.37	0.41	0.46	0.51	0.56	0.62	0.68	0.75	0.82	0.80
0.33	0.50	0.57	0.64	0.71	0.80	0.89	0.98	1.08	1.19	1.30	1.43	1.56
0.50	1.15	1.30	1.46	1.64	1.83	2.03	2.25	2.48	2.73	2.99	3.28	3.57
0.67	2.07	2.34	2.63	2.95	3.28	3.65	4.04	4.46	4.90	5.38	5.88	6.42
0.75	2.59	2.93	3.30	3.69	4.12	4.57	5.06	5.59	6.14	6.74	7.37	8.04
1.00	4.61	5.21	5.86	6.56	7.31	8.13	9.00	9.93	10.92	11.98	13.13	14.29

【例】 已知某工程挖四类土（$K=0.25$）地坑4个，基础垫层长、宽分别为1.50m和1.20m，坑深2.20m，工作面宽0.30m，求4个地坑的挖方量。

【解】 $V=[(1.20+2\times0.30+0.25\times2.20)\times(1.50+2\times0.30+0.25\times2.20)\times2.20+\frac{1}{3}\times0.25^2\times2.20^3]\times4$

$=13.92\times4$

$=55.68m^3$

3）圆形不放坡地坑

计算公式：$V=\pi r^2 H$

4）圆形放坡地坑（见图7-19）

计算公式：

$$V=\frac{1}{3}\pi H[r^2+(r+KH)^2+r(r+KH)]$$

式中 r——坑底半径（含工作面）；

H——地坑深度；

K——放坡系数。

【例】 已知一圆形放坡地坑，混凝土基础垫层半径0.40m，坑深1.65m，工作面0.30m，$r=0.40+0.30=0.70m$，二类土放坡系数$K=0.50$，求地坑挖方量。

【解】 $V=\frac{1}{3}\times3.1416\times1.65\times[0.70^2+(0.70+0.50\times1.65)^2+0.70\times(0.70+0.50\times1.65)]$

$=1.728\times(0.49+2.326+1.068)$

$=6.71m^3$

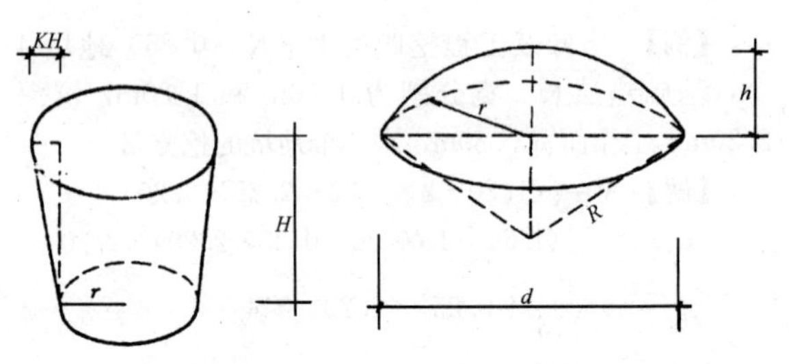

图 7-19　圆形放坡地坑示意图　　图 7-20　球冠体示意图

5. 挖孔桩土方

人工挖孔桩土方应按图示桩断面积乘以设计桩孔中心线深度计算。

挖孔桩的底部一般是球冠体（见图 7-20），其计算公式为：

$$V=\pi h^2\left(R-\frac{h}{3}\right)$$

由于施工图中一般只标注 r 的尺寸，无 R 尺寸，所以需变换一下求 R 的公式：

已知 $r^2=R^2-(R-h)^2$

故　$r^2=2Rh-h^2$

即　$R=\dfrac{r^2+h^2}{2h}$

则　$V=\pi h\dfrac{3r^2+h^2}{6}$

【例】 根据图 7-21 中的有关数据和上述公式，计算挖孔桩土方工程量。

【解】（1）桩身部分

$$V=3.1416\times\left(\frac{1.15}{2}\right)^2\times10.90=11.32\text{m}^3$$

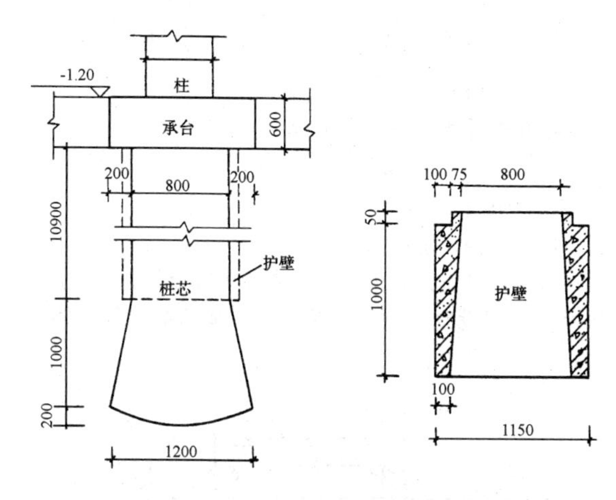

图 7-21 挖孔桩示意图

(2) 圆台部分

$$V=\frac{1}{3}\pi h(r^2+R^2+rR)$$

$$=\frac{1}{3}\times 3.1416\times 1.0\times$$

$$\left[\left(\frac{0.80}{2}\right)^2+\left(\frac{1.20}{2}\right)^2+\frac{0.80}{2}\times\frac{1.20}{2}\right]$$

$$=1.047\times 0.76$$

$$=0.80\text{m}^3$$

(3) 球冠体部分

$$R=\frac{\left(\frac{1.20}{2}\right)^2+(0.2)^2}{2\times 0.2}=\frac{0.40}{0.40}=1.0\text{m}$$

$$V=\pi h^2\left(R-\frac{h}{3}\right)$$

$=3.1416\times(0.20)^2\times\left(1.0-\frac{0.20}{3}\right)$

$=0.12\text{m}^3$

挖孔桩体积$=11.32+0.80+0.12$

$=12.24\text{m}^3$

6. 回填土

(1) 沟槽、基坑回填土

沟槽、基坑回填土体积以挖方体积减去设计室外地坪以下埋设砌筑物（包括基础、基础垫层等）体积计算，如图 7-22。

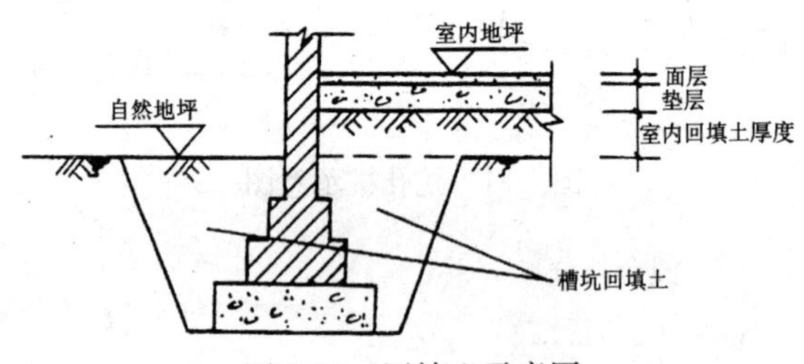

图 7-22　回填土示意图

计算公式：

V=挖方体积－设计室外地坪以下埋设砌筑物的体积

(2) 房心回填土

房心回填土即室内回填土，其体积按主墙之间的面积乘以回填土厚度计算。

计算公式：

V=室内净面积×(设计室内地坪标高－设计室外地坪标高－地面面层厚－地面垫层厚)

＝室内净面积×回填土厚

（3）管道沟槽回填土

管道沟槽回填土，以挖方体积减去管道所占体积计算。管径在500mm以下的不扣除管道所占体积；管径超过500mm以上时，可按表7-11的规定扣除管道所占体积。

管道扣除土方体积表 单位：m^3 **表7-11**

管道名称	管道直径（mm）					
	501～600	601～800	801～1000	1001～1200	1201～1400	1401～1600
钢管	0.21	0.44	0.71			
铸铁管	0.24	0.49	0.77			
混凝土管	0.33	0.60	0.92	1.15	1.35	1.55

（4）运土

运土包括余土外运和取土。各地区的预算定额规定，土方的挖、填、运工程量均按自然密实体积计算，不换算为虚方体积。

计算公式：

运土体积＝总挖方量－总回填量

土方运距按下列规定计算：

推土机运距：按挖方区重心至回填区重心之间的直线距离计算。

铲运机运土距离：按挖方区重心至卸土区重心加转向距离45m的计算。

自卸汽车运距：按挖方区重心至填土区（或堆放地点）重心的最短距离计算。

7. 井点降水

井点降水分别以轻型井点、喷射井点、大口径井点、电渗井点、水平井点，按不同井管深度的安装、拆除，以根为单位计算。使用按套、天计算。

井点套组成：

轻型井点：50 根为一套；

喷射井点：30 根为一套；

大口径井点：45 根为一套；

电渗井点阳极：30 根为一套；

水平井点：10 根为一套。

井管间距应根据地质条件和施工降水要求，依施工组织设计确定。施工组织设计没有规定时，可按轻型井点管距 0.8～1.6m，喷射井点管距 2～3m 确定。

使用天应以每昼夜 24h 为 1d，使用天数应按施工组织设计规定的天数计算。

四、桩基工程

1. 预制钢筋混凝土桩

(1) 打桩

打预制钢筋混凝土桩的体积，按设计桩长（包括桩尖，不扣除桩尖虚体积）乘以桩截面面积计算。管桩的空心体积应扣除。如管桩的空心部分按设计要求灌注混凝土或其他填充料时，应另行计算。预制桩、桩靴示意图见图 7-23。

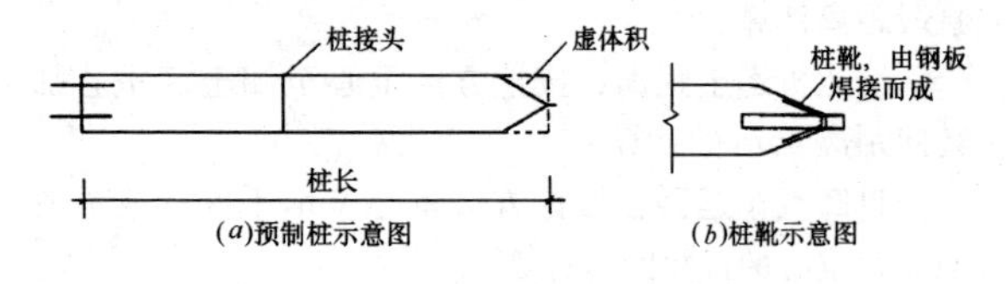

图 7-23　预制柱、桩靴示意图

(2) 接桩

电焊接桩按设计接头，以个计算，见图 7-24；硫磺胶泥接桩按桩断面积以平方米计算，见图 7-25。

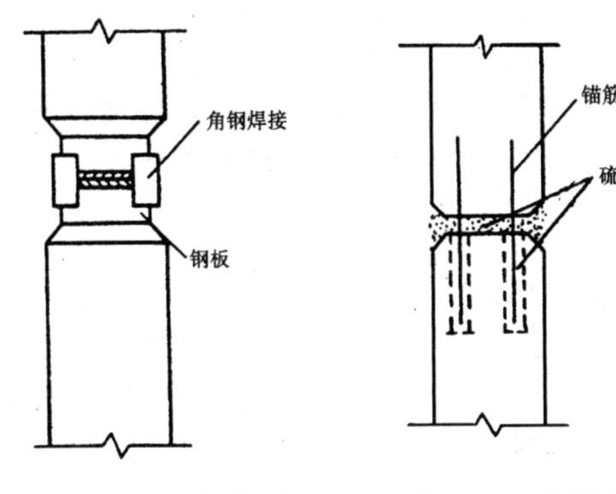

图 7-24　电焊接桩示意图

图 7-25　硫磺胶泥接桩示意图

(3) 送桩

送桩按桩截面面积乘以送桩长度计算，即打桩架底至桩顶面高度或从桩顶面至自然地坪面另加 0.5m 计算。

2. 灌注桩

(1) 打孔灌注桩

1) 混凝土桩、砂桩、碎石桩的体积，按设计规定的桩长（包括桩尖，不扣除桩尖虚体积）乘以钢管管箍外径截面面积计算。

计算公式：$V = D^2 \times 0.7854l$

2) 扩大桩的体积按单桩体积乘以次数计算。

计算公式：V=单桩体积×(复打次数+1)

3）打孔后先埋入预制混凝土桩尖，再灌注混凝土者，桩尖按钢筋混凝土章节规定计算体积，灌注桩按设计长度（从桩尖顶面至桩顶面高度）乘以钢管管箍外径截面面积计算。

（2）钻孔灌注桩

钻孔灌注桩，按设计桩长（包括桩尖，不扣除桩尖虚体积）增加 0.25m 乘以设计断面面积计算。

计算公式：

$$V = D^2 \times 0.7854 \times (l + 0.25)$$

（3）混凝土爆扩桩

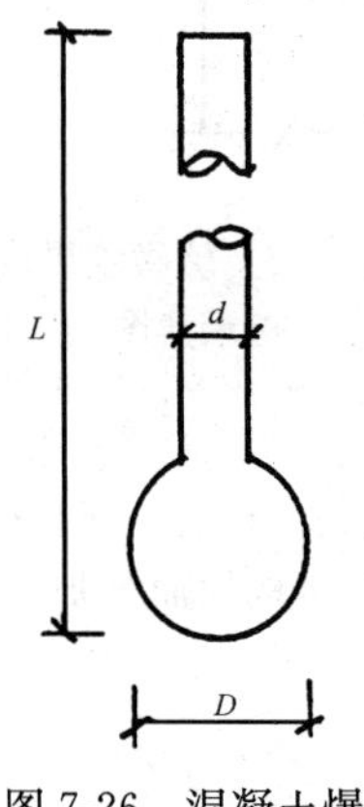

图 7-26　混凝土爆扩桩示意图

混凝土爆扩桩由桩柱和扩大头两部分组成，常用的形式如图 7-26。

计算公式：

$$V = 0.7854d^2(L - D) + \left(\frac{1}{6}\pi D^3\right)$$

（4）灌注桩钢筋

灌注桩钢筋笼的箍筋有圆形和螺旋形两种，当箍筋为螺旋形时，其计算方法如下：

螺旋钢筋的重量计算方法是，先计算每箍螺旋筋的实际长度，再乘以螺旋筋箍数算出总长后，乘以每米重得出螺旋筋重量，如图 7-27。

计算公式：

螺旋筋重量＝每箍螺旋筋长×箍数×每米重

$$= \sqrt{(\pi d)^2 + b^2} \times \frac{H}{b} \times \text{每米重}$$

式中 d——螺旋箍筋直径；

b——螺距；

H——有螺旋箍筋的钢筋笼高。

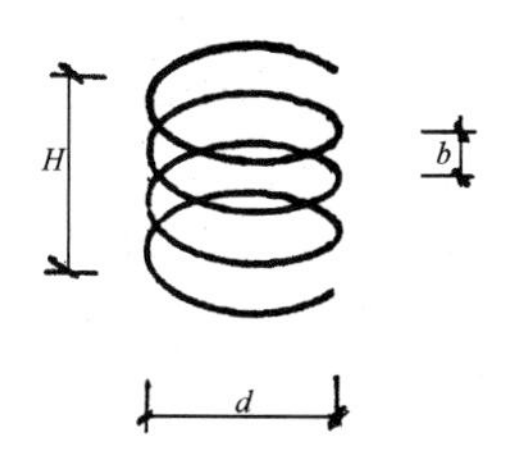

图 7-27 螺旋箍筋示意图

【例】 某工程钢筋混凝土灌注桩直径350mm，螺旋筋螺距200mm，直径φ6.5保护层25mm，有螺旋筋的钢筋笼高2.20m，求该灌注桩螺旋筋重量。

【解】 螺旋筋直径 $d = 0.35 - 2 \times 0.025 - 0.0065 = 0.294\text{m}$

螺距 $b = 0.20\text{m}$

有螺旋筋的钢筋笼高 $= 2.20\text{m}$

φ6.5钢筋每米重 $= 0.260\text{kg}$

$$\text{螺旋筋重量} = \sqrt{(\pi d)^2 + b^2} \times \frac{H}{b} \times 0.26$$

$$= \sqrt{0.924^2 + 0.20^2} \times \frac{2.20}{0.20} \times 0.26$$

$$= 0.945 \times 11 \times 0.26 = 2.70\text{kg}$$

五、脚手架

建筑工程施工中所需搭设的脚手架，应计算工程量。目前，脚手架工程量计算方法有两种，即综合脚手架和单项脚手架。具体采取哪种方法计算，应按本地区预算定额的规定执行。

1. 综合脚手架

为了简化脚手架工程量的计算，一些地区以建筑面积为综合脚手架的工程量。

综合脚手架不管搭设方式，一般综合了砌筑、浇注、吊装、抹灰等所需脚手架材料的摊销量；综合了木制、竹制、钢管脚手架等，但不包括浇灌满堂基础等脚手架的项目。

综合脚手架一般按单层建筑物或多层建筑物分不同檐口高度来计算工程量，若是高层建筑，还需计算高层建筑超高增加费。

2. 单项脚手架

单项脚手架是根据工程具体情况且符合定额规定按不同方式搭设的脚手架。一般包括：单排脚手架、双排脚手架、里脚手架、满堂脚手架、悬空脚手架、挑脚手架、防护架、烟囱（水塔）脚手架、电梯井字架、架空运输道等。

单项脚手架的项目应根据批准了的施工组织设计或施工方案确定。如施工方案无规定，应按预算定额的规定确定。

（1）单项脚手架工程量计算一般规则

1）建筑物外墙脚手架

凡设计室外地坪至檐口（或女儿墙上表面）的砌筑高度在15m以下的按单排脚手架计算；砌筑高度在15m以上的或砌筑高度虽不足15m，但外墙门窗及装饰面积超过外墙表面积60%以上时，均按双排脚手架计算。

采用竹制脚手架时，按双排计算。

2）建筑物内墙脚手架

凡设计室内地坪至顶板下表面$\left(\text{或山墙高度的}\frac{1}{2}\text{处}\right)$的砌筑高度在3.6m以上的(含3.6m)，按里脚手架计算；砌筑高度超过3.60m以上时，按单排脚手架计算。

3）石砌墙体脚手架

石砌墙体，凡砌筑高度超过 1.0m 以上时，按外脚手架计算。

4）脚手架有关规定

计算内、外墙脚手架时，均不扣除门、窗洞口、空圈洞口等所占的面积。

同一建筑物高度不同时，应按不同高度分别计算。

【例】 根据图 7-28 所示尺寸、计算建筑物外墙脚手架工程量。

【解】 单排脚手架(15m 高)＝(26＋12×2＋8)×15

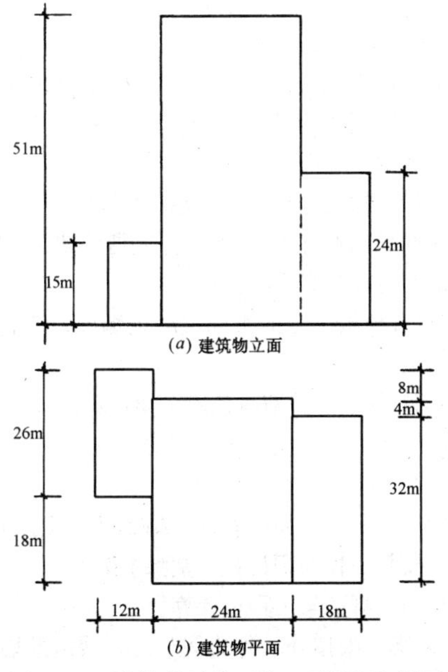

图 7-28 计算外墙脚手架工程量示意图

$$=870m^2$$

$$双排脚手架(24m高)=(18\times2+32)\times24$$

$$=1632m^2$$

$$双排脚手(27m)高=32\times\overbrace{(51-24)}^{27}=854m^2$$

$$双排脚手架(36m高)=26\times\overbrace{(51-15)}^{36}=936m^2$$

$$双排脚手架(51m高)=(18+24\times2+4)\times51$$

$$=3570m^2$$

5）现浇钢筋混凝土框架柱、梁按双排脚手架计算。

6）围墙脚手架

凡室外自然地坪至围墙顶面的砌筑高度在 3.60m 以下的，按里脚手架计算；砌筑高度超过 3.60m 以上时，按单排脚手架计算。

7）室内顶棚装饰面距设计室内地坪在 3.60m 以上时，应计算满堂脚手架。计算满堂脚手架后，墙面装饰工程则不再计算脚手架。

8）滑升模板施工的钢筋混凝土烟囱、筒仓、不另计算脚手架。

9）砌筑储仓，按双排外脚手架计算。

10）储水（油）池、大型设备基础，凡距地坪高度超过 1.2m 时，均按双排脚手架计算。

11）整体满堂钢筋混凝土基础，凡其宽度超过 3m 以上时，按其底板面积计算满堂脚手架。

（2）砌筑脚手架工程量计算

1）外脚手架按外墙外边线长度，乘以外墙砌筑高度以平方米计算，突出墙面宽度在 24cm 以内的墙垛、附墙烟囱等不计算脚手架；宽度超过 24cm 以外时按图示尺寸展开计算，并入外脚手架工程量之内。

2）里脚手架按墙面垂直投影面积计算。

3）独立柱按图示柱结构外围周长另加 3.60m，乘以砌筑高度以平方米计算，套用相应外脚手架定额。

（3）现浇钢筋混凝土框架脚手架计算

1）现浇钢筋混凝土柱，按图示周长尺寸另加 3.60m 乘以柱高以平方米计算，套用外脚手架定额。

2）现浇钢筋混凝土梁、墙，按设计室外地坪或楼板上表面至楼板底之间的高度，乘以梁、墙净长以平方米计算，套用相应双排外脚手架定额。

（4）装饰工程脚手架计算

1）满堂脚手架，按室内净面积计算，其高度在 3.60～5.20m 之间时，计算基本层。超过 5.20m 时，每增加 1.20m 按增加一层计算，不足 0.60m 不计，其计算式表达如下：

$$满堂脚手架增加层=\frac{室内净高-5.20(m)}{1.20(m)}$$

【例】 某大厅室内净高 9.50m，试计算满堂脚手架增加层数。

【解】 $$满堂脚手架增加层=\frac{9.50-5.20}{1.20}$$

$$=3层余0.7m$$

$$=4层$$

2）挑脚手架，按搭设长度和层数，以延长米计算。

3）悬空脚手架，按搭设水平投影面积以平方米计算。

4）高度超过3.60m的墙面装饰不能利用原砌筑脚手架时，可以计算装饰脚手架。装饰脚手架按双排脚手架乘以0.3计算。

（5）其他脚手架计算

1）水平防护架，按实际铺板的水平投影面积，以平方米计算。

2)垂直防护架,按自然地坪至最上一层横杆之间的搭设高度乘以实际搭设长度,以平方米计算。

3)架空运输脚手架,按搭设长度以延长米计算。

4)烟囱、水塔脚手架,区别不同搭设高度以座计算。

5）电梯井脚手架，按单孔以座计算。

6）斜道，区别不同高度，以座计算。

7）砌筑仓储脚手架，不分单筒或储仓组，均按单筒外边线周长乘以设计室外地坪至储仓上口之间高度，以平方米计算。

8）储水（油）池脚手架，按外壁周长乘以室外地坪至池壁顶面边线之间高度，以平方米计算。

9）大型设备基础脚手架，按其外形周长乘以地坪至外形顶面边线之间高度，以平方米计算。

10）建筑物垂直封闭工程量，按封闭面的垂直投影面积计算。

（6）安全网计算

1）立挂式安全网按网架部分的实挂长度乘以实挂高度计算。

2）挑出式安全网，按挑出的水平投影面积计算。

六、砌筑工程

1. 砌筑工程量计算一般规则

（1）计算墙体的规定

计算墙体时，应扣除门窗洞口、过人洞、空圈、嵌入墙身的钢筋混凝土柱、梁（包括过梁、圈梁及埋入墙内的挑梁）、砖平碹（见图 7-29）、平砌砖过梁和散热器壁龛（图 7-30）及内墙板头（图 7-31）的体积，不扣除梁头、外墙板头（图 7-32）、檩头、垫木、木楞头、沿椽木、木砖、门窗框（图 7-33）走头、砖墙内的加固钢筋、木筋、铁件、钢管及每个面积在 0.3m²

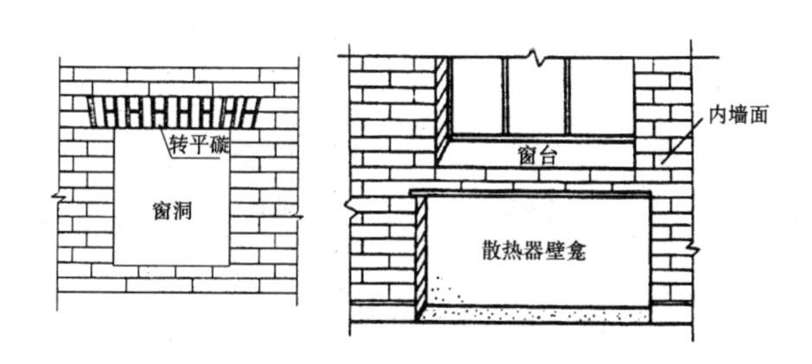

图 7-29　砖平碹示意图

图 7-30　散热器壁龛示意图

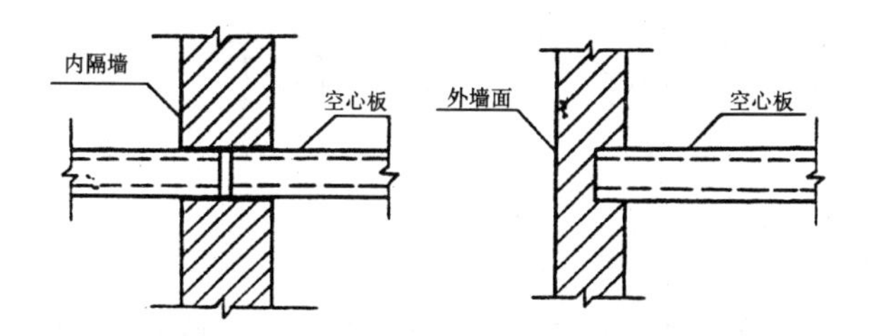

图 7-31　内墙板头示意图

图 7-32　外墙板头示意图

以下的孔洞等所占的体积，突出墙面的窗台虎头砖（图 7-34）、压顶线（图 7-35）、山墙泛水（图 7-36）、烟囱根（图 7-37）、门窗套（图 7-38）、及三皮砖以内的腰线和挑檐（图 7-39、7-40）等体积亦不增加。

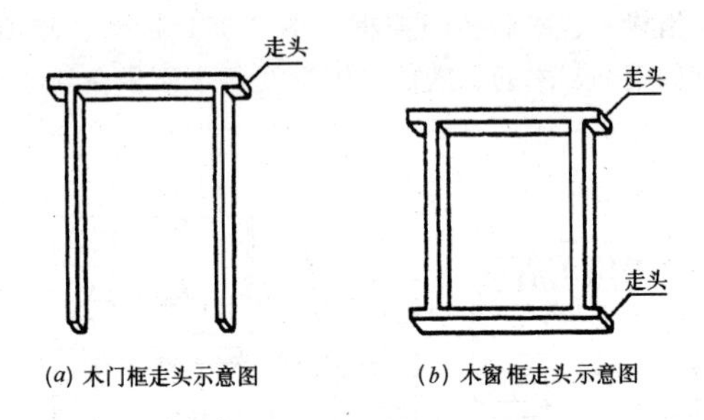

(a) 木门框走头示意图　　(b) 木窗框走头示意图

图 7-33　木门窗框走头示意图

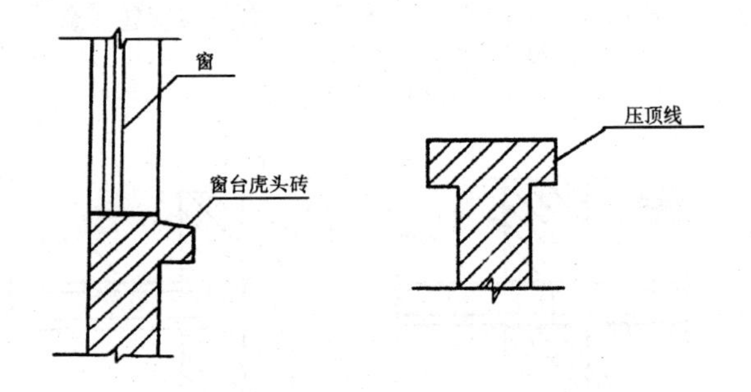

图 7-34　突出墙面的窗台虎头砖示意图

图 7-35　砖压顶线示意图

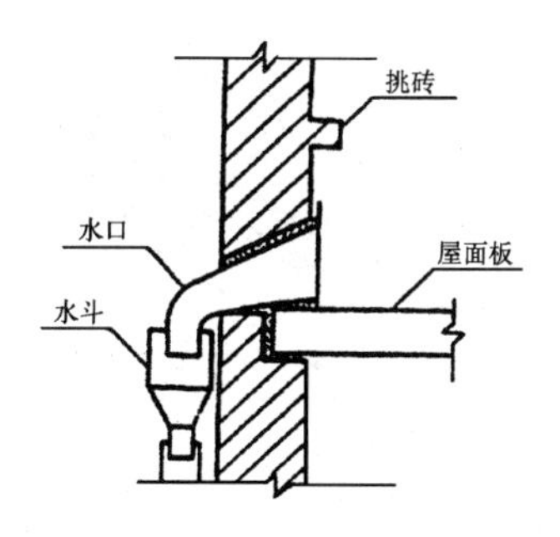

图 7-36　山墙泛水、
排水示意图

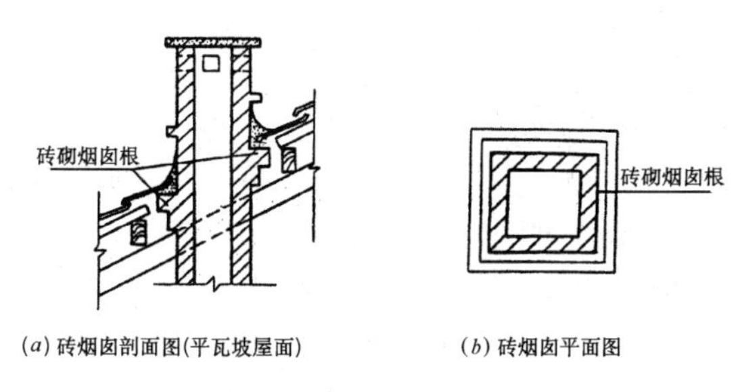

(*a*) 砖烟囱剖面图(平瓦坡屋面)　　(*b*) 砖烟囱平面图

图 7-37　砖砌烟囱根示意图

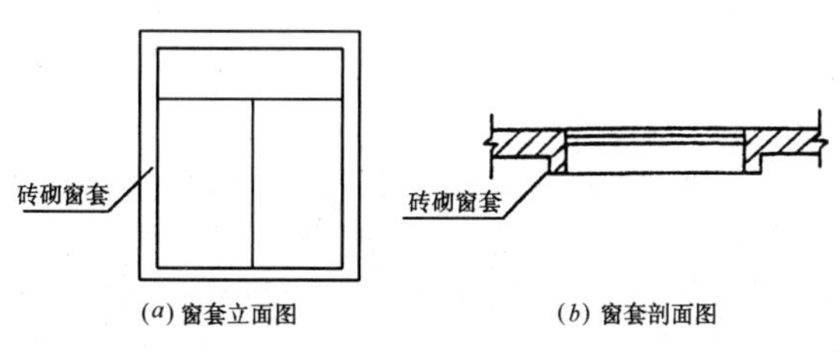

(*a*) 窗套立面图　　(*b*) 窗套剖面图

图 7-38　砖砌窗套示意图

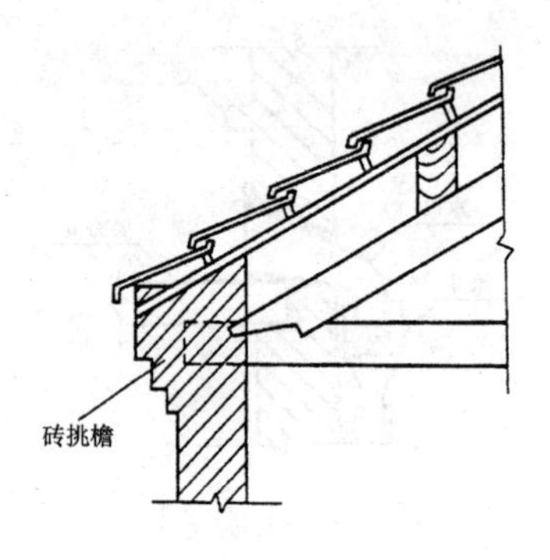

图 7-39　坡屋面砖挑檐示意图

1）砖垛、三皮砖以上的腰线和挑檐等体积，并入墙身体积内计算。

【例】 某砖结构建筑物的砖腰线如图 7-40 所示，其两边纵墙上的长度为 32.4m，两头山墙的长为 $9.24\times2=18.48$m，试计算该建筑砖腰线的工程量。

【解】 砖砌腰线工程量＝腰线断面积×腰线长

$$=[0.378\times0.0625\times3]\times\frac{1}{2}\times(32.4+9.24\times2+0.1875\times4)$$

$$=0.03544\times51.63$$

$$=1.83\text{m}^3$$

2）附墙烟囱（包括附墙通风道、垃圾道）按其外形体积计算，并入所依附的墙体内，不扣除每一个孔洞横截面在 0.1m^2 以下的体积，但孔洞内的抹灰工程量亦不增加。

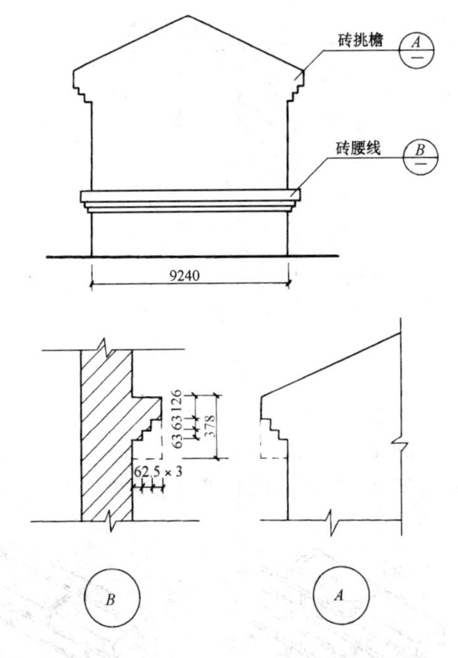

图 7-40　三皮砖以上腰线和挑檐示意图

3）女儿墙（图 7-41）高度，自外墙顶面至图示女儿墙顶面高度，分别不同墙厚并入外墙计算。

4）砖平碹平砌砖过梁按图示尺寸以立方米计算。如设计无规定时，砖平碹按门窗洞口宽度两端共加 100mm，乘以高度计算（门窗洞口宽度小于 1500mm 时，高度为 240mm，大于 1500mm 时，高度为 365mm）；平砖砖过梁按门窗洞口宽度两端共加 500mm，高按 440mm 计算。

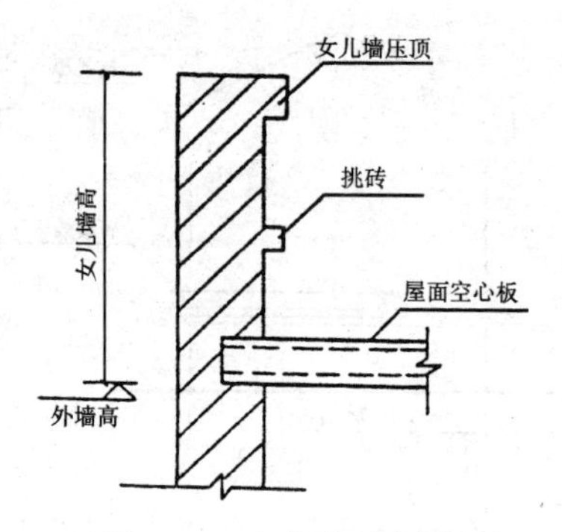

图 7-41 女儿墙示意图

（2）砌体厚度的规定

1）标准砖尺寸以 240mm×115mm×53mm 为准，其砌体计算厚度按表 7-12 计算（参见图 7-42～7-46）。

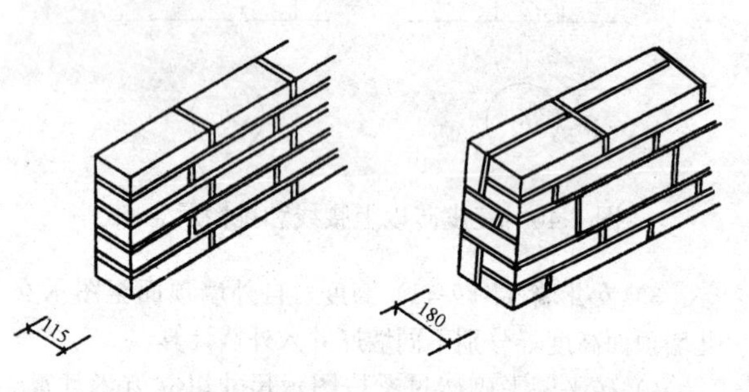

图 7-42 1/2 砖墙示意图　　图 7-43 3/4 砖墙示意图

标准砖砌体计算厚度表　　表 7-12

砖数(厚度)	1/4	1/2	3/4	1	1.5	2	2.5	3
计算厚度(mm)	53	115	180	240	365	490	615	740

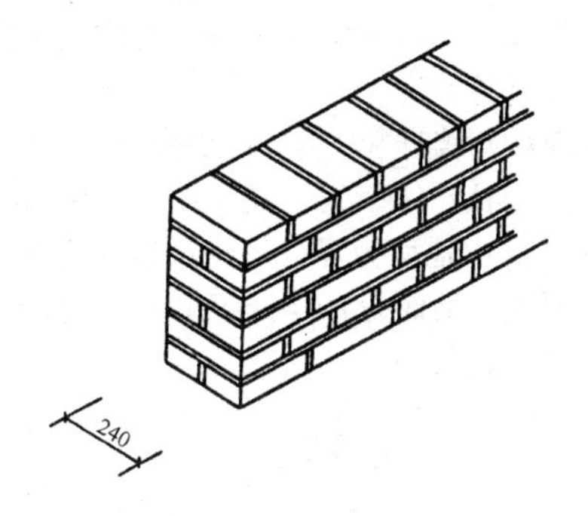

图 7-44　1 砖墙示意图

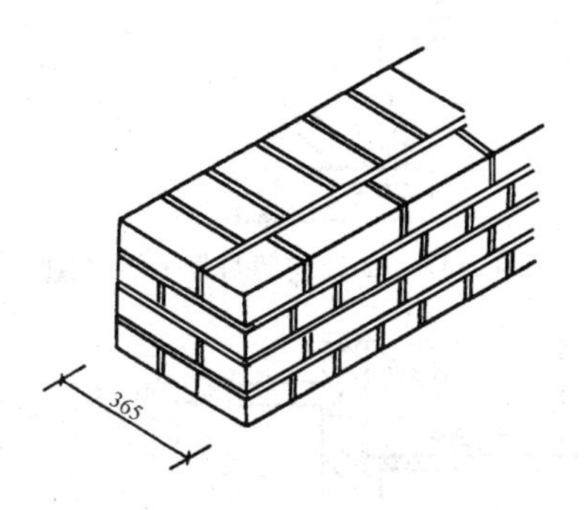

图 7-45　1.5 砖墙示意图

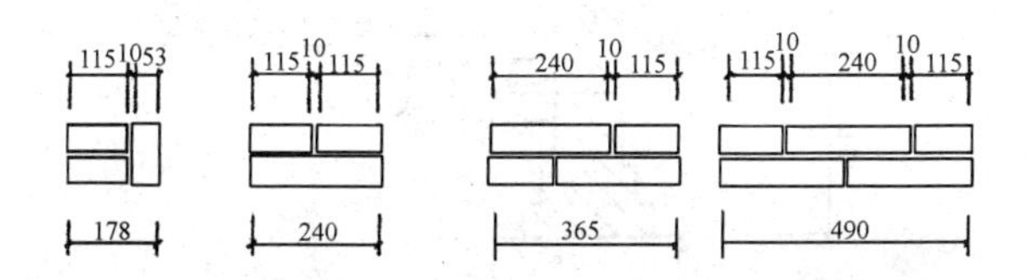

图 7-46　墙厚与标准砖规格的关系

2）使用非标准砖时，其砌体厚度应按砖实际规格和设计厚度计算。

（3）基础与墙身（柱身）的划分

1）基础与墙（柱）身（图 7-47）使用同一种材料时，以设计室内地面为界（当建筑物有地下室时，以地下室设计室内地面为界），界面以下为基础，以上为墙（柱）体（图 7-48）。

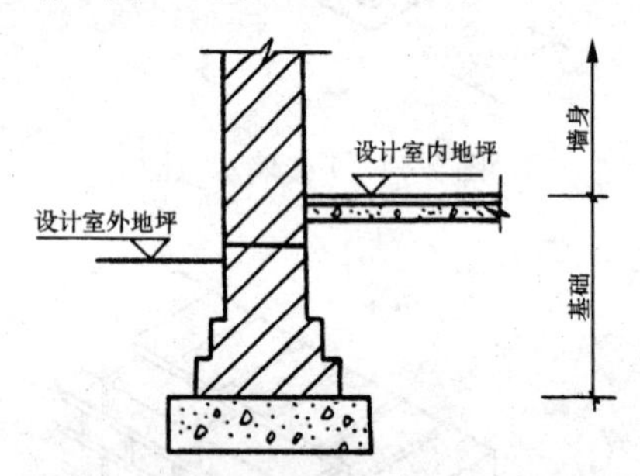

图 7-47　基础与墙身划分示意图

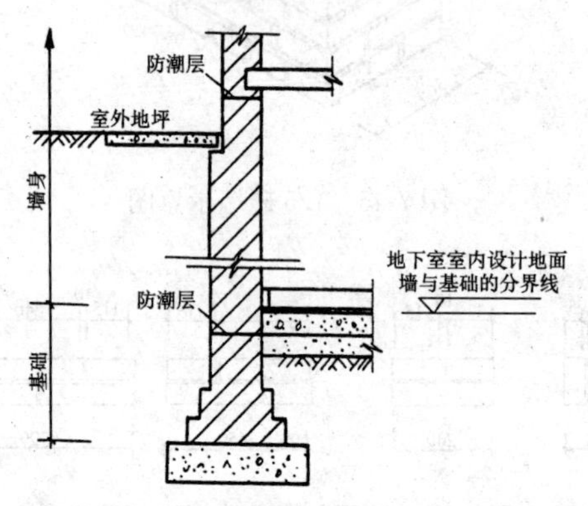

图 7-48　地下室的基础与墙身划分示意图

2）基础与墙体使用不同材料时，其不同材料分界线位于设计室内地面±300mm以内时，则以不同材料为分界线；当超过±300mm时，以设计室内地面为分界线。

3）砖、石围墙，以设计室外地坪为界，界线以下为基础，以上为墙身。

（4）基础长度

外墙墙基按外墙中心线长度计算；内墙基础按内墙净长计算。

基础大放脚T形接头处的重叠部分（图7-49）以及嵌入基础的钢筋、铁件、管道、基础防潮层及面积在$0.3m^2$以内的孔洞所占体积不予扣除，但靠墙暖气沟的挑檐亦不增加工程量。附墙垛基础宽出部分体积应并入基础工程量内。

砖砌挖孔桩护壁工程量按实砌体积计算。

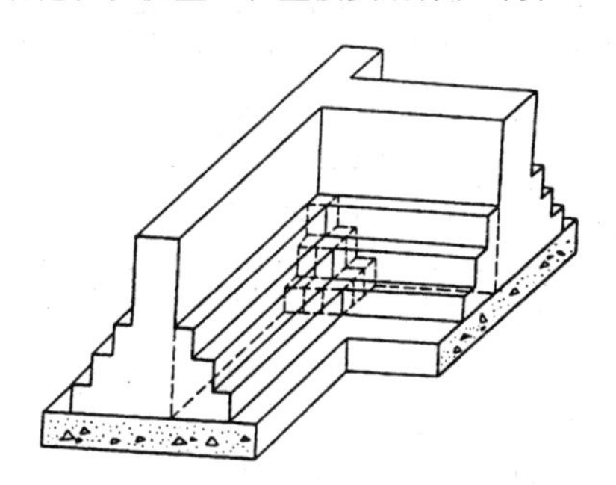

图7-49 基础大放脚T形接头重复部分示意图

【例】 根据图7-50基础施工图有关尺寸，计算砖基础的长度（基础墙厚均为240）。

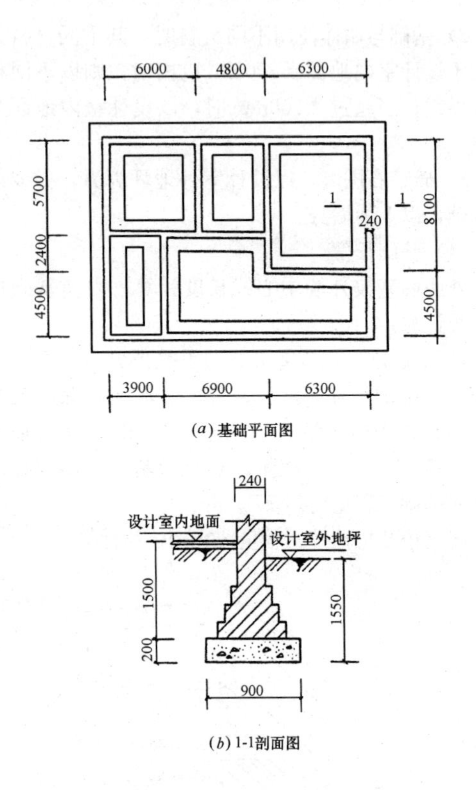

图 7-50　砖基础施工图

【解】（1）外墙砖基础长（$L_中$）

$L_中$＝[(4.5＋2.4＋5.7)＋(3.9＋6.9＋6.3)]×2
　＝(12.6＋17.1)×2
　＝59.40m

（2）内墙砖基础净长（$L_内$）

$L_{内}=(5.7-0.24)+(8.1-0.24)+$
$(4.5+2.4-0.24)+(6.0+4.8-0.24)+6.3$
$=36.84\text{m}$

2. 基础垫层

计算公式：

$$V_{垫}=adl$$

式中 a——垫层宽（m）；

d——垫层厚（m）；

l——垫层长（m）。

3. 有大放脚砖基础

（1）等高式大放脚砖基础（见图 7-51）

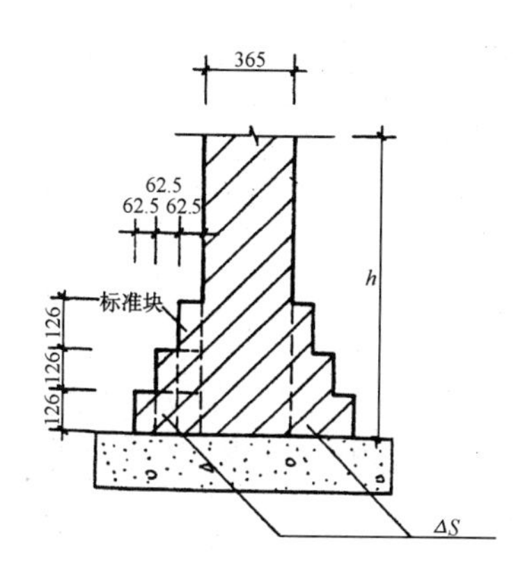

图 7-51 等高式大放脚砖基础

计算公式：

$V_{砖基}=$(基础墙厚×基础墙高+大放脚增加面积)×
基础长

$$= (d \times h + \Delta S) \times l$$
$$= [dh + 0.126 \times 0.0625n(n+1)]l$$
$$= [dh + 0.007875n(n+1)]l$$

式中　0.007875——标准砖大放脚一个标准块的面积；

$0.007875n(n+1)$——全部大放脚的面积；

n——大放脚层数；

d——基础墙厚（m）；

h——基础墙高（m）；

l——砖基础长（m）。

【例】 某工程等高式标准砖大放脚基础如图 7-51，当基础墙高 $h=1.4\text{m}$、基础长 $l=25.65\text{m}$ 时，计算砖基础工程量。

【解】 已知　$d=0.365\text{m}$　$h=1.40\text{m}$

$l=25.65\text{m}$　$n=3$ 层

$$V_{砖基}=(0.365\times1.40+0.007875\times3\times4)\times25.65$$
$$=15.53\text{m}^3$$

（2）不等高式大放脚砖基础（见图 7-52）

计算公式：

$$V_{砖基}=\{dh+0.007875[n(n+1)-\Sigma 半层大放脚层数值]\}\times l$$

式中　半层大放脚层数值——指半层大放脚（0.063m 高）所在层数

【例】 某工程大放脚砖基础尺寸见图 7-52，当基础墙高 $h=1.56\text{m}$、基础长 $l=18.5\text{m}$ 时，计算砖基础工程量。

【解】 已知 $d=0.24\text{m}$　$h=1.56\text{m}$

$l=18.5\text{m}$　$n=4$ 层

$$V_{砖基}=\{0.24\times1.56+0.007875\times[4\times5-(1+3)]\}\times18.5$$
$$=0.5004\times18.5=9.26m^3$$

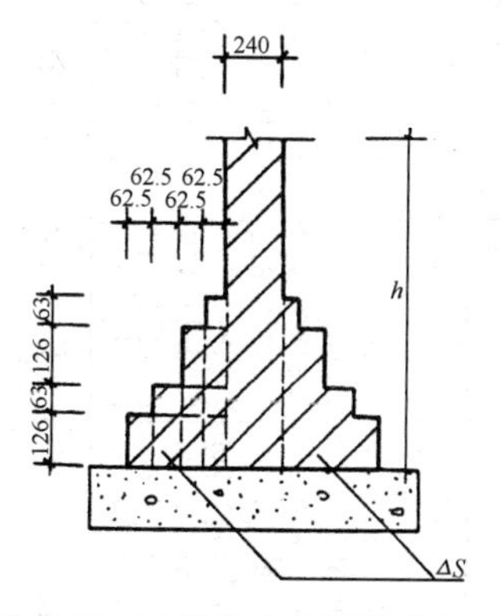

图 7-52　不等高式大放脚砖基础

标准砖大放脚基础，大放脚面积 ΔS 增加表见表 7-13。

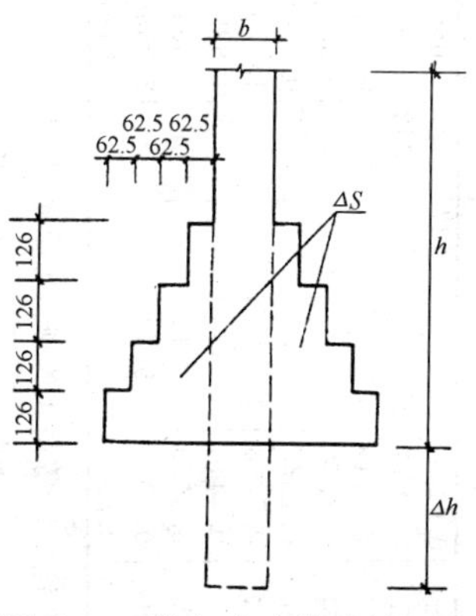

图 7-53　等高式砖基础断面图

砖墙基础大放脚增加表　　表 7-13

放脚层数(n)	增加断面积(m^2) $\Delta S_{断}$		基础墙厚											
			1/2 砖		3/4 砖		1 砖		1½砖		2 砖		2½砖	
	等高	不等高	等高	不等高	等高	不等高	等高	不等高	等高	不等高	等高	不等高	等高	不等高
一	0.01575	0.01575	0.137	0.137	0.066	0.066	0.066	0.066	0.043	0.043	0.032	0.032	0.026	0.026
二	0.04725	0.03938	0.411	0.342	0.197	0.164	0.197	0.164	0.129	0.108	0.096	0.08	0.077	0.064
三	0.0945	0.07875			0.394	0.328	0.398	0.328	0.259	0.216	0.193	0.161	0.154	0.128
四	0.1575	0.126			0.656	0.525	0.651	0.525	0.432	0.345	0.321	0.253	0.256	0.205
五	0.2363	0.189			0.984	0.788	0.984	0.788	0.647	0.518	0.482	0.380	0.384	0.307
六	0.3308	0.2599			1.378	1.083	1.378	1.083	0.906	0.712	0.672	0.58	0.538	0.419
七	0.4410	0.3465			1.838	1.444	1.838	1.444	1.208	0.949	0.900	0.707	0.717	0.563
八	0.5670	0.4410			2.363	1.838	2.363	1.838	1.553	1.208	1.157	0.90	0.922	0.717
九	0.7088	0.5513			2.953	2.297	2.953	2.297	1.942	1.510	1.447	1.125	1.153	0.896
十	0.8663	0.6694			3.610	2.789	3.61	2.789	2.372	1.834	1.768	1.366	1.409	1.088

注：1. 等高式放脚：每层放脚高度为（53＋10）×2＝126mm，放脚宽度为$\frac{1}{4}(240+10)=62.5$mm，增加断面积 $\Delta S=0.007875n(n+1)$。

2. 不等高式（即间隔式）放脚：放脚高度为（53＋10）×2＝126mm 和 53＋10＝63mm 相间隔。放脚宽度为$\frac{1}{4}\times(240+10)=62.5$mm。增加断面积 $\Delta S_{断}=0.007875[n(n+1)-\sum$ 半层层数值$]$。

3. 大放脚折加高度 $\Delta h=\frac{\Delta S_{断}}{墙厚}$，见图 7-53、7-54。

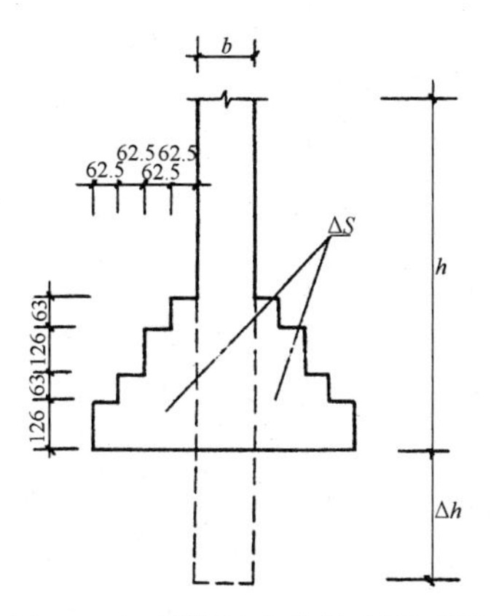

图 7-54　不等高式砖基础断面图

4. 有大放脚砖柱基础

有大放脚的砖柱基础，其工程量计算分为两部分：一是将柱的体积算至基础底；二是计算柱四周的大放脚体积（见图 7-55、7-56）。

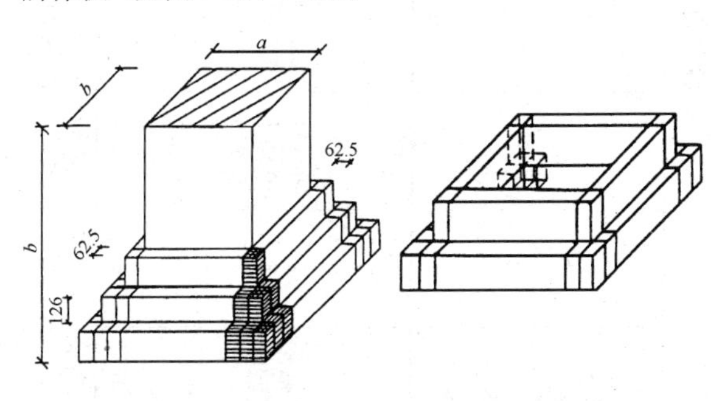

图 7-55　砖柱四周大放脚示意图

图 7-56　砖柱基四周大放脚体积 ΔV 示意图

砖柱基础大放脚体积增加表（等高式）

表 7-14

$a+b$	0.48	0.605	0.73	0.855	0.98	1.105	1.23	1.355	1.48
$a \times b$ / ΔV / n	0.24×0.24	0.24×0.365	0.365×0.365 0.24×0.49	0.365×0.49 0.24×0.615	0.49×0.49 0.365×0.65	0.49×0.615 0.365×0.74	0.365×0.865 0.615×0.615 0.49×0.74	0.615×0.74 0.49×0.865	0.74×0.74 0.615×0.865
一	0.010	0.011	0.013	0.015	0.017	0.019	0.021	0.024	0.025
二	0.033	0.038	0.045	0.050	0.056	0.062	0.068	0.074	0.080
三	0.073	0.085	0.097	0.108	0.120	0.132	0.144	0.156	0.167
四	0.135	0.154	0.174	0.194	0.213	0.233	0.253	0.272	0.292
五	0.221	0.251	0.281	0.310	0.340	0.369	0.400	0.428	0.458
六	0.337	0.379	0.421	0.462	0.503	0.545	0.586	0.627	0.669
七	0.487	0.543	0.597	0.653	0.708	0.763	0.818	0.873	0.928
八	0.674	0.745	0.816	0.887	0.957	1.028	1.095	1.170	1.241
九	0.910	0.990	1.078	1.167	1.256	1.344	1.433	1.521	1.61
十	1.173	1.282	1.390	1.498	1.607	1.715	1.823	1.931	2.04

注：等高式大放脚高126mm，宽62.5mm，柱基大放脚增加体积$\Delta V_{放}=n(n+1)[0.007875(a+b)+0.000328125\times(2n+1)]$式中：$n$为大放脚层数、$a$和$b$分别为基础柱断面的长和宽。

砖柱基础大放脚体积增加表（间隔式） **表 7-15**

$a+b$	0.48	0.605	0.73	0.855	0.98	1.105	1.23	1.355	1.48
$a \times b$ / ΔV / n	0.24×0.24	0.24×0.365	0.365×0.365 0.24×0.49	0.365×0.49 0.24×0.615	0.49×0.49 0.365×0.615	0.49×0.615 0.365×0.74	0.365×0.865 0.615×0.615 0.49×0.74	0.615×0.74 0.49×0.865	0.74×0.74 0.615×0.865
一	0.010	0.011	0.013	0.015	0.017	0.019	0.021	0.023	0.025
二	0.028	0.033	0.038	0.043	0.047	0.052	0.057	0.062	0.067
三	0.061	0.071	0.081	0.091	0.101	0.106	0.112	0.13	0.14
四	0.11	0.125	0.141	0.157	0.173	0.188	0.204	0.22	0.236
五	0.179	0.203	0.227	0.25	0.274	0.297	0.321	0.345	0.368
六	0.269	0.302	0.334	0.367	0.399	0.432	0.464	0.497	0.529
七	0.387	0.43	0.473	0.517	0.56	0.599	0.647	0.69	0.733
八	0.531	0.586	0.641	0.696	0.751	0.806	0.861	0.916	0.972
九	0.708	0.776	0.845	0.914	0.983	1.052	1.121	1.19	1.259
十	0.917	1.001	1.084	1.168	1.252	1.335	1.419	1.503	1.586

注：不等高式（即间隔式）大放脚宽为 62.5mm，大放脚高为 126mm 和 63mm 相间隔，最下一层为 126mm。不等高式大放脚增加体积 $\Delta V_{放} = 0.00196875(3n^2+4n) + \left|\sin\frac{n\pi}{2}\right|(a+b) + 0.0004921875 \times n(n+1)^2$。式中：$n$ 为放脚层数，a 和 b 分别为基础柱断面长和宽。

标准砖大放脚柱基础工程量计算公式：

$$V_{柱基}=abh+\Delta V$$
$$=abh+n(n+1)[0.007875(a+b)+0.000328125(2n+1)]$$

式中 a——柱断面长（m）；

b——柱断面宽（m）；

h——柱基高（m）；

ΔV——砖柱四周大放脚体积。

【例】 某工程有 5 个等高式大放脚砖柱基础，根据下列条件计算砖基础工程量：

柱断面　　0.365m×0.365m

柱基高　　1.85m

大放脚层数　　5 层

【解】 已知 $a=0.365\text{m}$　$b=0.365\text{m}$

$h=1.85\text{m}$　$n=5$ 层

$$V_{柱基}=\{0.365\times0.365\times1.85+5\times6\times[0.007875\times(0.365+0.365)+0.000328125\times(2\times5+1)]\}\times5 \text{根}$$
$$=(0.246+0.281)\times5$$
$$=2.64\text{m}^3$$

砖柱基四周大放脚体积见表 7-14、7-15。

5. 墙长计算

外墙长度按外墙中心线长度计算，内墙长度按内墙净长线长度计算。

计算方法如下：

（1）墙转角处的墙长计算

90°转角的墙，其墙长算到中轴线交叉点，见图 7-57 中的Ⓐ节点。

（2）T 形接头墙长计算

当墙体处于T形接头时，接头上水平长度的墙长算完后，垂直部分的墙只能从水平墙的内边计算净长，见图7-57中的Ⓑ节点。

（3）十字接头墙长计算

当墙体处于十字形接头时，其墙长计算的思路同T形接头，见图7-57中Ⓒ节点。

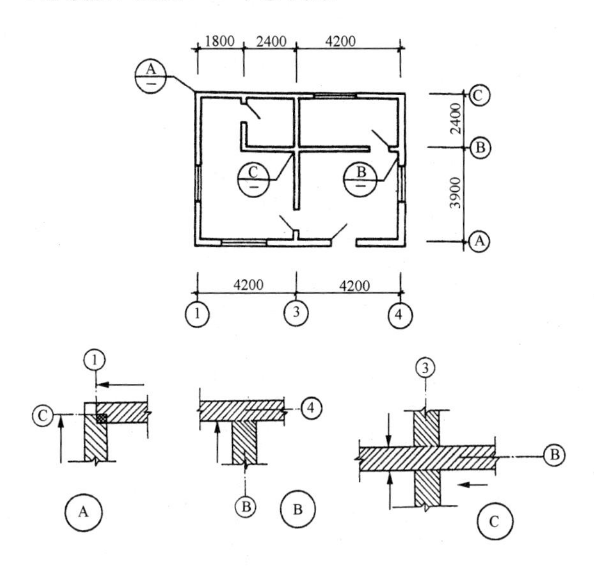

图7-57　墙长计算示意图

【例】　根据图7-57所示尺寸，计算内、外墙墙长（墙厚均为240）。

【解】　（1）外墙墙长（$L_{中}$）

$$L_{中}=[(4.2+4.2)+(3.9+2.4)]\times 2$$
$$=29.40\text{m}$$

$$L_{内} = (3.9+2.4-0.24)+(4.2-0.24)+(2.4-0.12)+(2.4-0.12) = 14.58m$$

6. 墙身高度

(1) 外墙墙体高度

斜（坡）屋面无檐口顶棚时，墙体高度算至屋面板的底部，见图 7-58；有屋架，且室内外均有顶棚时，墙体高度算至屋架下弦的底面，再加 200mm，见图 7-59；

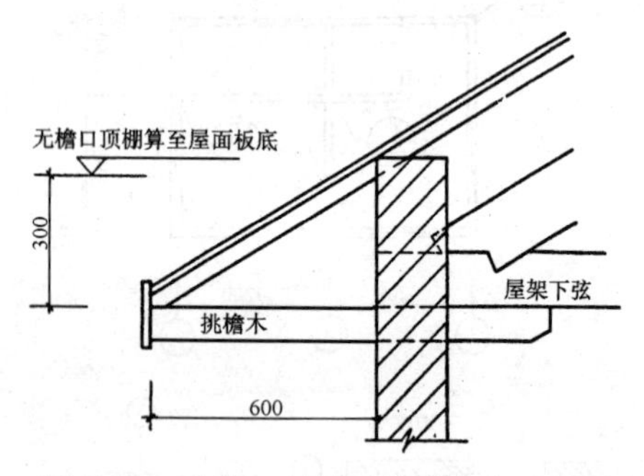

图 7-58 无檐口顶棚时外墙高度示意图

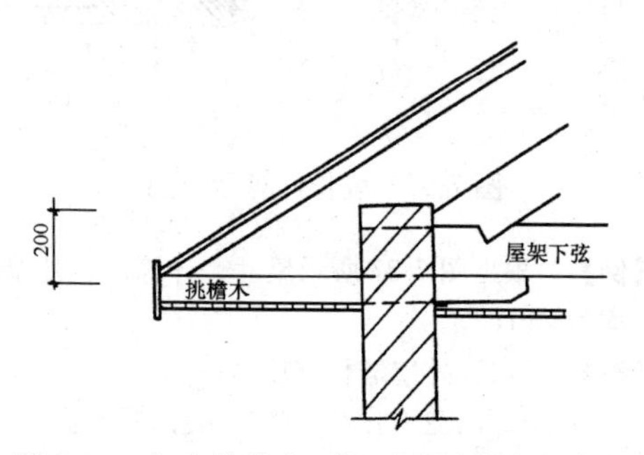

图 7-59 室内外均有顶棚时外墙高度示意图

无顶棚时，墙体高度算至屋架下弦底面另加 300mm，出檐宽度超过 600mm 时，应按实砌高度计算；平屋面时，墙体高度算至钢筋混凝土屋面板底，见图 7-60。

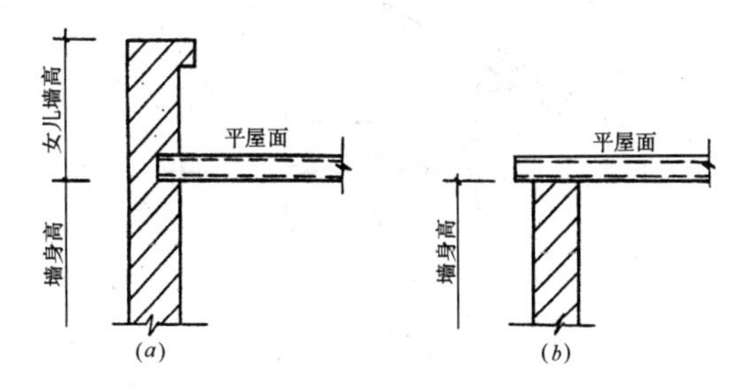

图 7-60 平屋面外墙墙身高度示意图

(2) 内墙墙体高度

内墙位于屋架下弦，墙的高度算至屋架底部，见图 7-61；无屋架时，墙体高度算至顶棚底，再加上

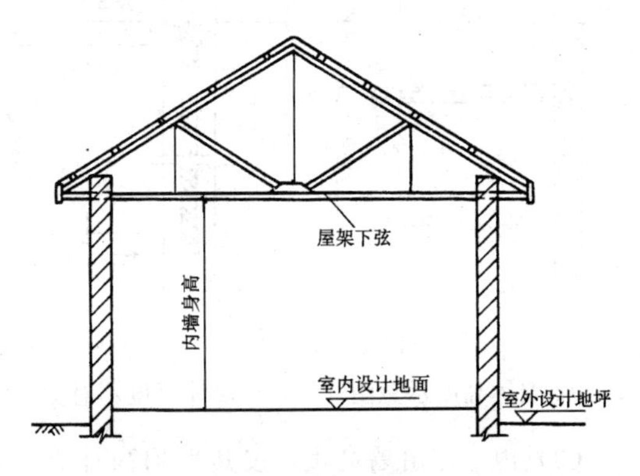

图 7-61 屋架下弦的内墙墙身高度示意图

100mm，见图 7-62；有钢筋混凝土楼板隔层时，墙算至板底，见图 7-63；有框架梁时，墙体高度算至深底面，见图 7-64。

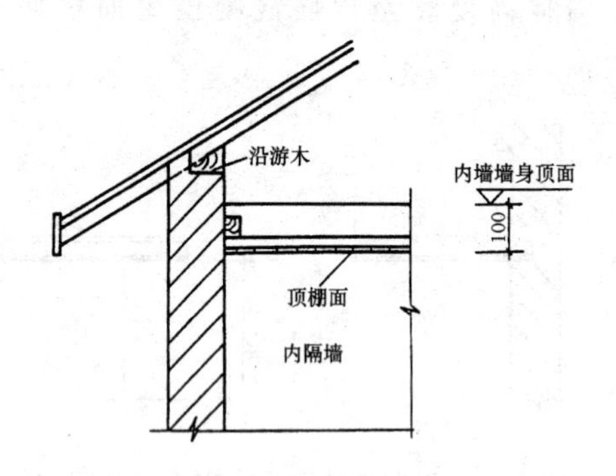

图 7-62　无屋架时内墙墙身高示意图

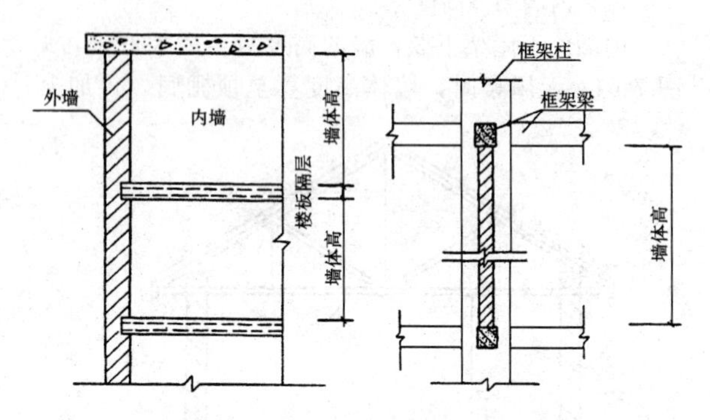

图 7-63　有混凝土楼板隔层时内墙墙体高度示意图

图 7-64　有框架梁时的墙体高度示意图

（3）内、外山墙高度，按其平均高计算，见图 7-65、图 7-66。

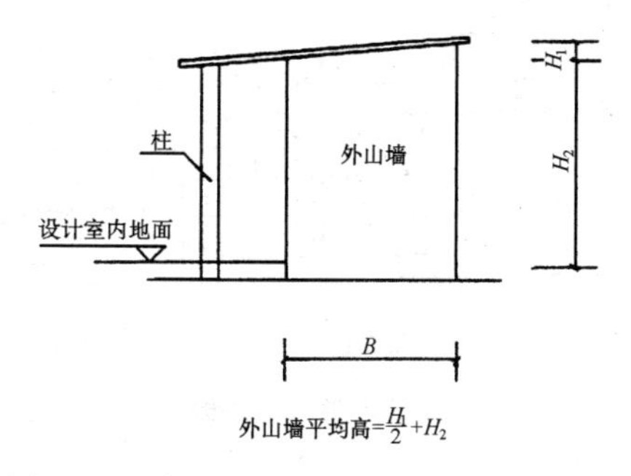

图 7-65　单坡屋面外山墙墙体高度示意图

7. 砌体计算规则

(1) 框架间砌体（即填充墙），按内外墙以框架间的净空面积乘以墙厚计算（参见图 7-64）。框架外表镶贴砖部分，其工程量并入框架间砌体工程量内计算。

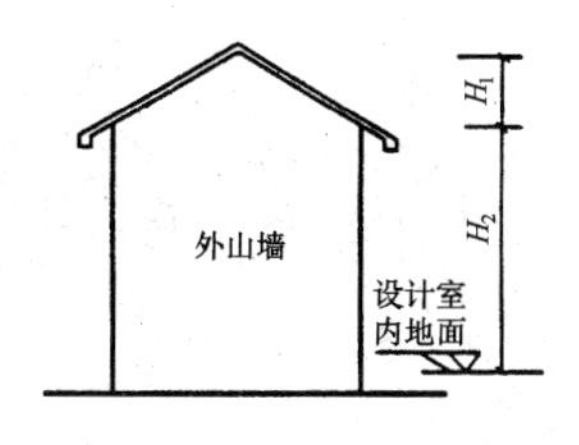

图 7-66　双坡屋面外山墙墙体高度示意图

(2) 空花墙按空花部分外形体积计算，单位为立方米（m^3），空花部分不予扣除，其中的实体部分另行计算，见图 7-67。

(3) 空斗墙按外形尺寸计算其体积，单位为立方米（m^3）。墙角、内外墙交接处、门窗洞口立边、窗台砖及屋檐处的实砌部分已包括在定额内，不另行计算；但窗间墙、窗台下、楼板下、梁头下等实砌部分，应另行计算，套零星砌体定额项目。空斗墙示意图见图 7-68、图 7-73。

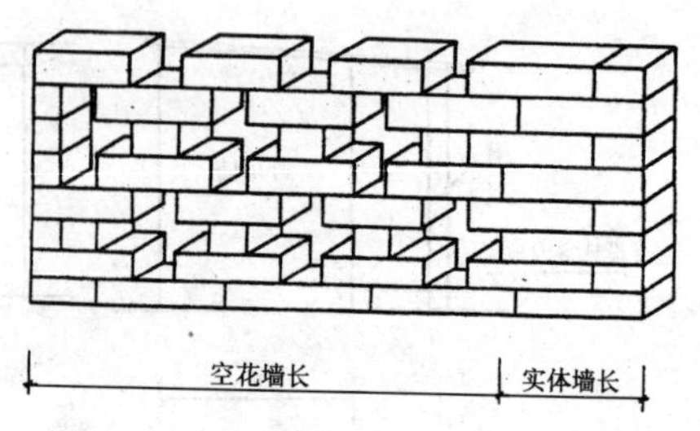

图 7-67　空花墙与实体墙划分示意图

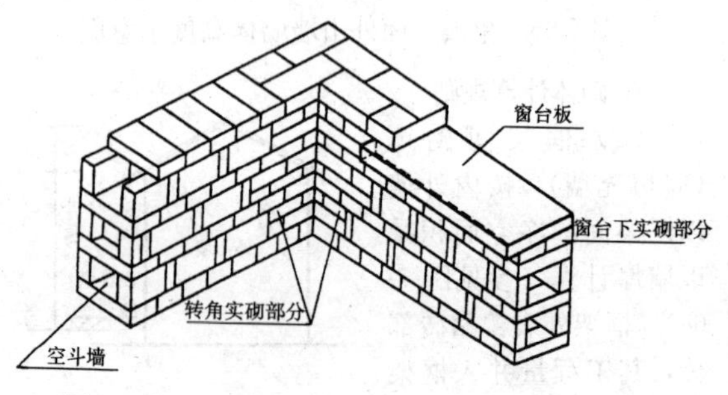

图 7-68　空斗墙转角及窗台下实砌部分示意图

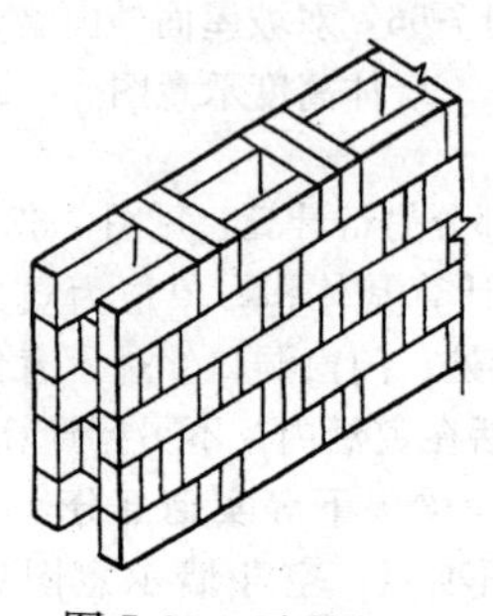

图 7-69　无眠空斗

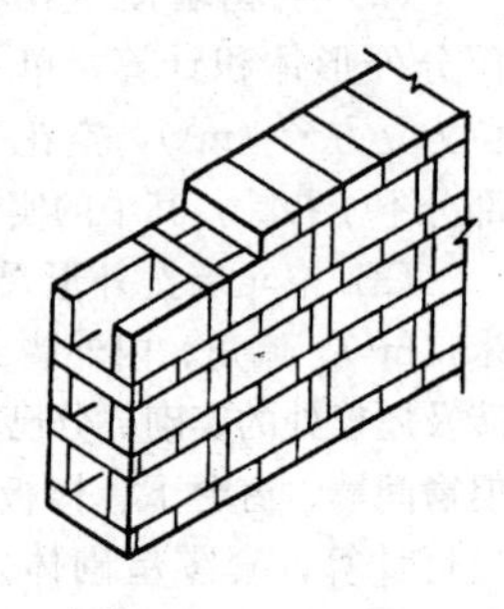

图 7-70　一眠一斗

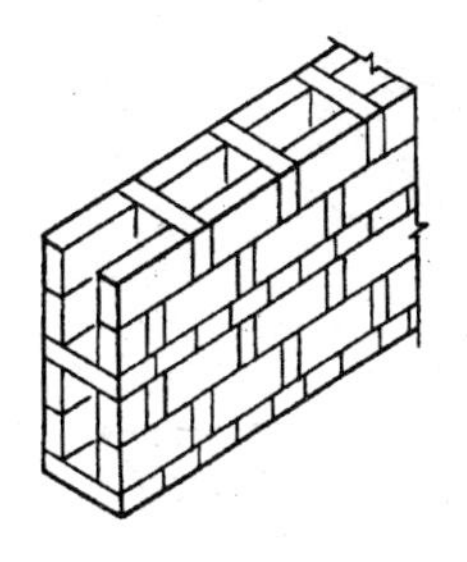

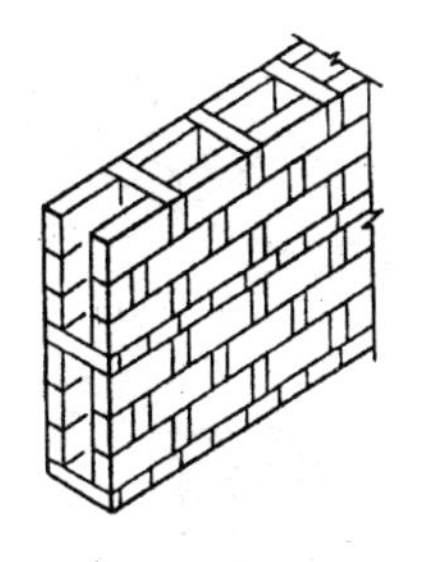

图 7-71　一眠二斗　　　　图 7-72　一眠三斗

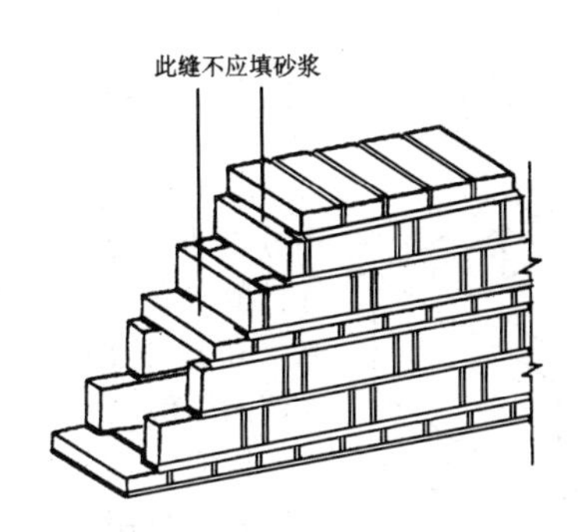

图 7-73　一眠二斗空斗墙示意图

(4) 多孔砖、空心砖墙按图厚度计算，单位为立方米（m^3），不扣除孔及空心部分的体积，如图 7-74。

(5) 填充墙按外形尺寸计算其体积，单位为立方米（m^3）。其中实砌部分已包括在定额内，不另计算。

(6) 加气混凝土墙、硅酸盐砌块墙、小型空心砌块墙，按图示尺寸计算，单位为立方米（m^3）。按设计规定需要镶嵌砖砌体部分已包括在定额内，不另行计算其体积，如图 7-75。

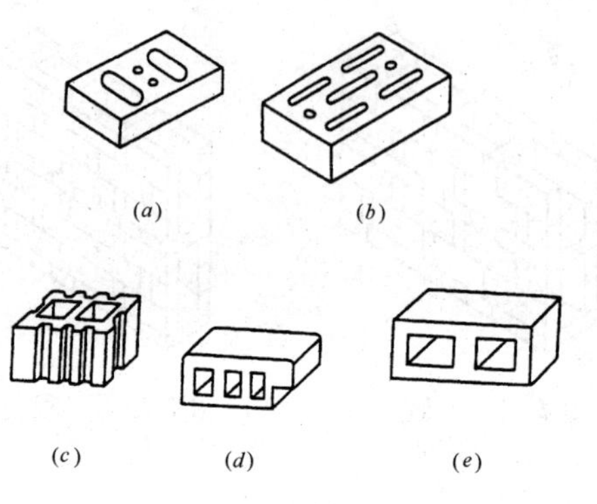

图 7-74　黏土空心砖示意图

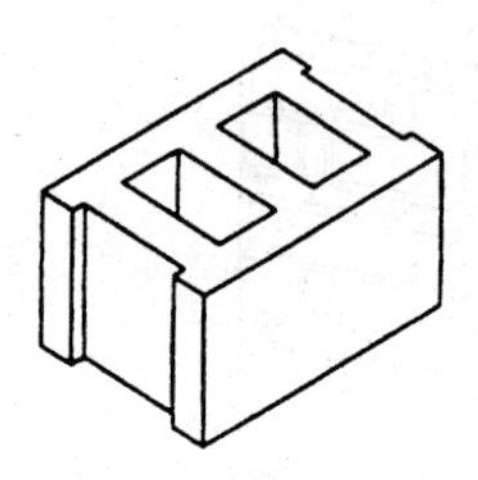
图 7-75　混凝土小型空心砌块

（7）砖砌锅台、炉灶，不分大小，均按图示外形尺寸计算其体积，单位为立方米（m^3），计算时不扣除各种空洞的体积。

说明：锅台一般指大食堂、餐厅里用的锅灶；炉灶一般指住宅每户的灶台。

（8）砖砌台阶（不包括梯带）（见图 7-76）按水平投影面积以平方米（m^2）计算。

（9）厕所蹲位、水槽腿、灯箱、垃圾箱、台阶挡墙或梯带、花台、花池、地垄墙及支撑地楞木的砖墩，房上烟囱、屋面架空隔热层砖墩及毛石墙的门窗立边、窗台虎头砖等实砌体积，以立方米（m^3）计算，套用零星砌体项目（见图 7-77～图 7-82）。

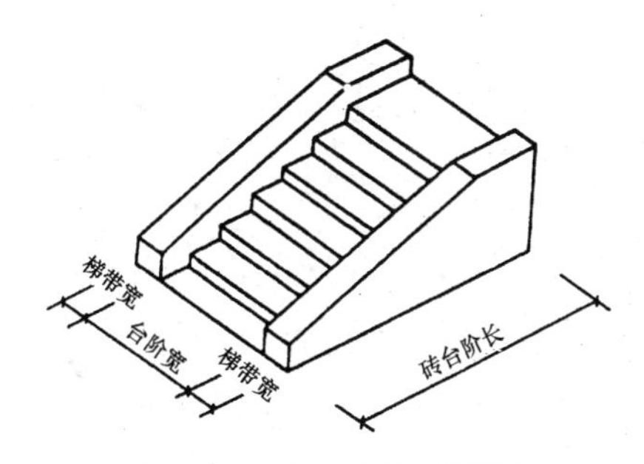

图 7-76　砖砌台阶示意图

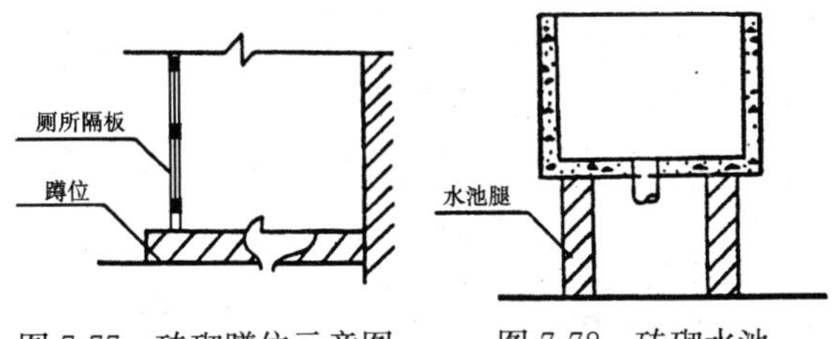

图 7-77　砖砌蹲位示意图

图 7-78　砖砌水池（槽）腿示意图

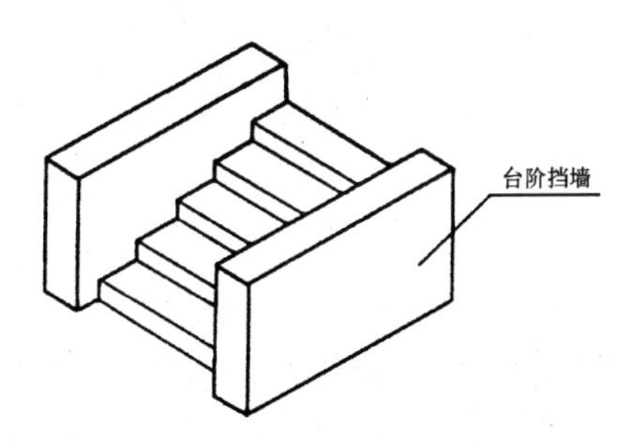

图 7-79　有挡墙台阶示意图

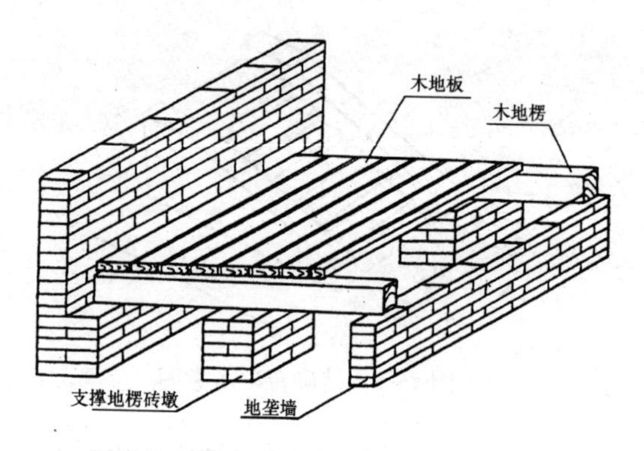

图 7-80　地垄墙及支撑地楞砖墩示意图

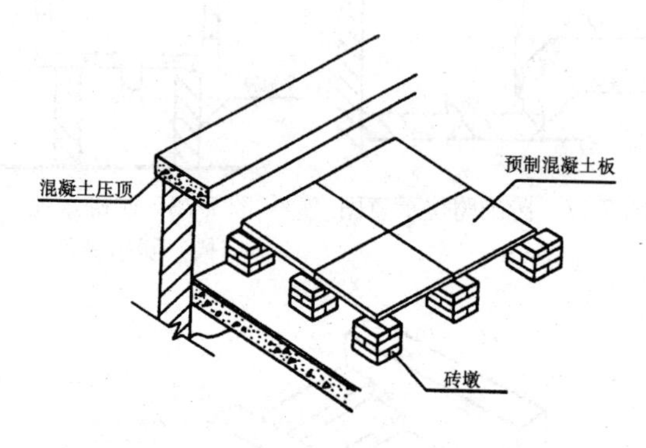

图 7-81　屋面架空隔热层砖墩示意图

(10) 检查井及化粪池不分壁厚均以立方米 (m^3) 计算，洞口上的砖平拱碹等并入砌体体积内计算。

(11) 砖砌地沟不分墙基、墙身，合并以立方米 (m^3) 计算。石砌地沟按其中心线长度以延长米计算。

8. 砖烟囱和烟道

(1) 筒身

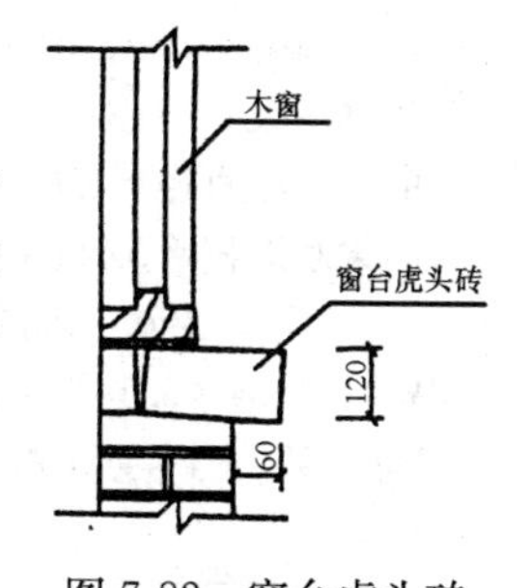

图 7-82 窗台虎头砖示意图

注：石墙的窗台虎头砖单独计算工程量

圆形、方形筒身均按图示筒壁平均中心线周长乘以厚度，并扣除筒身各种孔洞、钢筋混凝土圈梁、过梁等体积以立方米（m^3）计算。其筒壁周长不同时，可按下式分段计算：

$$V=\sum(H\times C\times \pi D)$$

式中 V——筒身体积；

H——每段筒身垂直高度；

C——每段筒壁厚度；

D——每段筒壁中心线的平均直径。

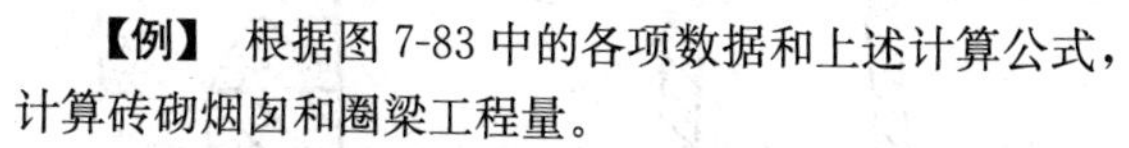

【例】 根据图 7-83 中的各项数据和上述计算公式，计算砖砌烟囱和圈梁工程量。

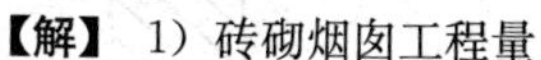

【解】 1）砖砌烟囱工程量

上段：已知 $H=9.50\text{m}$，$C=0.365\text{m}$

$D=(1.40+1.60+0.365)\times 1/2=1.68\text{m}$

$V_{上}=9.50\times 0.365\times 3.1416\times 1.68$

$=18.30\text{m}^3$

下段：已知 $H=9.0\text{m}$ $C=0.49\text{m}$

$D=(2.0+1.60+0.365\times 2-0.49)\times 1/2=1.92\text{m}$

$V_{下}=9.0\times 0.49\times 3.1416\times 1.92$

$=26.60\text{m}^3$

$V_{总}=V_{上}+V_{下}=18.30+26.60=44.90\text{m}^3$

2）混凝土圈梁

上部圈梁 $V_{上}=1.40\times3.1416\times0.4\times0.365=0.64m^3$

中部圈梁：

圈梁中心直径 $=1.60+0.365\times2-0.49=1.84m$

圈梁断面积 $=(0.365+0.49)\times1/2\times0.30$

$=0.128m^2$

$V_{中}=1.84\times3.1416\times0.128=0.74m^3$

$V_{总}=V_{上}+V_{中}=0.64+0.74=1.38m^3$

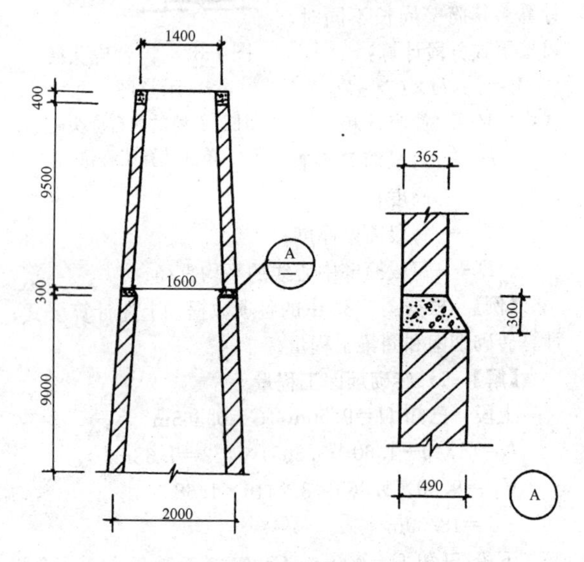

图 7-83　有圈梁砖烟囱示意图

（2）烟道、烟囱内衬按不同材料，扣除孔洞后，以图示实体积计算。

（3）烟囱内壁表面隔热层，按筒身内壁并扣除各种孔洞后的面积以平方米（m^2）计算；填料按烟囱内衬与筒身之间的中心线平均周长乘以图示宽度和筒高，并扣除各种孔洞所占体积（但不扣除连接横砖及防沉带的体积）后以立方米（m^3）计算，见图7-84。

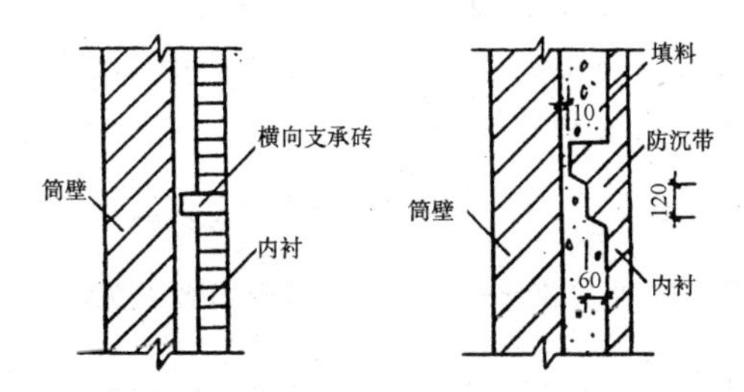

图7-84　烟囱内横砖、防沉带示意图

（4）烟道砌砖

烟道与炉体的划分以第一道闸门为界，炉体内的烟道部分列入炉体工程量计算。

（5）烟道拱顶

烟道拱顶（图7-85）按实体积计算，其计算方法有两种：

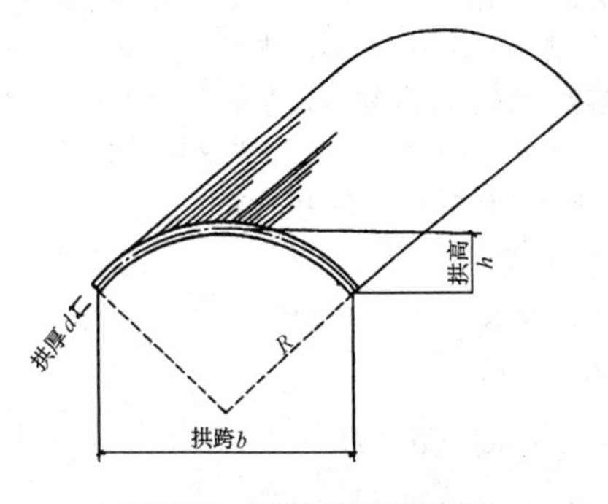

图7-85　烟囱拱顶示意图

方法一，按矢跨比公式计算。

计算公式：

V=中心线拱跨×弧长系数×拱厚×拱长

$=b\times P\times d\times L$

烟道拱顶弧长系数表见表 7-16，表中弧长系数 P 的计算公式为（当 h=1 时）：

$$P=\frac{1}{90}\left(\frac{0.5}{b}+0.125b\right)\pi\arcsin\frac{b}{1+0.25b^2}$$

【例】 当矢跨比 $\frac{h}{b}=\frac{1}{7}$ 时，弧长系数 P 为，

$$P=\frac{1}{90}\left(\frac{0.5}{7}+0.125\times7\right)\times3.1416\times\arcsin\frac{7}{1+0.25\times7^2}$$

$=1.054$

烟道拱顶弧长系数表　　　　表 7-16

矢跨比 $\frac{h}{b}$	$\frac{1}{2}$	$\frac{1}{3}$	$\frac{1}{4}$	$\frac{1}{5}$	$\frac{1}{6}$	$\frac{1}{7}$	$\frac{1}{8}$	$\frac{1}{9}$	$\frac{1}{10}$
弧长系数 P	1.57	1.27	1.16	1.10	1.07	1.05	1.04	1.03	1.02

【例】 已知一烟道的矢高为 1，拱跨为 6，拱厚为 0.15m，拱长 7.8m，求拱顶体积。

【解】 查表 7-16 知弧长系数 P 为 1.07，故，

$$V=6\times1.07\times0.15\times7.80=7.51\text{m}^3$$

方法二，按圆弧长公式计算。

计算公式：

V=圆弧长×拱厚×拱长

$=l\times d\times L$

$=\frac{\pi}{180}RQ\times d\times L$

【例】 某烟道拱顶厚 0.18m，半径 4.8m，Q 角为

180°，拱长 10m，求拱顶体积。

【解】 已知 $d=0.18\text{m}$ $R=4.8\text{m}$

$Q=180°$ $L=10\text{m}$

$$V=\frac{3.1416}{180}\times4.8\times180°\times0.18\times10$$

$$=27.14\text{m}^3$$

【例】 有一烟道 30m 长，有关尺寸见图 7-86，计算图示的有关工程量。

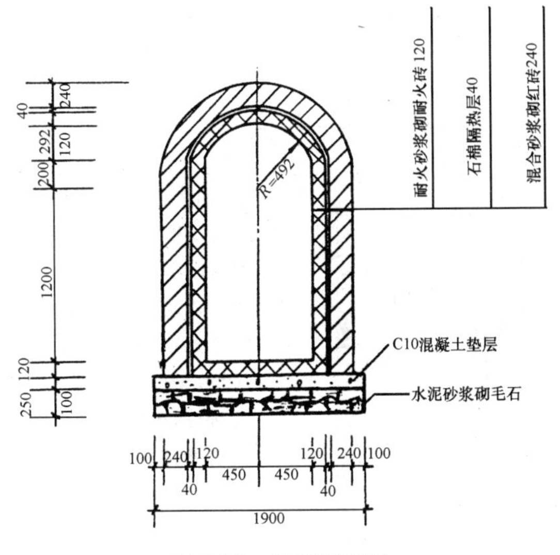

图 7-86 烟道剖面图

【解】 ① 混合砂浆砌红砖

求矢跨比 P，已知 $b=1.90-0.10\times2-0.24=1.46$

$$h=0.292+0.120+0.04+\frac{0.24}{2}=0.572$$

$b \div h = 1.46 \div 0.572 = 2.55$，即 $\frac{h}{b} = \frac{1}{2.55}$。采用插值法计算 $\frac{1}{2.55}$ 的弧长系数 P，$P = 1.27 + \frac{\frac{1}{2.55} - \frac{1}{3}}{\frac{1}{2} - \frac{1}{3}} \times (1.57 - 1.27) = 1.27 + 0.353 \times 0.3 = 1.38^*$，以下 P 值求法同上。

$$V = (1.46 \times 1.38^* + 1.52 \times 2) \times 0.24 \times 30 = 36.39\text{m}^3$$

② 石棉隔热层

$b = 1.18$　　$h = 0.432$　　$P = 1.33^*$

$$V = (1.17 \times 1.33^* + 1.52 \times 2) \times 0.04 \times 30 = 5.52\text{m}^3$$

③ 耐火砂浆砌耐火砖

$d = 1.02$　　$h = 0.352$

$P = 1.29^*$

$$V = (1.02 \times 1.29^* + 1.52 \times 2 + 0.90) \times 0.12 \times 30 = 18.92\text{m}^3$$

9. 砖砌水塔

砖砌水塔见图 7-87。

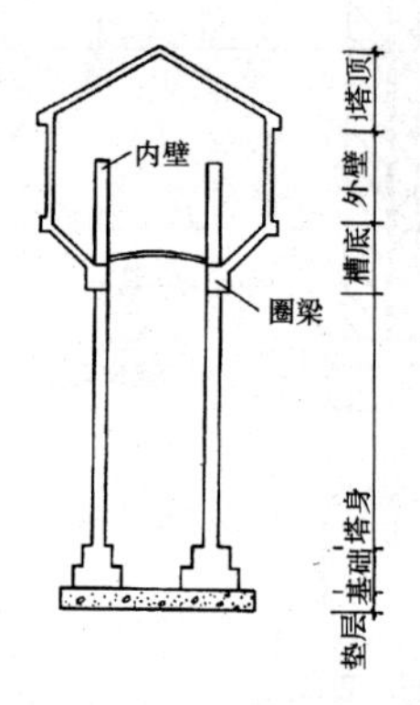

图 7-87　水塔构造及各部分划分示意图

(1) 水塔基础与塔身划分，以砖基础的扩大部分顶面为界，以上为塔身，以下为基础，套基础砌筑定额。

(2) 塔身以图示实砌体积计算，并扣除门窗洞口和混凝土构件所占的体积，砖平拱碳及砖出檐等并入塔身体

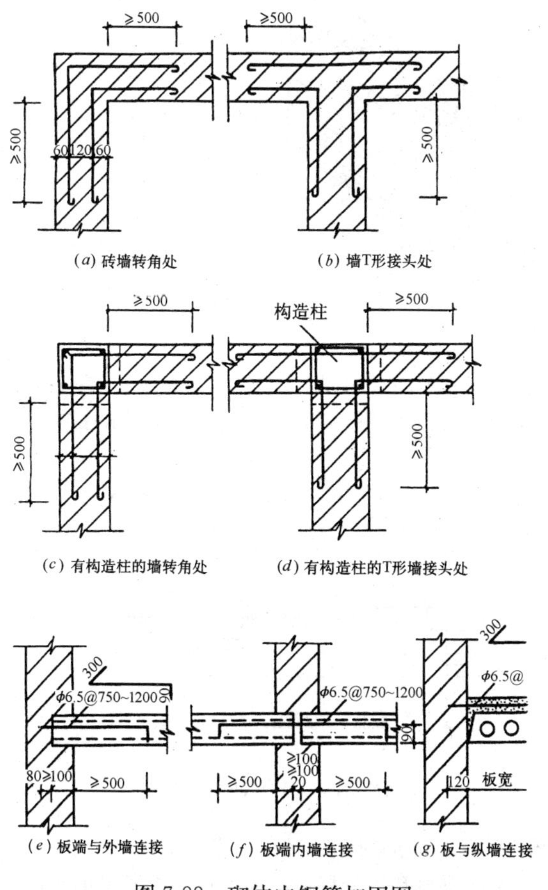

图 7-88　砌体内钢筋加固图

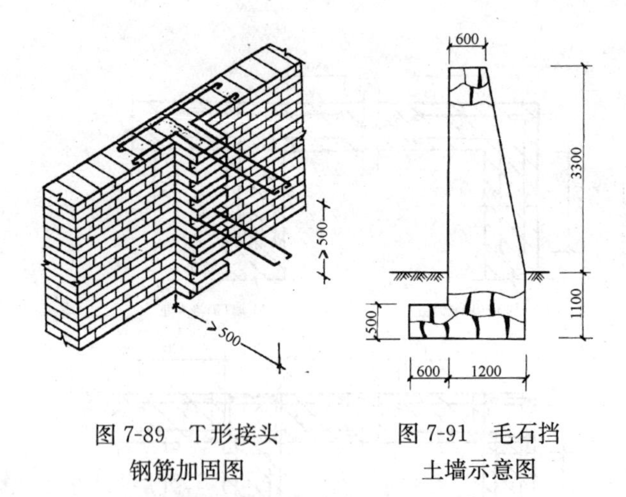

图 7-89　T 形接头钢筋加固图

图 7-91　毛石挡土墙示意图

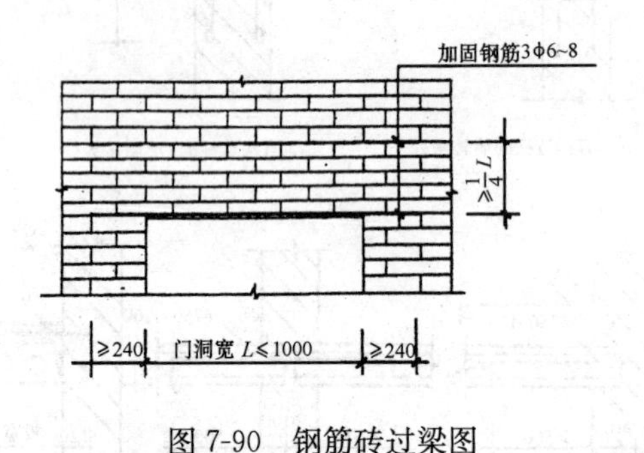

图 7-90　钢筋砖过梁图

积内计算，套水塔砌筑定额。

(3) 砖水箱内外壁，不分壁厚，均以图示实体积计算，套相应的内外砖墙定额。

10. 砌体内钢筋加固

砌体内钢筋加固根据设计规定，以吨（t）计算，套用钢筋混凝土章节相应定额项目，如图 7-88～图 7-90。

11. 毛石挡土墙

毛石挡土墙工程量其基础和墙身合并计算。

【例】 根据图 7-91 所示尺寸，计算 80m 长毛石挡土墙的工程量。

【解】 $V=\left[(0.6\times0.5+1.20\times1.10)+(0.60+1.20)\times\frac{1}{2}\times3.30\right]\times80$

$=367.20\text{m}^3$

12. 毛石护坡

毛石护坡分干砌和浆砌两种。工程量按图示尺寸以立方米（m³）计算。

【例】 根据图 7-92 所示尺寸，计算 95m 长浆砌毛石护坡工程量。

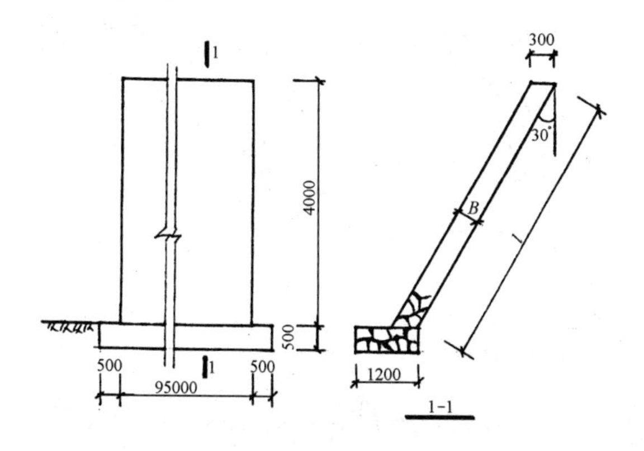

图 7-92　毛石护坡示意图

【解】 (1) 护坡毛石基础

$V=0.50\times1.20\times(95+0.50\times2)$

$=57.60\text{m}^3$

(2) 毛石护坡

$B=0.30\times\cos30°=0.30\times\frac{\sqrt{3}}{2}=0.260\text{m}$

$l=4.0\times\frac{1}{\cos30°}=5\times\frac{2}{\sqrt{3}}=5.77\text{m}$

$V=0.26\times5.77\times95=142.52\text{m}^3$

13. 锥形毛石护坡

计算公式：

锥形护坡 V=外锥体积－内锥体积

【例】 根据图 7-93 所示尺寸，计算锥形毛石护坡工程量。

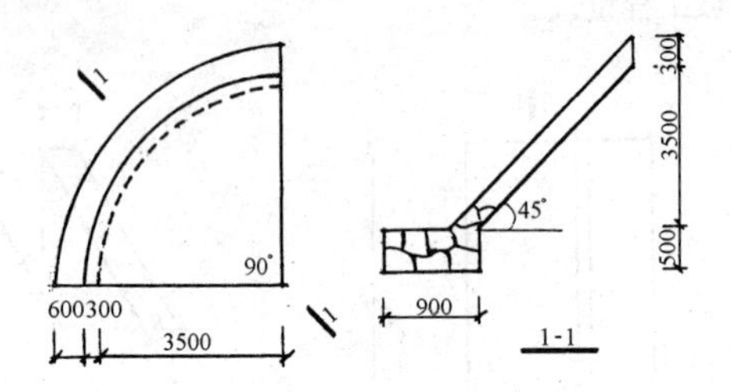

图 7-93 锥形毛石护坡示意图

【解】 外锥体积$=\frac{1}{3}\pi r^2 h\times\frac{1}{4}$

$=\frac{3.1416}{3}\times3.80\times3.80\times3.80\times\frac{1}{4}$

$=14.37\text{m}^3$

$$\text{内锥体积}=\frac{3.1416}{3}\times3.5\times3.5\times3.5\times\frac{1}{4}$$
$$=11.22\text{m}^3$$

锥形毛石护坡 $V=14.37-11.22=3.15\text{m}^3$

$$\text{护坡基础 } V=0.9\times0.5\times\left(3.5+\frac{0.9}{2}\right)\times$$
$$2\times3.1416\times\frac{1}{4}$$
$$=2.79\text{m}^3$$

七、混凝土及钢筋混凝土工程

1. 现浇混凝土及钢筋混凝土模板工程量

(1) 现浇混凝土及钢筋混凝土模板工程量，除另有规定外，均以模板的不同材质，按混凝土与模板接触面积，以平方米计算。

说明：除了底面有垫层、构件（或侧面有构件）及上表面不需支撑模板外，其余各个面均应计算模板接触面积。

(2) 现浇钢筋混凝土柱、梁、板、墙的支模高度（即室外地坪至板底或板面至上层板底之间的高度）以3.60m以内为准，超过3.60m以上部分，另按超过部分计算增加支撑工程量。见图7-94。

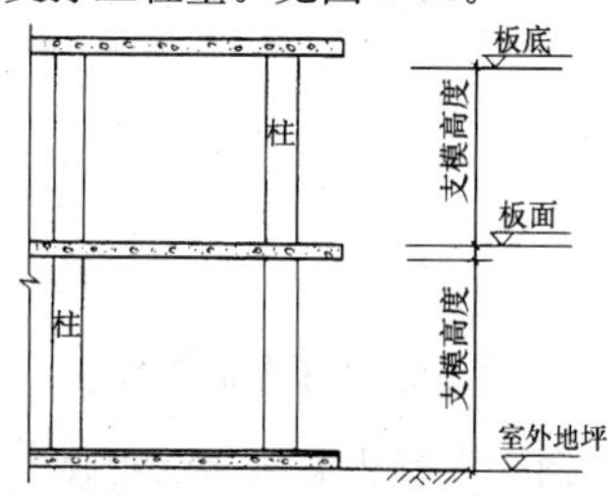

图7-94 支模高度示意图

(3) 现浇钢筋混凝土墙、板上，单孔面积在0.3m² 以内的孔洞，不予扣除，洞侧壁模板亦不增加；单孔面积在0.3m² 以外时，应予扣除，洞侧壁模板面积并入墙、板模板工程量内计算。

(4) 现浇钢筋混凝土框架的模板，分别按梁、板、柱、墙有关规定计算，附墙柱模板并入墙内工程量计算。

(5) 杯形基础杯口高度大于杯口大边长度的，套高杯基础模板定额项目，见图7-95。

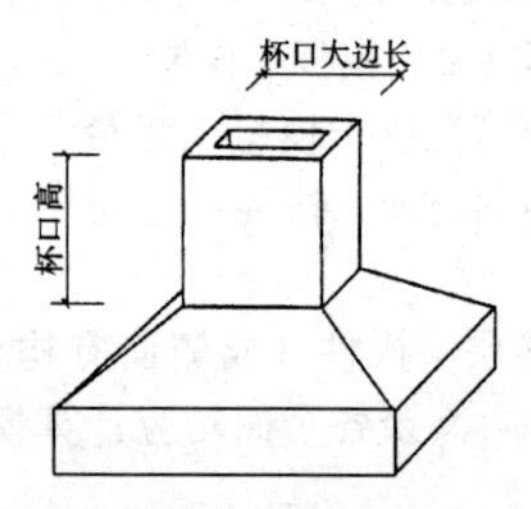

图7-95　高杯基础示意图
(杯口高大于杯口大边长时)

(6) 柱与梁、柱与墙、梁与梁等连接的重叠部分以及伸入墙内的梁头、板头部分，均不计算模板面积。

(7) 构造柱外露面均应按图示外露部分计算模板面积。构造柱与墙接触部分不计算模板面积，见图7-96。

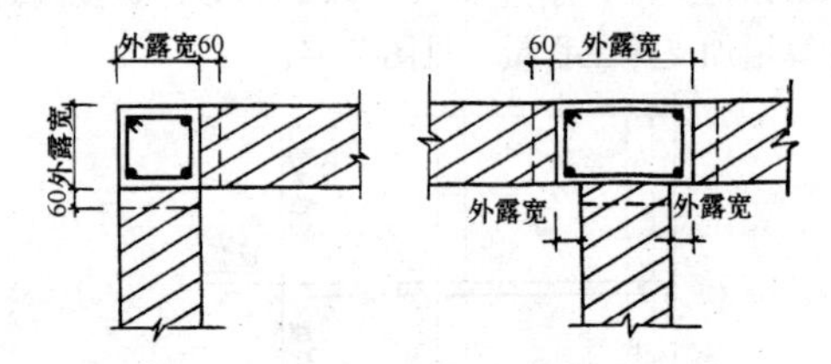

图7-96　构造柱外露宽需支模板示意图

(8) 现浇钢筋混凝土悬挑板（雨篷、阳台）按图示外挑部分尺寸的水平投影面积计算。挑出墙外的牛腿梁及板边模板不另计算。

说明："挑出墙外的牛腿梁及板边模板"在实际施工时需支模板，为了简化工程量计算，在编制该项目定额时，已经将该因素考虑在定额消耗内，所以就不需计算支模面积了。

（9）现浇钢筋混凝土楼梯，以图示露明尺寸的水平投影面积计算，不扣除小于500mm楼梯井所占面积，楼梯的踏步、踏步板、平台梁等侧面模板，不另计算。

（10）混凝土台阶不包括梯带，按图示台阶尺寸的水平投影面积计算，台阶端头两侧不另计算模板面积。

（11）现浇混凝土小型池槽按构件外围体积计算，池槽内、外侧及底部的模板不应另计算。

2. 预制钢筋混凝土构件模板工程量

（1）预制钢筋混凝土模板工程量，除另有规定者外，均按混凝土实体体积以立方米计算。

（2）小型池槽按外形体积以立方米计算。

（3）预制桩尖按虚体积（不扣除桩尖虚体积部分）计算。

3. 构筑物钢筋混凝土模板工程量

（1）构筑物工程的模板工程量，除另有规定者外，区别现浇、预制和构件类别，分别按上述有关规定计算。

（2）大型池槽等分别按基础、墙、板、梁、柱等有关规定计算并套相应定额项目。

（3）液压滑升钢模板施工的烟囱、水塔身、贮仓等，均按混凝土体积，以立方米计算。

（4）预制倒圆锥形水塔罐壳模板按混凝土体积，以立方米计算。

（5）预制倒圆锥形水塔罐壳组装、提升、就位，按不同容积以座计算。

4. 现浇混凝土工程量

（1）计算规定

混凝土工程量除另有规定外，均按图示尺寸实体体积以立方米计算。不扣除构件内钢筋、预埋铁件及墙、板中 0.3m² 内的孔洞所占体积。

（2）基础

各种现浇混凝土基础，见图 7-97～图 7-105。

1）有肋带形混凝土基础，其肋高与肋宽之比在4∶1以内的按有肋带形基础计算。超过 4∶1 时，其基础底板按板式基础计算，以上部分按墙计算。见图 7-97。

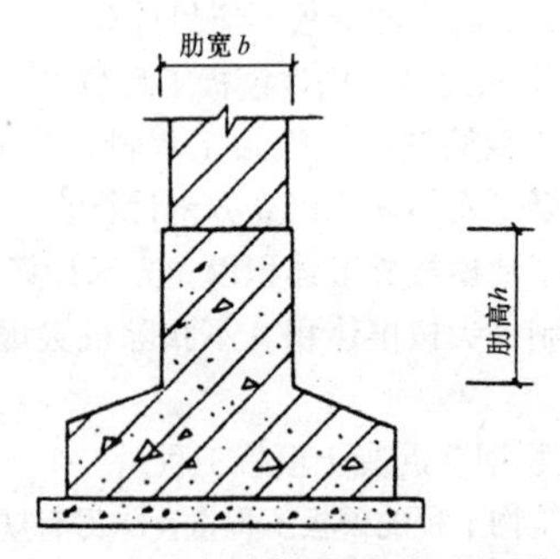

图 7-97　有肋带形基础示意图

2）箱式满堂基础应分别按无梁式满堂基础、柱、墙、梁、板有关规定计算，套用相应定额项目。见图 7-98～图 7-100。

3）设备基础除块体外，其他类型设备基础分别按基础、梁、柱、板、墙等有关规定计算，套用相应的定额项目。

4）钢筋混凝土独立基础与柱在基础上表面分界，见图 7-101。

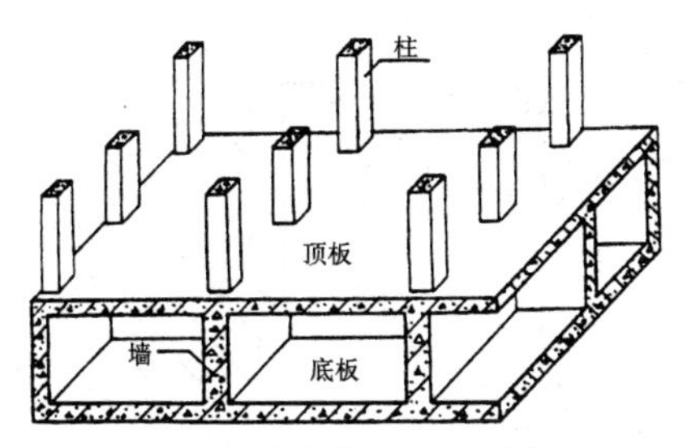

图 7-98　箱式满堂基础示意图

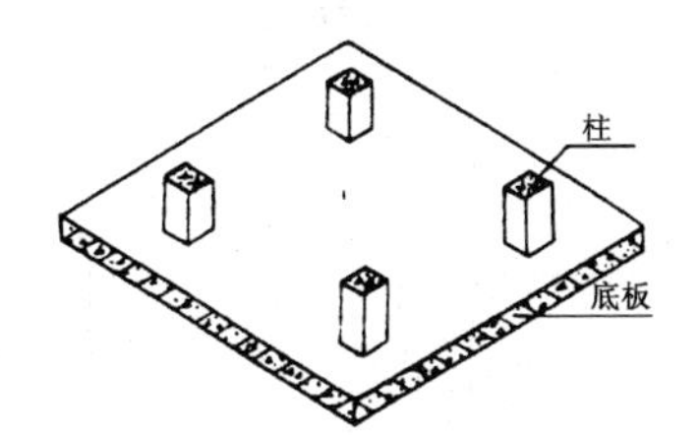

图 7-99　平板式筏形基础示意图

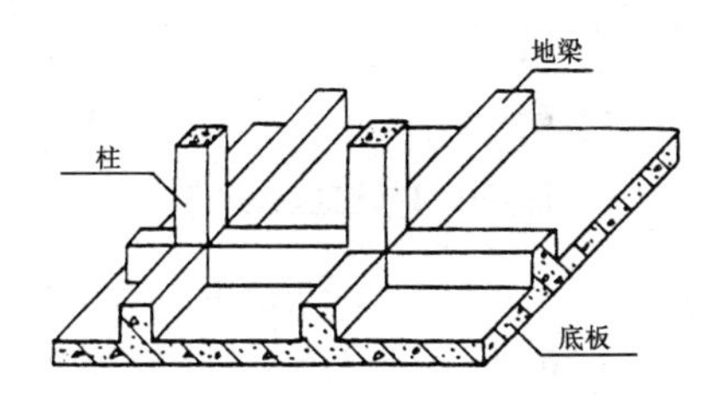

图 7-100　梁板式筏形基础

【例】 根据图 7-102，计算 3 个钢筋混凝土独立基础工程量。

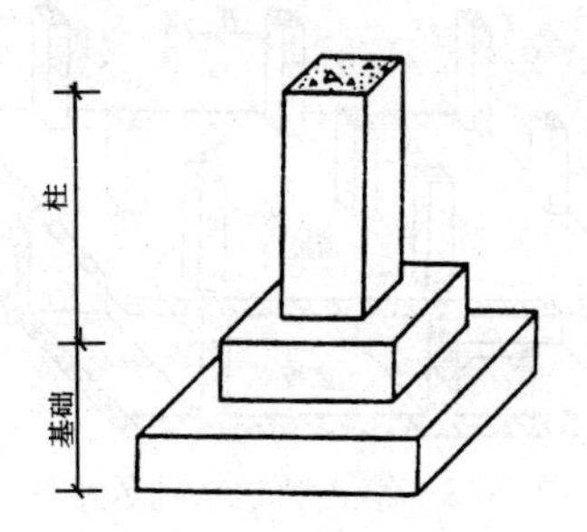

图 7-101　钢筋混凝土独立基础

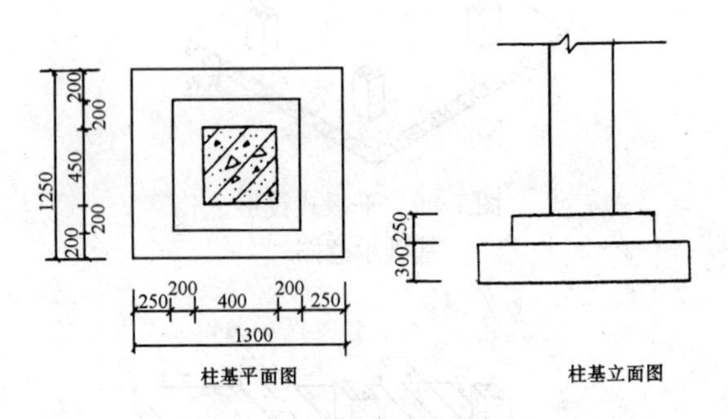

图 7-102　柱基示意图

【解】 $V=[1.30\times1.25\times0.30+(0.20+0.40+0.20)\times(0.20+0.45+0.20)\times0.25]\times3$个

$=(0.488+0.170)\times3$

$=1.97\text{m}^3$

5）杯形基础

现浇钢筋混凝土杯形基础的工程量分为四个部分计算：底部立方体、中部棱台体、上部立方体、扣除杯口空心棱台体，见图 7-103。

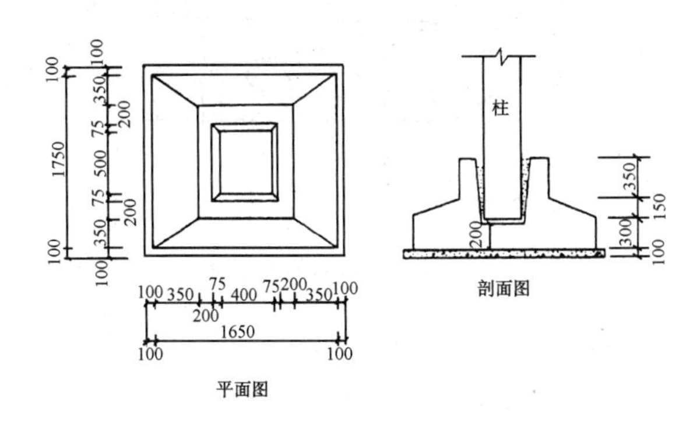

图 7-103　杯形基础

【例】 根据图 7-103，计算现浇钢筋混凝土杯形基础工程量。

【解】 V=下部立方体+中部棱台体+上部立方体−杯口空心棱台体

$$=1.65\times1.75\times0.30+\frac{1}{3}\times0.15\times(1.65\times1.75+0.95\times1.05+\sqrt{(1.65\times1.75)\times(0.95\times1.05)})+0.95\times1.05\times0.35-\frac{1}{3}\times(0.8-0.2)\times(0.4\times0.5+0.55\times0.65+\sqrt{0.4\times0.5+0.55\times0.65})$$

$$=0.866+0.279+0.349-0.165$$

$$=1.33\text{m}^3$$

6）无筋倒圆台基础（见图 7-104）。

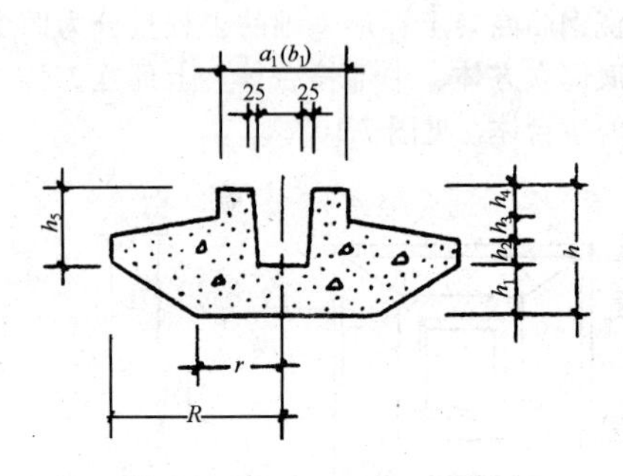

图 7-104　无筋倒圆台基础

计算公式：

$$V=\frac{\pi h_1}{3}(R^2+r^2+Rr)+\pi R^2h^2+\frac{\pi h_3}{3}\left[R^2+\left(\frac{a_1}{2}\right)^2+R\frac{a_1}{2}\right]+a_1b_1h_4-(a+0.125)(b+0.125)h_5$$

式中　a——柱长边（m）；

b——柱短边（m）；

a_1——杯口外包长边（m）；

b_1——杯口外包短边（m）；

R——底最大半径（m）；

r——底面半径（m）；

h、h_1——截面高度（m）。

无筋倒圆台基础体积参考表　　表 7-17

基础尺寸(mm)						每个基础混凝土体积(m^3)
R	r	h	h_4	h_5	$b\times a$	
1400	800	850	300	600	450×600	1.941

续表

基础尺寸(mm)						每个基础混凝土体积(m^3)
R	r	h	h_4	h_5	$b\times a$	
1350	800	850	265	600	550×800	2.216
1400	800	850	300	600	500×800	2.38
2250	1450	1300	300	900	500×1100	10.28

7）钢筋混凝土倒圆锥形薄壳基础（见图 7-105）

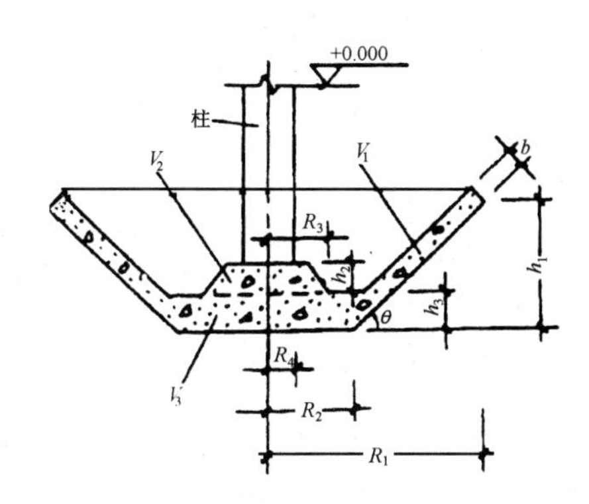

图 7-105　钢筋混凝土倒圆锥形薄壳基础

计算公式：

$V=V_1+V_2+V_3$

V_1(薄壳部分) $=\pi(R_1+R_2)bh_1\cos\theta$

V_2(截头圆锥体部分) $=\dfrac{\pi h_2}{3}(R_3^2+R_2R_4+R_4^2)$

V_3(圆体部分) $=\pi R_2^2h_2$

（3）旋转体体积

1）旋转体体积计算方法

在安装罐体时，罐底混凝土斜坡底是一个旋转体体积，见图 7-106。

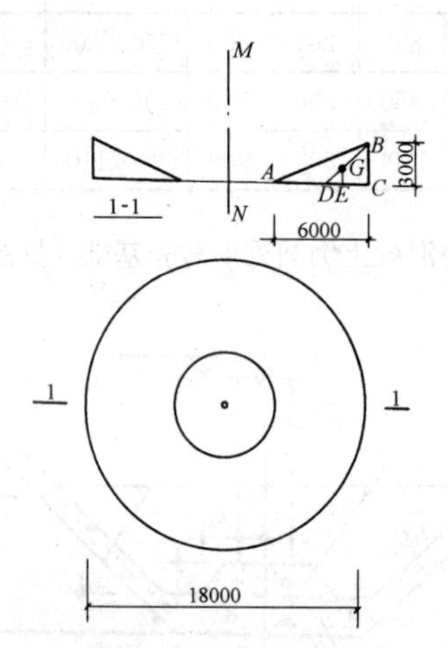

图 7-106　罐底混凝土斜坡底

按照古尔金定理：面积 S 绕不与它相交的轴线旋转而成的旋转体，其体积 V 等于面积 S 与该面积重心所划出的圆圈长之积。

设重心 G 到轴线的距离为 R（即旋转半径），则 $V=2\pi RS$。

设 G 为△ABC 的重心，D 为 AC 边的中点，则由三角形重心性质有：

$\frac{DG}{DB}=\frac{1}{3}$，又 $GE /\!/ BC$，

$$\therefore \frac{DE}{DC}=\frac{DG}{DB}=\frac{1}{3}$$

$\therefore DE=\frac{1}{3}DC=\frac{1}{6}AC=\frac{1}{6}\times 6=1\text{m}$

$\therefore$旋转半径 $R=3+3+1=7\text{m}$

$\therefore V=2\pi RS$

$=2\times 3.1416\times 7\times \frac{1}{2}\times 6\times 3$

$=395.84\text{m}^3$

2）常见旋转体体积计算公式

（A）圆绕轴线 MN 旋转而成旋转体的体积如图 7-107 所示，其体积为：

$V=\alpha(d+r)\pi S_{圆}=2(d+r)\pi^2 r^2$

（B）矩形绕轴线 MN 旋转而成旋转体的体积

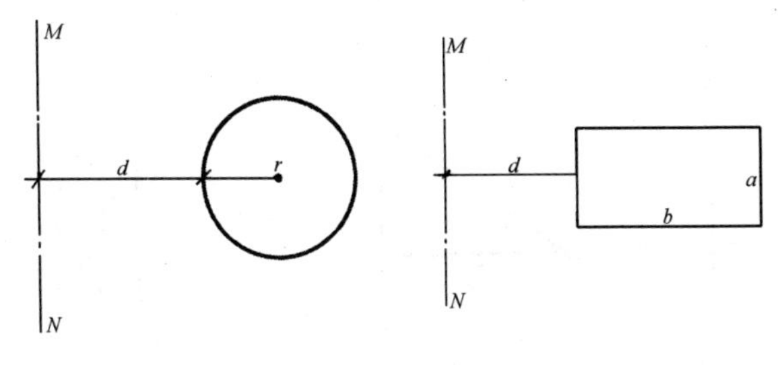

图 7-107　　　　图 7-108

如图 7-108 所示，其体积为：

$V=2\left(d+\frac{b}{2}\right)\pi S_{矩形}=2ab\left(d+\frac{b}{2}\right)\pi$

（C）直角三角形绕轴线 MN 旋转而成旋转体的体积

如图 7-109 所示，其旋转体体积为：

$V=2\pi RS_{\triangle}$

$$=2\pi\left(d+\frac{b}{2}+\frac{b}{6}\right)S_{\triangle}$$

$$=2\pi\left(d+\frac{2}{3}b\right)S_{\triangle}$$

$$=ab\left(d+\frac{2}{3}b\right)\pi$$

(D) 半圆绕轴线 MN 旋转而成旋转体的体积

如图 7-110 所示，设 G 为半圆的重心，则

$OG=\frac{4}{3\pi}r$，所以

$$V=2\left(d+\frac{4}{3\pi}r\right)\pi S_{半圆}$$

$$=\left(d+\frac{4}{3\pi}r\right)\pi^2 r^2$$

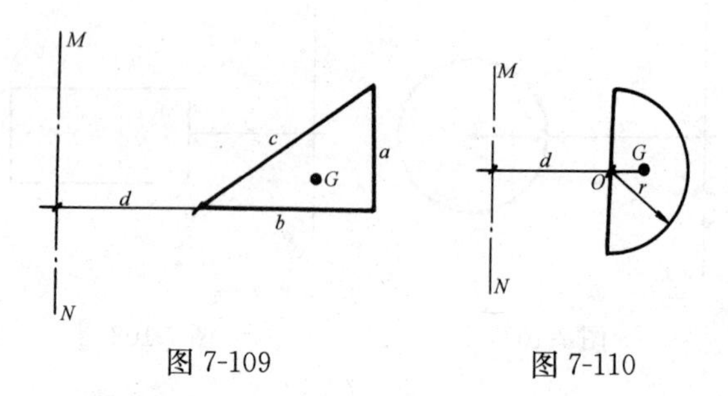

图 7-109　　图 7-110

(4) 柱

柱按图示断面尺寸乘以柱高以立方米计算。柱要按下列规定确定：

1) 有梁板的柱高（图 7-111），应自柱基上表面（或楼板上表面）至柱顶高度计算。

2) 无梁板的柱高（图 7-112），应自柱基上表面（或楼板上表面）至柱帽下表面之间的高度计算。

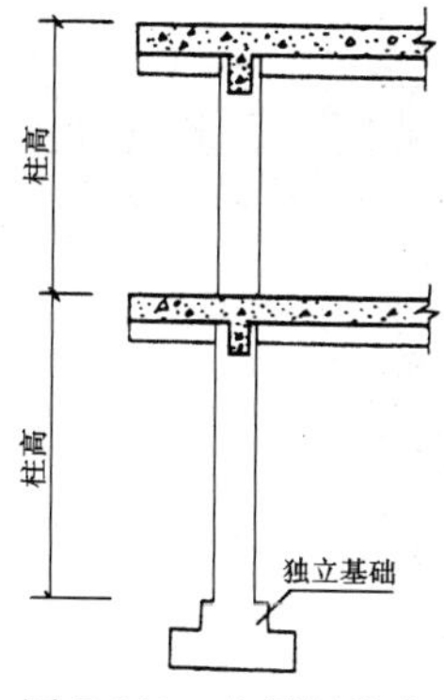

图 7-111　有梁板柱高示意图

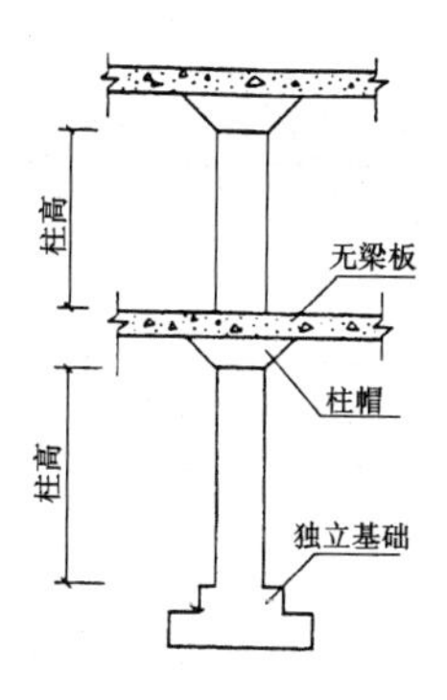

图 7-112　无梁板柱高示意图

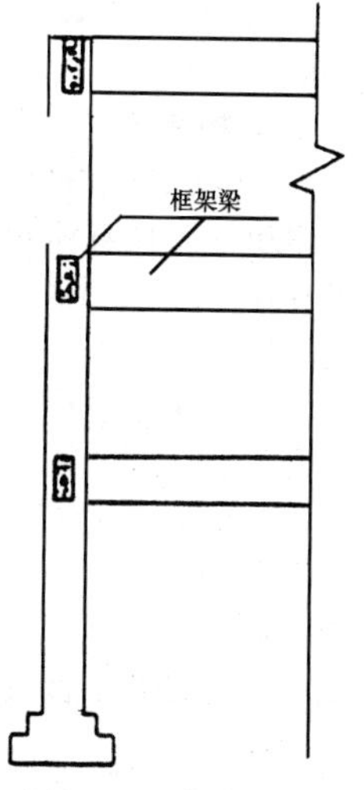

图 7-113　框架柱柱高示意图

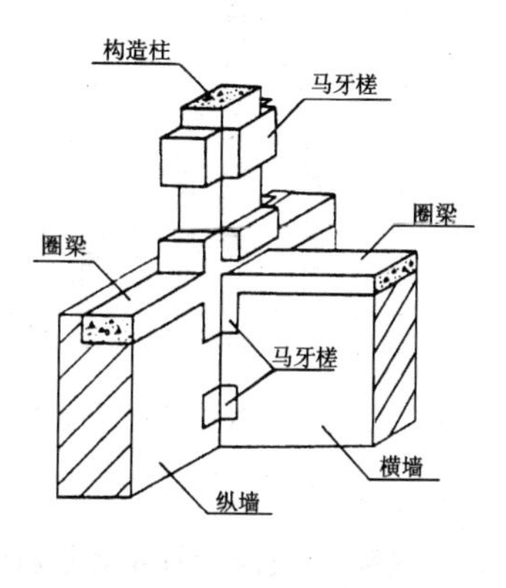

7-114　构造柱及与砖墙嵌接部分体积（马牙槎）示意图

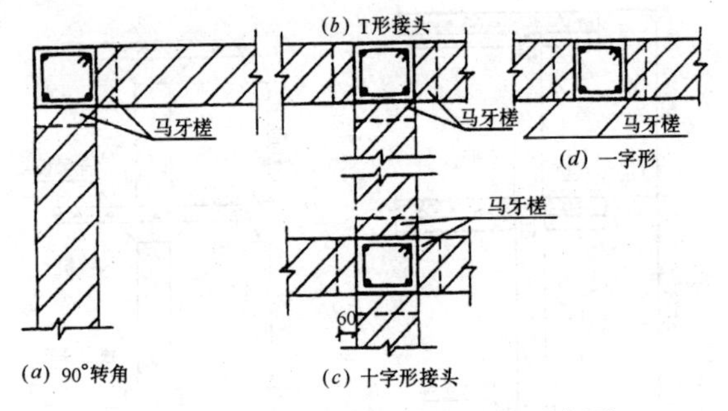

图 7-115　不同平面形状构造柱示意图

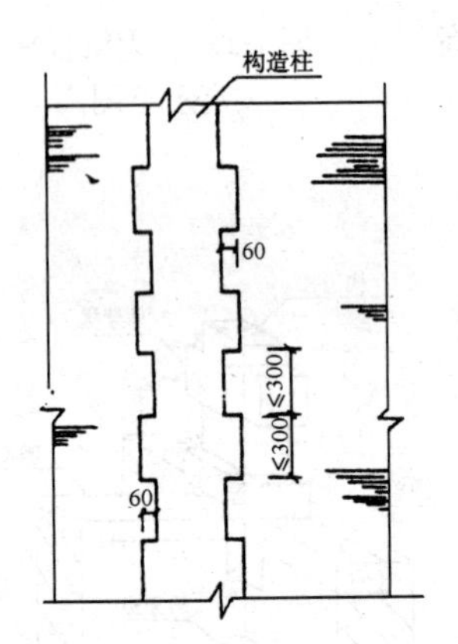

图 7-116　构造柱立面示意图

3）框架柱的柱高（图 7-113），应自柱基上表面至柱顶高度计算。

4）构造柱按全高计算，与砖墙嵌接部分的体积并入柱身体积内计算。见图 7-114～图 7-116。

构造柱体积计算公式：

当墙厚为 240 时：

V＝构造柱高×（0.24×0.24＋0.03×0.24×马牙楼边数）

【例】 根据下列数据分别计算不同形状接头的构造柱体积（墙厚除注明外均为 240）：

90°转角形：　　柱高 12.0m

T 形接头：　　柱高 15.0m

十字接头：　　　墙 365，柱高 18.0m

一字形：　　　　柱高 9.5m

【解】 ① 90°转角

$V_1 = 12.0 \times (0.24 \times 0.24 + 0.03 \times 0.24 \times 2)$

$= 0.864\text{m}^3$

② T 形

$V_2 = 15.0 \times (0.24 \times 0.24 + 0.03 \times 0.24 \times 3)$

$= 1.188\text{m}^3$

③ 十字形

$V_3 = 18.0 \times (0.365 \times 0.365 + 0.03 \times 0.365 \times 4)$

$= 3.186\text{m}^3$

④ 一字形

$V_4 = 9.5 \times (0.24 \times 0.24 + 0.03 \times 0.24 \times 2)$

$= 0.684\text{m}^3$

⑤ $V_{总} = V_1 + V_2 + V_3 + V_4$

$= 0.864 + 1.188 + 3.186 + 0.684$

$= 5.92\text{m}^3$

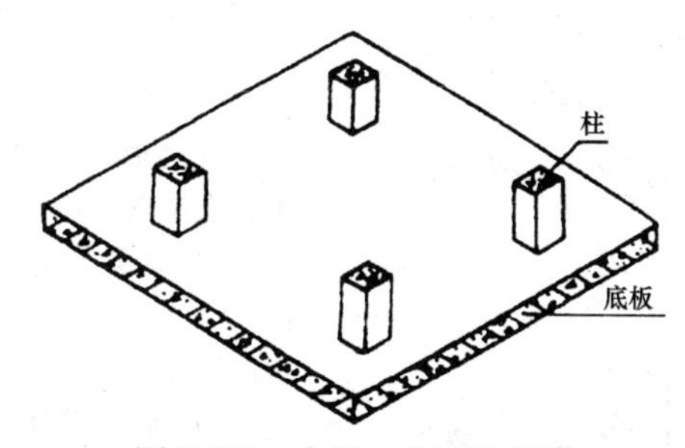

图 7-117　主梁、次梁示意图

(5) 梁

梁按图示断面尺寸乘以梁长以立方米计算，梁长按下列规定确定：

1）梁与柱连接时，梁长算至柱侧面；

2）主梁与次梁连接时，次梁算至主梁侧面，见图 7-117、图 7-118；

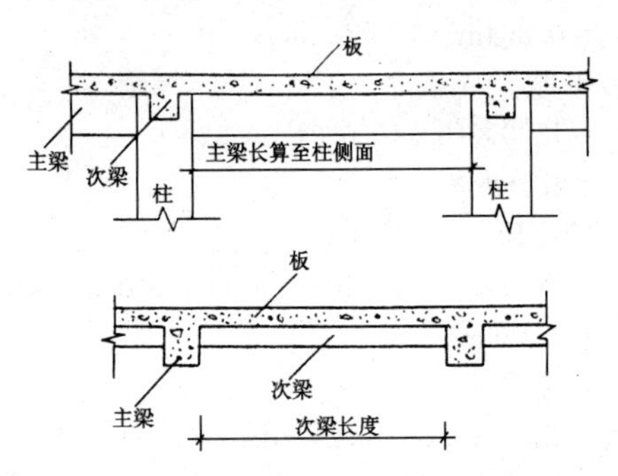

图 7-118　主梁、次梁计算长度示意图

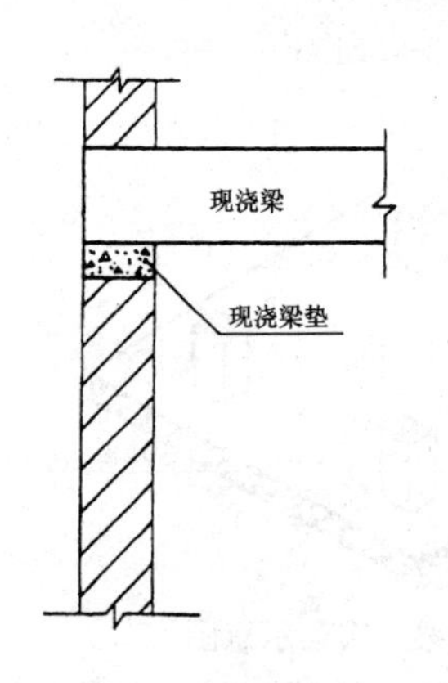

图 7-119　现浇梁垫并入现浇梁体积内计算示意图

3）伸入墙内梁头、梁垫体积并入梁体积内计算。见图 7-119。

（6）板

现浇板按图示面积乘以板厚以立方米计算。

1）有梁板包括现浇主、次梁与板，按梁板体积之和计算。

2）无梁板按板和柱帽体积之和计算。

3）平板按板实体积计算。

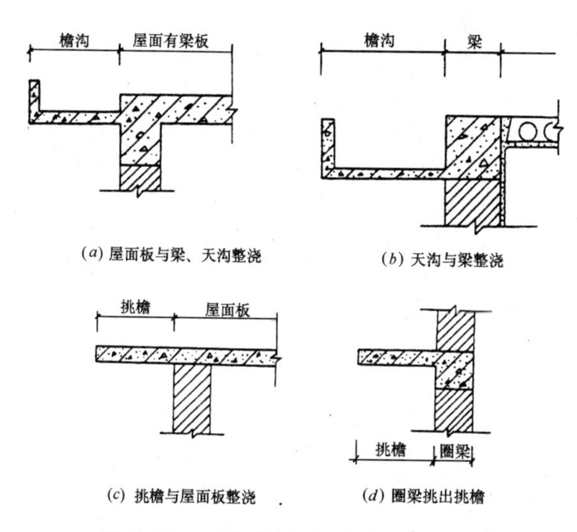

图 7-120　现浇挑檐天沟与板、梁划分

4）现浇挑檐、天沟与板（包括屋面板、楼板）连接时，以外墙边为分界线；与圈梁（包括其他梁）连接时，以梁外边线为分界线。外墙边线以外或梁外边线以外为挑檐、天沟，见图 7-120。

5）各类板伸入墙内的板头并入板体积内计算。

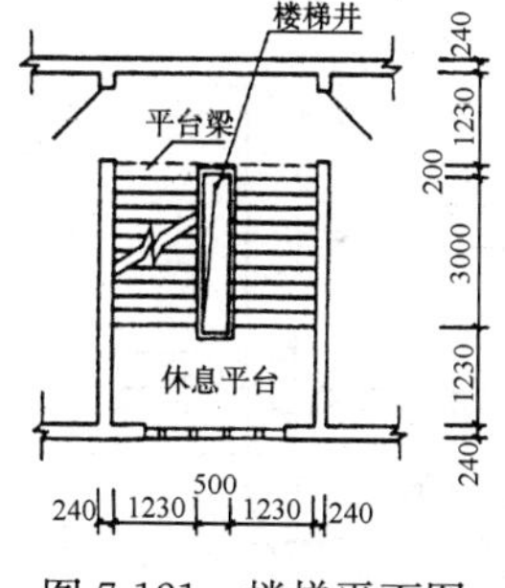

图 7-121　楼梯平面图

(7) 墙

现浇钢筋混凝土墙按图示中心线长度乘以墙高及

厚度，以立方米计算。应扣除门窗洞口及 0.3m² 以外孔洞的体积，墙垛及突出部分并入墙体积内计算。

(8) 整体楼梯

现浇钢筋混凝土整体楼梯，包括休息平台、平台梁及楼梯的连接梁按水平投影面积计算，不扣除宽度小于 500mm 的楼梯井，伸入墙内部分不另增加。

【例】 某工程现浇钢筋混凝土楼梯包括休息平台至平台梁（见图 7-121），试计算该建筑物（共 4 层，楼梯 3 层）楼梯工程量。

【解】 $S=(1.23+0.50+1.23)\times(1.23+3.0+0.20)\times 3$层

$=13.113\times 3=39.34\text{m}^2$

(9) 阳台、雨篷（悬挑板），按伸出外墙的水平投影面积计算，伸出外墙的牛腿不另计算。带反挑檐的雨篷按展开面积并入雨篷内计算，见图 7-122、图 7-123。

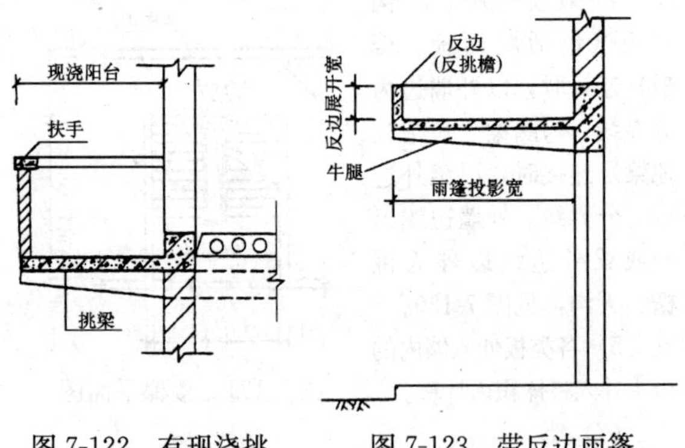

图 7-122　有现浇挑梁的现浇阳台　　图 7-123　带反边雨篷示意图

现浇混凝土叠合板、叠合梁见示意图 7-124、图 7-125。

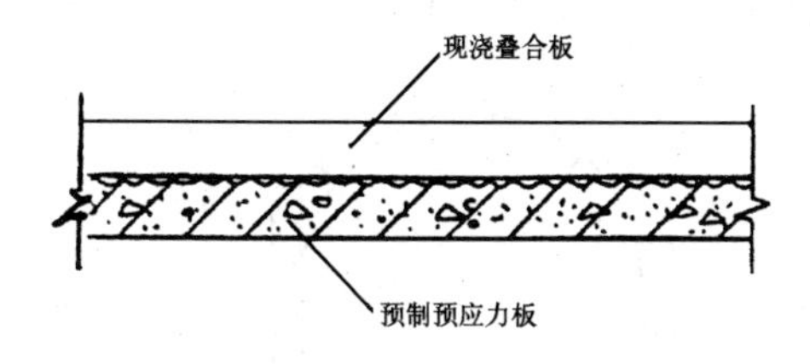

图 7-124 叠合板示意图

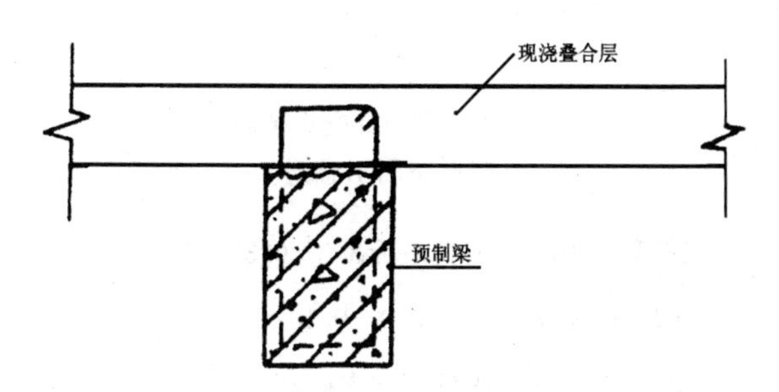

图 7-125 叠合梁示意图

(10) 钢筋混凝土圆筒仓球形屋面

圆筒仓球形屋面按厚度分为等厚和不等厚两种；按形式又可分为圆形和二次抛物线两类。但无论怎样分类，其计算步骤为：

第一步，计算球冠$\overset{\frown}{APB}$的体积V_1（见图7-126）；

第二步，计算AA'—BB'圆柱体积V_2；

第三步，计算$\overset{\frown}{A'P'B'}$球冠体积V_3；

第四步，球形屋面体积$=V_1+V_2-V_3$。

【例】 有一砖砌圆筒仓，内径 l 为 9.0m，冠顶高 h 为 3.0m，冠顶厚度为 0.10m，h_1 厚度为 0.38m，求钢筋混凝土球形屋面的体积。

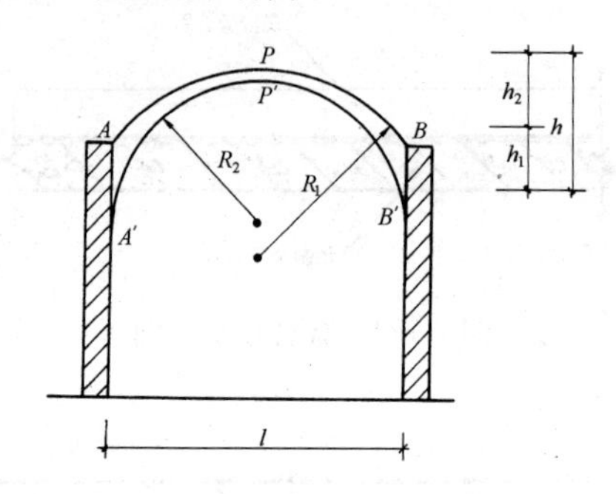

图 7-126　钢筋混凝土圆筒仓球形屋面示意图

【解】 $\overset{\frown}{APB}$ 的矢高 $h_2=3.0-0.38=2.62$m

$\overset{\frown}{A'P'B'}$ 的矢高 $h_3=3.0-0.10=2.90$m

$\because R=\dfrac{r^2+h^2}{2h}$（求球冠体直径 R）

$\therefore R_1=\dfrac{4.5^2+2.62^2}{2\times2.62}$

$=\dfrac{27.11}{5.24}$

$=5.17$m

$\therefore R_2=\dfrac{4.5^2+2.9^2}{2\times2.9}$

$=\dfrac{28.66}{5.8}$

$=4.94$m

∵球冠体积 $V=\pi h^2\left(R-\frac{h}{3}\right)$

∴$V_1=3.1416\times2.62^2\times\left(5.17-\frac{2.62}{3}\right)$

$=92.66\text{m}^3$

∴$V_3=3.1416\times2.9^2\times\left(4.94-\frac{2.9}{3}\right)$

$=104.98\text{m}^3$

∵圆柱体积 $V=\pi R^2h$

∴$V_2=\pi\times4.5^2\times h_1$

$=3.1416\times4.5^2\times0.38=24.17\text{m}^3$

球形屋面体积 $V=V_1+V_2-V_3$

$=92.66+24.17-104.98$

$=11.85\text{m}^3$

（11）栏杆按净长度以延长米计算，伸入墙内的长度已综合在定额内。栏板以立方米计算，伸入墙内的栏板，合并计算。

（12）预制板补现浇板缝时，按平板计算，见图 7-127。

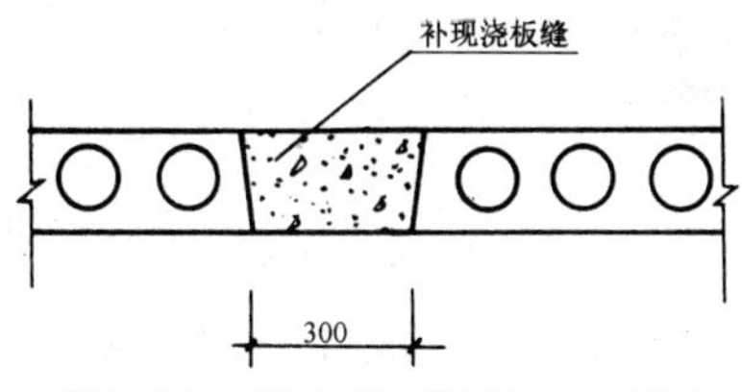

图 7-127　补浇板缝混凝土示意图

（13）预制钢筋混凝土柱架柱现浇接头（包括梁接头）按设计规定断面和长度以立方米计算。

5. 预制混凝土工程量

(1) 预制混凝土工程量均按图示尺寸实体体积以立方米计算，不扣除构件内钢筋、铁件及小于 300mm×300mm 以内孔洞面积。

【例】 根据图 7-128 计算 20 块 Y—KB336—4 预应力空心板的工程量。

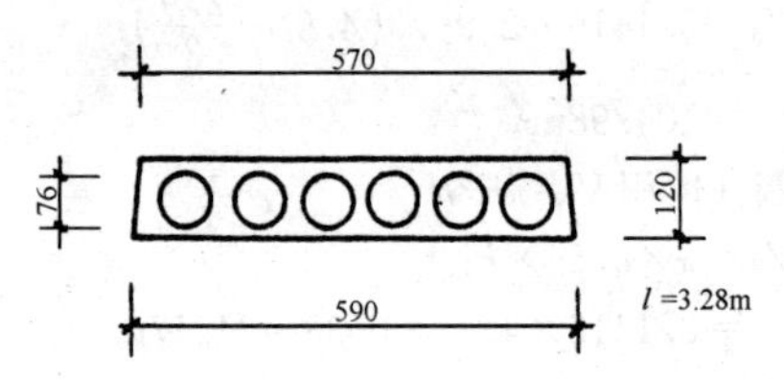

图 7-128　Y—KB336—4 预应力空心板

【解】 V=空心板横断面净面积×板长×块数

$$=[0.12\times(0.57+0.59)\times\frac{1}{2}-0.7854\times0.076^2\times6]\times3.28\times20$$

$$=(0.0696-0.0272)\times3.28\times20$$

$$=0.0424\times3.28\times20=2.78\text{m}^3$$

【例】 根据图 7-129,计算 18 块预制天沟板工程量。

【解】 V=断面积×长度×块数

$$=[(0.05+0.07)\times\frac{1}{2}\times(0.25-0.04)+0.60\times0.04+(0.05+0.07)\times\frac{1}{2}\times(0.13-0.04)]\times3.58\times18$$

$$=0.150\times18$$

$$=2.70\text{m}^3$$

【例】 根据图 7-130，计算 6 根预制工字形柱的工程量。

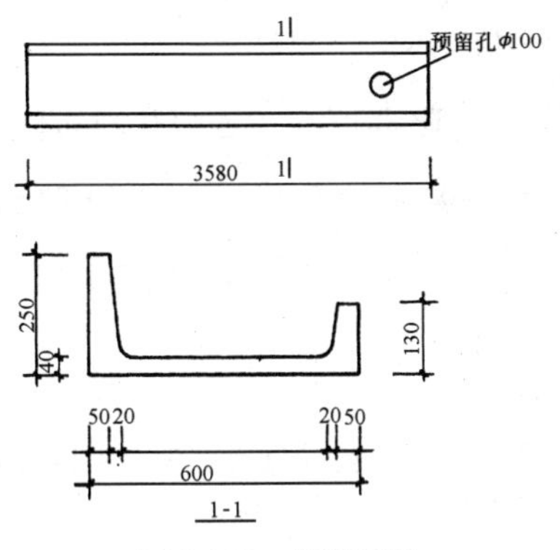

图 7-129　预制天沟

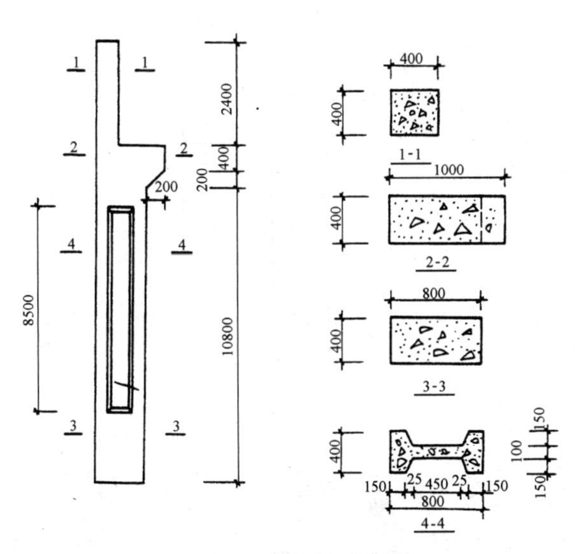

图 7-130　预制工字形柱

【解】 V=(上柱体积＋牛腿部分体积＋下柱矩形体积－工字形槽口体积)×根数

$$=\left\{(0.4\times0.4\times2.40)+\left[0.4\times(1.0+0.8)\times\frac{1}{2}\times0.20+0.40\times1.0\times0.4\right]+(10.8\times0.8\times0.4)-\frac{1}{2}\times(8.5\times0.5+8.45\times0.45)\times0.15\times2\right\}\times6$$

$$=2.864\times6$$

$$=17.18\text{m}^3$$

(2) 预制桩按全长（包括桩尖）乘以桩断面（空心桩应扣除孔洞体积）以立方米计算。

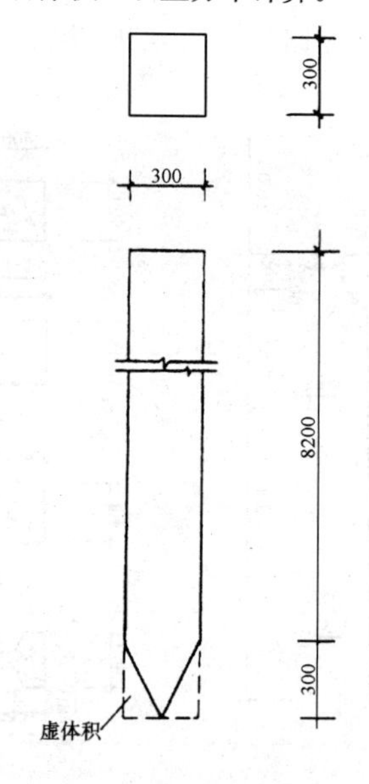

图 7-131　预制混凝土桩

【例】 某工程10根预制混凝土桩的尺寸见图7-131，计算其工程量。

【解】 V=桩长×桩断面积

=(8.20+0.30)×0.30×0.30×10

=0.765×10

=7.65m^3

(3) 混凝土与钢杆件组合的构件，混凝土部分按构件实体积以立方米计算，钢构件部分按吨计算，分别套用相应的定额项目。

6. 构筑物钢筋混凝土工程量

(1) 一般规定

构筑物混凝土除另有规定者外，均按图示尺寸扣除门窗洞口及0.3m^{2}以外孔洞所占体积以实体积计算。

(2) 水塔

1) 筒身与槽底以槽底连接的圈梁底为界，以上为槽底，以下为筒身（塔身），见图7-132。

2) 筒式塔身及依附于筒身的过梁、雨篷、挑檐等，并入筒身体积内计算；柱式塔身，柱、梁合并计算。

3) 塔顶包括顶板和圈梁，槽底包括底板挑出的斜壁板和圈梁等合并计算，见图7-132。

(3) 贮水池不分平底、锥底、坡底，均按池底计算；壁基梁、池壁不分圆形壁和矩形壁，均按池壁计算；其他项目均按现浇混凝土部分相应项目计算。

7. 钢筋混凝土构件接头灌缝

(1) 一般规定

钢筋混凝土构件接头灌缝，包括构件坐浆，灌缝、堵板孔、塞板梁缝等，均按预制钢筋混凝土构件实体积以立方米计算。

(2) 柱的灌缝

柱与柱基的灌缝，按首尾柱体积计算；首层以上柱灌缝，按各层柱体积计算。

(3) 空心板堵孔

空心板堵孔的人工、材料，已包括在定额内。

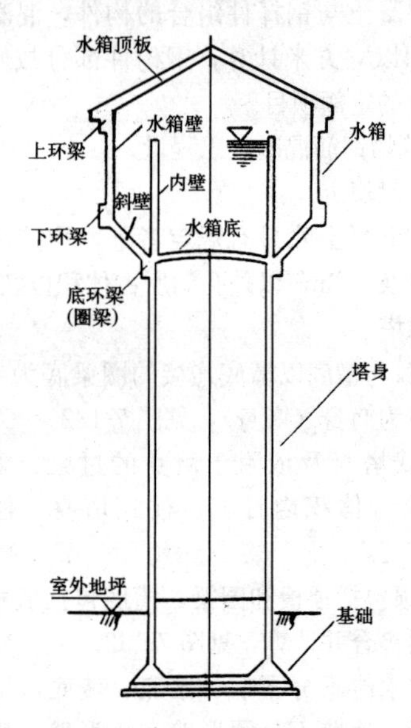

图 7-132　水塔构造示意图

八、钢筋及铁件工程量

1. 有关规定

(1) 钢筋工程，应区别现浇、预制构件及不同钢种和规格，分别按设计长度乘以单位重量，以吨计算。

(2) 计算钢筋工程量时，设计已规定钢筋搭接长度的，按规定搭接长度计算；设计未规定搭接长度的，已包括在钢筋的损耗率内，不另计算搭接长度。

2. 钢筋长度确定

计算公式：

钢筋长＝构件长－保护层厚×2＋弯钩长×2＋弯起钢筋增加值(Δl)×2

3. 钢筋的混凝土保护层

受力钢筋的混凝土保护层，应符合设计要求，当设计无具体要求时，不应小于受力钢筋的公称直径，并应符合表 7-18 的要求。

4. 钢筋的弯钩长度

HPB235 级钢筋末端需作 180°、135°、90°弯钩时，其圆弧弯曲直径 D 不应小于钢筋直径 d 的 2.5 倍，平直部分长度不宜小于钢筋直径 d 的 3 倍，见图 7-133。

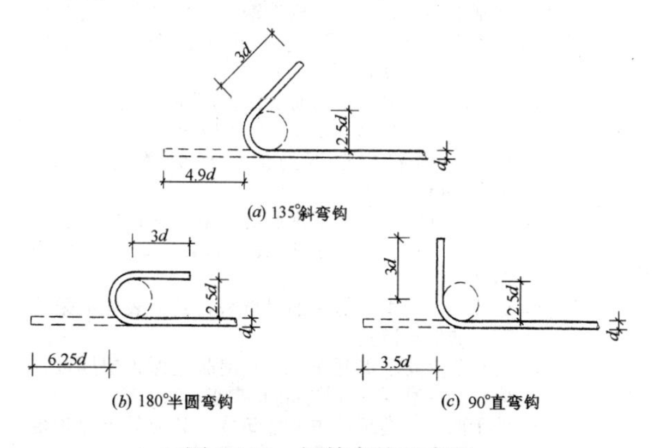

图 7-133　钢筋弯钩示意图

（GB50010—2002）纵向受力钢筋的混凝土保护层最小厚度（mm）　　表 7-18

<table>
<tr><th colspan="2" rowspan="2">环境类别</th><th colspan="3">板、墙、壳</th><th colspan="3">梁</th><th colspan="3">柱</th></tr>
<tr><th>≤C20</th><th>C25～C45</th><th>≥C50</th><th>≤C20</th><th>C25～C45</th><th>≥C50</th><th>≤C20</th><th>C25～C45</th><th>≥C50</th></tr>
<tr><td colspan="2">一</td><td>20</td><td>15</td><td>15</td><td>30</td><td>25</td><td>25</td><td>30</td><td>30</td><td>30</td></tr>
<tr><td rowspan="2">二</td><td>a</td><td>—</td><td>20</td><td>20</td><td>—</td><td>30</td><td>30</td><td>—</td><td>30</td><td>30</td></tr>
<tr><td>b</td><td>—</td><td>25</td><td>20</td><td>—</td><td>35</td><td>30</td><td>—</td><td>35</td><td>30</td></tr>
<tr><td colspan="2">三</td><td>—</td><td>30</td><td>25</td><td>—</td><td>40</td><td>35</td><td>—</td><td>40</td><td>35</td></tr>
</table>

注：1. 基础中纵向受力钢筋的混凝土保护层厚度不应小于 40mm；当无垫层时不应小于 70mm。

2. 处于一类环境且由工厂生产的预制构件，当混凝土强度等级不低于 C20 时，其保护层厚度可按本表中规定减少 5mm，但预应力钢筋的保护层厚度不应小于 15mm；处于二类环境且由工厂生产的预制构件，当表面采取有效保护措施时，保护层厚度可按本表中一类环境数值取用。

3. 预制钢筋混凝土受弯构件钢筋端头的保护层厚度不应小于 10mm；预制肋形板主肋钢筋的保护层厚度应按梁的数值取用。

4. 板、墙、壳中分布钢筋的保护层厚度不应小于本表中相应数值减 10mm，且不应小于 10mm；梁、柱中箍筋和构造钢筋的保护层厚度不应小于 15mm。

5. 当梁、柱中纵向受力钢筋的混凝土保护层厚度大于 40mm 时，应对保护层采取有效的防裂构造措施。

6. 处于二、三类环境中的悬臂板，其上表面应采取有效的保护措施。

7. 对有防火要求的建筑物，其混凝土保护层厚度尚应符合国家现行有关标准的要求。

8. 处于四、五类环境中的建筑物，其混凝土保护层厚度尚应符合国家现行有关标准的要求。

由图 7-151 可见：

180°弯钩每个长＝6.25d

135°弯钩每个长＝4.9d

90°弯钩每个长＝3.5d

5. 弯起钢筋的增加长度

弯起钢筋的弯起角度，一般有 30°、45°、60°三种，其弯起增加值是指斜长与水平投影长度之间的差值，见图 7-134。

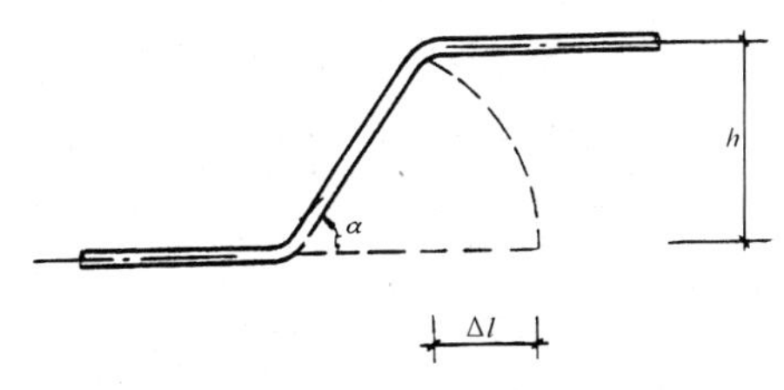

图 7-134　弯起钢筋增加长度示意图

弯起钢筋斜长及增加长度计算方法见表 7-19。

弯起钢筋斜长及增加长度计算表　　表 7-19

形状		s, h, 30°, l	s, h, 45°, l	s, h, 60°, l
计算方法	斜边长 s	$2h$	$1.414h$	$1.155h$
	增加长度 $s-l=\Delta l$	$0.268h$	$0.414h$	$0.577h$

6. 箍筋长度

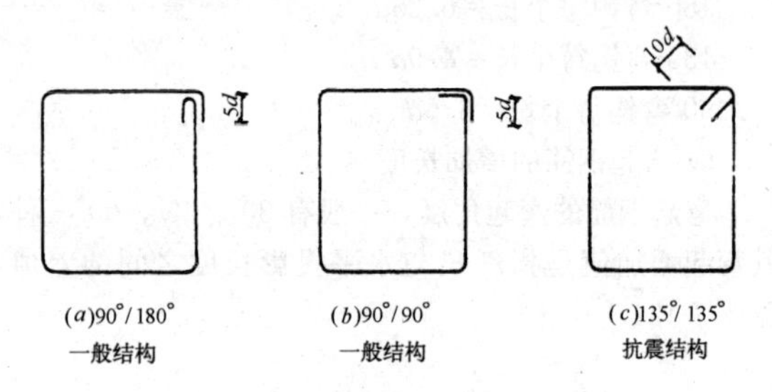

图 7-135 箍筋弯钩长度示意图

箍筋长度调整表 单位：mm 表 7-20

形状		直径 d 4	6	6.5	8	10	12	备注
		Δl						
抗震结构		−88	−33	−20	22	78	133	$\Delta l=200-27.8d$
一般结构		−133	−100	−90	−66	−33	0	$\Delta l=200-16.75d$
一般结构		−140	−110	−103	−80	−50	−20	$\Delta l=200-15d$

注：本表根据《混凝土结构工程施工质量验收规范》GB 50204—2002 第 5.3.2 条编制，保护层按 25mm 考虑。

箍筋的末端应作弯钩，弯钩形式应符合设计要求。当设计无具体要求时，用Ⅰ级钢筋或冷拔低碳钢丝制作的箍筋，其弯钩的弯曲直径应大于受力钢筋直径，且不小于箍筋直径的2.5倍；弯钩平直部分的长度，对一般结构，不宜小于箍筋直径的5倍，对有抗震要求的结构，不应小于箍筋直径的10倍，见图7-135。

箍筋长度，可按构件断面外边周长减8个混凝土保护层厚度再加弯钩长计算。为了简化计算，也可按构件断面外边周长加上增减调整值计算，计算公式为：

箍筋长度＝构件断面外边周长＋箍筋调整值

箍筋长度调整表见表7-20。

7. 纵向受力钢筋搭接长度

当纵向受拉钢筋的绑扎搭接接头面积百分率不大于25%时，其最小搭接长度应符合表7-21的规定。

（GB 50204—2002）纵向受拉钢筋的最小搭接长度　表7-21

钢筋类型		混凝土强度等级			
		C15	C20～C25	C30～C35	≥C40
光圆钢筋	HPB235级	45d	35d	30d	25d
带肋钢筋	HRB335级	55d	45d	35d	30d
	HRB400级、RRB400级	—	55d	40d	35d

注：两根直径不同钢筋的搭接长度，以较细钢筋的直径计算。

当纵向受拉钢筋搭接接头面积百分率大于25%，但不大于50%时，其最小搭接长度应按表7-21中的数值乘以系数1.2取用；当接头面积百分率大于50%时，应按表7-21中的数值乘以系数1.35取用。

当符合下列条件时，纵向受拉钢筋的最小搭接长度应按下列规定进行修正：

(A) 当带肋钢筋的直径大于25mm时，其最小搭接长度应按相应数值乘以系数1.1取用；

(B) 对环氧树脂涂层的带肋钢筋，其最小搭接长度应按相应数值乘以系数1.25取用；

(C) 当在混凝土凝固过程中受力钢筋易受扰动时(如滑模施工)，其最小搭接长度应按相应数值乘以系数1.1取用；

(D) 对末端采用机械锚固措施的带肋钢筋，其最小搭接长度可按相应数值乘以系数0.7取用；

(E) 当带肋钢筋的混凝土保护层厚度大于搭接钢筋直径的3倍且配有箍筋时，其最小搭接长度可按相应数值乘以系数0.8取用；

(F) 对有抗震设防要求的结构构件，其受力钢筋的最小搭接长度对一、二级抗震等级应按相应数值乘以系数1.15采用；对三级抗震等级应按相应数值乘以系数1.05采用。在任何情况下，受拉钢筋的搭接长度不应小于300mm。

纵向受压钢筋搭接时，其最小搭接长度应根据上述规定确定相应数值后，乘以系数0.7取用。在任何情况下，受压钢筋的搭接长度不应小于200mm。

8. 钢筋的锚固长度

当计算中充分利用钢筋的抗拉强度时，受拉钢筋的锚固长度应按下列公式计算：

普通钢筋

$$l_a = \alpha \frac{f_y}{f_t} d \tag{7-1}$$

预应力钢筋

$$l_a = \alpha \frac{f_{py}}{f_t} d \tag{7-2}$$

式中 l_a——受拉钢筋的锚固长度；

f_y、f_{py}——普通钢筋、预应力钢筋的抗拉强度设计值；见表 7-23、表 7-27；

f_t——混凝土轴心抗拉强度设计值；见表 7-24；当混凝土强度等级高于 C40 时，按 C40 取值；

d——钢筋的公称直径；

α——钢筋的外形系数，按表 7-22 取用。

钢筋的外形系数　　表 7-22

钢筋类型	光面钢筋	带肋钢筋	刻痕钢丝	螺旋肋钢丝	三股钢绞线	七股钢绞线
α	0.16	0.14	0.19	0.13	0.16	0.17

注：光面钢筋系指 HPB235 级钢筋，其末端应做 180°弯钩，弯后平直段长度不应小于 $3d$，但作受压钢筋时可不做弯钩；带肋钢筋系指 HRB335 级，HRB400 级钢筋及 RRB400 级余热处理钢筋。

当符合下列条件时，计算的锚固长度应进行修正：

(A) 当 HRB335、HRB400 和 RRB400 级钢筋的直径大于 25mm 时，其锚固长度应乘以修正系数 1.1；

(B) HRB335、HRB400 和 RRB400 级的环氧树脂涂层钢筋，其锚固长度应乘以修正系数 1.25；

（C）当钢筋在混凝土施工过程中易受扰动（如滑模施工）时，其锚固长度应乘以修正系数 1.1；

（D）当 HRB335、HRB400 和 RRB400 级钢筋在锚固区的混凝土保护层厚度大于钢筋直径的 3 倍且配有箍筋时，其锚固长度可乘以修正系数 0.8；

（E）除构造需要的锚固长度外，当纵向受力钢筋的实际配筋面积大于其设计计算面积时，如有充分依据和可靠措施，其锚固长度可乘以设计计算面积与实际配筋面积的比值。但对有抗震设防要求及直接承受动力荷载的结构构件，不得采用此项修正。

（GB 50010—2002）普通钢筋强度设计值（N/mm²） **表 7-23**

种类		符号	f_y	f'_y
热轧钢筋	HPB 235（Q235）	Φ	210	210
	HRB 335（20MnSi）	Φ	300	300
	HRB 400（20MnSiV、20MnSiNb、20MnTi）	Φ	360	360
	RRB 400（K20MnSi）	$Φ^R$	360	360

（GB 50010—2002）混凝土强度设计值（N/mm²） **表 7-24**

强度种类	混凝土强度等级													
	C15	C20	C25	C30	C35	C40	C45	C50	C55	C60	C65	C70	C75	C80
f_c	7.2	9.6	11.9	14.3	16.7	19.1	21.1	23.1	25.3	27.5	29.7	31.8	33.8	35.9
f_t	0.91	1.10	1.27	1.43	1.57	1.71	1.80	1.89	1.96	2.04	2.09	2.14	2.18	2.22

(GB 50010—2002) 普通光面受拉钢筋锚固长度　　表 7-25

普通光面受拉钢筋的锚固长度 l_a(mm)(不含 180°弯钩)										
直径(mm)	混凝土强度等级									
	C15	C20	C25	C30	C35	C40	C45	C50	C55	C60~
6	221	183	158	140	128	117	117	117	117	117
8	295	244	211	187	171	157	157	157	157	157
10	369	305	264	234	214	196	196	196	196	196
12	443	366	317	281	256	235	235	235	235	235
14	516	427	370	328	299	275	275	275	275	275
16	590	488	423	375	342	314	314	314	314	314
18	664	549	476	422	385	353	353	353	353	353
20	738	610	529	469	428	392	392	392	392	392
22	812	672	582	516	470	432	432	432	432	432
25	923	763	661	587	535	491	491	491	491	491
28	1033	855	740	657	599	550	550	550	550	550
直径的倍数	36	30	26	23	21	19	19	19	19	19

注：当混凝土强度等级高于 C40 时，按 C40 取值。

普通带肋受拉钢筋锚固长度

(GB 50010—2002)

表 7-26

普通带肋受拉钢筋(HRB335)的锚固长度 l_a(mm)										
直径(mm)	混凝土强度等级									
	C15	C20	C25	C30	C35	C40	C45	C50	C55	C60~
6	193	160	138	123	112	103	103	103	103	103
8	258	213	185	164	149	137	137	137	137	137
10	323	267	231	205	187	171	171	171	171	171
12	387	320	277	246	224	206	206	206	206	206
14	452	374	324	287	262	240	240	240	240	240
16	516	427	370	328	299	275	275	275	275	275
18	581	481	416	370	337	309	309	309	309	309
20	646	534	462	411	374	343	343	343	343	343
22	710	588	509	452	411	378	378	378	378	378
25	807	668	578	513	468	429	429	429	429	429
28	904	748	648	575	524	481	481	481	481	481
直径的倍数	32	26	23	20	18	17	17	17	17	17

注：当混凝土强度等级高于 C40 时，按 C40 取值。

（GB 50010—2002）预应力钢筋强度设计值（N/mm²）　　表 7-27

种类		符号	f_{ptk}	f_{py}	f'_{py}
钢绞线	1×3	Φ^{s}	1860	1320	390
			1720	1220	
			1570	1110	
	1×7		1860	1320	390
			1720	1220	
消除应力钢丝	光面螺旋肋	Φ^{P} Φ^{H}	1770	1250	410
			1670	1180	
			1570	1110	
	刻痕	Φ^{I}	1570	1110	410
热处理钢筋	40Si2Mn	Φ^{HT}	1470	1040	400
	48Si2Mn				
	45Si2Cr				

9. 钢筋重量计算

(1) 钢筋理论重量

计算公式：

钢筋理论重量＝钢筋长度×每米重量

$$=l\times 0.006165d^2$$

式中　d——以毫米为单位的钢筋直径。

每米重 $0.006165d^2$ 的推导过程如下：

钢筋每米重＝每米钢筋的体积×钢筋的密度

$$=1\times\pi r^2\times 7850\text{kg/m}^3$$

$=1000\times0.7854d^2\times0.00000785\text{kg/mm}^3$

$=0.00785\times0.7854d^2$

$=0.006165d^2$

【例】 按公式 $0.006165d^2$ 计算Φ4～Φ12 钢筋的每米重。

【解】 Φ4：　0.006165×4×4=0.099kg/m

Φ6：　0.006165×6×6=0.222kg/m

Φ6.5：　0.006165×6.5×6.5=0.260kg/m

Φ8：　0.006165×8×8=0.395kg/m

Φ10：　0.006165×10×10=0.617kg/m

Φ12：　0.006165×12×12=0.888kg/m

(2) 钢筋工程量计算

计算公式：

钢筋工程量=Σ(分规格长×分规格每米重)×(1+损耗率)

【例】 根据图 7-136，计算 8 根现浇 C20 钢筋混凝土矩形梁的钢筋工程量，混凝土保护层厚为 25mm。

【解】 ① 号筋（Φ16，2 根）

$l=(3.90-0.025\times2+0.25\times2)\times2$

$=8.70\text{m}$

② 号筋（Φ12，2 根）

$l=(3.90-0.025\times2+0.012\times6.25\times2)\times2$

$=8.0\text{m}$

③ 号筋（Φ16，1 根）

$l=3.90-0.025\times2+0.25\times2+$

弯起钢筋增加值

$(0.35-0.025\times2-0.016)\times0.414^*\times2$

$=4.35+0.24$

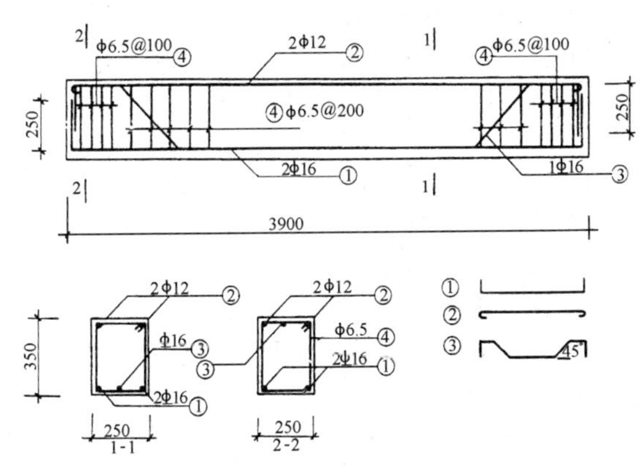

图 7-136　现浇 C20 钢筋混凝土矩形梁

=4.59m

④ 号筋（Φ6.5）

箍筋根数=(3.90－0.025×2－0.10×3×2端－0.20×2端)÷0.20＋1根＋(4根×2端)

=14.25＋1＋8

≐24根

每个箍筋长=[(0.35－0.025×2＋0.0065)＋(0.25－0.025×2＋0.0065)]×2＋11.9×0.0065×2个

=(0.3065＋0.2065)×2＋0.1547

=1.18m

按表 7-19 中调整值计算：

每个箍筋长=(0.35＋0.25)×2－0.02*=1.18m

箍筋总长 l=1.18×24 根=28.32m

计算 8 根矩形梁的钢筋重

Φ16：　　(8.70+4.59)×8根梁

$\times \overbrace{0.006165\times16\times16}^{1.58\text{kg/m}}=167.99\text{kg}$

Φ12：　　8.0×8×0.888kg/m=56.83kg

Φ6.5：　　28.32×8×0.26kg/m=58.91kg

钢筋工程量小计：167.99+56.83+58.91=283.73kg

10. 圆形板钢筋计算

在圆内布钢筋，需要计算每根钢筋的长度，其计算方法可以通过图 7-137 分析。

布置在直径上的钢筋长（l_0）就是直径长；相邻直径的钢筋长（l_1）可以根据半径 r 和间距 a 及钢筋一半长构成的直角三角形关系算出，计算式为：$l_1=\sqrt{r^2-a^2}\times2$。因此，圆内钢筋长度的计算公式如下：

$$l_n=\sqrt{r^2-(na)^2}\times2$$

式中　n——第 n 根钢筋；

l_n——第 n 根钢筋长。

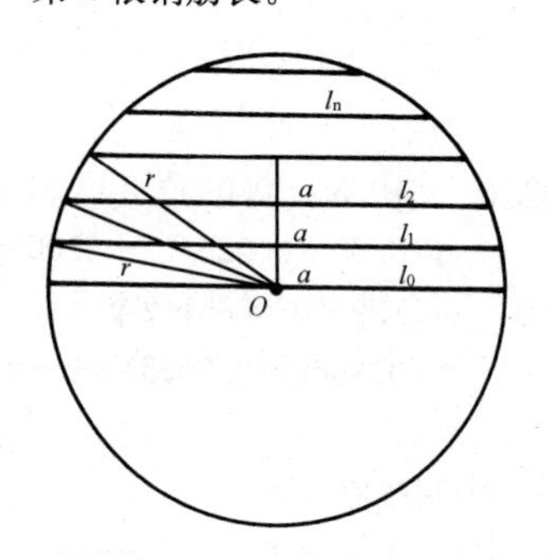

图 7-137　圆内布筋钢筋计算

【例】 某工程现浇直径为2.0m的圆形钢筋混凝土平板（见图7-138），Φ8钢筋双向布置，间距0.20m，保护层10mm，求该项目的钢筋工程量。

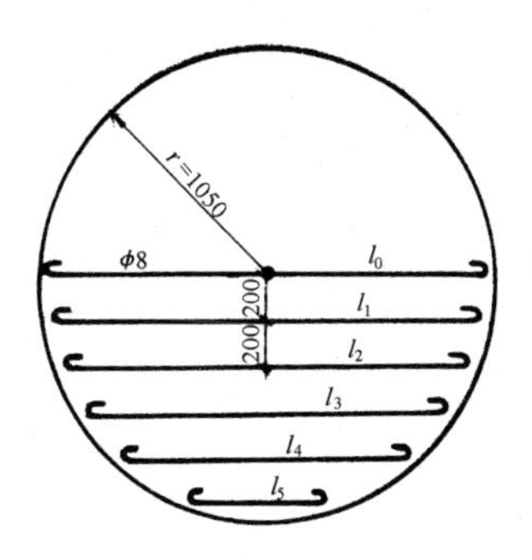

图7-138 圆形钢筋混凝土平板

【解】 钢筋根数＝(2.10－0.01×2)÷0.2＋1

＝11.4≐11根

注：钢筋为奇数根时，有一根钢筋过圆心；当钢筋为偶数根时，钢筋不过圆心，距圆心距离为$\frac{间距}{2}$。

$$l_0=2.10-0.01\times2+\overbrace{0.008\times12.5}^{0.10}=2.18\text{m}$$

$$l_1=\sqrt{1.05^2-0.2^2}\times2-0.02+0.10=2.14\text{m}$$

$$l_2=\sqrt{1.05^2-(2\times0.2)^2}\times2-0.02+0.10=2.02\text{m}$$

$$l_3=\sqrt{1.05^2-(3\times0.2)^2}\times2-0.02+0.10=1.81\text{m}$$

$$l_4=\sqrt{1.05^2-(4\times0.2)^2}\times2-0.02+0.10=1.44\text{m}$$

$$l_5=\sqrt{1.05^2-(5\times0.2)^2}\times2-0.02+0.10=0.72\text{m}$$

18.44m（l_0～l_3）

8.13m×2=16.26m（l_1～l_5）

钢筋共长＝18.44×2(双向)＝36.88m

钢筋重＝36.88×0.395kg/m＝14.57kg

11. 不规则平板的钢筋简易计算

在计算现浇钢筋混凝土平板时，往往会遇到不规则形状的平板，见图 7-139。这时我们可以将不规则图形分解为可计算的规则图形，然后分别计算钢筋长度，见图 7-140 的（*a*）图与（*b*）图。如图，要计算水平方向长的钢筋就要划分成①和②两部分，图形然后分别计算；需要计算垂直方向的钢筋就需划分为①、②、③、④四部分图形，再分别计算。这显然比较麻烦。为了简化计算过程，我们可以根据钢筋在平板上布置密度相等的原理来近似计算钢筋长度。该方法称为面积相等近似计算法。

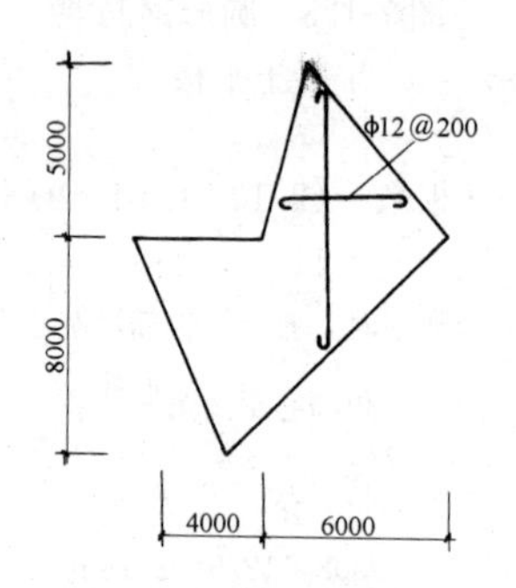

图 7-139　不规则平板布筋

（1）常规计算方法

【例】 根据图 7-140 计算现浇钢筋混凝土平板，水平方向的钢筋长度，混凝土保护层为 10mm。

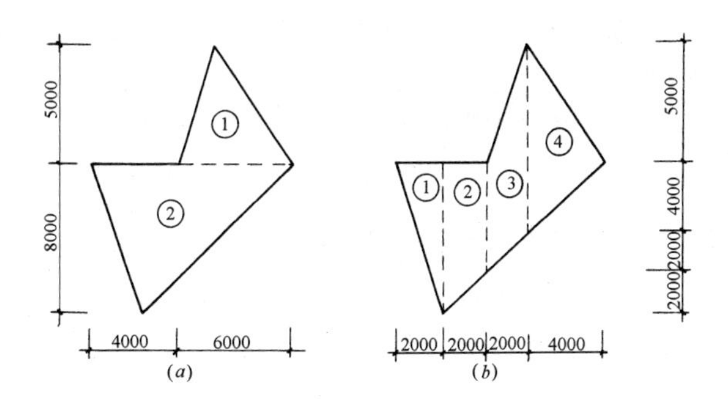

图 7-140 不规则平板布筋的分析

【解】 ① 部分

根数＝(5.0－0.01)÷0.20＋1＝26根

平均长＝6.0÷2＝3.0m

共长＝(3.0－0.01×2＋0.012×12.5)×26

＝81.38m

② 部分

根数＝(8.0－0.01)÷0.2＋1＝41根

平均长＝10.0÷2＝5.0m

共长＝(5.0－0.01×2＋0.012×12.5)×41

＝210.33m

小计：81.38＋210.33＝291.71m

(2) 面积相等近似法

计算思路与步骤：

1) 计算不规则平板的面积 S；

2) 将不规则平板面积 S 折算为边长 a 的正方形，计算公式：$a=\sqrt{S}$；

3) 计算边长 a 的正方形单向布筋的总长度 L，计

算公式：$L = n \times a$；（若间距不同，可计算另一方向钢筋总长度）

4）计算不规则平板水平布筋总根数 $n_{平}$，

$n_{平}$ =（竖向长度－保护层×2）÷间距＋1 根；

5）计算不规则平板竖向布筋总根数 $n_{竖}$；

$n_{竖}$ =（水平方向长度－保护层×2）÷间距＋1 根；

6）计算不规则平板水平布筋总长 $L_{平}$；

$L_{平} = (L \div n_{平} - 保护层 \times 2 + 弯钩长) \times n_{平}$；

7）计算不规则平板竖向布筋总长 $L_{竖}$，

$L_{竖} = (L \div n_{竖} - 保护层 \times 2 + 弯钩长) \times n_{竖}$；

8）计算总长 $L_{总}$，$L_{总} = L_{平} + L_{竖}$。

【例】 根据图 7-122，用面积相等近似法计算平板水平方向的钢筋长度，保护层为 10mm。

【解】 不规则平板面积 $S = 8 \times 10 \times \frac{1}{2} + 5 \times 6 \times \frac{1}{2}$

$$= 55\text{m}^2$$

正方形边长 $a = \sqrt{55} = 7.416\text{m}$

$n = (7.416 - 0.01 \times 2) \div 0.20 + 1 = 38$根

$L = 38 \times 7.416 = 281.81\text{m}$

$n_{平} = [(8+5) - 0.01 \times 2] \div 0.2 + 1 = 66$根

$L_{平} = (281.81 \div 66 - 0.01 \times 2 + 0.012 \times 12.5) \times 66$

$= 290.39\text{m}$

结论：该方法计算结果（290.39m）与常规计算方法结果（291.71m）很接近。

【例】 用面积相等计算法计算图 7-138 的圆形板钢

筋长度，保护层为10mm。

【解】 圆形板面积 $S=\left(2.1\times\frac{1}{2}\right)^{2}\times3.1416$

$=3.464\text{m}^{2}$

正方形边长 $a=\sqrt{3.464}=1.861\text{m}$

$n=(1.861-0.01\times2)\div0.20+1=10$根

$L=10\times1.861=18.61\text{m}$

$n_{平}=(2.10-0.01\times2)\div0.2+1=11$根

$L_{平}=(18.61\div11-0.01\times2+0.08\times12.5)\times11$

$=19.49\text{m}$

结论：计算结果19.49m与常规计算方法算出的结果18.44m接近。

12. 钢筋接头系数

Φ10以内的盘圆钢筋可以按设计要求的长度下料，但Φ10以上的条圆钢筋超过一定的长度后就需要接头，绑扎的接头形式见图7-141。

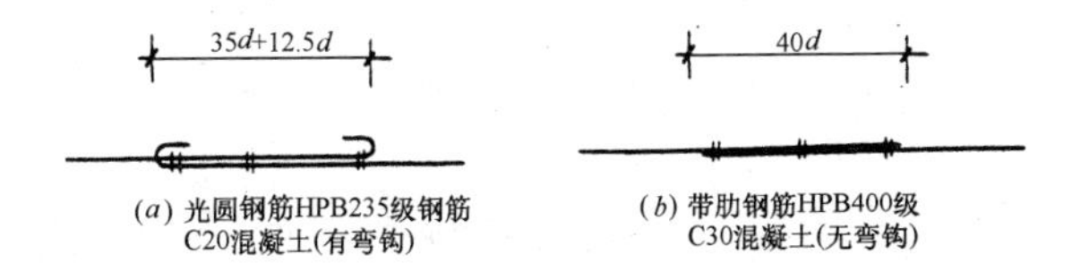

图7-141 绑扎钢筋搭接长度示意图

当设计要求的钢筋长度大于条圆钢筋的实际长度时，就要按要求计算搭接长度。为了简化计算过程，可以采用钢筋接头系数的方法计算钢筋的搭接长度，计算公式如下：

$$钢筋接头系数=\frac{钢筋单根长}{钢筋单根长-接头长}$$

例如，某地区规定直径ϕ25以内的HPB235级的光面圆钢筋，每8m长算一个接头，直径ϕ25以上的HPB235级的光面圆钢筋每6m长算一个接头。当有关条件符合图7-141所示要求时，其钢筋接头系数见表7-28。

钢筋接头系数表 **表7-28**

钢筋直径(mm)	绑扎接头		钢筋直径(mm)	绑扎接头		钢筋直径(mm)	绑扎接头	
	有弯钩	无弯钩		有弯钩	无弯钩		有弯钩	无弯钩
10	1.063	1.053	18	1.120	1.099	25	1.174	1.143
12	1.077	1.064	20	1.135	1.111	26	1.259	1.242
14	1.091	1.075	22	1.150	1.124	28	1.285	1.266
16	1.105	1.087	24	1.166	1.136	30	1.311	1.290

注：1. 根据上述条件，直径25mm以内有弯钩钢筋的搭接长度系数：

$$K_d=\frac{8}{8-47.5d}$$（d以米为单位）

直径25mm以上有弯钩钢筋的搭接长度系数：

$$K_d=\frac{6}{6-47.5d}$$

2. 直径25mm以内无弯钩钢筋的搭接长度系数：

$$K_d=\frac{8}{8-40d}$$

由表中第1条说明修正搭接长度后，直径25mm以上无弯钩钢筋（Ⅱ、Ⅲ级钢筋）的搭接长度系数：

$$K_d=\frac{6}{6-45d}$$

3. 上述是受拉钢筋绑扎的搭接长度，受压钢筋绑扎的搭接长度是受拉钢筋搭接长度的0.7倍。

【例】 某工程 C20 钢筋混凝土圈梁的钢筋按施工图计算的长度为：ϕ16 184m，ϕ12 184m，计算含搭接长度的钢筋总长。

【解】 (1) ϕ16 属于 HRB335 级的无弯钩钢筋，查表 7-20 得到，C20 混凝土中的 HRB335 级钢筋搭接长度为 45d，钢筋接头系数$=\dfrac{8}{8-45d}=\dfrac{8}{8-0.72}=1.099$，故 ϕ16 钢筋的总长为：

$$l_{\phi16}-184\times1.099^{*}=202.22\text{m}$$

(2) ϕ12 属有弯钩钢筋，有关条件符合表 7-29 中要求，故钢筋总长为：

$$l_{\phi12}=184\times1.077^{*}=198.17\text{m}$$

13. 螺旋钢筋长度计算

(1) 螺旋形物体长度计算

计算公式：

$$L=n\times\sqrt{b^2+(\pi d)^2}$$

式中（见图 7-142）：

L——螺旋体长度；

n——螺旋体圈数（$n=H\div b$）；

b——螺距；

d——螺旋体中心线直径。

【例】 有一螺旋体高 1.5m，螺距 0.3m，中心线直径 0.8m，求该螺旋体长度。

【解】 已知 H=1.5m，b=0.3m，

d=0.8m，求 L=?

$$n=H\div b=1.5\div0.3=5$$

$$L=5\times\sqrt{0.3^2+(3.1416\times0.8)^2}$$

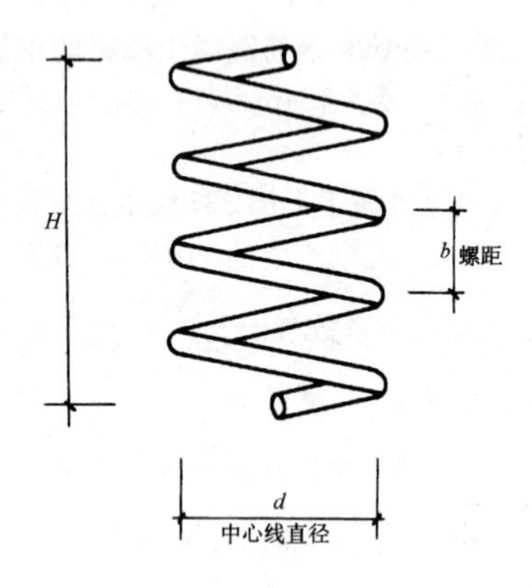

图 7-142　螺旋形物体示意图

$=5\times2.531$

$=12.66\text{m}$

（2）螺旋形箍筋长度计算

螺旋形箍筋长度可按螺旋体长度基本公式计算，但针对下述不同点要进行修正。

A）灌注桩等螺旋形箍筋的两端头为圆形封闭箍筋，所以要增加该长度。

B）当采用 $\phi10$ 以上钢筋做箍筋时，应按规定计算搭接长度。

螺旋形箍筋长度计算公式为：

$$L_{螺}=[n\times\sqrt{b^2+(\pi d)^2}+2\pi d]\times 接头系数$$

【例】 某工程 C20 混凝土灌注桩螺旋形箍筋笼高 2.2m，其他尺寸及条件见图 7-143，当分别采用 $\phi8$ 和 $\phi10$ 钢筋做箍时，计算它们的长度。

【解】 ① 当直径为 ϕ8 时（不计算接头）

$$n=2.20\div0.2=11$$

$$L_{螺}=11\times\sqrt[2]{0.2^2+(3.1416\times0.308)}+2\times3.1416\times0.308$$

$$=11\times0.988+1.935$$

$$=12.80\text{m}$$

② 当直径为 ϕ10 时（要计算接头）

$$n=2.20\div0.2=11$$

$$L_{螺}=[11\times\sqrt{0.2^2+(3.1416\times0.310)^2}+2\times3.1416\times0.310]\times1.063^*$$

$$=(11\times0.994+1.948)\times1.063$$

$$=13.69\text{m}$$

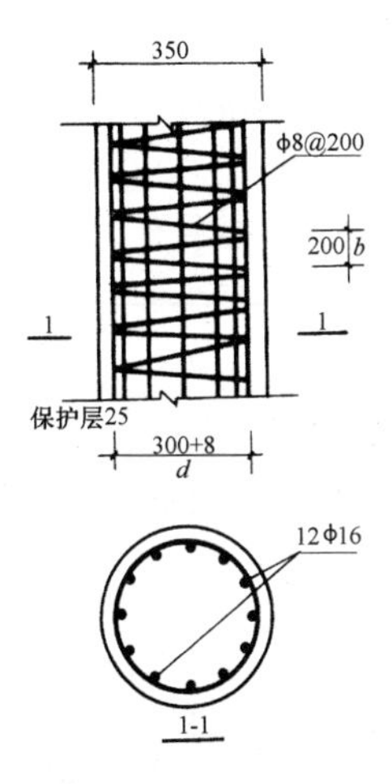

图 7-143 混凝土灌注桩螺旋形箍筋

14. 变截面构件箍筋计算

根据比例原理，每根箍筋的长短差数为Δ，计算公式为（见图 7-144）：

$$\Delta=\frac{l_c-l_d}{n-1}$$

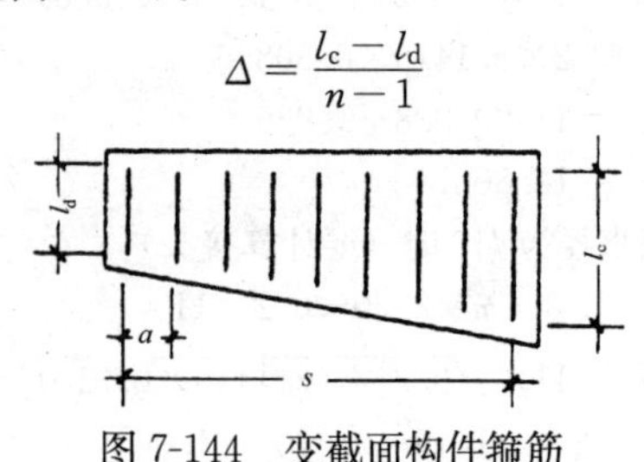

图 7-144 变截面构件箍筋

式中 l_c——箍筋的最大高度；

l_d——箍筋的最小高度；

n——箍筋个数，等于 $s\div a+1$；

s——最长箍筋和最短箍筋之间的总距离；

a——箍筋间距。

箍筋平均高计算公式：

$$箍筋平均高=\frac{箍筋最大高度+箍筋最小高度}{2}$$

15. 曲线构件钢筋计算

(1) 曲线钢筋长度

抛物线钢筋长度 L 的计算公式（见图 7-145、图 7-146）：

$$L=\left(1+\frac{8h^2}{3l^2}\right)l$$

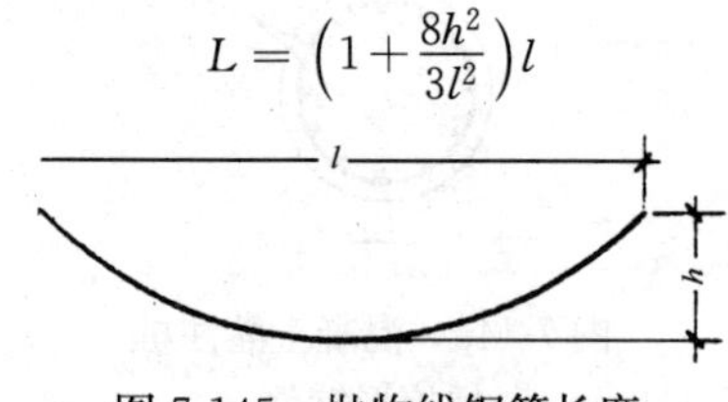

图 7-145 抛物线钢筋长度

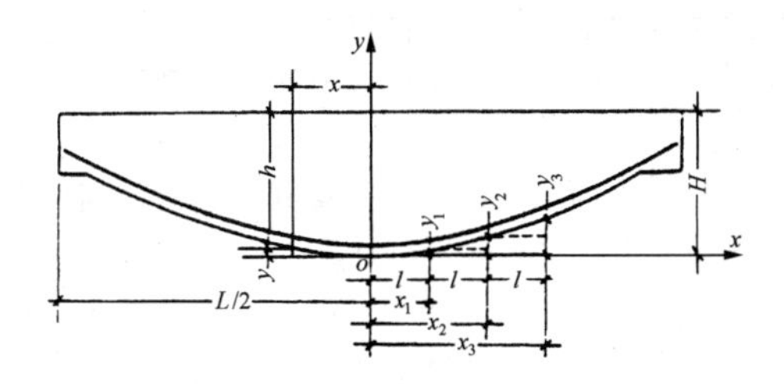

图 7-146　曲线钢筋长度

式中　l——抛物线的水平投影长；

h——抛物线的矢高。

其他曲线状钢筋长度，可用渐近法计算，即分段按直线计算，然后加总。

【例】 根据图 7-146 所示曲线钢筋，用渐近法计算钢筋长度的计算步骤。

【解】 按图 7-146 所示曲线构件，设曲线方程式 $y=f(x)$，沿水平方向分段，每段长度 l（一般取为 0.5m）求已知 x 值时的相应 y 值，然后计算每段长度。例如，第三段长度为 $\sqrt{(y_3-y_2)^2+l^2}$ 。

(2) 曲线构件箍筋高度

箍筋高度，可根据已知曲线方程式求解。方法如下：

根据箍筋间距确定 x 值；

将 x 值代入曲线方式求 y 值；

计算该处的梁高 $h=H-y$；

梁高 h 扣除保护层即得箍筋高度。

16. 预应力钢筋

先张法预应力钢筋，按构件外形尺寸计算长度；

后张法预应力钢筋按设计图纸规定的预应力钢筋预留孔道长度，并区别不同的锚具类型，分别按下列规定计算：

（1）低合金钢筋两端采用螺杆锚具时，预应力钢筋按预留孔道长度减 0.35m 计算，螺杆另行计算。

（2）低合金钢筋一端采用镦头插片，另一端螺杆锚具时，预应力钢筋长度按预留孔长度计算，螺杆另行计算。

（3）低合金钢筋一端采用镦头插片，另一端采用帮条锚具时，预应力钢筋增加 0.15m 计算；两端均采用帮条锚具时，预应力钢筋共增加 0.3m 计算。

（4）低合金钢筋采用后张混凝土自锚时，预应力钢筋长度增加 0.35m 计算。

（5）低合金钢筋或钢绞线采用 JM、XM、QM 型锚具，孔道长度至 20m 以内时，预应力钢筋长度增加 1m 计算；孔道长度 20m 以上时，预应力钢筋长度增加 1.8m 计算。

（6）碳素钢丝采用锥形锚具，孔道长在 20m 以内时，预应力钢丝长度增加 1m；孔道长度在 20m 以上时，预应力钢丝长度增加 1.8m。

（7）碳素钢丝两端采用镦粗头时，预应力钢丝长度增加 0.35m 计算。

17. 铁件工程量

钢筋混凝土构件预埋铁件工程量，按设计图示尺寸，以吨计算。

【例】 根据图 7-147，计算 5 根预制柱的预埋铁件工程量。

【解】 （1）每根柱预埋铁件工程量

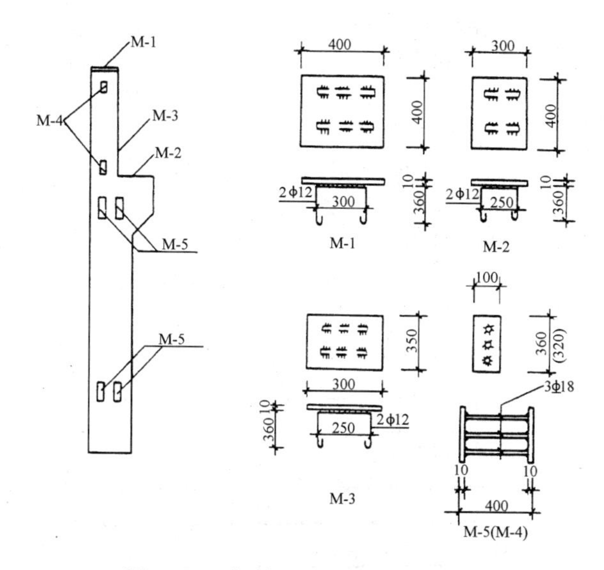

图 7-147 钢筋混凝土预制柱预埋件

M-1
- 钢板：0.4×0.4×78.5kg/m² =12.56kg
- Φ12钢筋：2×(0.30+0.36×2+0.012×12.5)× 0.888kg/m=2.08kg

M-2
- 钢板：0.3×0.4×78.5kg/m² =9.42kg
- Φ12钢筋：2×(0.25+0.36×2+0.012×12.5)× 0.888kg/m=1.99kg

M-3
- 钢板：0.3×0.35×78.5kg/m² =8.24kg
- Φ12钢筋：2×(0.25+0.36×2+0.012×12.5)× 0.888kg/m=1.99kg

M-4
- 钢板：2×0.1×0.32×2×78.5kg/m² =10.05kg
- Φ18钢筋：2×3×0.38×2.00kg/m=4.56kg

$$M-5\begin{cases}钢板:4\times0.1\times0.36\times2\times78.5kg/m^2=22.61kg\\ \phi18钢筋:4\times3\times0.38\times2.00kg/m=9.12kg\end{cases}$$

小计：82.62kg

（2）5根柱预埋铁件工程量

$$82.62\times5根=413.1kg=0.413t$$

18. 平法钢筋工程量计算

（1）梁构件

1）在平法楼层框架梁中常见的钢筋形状见图7-148。

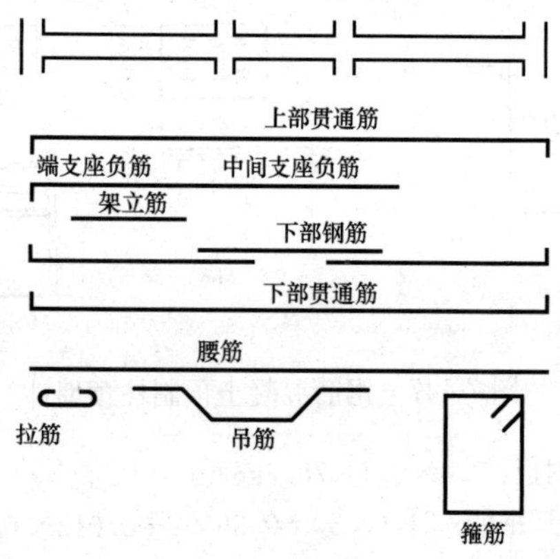

图7-148　平法楼层框架梁常见钢筋形状示意图

2）钢筋长度计算方法

平法楼层框架梁常见的钢筋计算方法有以下几种：

① 上部贯通筋（图7-149）

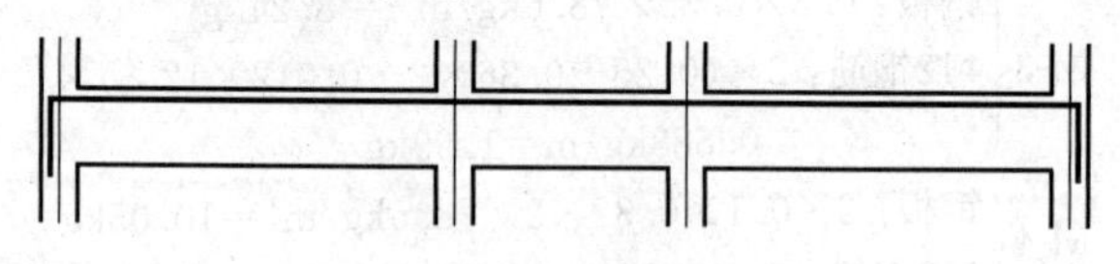

图7-149　上部贯通筋

上部贯通筋长 l=各跨长之和－左支座内侧宽－右支座内侧宽＋锚固长度＋搭接长度

锚固长度取值：

当支座宽度－保护层≥l_{aE}且≥0.5h_c+5d时，锚固长度=max｛l_{aE}，0.5h_c+5d｝；

当支座宽度－保护层<l_{aE}时，锚固长度=支座宽度－保护层+15d。

说明：h_c 为柱宽；d 为钢筋直径。

② 端支座负筋（图 7-150）

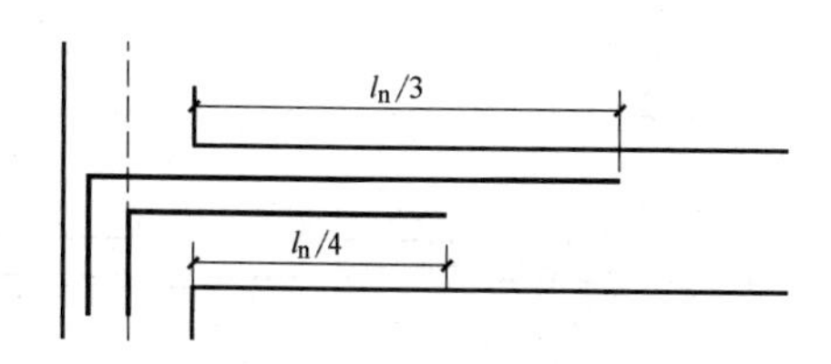

图 7-150　端支座负筋示意图

上排钢筋长 $l=l_n/3$+锚固长度

下排钢筋长 $l=l_n/4$+锚固长度

说明：l_n 为梁净跨长；锚固长度同上部贯通筋。

③ 中间支座负筋（图 7-151）

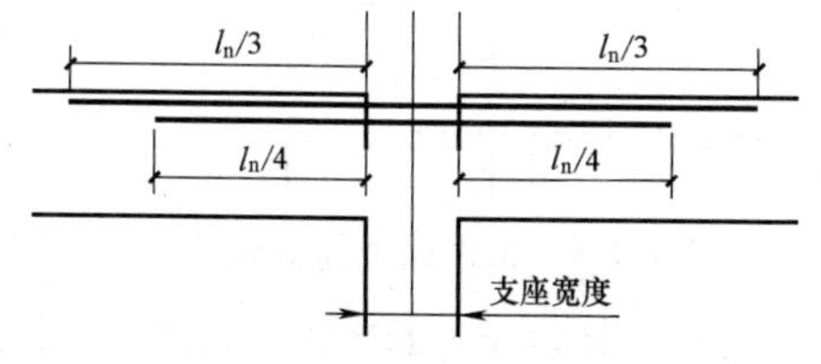

图 7-151　中间支座示意图

上排钢筋长 $l=2\times(l_n/3)+$支座长度

下排钢筋长 $l=2\times(l_n/4)+$支座长度

④ 架力筋（图 7-152）

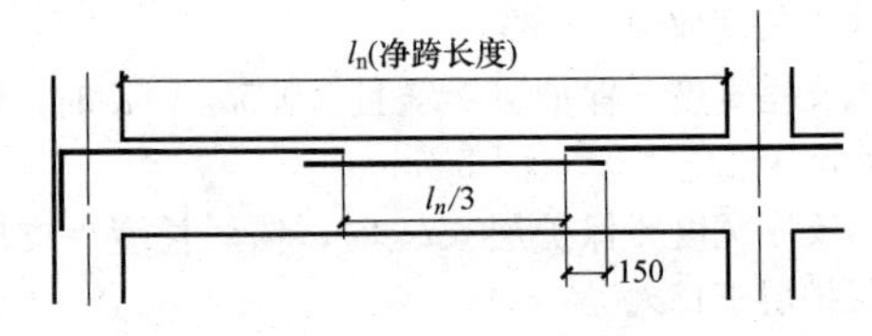

图 7-152　架立筋示意图

架力筋长 $l=(l_n/3)+2\times$搭接长度（可按 2×150mm 计算）

⑤ 下部钢筋（图 7-153）

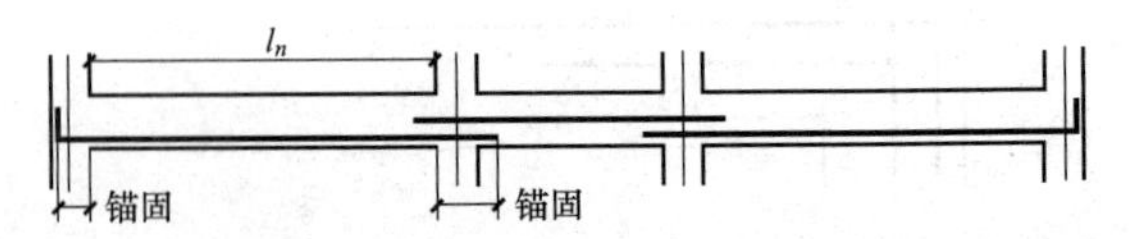

图 7-153　框架梁下部钢筋示意图

$$下部钢筋长=\sum_{i=1}^{n}[净跨长+2\times锚固长度（或 0.5h_c+5d）]_i$$

⑥ 下部贯通筋（图 7-154）

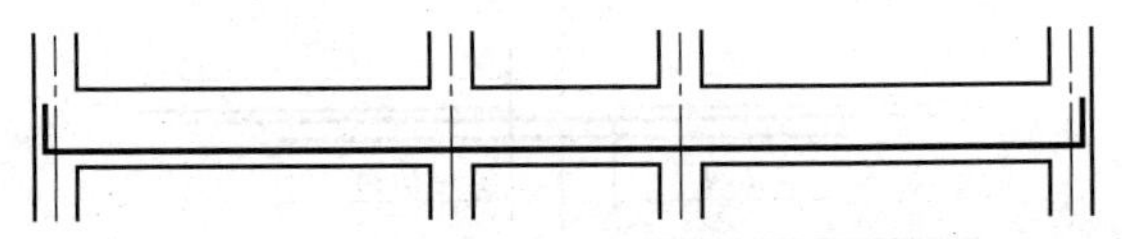

图 7-154　框架梁下部钢筋示意图

下部贯通筋长 $l=$各跨长之和－左支座内侧宽－右支座内侧宽＋锚固长度＋搭接长度

说明：锚固长度同上部贯通筋。

⑦ 梁侧面钢筋（图 7-155）

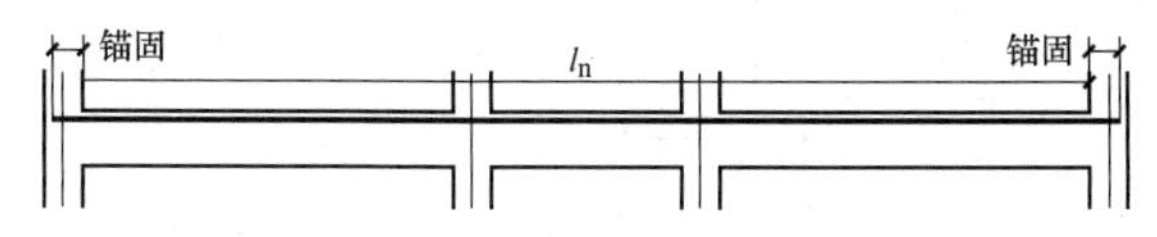

图 7-155　框架梁侧面钢筋示意图

梁侧面钢筋长 l=各跨长之和－左支座内侧宽－右支座内侧宽＋锚固长度＋搭接长度

说明：当为侧面构造钢筋时，搭接与锚固长度为 $15d$；当为侧面受扭纵向钢筋时，锚固长度同框架梁下部钢筋。

⑧ 拉筋（图 7-156）

拉筋长度 l=梁宽－2×保护层＋2×11.9d＋d

拉筋根数 n=(梁净跨长－2×50)/(箍筋非加密间距×2)＋1

⑨ 吊筋（图 7-157）

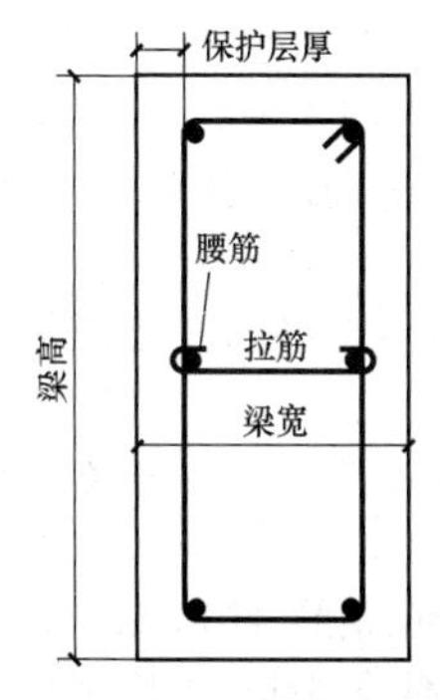

图 7-156　框架梁内拉筋示意图

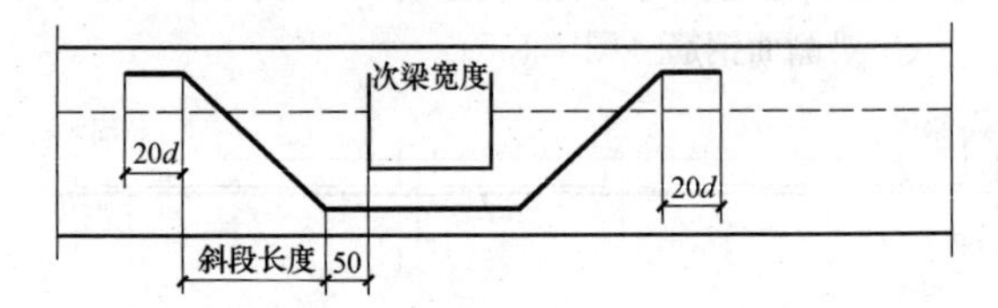

图 7-157　框架梁内吊筋示意图

吊筋长度 l=2×20d（锚固长度）+2×斜段长度+次梁宽度+2×50

说明：当梁高≤800mm 时，斜段长度=(梁高－2×保护层)/sin45°

当梁高>800mm 时，斜段长度=(梁高－2×保护层)/sin60°

⑩ 箍筋（图 7-158）

箍筋长度 l=2×(梁高－2×保护层+梁宽－2×保护层)+2×11.9d+4d

箍筋根数 n=2×[(加密区长度－50)/加密区间距+1]+(非加密区长度/非加密区间距－1)

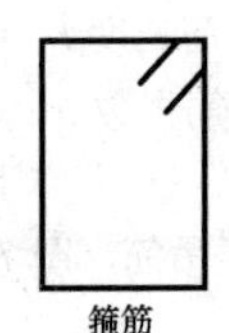

图 7-158　框架梁内箍筋示意图

说明：当为一级抗震时，箍筋加密区长度为 max{2×梁高，500}

当为二～四级抗震时，箍筋加密区长度为 max{1.5×梁高，500}。

⑪ 屋面框架梁钢筋（图 7-159）

屋面框架梁纵筋端部锚固长度 l=柱宽－保护层+梁高－保护层

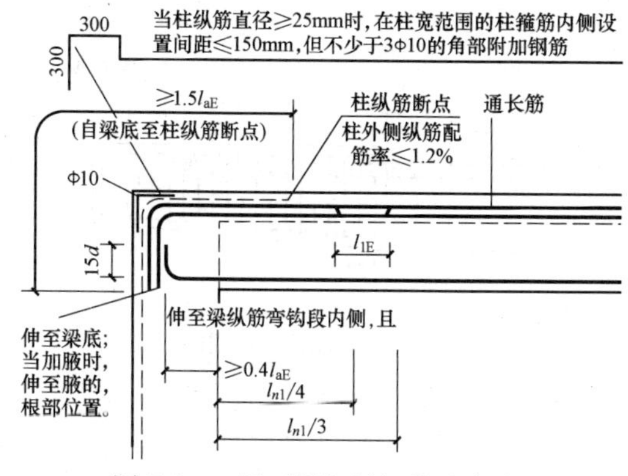

图 7-159　屋面框架梁钢筋示意图

3）悬臂梁钢筋计算（图 7-160～图 7-162）❶

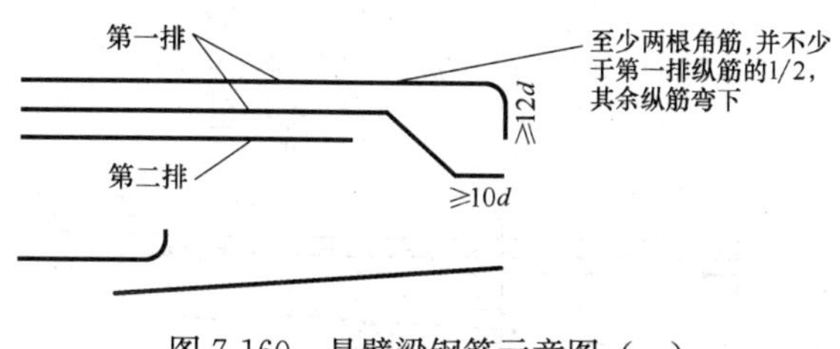

图 7-160　悬臂梁钢筋示意图（一）

❶　1. 当纯悬挑梁的纵向钢筋直锚长度≥l_a 且≥0.5h_c+5d 时，可不必上下弯锚；当直锚伸至对边仍不足 l_a 时，则应按图示弯锚；当直锚伸至对边仍不足 0.45l_a 时，则应采用较小直径的钢筋。

2. 当悬挑梁由屋框架梁延伸出来时，其配筋构造应由设计者补充。

3. 当梁的上部设有第三排钢筋时，其延伸长度应由设计者注明。

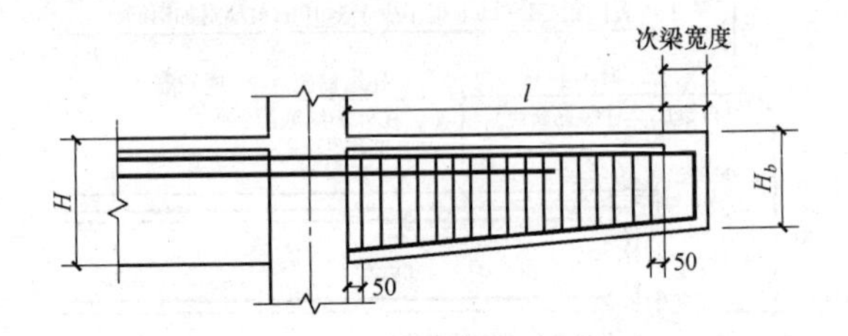

图 7-161　悬臂梁钢筋示意图（二）

$$箍筋长度\ l=2\times[(H+H_b)/2-2\times保护层+挑梁宽-2\times保护层]+11.9d+4d$$

$$箍筋根数\ n=(l-次梁宽-2\times50)/箍筋间距+1$$

$$上部上排钢筋\ l=l_n/3+支座宽+l-保护层+H_b-2\times保护层(\geqslant12d)$$

$$上部下排钢筋\ l=l_n/4+支座宽+0.75l$$

$$下部钢筋\ l=15d+xl-保护层$$

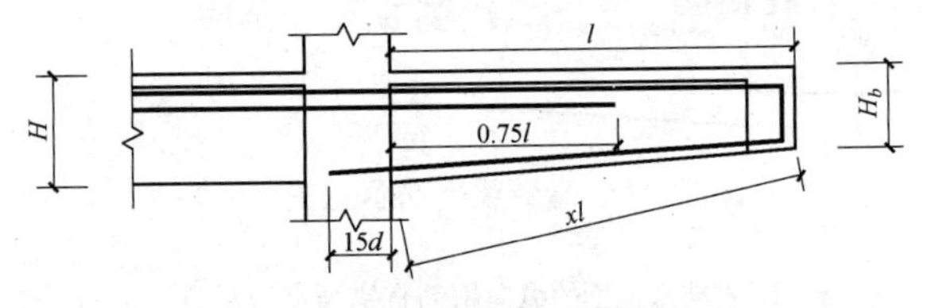

图 7-162　悬臂梁钢筋示意图（三）

（2）柱构件

平法柱钢筋主要是纵筋和箍筋两种形式，不同的部位有不同的构造要求。每种类型的柱，其纵筋都会分为基础，首层、中间层和顶层四个部分来设置。

1）基础部位钢筋计算（图 7-163）

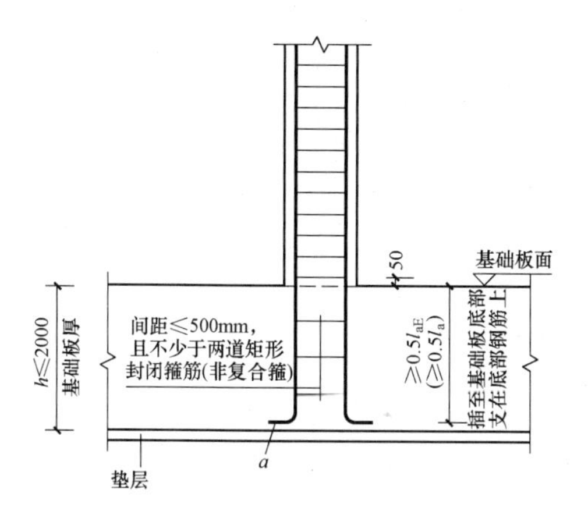

图 7-163　柱插筋构造示意图

基础插筋 l＝基础高度－保护层＋基础变折 α(≥150mm)＋基础钢筋外露长度 $H_n/3$(H_n 指楼层净高)＋搭接长度(焊接时为0)

2）首层柱钢筋计算（图 7-164）

柱纵筋长度＝首层层高－基础柱钢筋外露长度 $H_n/3$＋本柱层钢筋外露长度 max{≤$H_n/6$，≥500mm,≥柱截面长边尺寸}＋搭接长度(焊接时为0)

3）中间柱钢筋计算（图 7-164）

柱纵筋长 l＝本层层高－下层柱钢筋外露长度 max{≥$H_n/6$，≥500mm，≥柱截面长边尺寸}＋本层柱钢筋外露长度 max{≥$H_n/6$，≥500mm，≥柱截面长边尺寸}搭接长度（对焊接时为 0）

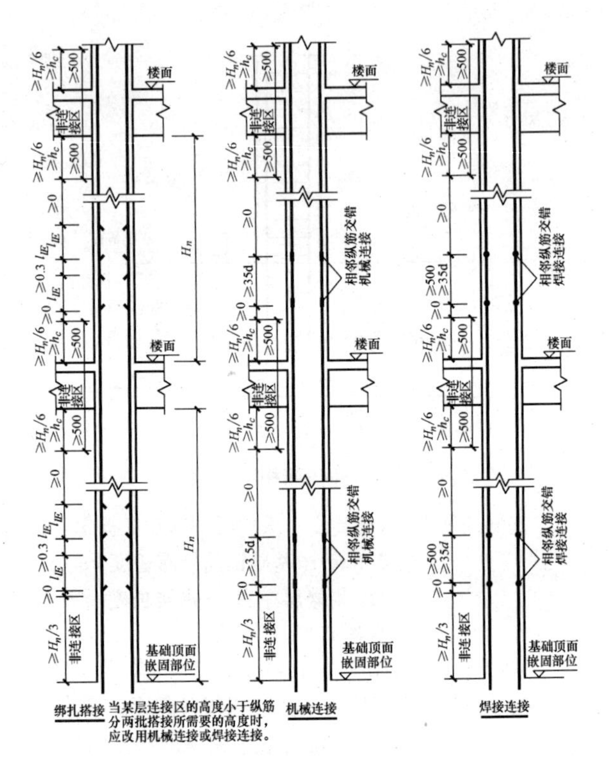

图 7-164　框架柱钢筋示意图

4）顶层柱钢筋计算（图 7-165）

柱纵筋长 l=本层层高－下层柱钢筋外露长度 max{≥H_n/6，≥500mm，≥柱截面长边尺寸}－屋顶节点梁高＋锚固长度

锚固长度确定分为三种：

① 当为中柱时，直锚长度＜l_{aE}时，锚固长度＝梁

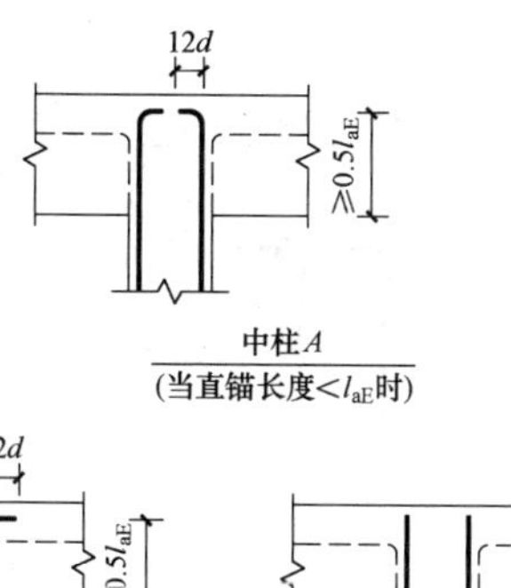

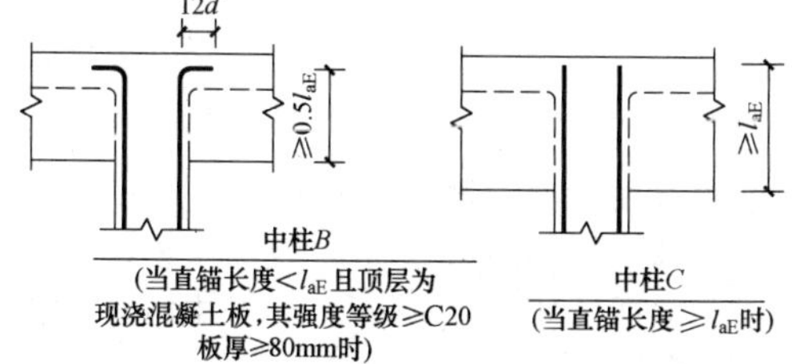

图 7-165　顶层柱钢筋示意图

高一保护层+12d；当柱纵筋的直锚长度（即伸入梁内的长度）不小于 l_{aE}时，锚固长度=梁高一保护层。

② 当为边柱时，边柱钢筋分 2 根外侧锚固和 2 根内侧锚固。外侧钢筋锚固≥1.5l_{aE}，内侧钢筋锚固同中柱纵筋锚固（图 7-166）。

③ 当为角柱时，角柱钢筋分 3 根外侧和 1 根内侧锚固（图 7-166）。

5）柱箍筋计算

①柱箍筋根数计算

基础层柱箍筋根数 n=在基础内布置间距不少于500mm 且不少于两道矩形封闭非复合箍底层柱箍筋根数 n=(底层柱根部加密区高度/加密区间距)+1+(底层柱上部加密区高度/加密区间距)+1+(底层柱中间

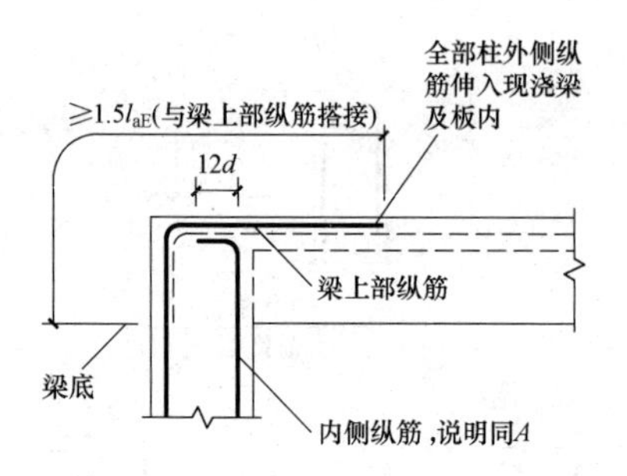

图 7-166　边柱、角柱钢筋示意图

非加密区高度/非加密区间距)－1

楼层或顶层柱箍筋根数 n=(下部加密区高度＋上部加密区高度)/加密区间距＋2＋(柱中间非加密区高度/非加密区间距)－1

② 非复合箍筋长度计算（图 7-167）

各种非复合箍筋长度计算如下（图中尺寸均已扣除保护层厚度）：

1 号图矩形箍筋长为

$$l=2\times(a+b)+2\times弯钩长+4d$$

2 号图一字形箍筋长为

$$l=a+2\times弯钩长+d$$

3 号图圆形箍筋长为

$$l=3.1416\times(a+d)+2\times弯钩长+搭接长度$$

4 号图梯形箍筋长为

$$l=a+b+c+\sqrt{(c-a)^2+b^2}+2\times弯钩长+4d$$

5 号图六边形箍筋长为

$$l=2\times a+2\times\sqrt{(c-a)^2+b^2}+2\times弯钩长+6d$$

6 号图平行四边形箍筋长为

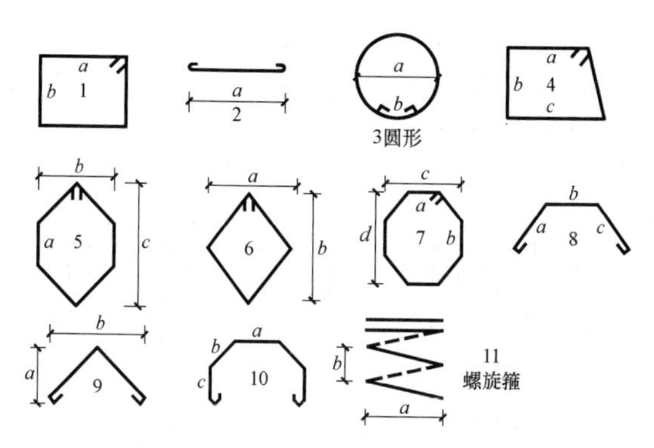

图 7-167 柱非复合箍筋形状示意图

$$l=2\times\sqrt{a^2+b^2}+2\times 弯钩长+4d$$

7 号图八边形箍筋长为

$$l=2\times(a+b)+2\times\sqrt{(c-a)^2+(d-b)^2}+2\times 弯钩长+8d$$

8 号图八字形箍筋长为

$$l=a+b+c+2\times 弯钩长+4d$$

9 号图转角形箍筋长为

$$l=2\times\sqrt{a^2+b^2}+2\times 弯钩长+3d$$

10 号图门字形箍筋长

$$l=a+2(b+c)+2\times 弯钩长+6d$$

11 号图螺旋形箍筋长

$$l=\sqrt{[3.14\times(a+d)]^2+b^2}+柱高/螺距\ b$$

③ 复合箍筋长度计算（图 7-168）

3×3 箍筋长为

外箍筋长 $l=2\times(b+h)-8\times$ 保护层 $+2\times$ 弯钩长 $+4d$

内一字箍筋长 $=(h-2\times$ 保护层 $+2\times$ 弯钩长 $+d)$

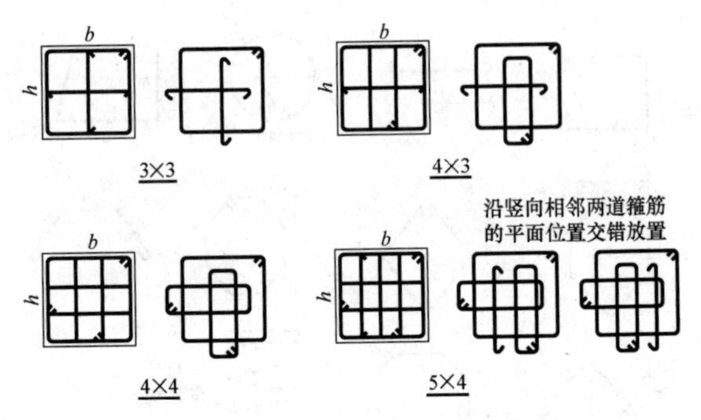

图 7-168 柱复合箍筋形状示意图

+(b−2×保护层+2×弯钩长+d) 4×3 箍筋长为

外箍筋长为 $l=2\times(b+h)-8\times$保护层$+2\times$弯钩长$+4d$

内矩形箍筋长 $l=[(b-2\times$保护层$)/3+d+h-2\times$保护层$+d]\times2+2\times$弯钩长

内一字箍筋长 $l=b-2\times$保护层$+2\times$弯钩长$+d$

4×4 箍筋长为

外箍筋长 $l=2\times(b+h)-8\times$保护层$+2\times$弯钩长$+4d$

内矩形箍筋长 $l_1=[(b-2\times$保护层$)/3+d+h-2\times$保护层$+d]\times2+2\times$弯钩长

内矩形箍筋长 $l_2=[(h-2\times$保护层$)/3+d+b-2\times$保护层$+d]\times2+2\times$弯钩长 5×4 箍筋长为

外箍筋长 $l=2\times(b+h)-8\times$保护层$+2\times$弯钩长$+4d$

内矩形箍筋长 $l_1=[(b-2\times$保护层$)/3+d+h-2\times$保护层$+d]\times2+2\times$弯钩长

内矩形箍筋长 $l_2=[(h-2\times$保护层$)/3+d+b-$

2×保护层+d]×2+2×弯钩长

内一字箍筋长 $l=h-2\times$保护层$+2\times$弯钩长$+d$

(3) 板构件

1) 板中钢筋计算

板底受力钢筋长 $l=$板跨净长+两端锚固 max {1/2 梁，5d}

板底受力钢筋根数 $n=$(板跨净长-2×50)/布置间距+1

板面受力钢筋长 $l=$板跨净长+两端锚固

板面受力钢筋根数 $n=$(板跨净长-2×50)/布置间距+1

说明：板面受力钢筋在端支座的锚固长度，结合平法和施工实际情况，大致有以下 4 种构造。

① 直接取 l_a；

② $0.4\times l_a+15d$；

③ 梁宽+板厚−2×保护层；

④ 1/2 梁宽+板厚−2×保护层。

2) 板负筋计算（图 7-173）

板边支座负筋长 $l=$左标注（右标注）+左弯折

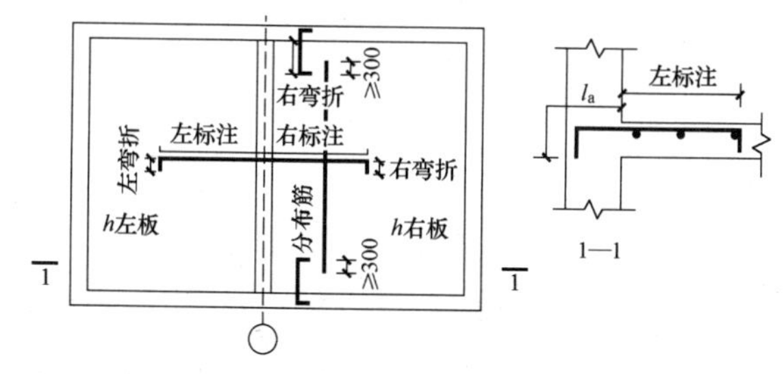

图7-169　板支座负筋、分布筋示意图

(右弯折)+锚固长度(同板面钢筋锚固取值)

板中间支座负筋长 l=左标注+右标注+左弯折+右弯折+支座宽度

3) 板负筋分布钢筋计算(图 7-169)

中间支座负筋分布钢筋长 l=净跨-两侧负筋标注之和+2×300(根据图纸实际情况)

中间支座负筋分布钢筋数量 n=(左标注-50)/分布筋间距+1+(右标注-50)/分布筋间距+1

【例】 根据图 7-170,计算Ⓒ轴与②轴相交的 KZ4

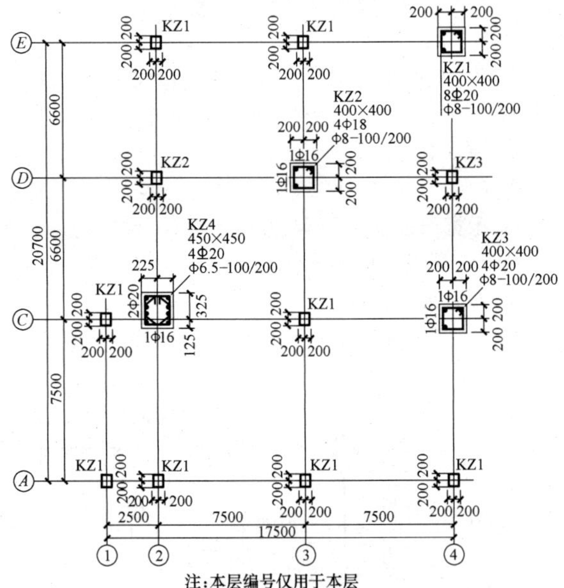

图 7-170 三层柱平面整体配筋图

框架柱的钢筋工程量（柱纵筋为对焊连接，柱本层高3.90m，上层层高3.60m）。

【解】 中间层柱钢筋长 l=本层层高－下层柱钢筋外露长度max｛≥$H_n/6$，≥500mm，≥柱截面长边尺寸｝＋本层柱钢筋外露长度max｛≥$H_n/6$，≥500mm，≥柱截面长边尺寸｝＋搭接长度（焊接时为0）

Φ20 $l=[3.90-(3.90-\overset{梁高}{0.25})/6+(3.60-\overset{梁高}{0.25})/6]\times 8$根

$=[(3.90-0.61)+0.56]\times 8=3.85\times 8=30.8\text{m}$

Φ16 $l=3.85$(同上)$\times 2$根

$=7.70\text{m}$

六边形箍筋（图7-171）长

$l=2\times a+2\times\sqrt{(c-a)^2+b^2}+2\times$弯钩长$+6d$

其中：

$a=(0.45-0.03\times 2)/3=0.13\text{m}$

$b=0.45-0.03\times 2=0.39\text{m}$

$c=0.45-0.03\times 2=0.39\text{m}$

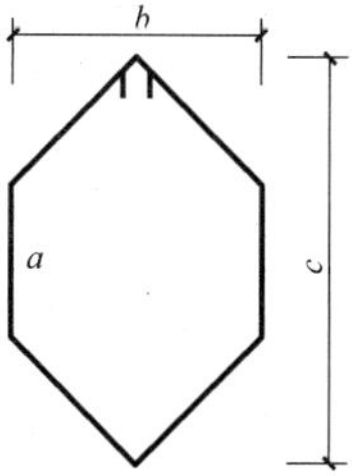

图7-171 六边形箍筋Φ6.5

$$l=2\times 0.13+2\times\sqrt{(0.39-0.13)^2+0.39^2}+2\times 11.9\times 0.0065+6\times 0065$$
$$=0.26+2\times 0.47+0.15+0.04$$
$$=1.39\text{m}$$

矩形箍筋长 $l=2\times$(柱长边$-2\times$保护层＋柱短边$-2\times$保护层)$+2\times$弯钩长$+4d$

Φ6.5 $l=2\times(0.45-2\times 0.03+0.45-2\times 0.03)+2\times 11.9\times 0.0065+4\times 0.0065$

$=1.56\times+0.15+0.03$

$=1.74\text{m}$

箍筋根数（取整数）$n=$（柱下部加密区高度＋上部加密区高度）/加密区间距＋2＋（柱中间非加密区高度/非加密区间距）－1

故　$n=[(3.90-0.25)/6\times2+\overset{\text{梁高}}{0.25}]/0.10+2$
$+[(3.90-0.25)-(3.90-0.25)/6\times2]/0.20-1$
$=(0.61\times2+0.25)/0.10+2+(3.65-0.61\times2)/0.20-1$
$=1.47/0.10+2+2.43/0.20-1$
$=17+13-1$
$=29$ 根

箍筋长小计　$l=(1.39+1.74)\times29$
$=90.77\text{m}$

KZ4 钢筋重：

Φ20　30.80×2.47=76.08kg

Φ18　7.70×2.00=15.40kg

Φ6.5　90.77×0.26=23.60kg

重小计：115.08kg

【例】 根据图 7-179，计算Ⓒ轴与②轴相交的 KZ3 框架柱钢筋工程量（柱纵筋为对焊连接，本层层高 3.60m）。

【解】 顶层柱钢筋长　$l=$本层层高－下层柱钢筋外露长度 max｛$\geqslant H_n/6$，$\geqslant$500mm，$\geqslant$柱截面长边尺寸｝－屋顶节点梁高＋锚固长度

Φ20　$l=[3.60-(3.60-\overset{\text{梁高}}{0.25})/6-\overset{\text{梁高}}{0.25}$
$+(0.25-0.03+12\times0.02)]\times12$
$=(3.04-0.25+0.25-0.03+0.24)\times12$
$=3.25\times12$
$=39.00\text{m}$

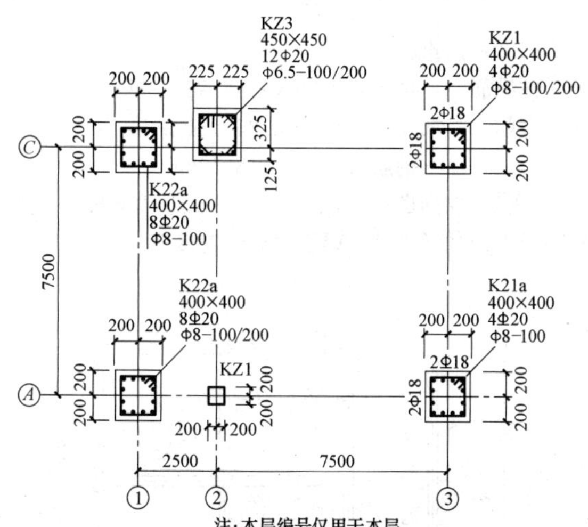

图 7-172　四层柱平面整体配筋图

六边形箍筋长　l=（同前例）

Φ6.5　　　　　　l=1.39m

矩形箍筋长　l=（同前例）

Φ6.5　　　　　　l=1.74m

箍筋根数（取整数）n=（同例 3－25）

=［(3.60－0.25)/6×2+0.25］/0.10+2+[(3.60－0.25) －(3.60－0.25)/6×2]/0.20－1

=14+2+12－1

=27 根

箍筋长小计　l=(1.39+1.74)×27

=84.51m

KZ3 钢筋重：

柱纵筋　　Φ20　39.00×2.47=96.33kg

箍筋　　Φ6.5　84.51×0.26=21.97kg

　　　　　　钢筋重小计：118.30kg

【例】 根据图 7-173、图 7-172，计算 WKL2 框架梁钢筋工程量（梁纵长钢筋为对焊连接）。

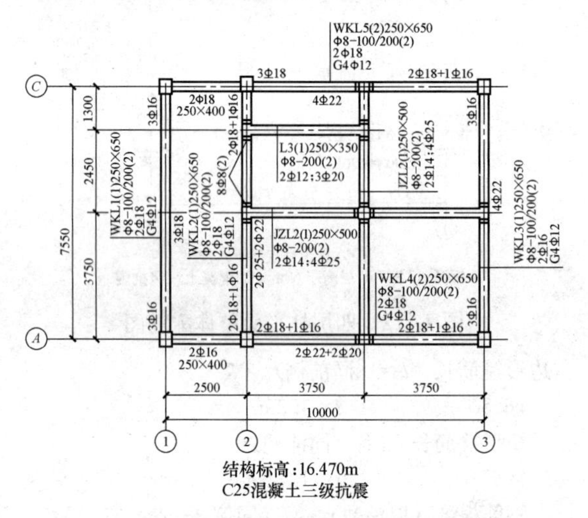

图 7-173　屋面梁平面整体配筋图

【解】 上部贯通筋　l=各跨长之和－左支座内侧宽－右支座内侧宽＋锚固长度

Φ18　l=[(7.50−0.20−0.125)+(0.45−0.025+0.25−0.025)+(0.40−0.025+0.25−0.025)]×2

=(7.18+0.65+0.60)×2

=16.86m

端支座负筋　$l=l_n/3+$锚固长度

Φ16　$l=[(7.50-0.20-0.125)/3+(0.45-0.025+0.25-0.025)]\times2+[(7.50-0.20-0.125)/3+(0.40-0.025+0.25-0.025)]\times1$

$=(7.18/3+0.65)\times2+(7.18/3+0.61)\times1$

$=6.09+2.99$

$=9.08\text{m}$

下部钢筋　$l=$净跨长＋锚固长度

Φ25　$l=[(7.50-0.20-0.125)+(0.45-0.03+15\times0.025)+(0.40-0.03+15\times0.025)]\times2$

$=8.73\times2$

$=17.46\text{m}$

Φ22　$l=[(7.50-0.20-0.125)+(0.45-0.03+15\times0.022)+(0.40-0.03+15\times0.022)]\times2$

$=(7.18+0.75+0.70)\times2$

$=8.63\times2$

$=17.26\text{m}$

箍筋长　$l=2\times$(梁宽$-2\times$保护层＋梁高$-2\times$保护层)$+2\times11.9d+4d$

Φ8　$l=2\times(0.25-2\times0.025+0.65-2\times0.025)+2\times11.9\times0.008+4\times0.008$

$=1.60+0.19+0.03$

$=1.82\text{m}$

箍筋根数(取整)　$n=2\times$[(加密区长-50)/加密区间距$+1$+[(非加密区长/非加密区间距)-1]+支梁加密根数

$=2\times[(0.50-0.05)\div0.10+1]+[(7.50-0.20-0.125-0.50\times2)/0.20-1]+8\times2$个节点

=12+30+16

=58根

箍筋长小计　l=1.82×58=105.56m

WKL2 钢筋重：

梁纵筋　Φ18　16.86×2.00=33.72kg

Φ16　9.08×1.58=14.35kg

Φ25　17.46×3.85=67.22kg

Φ22　17.26×2.98=51.43kg

箍筋　Φ8　105.56×0.395=41.70kg

钢筋重小计：208.42kg

【例】 根据图 3-174、图 3-173，计算屋面板Ⓐ～Ⓒ到①～②范围的部分钢筋工程量。

板底钢筋　l=板跨净长+两端锚固 max {1/2 梁宽，5d}

弯钩

Φ8 长筋　l=7.50－0.25+0.25+2×6.25×0.008

=7.60m

长筋根数(取整)　n=(板净跨长－2×50)/间距+1

=(2.50－0.25－2×0.05)/25+1

=9+1

Φ8 短筋　l=2.50－0.25+0.25+2×6.25×0.08

=2.50+0.10

=2.60m

短筋根数(取整)　n=(7.5－0.25－2×0.05) /0.18+1

=40+1

=41 根

①轴负筋　l=右标注+右弯折+锚固长度

l_a

Φ8　l=0.84+(0.10－2×0.015)+27×0.008

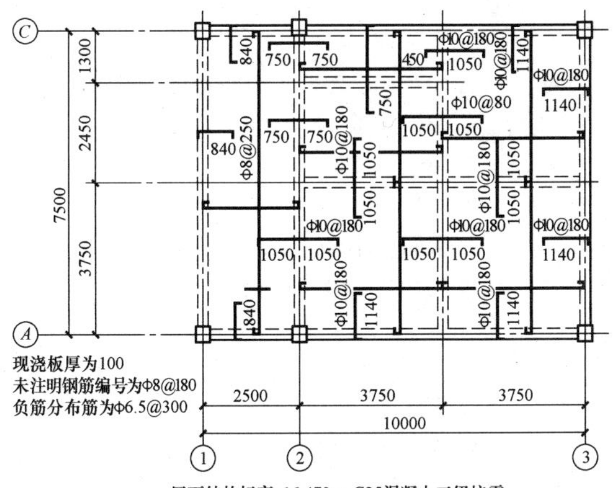

图 7-174 屋面配筋图

$=0.84+0.07+0.22$

$=1.13\text{m}$

①轴负筋根数(取整)n=[板长(宽)−2×保护层]/间距+1

$=(7.5+0.25-2\times0.015)/0.18+1$

$=43+1$

$=44$ 根

①轴负筋分布筋 l=板长（宽）−2×保护层

Φ6.5 $l=7.50+0.25-2\times0.015$

$=7.72\text{m}$

①轴负筋分布筋根数 n=左（右）支座标注/间距+1

$=0.84/0.30+1$

$=3+1$

$=4$（根）

钢筋长小计：

Φ6.5　7.72×4=30.88m

Φ8　7.60×10+2.60×41+1.13×44=232.32m

屋面板部分钢筋重：

Φ6.5　30.88×0.26=8.03kg

Φ8　232.32×0.395=91.77kg

钢筋重小计：99.80kg

九、构件运输及安装工程

1. 一般规定

(1) 预制混凝土构件运输及安装，均按构件图示尺寸，以实体积计算。

(2) 钢构件按构件设计图示尺寸以吨计算；所需螺栓、电焊条等重量不另计算。

(3) 木门窗按外框面积以平方米计算。

2. 构件制作、运输、安装损耗率

预制混凝土构件制作、运输、安装损耗率，按表7-29规定计算后，并入构件工程量内。其中预制混凝土屋架、桁架、托架及长度在9m以上的梁、板、柱不计算损耗率。

预制钢筋混凝土构件制作、运输、安装损耗率表　　表7-29

名　　称	制作废品率	运输堆放损耗率	安装（打桩）损耗率
各类预制构件	0.2%	0.8%	0.5%
预制钢筋混凝土柱	0.1%	0.4%	1.5%

预制构件制作工程量=图示尺寸实体积×(1+0.2%+0.8%+0.5%)

=图示尺寸实体积×1.015

预制构件运输工程量 = 图示尺寸实体积×(1+0.8%+0.5%)

= 图示尺寸实体积×1.013

预制构件安装工程量 = 图示尺寸实体积×(1+0.5%) = 图示尺寸实体积×1.005

【例】 根据图 7-161 计算出的预应力空心板体积 2.78m³，计算其制、运、安工程量。

【解】空心板制作工程量 = 2.78×1.015* = 2.82m³

空心板运输工程量 = 2.78×1.013* = 2.82m³

空心板安装工程量 = 2.78×1.005* = 2.79m³

3. 构件运输

(1) 预制混凝土构件运输分类

见表 7-30。

预制混凝土构件运输分类　　表 7-30

类别	项　目
1	4m 以内空心板、实心板
2	6m 以内的桩、屋面板、工业楼板、进深梁、基础梁、吊车梁、楼梯休息板、楼梯段、阳台板
3	6m 以上至 14m 梁、板、柱、桩，各类屋架、托架（14m 以上另行处理）
4	天窗架、挡风架、侧板、端壁板、天窗上下档、门框及单件体积在 0.1m³ 以内小构件
5	装配式内、外墙板、大楼板、厕所板
6	隔墙板（高层用）

(2) 金属结构工件运输分类

见表 7-31。

金属结构工件运输分类表　　表 7-31

类别	项目
1	钢柱、屋架、托架梁、防风桁架
2	吊车梁、制动梁、型钢檩条、钢支撑、上下档、钢拉杆、栏杆、盖板、垃圾出灰门、倒灰门、箅子、爬梯、零星构件、平台、操作台、走道休息台、扶梯、钢吊车梯台、烟囱紧固箍
3	墙架、挡风架、天窗架、组合檩条、轻型屋架、滚动支架、悬挂支架、管道支架

4. 预制混凝土构件安装

(1) 焊接形成的预制钢筋混凝土框架结构，其柱安装按框架柱计算，梁安装按框架梁计算；节点浇注成形的框架，按连体框架梁、柱计算。

(2) 预制钢筋混凝土工字形柱、矩形柱、空腹柱、双肢柱、空心柱、管道支架等安装，均按柱安装计算。

(3) 组合屋架安装，以混凝土部分实体体积计算，钢杆件部分不另计算。

(4) 预制钢筋混凝土多层柱安装，首层柱按柱安装计算，二层及二层以上柱按柱接柱计算。

5. 钢构件安装

(1) 钢构件安装按图示构件钢材重量以吨计算。

(2) 依附于钢柱上的牛腿及悬臂梁等，并入柱身主材重量计算。

(3) 金属结构中所用钢板，设计为多边形者，按矩形计算，矩形的边长以设计尺寸中互相垂直的最大尺寸为准，见图 7-175。

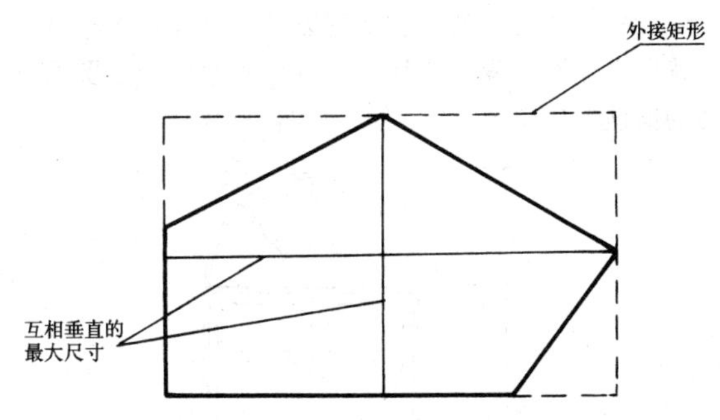

图 7-175　多边形钢板计算示意图

十、门窗及木结构工程

1. 一般规定

各类门、窗制作、安装工程量均按门、窗洞口面积计算。

(1) 门、窗盖口条、贴脸、披水条，按图示尺寸以延长米计算，执行木装修项目，见图 7-176。

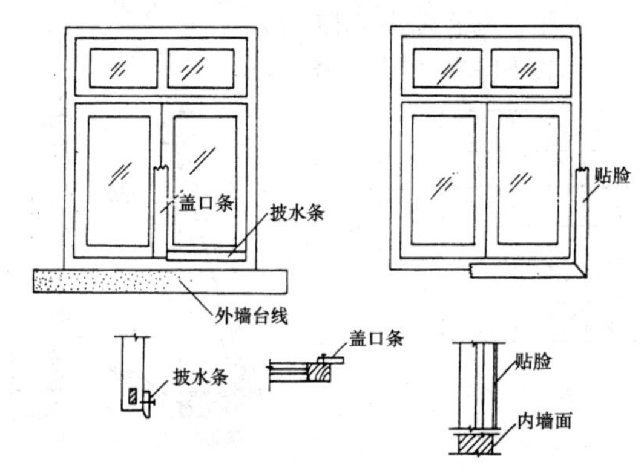

图 7-176　门窗盖口条、贴脸、披水条示意图

（2）普通窗上部带有半圆窗的，应分别按半圆窗和普通窗计算工程量。其分界线比普通窗和半圆窗之间的横框上裁口线为分界线，见图 7-177。

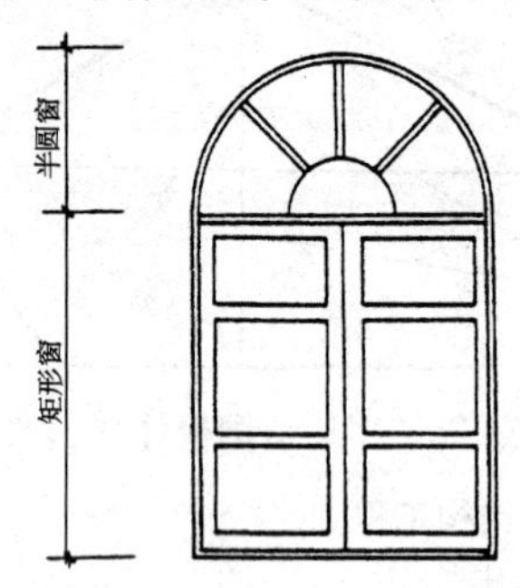

图 7-177 带半圆窗示意图

（3）门窗扇包镀锌铁皮，按门、窗洞口面积以平方米计算；门窗框包镀锌铁皮，钉橡皮条、钉毛毡按图示门窗洞口尺寸以延长米计算。

（4）组合窗示意图见图 7-178。

（5）各种门窗示意图见图 7-179。

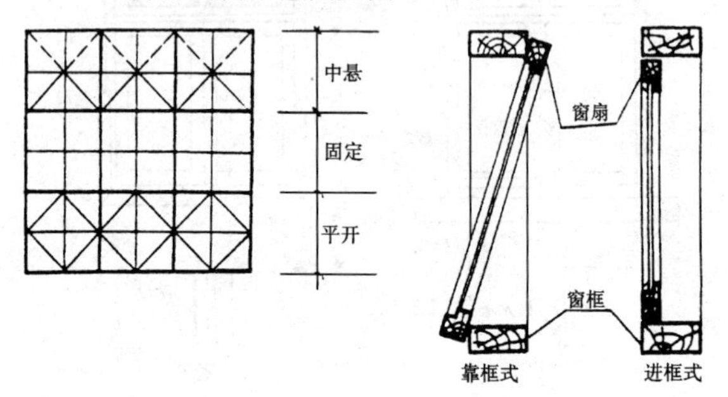

图 7-178 组合窗示意图

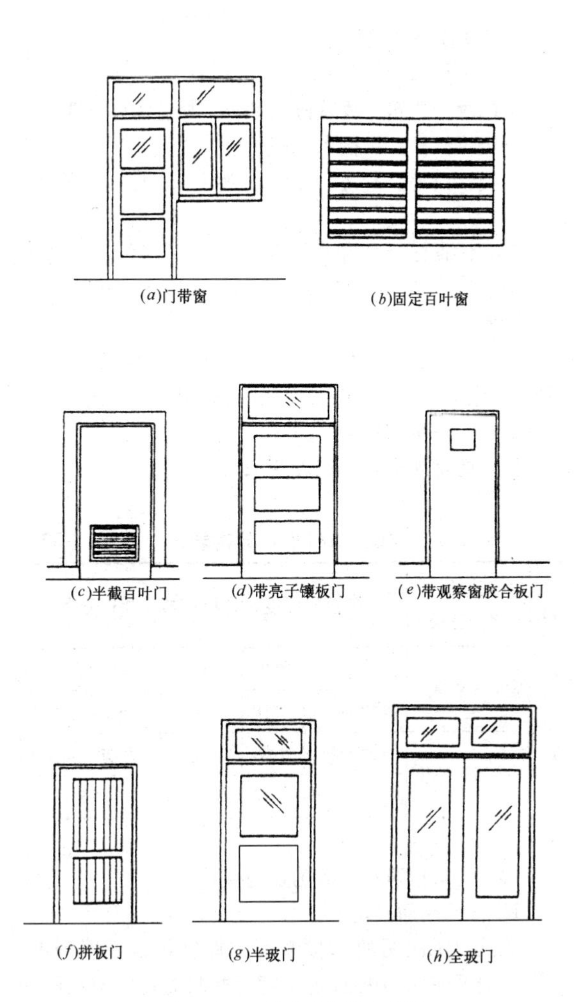

图 7-179　各种门窗示意图

2. 套用定额的规定

（1）木材木种的分类

全国统一建筑工程基础定额将木材分为以下四类：

一类：红松、水桐木、樟子松。

二类：白松、杉木（方杉、冷杉）、杨木、柳木、椴木。

三类：青松、黄花松、秋子木、马尾松、东北榆木、柏木、苦楝木、梓木、黄菠萝、椿木、楠木、柚木、樟木。

四类：栎木（柞木）、檀木、色木、槐木、荔木、麻栗木（麻栎、青杠）、桦木、荷木、水曲柳、华北榆木。

（2）板、枋材规格分类

板、枋材规格分类见表7-32。

板、枋材规格分类表　　表7-32

项目	按宽厚尺寸比例分类	按板材厚度、枋材宽与厚乘积分类				
板材	宽≥3×厚度	名称	薄板	中板	厚板	特厚板
		厚度/mm	<18	19～35	36～35	≥66
枋材	宽<3×厚度	名称	小枋	中枋	大枋	特大枋
		宽×厚/cm^2	<54	55～100	101～225	≥226

（3）门窗框扇断面的确定与换算

1）框扇断面确定

定额中所注明的木材断面或厚度均以毛料为准。如设计图纸注明的断面或厚度为净料时，应增加刨光损耗；板、枋材一面刨光增加3mm；两面刨光增加

5mm；圆木每立方米材积增加 0.05m³ 计算。

【例】 根据图 7-180 中门框扇断面净尺寸，计算含刨光损耗的毛断面。

【解】 门框毛断面＝(9.5＋0.5)×(4.2＋0.3)

＝45cm²

门扇毛断面＝(9.5＋0.5)×(4.0＋0.5)

＝45cm²

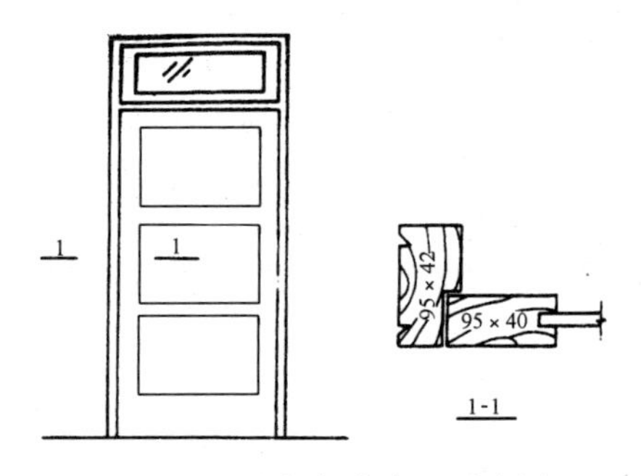

图 7-180　木门框扇断面示意图

2）框扇断面换算

当图纸设计的木门窗框扇断面与定额规定不同时，应按比例换算。框断面以边框断面为准（框裁口如为钉条者，加贴条的断面）；扇断面以立挺断面为准。

换算公式：

$$换算后材积=\frac{设计断面（加刨光损耗）}{定额断面}\times 定额材积$$

【例】 某工程的单层镶板门框的设计断面为 60mm×115mm（净尺寸），查定额框断面 60mm×

100mm（毛料），定额枋材耗用量为 2.037$m^3/100m^2$，试计算按图纸设计断面的门框枋材耗用量。

【解】 换算后材积$=\dfrac{(60+3)\times(115+5)}{60\times100}\times2.037$

$=2.567m^3/100m^2$

3. 铝合金门窗等

铝合金门窗制作、安装，铝合金、不锈钢门窗、彩板组角钢门窗、塑料门窗、钢门窗安装，均按设计门窗洞口面积计算。

4. 卷闸门

卷闸门安装按洞口高度增加 600mm 乘以门实际宽度以平方米计算。电动装置安装以套计算，小门安装以个计算。

【例】 根据图 7-181 尺寸，计算卷闸门工程量。

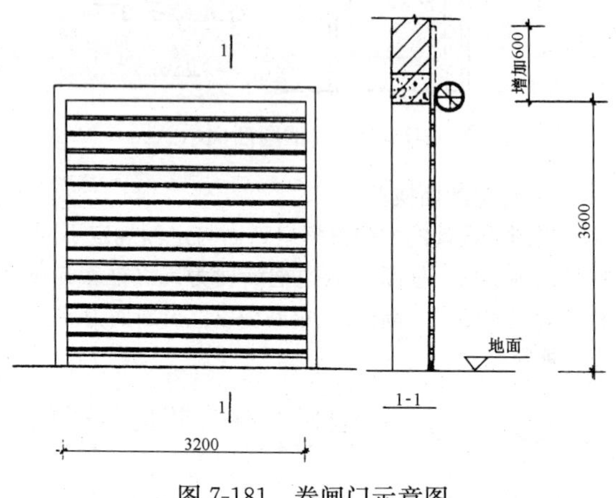

图 7-181 卷闸门示意图

【解】 $S=3.20\times(3.60+0.60)$

$=13.44m^2$

5. 包门框、安附框

不锈钢片包门框，按框外表面面积以平方米计算。

彩板组角钢门窗附框安装，按延长米计算。

6. 木屋架

（1）木屋架安装制作均按设计断面竣工木料以立方米计算，其后备长度及配制损耗均不另行计算。

（2）方木屋架一面刨光时增加 3mm，两面刨光时增加 5mm，圆木屋架按屋架刨光时木材体积每立方米增加 $0.05m^3$ 计算。附属于屋架的夹板、垫木等已并入相应的屋架制作项目中，不另计算；与屋架连接的挑檐木（附木）、支撑等，其工程量并入屋架竣工木料体积内计算。

（3）屋架的制作安装应区别不同跨度。其跨度应以屋架上下弦杆的中心线交点之间的长度为准。带气楼的屋架并入所依附的屋架体积内计算。

（4）屋架的马尾、折角和正交部分半屋架，应并入相连接屋架的体积内计算，见图 7-182。

（5）钢木屋架区分圆、方木，按竣工木料以立方米计算。

（6）圆木屋架连接的挑檐木、支撑等如为方木时，其方木部分应乘以系数 1.7 折合成圆木并入屋架竣工木料内。单独的方木挑檐，按矩形檩木计算。

（7）屋架杆件长度系数表

木屋架各杆件长度可用屋架跨度乘以杆件长度系数计算。杆件长度系数见表 7-33。

（8）原木材积表

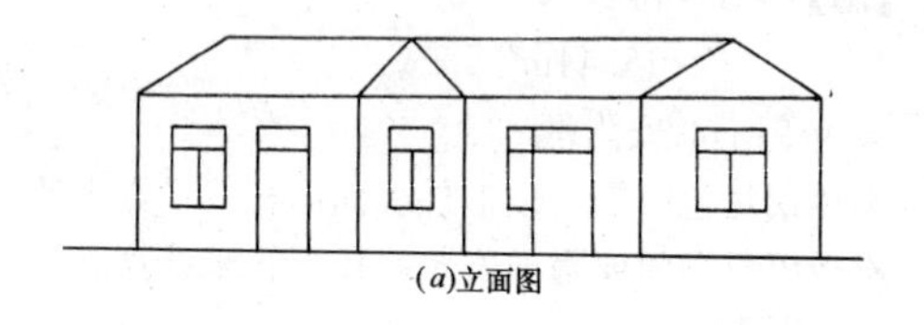
(a)立面图

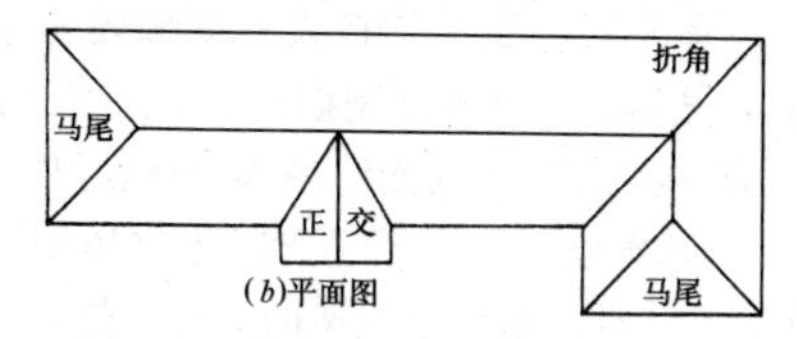

(b)平面图

图 7-182 屋架的马尾、折角和正交示意图

圆木材积是根据尾径计算的，国家标准“GB 4814—84”规定了原木材积的计算方法和计算公式。在实际工作中，一般都采取查表的方式来确定圆木屋架的材积。

标准规定，检尺径为 4～12cm 的小径原木材积公式为：

$$V = 0.7854L(D + 0.45L + 0.2)^2 \div 1000$$

检尺径为 14cm 以上原木材积公式为：

$$V = 0.7854L[D + 0.5L + 0.005L^2 + 0.000125L \times (14 - L)^2(D - 10)]^2 \div 10000$$

式中 V——材积（m^3）；

L——检尺长（m）；

D——检尺径（cm）。

屋架杆件长度系数表

表 7-33

屋架形式	角度	杆件编号										
		1	2	3	4	5	6	7	8	9	10	11
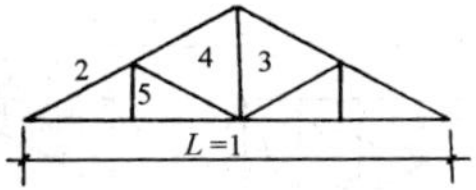	26°34′	1	0.559	0.250	0.280	0.125						
	30°	1	0.577	0.289	0.289	0.144						
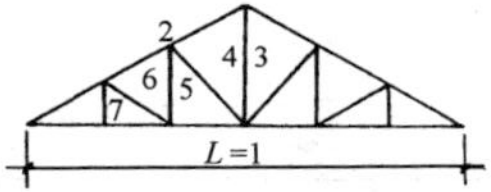	26°34′	1	0.559	0.250	0.236	0.167	0.186	0.083				
	30°	1	0.577	0.289	0.254	0.192	0.192	0.096				
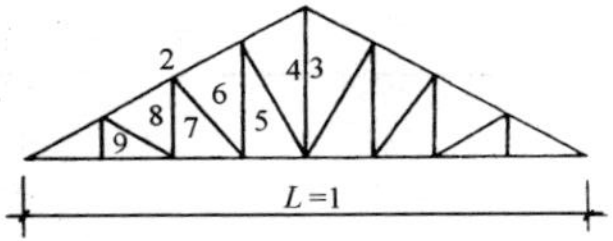	26°34′	1	0.559	0.250	0.225	0.188	0.177	0.125	0.140	0.063		
	30°	1	0.577	0.289	0.250	0.217	0.191	0.144	0.144	0.072		

续表

屋架形式	角度	杆件编号										
		1	2	3	4	5	6	7	8	9	10	11
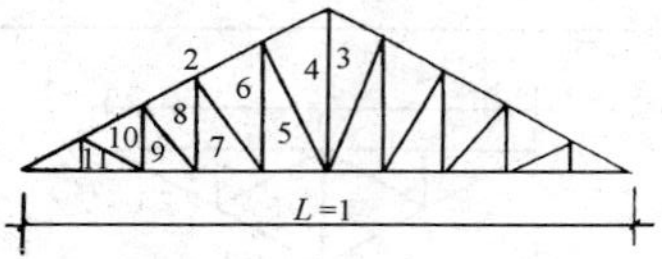	26°34′	1	0.559	0.250	0.224	0.200	0.180	0.150	0.141	0.100	0.112	0.050
	30°	1	0.577	0.289	0.252	0.231	0.200	0.173	0.153	0.116	0.115	0.057

原木材积表（一）

表 7-34

检尺径 (cm)	检尺长 (m)														
	2.0	2.2	2.4	2.5	2.6	2.8	3.0	3.2	3.4	3.6	3.8	4.0	4.2	4.4	4.6
	材积 (m^3)														
8	0.013	0.015	0.016	0.017	0.018	0.020	0.021	0.023	0.025	0.027	0.029	0.031	0.034	0.036	0.03
10	0.019	0.022	0.024	0.025	0.026	0.029	0.031	0.034	0.037	0.040	0.042	0.045	0.048	0.051	0.05
12	0.027	0.030	0.033	0.035	0.037	0.040	0.043	0.047	0.050	0.054	0.058	0.062	0.065	0.069	0.07
14	0.036	0.040	0.045	0.047	0.049	0.054	0.058	0.063	0.068	0.073	0.078	0.083	0.089	0.094	0.10
16	0.047	0.052	0.058	0.060	0.063	0.069	0.075	0.081	0.087	0.093	0.100	0.106	0.113	0.120	0.12
18	0.059	0.065	0.072	0.076	0.079	0.086	0.093	0.101	0.108	0.116	0.124	0.132	0.140	0.148	0.15
20	0.072	0.080	0.088	0.092	0.097	0.105	0.114	0.123	0.132	0.141	0.151	0.160	0.170	0.180	0.19
22	0.086	0.096	0.106	0.111	0.116	0.126	0.137	0.147	0.158	0.169	0.180	0.191	0.203	0.214	0.22
24	0.102	0.114	0.125	0.131	0.137	0.149	0.161	0.174	0.186	0.199	0.212	0.225	0.239	0.252	0.26
26	0.120	0.133	0.146	0.153	0.160	0.174	0.188	0.203	0.217	0.232	0.247	0.262	0.277	0.293	0.30
28	0.138	0.154	0.169	0.177	0.185	0.201	0.217	0.234	0.250	0.267	0.284	0.302	0.319	0.337	0.35
30	0.158	0.176	0.193	0.202	0.211	0.230	0.248	0.267	0.286	0.305	0.324	0.344	0.364	0.383	0.40
32	0.180	0.199	0.219	0.230	0.240	0.260	0.281	0.302	0.324	0.345	0.367	0.389	0.411	0.433	0.45
34	0.202	0.224	0.247	0.258	0.270	0.293	0.316	0.340	0.364	0.388	0.412	0.437	0.461	0.486	0.51

原木材积表（二）

表 7-35

检尺径 (cm)	检尺长 (m)														
	4.8	5.0	5.2	5.4	5.6	5.8	6.0	6.2	6.4	6.6	6.8	7.0	7.2	7.4	7.6
	材积 (m³)														
8	0.040	0.043	0.045	0.048	0.051	0.053	0.056	0.590	0.062	0.065	0.068	0.071	0.074	0.077	0.08
10	0.058	0.061	0.064	0.068	0.071	0.075	0.078	0.082	0.086	0.090	0.094	0.098	0.102	0.106	0.11
12	0.078	0.082	0.086	0.091	0.095	0.100	0.105	0.109	0.114	0.119	0.124	0.130	0.135	0.140	0.14
14	0.105	0.111	0.117	0.123	0.129	0.136	0.142	0.149	0.156	0.162	0.169	0.176	0.184	0.191	0.19
16	0.134	0.141	0.148	0.155	0.163	0.171	0.179	0.187	0.195	0.203	0.211	0.220	0.229	0.238	0.24
18	0.165	0.174	0.182	0.191	0.201	0.210	0.219	0.229	0.238	0.248	0.258	0.268	0.278	0.289	0.30
20	0.200	0.210	0.221	0.231	0.242	0.253	0.264	0.275	0.286	0.298	0.309	0.321	0.333	0.345	0.35
22	0.238	0.250	0.262	0.275	0.287	0.300	0.313	0.326	0.339	0.352	0.365	0.379	0.393	0.407	0.42
24	0.279	0.293	0.308	0.322	0.336	0.351	0.366	0.380	0.396	0.411	0.426	0.442	0.457	0.473	0.48
26	0.324	0.340	0.356	0.373	0.389	0.406	0.423	0.440	0.457	0.474	0.491	0.509	0.527	0.545	0.56
28	0.372	0.391	0.409	0.427	0.446	0.465	0.484	0.503	0.522	0.542	0.561	0.581	0.601	0.621	0.64
30	0.424	0.444	0.465	0.486	0.507	0.528	0.549	0.571	0.592	0.614	0.636	0.658	0.681	0.703	0.72
32	0.479	0.502	0.525	0.548	0.571	0.595	0.619	0.643	0.667	0.691	0.715	0.740	0.765	0.790	0.81
34	0.537	0.562	0.588	0.614	0.640	0.666	0.692	0.719	0.746	0.772	0.799	0.827	0.854	0.881	0.90

注：长度以 20cm 为增进单位，不足 20cm 时，满 10cm 进位，不足 10cm 舍去；径级以 2cm 为增进单位，不足 2cm 时，满 1cm 的进位，不足 1cm 舍去。

【例】 根据图 7-183 中的尺寸，计算 L＝12m 的圆木屋架工程量。

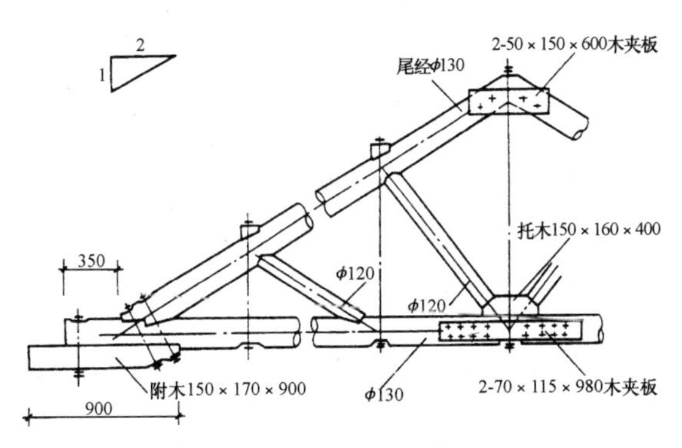

图 7-183　圆木屋架

【解】 圆木屋架材积计算如表 7-36 所示：

屋架圆木材积计算表　　　　表 7-36

名称	尾径（m）	数量	长　　度（m）	单根材积（m^3）	材积（m^3）
上弦	ϕ13	2	12×0.559* ＝6.708	0.169	0.338
下弦	ϕ13	2	6＋0.35＝6.35	0.156	0.312
斜杆 1	ϕ12	2	12×0.236* ＝2.832	0.040	0.080
斜杆 2	ϕ12	2	12×0.186* ＝2.232	0.030	0.060
托木		1	0.15×0.16×0.40×1.70*		0.016
挑檐木		2	0.15×0.17×0.90×2×1.70*		0.078
小计					0.884

【例】 根据图 7-184 中尺寸，计算跨度 $L=9$m 的方木屋架工程量。

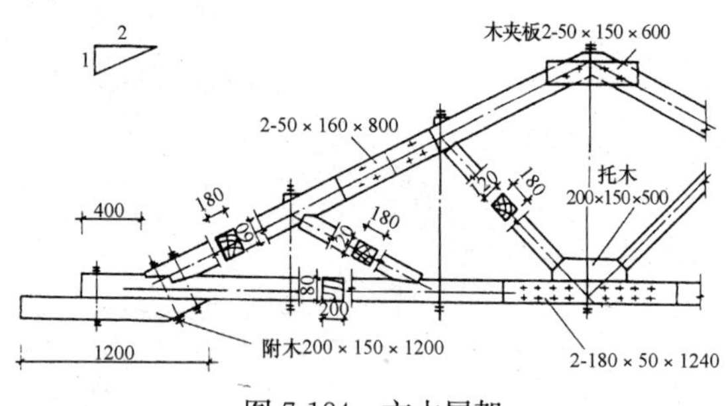

图 7-184 方木屋架

【解】

上弦：9.0×0.559* ×0.18×0.16×2 根=0.290m³

下弦：(9.0+0.4×2)×0.18×0.20=0.353m³

斜杆 1：9.0×0.236* ×0.12×0.18×2 根=0.092m³

斜杆 2：9.0×0.186* ×0.12×0.18×2 根=0.072m³

托木：0.2×0.15×0.5=0.015m³

挑檐木：1.20×0.20×0.15×2 根=0.072m³

小计：0.894m³

注：木夹板、钢拉杆等已包括在定额中。带“*”号为杆件长度系数。

7. 檩木

(1) 檩木按竣工木料以立方米计算。简支檩条长度按设计规定计算，如设计无规定者，按屋架或山墙中距增加 200mm 计算，如两端出山，檩条算至搏风板。见图 7-185。

(2) 连续檩条的长度按设计长度计算，其接头长度按全部连续檩木总体积的5%计算。檩条托木已计入相应的檩木制作安装项目中，不另计算。见图7-186。

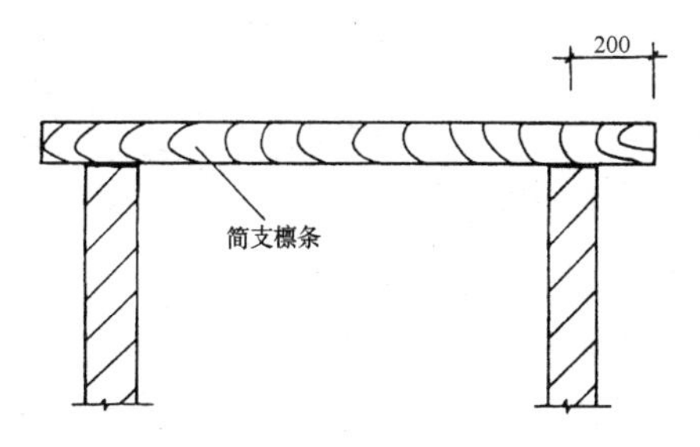

图7-185　简支檩条增加长度示意图

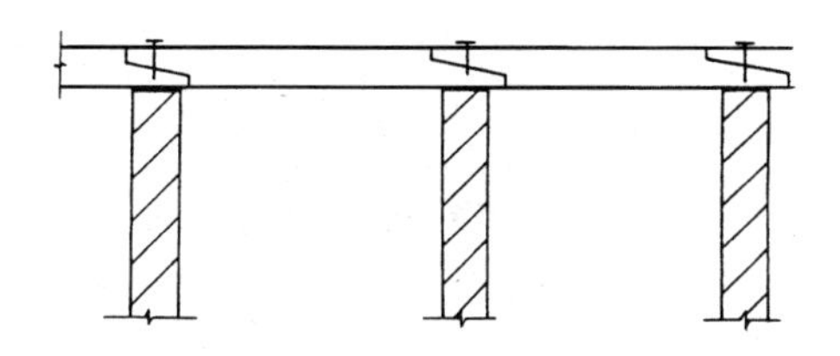

图7-186　连续檩条接头示意图

8. 屋面木基层

屋面木基层，按屋面的斜面积计算。天窗挑檐重叠部分按设计规定计算，屋面烟囱及斜沟部分所占面积不扣除，见图7-187、图7-188。

9. 封檐板

封檐板按图示檐口外围长度计算，搏风板按斜长计算，每个大刀头增加长度500mm。见图7-189、图7-190。

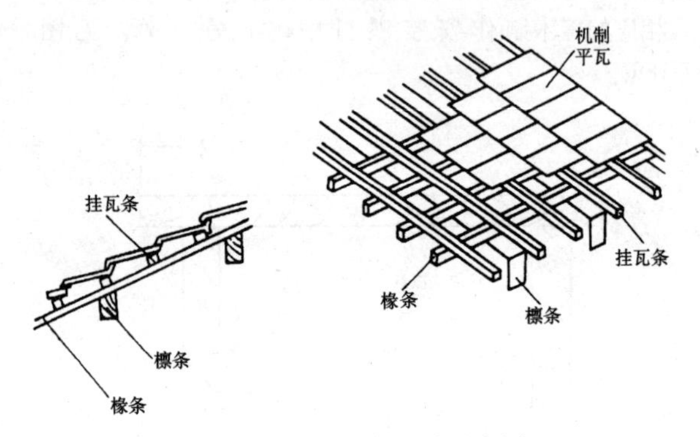

图 7-187　屋面木基层示意图

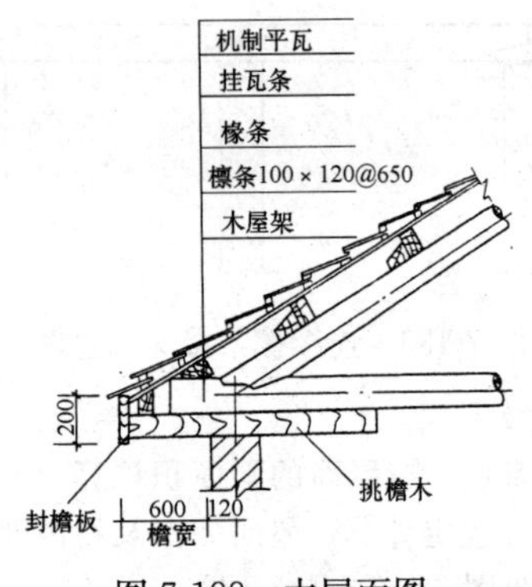

图 7-188　木屋面图

10. 木楼梯

木楼梯按水平投影面积计算，不扣除宽度小于300mm的楼梯井，其踢脚板、平台和伸入墙内部分，不另计算。

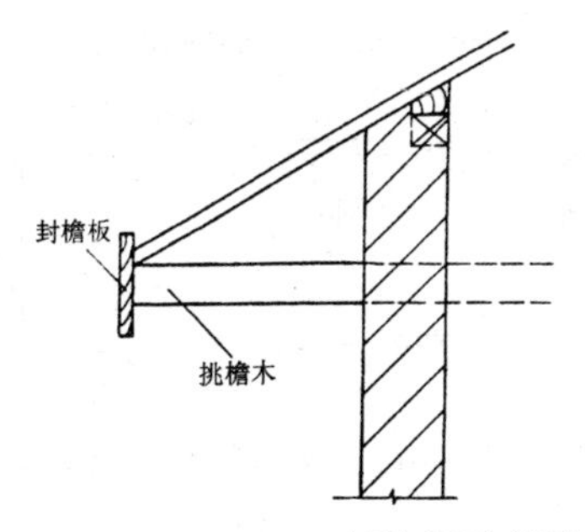

图 7-189　挑檐木、封檐板示意图

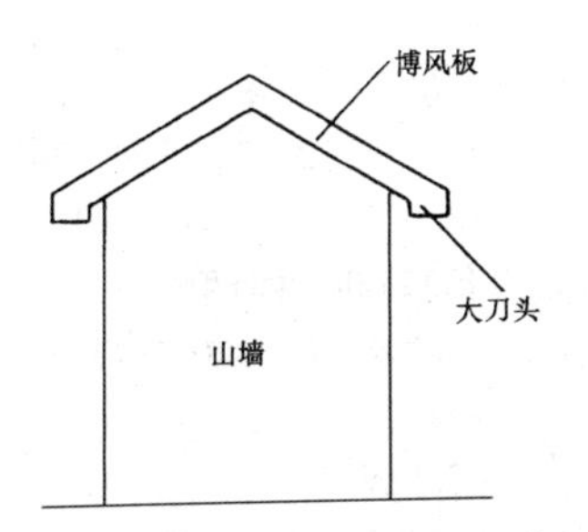

图 7-190　博风板、大刀头示意图

十一、楼地面工程

1. 垫层

地面垫层按室内主墙间净空面积乘以设计厚度以立方米计算。应扣除凸出地面的构筑物、设备基础、室内铁道、地沟等所占体积，不扣除柱、垛、间壁墙、附墙烟囱及面在 0.3m^2 以内孔洞所占体积。

【例】 某材料试验室地面垫层为 C20 混凝土 100 厚，根据图 7-191 所示尺寸计算垫层工程量（墙厚均为 240）。

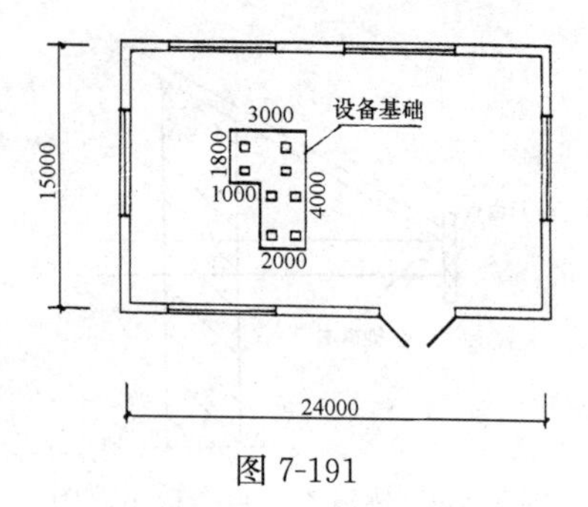

图 7-191

【解】(1) 室内净面积

$S_{净}=(15.0-0.24)\times(24.0-0.24)$

$=14.76\times23.76$

$=350.70m^2$

(2) 设备基础所占面积

$S_{备}=3.0\times4.0-1.0\times(4.0-1.8)$

$=12.0-2.2$

$=9.8m^2$

(3) C20 混凝土垫层体积

$V_{垫}=(350.70-9.80)\times0.10$

$=34.09m^3$

2. 整体面层、找平层

整体面层、找平层均按主墙间净空面积以平方米计算。应扣除凸出地面构筑物、设备基础、室内管道、地沟等所占面积，不扣除柱、垛、间壁墙、附墙烟囱及面积在 0.30m² 以内的孔洞所占面积，但门洞、空圈、暖气包槽、壁龛的开口部分亦不增加。

【例】 根据图 7-192，计算该建筑物室内地面面层工程量。

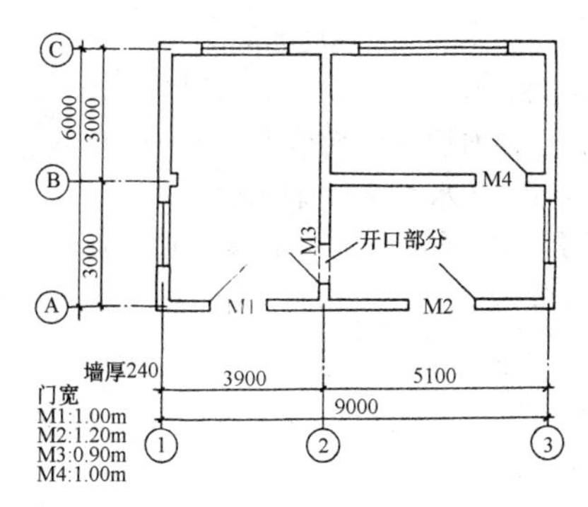

图 7-192　某建筑平面图

【解】　室内地面面积＝建筑面积－墙结构面积

＝9.24×6.24－[(9＋6)×2＋6－0.24＋5.1－0.24]×0.24

＝57.66－40.62×0.24

＝47.91m²

3. 块料面层

块料面层，按图示尺寸实铺面积以平方米计算，门洞、空圈、暖气包槽和壁龛的开口部分的工程量并入相应的面层内计算。

【例】　根据图 7-192 尺寸和上例数据，计算该建筑物室内花岗石地面工程量。

【解】　地面花岗石面积＝室内地面面积＋门洞开口面积

＝47.91＋(1.0＋1.2＋0.9＋1.0)×0.24

＝47.91＋0.98

$=48.89\mathrm{m}^2$

4. 楼梯面层

（1）楼梯面层（包括踏步、平台以及小于 500mm 宽的楼梯井）按水平投影面积计算。

【例】 根据图 7-193，计算一层水泥豆石浆楼梯面层工程量。

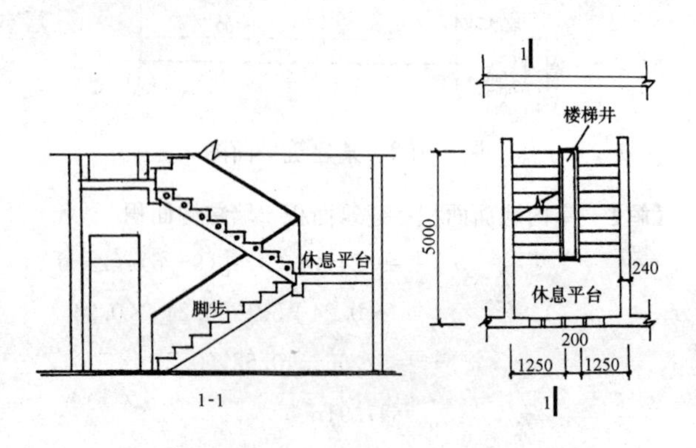

图 7-193 楼梯示意图

【解】 水泥豆石浆楼梯面层 $=(1.25\times2+0.20-0.24)\times(5.0-0.12)$

$=2.46\times4.88$

$=23.81\mathrm{m}^2$

（2）弧形和螺旋形楼梯的面层，按水平投影面积以平方米计算。

1）螺旋形楼梯水平投影面积（见图 7-194）

计算公式：

$$S_{水平} = \pi(R+r) \times B \times \frac{H}{h}$$

式中 R——外边半径；

r——内边半径；

B——楼梯宽；

H——螺旋楼梯总高度；

h——螺距；

2）螺旋形楼梯斜面面积

计算公式：

$$S_{斜面} = BH\sqrt{1+[(R+r)\pi \div h]^2}$$

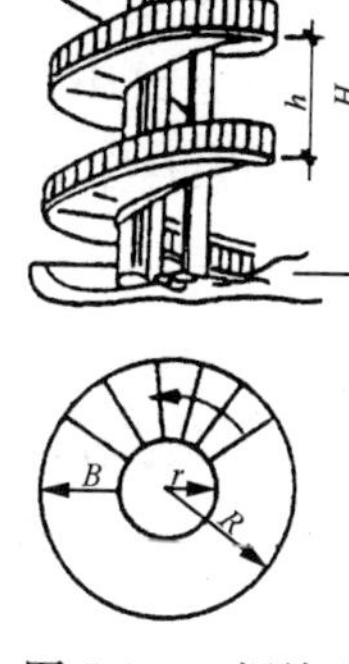

图 7-194 螺旋形楼梯示意图

3）内边螺旋长

计算公式：

$$L_{内螺} = H\sqrt{1+(2\pi r \div h)^2}$$

4）外边螺旋长

计算公式：

$$L_{外螺} = H\sqrt{1+(2\pi R \div h)^2}$$

【例】 某螺旋楼梯 $r=0.60$m，$R=1.60$m，$B=0.90$m，$h=2.50$m，$H=10.0$m，求楼梯水平投影面积，斜面面积、内边栏杆长、外边栏杆长。

【解】 ① 水平投影面积

$$S_{水平}=3.1416\times(1.60+0.60)\times0.90\times\frac{10}{2.5}$$

$$=24.88\text{m}^2$$

② 斜面面积

$S_{斜面}=0.90\times10.0\times$

$\sqrt{1+[(1.60+0.60)\times3.1416\div2.5]^2}$

$=26.46m^2$

③ 内边栏杆长

$L_{内螺}=10\times\sqrt{1+(2\times3.1416\times0.6\div2.5)^2}$

$=18.09m$

④ 外边栏杆长

$L_{外螺}=10\times\sqrt{1+(2\times3.1416\times1.6\div2.5)^2}$

$=41.44m$

（3）栏杆、扶手包括弯头长度按延长米计算。

【例】 某大楼有等高的8跑楼梯，采用不锈钢管扶手栏杆，每跑楼梯高为1.80m，每跑楼梯扶手水平长为3.80m，扶手转弯处为0.30m，最后一跑楼梯连接的水平安全栏杆长1.55m，求该大楼的扶手栏杆工程量。见图7-195。

【解】 $不锈钢扶手栏杆长=\sqrt{(1.80)^2+(3.80)^2}\times8跑$

$+\overset{转弯}{0.30}\times7+\overset{水平}{1.55}$

$=4.205\times8+2.10+1.55$

$=37.29m$

5. 台阶面层

台阶面层（包括踏步及最上一层踏步沿300mm）按水平投影面积计算；牵边、侧面装饰，其装饰按展开面积计算，套用相应的零星项目。

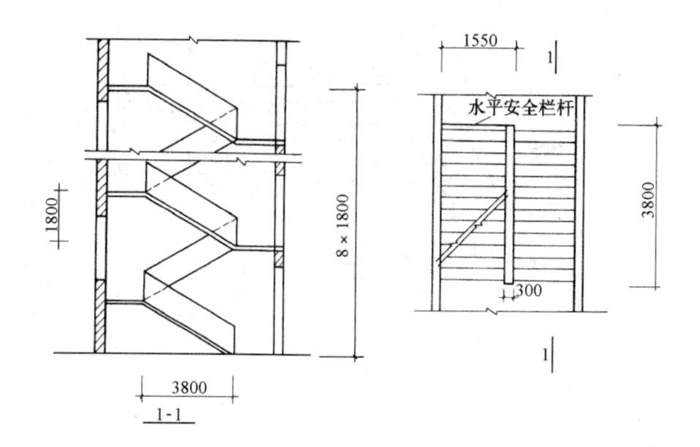

图 7-195　楼梯扶手示意图

【例】　根据图 7-196 尺寸，计算花岗石台阶面层工程量。

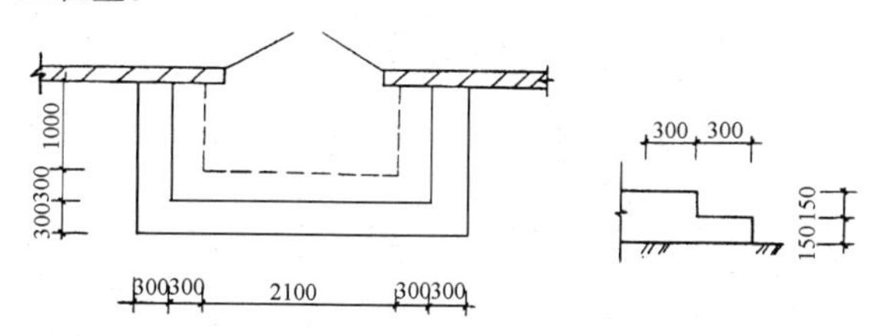

图 7-196　台阶示意图

【解】　花岗石台阶面层 $=[(0.30\times2+2.1)+(0.30+1.0)\times2]\times(0.30\times2)$

$=5.30\times0.6$

$=3.18\text{m}^2$

【例】　根据图 7-197，计算台阶水平投影面积，牵边面积和侧面面积。

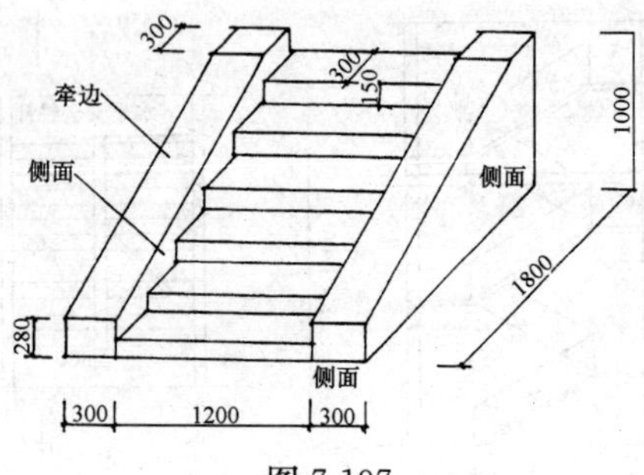

图 7-197

【解】 S_1 ＝台阶水平投影面积

$=1.20\times1.80=2.16\text{m}^2$

S_2 ＝牵边面积＋侧面面积

$$=(0.30\times0.30+\sqrt{(1.80-0.30)^2+(1.0)^2}\times0.30)\times2\text{边}+\left\{(0.30\times0.28)+\left[\frac{0.28+1.0}{2}\times(1.80-0.30)+0.30\times1.0\right]\times2-0.15\times0.3\times\frac{6\times(6+1)}{2}\right\}\times2\text{边}$$

$=(0.09+0.54)\times2+(0.084+2.25-0.945)\times2$

$=1.26+2.78$

$=4.04\text{m}^2$

6. 其他

(1) 踢脚板（线）按延长米计算、洞口、空圈长度不予扣除，洞口、空圈、垛、附墙烟囱等侧壁长度亦不增加。

【例】 根据前面的图 7-192，计算各房间 150mm 高的瓷砖踢脚线工程量。

【解】 瓷砖踢脚线长＝Σ房间净空周长

＝(6.0－0.24＋3.9－0.24)×2＋(5.1－0.24＋3.0－0.24)×2＋(5.1－0.24＋3.0－0.24)×2

＝18.84＋15.24×2

＝49.32m

(2) 散水、防滑坡道按图示尺寸以平方米计算。

计算公式：

$S_{散水}$＝(外墙外边周长＋4×散水宽)×散水宽－坡道、台阶所占面积

【例】 根据图 7-198 (*a*) 中尺寸，计算散水工程量。

【解】

$S_{散水}$＝[(12.0＋0.24＋6.0＋0.24)×2＋0.80×4]×0.80－2.50×0.80－0.60×1.50×2

＝40.16×0.80－3.80

＝28.68m^2

【例】 根据上图（图 7-198*a*）计算防滑坡道工程量。

【解】 $S_{坡道}$＝1.10×2.50＝2.75m^2

(3) 防滑条按楼梯踏步两端距离减 300mm，以延长米计算，见图 7-199。

(4) 明沟按图示尺寸以延长米计算。

计算公式：

明沟长＝外墙外边周长＋散水宽×8＋明沟宽×4－台阶、坡道长

【例】 根据前面图 7-199 (*a*) 中数据，计算砖砌明沟工程量。

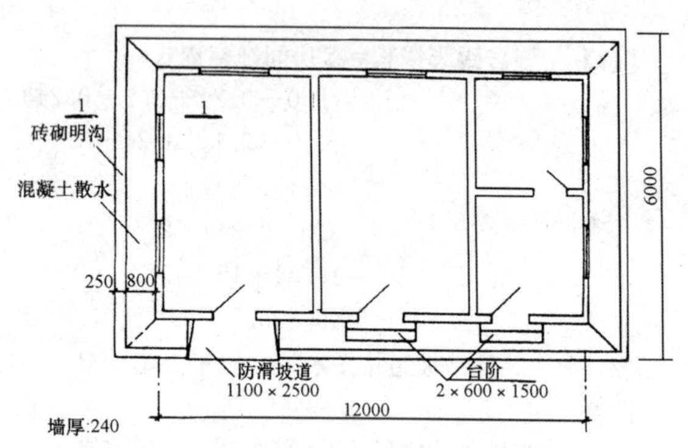

图 7-198（a） 散水、防滑坡道、明沟、台阶平面图

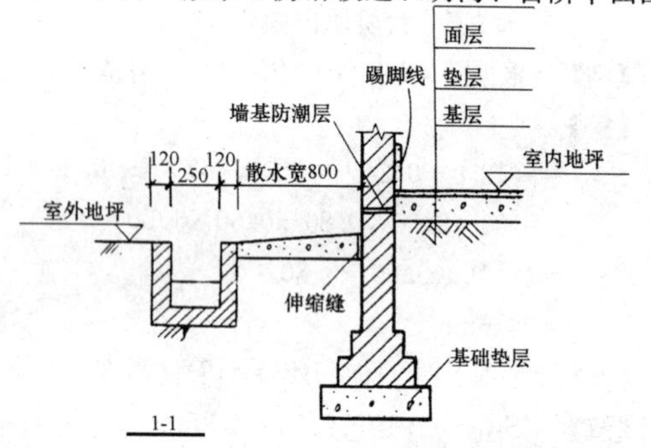

图 7-198（b） 散水、明沟、坡道、台阶示意图

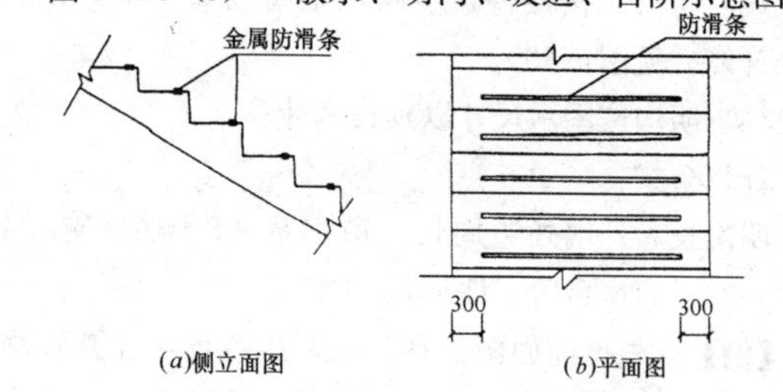

图 7-199 防滑条示意图

【解】 明沟长＝(12.24＋6.24)×2＋0.80×8
＋0.24×4－2.50
＝41.86m

十二、屋面及防水工程

1. 坡屋面

（1）有关规则

瓦屋面、金属压型板屋面，均按图示尺寸的水平投影面积乘以屋面坡度系数以平方米计算。不扣除房上烟囱、风帽底座、风道、屋面小气窗、斜沟等所占面积，屋面小气窗的出檐部分亦不增加。

（2）屋面坡度系数

利用屋面坡度系数计算坡屋面工程量是一种简便有效的计算方法。其坡度系数的计算公式为：

$$坡度系数=\frac{斜长}{水平长}=\sec\alpha$$

屋面坡度系数计算示意图见图 7-200；坡度系数表见表 7-37。

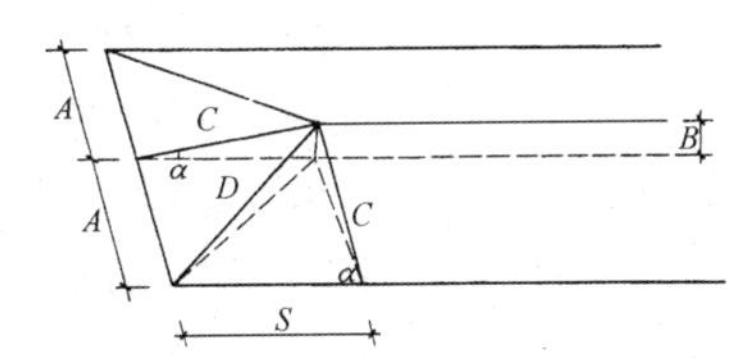

图 7-200 放坡系数各字母含义示意图

注：1. 两坡水排水屋面（当 α 角相等时，可以是任意坡水）面积为屋面水平投影面积乘以延尺系数 C；
2. 四坡水排水屋面斜脊长度＝$A\times D$（当 $S=A$ 时）；
3. 沿山墙泛水长度＝$A\times C$。

屋面坡度系数表　　表 7-37

坡度			延尺系数 C ($A=1$)	隅延尺系数 D ($A=1$)
以高度 B 表示（当 $A=1$ 时）	以高跨比表示 ($B/2A$)	以角度表示 (α)		
1	1/2	45°	1.4142	1.7321
0.75		36°52′	1.2500	1.6008
0.70		35°	1.2207	1.5779
0.666	1/3	33°40′	1.2015	1.5620
0.65		33°01′	1.1926	1.5564
0.60		30°58′	1.1662	1.5362
0.577		30°	1.1547	1.5270
0.55		28°49′	1.1413	1.5170
0.50	1/4	26°34′	1.1180	1.5000
0.45		24°14′	1.0966	1.4839
0.40	1/5	21°48′	1.0770	1.4697
0.35		19°17′	1.0594	1.4569
0.30		16°42′	1.0440	1.4457
0.25		14°02′	1.0308	1.4362
0.20	1/10	11°19′	1.0198	1.4283
0.15		8°32′	1.0112	1.4221
0.125		7°8′	1.0078	1.4191
0.100	1/20	5°42′	1.0050	1.4177
0.083		4°45′	1.0035	1.4166
0.066	1/30	3°49′	1.0022	1.4157

【例】 根据图 7-201 所示尺寸，计算四坡水屋面工程量。

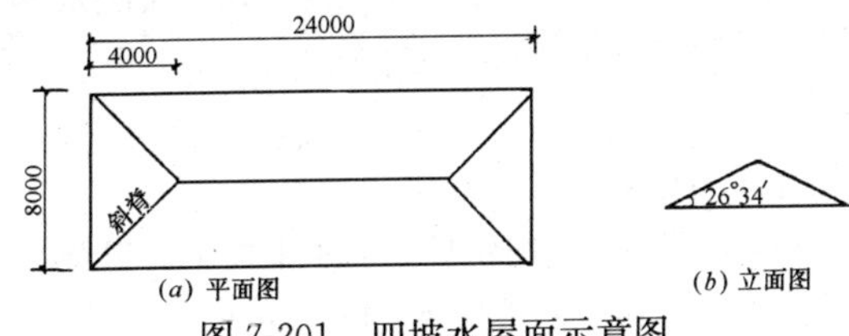

图 7-201　四坡水屋面示意图

【解】 S＝水平面积×坡度系数 C

＝8.0×24.0×1.118*（查表）

＝214.66m^2

【例】 根据图 7-192 中有关数据，计算 4 角斜脊的长度。

【解】 屋面斜脊长＝跨长×$\frac{1}{2}$×隅延尺系数×4 根

＝8.0×$\frac{1}{2}$×1.50*（查表）×4

＝24.0m

【例】 根据图 7-202 中尺寸，计算六坡水（正六边形）屋面的斜面面积。

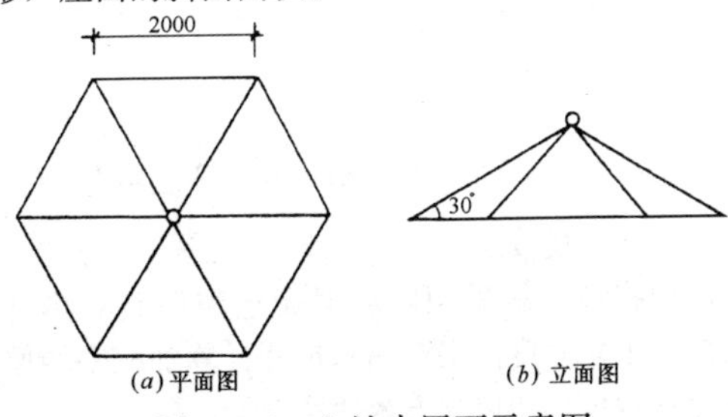

图 7-202　六坡水屋面示意图

【解】 屋面斜面面积＝水平面积×延尺系数 C

$$=\frac{3}{2}\times\sqrt{3}\times(2.0)^2\times1.118^*$$

$$=10.39\times1.118$$

$$=11.62\text{m}^2$$

2. 卷材屋面

(1) 卷材屋面按图示尺寸的水平投影面积乘以规定的坡度系数以平方米计算。但不扣除房上烟囱、风帽底座、风道、屋面小气窗和斜沟所占面积。屋面女儿墙、伸缩缝和天窗弯起部分（见图 7-203、图 7-204、图 7-205），按图示尺寸并入屋面工程量计算，如图纸无规定时，伸缩缝、女儿墙的弯起部分可按 250mm 计算；天窗弯起部分可按 500mm 计算。

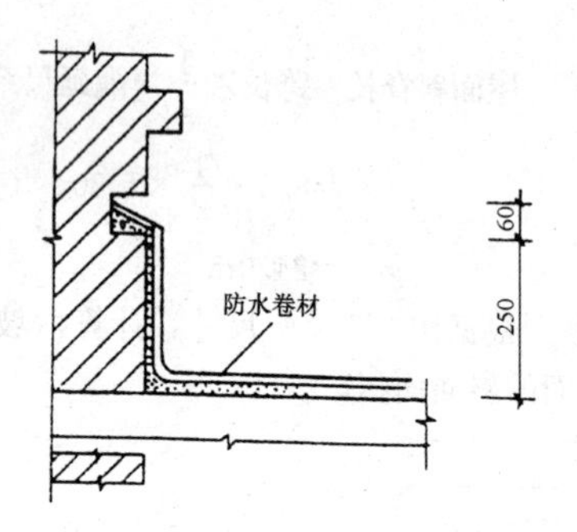

图 7-203 屋面女儿墙防水卷材弯起示意图

(2) 屋面找坡层

屋面找坡一般采用轻质混凝土和保温隔热材料。找坡层的平均厚度需根据图示尺寸计算加权平均厚度，乘以屋面找坡面积以立方米计算。

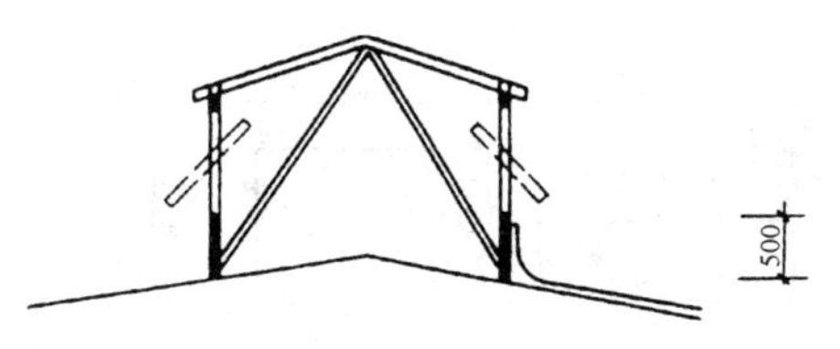

图 7-204　卷材屋面天窗弯起部分示意图

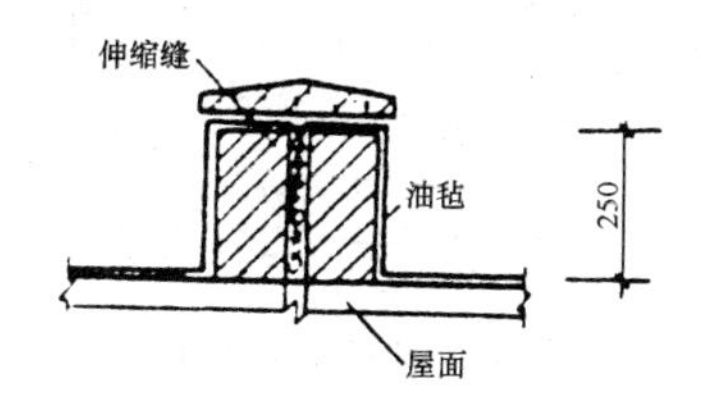

图 7-205　屋面伸缩缝卷材弯起示意图

屋面找坡平均厚计算公式：

$$\text{找坡平均厚}=\text{坡宽}(b)\times\text{坡度系数}(i)\times\frac{1}{2}+\text{最薄处厚}$$

【例】　根据图 7-206 所示尺寸和条件，计算屋面找坡工程量。

【解】　（1）计算加权平均厚

$$A\text{区}\begin{cases}\text{面积：}15\times4=60\text{m}^2\\ \text{平均厚：}4.0\times2\%\times\frac{1}{2}+0.03=0.07\text{m}\end{cases}$$

$$B\text{区}\begin{cases}\text{面积：}12\times5=60\text{m}^2\\ \text{平均厚：}5.0\times2\%\times\frac{1}{2}+0.03=0.08\text{m}\end{cases}$$

$$C\text{区}\begin{cases}\text{面积：}8\times(5+2)=56\text{m}^2\\ \text{平均厚：}7\times2\%\times\frac{1}{2}+0.03=0.10\text{m}\end{cases}$$

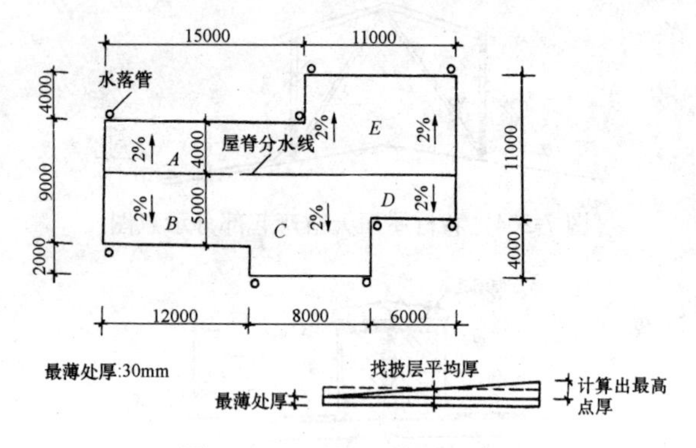

图 7-206　平屋面找坡示意图

$$D\text{区}\begin{cases}\text{面积：}6\times(5+2-4)=18\text{m}^2\\ \text{平均厚：}3\times2\%\times\dfrac{1}{2}+0.03=0.06\text{m}\end{cases}$$

$$E\text{区}\begin{cases}\text{面积：}11\times(4+4)=88\text{m}^2\\ \text{平均厚：}8\times2\%\times\dfrac{1}{2}+0.03=0.11\text{m}\end{cases}$$

$$\text{加权平均厚}=\frac{60\times0.07+60\times0.08+56\times0.10+18\times0.06+88\times0.11}{60+60+56+18+88}$$

$$=\frac{25.36}{282}$$

$$=0.0899$$

$$=0.09\text{m}$$

（2）屋面找坡体积

V＝屋面面积×加权平均厚

$=282\times0.09=25.36\text{m}^3$

（3）卷材屋面的附加层、接缝、收头、找平层的嵌缝、冷底子油已计入定额内，不另计算。见图 7-207（*a*）。

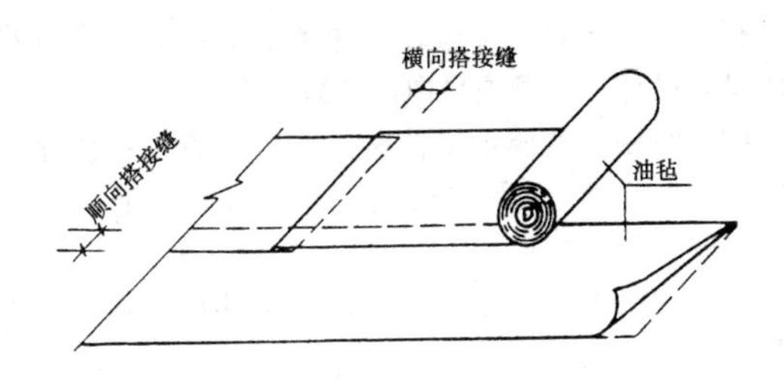

图 7-207（*a*）　卷材搭接示意图

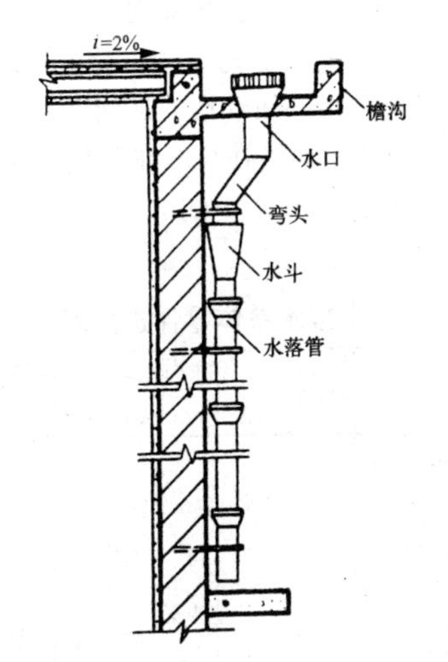

图 7-207（*b*）　水落管示意图

（4）涂膜屋面的工程量计算同卷材屋面。涂膜屋面的油膏嵌缝、玻璃布盖缝、屋面分格缝，以延长米计算。

3. 屋面排水

（1）铁皮排水按图示尺寸以展开面积计算，如图纸没有注明尺寸时，可按表 7-38 规定计算。咬口和搭接用量等已计入定额项目内，不另计算。

（2）铸铁、玻璃钢水落管区别不同直径按图示尺寸以延长米计算，雨水口、水斗、弯头、短管以个计算。见图 7-207（*b*）。

（3）塑料水落管按水斗下口至室外地坪以延长米计算。

4. 防水工程

（1）建筑物地面防水、防潮层，按主墙间净空面积计算，扣除凸出地面的构筑物、设备基础等所占的面积，不扣除柱、垛、间壁墙、烟囱及 0.3m² 以内孔洞所占面积。与墙面连接处高度在 500mm 以内者按展开面积计算，并入平面工程量内；超过 500mm 时，按立面防水层计算。

铁皮排水单体零件折算表　　表 7-38

名称		单位	水落管/m	檐沟/m	水斗/(个)	漏斗/(个)	下水口/(个)		
铁皮排水	水落管、檐沟、水斗、漏斗、下水口	m²	0.32	0.30	0.40	0.16	0.45		
	天沟、斜沟、天窗窗台泛水、天窗侧面泛水、烟囱泛水、滴水檐头泛水、滴水	m²	天沟 (m)	斜沟、天窗、窗台泛水 (m)	天窗侧面泛水 (m)	烟囱泛水 (m)	通气管泛水 (m)	滴水檐头泛水 (m)	滴水 (m)
			1.30	0.50	0.70	0.80	0.22	0.24	0.11

（2）建筑物墙基防水、防潮层，外墙长度按中心线、内墙按净长线乘以宽度以平方米计算。

【例】 根据前面图 7-210 有关数据，计算 240 厚砖墙基水泥砂浆防潮层工程量。

【解】 S =（外墙中线长＋内墙净长）×墙厚

=[（6.0＋9.0）×2＋6.0

－0.24＋5.1－0.24]×0.24

=9.75m^2

（3）构筑物及建筑物地下室防水层，按实铺面积计算，不扣除 0.3m^2 以内的孔洞面积。平面与立面交接处的防水层，其上卷高度超过 500mm 时，按立面防水层计算。

（4）防水卷材的附加层、接缝、收头、冷底子油等人工材料均已计入定额内，不另计算。

（5）变形缝按延长米计算。

十三、防腐、保温、隔热工程

1. 防腐工程

（1）防腐工程项目，应区分不同防腐材料种类及其厚度，按设计实铺面积以平方米计算。应扣除凸出地面的构筑物、设备基础等所占的面积，砖垛等突出墙面部分按展开面积计算后并入墙面防腐工程量之内。

（2）踢脚板按实铺长度乘以高度以平方米计算，应扣除门洞所占面积并相应增加侧壁展开面积。

（3）平面砌筑双层耐酸块料时，按单层面积乘以 2 计算。

（4）防腐卷材接缝、附加层、收头等人工材料，已计入定额内，不再另行计算。

2. 保温隔热工程

(1) 保温隔热层应区别不同保温隔热材料，除另有规定者外，均按设计实铺厚度以立方米计算。

(2) 保温隔热层的厚度按隔热材料（不包括胶结材料）净厚度计算。

(3) 地面隔热层按围护结构墙体间净面积乘以设计厚度以立方米计算，不扣除柱 、垛所占的体积。

(4) 墙体隔热层：外墙按隔热层中心线、内墙按隔热层净长乘以图示尺寸的高度及厚度以立方米计算。应扣除冷藏门洞口和管道穿过墙洞口所占体积。

(5) 柱包隔热层，按图示柱的隔热层中心线的展开长度乘以图示尺寸高度及厚度以立方米计算。

(6) 其他

1) 池槽隔热层按图示池槽保温隔热层的长、宽及其厚度以立方米计算。其中池壁按墙面计算，池底按地面计算。

2) 门洞口侧壁周围的隔热部分，按图示隔热层尺寸以立方米计算，并入墙面的保温隔热工程量内。

3) 柱帽保温隔热层按图示保温隔热层体积并入顶棚保温隔热层工程量内。

十四、装饰工程

1. 内墙抹灰

(1) 内墙抹灰面积，应扣除门窗洞口和空圈所占的面积，不扣除踢脚板、挂镜线（见图 7-208）、0.3m^{2}以内的孔洞和墙与构件交接处的面积（见图 7-209），洞口侧壁和顶面亦不增加。墙垛和附墙烟囱侧壁面积与内墙抹灰工程量合并计算，见图 7-210。

(2) 内墙面抹灰的长度，以主墙间的图示净长尺寸计算，其高度确定如下（见图 7-211）：

1）无墙裙的，其高度按室内地面或楼面至顶棚底面之间距离计算。

2）有墙裙的，其高度按墙裙顶至顶棚底面之间距离计算。

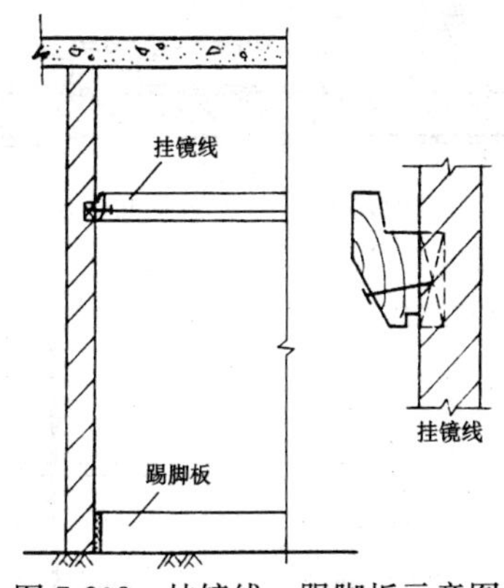

图 7-208　挂镜线、踢脚板示意图

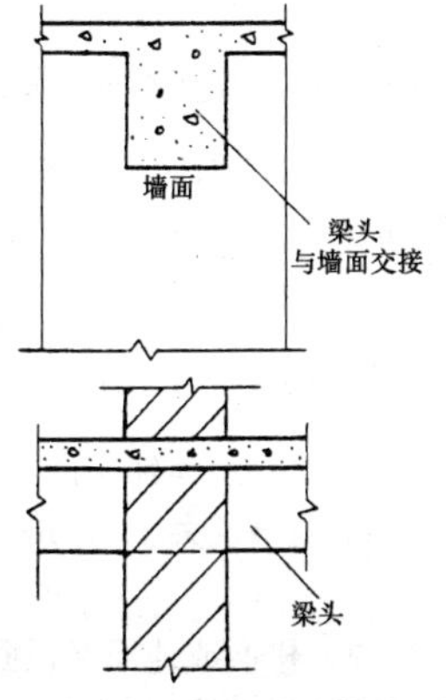

图 7-209　墙与构件交接处面积示意

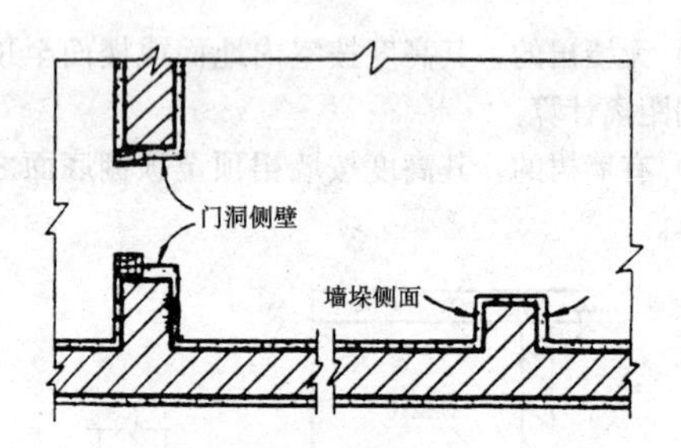

图 7-210　门窗洞侧壁及垛侧面抹灰示意图

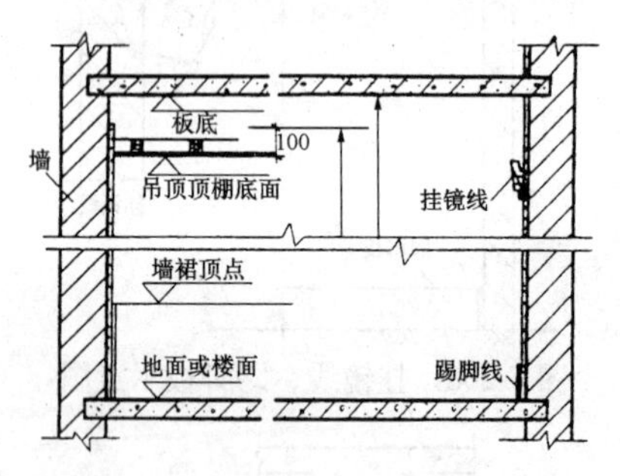

图 7-211　内墙面抹灰高度计算示意图

3）钉板条顶棚的内墙面抹灰，其高度按室内地面或楼面至顶棚底面另加 100mm 计算。

计算公式：

内墙面抹灰面积 =（主墙间净长＋墙垛和附墙烟囱侧壁宽）

×（室内净高－墙裙高）

－门窗洞口及大于 0.3m² 孔洞面积

式中

室内净高 = {有吊顶：楼面或地面至顶棚底加 100mm；无吊顶：楼面或地面至板底净高}

（3）内墙裙抹灰面积按内墙净长乘以高度计算。应扣除门窗洞口和空圈所占的面积，门窗洞口和空洞的侧壁面积不另增加，墙垛、附墙烟囱侧壁面积并入墙裙抹灰面积内计算。

2. 外墙抹灰

（1）外墙抹灰面积，按外墙面的垂直投影面积以平方米计算。应扣除门窗洞口、外墙裙和大于 0.3m^2 孔洞所占面积，洞口侧壁面积不另增加。附墙垛、梁、柱侧面抹灰面积并入外墙面抹灰工程量内计算。栏板、栏杆、窗台线、门窗套、扶手、压顶、挑檐、遮阳板、突出墙外的腰线等，另按相应规定计算。

计算公式：

外墙面装饰工程量＝外墙面周长×（墙高－外墙裙高）

－门窗及大于 0.3m^2 孔洞面积

＋附墙柱侧面面积

（2）外墙裙抹灰面积按其长度乘高度计算，扣除门窗洞口和大于 0.3m^2 孔洞所占的面积，门窗洞口及孔洞的侧壁面积不增加。

（3）窗台线、门窗套、挑檐、腰线、遮阳板等展开宽度在 300mm 以内者，按装饰线以延长米计算，如果展开宽度超过 300mm 以上时，按图示尺寸以展开面积计算，套零星抹灰定额项目。见图 7-212。

（4）栏板、栏杆（包括立柱、扶手或压顶等）抹灰，按立面垂直投影面积乘以系数 2.2 以平方米计算

（5）阳台底面抹灰按水平投影面积以平方米计算，并入相应顶棚抹灰面积内。阳台如带悬臂者，其工程量乘以系数 1.30。见图 7-213。

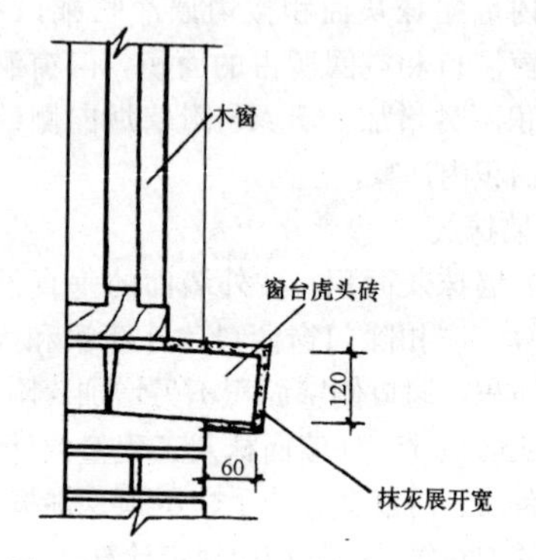

图 7-212　窗台线抹灰展开宽示意图

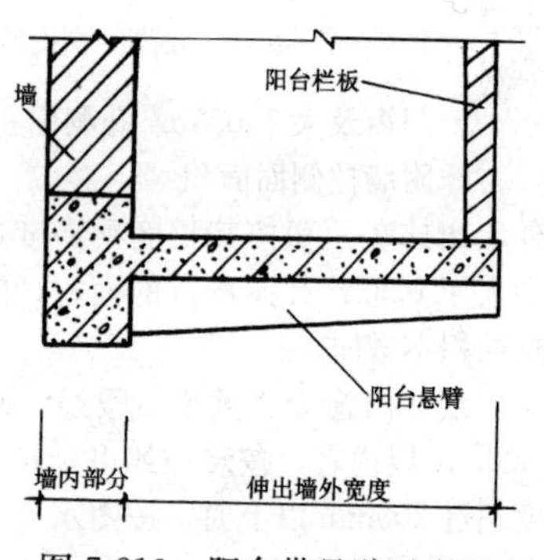

图 7-213　阳台带悬臂示意图

（6）雨篷底面或顶面抹灰分别按水平投影面积以平方米计算，并入相应顶棚抹灰面积内。雨篷顶面带反边或反梁者，其工程量乘以系数 1.20；底面带悬臂梁者，其工程量乘以系数 1.20。雨篷外边线按相应装饰或零星项目执行。见图 7-214。

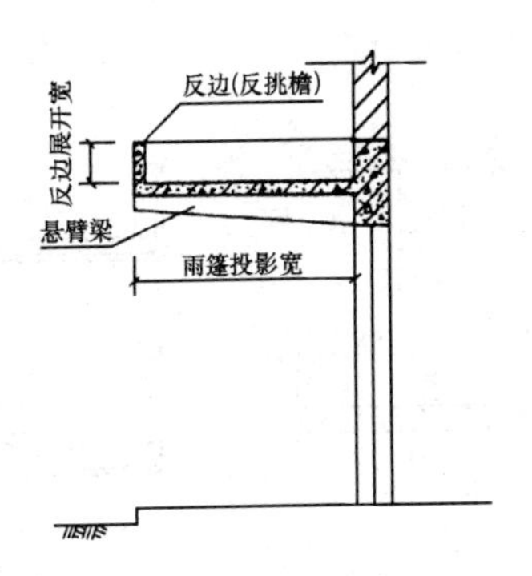

图 7-214　带反边雨篷示意图

（7）墙面勾缝按垂直投影面积计算，应扣除墙裙和墙面抹灰的面积，不扣除门窗洞口、门窗套、腰线等零星抹灰所占的面积，附墙柱和门窗洞口侧面的勾缝面积亦不增加。独立柱、房上烟囱勾缝，按图示尺寸以平方米计算。

3. 外墙装饰抹灰

（1）外墙各种装饰抹灰均按图示尺寸以实抹面积计算。应扣除门窗洞口空圈的面积，其侧壁面积不另增加。

计算公式：

外墙面装饰工程量＝外墙面周长×（墙高－外墙裙高）

－门窗及大于 $0.3m^2$ 孔洞面积

＋附墙柱侧面面积

（2）挑檐、天沟、腰线、栏杆、栏板、门窗套、窗台线、压顶线等，均按图示尺寸展开面积以平方米计算，并入相应的外墙面积内。见图 7-215～图 7-216。

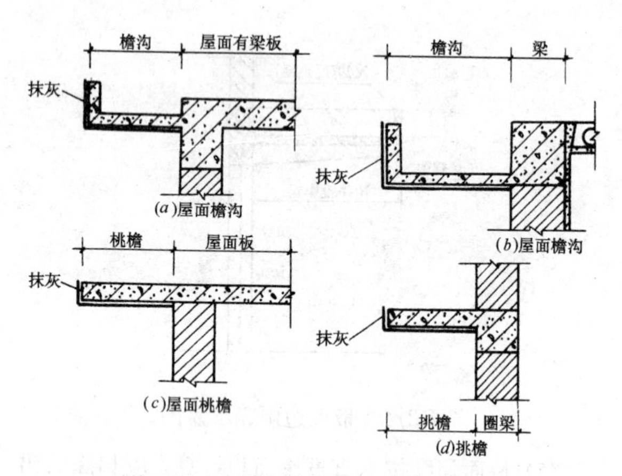

图 7-215　现浇挑檐天沟抹灰示意图

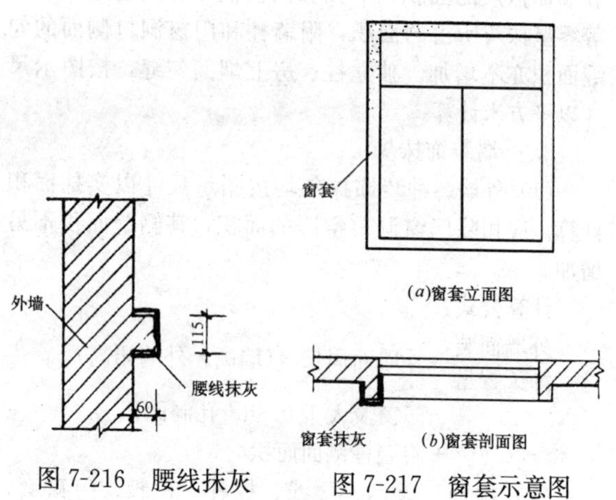

图 7-216　腰线抹灰　　　图 7-217　窗套示意图

4. 墙面块料面层

(1) 墙面贴块料面层均按图示尺寸以实贴面积计算。

（2）墙裙以高1500mm以内为准，超过1500mm时按墙面计算，高底低于300mm以内时，按踢脚板计算。

5. 隔墙、隔断、幕墙

（1）木隔墙、墙裙、护壁板，均按图示尺寸长度乘以高度按实铺面积以平方米计算。

（2）玻璃隔墙按上横档顶面至下横档底面之间高度乘以宽度（两边立挺外边线之间）以平方米计算，见图7-218。

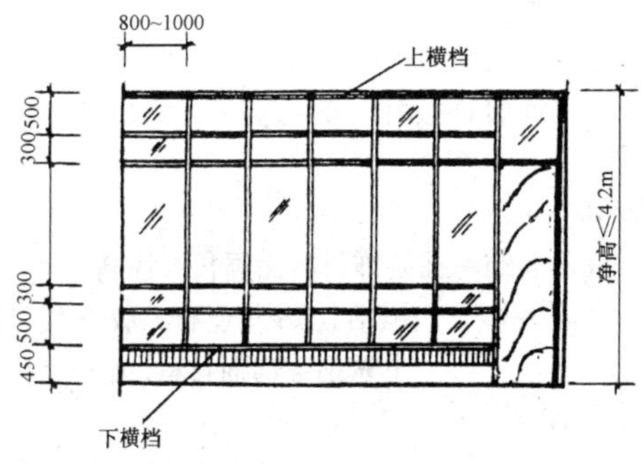

图7-218　玻璃间壁墙

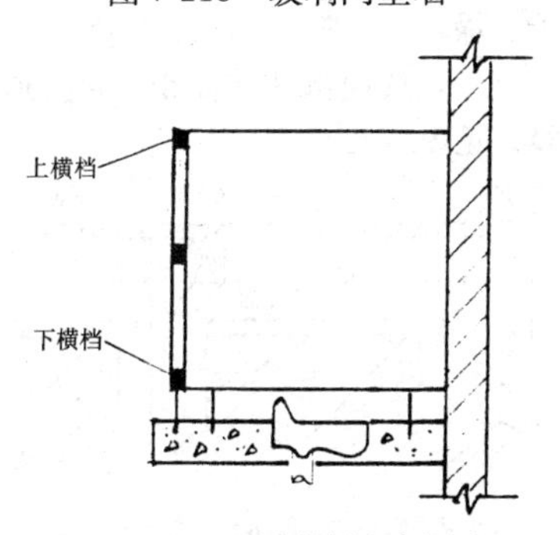

图7-219　厕所隔断示意图

(3) 浴厕木隔断，按下横档底至上横档顶面高度以图示长度以平方米计算，门扇面积并入隔断面积内计算。见图 7-219。

(4) 铝合金、轻钢隔墙、幕墙，按四周框外围面积计算。

6. 独立柱

(1) 一般抹灰、装饰抹灰、镶贴块料按结构断面周长乘以柱高，以平方米计算。

计算公式：

独立柱装饰抹面=柱结构断面周长×柱高

(2) 柱面装饰按柱外面饰面尺寸乘以柱高，以平方米计算。

计算公式：

柱面装饰=柱装饰材料面周长×柱高

式中 柱面装饰——包括挂贴大理石、胶合板，镜面不锈钢等饰面材料。

7. 顶棚抹灰

(1) 顶棚抹灰面积，按主墙间的净面积计算，不扣除间壁墙、垛、柱、附墙烟囱、检查口和管道所占面积。带梁顶棚，梁两侧抹灰面积，并入顶棚抹灰工程量内计算。见图 7-220。

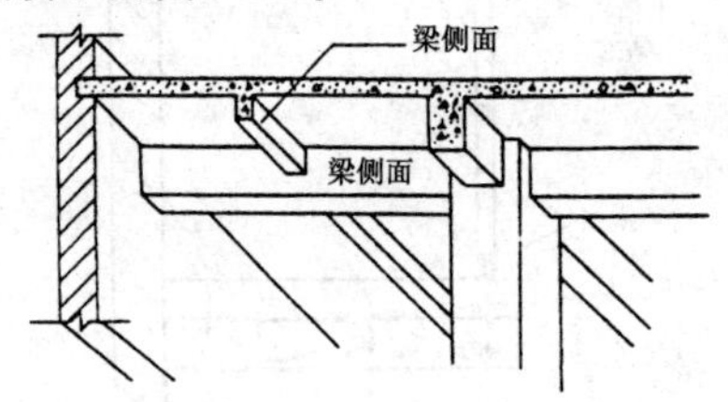

图 7-220 梁侧面抹灰示意图

(2) 密肋梁和井字梁顶棚抹灰面积，按展开面积计算。见图 7-221。

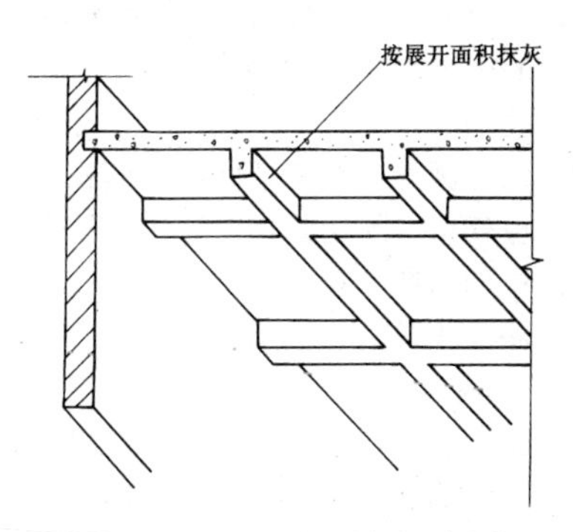

图 7-221　井字梁顶棚示意图

(3) 顶棚抹灰如带有装饰线时，区别按三道线以内或五道线以内按延长米计算，线角的道数以一个突出的棱角为一道线，见图 7-222。

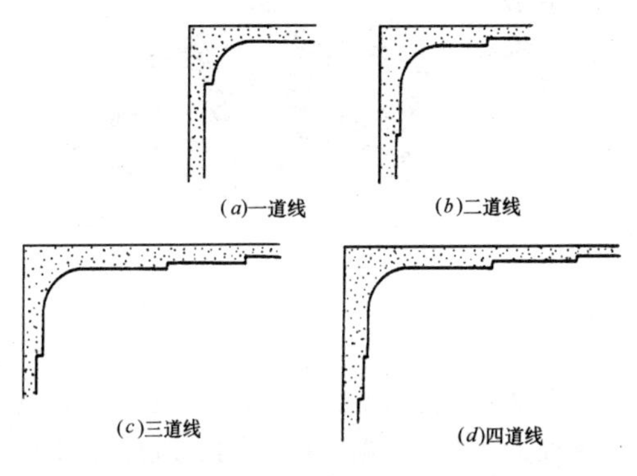

图 7-222　顶棚装饰线示意图

(4) 檐口顶棚的抹灰面积，并入相同的顶棚抹灰工程量内计算。

(5) 顶棚中的折线、灯槽线、圆弧形线、拱形线等艺术形式的抹灰，按展开面积计算。

8. 顶棚龙骨

各种带顶顶棚龙骨按主墙间净空面积计算，不扣除间壁墙、检查口、附墙烟囱、柱、垛和管道所占面积。但顶棚中的折线、迭落等圆弧形线、高低吊灯槽等面积也不展开计算。

9. 顶棚面装饰

(1) 顶棚面装饰，按主墙间实铺面积以平方米计算，不扣除间壁墙、检查口、附墙烟囱、附墙垛和管道所占面积，应扣除独立柱及与顶棚相连的窗帘盒所占的面积。见图 7-223。

(2) 顶棚中的折线、迭落等圆弧形、拱形、高低灯槽及其他艺术形式顶棚面层均按展开面积计算。

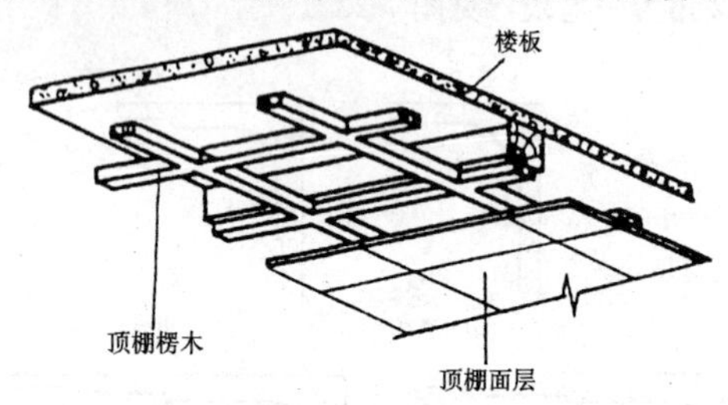

图 7-223　顶棚面装饰示意图

10. 喷涂、油漆、裱糊

(1) 楼地面、顶棚面、墙、柱、梁面的喷（刷）涂料，抹灰面、油漆及裱糊工程，均按楼地面、顶棚面、墙、柱、梁面装饰工程相应的工程量计算规则规定计算。

（2）木材面、金属面油漆的工程量分别按表7-39～表7-46规定计算，并乘以表列系数以平方米计算。

单层木门工程量系数表　　表7-39

项目名称	系　数	工程量计算方法
单层木门	1.00	按单面洞口面积
双层（一板一纱）木门	1.36	
双层（单裁口）木门	2.00	
单层全玻门	0.83	
木百叶门	1.25	
厂库大门	1.10	

单层木窗工程量系数表　　表7-40

项目名称	系　数	工程量计算方法
单层玻璃	1.00	按单面洞口面积
双层（一玻一纱）窗	1.36	
双层（单裁口）窗	2.00	
三层（二玻一纱）窗	2.60	
单层组合窗	0.83	
双层组合窗	1.13	
木百叶窗	1.50	

木扶手（不带托板）工程量系数表　　表7-41

项目名称	系　数	工程量计算方法
木扶手（不带托板）	1.00	按延长米
木扶手（带托板）	2.60	
窗帘盒	2.04	
封檐板、顺水板	1.74	
挂衣板、黑板框	0.52	
生活园地框、挂镜线、窗帘棍	0.35	

其他木材面工程量系数表　　表 7-42

项目名称	系数	工程量计算方法
木板、纤维板、胶合板	1.00	长×宽
顶棚、檐口	1.07	
清水板条顶棚、檐口	1.07	
木方格吊顶顶棚	1.20	
吸声板、墙面、顶棚面	0.87	
鱼磷板墙	2.48	
木护墙、墙裙	0.91	
窗台板、筒子板、盖板	0.82	
暖气罩	1.28	
屋面板（带檩条）	1.11	斜长×宽
木间壁、木隔断	1.90	单面外围面积
玻璃间壁露明墙筋	1.65	
木栅栏、木栏杆(带扶手)	1.82	
木屋架	1.79	跨度（长）×中高×$\frac{1}{2}$
衣柜、壁柜	0.91	投影面积（不展开）
零星木装修	0.87	展开面积

木地板工程量系数表　　表 7-43

项目名称	系数	工程量计算方法
木地板、木踢脚线	1.00	长×宽
木楼梯(不包括底面)	2.30	水平投影面积

单层钢门窗工程量系数表　　　表 7-44

项　目　名　称	系　数	工程量计算方法
单层钢门窗	1.00	洞口面积
双层(一玻一纱)钢门窗	1.48	
钢百叶门窗	2.74	
半截百叶钢门	2.22	
满钢门或包铁皮门	1.63	
钢折叠门	2.30	
射线防护门	2.96	框(扇)外围面积
厂库房平开、推拉门	1.70	
铁丝网大门	0.81	
间壁	1.85	长×宽
平板屋面	0.74	斜长×宽
瓦垄板屋面	0.89	斜长×宽
排水、伸缩缝盖板	0.78	展开面积
吸气罩	1.63	水平投影面积

其他金属面工程量系数表　　　表 7-45

项　目　名　称	系　数	工程量计算方法
钢屋架、天窗架、挡风架、屋架梁、支撑、檩条	1.00	按重量（t）
墙架(空腹式)	0.50	
墙架(格板式)	0.82	
钢柱、吊车梁、花式梁柱、空花构件	0.63	
操作台、走台、制动梁、钢梁车挡	0.71	
钢栅栏门、栏杆、窗栅	1.71	
钢爬梯	1.18	
轻型屋架	1.42	
踏步式钢扶梯	1.05	
零星铁件	1.32	

平板屋面涂刷磷化、锌黄底漆工程量系数表　　表 7-46

项 目 名 称	系 数	工程量计算方法
平板屋面 瓦垄板屋面	1.00 1.20	斜长×宽
排水、伸缩缝盖板	1.05	展开面积
吸气罩	2.20	水平投影面积
包镀锌铁皮门	2.20	洞口面积

十五、金属结构制作工程

1. 一般规则

金属结构制作按图示钢材尺寸以吨计算，不扣除孔眼、切边的重量，焊条、铆钉、螺栓等重量，已包括在定额内不另计算。在计算不规则或多边形钢板重量时均按其几何图形的外接矩形面积计算。见图7-224。

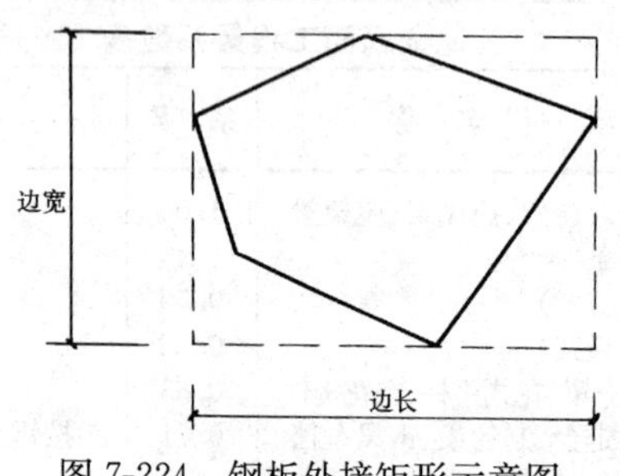

图 7-224　钢板外接矩形示意图

2. 实腹柱、吊车梁

实腹柱、吊车梁、H 形钢按图示尺寸计算，其中腹板及翼板宽度按每边增加 25mm 计算。

3. 制动梁、墙架、钢柱

（1）制动梁的制作工程量包括制动梁、制动桁架、制动板重量。

（2）墙架的制作工程量包括墙架柱、墙架梁及连接柱杆重量。

（3）钢柱制作工程量包括依附于柱上的牛腿及悬臂梁重量。

4. 轨道

轨道制作工程量，只计算轨道本身重量，不包括轨道垫板、压板、斜垫、夹板及连接角钢等重量。

5. 铁栏杆

铁栏杆制作，仅适用于工业厂房中平台、操作台的钢栏杆。民用建筑中铁栏杆等按定额其他章节有关项目计算。

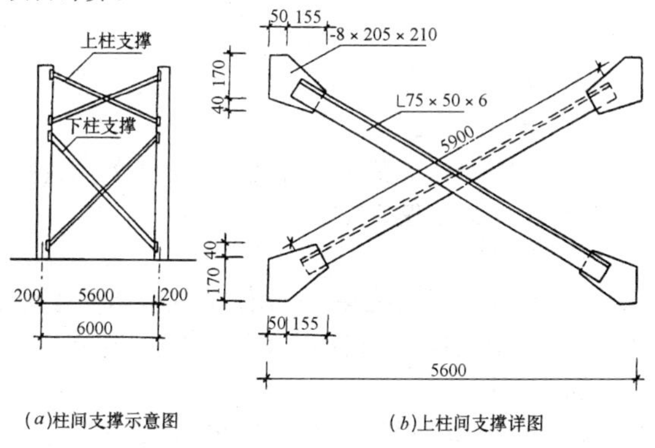

(a)柱间支撑示意图　(b)上柱间支撑详图

图 7-225　柱间支撑

6. 钢漏斗

钢漏斗制作工程量，矩形按图示分片，圆形按图示展开尺寸，并依钢板宽度分段计算，每段均以其上口长度（圆形以分段展开上口长度）与钢板宽度，按矩形计算，依附漏斗的型钢并入漏斗重量内计算。

【例】 根据图 7-225 所示尺寸，计算柱间支撑制作工程量。

【解】 角钢每米重＝0.00795×厚

×(长边＋短边－厚)

＝0.00795×6×(75＋50－6)

＝5.68kg/m

钢板重量（kg/m^2）＝7.85×厚

＝7.85×8

＝62.8kg/m^2

钢支撑工程量：角钢＝5.90×2 根×5.68*

＝67.02kg

钢板＝(0.205×0.21×4 块)×62.8*

＝0.1722×62.80

＝10.81kg

柱间支撑制作工程量＝67.02＋10.81＝77.83kg

十六、建筑工程垂直运输

1. 建筑物

建筑物垂直运输机械台班用量，区分不同建筑物的结构类型及檐口高等按建筑面积以平方米计算。

2. 构筑物

构筑物垂直运输机械台班以座计算。超过规定高度时，再按每增高 1m 定额项目计算，其高度不足 1m 时，亦按 1m 计算。

十七、建筑物超高增加人工、机械费

1. 有关规定

（1）本规定适用于建筑物檐口高 20m（层数 6 层）以上的工程。

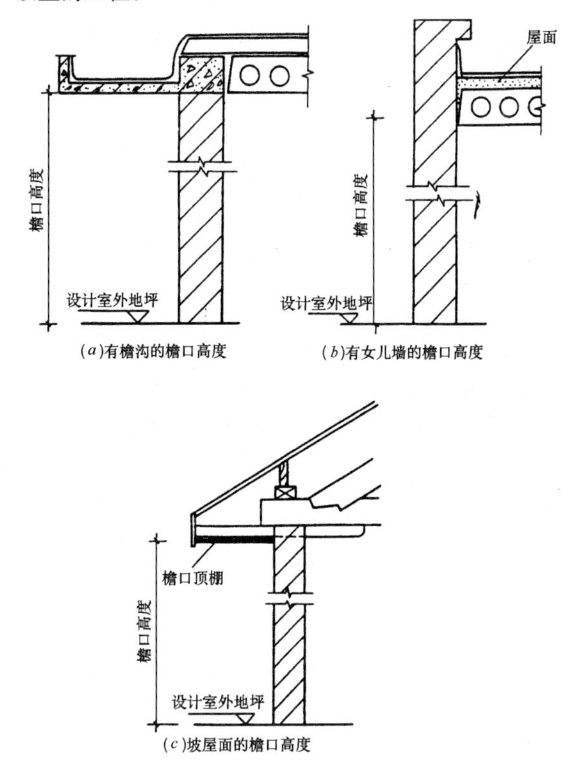

(a)有檐沟的檐口高度

(b)有女儿墙的檐口高度

(c)坡屋面的檐口高度

图 7-226　檐口高度示意图

（2）檐高是指设计室外地坪至檐口的高度，突出主体建筑屋面的电梯间、水箱间等不计入檐高之内，如图 7-226 所示。

（3）同一建筑物高度不同时，按不同高度的建筑面积，分别按相应项目计算。

2. 降效系数

（1）各项降效系数中包括的内容指建筑物基础以上的全部工程项目，但不包括垂直运输、各类构件水平运输及各项脚手架。

（2）人工降效按规定内容中的全部人工费乘以定额系数计算。

（3）吊装机械降效按吊装项目中的全部机械费乘以定额系数计算。

3. 加压水泵台班

建筑物施工用水加压增加的水泵台班，按建筑面积计算。

4. 建筑物超高人工、机械降效率定额摘录

建筑物超高人工、机械降效定额（摘录）

工作内容：

（1）工人上下班降低工效、上楼工作前休息及自然休息增加的时间。

（2）垂直运输影响的时间。

（3）由于人工降效引起的机械降效。

表 7-47

定额编号		14-1	14-2	14-3	14-4
项目	降效率	檐高（层数）			
		30m（7～10）以内	40m（11～13）以内	50m（14～16）以内	60m（17～19）以内
人工降效	%	3.33	6.00	9.00	13.33
吊装机械降效	%	7.67	15.00	22.20	34.00
其他机械降效	%	3.33	6.00	9.00	13.33

5. 建筑物超高加压水泵台班定额摘录

建筑物超高加压水泵台班定额（摘录）

工作内容：包括由于水压不足所发生的加压用水泵台班。

计量单位：100m² **表 7-48**

定额编号		14-11	14-12	14-13	14-14
项目	单位	檐高（层数）			
		30m（7～10）以内	40m（11～13）以内	50m（14～16）以内	60m（17～19）以内
基价	元	87.87	134.12	259.88	301.17
加压用水泵	台班	1.14	1.74	2.14	2.48
加压用水泵停滞	台班	1.14	1.74	2.14	2.48

【例】 某现浇钢筋混凝土框架结构的宾馆建筑面积及层数示意图见图 7-227，根据下列数据和表 7-47、表 7-48 中的定额计算建筑物超高人工、机械降效费和建筑物超高加压水泵台班费。

1～7 层 ①～②轴线：
- 人工费：202500 元
- 吊装机械费：67800 元
- 其他机械费：168500 元

1～17 层 ②～④轴线：
- 人工费：2176000 元
- 吊装机械费：707200 元
- 其他机械费：1360000 元

1～10层 ③～⑤轴线 { 人工费：　　450000 元
吊装机械费：120000 元
其他机械费：300000 元 }

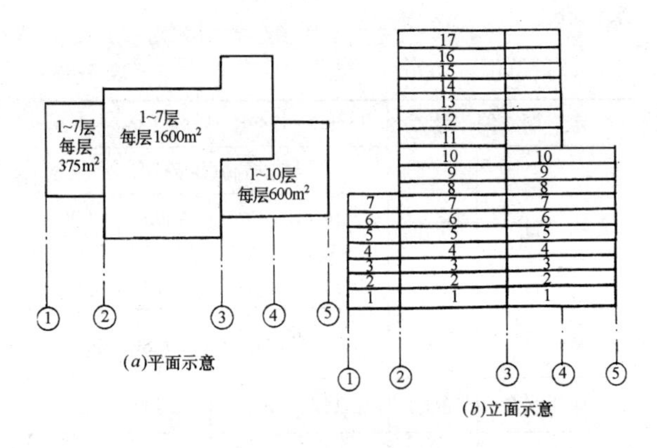

图 7-227　高层建筑示意图

【解】　（1）人工降效费

①～②轴　　③～⑤轴　　定额 14-1

（202500＋450000）×3.33％＝21728.25

②～④轴　　定额 14-4

2176000×13.33％＝290060.80

（合计）311789.05 元

（2）吊装机械降效费

①～②轴　　③～⑤轴　　定 14-1

（678000＋120000）×7.67％＝14404.26

②～④轴　　定 14-4

707200×34％＝240448.00

（合计）254852.26 元

（3）其他机械降效费

①～②轴　　③～⑤轴　　定 14-1

(168500＋300000) ×3.33%＝15601.05
②～④轴　　定 14-4
1360000×13.33%＝181288.00
196889.05 元

（4）建筑物超高加压水泵台班费

①～②轴　　③～⑤轴　　定 14-11
(375×7 层＋600×10 层) ×0.88 元/m^2＝7590.00
②～④轴　　定 14-14
1600×17 层×3.01 元/m^2＝81872.00
89462.00 元

十八、仿古建筑及园林工程

1. 砖砌筑、琉璃砌筑、石作工程

（1）砖作

1）砖砌体以标砖为准，计算砖墙体时，其厚度规定按现行土建定额执行。

2）台基、月台设计室外标高以下按基础计算，设计室外标高以上按砖外墙计算。

3）地垄墙、台基内的挡土墙按墙基定额计算，地楞砖墩按零星砌体定额计算。

4）台明由设计室外地坪算至阶条石的下皮，无阶条石的算至台明的上皮。

5）通过墙基的孔洞，每个在 0.3m^2 以内者不予扣除。

6）空斗墙按外形体积以立方米计算，应扣除门窗洞口及 0.3m^2 以上孔洞所占体积。墙角、门窗洞口立边、内外墙节点、钢筋砖过梁、砖碹、楼板下和山尖处以及屋檐处的实砌部分已包括在定额内不另计算，但附墙垛（柱）实砌部分，应按砖柱另行计算。

7）空花墙执行土建定额，其工料乘系数 1.15，按空花部分外形尺寸以立方米计算，不扣除空洞部分。

花瓦墙及花瓦什锦窗按面积计算。

8）砖檐按其所在墙的中心线以延长米计算。

9）砖砌空心柱按实体积（扣除空洞体积）以立方米计算。

（2）琉璃作

1）平砌琉璃砖、陡砌琉璃砖、贴琉璃面砖均以图示露明面积计算，其墙上之檐另行计算。

2）砌筑琉璃冰盘檐、悬山博缝、硬山博缝、挂落、滴珠板、须弥座（分别按土衬、圭角、直檐、上枭、下枭、上混、下混、束腰）柱子等按米计算。

3）砌筑琉璃线砖、梁枋、垫板、挑檐桁、正身椽飞、翼角椽飞按米计算；琉璃方、圆柱顶、耳子、雀替、霸王拳等按对计算；琉璃坠山花按份计算；琉璃枕头木按件计算；琉璃套兽按个计算；琉璃角梁按根计算。

4）琉璃斗拱分平身科、角科、柱头科和不同踩数及高度按攒计算。

（3）石作、石浮雕、碑镌字

1）本章石活工程量按图示成品净尺寸计算，图示尺寸不详时，竣工结算按实调整。

2）砚窝石、踏垛制作、安装均以水平投影面积计算，垂带、礓礤石以其上表面的长度乘宽度（垂带侧面不得计算在内）按平方米计算。

3）阶条石及地伏以立方米计算，不扣除柱顶石及望柱卡口所占体积。

4）柱顶石、磉磴以其最大的水平截面乘高度以立方米计算。

5）台基须弥座束腰做金刚柱子碗花结带按花饰所

占长度乘束腰高度计算面积。

6）门窗碹石制作、安装以外弧长乘图示宽度和厚度以立方米计算，碹脸雕刻以碹脸石雕刻面的中心线长度乘以宽度以平方米计算。

7）墙帽制作、安装均以最大矩形截面面积乘长度按体积计算。

8）石浮雕工程量按实际雕刻部分或展开面的最大外接矩形以平方米计算。

2. 混凝土及钢筋混凝土工程

（1）一般规则

1）混凝土的工程量（除注明按水平、垂直投影面积或延长米计算者外）均按体积以立方米计算，不扣除钢筋、铁件和 0.05m^2 以内的螺栓盒等所占的体积。

2）现浇和预制板均不扣除 0.3m^2 以内孔洞所占的面积。预留孔洞所需的工料已综合考虑在定额内，亦不另行计算。

3）钢筋、铁件用量按理论重量计算，按图算量套用定额；钢筋搭接用量已包括在定额内，不另行计算。

（2）现浇构件

1）矩形和圆形柱（梁）应分别不同规格套用定额。柱高和梁长的计算规定同现行土建定额项目。

2）屋面板、亭屋面板、戗翼板应分别按“带椽子”和“不带椽子”计算工程量；“带椽子”者的板和椽子工程量合并计算。其余现浇板的计算规定与现行土建定额相同。

3）檩枋：

(a) 各形檩子均按图示尺寸以实体积立方米计算；葫芦檩的双檩体积合并计算；圆檩带挂枋的檩和枋体

积合并计算。

(b) 各种枋（照面、立人、穿枋等）均按图示尺寸以立方米计算，套枋的项目。

4) 其他：

(a) 圈梁代过梁时，过梁体积并入圈梁内计算；

(b) 龙背（老角梁）、大刀木以图示尺寸按实体积计算；

(c) 各类撑弓按实体积以立方米计算，童柱、吊瓜以其较大截面面积乘以高度以立方米计算。

(3) 预制构件

1) 柱、梁、檩、枋、椽（桷）、板等按图示尺寸以立方米计算，分别不同规格类别套用定额。

2) 花窗、挂落、栏杆芯等按外围尺寸以平方米计算。

3) 制作、运输、安装损耗同土建定额。

3. 木作工程

(1) 柱、梁、枋等凡按立方米计算工程量者，以其长度乘截面面积计算，长度和截面计算按下列规则：

1) 圆柱形构件以其最大截面，矩形构件按矩形截面，多角形构件按多角形截面计算；

2) 柱长按图示尺寸，有柱顶面（磉凳或连磉、软磉）由其上皮算至梁、枋或檩的下皮，套顶榫按实长计入体积内，瓜柱、灯心木、吊瓜（包括垂头长度）按图示尺寸计算；

3) 梁、枋端头为半榫或银锭榫的，其长度算至柱中，透榫或箍头榫算至榫头外端。

(2) 龙背、大刀木均以其几何形体竣工材积的体积计算。

(3) 大刀木以截面最大面积乘以中心线长度计算。

(4) 虾须按曲线长度以延长米计算。

(5) 撑弓分三角板形、长板形、圆、方柱形计算:

1) 三角板形以外露三角形面积计算(与柱、梁连接的榫头已综合在定额内)。

2) 长板形、圆、方柱形以其中线与柱、梁的外皮交点直线长度计算。

(6) 穿枋排架按排架的柱、挂筒、穿枋的竣工体积以立方米计算。

(7) 檩条长度按设计规定长度计算,搭接长度和搭角出头部分应计算在内,悬山出挑、歇山收山者,山面算至搏风外皮,硬山算至排山梁架外皮,硬山搁檩者,算至山墙中心线。

(8) 桷子按檩中至檩中斜长计算,桷子出挑算至端头外皮,摔网桷子按龙背(大刀木)中心线算至桷子端头外皮,送水桷子按实长计算。

(9) 走水条、勒檐条按实长计算。

(10) 连檐长度按图示尺寸以延长米计算。

(11) 滚檐板、搏头板按图示尺寸以斜面积计算。

(12) 吊檐、搏风板以中心线延长米计算,带大刀头的搏风板,按每个大刀头增加500mm计算。

(13) 各种槛、框、立人枋、通连楹、门栊按长度计算,中槛算至两端柱中,抱框、立人枋按里口净长计算,通连楹、门栊按图示长度计算。

(14) 各种镶板按里口净面积计算。

(15) 槅扇、槛窗、推窗以扇外围面积计算。

(16) 槅扇、槛窗扇镂空花心以仔边外围面积计算,无仔边者以扇挺(抹)里口面积计算。

（17）什锦窗的桶子板、贴脸板、边框和镂空花心应分别计算：

1）桶子板按其设计长度乘以宽度以平方米计算；

2）贴脸板和边框按图示长度以延长米计算；

3）镂空花心以仔边外围面积计算。

（18）蜂窝百斗拱以外接截头锥体体积计算，应扣除嵌入斗拱的墙、柱所占体积。

（19）斗拱单件按设计外接矩形体积计算，套用相应体积的定额，单件消耗锯材体积按斗拱单件设计尺寸的外接矩形体积乘以下列系数计算：斗（升）、拱（翘）、蚂蚱头、撑头木、荷叶墩、雀替、麻叶云拱、三幅云拱乘以系数1.35；昂乘以系数1.15。

（20）飞来椅按扶手长度以延长米计算，伸入墙、柱部分不计算长度。

（21）花窗以框外围面积计算，栏杆以柱间净空面积计算。

（22）挂落以实际面积计算。

（23）吊篮以水平投影面积的最大直径计算。

（24）贴鬼脸以其外皮的面积计算。

（25）搁几花板以外接梯形面积计算。

（26）弧形匾额以其外皮弧线长度乘以匾额高度以平方米计算。

（27）飞罩、落地罩以实际面积计算。

4. 屋面工程

（1）铺望瓦、铺瓦工程量、按屋面图示尺寸，以实铺面积计算，不扣除脊所占面积，过垄脊计算屋面工程量时，应扣除过垄脊所占面积。过垄脊面积以一匹折腰瓦弧长两边各加一匹续折腰瓦长度为过垄脊宽度乘过垄脊长度计算。

（2）屋脊（包括过垄脊）工程量以延长米计算，应扣除吻（兽）、中堆（宝顶）、垂脊头和爪角尖（爪角叶子）的底座所占长度。脊的做法、用料和脊本身高度不同时，应分别计算工程量。

（3）钉瓦钉檐头附件、素筒瓦和琉璃瓦剪边工程量按延长米计算，硬山、悬山建筑算至搏风外皮，爪角部分按外吊檐板外边线长度计算。

（4）披水梢垄按延长米计算，由沟头外皮算至正脊中心线。

（5）搏脊长度算至挂尖外皮。

（6）脊吻（兽）、中堆（宝顶）、垂脊头、爪叶子均按个计算。

（7）锤灰泥塑脊（贴塑）按平方米计算。

（8）墙帽按墙中心线以延长米计算。

（9）檐头抹扇形瓦头、火连圈的工程量以延长米计算。

5. 抹灰、油漆、彩画工程

（1）抹灰

1）内墙抹灰的长度以墙与墙间的图示净长计算，高度按下列规定计算：无墙裙的以室内楼（地）面算至板底面；有墙裙的以墙裙顶面算至板底面；有吊顶的以室内楼（地）面（或墙裙顶）算至顶棚底另加200mm。附墙垛的侧壁合并在内墙抹灰工程量内计算。

2）内墙抹灰工程量应扣除门窗洞口、空圈和0.3m^{2}以上孔洞所占的面积，不扣除柱门、踢脚线、挂镜线、装饰线所占面积。但门窗洞口、空圈侧壁和柱门的面积亦不增加。

3）外墙抹灰面积应扣除门、窗洞口及空圈所占面积，不扣除柱门及 0.3m^2 以内的孔洞所占面积。附墙垛的侧壁并入外墙抹灰工程量内计算。外墙抹灰高度由台明的上皮（无台明者由散水上皮）算至墙出檐的下皮。有出檐吊顶者，算至吊顶顶棚底另加 200mm，有外墙墙裙者，应扣除墙裙面积。

4）槛墙（或墙裙）抹灰以图示长乘高计算，不扣除柱门、踢脚线所占面积。

5）门、窗口塞缝，按门框外围面积计算，车棚碹抹灰按展开面积计算。

6）磉磴、斗拱、云头、雀替、花牙子、三岔头、霸王拳、吊窗、豁口窗、挂落、撑弓、椭子、吊瓜、爪角及屋面小构件等的抹灰均按每 1m^3 折合抹灰面积 50m^2 计算，其他零星构件工程量按实际展开面积计算。

7）抹灰面上贴瓷片以实贴面积计算。

（2）油漆

1）除按延长米计算工程量的仿古木构件外，其余柱、梁、排架、檩、枋、挑等古式木构件及零星木构件均按展开面积计算工程量。

2）斗拱、云头、霸王拳、三岔头、爪角部分大刀木和龙背、椭子等零星木构件，按梁柱构件定额人工（合计）乘 1.5 计算，其余不变。

3）山花板被搏缝（风）所遮蔽部分不再计算，悬山搏缝板（包括大刀头）按双面计算，不扣除檩窝所占面积。

4）太师壁、提裙需双面涂刷，按单面乘以 2 计算工程量。

5）匾额的油漆按匾的实际面积计算。

6）木材面油漆，不同油漆种类，均按刷油部位公别采用系数乘工程量，以平方米或延长米计算。

（a）按柱、梁、枋项目计算工程量系数（多面涂刷按单面计算工程量）：

表 7-49

项　　目	系数	工程量计算
槅扇、槛窗（牛肋巴、灯笼锦、盘肠锦）	3.10	扇外围面积
槅扇、槛窗（码三箭、步步锦、正万字拐子锦、斜万字）	3.36	扇外围面积
槅扇、槛窗（正方格、龟背锦、冰裂纹）	3.62	扇外围面积
推窗（无镂空花心）	0.58	扇外围面积
推窗（灯笼锦、盘肠锦、正万字拐子锦）	3.14	扇外围面积
推窗（方格、步步锦、斜万字、冰裂纹、龟背锦）	3.38	扇外围面积
什锦窗、花窗（无镂空花心）	1.25	框外围面积
什锦窗（包括镂空花心）	3.26	框外围面积
吊窗、地脚窗（软、硬樘）、花窗（包括镂空花心）	3.20	框外围面积
实踏大门、撒带大门、攒边门、屏门	2.61	扇外围面积
间壁、隔断（太师壁、提裙）	2.38	框外围面积
栏杆（带扶手）	2.17	高×长（满外量、不展开）
飞来椅（包括扶手）	3.16	高×长（满外量、不展开）
挂落：天弯罩（飞罩）、落地罩	1.39	垂直投影面积
顶棚	1.00	按刷油面积
船篷轩（带压条）	1.28	水平投影面积

续表

项　　目	系数	工程量计算
龙背、大刀木、撑弓、吊瓜	1.00	按刷油面积
山花板、镶板、填拱板、盖斗板、筒子板	1.00	按刷油面积
斗栱	1.00	按刷油面积（可参考斗栱展开面积表）
椭子	0.57	按屋面几何形状的面积计算
其他木构件	1.00	按展开面积计算

(*b*) 执行木扶手（不带托板）项目、计算工程量的系数

表 7-50

项　　目	系数	工程量计算
木扶手（带托板）	2.50	按延长米计算
吊檐板、搏风板、滚檐板、瓦口板等长形板条	2.20	按延长米计算
顶棚压条	0.40	按延长米计算
连檐、里口木、虾须、等长形木条	0.45	按延长米计算
坐凳平盘、窗平盘	2.39	按延长米计算

7）混凝土仿古式构件油漆，按构件刷油漆展开面积计算工程量，直接套用相应定额项目。按混凝土仿古构件油漆项目，计算工程量的系数（多面涂刷按单面计算工程量）：

表 7-51

项　　目	系数	备　　注
挑、排架、樑	1.00	按展开面积计算
栏杆	2.90	长×宽（满外量、不展开）
飞来椅	3.21	长×宽（满外量、不展开）
花窗（包括镂空花心）	3.20	框外周面积
花窗（不包括镂空花心）	1.25	框外周面积
挂落	1.39	按垂直投影面积计算
吊檐板、搏风板等长形板条	0.50	按延长米计算
坐凳平盘、窗平盘	0.55	按延长米计算

8）常用构件油漆展开面积、折算参考表：

单位：每立方米构件折算面积（m^2）　　表 7-52

名　　称	断面规格	展开面积（m^2）	备　　注
圆形柱、梁、架、桁、梓桁	ϕ120	33.36	凡不符合规格者，应按实际油漆涂刷展开面积计算工程量
	ϕ140	28.55	
	ϕ160	25.00	
	ϕ180	22.24	
	ϕ200	20.00	
	ϕ250	15.99	
	ϕ300	13.33	
方形柱	边长 120	33.33	
	边长 140	28.57	
	边长 160	25.00	
	边长 180	22.22	
	边长 200	20.00	
	边长 250	16.00	
	边长 300	13.33	

续表

名　　称	断面规格	展开面积（m^2）	备　　注
矩形梁、架、桁条、梓桁、枋子	120×200	21.67	凡不符合规格者，应按实际油漆涂刷展开面积计算工程量
	200×300	13.33	
	240×300	11.67	
	240×400	10.83	
半圆形椽子	ϕ60	67.29	
	ϕ80	50.04	
	ϕ100	40.26	
	ϕ120	33.35	
	ϕ150	26.67	
矩形椽子	40×50	65.00	
	40×60	58.33	
	50×70	48.57	
	60×80	41.67	
	100×100	30.00	
	120×120	25.00	
	150×50	20.00	

9）掐箍头彩画间夹的油漆面积按油漆绘画全面积的0.67计算，掐箍头搭包袱彩画间夹的油漆面积按油漆彩画全面积的0.33计算。

（3）彩画

1）各种彩画，均按构架图示露明部位的展开面积计算。挑檐枋只计算其正面。彩画不扣除白活所占面积，掐箍头及掐箍头搭包袱彩画的工程量不扣除其间夹的油漆面积（定额中均已考虑了彩画实做面积）。掐箍头及掐箍头搭包袱彩画间夹的油漆面积按照油漆部分计算规则执行。

2）山花绶带贴铜（锡）箔，按山花板露明垂直投影面积计算。

3）檐椽子（檐椽）头面积补进送水椽子（飞椽）的空档中，以连檐长（硬山建筑应扣除墀头所占长度）乘送水椽子（飞椽）竖向高度，按平方米计算，檐椽子头（檐椽头）不再计算。

4）雀替及雀替隔架斗拱按露明长度乘全高乘2计算面积。

5）花板、云龙花板、天弯罩、落地罩的花活按双面垂直投影面积计算。

6）吊瓜、灯心木垂头按周长乘高计算面积（方形垂头应加底面积）。

7）井口板、支条的彩画工程量均按顶棚外围边线面积分别计算。计算井口板时不扣支条所占面积，计算支条时不扣井口板所占面积，且支条也不展开计量。

8）灯花彩画按灯花外围面积计算。

9）斗拱彩画按展开面积计算。“半拱展开面积表”所列每攒斗拱展开面积可供参考，表中所列斗拱面积均已扣除荷包、眼边、盖斗板及斗拱掏里部分。斗拱凹份若无法实量可用建筑物明间柱中至柱中宽度除以灶火门的个数除以11计算。

10）斗拱彩画定额不包括拱眼、斜盖斗板及掏里部分的油漆工料，斗拱彩画与拱眼、斜盖斗板、掏里部分的油漆面积应分别计算，设计要求拱全部做油漆时（无彩画）按斗拱全面积计算。

11）斑竹彩画均按展开面积工程量合并计算。

12）门簪、门钉、门钹贴铜（锡）箔按实贴面积计算。

13）提裙（裙板）、道板的云盘线贴铜（锡）箔按裙板、道板的面积计算，大边两柱香贴铜（锡）箔按槅门、推（槛）窗面积计算。

14）墙边、墙裙彩画按实际面积计算。

15）匾字按匾的面积计算。

16）壁画按实计算。

17）吊窗、地脚窗彩画，如双面做时工程量加倍，其中吊窗带花芽子的自花芽子（或白菜头）最下端起量至上皮为吊窗全高。地脚窗自垫墩下皮算起至地脚窗上皮为全高计算面积。

18）花边匾额平面部分随平面匾额计算面积，花边部分按花边周长乘花边宽计算面积。

19）浮雕按物体实做外围展开面积计算。

20）槅门大边两柱香、大边双皮条线，按槅门正面全面积计算。

21）绦环板、云盘板按樘板面积计算。

22）平花面页、雕花面页按实际面积计算。

十九、园林、绿化工程

1. 围堰工程

（1）土围堰按围堰的长度以延长米计算。

（2）草袋围堰以立方米计算。

2. 园林绿化工程

（1）树木不论大小均按株计算。

（2）种植花卉挖铺草皮以平方米计算。

（3）绿篱不论单排、双排均以延长米计算。

3. 堆砌假山及塑假石山工程

（1）假山的工程量按实际使用石料数量以吨计算，计算公式：堆砌假山工程量（t）＝进料的验收数量减去进料验收的剩余数量。如无石料进场验收数量，可按下列公式计算：

$$W_{重} = 2.6 \times A_{矩} \times H_{大} \times K_n$$

其中：$A_{矩}$——假山不规则平面轮廓的水平投影面积的最大外接矩形面积。

$H_{大}$——假山石着地点至最高点的垂直距离。

K_n——孔隙折减系数，计算规定如下：

当 $H_{大}\leqslant 1m$ 时，$K_n=0.77$；$H_{大}\leqslant 3m$ 时，$K_n=0.653$；$H_{大}\leqslant 4m$ 时，$K_n=0.60$

6t/m^3——石料密度（注：在计算驳岸的工程量时，可按石料密度进行换算）。

（2）塑假石山的工程量按其表面积以平方米计算。

（3）墙（砖、混凝土）面人工塑石的工程量计算：

1）锚固钢筋：一是埋于房屋外墙内的 2 根通长筋，埋设多少层通长筋及钢筋直径由设计者确定，二是根部与通长筋连接锚固，外露于墙面和垂直锚固塑石的锚固筋，其长度＝弯钩＋墙厚＋外墙长度，其外露长度和直径由设计者确定。

2）砖胎：按实际施工数量以立方米计算；做预算时，可按需要施工的外墙外尺寸乘以 0.5m 厚即可。

3）抹面：按实际完工表面积计算；做预算时，可按施工外墙尺寸加 0.5m 厚度计算面积，乘以系数 1.3，均以平方米计算。

（4）点石及单体孤峰按单体石料体积（取其长、宽、高各自的平均值乘以石料密度（2.6t/m^3））计算。

4. 园路、园桥、地面工程

（1）各种园路按设计图示尺寸，以平方米计算。

（2）园路垫层按设计图示尺寸，两边各加宽 50mm 乘以厚度，以立方米计算。

（3）园桥：基础、桥台、桥墩、护坡均按设计尺寸，以立方米计算；石桥面按平方米计算。

（4）室内地面以主墙间面积计算，应扣除 $0.5m^2$ 以上的佛座，香炉基座及其他室内装饰底座所占面积。室外地面和散水应扣除 $0.5m^2$ 以上的树池、花坛、沟盖板、须弥座、照壁等所占面积；不扣除牙子所占面积。

（5）卵石子地面不扣除砖、瓦条拼花所占面积，若砌砖芯时，应扣除砖芯所占面积。

（6）卵石拼花、拼字，均按其外接矩形或圆形面积计算。

（7）贴陶瓷片按实铺面积计算，瓷片拼花、拼字按其外接矩形或圆形面积计算，工程量乘以系数 0.80。

5. 园林小品工程

（1）堆塑装饰分别按表面积以平方米计算。

（2）塑树根或仿树（竹）形柱分不同直径按米计算；塑楠竹及金丝竹直径超过 150mm 时，按展开面积计算，列入塑竹内。

（3）树皮、草类亭屋面，以实铺面积按平方米计算。

（4）预制花檐、角花、搏古架（含木作）分不同规格按延长米计算（搏古架的长度指纵横交错的实际长度）。

（5）现浇彩色水磨石飞来椅按扶手长度以延长米计算。

（6）木纹板以平方米计算。

（7）砖砌园林小摆设以立方米计算，其抹灰面积以平方米计算。

第八章　材料用量计算

一、砌砖及砌块

1. 有关数据

(1) 标准砖尺寸及灰缝厚

长×宽×厚＝240mm×115mm×53mm

灰缝：10mm

(2) 单位正方体的砌砖用量（见图 8-1）

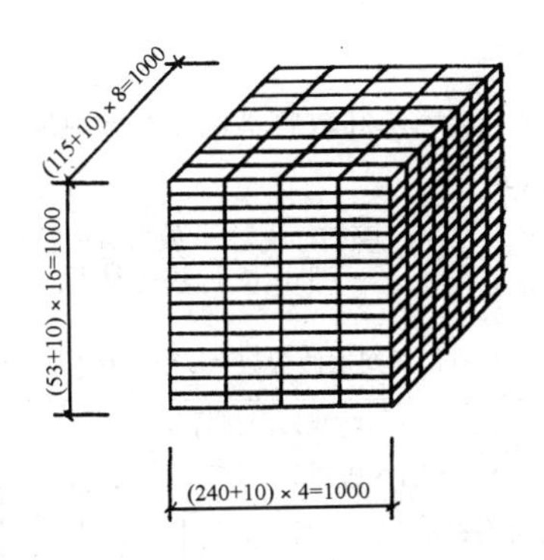

图 8-1　单位正立方体砌砖用量示意图

砖长 4 块×(0.24＋0.01)＝1m

砖宽 8 块×(0.115＋0.01)＝1m

砖厚 16 块×(0.053＋0.01)＝1.008≐1m

每立方米用砖量＝4×8×16＝512 块

(3) 无灰缝堆码 $1m^3$ 砖数量

$$净码砖数=\frac{1}{0.24\times0.115\times0.053}=683.6\text{ 块}/m^3$$

（4）每米墙长各种墙厚的每层标砖块数

各墙厚每层标砖块数统计表　　表 8-1

墙长	墙厚（m）	每层砖块数	墙长	墙厚（m）	每层砖块数
1m	0.115（半砖）	4 块	1m	0.615（二砖半）	20 块
	0.24（一砖）	8 块		0.74（三砖）	24 块
	0.365（一砖半）	12 块		0.865（三砖半）	28 块
	0.49（二砖）	16 块		0.999（四砖）	32 块

2. 砖基础

砖基础由直墙基和放脚基础两部分组成，见图8-2。

计算公式：

$$每\ 1m^3\ 砖基础净用砖量=\frac{直墙基砖的块数+放脚基础砖的块数}{1m\ 长砖基础体积}$$

$$=\frac{(直墙基高\div0.063)\times每层砖块数+\Sigma每层放脚砖块数\times\frac{层厚}{0.063}}{1m长砖基础体积}$$

砖浆净用量＝1－0.24×0.115×0.053×标准砖数量

＝1－0.0014628×砖数

【例】 根据图 8-3，分别计算每 1m³ 砖基础标准砖净用量和砂浆净用量。

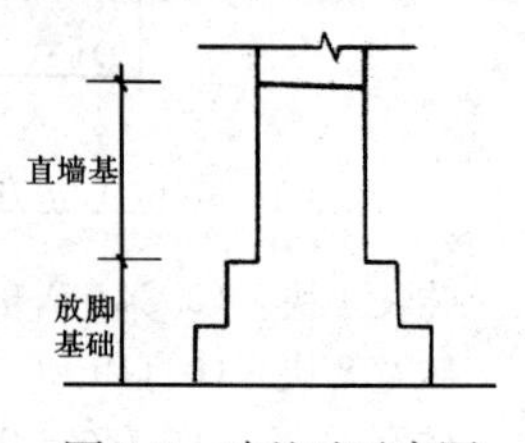

图 8-2　砖基础示意图

【解】（1）240 厚砖基础标准砖用量

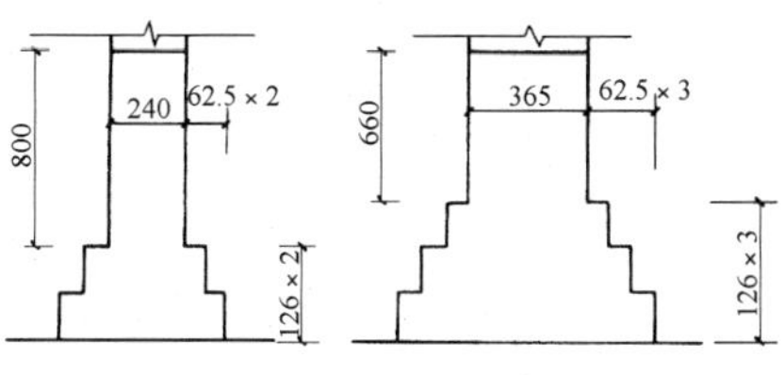

图 8-3　砖基础

$$V_{240}=\frac{0.80\div0.063\times8\text{块}+12\text{块}\times\frac{0.126}{0.063}+16\text{块}\times2}{0.24\times0.80+0.365\times0.126+0.149\times0.126}$$

$$=\frac{101.6+24+32}{0.2997}$$

$$=\frac{157.6}{0.2997}=525.86\text{ 块}$$

砂浆净用量$=1-0.0014628\times525.86=0.23\text{m}^3$

(2) 365 厚标准砖基础砖用量

$$V_{365}=\frac{0.66\div0.063\times12+16\times2\text{ 层}+20\times2\text{ 层}+24\times2\text{ 层}}{0.365\times0.66+(0.49+0.615+0.74)\times0.126}$$

$$=\frac{125.7+32+40+48}{0.4734}$$

$$=519.01\text{ 块}$$

【例】　根据图 8-4，计算不等高式砖基础标准砖用量。

【解】

$$V=\frac{1.10\div0.063\times12\text{ 块}+16\text{ 块}\times\frac{0.063}{0.063}+20\text{ 块}\times\frac{0.126}{0.063}+24\text{ 块}\times\frac{0.063}{0.063}}{0.365\times1.10+0.49\times0.063+0.615\times0.126+0.74\times0.063}$$

$$=\frac{209.5+16+40+24}{0.5565}$$

$$=520.22\text{ 块}$$

3. 砖墙

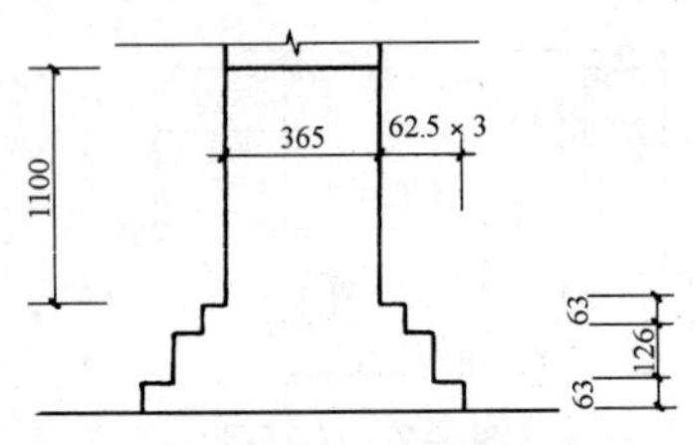

图 8-4　不等高式放脚砖基础

计算公式：

每 $1m^3$ 标准

$$砖净用量=\frac{1}{墙厚\times(砖长+灰缝)\times(砖厚+灰缝)}\times墙厚的砖数\times2$$

$$=\frac{1}{墙厚\times0.25\times0.063}\times K$$

$$=\frac{1}{墙厚\times0.01575}\times K$$

式中　墙厚×0.01575——砌体中标准块的体积；

K——每个标准块中标准砖数量，例如墙厚 120，$K=1$；墙厚 180，$K=1.5$；墙厚 240，$K=2$；墙厚 370，$K=3$；墙厚 490，$K=4$；依次类堆。

砂浆净用量=1－0.0014628×砖数

【例】 计算不同墙厚的每 $1m^3$ 砌体标准砖净用量。

【解】 （1）1/2 砖墙

$$V_{120}=\frac{1}{0.115\times0.01575}\times\frac{1}{2}\times2=552.1 块$$

（2）3/4 砖墙

$$V_{180}=\frac{1}{0.178\times 0.01575}\times\frac{3}{4}\times 2=535 \text{块}$$

（3）1砖墙（见图8-5）

$$V_{240}=\frac{1}{0.24\times 0.01575}\times 1\times 2=529.1 \text{块}$$

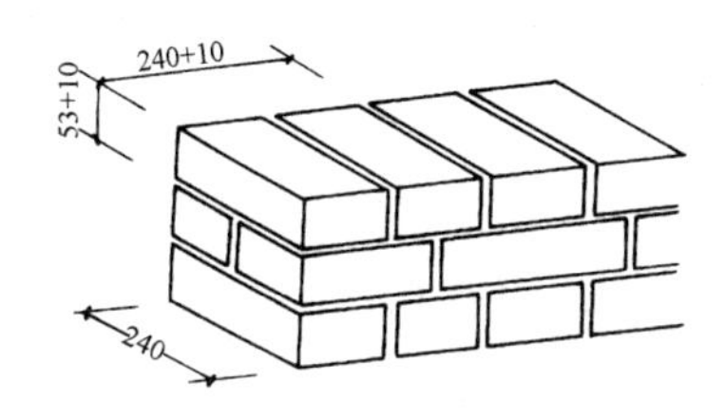

图8-5　墙厚240的标准块体积尺寸示意图

（4）$1\frac{1}{2}$砖墙

$$V_{370}=\frac{1}{0.365\times 0.01575}\times\frac{3}{2}\times 2=521.9 \text{块}$$

（5）2砖墙

$$V_{490}=\frac{1}{0.49\times 0.01575}\times 2\times 2=518.3 \text{块}$$

（6）$2\frac{1}{2}$砖墙

$$V_{620}=\frac{1}{0.615\times 0.01575}\times\frac{5}{2}\times 2=516.2 \text{块}$$

（7）3砖墙

$$V_{740}=\frac{1}{0.74\times 0.01575}\times 3\times 2=514.8 \text{块}$$

4. 空斗墙

空斗墙的取定长度见图8-6～图8-8。

空斗墙计算参数见表8-2。

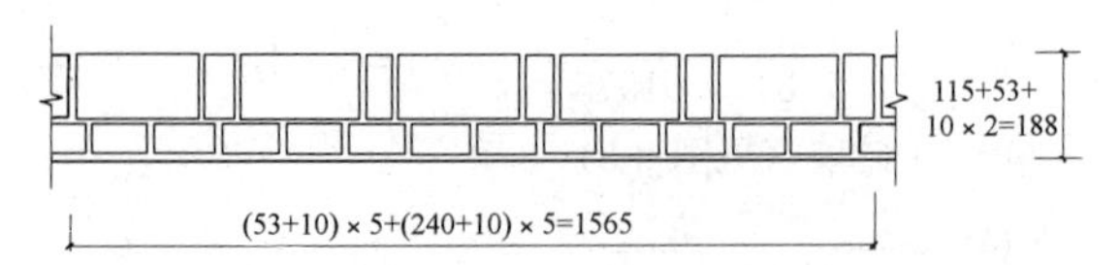

图 8-6　一斗一眠组合的墙长取定和斗眠组砖高

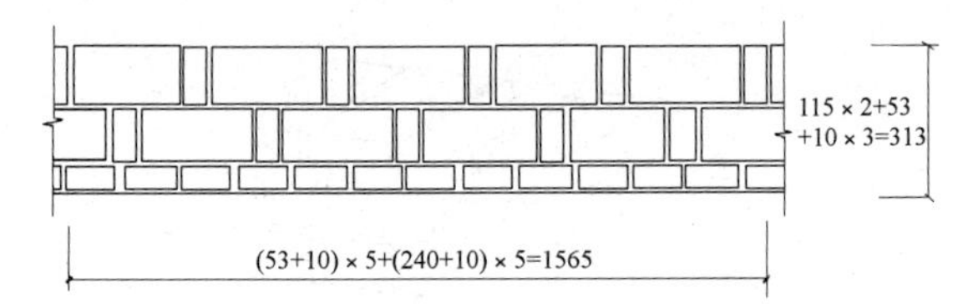

图 8-7　二斗一眠墙长取定及斗眠组砖高

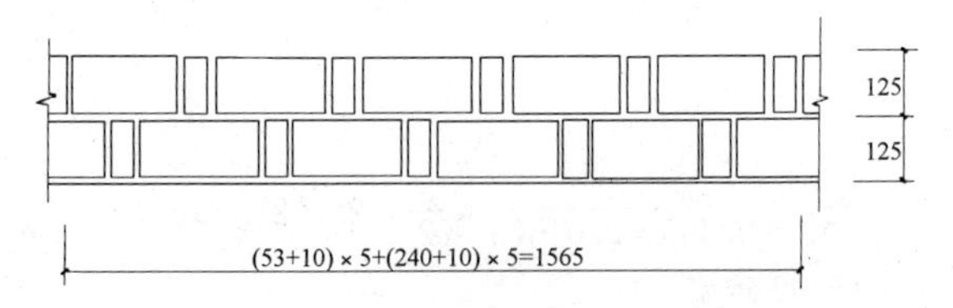

图 8-8　单丁全斗墙长取定及斗砖高

空斗墙计算参数表　　　　表 8-2

空斗墙名称	墙厚	取定墙长	一个斗眠组的砖块数	斗眠组砖高
一斗一眠	240	1.565m	27.52 块	0.188m
二斗一眠	240	1.565m	42.52 块	0.313m
三斗一眠	240	1.565m	57.52 块	0.438m
单丁全斗	240	1.565m	15.0 块	0.125m
双丁全斗	240	1.565m	16.93 块	0.125m

计算公式

$$标砖空斗墙净用砖量=\frac{一个斗眠组砖的块数}{墙厚\times斗眠组砖高\times墙长}$$

砂浆净用量=[墙长×(2+2×斗砖层数)+立砖净间×10+斗砖立缝×20×斗砖层数+眠砖×12.52]×0.01×0.053÷(墙厚×一个斗眠组砖高×墙长)

【例】 计算各类空斗墙的砖及砂浆净用量。

【解】 (1) 一斗一眠墙

$$砖净用量=\frac{27.52^{*}}{0.24\times0.188\times1.565}=389.7\text{块}/m^3$$

砂浆净用量=

$$\frac{(1.565\times4+0.134\times10+0.115\times20+0.24\times12.52)\times0.01\times0.053}{0.24\times0.188\times1.565}$$

$$=\frac{0.00684}{0.0706}=0.097m^3/m^3$$

$$空隙=1-(0.24\times0.115\times0.053\times389.7+0.097)$$

$$=0.333m^3$$

(2) 二斗一眠墙

$$砖净用量=\frac{42.52^{*}}{0.24\times0.313\times1.565}=361.7\text{块}/m^3$$

砂浆净用量=

$$\frac{(1.565\times6+0.134\times10+0.115\times20\times2+0.24\times12.52)\times0.01\times0.053}{0.24\times0.313\times1.565}$$

$$=\frac{0.009717}{0.117563}=0.083m^3/m^3$$

(3) 三斗一眠墙

$$砖净用量=\frac{57.52^{*}}{0.24\times0.438\times1.565}=349.6\text{块}/m^3$$

$$砂浆净用量=(1.565\times8+0.134\times10+0.115\times20\times3+0.24\times12.52)\times0.01\times0.053$$

$\div(1.565\times0.24\times0.438)$

$=0.012595\div0.164513$

$=0.076m^3/m^3$

(4) 单丁全斗墙

$$砖净用量=\frac{15^*}{0.24\times0.125\times1.565}=319.5\ 块/m^3$$

$砂浆净用量=(1.565\times2+0.115\times20)\times0.01$

$\times0.053\div(1.565\times0.125\times0.24)$

$=0.002878\div0.04695=0.061m^3/m^2$

(5) 双丁全斗墙

$$砖净用量=\frac{16.93^*}{0.24\times0.125\times1.565}=360.6\ 块/m^3$$

5. 砖柱

(1) 砖柱参数

砖柱参数表 **表 8-3**

名　称	一层块数	断面尺寸 (m)	竖缝长度 (m)
矩形柱	2	0.24×0.24	0.24
	3	0.24×0.365	0.48
	4.5	0.365×0.365	0.96
	6	0.365×0.49	1.45
	8	0.49×0.49	1.93
圆　柱	8	0.49×0.49	1.93
	12.5	0.615×0.615	3.16

注：灰缝厚 10mm。

(2) 矩形砖柱

计算公式（见图 8-9）；

$$砖净用量=\frac{一层砖块数}{拉断面积\times(砖厚+灰缝)}$$

$砂浆净用量=1-0.0014628\times砖净用量$

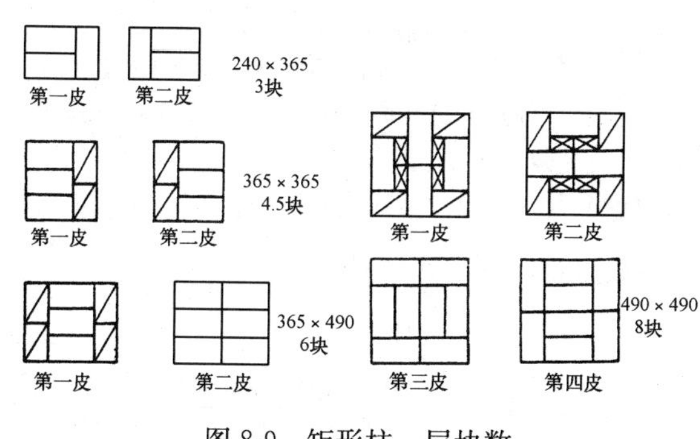

图 8-9　矩形柱一层块数

【例】　计算各矩形断面柱净用砖量

【解】　1）240×240 砖柱

$$砖净用量=\frac{2}{0.24\times 0.24\times 0.063}=551.1\ 块/m^3$$

2）240×365 砖柱

$$砖净用量=\frac{3}{0.24\times 0.365\times 0.063}=543.6\ 块/m^3$$

3）365×365 砖柱

$$砖净用量=\frac{4.5}{0.365\times 0.365\times 0.063}=536.1\ 块/m^3$$

4）365×490 砖柱

$$砖净用量=\frac{6}{0.365\times 0.49\times 0.063}=532.5\ 块/m^3$$

5）490×490 砖柱

$$砖净用量=\frac{8}{0.49\times 0.49\times 0.063}=528.9\ 块/m^3$$

（3）圆柱

计算公式：

$$砖净用量=\frac{一层砖块数}{圆柱断面积\times(砖厚+灰缝)}$$

$$圆柱砂浆净用量=\frac{(圆柱断面积+竖缝长\times砖厚)\times0.01}{圆柱断面积\times(砖厚+灰缝)}$$

【例】 分别计算490×490、615×615圆形砖柱砖净用量及砂浆净用量。

【解】 (1) 490×490圆形砖柱

$$砖净用量=\frac{8}{0.7854\times0.49^2\times0.063}$$

$$=673.4块/m^3$$

$$砂浆净用量=\frac{(0.7854\times0.49^2+1.93\times0.053)\times0.01}{0.7854\times0.49^2\times0.063}$$

$$=0.245m^3/m^3$$

(2) 615×615圆形柱

$$砖净用量=\frac{12.5}{0.7854\times0.615^2\times0.063}$$

$$=667.9块/m^3$$

$$砂浆净用量=\frac{(0.7854\times0.615^2+3.16\times0.053)\times0.01}{0.7854\times0.615^2\times0.063}$$

$$=0.248m^3/m^3$$

6. 砌块墙

(1) 加气混凝土

$$砌块净用量=\frac{1}{(砌块长+灰缝)\times(砌块厚+灰缝)\times墙厚}$$

砂浆净用量=1－砌块净用量×每块砌块体积

(2) 空心砌块墙、硅酸盐砌块墙

$$砌块净用量=\frac{1}{墙厚\times(砌块长+灰缝)\times(砌块厚+灰缝)}\times各种规格砌块比例$$

砂浆净用量=1－砌块净用量×每块砌块体积

各种规格硅酸盐砌块见表8-4。

硅酸盐砌块规格及单位数量表　　表 8-4

序　号	规　格　(cm)	m^3/块	块/m^3
1	28×38×24	0.025536	39.16
2	43×38×24	0.039216	25.5
3	58×38×24	0.052896	18.91
4	88×38×24	0.080256	12.46
5	28×38×18	0.019152	52.23
6	38×38×18	0.025992	38.47
7	58×38×18	0.039672	25.21
8	78×38×18	0.053352	18.74
9	88×38×18	0.060192	16.61
10	98×38×18	0.067032	14.93
11	118×38×18	0.080712	12.39

注：硅酸盐砌块按表观密度（1500kg/m^3）计。

【例】 某工程内墙用 280mm×380mm×240mm 硅酸盐砌块砌筑，墙厚 240mm，灰缝 10mm，求每立方米砌块墙的砌块和砂浆净用量。

【解】 1）硅酸盐砌块

$$砌块净用量=\frac{1}{0.24\times(0.38+0.01)\times(0.28+0.01)}$$

$$=\frac{1}{0.02714}=36.84\text{ 块}/m^3$$

2）砂浆净用量 $=1-36.84\times0.28\times0.38\times0.24$

$$=0.059m^3/m^3$$

7. 填充墙

$$标准砖净用量=\frac{顺砖块数+丁砖块数}{墙长\times墙厚\times墙高}$$

$$填充料净用量=\frac{墙内净空体积}{墙厚\times墙长\times墙高}$$

砂浆净用量＝1－0.0014628×标砖数－填充料体积

8. 方整石柱

$$方整石=\frac{每块方整石体积\times 2块}{柱断面\times（每层石厚+灰缝）}（m^3/m^3）$$

$$砂浆净用量=1-\frac{石长\times(石宽-0.005)\times(石厚-0.01)\times 2}{柱断面\times(每层石厚+灰缝)}$$

9. 方整石墙

规格：400mm×220mm×200mm

$$方整石净用量=\frac{石长\times石宽\times石厚}{墙厚\times(石长+灰缝)\times(石厚+灰缝)}（m^3/m^3）$$

$$砂浆净用量=1-\frac{墙厚\times(石长-0.01)\times(石厚-0.01)}{墙厚\times(石长+灰缝)\times(石厚+灰缝)}$$

10. 毛石砌体

毛石砌体以立方米砌体材料计算。设定毛石空隙以砂浆填充。

$$毛石空隙率=\frac{毛石密度-毛石堆积密度}{毛石密度}\times 100\%$$

$$毛石用量(m^3)=\frac{1}{\dfrac{毛石堆积密度\times(1+毛石空隙率)}{毛石密度}}$$

【例】 某毛石砌体，毛石密度 2700kg/m³，堆积密度 1500kg/m³，求每 1m³ 毛石用量。

【解】 $$空隙率=\frac{2700-1500}{2700}\times 100\%=44.4\%$$

$$毛石用量=\frac{1}{\dfrac{1500\times(1+0.444)}{2700}}=1.24m^3/m^3$$

二、砂浆及灰浆

1. 一般抹灰砂浆

一般抹灰砂浆配合比均按体积比计算。

计算公式：

$$砂子用量(m^3)=\frac{砂子比例数}{配合比总比例数-砂子比例数\times砂子空隙率}$$

$$水泥用量（kg）=\frac{水泥比例数\times水泥密度}{砂子比例数}\times砂子用量$$

$$石灰膏用量（m^3）=\frac{石灰膏比例数}{砂子比例数}\times砂子用量$$

当砂子用量计算超过 1m³ 时，因其孔隙容积已大于灰浆数量，均按 1m³ 计算。

砂子密度 2650kg/m³，表观密度 1590kg/m³，砂子孔隙率$=\left(1-\frac{1590}{2650}\right)\times100\%=40\%$

每立方米石灰膏用生石灰 600kg，每立方米粉化灰用生石灰 501kg。

水泥密度 1300kg/m³。

白石子密度 2700kg/m³，表观密度 1500kg/m³，空隙率$=\left(1-\frac{1500}{2700}\right)\times100\%=44.4\%$

【例】 计算 1∶2 水泥砂浆的水泥和砂子用量，水泥密度 1300kg/m³，砂子空隙率 40%。

【解】 砂子用量$=\frac{2}{(1+2)-2\times40\%}$

$=0.91m^3$

水泥用量$=\frac{1\times1300}{2}\times0.91$

$=591.5kg$

【例】 计算1∶3石灰砂浆材料用量。

【解】 砂子用量$=\frac{3}{(1+3)-3\times40\%}$

$=1.071>1$，取$1m^3$

石灰膏用量$=\frac{1}{3}\times1$

$=0.333m^3$

【例】 计算1∶0.3∶3水泥石灰砂浆的材料用量。

【解】 砂子用量$=\frac{3}{(1+0.3+3)-3\times40\%}$

$=0.97m^3$

水泥用量$=\frac{1\times1300}{3}\times0.97$

$=420.33kg$

石灰膏用量$=\frac{0.3}{3}\times1$

$=0.10m^3$

【例】 计算1∶2.5水泥白石子浆的材料用量。

【解】 白石子用量$=\frac{2.5}{(1+2.5)-2.5\times44.4\%}$

$=1.046>1$，取$1m^3$

水泥用量$=\frac{1\times1300}{2.5}\times1$

$=520kg$

2. 素水泥浆

用水量按水泥的34%计算

计算公式：

水灰比$=\frac{\text{水泥表观密度}}{\text{水密度}}\times34\%$

$$虚体积系数=\frac{1}{1+水灰比}$$

$$收缩后水泥净体积=虚体积系数\times\frac{水泥表观密度}{水泥密度}$$

收缩后水的净体积＝虚体积系数×水灰比

水和水泥净体积系数＝水泥净体积＋水净体积

$$实体积系数=\frac{1}{(1+水灰比)\times水和水泥净体积系数}$$

水泥用量＝实体积系数×水泥密度

用水量＝实体积系数×水灰比

【例】 计算 $1m^3$ 纯白水泥浆材料用量，水泥密度 $3100kg/m^3$，表观密度 $1300kg/m^3$，用水量按水泥的34%计算，水密度 $1000kg/m^3$。

【解】 $水灰比=\frac{1300}{1000}\times0.34=0.442$

$$虚体积系数=\frac{1}{1+0.442}=0.693$$

$$收缩后水泥净体积=0.693\times\frac{1300}{3100}=0.291m^3$$

$$收缩后水的净体积=0.693\times0.442=0.306m^3$$

$$实体积系数=\frac{1}{(1+0.442)\times(0.291+0.306)}=1.162$$

$$水泥用量=1.162\times1300=1510.6kg/m^3$$

$$水用量=1.162\times0.442=0.514m^3/m^3$$

3. 石膏灰浆

用水量按石膏灰80%计算。

计算公式：

$$水灰比=\frac{石膏灰表观密度}{水密度}\times 80\%$$

其他计算公式同纯水浆公式。

【例】 计算 1m³ 石膏灰浆的材料用量，石膏灰表观密度 1000kg/m³，密度 2750kg/m³，每 1m³ 灰浆加入纸筋 26kg，折合体积 0.0286m³。

【解】 $$水灰比=\frac{1000}{1000}\times 0.80=0.80$$

$$虚体积系数=\frac{1}{1+0.80}=0.556$$

$$收缩后石膏灰净体积=0.556\times\frac{1000}{2750}=0.202\text{m}^3$$

$$收缩后水净体积=0.556\times 0.80=0.445\text{m}^3$$

$$实体积系数=\frac{1}{(1+0.80)\times(0.202+0.445)}=0.859$$

$$石膏粉用量=(0.859-0.0286)\times 1000\text{kg/m}^3=830.4\text{kg/m}^3$$

$$水用量=0.859\times 0.80=0.687\text{m}^3/\text{m}^3$$

4. 抹灰面干粘石

计算公式：

$$100\text{m}^2抹灰面干粘石用量=石子表观密度\times(1-空隙率)\times石子粒径\times 100\text{m}^2$$

【例】 计算 100m² 干粘石墙面的白石子用量，白石子表观密度 1500kg/m³，粘在墙面后的空隙率按 20%计算，石子粒径 5mm。

【解】 白石子用量=1500×(1−20%)×0.005×100

$=600kg/100m^2$

5. 耐酸砂浆

耐酸砂浆属于特种砂浆，按重量比计算其材料用量。

计算公式：

设甲、乙、丙三种材料，其密度分别为 A、B、C，配合比分别为 a、b、c，则

单位用量 $G=\frac{1}{a+b+c}\times100\%$

甲材料用量 $=G\times a$

乙材料用量 $=G\times b$

丙材料用量 $=G\times c$

配合后的 $1m^3$ 砂浆重量（kg）：

$$砂浆表观密度=\frac{1}{\frac{G\times a}{A}+\frac{G\times b}{B}+\frac{G\times c}{C}}$$

$1m^3$ 砂浆的各种材料用量：

甲材料 $=$ 砂浆表观密度 $\times(G\times a)$

乙材料 $=$ 砂浆表观密度 $\times(G\times b)$

丙材料 $=$ 砂浆表观密度 $\times(G\times c)$

【例】 耐酸沥青砂浆配合比（重量比）为 1.2∶1.3∶3.5（石油沥青∶石英粉∶石英砂），求材料用量。（石油沥青密度 $1100kg/m^3$，石英粉、石英砂密度 $2700kg/m^3$）

【解】 单位用量 $=\frac{1}{1.2+1.3+3.5}\times100\%=16.7\%$

沥青用量 $=1.2\times16.7\%=20.04\%$

石英粉用量 $=1.3\times16.7\%=21.71\%$

石英砂用量＝3.5×16.7％＝58.45％

$$耐酸砂浆表观密度=\frac{1}{\frac{0.2004}{1100}+\frac{0.2171}{2700}+\frac{0.5845}{2700}}$$

$$=\frac{1}{0.000479}=2087.7\text{kg/m}^3$$

每 1m³ 耐酸砂浆材料用量：

沥青重量＝2087.7×20.04％＝418.38kg

石英粉重量＝2087.7×21.71％＝453.24kg

石英砂重量＝2087.7×58.45％＝1220.26kg

特种砂浆所用材料密度见表 8-5。

特种砂浆所需材料密度表　　　　表 8-5

序号	材料名称	密度（g/cm³）	备注
1	辉绿岩粉	2.5	
2	石英粉	2.7	
3	石英砂	2.7	
4	耐酸水泥	3.0	
5	过氯乙烯清漆	1.25	
6	聚乙烯醇甲醛	1.05	107 胶（现正逐步淘汰）
7	滑石粉	2.6	
8	氟硅酸钠	2.75	
9	石油沥青	1.05	普通沥青砂浆用
10	重晶石粉	4.3	
11	石灰石砂	2.5	
12	砂	2.65	
13	普通水泥	3.1	
14	石油沥青	1.1	耐酸砂浆用
15	煤沥青	1.2	
16	煤焦油	1.1	
17	石灰膏	1.35	
18	水玻璃	1.36～1.5	

【例】 水玻璃耐酸砂浆配合比为1：1.5：0.12：0.8（石英粉：石英砂：氟硅酸钠：水玻璃），求材料用量。

【解】 单位用量$=\dfrac{1}{1+1.5+0.12+0.8}\times100\%$

$=29.2\%$

石英粉用量$=1\times29.2\%=29.2\%$

石英砂用量$=1.5\times29.2\%=43.8\%$

氟硅酸钠$=0.12\times29.2\%=3.5\%$

水玻璃$=0.8\times29.2\%=23.4\%$

$$水玻璃耐酸砂浆表观密度=\frac{1}{\dfrac{0.292}{2700}+\dfrac{0.438}{2700}+\dfrac{0.035}{2750}+\dfrac{0.234}{1450}}$$

$$=2250\text{kg/m}^3$$

每1m^3耐酸砂浆材料用量：

石英粉$=2250\times29.2\%=657\text{kg}$

石英砂$=2250\times43.8\%=985.5\text{kg}$

氟硅酸钠$=2250\times3.5\%=78.75\text{kg}$

水玻璃$=2250\times23.4\%=526.5\text{kg}$

6. 不发火花沥青砂浆

不发火花沥青砂浆地面又称防爆地面，用汽油库等地面，用沥青材料与不发火花的砂和矿物粉的混合物组成。

计算公式：

材料用量＝配合比（重量比）×单位表观密度

【例】 不发火花沥青砂浆配合比为9.25：82.5：8.25（即沥青：石灰石砂和粉：石棉），沥青砂浆表观密度为2300kg/m^3，求材料用量。

【解】　材料用量为：

石油沥青＝9.25％×2300＝212.75kg

石灰石砂和粉＝82.5％×2300＝1897.5kg

石棉＝8.25％×2300＝189.75kg

7. 石棉水泥灰浆

石棉水泥灰浆用于贮油池填缝等，按重量比计算，可按耐酸砂浆公式计算用量。

【例】　计算1∶15石棉水泥灰浆的材料用量。石棉密度2500kg/m³，水泥密度3100kg/m³。

【解】　$单位用量=\frac{1}{1+15}\times 100\%=6.25\%$

石棉＝1×6.25％＝0.0625

水泥＝15×6.25％＝0.937

$$石棉水泥灰浆表观密度=\frac{1}{\frac{0.0625}{2500}+\frac{0.937}{3100}}=3056kg/m^3$$

材料用量

石棉＝3056×6.25％＝191kg/m³

水泥＝3056×93.7％＝2863.47kg/m³

8. 水泥硫磺浆

水泥硫磺浆用于混凝土铺轨中锚固螺栓埋置后，灌入预留螺栓孔的灰浆。

计算公式：

每1m³纯水泥浆材料用量：

$$水泥用量=\frac{1}{1+水灰比}\times 水泥密度$$

$$水用量=\frac{水灰比}{1+水灰比}\times 水密度$$

每 $1m^3$ 水泥硫磺浆材料用量：

$$水泥量=纯水泥浆水泥用量\times\frac{水泥比例数}{1+水泥比例数}$$

$$硫磺=水泥量\times硫磺占水泥量比例$$

【例】 1.5∶1 水泥硫磺浆，用纯水泥浆调制，水泥密度 $3100kg/m^3$，水灰比按 0.60 计算，硫磺占水泥量 81%。

【解】 每 $1m^3$ 纯水泥浆材料用量：

$$水泥=\frac{1}{1+0.60}\times3100=1937.5kg$$

$$水=\frac{0.60}{1+0.60}\times1000=375kg$$

每 $1m^3$ 水泥硫磺浆材料用量：

$$水泥=1937.5\times\frac{1.5}{1+1.5}=1162.5kg$$

$$硫磺=1162.5\times81\%=941.63kg$$

9. 黏土膏

计算公式：

$$黏土用量=\frac{1}{1-收缩率}$$

【例】 当黏土收缩率为 15%时，求每立方米黏土膏的黏土用量。

【解】 $黏土用量=\frac{1}{1-15\%}=1.176m^3$

10. 石灰黏土膏

计算公式：

$$石灰用量=\frac{石灰膏比例}{配合比之和}\times石灰膏石灰用量$$

$$黏土用量=\frac{黏土膏比例}{配合比之和}\times 黏土膏黏土用量$$

【例】 计算1∶2石灰黏土膏（石灰膏∶黏土膏）的材料用量。每 $1m^3$ 石灰膏石灰用量608kg，每 $1m^3$ 黏土膏黏土用量 $1.176m^3$。

【解】 $石灰用量=\frac{1}{1+2}\times 608=202.7kg/m^3$

$$黏土用量=\frac{2}{1+2}\times 1.176=0.784m^3/m^3$$

11. 柴泥石灰浆

计算公式：

$$黏土用量=\left(1-稻草体积-\frac{石灰用量}{1m^3\ 灰膏石灰用量}\right)\times 黏土膏黏土用量$$

【例】 若调制柴泥石灰浆，$1m^3$ 灰浆加稻草40kg，石灰35kg。稻草1kg净体积 $0.001m^3$，$1m^3$ 石灰膏石灰用量608kg，求材料用量。

【解】 $黏土用量=\left(1-40\times 0.001-\frac{35}{608}\right)\times 1.176^{*}=1.061m^3$

石灰用量=35kg

稻草用量=40kg

12. 耐火土浆

计算公式：

$$耐火土用量=\frac{1}{1-收缩率}\times 耐火土表观密度$$

【例】 用表观密度为 $1460kg/m^3$ 的耐火土调制耐火土浆，加水后的收缩率为10%，求每 $1m^3$ 耐火土浆的耐火土用量。

【解】 耐火土用量$=\frac{1}{1-10\%}\times1460=1622.22\text{kg/m}^3$

三、特种混凝土

1. 沥青混凝土

沥青混凝土主要用于工业厂房地面和道路路面，由沥青、砂子、石子及填充料组成。配合比的选择，基本上按照最大密实度和沥青用量最少的原则，其配合比参考表见8-6。

沥青混凝土配合比参考表　　表8-6

配比类别	石子（%）			砂（%）	填充料（%）	沥青（%）
	粒径（mm）					人工夯实计算
	35以内	25以内	15以内	5以内	1.5以内	
粗粒式	40			37.5	16.5	6
中粒式		40		41	19	7
细粒式			29.5	49.5	21	8

计算公式：

$$石子用量=沥青混凝土表观密度\times\frac{石子比例数}{石子表观密度}$$

$$砂用量=沥青混凝土表观密度\times\frac{砂比例数}{砂表观密度}$$

填充料用量=沥青混凝土表观密度×填充料比例数

沥青用量=沥青混凝土表观密度×沥青比例数

【例】 沥青混凝土采用石油沥青配制，按粗粒式，石子占40%，砂占37.5%，滑石粉占16.5%，石油沥青为总重的6%，沥青混凝土表观密度2300kg/

m^3，砂表观密度 1560kg/m^3，碎石表观密度 1500kg/m^3，求材料用量。

【解】 每 1m^3 沥青混凝土材料用量：

$$碎石=2300\times\frac{40\%}{1500}=0.613m^3$$

$$砂=2300\times\frac{37.5\%}{1560}=0.553m^3$$

滑石粉＝2300×16.5%＝379.5kg

石油沥青＝2300×6%＝138kg

2. 耐酸混凝土

常用的耐酸混凝土配合比见表 8-7。

计算公式：

材料用量＝耐酸混凝土表观密度×材料比例

耐酸混凝土参考配合比　　　表 8-7

材料名称		每 1m^3 混凝土材料需用量							
		第一种		第二种		第三种		第四种	
		kg	%	kg	%	kg	%	kg	%
碎石	40mm～25mm	—	—	527	28.2	—	—	371	19.0
	25mm～12mm	666	33.3	286	14.1	435	21.1	186	9.6
	12mm～6mm	334	16.7	143	7.1	321.5	15.5	93	4.8
砂子	6mm～3mm	250	12.5	250	12.6	335	16.4	325	16.7
	3mm～1mm	150	7.5	160	8.0	195	9.5	195	10.0
	1mm～0.15mm	100	5.0	100	5.0	130	5.0	130	6.6
粉状填充料		500	25	500	25	650	32.5	650	33.3
水玻璃		200	40	200	40	260	40	260	40
氟硅酸钠		30	6	30	6	39	6	39	6

注：1. 水玻璃用量为粉状填充料的 40%。

2. 氟硅酸钠用量为粉状填充料的 6%。

【例】 按表8-7中第一种配合比计算各种材料用量，耐酸混凝土表观密度2250kg/m³。

【解】 各种材料用量为：

粗骨料（石英石）$=2250\times(33.3\%+16.7\%)$

$=1125\text{kg/m}^3$

细骨料(石英砂)$=2250\times(12.5\%+17.5\%+5\%)$

$=2250\times25\%=562.5\text{kg/m}^3$

粉状填充料（石英粉）$=2250\times25\%=562.5\text{kg/m}^3$

氟硅酸钠$=562.5\times6\%=33.75\text{kg/m}^3$

水玻璃$=562.5\times40\%=225\text{kg/m}^3$

3. 耐热混凝土

耐热混凝土是一种长期承受高温作业，并在高温下保持需要的物理力学性能的混凝土。

耐热混凝土有：

（1）矾土水泥耐热混凝土，极限加热温度达1400℃；

（2）硅酸盐水泥耐热混凝土，极限加热温度达1200℃；

（3）矿渣水泥耐热混凝土，极限温度达700℃；

（4）水玻璃耐热混凝土，极限温度可达1200℃。

通过试验，水玻璃耐热混凝土的经验参数为：

水玻璃（包括附加水）用量350～400kg，其密度为1.35～1.40g/cm³，模数在2.6～2.8之间；

氟硅酸钠为水玻璃重量的10%～20%；

熟粉料及粗、细骨料约1750kg/m³，分别为35%、45%、20%；

工作温度小于1000℃的部位可采用水玻璃耐热混凝土。

【例】 耐热混凝土的水玻璃用量为 366kg/m^3，氟硅酸钠为水玻璃用量的 12%，熟粉料及粗细骨料表观密度 1750kg/m^3，分别占 35%、45%、20%，求各材料用量。

【解】 1m^3 耐热混凝土材料用量：

水玻璃=366kg

氟硅酸钠=366×12%=43.92kg

黏土熟料粉=1750×35%=612.5kg

黏土粗集料=1750×45%=787.5kg

黏土细集料=1750×20%=350kg

单位重量比：

水玻璃∶氟硅酸钠∶熟粉料∶细骨料∶粗骨料=1∶0.12∶1.67∶0.96∶2.15

4. 耐碱混凝土

耐碱混凝土配合比参数如下：

(1) 混合骨料中的粉状填充料含水量在 6%~8% 之间，砂率不小于 40%~50%；

(2) 水灰比不宜大于 0.65；

(3) 水泥用量不低于 300kg/m^3；

(4) 用水量不大于 200kg/m^3。

当水泥用量与水的用量确定之后，耐碱混凝土的骨料用量可按下列公式计算：

$$1\text{m}^3\text{砂石混合用量(kg)}=\text{砂石混合密度}\times\left(1000-\frac{1\text{m}^3\text{混凝土用水量}}{\text{水的密度}}-\frac{1\text{m}^3\text{混凝土水泥用量}}{\text{水泥密度}}\right)$$

【例】 耐碱混凝土的水泥用量 450kg/m^3，水泥密度 3.1g/cm^3，水用量 200kg/m^3，砂石混合密度 2.65g/cm^3，砂率 42%，石率 52%，石粉率 6%，求砂

石混合用量。

【解】 砂石混合用量$=2.650\times\left(1000-\frac{200}{1000}-\frac{450}{3100}\right)$

$=2649kg$

石子用量$=2649\times52\%=1377.5kg$

砂用量$=2649\times42\%=1112.58kg$

石粉用量$=2649\times6\%=158.94kg$

5. 耐油混凝土

耐油混凝土，一般由水泥、砂、石、白坩土及水配制而成，或在混凝土中掺化学剂（氢氧化铁、三氧化铁混合剂）配制，计算方法与普通混凝土相同。

【例】 耐油混凝土的水灰比为0.53，用水量$180kg/m^3$；水泥密度$3.1g/cm^3$；

白坩土为水泥用量的30%，湿润用水量为水泥用量的5%，白坩土密度$1.8g/cm^3$；砂率38%，砂表观密度$1550kg/m^3$；砂石混合密度$2.65g/cm^3$；石子表观密度$1.45g/cm^3$，求各材料用量。

【解】 各材料用量：

水泥用量$=\frac{180}{0.53}=340kg$

水泥体积$=\frac{340}{3100}=0.11m^3$

白坩土用量$=340\times30\%=102kg$

白坩土体积$=\frac{102}{1800}=0.057m^3$

砂石总体积$=1-(0.11+0.057+0.18)=0.65m^3$

砂用量$=0.65\times38\%\times\frac{2650}{1550}=0.422m^3$

石子用量=0.65×62%×$\frac{2650}{1450}$=0.737m^3

6. 防护混凝土

防护混凝土为有效的防射线（X、α、β、γ射线及中子流等）混凝土。这种混凝土是采用普通水泥或密度较大，水化后含结晶水泥与特重骨科（或含水很多的重骨料）制成。防护混凝土的表观密度如表8-8所示。

防护混凝土的表观密度　　表8-8

混凝土种类	(kg/m^3)	
	最　小	最　大
普通混凝土	2400	2450
褐铁矿混凝土	2400	3000
磁铁矿混凝土	2800	4000
重晶石混凝土	2800	3600
铸铁碎块混凝土	3700	5000

防护混凝土的配合比必须满足下列要求：

(1) 选用骨料密度要大，如重晶石、褐铁矿石、磷化铁矿石或切断的钢棒、片及铸铁碎块等。骨料成分结晶水多的，因为水中氢原子可以吸收射线能量。

(2) 一般医院X光室多采用重晶石混凝土，其密度必须大于3.0。

(3) 重晶石混凝土的水泥用量不宜过大，一般在300kg左右。水泥用量过多时，其表观密度则下降。

(4) 水灰比控制在0.4～0.5之间，用水量采用170kg为宜。

(5) 砂率一般在39%左右。

【计算例】 设重晶石混凝土，已知碎石粒径2cm，砂率39%，水灰比0.5，用水量170kg/m³水泥强度42.5MPa（42.5级），水泥密度3.1，重晶石（砂）密度4.1，求各材料用量为：

水泥用量$=\frac{170}{0.5}=340$kg

水泥体积$=\frac{340}{3100}=0.11$m³

重晶砂石总体积$=1-(0.11+0.17)=0.72$m³

重晶砂用量$=0.72\times0.39\times4100=1152$kg

重晶石用量$=0.72\times0.61\times4100=1800$kg

四、垫层材料

铺设垫层材料要根据压实系数和配合比计算材料用量。

$$压实系数=\frac{虚铺厚度}{压实厚度}$$

常用垫层材料的压实系数见表8-9。

常用垫层材料压实系数表　　表8-9

材料名称	压实系数	材料名称	压实系数
毛　石	1.20	干铺炉渣	1.20
砂	1.13	灰　土	1.60
碎（砾）石	1.08	碎(砾)石三、四合土	1.45
天然级配砂石	1.20	石灰炉（矿）渣	1.455
人工级配砂石	1.04	水泥石灰炉（矿）渣	1.455
碎　砖	1.30	黏　土	1.40

1. 计算方法

(1) 重量比计算方法

每 $1m^3$ 混合物重量=

$$\frac{单位体积}{\frac{甲材料比例数}{甲材料表观密度}+\frac{乙材料比例数}{乙材料表观密度}+\frac{丙材料比例数}{丙材料表观密度}}$$

材料净用量=混合物重量×材料比例数×压实系数

(2) 体积比计算方法

每 $1m^3$ 材料用量=某材料表观密度或 $1m^3$ 体积

$$\times\frac{虚铺总厚度}{压实总厚度}\times某材料百分比$$

2. 黏土炉渣

【例】 黏土炉渣配合比为1∶0.6，黏土表观密度为 $1400kg/m^3$，炉渣表观密度 $800kg/m^3$，虚铺厚度为220mm，压实厚度为150mm，求材料用量。

【解】 用重量比方法计算

$$黏土比例数=\frac{1}{1+0.6}=0.625$$

$$炉渣比例数=\frac{0.6}{1+0.6}=0.375$$

$$压实系数=\frac{220}{150}=1.47$$

$$混合物重量=\frac{1}{\frac{0.625}{1400}+\frac{0.375}{800}}=1092.7kg$$

黏土用量=1092.7×0.625×1.47=$1003.9kg/m^3$

折合体积=1003.9÷1400=$0.717m^3/m^3$

炉渣用量=1092.7×0.375×1.47=$602.4kg/m^3$

折合体积=602.4÷800=$0.753m^3/m^3$

3. 石灰炉渣

【例】 已知1∶3石灰炉渣垫层的虚铺厚度为

160mm，压实厚度为110mm；每1m^{3}粉化石灰需生石灰501.5kg，求材料用量。

【解】 用体积比计算方法计算

$$压实系数=\frac{160}{110}=1.455$$

$$石灰百分比=\frac{1}{1+3}\times100\%=25\%$$

$$炉渣百分比=\frac{3}{1+3}\times100\%=75\%$$

石灰用量$=501.05\times1.455\times25\%=182.3$kg/m^3

炉渣用量$=1.0\times1.455\times75\%=1.091$m^3/m^3

4. 水泥石灰炉渣

【例】 已知每1m^{3}粉化石灰用生石灰501.5kg，水泥表观密度1250kg/m^3，压实系数1.455，求1∶1∶8水泥石灰炉渣的材料用量。

【解】 用体积比计算方法

$$水泥百分比=\frac{1}{1+1+8}\times100\%=10\%$$

$$石灰百分比=\frac{1}{1+1+8}\times100\%=10\%$$

$$炉渣百分比=\frac{8}{1+1+8}\times100\%=80\%$$

水泥用量$=1250\times10\%\times1.455=181.9$kg/m^3

石灰用量$=501.5\times10\%\times1.455=73$kg/m^3

炉渣用量$=1\times80\%\times1.455=1.164$m^3/m^3

5. 石灰、砂、碎砖三合土

计算公式

材料用量系数=

$$\frac{1}{甲材料实体积+乙材料实体积+丙材料实体积}$$

式中　材料实体积＝材料配合比数×(1－孔隙率)

材料用量＝材料配合比数×材料用量系数×材料表观密度或 $1m^3$ 体积

【例】 已知石灰孔隙率0.44,砂孔隙率0.36,碎砖孔隙率0.43,求1∶1∶4石灰、砂、碎砖三合土垫层的材料用量。

【解】 石灰实体积＝1×(1－0.44)＝0.56

砂实体积＝1×(1－0.36)＝0.64

碎砖实体积＝4×(1－0.43)＝2.28

$$材料用量系数=\frac{1}{0.56+0.64+2.28}=0.287$$

石灰用量＝1×0.287×501.5kg/m^3＝143.9kg/m^3

砂用量＝1×0.287×1＝0.287m^3/m^3

碎砖用量＝4×0.287×1＝1.148m^3/m^3

五、面层材料

1. 块料面层

计算公式:

每 $100m^2$ 块料用量

$$=\frac{100}{(块料长+灰缝)\times(块料宽+灰缝)}$$

每 $100m^2$ 块料灰缝用量＝(100－块料长×块料宽×块料用量)×灰缝厚

块料结合层用量＝$100m^2$×结合层厚度

【例】 已知釉面砖规格为100mm×200mm×6mm，灰缝宽2mm，结合层砂浆厚10mm，求每 $100m^2$ 釉面砖和砂浆用量。

【解】 每 $100m^2$ 釉面砖用量＝

$$\frac{100}{(0.1+0.002)\times(0.2+0.002)}=4853块/100m^2$$

灰缝砂浆＝（100－0.1×0.2×4853）×0.006

＝0.018m^3/100m^2

结合层砂浆＝100×0.01

＝1.0m^3/100m^2

砂浆用量小计＝0.018＋1.0

＝1.018m^3/100m^2

2. 铝合金装饰板

计算公式：

$$每\ 100m^2\ 用量=\frac{100}{板长\times板宽}\times(1+损耗率)$$

【例】 计算用800mm×600mm铝合金压型板装饰100m^2顶棚面的定额用量（损耗率1.5%）。

【解】 铝合金装饰板$=\frac{100}{0.8\times0.6}\times(1+1.5\%)$

＝208.33×1.015

＝211.45块/100m^2

3. 石膏装饰板

计算公式：

$$每\ 100m^2\ 用量=\frac{100}{(块长+拼缝)\times(块宽+拼缝)}\times(1+损耗率)$$

【例】 规格为500mm×500mm的石膏装饰板，拼缝为2mm，损耗率为3%，计算100m^2的定额用量。

【解】 石膏装饰板用量$=\frac{100}{(0.5+0.002)\times(0.5+0.002)}\times(1+3\%)=396.82\times1.03$

＝408.7块/100m^2

六、屋面瓦

1. 常用屋面瓦规格及搭接长度（见表8-10）

屋面瓦的搭接表 **表 8-10**

项目	规格（mm）		搭接（mm）		每块瓦的利用率（%）	每 $1m^2$ 用量（块）
	长	宽	长	宽		
水泥平瓦	385	235	85	33	67	16.91
黏土平瓦	380	240	80	33	68.09	16.51
小波石棉瓦	1820	725	150	62.5	83.8	0.99
大波石棉瓦	2800	994	150	165.7	78.89	0.40

注：本表中每 $1m^2$ 用量已包括损耗量。

屋面瓦用量计算公式为：

$$每100m^2用量=\frac{100}{瓦有效长\times瓦有效宽}\times(1+损耗率)$$

式中 瓦有效长——规格长减搭接长；

瓦有效宽——规格宽减搭接宽。

2. 屋面瓦用量计算方法

计算公式：

$100m^2$ 屋面瓦用量＝

$$\frac{100}{(瓦长-搭接长)\times(瓦宽-搭接宽)}\times(1+损耗率)$$

【例】 铺 $100m^2$ 380mm×240mm 规格的机制黏土平瓦，接缝长 80mm，接缝宽 33mm，损耗率为 2.5%，求黏土平瓦定额用量。

【解】 黏土平瓦用量＝

$$\frac{100}{(0.38-0.08)\times(0.24-0.033)}\times(1+2.5\%)$$

$=1610.3\times1.025$

$=1650.6$ 块/$100m^2$

【例】 铺 $100m^2$ 1820mm×720mm 规格的小波玻璃钢瓦，接缝长 150mm，接缝宽 62.5mm，损耗率

2.5%，求玻璃钢瓦的定额用量。

【解】 玻璃钢瓦用量=

$$\frac{100}{(1.82-0.15)\times(0.72-0.0625)}\times(1+2.5\%)$$

$$=91.07\times1.025$$

$$=93.35\ 块/100m^2$$

七、卷材

计算公式：

每 $100m^2$ 卷材用量=

$$\frac{卷材每卷面积\times100}{(卷材宽-长边搭接)\times(卷材长-短边搭接\times2\ 个)}$$

各种卷材搭接宽度参考表见表 8-11。

卷材搭接宽度参考表　　　　表 8-11

搭接方向		短边搭接宽度（mm）		长边搭接宽度（mm）	
铺贴方法 / 卷材种类		满粘法	空铺法 点粘法 条粘法	满粘法	空铺法 点粘法 条粘法
沥青防水卷材		100	150	70	100
高聚物改性沥青防水卷材		80	100	80	100
合成高分子防水卷材	粘接法	80	100	80	100
	焊接法	50			

防水卷材常用品种规格见表 8-12。

【例】 三元乙丙—丁基橡胶防水卷材宽 1.0m，长 20m，短边搭接 100mm，长边搭接 100mm，损耗率 1.5%，求防水卷材的定额用量。

防水卷材常用品种规格参考表 **表 8-12**

名称	标号	宽度 (mm)	厚度 (mm)	长度 (m)	面积 (m^2)	每卷重量 (kg)	原纸重量 (g/m^2)
石油沥青油毡	粉毡-200 片毡-200 粉毡-350 片毡-350 粉毡-500 片毡-500	915～1000		20～22	20±0.3	17.5 20.5 28.5 31.5 39.5 42.5	200 200 350 350 500 500
石油沥青油纸	石纸-200 石纸-350	915～1000		20～22	20±0.3	7.5 13.0	200 350
矿渣棉纸油毡		915		22	20±0.3	31.5	400
沥青玻璃布油毡					20±0.3	14	
再生胶卷材		1000±0.01	1.2±0.2	20	20±0.3		
焦油沥青低温油毡	砂-350	1000		10	10±0.15	25	

续表

名称	标号	宽度 (mm)	厚度 (mm)	长度 (m)	面积 (m^2)	每卷重量 (kg)	原纸重量 (g/m^2)
三元乙丙丁基橡胶卷材		1000～1200	1.0、1.2 1.5、2.0	20	20～40	24～48	
氯化聚乙烯卷材		1000	1.20	20	20		
LYX·603 氯化聚乙烯卷材		900	1.20		20	36	
聚氯乙烯卷材		1000±20	1.6 1.8 2.0	10	10	24 27 30	
三元乙丙彩色复合卷材		1000 1500	0.4（面层） 0.8（底层）	20 15	20 22.5	33	
自粘化纤胎卷材		1000	1.4（面层） 0.4（胶粘层）	2.0±0.2		43±1	

【解】 防水卷材净用量=

$$\frac{1\times 20\times 100}{(1.0-0.10)\times(20.0-0.10)}$$

$$=\frac{2000}{17.82}=112.23\text{m}^2/100\text{m}^2$$

防水卷材定额用量$=112.23\times(1+1.5\%)$

$=113.91\text{m}^2/100\text{m}^2$

八、沥青胶

沥青胶又称玛琋脂，用石油沥青或煤沥青加入滑石粉、石灰石粉、白云石粉、石棉粉等组成。

1. 沥青胶配制方法

(1) 热用法

热用法沥青胶参考配合比见表8-13。

热用沥青胶参考配合比　　表8-13

材料名称	含量(%)				
	第1种	第2种	第3种	第4种	第5种
石油沥青	30	30	32	45	54
石　棉	17	13	15	5	6
填充料	53	57	53	50	40

(2) 冷用法

冷用法沥青胶参考配合比见表8-14。

冷用沥青胶参考配合比　　表8-14

材料名称	含量(%)							
	粘合用			密封用			冷刷用	
石油沥青	50	50	45	55	50	50	45	50
绿　油	30	25	—	25	20	—	35	—
油基清漆	—	—	35	—	—	25	—	30
石　棉	20	—	20	20	30	25	20	10
粉末状填充料	—	25	—	—	—	—	—	10

2. 沥青胶计算公式

沥青胶表观密度＝

$$\frac{1}{\frac{\text{甲材料百分比}}{\text{甲材料密度}}+\frac{\text{乙材料百分比}}{\text{乙材料密度}}+\frac{\text{丙材料百分比}}{\text{丙材料密度}}}$$

材料用量＝沥青胶表观密度×材料百分比

【例】 配制石油沥青胶，石油沥青占65%，滑石粉占35%，求材料用量（石油沥青密度1.24g/cm³，滑石粉密度2.7g/cm³）。

【解】 石油沥青胶表观密度$=\frac{1}{\frac{65\%}{1240}+\frac{35\%}{2700}}$

$=1529.5\text{kg/m}^3$

石油沥青用量＝1529.5×65%＝994.2kg/m³

滑石粉用量＝1529.5×35%＝535.3kg/m³

【例】 煤沥青胶配合比中，煤沥青占55%，密度1.24g/cm³；煤焦油占10%，密度1.28g/cm³油基清漆占6%，密度0.95g/cm³，滑石粉占29%，密度2.7g/cm³。求各材料用量。

【解】 煤沥青胶表观密度＝

$$\frac{1}{\frac{55\%}{1240}+\frac{10\%}{1280}+\frac{6\%}{950}+\frac{29\%}{2700}}=1444.6\text{kg/m}^3$$

煤沥青用量＝1444.6×55%＝794.5kg/m³

煤焦油用量＝1444.6×10%＝144.5kg/m³

油基清漆用量＝1444.6×6%＝86.7kg/m³

滑石粉用量＝1444.6×29%＝418.9kg/m³

常用煤沥青胶配合比见表8-15。

煤沥青胶配合比　　　　表 8-15

序号	含量（%）			
	煤沥青	煤焦油	油基清漆	滑石粉
1	45.8	12	4.4	37.8
2	46.2	12	3.3	38.3
3	44.2	10	4.2	41.6
4	40.0	13	6.0	41.0
5	37.0	13	9.0	41.0
6	48.0	10	4.0	38.0
7	34.0	14	6.0	46.0
8	39.4	13	5.0	42.6
9	44.0	15	6.0	35.0

九、沥青胶结物

沥青胶结物指沥青膨胀珍珠岩，以憎水材料石油沥青胶结制成，可用做屋面保温层。

沥青膨胀珍珠岩配合比参考表见表 8-16。

沥青膨胀珍珠岩配合比　　　　表 8-16

珍珠岩粉表观密度（kg/m^3）	配合比		压缩比	制品表观密度（kg/m^3）	备注
	珍珠岩（m^3）	沥青（kg）			
87	1	50	1.8	248	压缩比在 1.5～1.8 之间。压缩比 1.5 即 1.5 虚方压缩至 1 实方
			1.5	206	
140	1	50	1.85	353	
			1.5	285	
100	1	50	1.8	270	

【例】 计算压缩化1.8，配合比1∶50的沥青膨胀珍珠岩的材料用量。

【解】 珍珠岩粉=1×1.8=1.8m^3/m^3

石油沥青=50×1.8=90kg/m^3

十、冷底子油

冷底子油是由石油或煤沥青加入挥发性溶剂配制而成，通常采用柴油、煤油、汽油、苯等。

常用冷底子油配合比：

第一种：石油沥青：煤油（或轻柴油）=40∶60

第二种：石油沥青∶汽油=30∶70

第三种：煤沥青∶苯（或绿油）=45∶55

【例】 计算用石油沥青和汽油配制的30∶70冷底子油每100kg的材料用量，沥青损耗率5%，汽油损耗率10%。

【解】 石油沥青用量

=100×0.30×(1+5%)

=31.50kg/100kg

汽油用量=100×0.70×(1+10%)

=77kg/100kg

十一、油漆涂料

1. 常用厚漆遮盖力计算公式

$$\text{遮盖力}(g/m^2)=\frac{\text{黑白格完全遮盖时涂漆用量}\times(100-\text{涂料中含清油重量百分比})}{\text{黑白格涂漆面积}(cm^2)}\times10000-37.5g$$

说明：厚漆与清油以3∶1的比例调匀后进行试验的。厚漆遮盖力分别为：

黑色≤40g/m^2　　黄色≤180g/m^2；

铁红色≤70g/m^2　　红色≤200g/m^2；

灰、绿色≤80g/m^2　白色≤220g/m^2；

蓝色≤100g/m^2　　象牙色≤220g/m^2。

2. 各种油漆遮盖力（见表 8-17）

各类油漆遮盖力表　　表 8-17

产品及颜色	遮盖力（g/m^2）	产品及颜色	遮盖力（g/m^2）
（1）各色调合漆		灰、绿色	≤55
黑色	≤40	蓝色	≤80
铁红色	≤60	白色	≤110
绿色	≤80	红、黄色	≤140
蓝色	≤100	（5）各种硝基外用磁漆	
红、黄色	≤180		
白色	≤200	黑色	≤20
（2）各色酯胶漆		铝色	≤30
黑色	≤40	深复色	≤40
铁红色	≤60	浅复色	≤50
蓝、绿色	≤80	正蓝、白色	≤60
红、黄色	≤160	黄色	≤70
灰色	≤100	红色	≤80
（3）各色酚醛磁漆		紫红、深蓝色	≤100
黑色	≤40	柠檬黄色	≤120
铁红、草绿色	≤60	（6）各色过氯乙烯外用磁漆	
绿灰色	≤70		
蓝色	≤80	黑色	≤20
浅灰色	≤100	深复色	≤40
红、黄色	≤160	浅复色	≤50
乳白色	≤140	正蓝、白色	≤60
地板漆(棕、红)	≤50	红色	≤80
（4）各色醇酸磁漆		黄色	≤90
黑色	≤40	深蓝、紫红色	≤100

续表

产品及颜色	遮盖力 (g/m²)	产品及颜色	遮盖力 (g/m²)
柠檬、黄色	≤120	黄色	≤150
(7) 聚氨酯磁漆		黑色	≤40
红色	≤140	蓝色、绿色	≤80
白色	≤140	军黄、军绿色	≤110

3. 油漆用量计算

计算油漆用量，首先计算涂刷面积，再从油漆产品技术条件中查该油漆每平方米用量(g/m^2)，两者相乘再除以1000，即得这种油漆每$1m^2$刷一遍的用量(kg)。

【例】 用黄色厚漆涂刷$200m^2$一遍，需多少油漆？

【解】 查表8-17，黄色厚漆遮盖力为$180g/m^2$，所以：

$$黄色厚漆用量=200\times180\times\frac{1}{1000}=36kg$$

以100%固体含量计，每千克涂料所涂面积与厚度关系见表8-18。

涂层厚度与涂刷面积的关系　　表8-18

涂层厚度 (μm)	100	50	33.3	25	20	16.7	14.3	12.5	11.1	10
涂层面积 (m²)	10	20	30	40	50	60	70	80	90	100

$$涂层厚度(\mu m)=\frac{所耗漆量(kg)\times固体含量(\%)}{固体含量密度\times涂刷面积(m^2)}\times1000$$

或将涂料固体含量（不挥发部分）所占容积的百分数与涂料涂刷面积的厚度之乘积即得总厚度。

【例】 涂刷面积 $40m^2$，固体含量所占容积 52%，当固体含量为 100%时，其涂层厚度可从上表查出为 $25\mu m$，求涂层厚度。

【解】 涂层厚 $=52\%\times25=13\mu m$

十二、模板摊销量计算

1. 模板摊销量计算公式

在预算定额中，浇注混凝土使用的模板材料的消耗量，是按多次使用、分次摊销的方法确定的。其计算公式为：

$$模板摊销量=\frac{100m^2 一次使用量\times(1+施工损耗率)}{周转次数}$$

或 $$模板摊销量=100m^2 一次使用量\times(1+施工损耗率)\times摊销系数$$

式中 $$摊销系数=\frac{1+(周转次数-1)\times补损率}{周转次数}-\frac{(1-补损率)\times50\%}{周转次数}$$

2. 模板摊销量周转次数、损耗率及施工损耗

模板的摊销系数和补损率见表 8-19，在计算时可直接查用。

模板周转次数、补损率及施工损耗表　　表 8-19

组合钢模、复合模板材料	周转次数(次)	损耗率(%)	备　注
模板板材	50	1	包括：梁卡具、柱箍损耗 2%
零星卡具	20	2	包括：U 卡、L 插销、3 形扣件、螺栓

续表

组合钢模、复合模板材料	周转次数(次)	损耗率(%)	备注
钢支撑系统	120	1	包括：连杆、钢管支撑及扣件
木　　模	5	5	
木 支 撑	10	5	包括：支撑、琵琶撑、垫、拉板
铁　　钉	1	2	
木　　楔	2	5	
尼 龙 帽	1	5	
草 板 纸	1		

木模板材料	周转次数(次)	补损率(%)	摊销系数	施工损耗(%)
圆　　柱	3	15	0.2917	5
异 形 梁	5	15	0.2350	5
整体楼梯、阳台、栏板	4	15	0.2563	5
小型构件	3	15	0.2917	5
支撑、垫板、拉板	15	10	0.1300	5
木　　楔	2		0.5000	5

$100m^2$ 一次使用量是按照选用的钢筋混凝土构件设计图纸，计算出应配备的模板所需的材料用量，然后折算成模板与混凝土接触面积每 $100m^2$ 所需的模板材料使用量。例如，全国统一建筑工程基础定额的各种混凝土构件每 $100m^2$ 模板接触面积的一次使用量见表 8-20～表 8-23。

3. 现浇构件模板一次使用量（见表 8-20）

4. 预制构件模板一次使用量（见表 8-21）

5. 构筑物构件模板一次使用量（见表 8-22）

现浇构件模板一次用量表　单位：每 $100m^2$ 模板接触面积　**表 8-20**

定额编号	项目		模板种类	支撑种类	混凝土体积	一次使用量							周转次数	周转补损率
						组合式钢模板	复合木模板		模板木材	钢支撑系统	零星卡具	木支撑系统		
							钢框肋	面板						
					m^3	kg	kg	m^2	m^3	kg		m^3	次	%
1	带形基础	毛石混凝土	钢模	钢	32.55	3137.52	—	—	0.689	2260.60	445.08	1.874	50	
2				木	32.55	3137.52	—	—	0.689	—	445.08	5.372	50	
3			复模	钢	32.55	45.50	1393.47	98.00	0.689	2268.60	445.08	1.874	50	
4				木	32.55	45.50	1393.47	98.00	0.689	—	445.08	5.378	50	
5		无筋混凝土	钢模	钢	27.28	3146.00	—	—	0.690	2250.00	582.00	1.858	50	
6				木	27.28	3146.00	—	—	0.690	—	432.06	5.318	50	
7			复模	钢	27.28	45.00	1397.07	98.00	0.690	2250.00	582.00	1.858	50	
8				木	27.28	45.00	1397.07	98.00	0.690	—	432.06	5.318	50	

续表

定额编号	项目			模板种类	支撑种类	混凝土体积	一次使用量							周转次数	周转补损率
							组合式钢模板	复合木模板		模板木材	钢支撑系统	零星卡具	木支撑系统		
								钢框肋	面板						
						m^3	kg	kg	m^2	m^3	kg		m^3	次	%
9	带形基础	钢筋	有梁式	钢模	钢	45.51	3655.00	—	—	0.065	5766.00	725.20	3.061	50	
10					木	45.51	3655.00	—	—	0.065	—	443.40	7.640	50	
11				复模	钢	45.51	49.50	1674.00	97.50	0.065	5766.00	725.20	3.061	50	
12					木	45.51	49.50	1674.00	97.50	0.065	—	443.40	7.640	50	
13			板式	钢	木	168.27	3500.00	—	—	1.300	—	224.00	1.862	50	
14				复		168.27	—	2724.50	98.50	1.300	—	224.00	1.862	50	
15	独立基础	毛石混凝土		钢	木	49.14	3308.50	—	—	0.445	—	473.80	5.016	50	
16				复		49.14	102.00	1451.00	99.50	0.445	—	473.80	5.016	50	
17		无筋、钢筋混凝土		钢	木	47.45	3446.00	—	—	0.450	—	507.60	5.370	50	
18				复		47.45	102.00	1511.00	99.50	0.450	—	507.60	5.370	50	

续表

定额编号	项目	模板种类	支撑种类	混凝土体积	一次使用量							周转次数	周转补损率
					组合式钢模板	复合木模板		模板木材	钢支撑系统	零星卡具	木支撑系统		
						钢框肋	面板						
				m^3	kg	kg	m^2	m^3	kg		m^3	次	%
19	杯形基础	钢模	钢	54.47	3129.00	—	—	0.885	3538.40	657.00	0.292	50	
20			木	54.47	3129.00	—	—	0.885	—	361.80	6.486	50	
21		复模	钢	54.47	98.50	1410.50	77.00	0.885	3530.40	657.00	0.292	50	
22			木	54.47	98.50	1410.50	77.00	0.885	—	361.80	6.486	50	
23	高杯基础	钢模	钢	22.20	3435.00	—	—	0.480	3972.00	666.60	3.866	50	
24			木	22.20	3435.00	—	—	0.480	—	430.20	6.834	50	
25		复模	钢	22.20	—	1572.50	94.50	0.480	3972.00	666.60	3.866	50	
26			木	22.20	—	1572.50	94.50	0.480	—	430.20	6.834	50	

续表

定额编号	项目	模板种类	支撑种类	混凝土体积	一次使用量							木支撑系统	周转次数	周转补损率
					组合式钢模板	复合木模板		模板木材	钢支撑系统	零星卡具				
						钢框肋	面板							
				m^3	kg	kg	m^2	m^3	kg			m^3	次	%
27	满堂基础 无梁式	钢	木	217.37	3180.50	—	—	0.730	—	195.60		1.453	50	
28	满堂基础 无梁式	复	木	217.37	—	1463.00	88.00	0.730	—	195.60		1.453	50	
29	满堂基础 有梁式	钢模	钢	77.23	3383.00	—	—	0.085	2108.28	627.00		0.385	50	
30	满堂基础 有梁式	钢模	木	77.23	3282.00	—	—	0.130	—	521.00		3.834	50	
31	满堂基础 有梁式	复模	钢	77.23	119.00	1454.50	95.50	0.085	2108.28	627.00		0.385	50	
32	满堂基础 有梁式	复模	木	77.23	119.00	1454.50	95.50	0.130	—	521.00		3.834	50	
33	混凝土基础垫层	木模	木	72.29	—	—	—	5.853	—	—		—	5	15
34	人工挖土方护井壁	木模	木	13.07	—	—	—	3.205	—	—		0.367	4	15
35	独立桩承台	钢模	钢	50.15	4598.60	—	—	0.295	*1789.60	506.20		1.194	50	
36	独立桩承台	钢模	木	50.15	4598.60	—	—	0.295	—	506.20		2.364	50	
37	独立桩承台	复模	钢	50.15	—	2068.00	123.50	0.295	*1789.60	506.20		1.194	50	
38	独立桩承台	复模	木	50.15	—	2068.00	123.50	0.295	—	506.20		2.364	50	

续表

定额编号	项目		模板种类	支撑种类	混凝土体积	一次使用量							周转次数	周转补损率
						组合式钢模板	复合木模板		模板木材	钢支撑系统	零星卡具	木支撑系统		
							钢框肋	面板						
					m^3	kg	kg	m^2	m^3	kg		m^3	次	%
39	设备基础	5m^3 以内	钢模	钢	31.16	3392.50	—	—	0.570	3324.00	842.00	1.035	50	
40				木	31.16	3392.50	—	—	0.570	—	692.00	4.975	50	
41			复模	钢	31.16	88.00	1536.00	93.50	0.570	3324.00	842.00	1.035	50	
42				木	31.16	88.00	1536.00	93.50	0.570	—	692.80	4.975	50	
43		20m^3 以内	钢模	钢	60.88	3368.00	—	—	0.425	3667.20	639.80	2.050	50	
44				木	60.88	3368.00	—	—	0.425	—	540.60	3.290	50	
45			复模	钢	60.88	75.00	1471.50	93.50	0.425	3367.20	639.80	2.050	50	
46				木	60.88	75.00	1471.50	93.50	0.425	—	540.60	3.290	50	
47		100m^3 以内	钢模	钢	76.16	3276.00	—	—	0.400	4202.40	786.00	0.195	50	
48				木	76.16	3276.00	—	—	0.400	—	616.20	5.235	50	
49			复模	钢	76.16	73.00	1275.50	93.50	0.400	4202.40	786.00	0.195	50	
50				木	76.16	73.00	1275.50	93.50	0.400	—	616.20	5.235	50	

续表

定额编号	项目		模板种类	支撑种类	混凝土体积	一次使用量							周转次数	周转补损率
						组合式钢模板	复合木模板		模板木材	钢支撑系统	零星卡具	木支撑系统		
							钢框肋	面板						
					m^3	kg	kg	m^2	m^3	kg		m^3	次	%
51	设备基础	100m^3 以外	钢模	钢	224	3295.50	—	—	0.250	2811.60	784.20	0.295	50	
52	设备基础	100m^3 以外	钢模	木	224	3295.50	—	—	0.250	—	640.40	5.335	50	
53	设备基础	100m^3 以外	复模	钢	224	12.50	1464.00	95.50	0.250	2811.60	784.20	0.295	50	
54	设备基础	100m^3 以外	复模	木	224	12.50	1464.00	95.50	0.250	—	640.40	5.355	50	
55	设备螺栓套	0.5m 以内	木模（10个）	木	6.95	—	—	—	0.045	—	—	0.017	1	
56	设备螺栓套	1m 以内	木模（10个）	木	8.20	—	—	—	0.142	—	—	0.021	1	
57	设备螺栓套	1m 以外	木模（10个）	木	11.45	—	—	—	0.235	—	—	0.065	1	
58	矩形柱		钢模	钢	9.50	3866.00	—	—	0.305	5458.80	1308.60	1.73	50	
59	矩形柱		钢模	木	9.50	3866.00	—	—	0.305	—	1106.20	5.050	50	
60	矩形柱		复模	钢	9.50	512.00	1515.00	87.50	0.305	5458.80	1308.60	1.73	50	
61	矩形柱		复模	木	9.50	512.00	1515.00	87.50	0.305	—	1186.20	5.050	50	

续表

定额编号	项目	模板种类	支撑种类	混凝土体积	一次使用量							周转次数	周转补损率
					组合式钢模板	复合木模板		模板木材	钢支撑系统	零星卡具	木支撑系统		
						钢框肋	面板						
				m^3	kg	kg	m^2	m^3	kg		m^3	次	%
62	异形柱	钢模	钢	10.73	3819.00	—	—	0.395	7072.80	547.80	—	50	
63			木	10.73	3819.00	—	—	0.395	—	547.80	5.565	50	
64		复模	钢	10.73	150.50	1644.00	99.50	0.395	7072.80	547.00	—	50	
65			木	10.73	150.50	1644.00	99.50	0.395	—	547.00	5.565	50	
66	圆形柱	木	木	12.76	—	—	—	5.296	—	—	5.131	3	15
67	支撑高度超过 3.6m 每超过 1m		钢	—	—	—	—	—	400.80	—	0.200		
68			木	—	—	—	—	—	—	—	0.520		
69	基础梁	钢模	钢	12.66	3795.50	—	—	0.205	* 849.00	624.00	2.768	50	
70			木	12.66	3795.50	—	—	0.205	—	624.00	5.503	50	
71		复模	钢	12.66	264.00	1558.00	97.50	0.205	* 849.00	624.00	2.768	50	
72			木	12.66	264.00	1558.00	97.50	0.205	—	624.00	5.503	50	

续表

定额编号	项目	模板种类	支撑种类	混凝土体积	一次使用量							周转次数	周转补损率
					组合式钢模板	复合木模板		模板木材	钢支撑系统	零星卡具	木支撑系统		
						钢框肋	面板						
				m³	kg	kg	m²	m³	kg		m³	次	%
73	单梁、连续梁	钢模	钢	10.41	3828.50	—	—	0.080	*9535.70	806.00	0.290	50	
74	单梁、连续梁	钢模	木	10.41	3828.50	—	—	0.080	—	716.60	4.562	50	
75	单梁、连续梁	复模	钢	10.41	358.00	1541.50	98.00	0.080	*9535.70	806.00	0.290	50	
76	单梁、连续梁	复模	木	10.41	358.00	1541.50	98.00	0.080	—	716.60	4.562	50	
77	异形梁	木	木	11.40	—	—	—	3.689	—	—	7.603	5	15
78	过梁	钢	木	10.33	3653.50	—	—	0.920	—	235.60	6.062	50	
79	过梁	复	木	10.33	—	1693.00	99.90	0.920	—	235.60	6.062	50	
80	拱梁	木	木	13.12	—	—	—	6.500	—	—	5.769	3	15
81	弧形梁	木	木	11.45	—	—	—	9.685	—	—	22.178	3	15

续表

定额编号	项目	模板种类	支撑种类	混凝土体积	一次使用量							周转次数	周转补损率
					组合式钢模板	复合木模板		模板木材	钢支撑系统	零星卡具	木支撑系统		
						钢框肋	面板						
				m^3	kg	kg	m^2	m^3	kg		m^3	次	%
82	圈梁	钢	木	15.20	3787.00	—	—	0.065	—	—	1.040	50	
83	圈梁	复	木	15.20	—	1722.50	105.00	0.065	—	—	1.040	50	
84	弧形圈梁	木	木	15.87	—	—	—	6.538	—	—	1.246	3	15
85	支撑高度超过 3.6m 每超过 1m		钢	—	—	—	—	—	1424.40	—	—		
86	支撑高度超过 3.6m 每超过 1m		木	—	—	—	—	—	—	—	1.660		
87	直形墙	钢模	钢	13.44	3556.00	—	—	0.140	2920.80	863.40	0.155	50	
88	直形墙	钢模	木	13.44	3556.00	—	—	0.140	—	712.00	5.810	50	
89	直形墙	复模	钢	13.44	249.50	1498.00	96.50	0.140	2920.80	863.40	0.155	50	
90	直形墙	复模	木	13.44	249.50	1498.00	96.50	0.140	—	712.00	5.810	50	

续表

定额编号	项目	模板种类	支撑种类	混凝土体积	一次使用量								周转次数	周转补损率
					组合式钢模板	复合木模板		模板木材	钢支撑系统	零星卡具	木支撑系统			
						钢框肋	面板							
				m^3	kg	kg	m^2	m^3	kg		m^3		次	%
91	电梯井壁	钢模	钢	7.69	3255.50	—	—	0.705	2356.80	764.60	—		50	
92			木	7.69	3255.50	—	—	0.705	—	599.40	2.835		50	
93		复模	钢	7.69	—	1495.00	89.50	0.705	2356.80	764.60	—		50	
94			木	7.69	—	1495.00	89.50	0.705	—	599.40	2.835		50	
95	弧形墙	木	木	14.20	—	—	—	5.357	—	806.00	2.748		5	25
96	大钢模板墙	大钢模板	钢	14.16	11481.11	—	—	0.113	308.40	90.69	0.104		200	
97			木	14.16	11481.11	—	—	0.113	—	90.69	1.220		200	
98	支撑高度超过3.6m每超过1m		钢	—	—	—	—	—	220.80	—	0.005			
99			木	—	—	—	—	—	—	—	0.445			

续表

定额编号	项目	模板种类	支撑种类	混凝土体积	一次使用量							周转次数	周转补损率
					组合式钢模板	复合木模板		模板木材	钢支撑系统	零星卡具	木支撑系统		
						钢框肋	面板						
				m^3	kg	kg	m^2	m^3	kg		m^3	次	%
100	有梁板	钢模	钢	14.49	3567.00	—	—	0.283	*7163.90	691.20	1.392	50	
101			木	14.49	3567.00	—	—	0.283	—	691.20	8.056	50	
102		复模	钢	14.49	729.50	1297.50	81.50	0.283	*7163.90	691.20	1.392	50	
103			木	14.49	729.50	1297.50	81.50	0.283	—	691.20	8.051	50	
104	无梁板	钢模	钢	20.60	2807.50	—	—	0.822	4128.00	511.60	2.135	50	
105			木	20.60	2807.50	—	—	0.822	—	511.60	6.970	50	
106		复模	钢	20.60	—	1386.50	80.50	0.822	4128.00	511.60	2.135	50	
107			木	20.60	—	1386.50	80.50	0.822	—	511.60	6.970	50	
108	平板	钢模	钢	13.44	3380.00	—	—	0.217	5704.80	542.40	1.448	50	
109			木	13.44	3380.00	—	—	0.217	—	542.40	8.996	50	
110		复模	钢	13.44	—	1482.50	96.50	0.217	5704.80	542.40	1.448	50	
111			木	13.44	—	1482.50	96.50	0.217	—	542.40	8.996	50	

续表

定额编号	项目	模板种类	支撑种类	混凝土体积	一次使用量							周转次数	周转补损率
					组合式钢模板	复合木模板		模板木材	钢支撑系统	零星卡具	木支撑系统		
						钢框肋	面板						
				m^3	kg	kg	m^2	m^3	kg		m^3	次	%
112	拱板	木	木	12.44	—	—	—	4.591	—	49.52	5.998	3	15
113	支撑高度超过3.6m每超过1m		钢	—	—	—	—	—	1225.20	—	—		
114			木	—	—	—	—	—	—	—	2.000		
119	直形楼梯	木	木	1.68	—	—	—	0.660	—	—	1.174	4	15
120	圆弧形楼梯	木	木	1.88	—	—	—	0.701	—	—	1.034	4	15
121	悬 挑 板	木	木	1.05	—	—	—	0.516	—	—	1.411	5	10
122	圆弧悬挑板	木	木	1.07	—	—	—	0.400	—	—	1.223	5	25
124	栏板	木	木	2.95	—	—	—	4.736	—	—	12.718	5	15
125	门框	木	木	7.07	—	—	—	4.000	—	—	5.781	5	10
126	框架柱接头	木	木	7.50	—	—	—	6.014	—	—	—	3	15

续表

定额编号	项目	模板种类	支撑种类	混凝土体积	一次使用量								周转次数	周转补损率
					组合式钢模板	复合木模板		模板木材	钢支撑系统	零星卡具	木支撑系统			
						钢框肋	面板							
				m^3	kg	kg	m^2	m^3	kg		m^3		次	%
127	升板柱帽	木	木	19.74	—	—	—	3.762	—	—	16.527		5	15
123	台阶	木	木	1.64	—	—	—	0.212	—	—	0.069		3	15
128	暖气电缆沟	木	木	9.00	—	—	—	4.828	—	29.60	1.481		3	15
129	天沟挑檐	木	木	6.99	—	—	—	2.743	—	—	2.328		3	15
130	小型构件	木	木	3.28	—	—	—	5.670	—	—	3.254		3	15
131	扶手	木	木	1.34	—	—	—	1.062	—	—	1.964		3	15
132	池槽	木	木	0.35	—	—	—	0.433	—	—	0.186		3	15

注：1. 35、37 项带 * 栏内数量包括梁卡具用量 1072.00kg，钢管支撑用量 717.6kg。69、71 项带 * 栏内数量为梁卡具用量。73、75 项带 * 栏内数量包括梁卡具 1296.50kg，钢管支撑用量 8239.20kg，100、102 项带 * 栏内数量包括钢管支撑用量 6896.40kg，梁卡具用量 267.50kg。

2. 大钢模板墙项目中组合式钢模板栏中数量，为大钢模板数量。

3. 119～122 项单位：每 $10m^2$ 投影面积；131 项单位：每 100 延长米；132 项单位；每 $1m^3$ 外形体积。

预制构件模板一次用量表

表 8-21

定额编号	项目名称		定额单位	模板种类	模板面积		一次使用量									周转次数	周转补损率
					模板接触面积	地模接触面积	组合式钢模	复合木模板		模板木材	定型钢模	零星卡具	木支撑系统	钢支撑系统	橡胶管内膜		
								钢框肋	面板								
					m^2		kg	kg	m^2	m^3	kg	kg	m^3	kg	m	次	%
133	矩形桩	实心	$10m^3$ 混凝土体积	组合式钢模	53.22	25.77	—	—	—	0.230	—	200.55	0.110	757.43	—	150	—
134			$10m^3$ 混凝土体积	复合木模板	53.22	25.77	13.95	881.49	50.82	0.230	—	200.55	0.110	757.43	—	100	—
135		空心	$10m^3$ 混凝土体积		70.33	21.08	9.28	686.21	42.64	0.280	—	139.64	0.720	210.29	6.24	100	—
136			$10m^3$ 混凝土体积	组合式钢模	10.33	21.08	1542.91	—	—	0.280	—	139.64	0.720	210.27	6.24	150	—
137	桩尖		$10m^3$ 混凝土体积	木模	49.30	—	—	—	—	10.52	—	—	—	—	—	20	
138	矩形柱		$10m^3$ 混凝土体积	组合式钢模	50.46	29.43	1698.67	—	—	0.460	—	236.40	0.860	587.16	—	150	—
139			$10m^3$ 混凝土体积	复合木模板	50.46	29.43	141.82	683.01	44.24	0.460	—	236.40	0.860	587.16	—	100	—
140	工形柱		$10m^3$ 混凝土体积	组合式钢模	71.23	44.36	1587.88	—	—	0.759	—	222.01	2.140	222.05	—	150	—
141			$10m^3$ 混凝土体积	复合木模板	71.23	44.36	61.01	670.60	45.36	0.759	—	222.01	2.40	222.05	—	100	—
142	双肢形柱		$10m^3$ 混凝土体积	复合木模板	41.25	混凝土 2.03 砖 14.91	38.70	542.30	25.82	1.154	—	74.18	1.363	458.26	—	100	—
143			$10m^3$ 混凝土体积	组合式钢模	41.26	混凝土 2.03 砖 14.91	1265.47	—	—	1.154	—	74.18	1.363	458.26	—	150	—

续表

定额编号	项目名称	定额单位	模板种类	模板面积		一次使用量									周转次数	周转补损率
				模板接触面积	地模接触面积	组合式钢模	复合木模板		模板木材	定型钢模	零星卡具	木支撑系统	钢支撑系统	橡胶管内膜		
							钢框肋	面板								
				m^2		kg	kg	m^2	m^3	kg	kg	m^3	kg	m	次	%
144	空格柱	$10m^3$ 混凝土体积	组合式钢模	66.68	22.34	1952.72	—	—	0.971	—	245.48	1.721	58.40	—	150	—
145		$10m^3$ 混凝土体积	复合木模板	66.68	22.34	145.85	796.02	53.55	0.971	—	245.48	1.721	58.40	—	100	—
146	围墙柱	$10m^3$ 混凝土体积	木模	117.60	55.51	—	—	—	10.172	—	—	—	—	—	30	—
147	矩形梁	$10m^3$ 混凝土体积	钢模	122.60	—	4732.42	—	—	0.380	—	836.67	8.165	559.30	—	150	—
148		$10m^3$ 混凝土体积	复合模	122.60	—	739.18	1758.88	111.75	0.380	—	837.67	8.165	559.30	—	100	—
149	异形梁	$10m^3$ 混凝土体积	木模	99.62	—	—	—	—	12.532	—	—	—	—	—	10	10
150	过梁	$10m^3$ 混凝土体积	木模	124.50	51.67	—	—	—	4.382	—	—	—	—	—	10	—
151	托架梁	$10m^3$ 混凝土体积	木模	115.97	—	—	—	—	11.725	—	—	—	—	—	10	10
152	鱼腹式吊车梁	$10m^3$ 混凝土体积	木模	136.28	—	—	—	—	28.428	—	—	—	—	—	10	10
153	风道梁	$10m^3$ 混凝土体积	钢模	19.88	49.38	527.62	—	—	0.412	—	52.46	1.743	—	—	150	—
154		$10m^3$ 混凝土体积	复合模	19.88	49.38	16.29	223.80	14.23	0.412	—	52.46	1.743	—	—	100	—
155	拱形梁	$10m^3$ 混凝土体积	木模	61.60	34.24	—	—	—	12.536	—	—	—	—	—	10	—
156	折线形屋架	$10m^3$ 混凝土体积	木模	134.60	12.15	—	—	—	17.04	—	—	—	—	—	10	10

续表

定额编号	项目名称	定额单位	模板种类	模板面积		一次使用量									周转次数	周转补损率
				模板接触面积	地模接触面积	组合式钢模	复合木模板		模板木材	定型钢模	零星卡具	木支撑系统	钢支撑系统	橡胶管内膜		
							钢框肋	面板								
				m^2		kg	kg	m^2	m^3	kg	kg	m^3	kg	m	次	%
157	三角形屋架	$10m^3$ 混凝土体积	木　模	162.35	—	—	—	—	18.979	—	—		—	—	10	10
158	组合屋架	$10m^3$ 混凝土体积	木　模	136.50	—	—	—	—	17.595	—	—	—	—	—	10	10
159	薄腹屋架	$10m^3$ 混凝土体积	木　模	157.40	—	—	—	—	15.529	—	—	—	—	—	10	10
160	门式刚架	$10m^3$ 混凝土体积	木　模	83.98	—	—	—	—	9.061	—	—	—	—	—	10	10
161	天窗架	$10m^3$ 混凝土体积	木　模	83.05	52.74	—	—	—	4.078	—	—	—	—	—	10	10
162	天窗端壁板	$10m^3$ 混凝土体积	木　模	276.63	—	—	—	—	30.080	—	—	—	—	—	15	—
163	天窗端壁板	$10m^3$ 混凝土体积	定型钢模	276.63	—	—	—	—	—	47717.81	—	—	—	—	2000	—
164	120mm 以内空心板	$10m^3$ 混凝土体积	定型钢模	470.79	—	—	—	—	—	55912.15	—	—	—	—	2000	—
165	180mm 以内空心板	$10m^3$ 混凝土体积	定型钢模	393.52	—	—	—	—	—	53163.27	—	—	—	—	2000	—
166	240mm 以内空心板	$10m^3$ 混凝土体积	定型钢模	339.97	—	—	—	—	—	36658.86	—	—	—	—	2000	—
167	120mm 以内空心板	$10m^3$ 混凝土体积	长线台钢拉模	323.34	106.94	—	—	—	—	24469.66	—	—	—	—	2000	—

续表

定额编号	项目名称	定额单位	模板种类	模板面积		一次使用量									周转次数	周转补损率
				模板接触面积	地模接触面积	组合式钢模	复合木模板		模板木材	定型钢模	零星卡具	木支撑系统	钢支撑系统	橡胶管内膜		
							钢框肋	面板								
				m^2		kg	kg	m^2	m^3	kg	kg	m^3	kg	m	次	%
168	180mm以内空心板	$10m^3$ 混凝土体积	长线台钢拉模	306.57	91.57	—	—	—	—	23449.42	—	—	—	—	2000	—
169	预应力120mm以内空心板（拉模）	$10m^3$ 混凝土体积	长线台钢拉模	351.42	140.73	—	—	—	—	61816.44	—	—	—	—	2000	—
170	预应力180mm以内空心板（拉模）	定型钢模	长线台钢拉模	311.45	110.83	—	—	—	—	43253.34	—	—	—	—		
171	预应力240mm以内空心板（拉模）	$10m^3$ 混凝土体积	长线台钢拉模	113.13	98.00	—	—	—	—	40665.59	—	—	—	—	2000	—
172	平板	$10m^3$ 混凝土体积	木　模	48.30	123.55	—	—	—	0.145	—	—	—	—	—	40	—
173	平板	$10m^3$ 混凝土体积	定型钢模	48.30	123.55	—	—	—	—	7833.96	—	—	—	—	2000	—
174	槽形板	$10m^3$ 混凝土体积	定型钢模	250.02	—	—	—	—	—	55895.92	—	—	—	—	2000	—
175	F形板	$10m^3$ 混凝土体积	定型钢模	259.58	—	—	—	—	—	44033.73	—	—	—	—	2000	—
176	大型屋面板	$10m^3$ 混凝土体积	定型钢模	321.41	—	—	—	—	—	52084.76	—	—	—	—	2000	—
177	双T板	$10m^3$ 混凝土体积	定型钢模	268.42	—	—	—	—	—	39693.15	—	—	—	—	2000	—

续表

定额编号	项目名称	定额单位	模板种类	模板面积		一次使用量									周转次数	周转补损率
				模板接触面积	地模接触面积	组合式钢模	复合木模板		模板木材	定型钢模	零星卡具	木支撑系统	钢支撑系统	橡胶管内膜		
							钢框肋	面板								
				m^2		kg	kg	m^2	m^3	kg	kg	m^3	kg	m	次	%
178	单肋板	$10m^3$ 混凝土体积	定型钢模	351.49	—	—	—	—	—	60231.13	—	—	—	—	2000	—
179	天沟板	$10m^3$ 混凝土体积	定型钢模	225.51	—	—	—	—	—	39257.34	—	—	—	—	2000	—
180	折板	$10m^3$ 混凝土体积	木　模	18.30	282.66	—	—	—	2.604	—	—	—	—	—	20	—
181	挑檐板	$10m^3$ 混凝土体积	木　模	43.60	159.94	—	—	—	4.264	—	—	—	—	—	30	—
182	地沟盖板	$10m^3$ 混凝土体积	木　模	66.20	92.58	—	—	—	5.687	—	—	—	—	—	40	
183	窗台板	$10m^3$ 混凝土体积	木　模	121.10	281.01	—	—	—	14.217	—	—	—	—	—	30	
184	隔板	$10m^3$ 混凝土体积	木　模	70.80	370.36	—	—	—	10.344	—	—	—	—	—	30	—
185	架空隔热板	$10m^3$ 混凝土体积	木　模	80.00	320.00	—	—	—	9.440	—	—	—	—	—	40	—
186	栏板	$10m^3$ 混凝土体积	木　模	78.90	178.68	—	—	—	9.460	—	—	—	—	—	30	—
187	遮阳板	$10m^3$ 混凝土体积	木　模	165.10	179.89	—	—	—	4.936	—	—	—	—	—	15	—
188	网架板	$10m^3$ 混凝土体积	定型钢模	318.68	—	—	—	—	—	47337.61	—	—	—	—	2000	—
189	大型多孔墙板	$10m^3$ 混凝土体积	定型钢模	317.99	—	—	—	—	—	34392.07	—	—	—	—	2000	—
190	墙板 20cm 内	$10m^3$ 混凝土体积	定型钢模	26.41	59.10	—	—	—	—	8281.80	—	—	—	—	2000	—
191	墙板 20cm 外	$10m^3$ 混凝土体积	定型钢模	26.61	43.47	—	—	—	—	6590.87	—	—	—	—	2000	—

续表

定额编号	项目名称	定额单位	模板种类	模板面积		一次使用量									周转次数	周转补损率
				模板接触面积	地模接触面积	组合式钢模	复合木模板		模板木材	定型钢模	零星卡具	木支撑系统	钢支撑系统	橡胶管内膜		
							钢框肋	面板								
				m^2		kg	kg	m^2	m^3	kg	kg	m^3	kg	m	次	%
192	升板	$10m^3$ 混凝土体积	木模	2.98	—	—	—	—	0.516	—	—	—	—	—	15	—
193	天窗侧板	$10m^3$ 混凝土体积	定型钢模	291.01	—	—	—	—	—	56378.34	—	—	—	—	2000	—
194	天窗侧板	$10m^3$ 混凝土体积	木模	174.33	128.50	—	—	—	19.595	—	—	—	—	—	30	—
195	拱板(10m内)	$10m^3$ 混凝土体积	木模	286.84	11.39	—	—	—	36.629	—	—	—	—	—	10	10
196	拱板(10m外)	$10m^3$ 混凝土体积	木模	320.20	139.61	—	—	—	39.449	—	—	—	—	—	10	10
207	檩条	$10m^3$ 混凝土体积	木模	440.40	—	—	—	—	53.465	—	—	—	—	—	20	—
208	天窗上下档及封檐板	$10m^3$ 混凝土体积	木模	293.60	150.68	—	—	—	27.540	—	—	—	—	—	30	—
209	阳台	$10m^3$ 混凝土体积	木模	56.42	69.73	—	—	—	5.3	—	—	—	—	—	30	—
210	雨篷	$10m^3$ 混凝土体积	木模	117.77	38.07	—	—	—	5.018	—	—	—	—	—	20	—
211	烟囱、垃圾、通风道	$10m^3$ 混凝土体积	木模	7.15	9.99	—	—	—	5.17	—	—	—	—	—	10	15
212	漏空花格	$10m^3$ 混凝土体积	木模	1057.95	—	—	—	—	89.060	—	—	—	—	—	20	—
213	门窗框	$10m^3$ 混凝土体积	木模	151.30	门74.14 窗50.97	—	—	—	9.361	—	—	—	—	—	—	—
214	小型构件	$10m^3$ 混凝土体积	木模	210.60	284.77	—	—	—	12.425	—	—	—	—	—	10	10

续表

定额编号	项目名称	定额单位	模板种类	模板面积		一次使用量									周转次数	周转补损率
				模板接触面积	地模接触面积	组合式钢模	复合木模板		模板木材	定型钢模	零星卡具	木支撑系统	钢支撑系统	橡胶管内膜		
							钢框肋	面板								
				m^2		kg	kg	m^2	m^3	kg	kg	m^3	kg	m	次	%
215	空心楼梯段	$10m^3$ 混凝土体积	钢模	305.62	—	—	—	—	—	41696.50	—	—	—	—	2000	
216	实心楼梯段	$10m^3$ 混凝土体积	钢模	174.51	—	—	—	—	—	36476.16	—	—	—	—	2000	
217	楼梯斜梁	$10m^3$ 混凝土体积	木模	200.30	52.94	—	—	—	24.57	—	—	—	—	—	30	—
218	楼梯踏步	$10m^3$ 混凝土体积	木模	237.02	188.81	—	—	—	15.96	—	—	—	—	—	40	—
219	池槽(小型)	$10m^3$ 混凝土外形体积	木模	128.56	26.00	—	—	—	6.10	—	—	—	—	—	10	15
220	栏杆	$10m^3$ 混凝土体积	木模	177.10	113.88	—	—	—	23.38	—	—	—	—	—	30	—
221	扶手	$10m^3$ 混凝土体积	木模	139.90	162.84	—	—	—	11.58	—	—	—	—	—	30	—
222	井盖板	$10m^3$ 混凝土体积	木模	48.17	382.40	—	—	—	15.74	—	—	—	—	—	20	—
223	井圈	$10m^3$ 混凝土体积	木模	177.56	84.41	—	—	—	30.30	—	—	—	—	—	20	—
224	一般支撑	$10m^3$ 混凝土体积	木模	100.80	60.08	—	—	—	8.43	—	—	—	—	—	30	—
225	框架式支撑	$10m^3$ 混凝土体积	复合模	33.63	26.30	46.14	2297.99	30.19	0.52	—	137.78	1.322	—	—	100	—
226			组合式钢模	33.63	26.30	1087.66	—	—	0.52	—	137.78	1.322	—	—	150	—
227	支架	$10m^3$ 混凝土体积	复合模	74.10	33.32	50.99	1167.83	54.08	1.600	—	136.03	1.578	735.29	—	100	—
228			组合模	74.10	33.32	2064.71	—	—	1.600	—	136.03	1.578	735.29	—	150	—

构筑物构件模板一次用量表 单位：每 $100m^2$ 模板接触面积 **表 8-22**

定额编号	项目			模板种类	支撑种类	混凝土体积	一次使用量							周转次数	周转补损率
							组合式钢板模	复合木模板		模板木材	钢支撑系统	零星卡具	木支撑系统		
								钢框肋	面板						
						m^3	kg	kg	m^2	m^3	kg		m^3	次	%
239	水塔	塔身	筒式	木	木	6.26	—	—	—	2.698	—	—	2.862	5	15
240	水塔	塔身	柱式	木	木	8.67	—	—	—	4.900	—	—	3.200	5	15
241	水塔	水箱	内壁	木	木	7.04	—	—	—	2.038	—	—	3.831	5	15
242	水塔	水箱	外壁	木	木	8.35	—	—	—	2.574	—	—	4.385	5	15
243	水塔	塔顶		木	木	13.50	—	—	—	3.632	—	—	2.615	3	15
244	水塔	塔底		木	木	17.57	—	—	—	3.570	—	—	12.085	3	15
245	水塔	回廊及平台		木	木	10.80	—	—	—	3.230	—	—	13.538	3	15

续表

定额编号	项目			模板种类	支撑种类	混凝土体积	一次使用量							周转次数	周转补损率
							组合式钢板模	复合木模板		模板木材	钢支撑系统	零星卡具	木支撑系统		
								钢框肋	面板						
						m^3	kg	kg	m^2	m^3	kg		m^3	次	%
259	贮水油池	池底	平底	钢	木	494.29	3503.00	—	—	0.060	—	374.00	2.874	50	
260	贮水油池	池底	平底	复	木	494.29	—	1533.00	99.00	0.060	—	374.00	2.874	50	
261	贮水油池	池底	平底	木	木	494.29	—	—	—	3.064	—	—	2.559	5	15
262	贮水油池	池底	坡底	木	木	107.53	—	—	—	9.914	—	—	—	5	15
263	贮水油池	池壁	矩形	钢模	钢	9.95	3556.50	—	—	0.020	3498.00	1036.60	—	50	
264	贮水油池	池壁	矩形	钢模	木	9.95	3556.50	1512.00	90.00	0.020	—	1036.60	5.595	50	
265	贮水油池	池壁	矩形	复模	钢	9.95	8.50	1512.00	99.00	0.020	3498.00	1036.60	—	50	
266	贮水油池	池壁	矩形	复模	木	9.95	8.50	—	—	0.026	—	1036.60	5.595	50	
267	贮水油池	池壁	矩形	木	木	9.95	—	—	—	2.519	—	—	6.023	5	15
268	贮水油池	池壁	圆形	木	木	8.59	—	—	—	3.289	—	—	4.269	5	15

续表

定额编号	项目			模板种类	支撑种类	混凝土体积	一次使用量							周转次数	周转补损率
							组合式钢板模	复合木模板		模板木材	钢支撑系统	零星卡具	木支撑系统		
								钢框肋	面板						
						m^3	kg	kg	m^2	m^3	kg		m^3	次	%
269	贮水油池	池盖	无梁盖	钢模	钢	30.78	3239.50	—	—	0.226	6453.60	348.80	1.750	50	
270					木	30.78	3239.50	—	—	0.226	—	348.80	9.605	50	
271				复模	钢	30.78	—	1410.50	95.00	0.226	6453.60	348.80	1.750	50	
272					木	30.78	—	1410.50	95.00	0.226	—	348.80	9.605	50	
273				木	木	30.78	—	—	—	3.076	—	—	4.981	5	15
274			肋形盖	木	木	90.09	—	—	—	4.910	—	—	4.981	5	15
275		无梁盖柱		钢模	钢	11.38	3380.00	—	—	1.560	*3970.10	1035.20	2.545	50	
276					木	11.38	3380.00	—	—	1.560	—	1035.20	7.005	50	
277				复模	钢	11.38	656.50	1283.00	73.00	1.560	*3970.10	1035.20	2.545	50	
278					木	11.38	656.50	1283.00	73.00	1.560	—	1035.20	7.005	50	
279				木	木	11.38	—	—	—	4.749	—	—	7.128	5	15
280		沉淀池水槽		木	木	4.74	—	—	—	4.455	—	—	10.169	5	15
281		沉淀池壁基梁		木	木	23.26	—	—	—	2.940	—	—	7.300	5	15

续表

定额编号	项目			模板种类	支撑种类	混凝土体积	一次使用量							周转次数	周转补损率
							组合式钢板模	复合木模板		模板木材	钢支撑系统	零星卡具	木支撑系统		
								钢框肋	面板						
						m^3	kg	kg	m^2	m^3	kg		m^3	次	%
282	贮仓	圆形	顶板	木	木	13.60	—	—	—	5.464	—	8.20	13.323	5	15
283			底板	木	木	38.76	—	—	—	3.995	—	—	16.295	6	15
284			立壁	木	木	109.00	—	—	—	3.615	—	202.20	3.505	5	15
285		矩形壁		钢模	钢	19.29	3690.00	—	—	0.075	4626.00	1035.80	0.001	50	
286					木	19.29	3690.00	—	—	0.075	—	828.00	4.377	50	
287				复模	钢	19.29	65.50	1190.00	72.50	0.075	4626.00	1035.00	0.001	50	
288					木	19.29	65.50	1190.00	72.50	0.075	—	828.00	4.377	50	
289				木	木	10.08	—	—	—	2.791	—	—	1.877	5	15

注：带 * 栏中数量包括柱用量 2464.50kg，钢管用量 1504.60kg。

6. 框架轻板构件模板一次使用量(见表 8-23)

框架轻板构件模板一次用量表 表 8-23

定额编号	项目名称	定额单位	模板种类	模板接触面积 m^2	混凝土体积 m^2	一次使用量			周转次数	周转补损率
						定型钢模	模板木材	木支撑系统		
						kg	m^3	m^3	次	%
5-197	梅花空心柱	$10m^3$	钢 模	155.02	—	26879.83	—	—	1000	
5-198	叠合梁	$10m^3$	钢 模	150.10	—	19935.44	—	—	1000	
5-199	楼梯段	$10m^3$	钢 模	90.80	—	20862.37	—	—	1000	
5-200	缓台	$10m^3$	钢 模	122.27	—	21507.38	—	—	1000	
5-201	阳台槽板	$10m^3$	钢 模	124.29	—	24059.42	—	—	1000	
5-202	组合阳台	$10m^3$	钢 模	151.26	—	33508.20	—	—	1000	
5-203	整间大楼板 2.7m	$10m^3$	钢 模	114.03	—	33750.92	—	—	1000	
5-204	整间大楼板 3.0m	$10m^3$	钢 模	112.38	—	30411.69	—	—	1000	
5-205	整间大楼板 3.3m	$10m^3$	钢 模	114.03	—	27685.00	—	—	1000	

续表

定额编号	项目名称	定额单位	模板种类	模板接触面积 m^2	混凝土面积 m^2	一次使用量			周转次数	周转补损率
						定型钢模	模板木材	大支撑系统		
						kg	m^3	m^3	次	%
5-206	整间大楼板 3.6m	$10m^3$	钢　模	111.30	—	25402.00	—	—	1000	
5-115	楼梯间叠合梁	$100m^2$	木　模	—	8	—	2.644	4.253	3	15
5-116	板带	$100m^2$	木　模	—	10	—	5.833	0.833	3	15
5-117	柱接柱	$100m^2$	木　模	—	40.90	—	5.070	—	3	15

7. 现浇有梁板组合钢模板材料摊销量

【例】 计算以“现浇有梁板”的组合钢模板为例，按上述模板摊销量公式计算，其材料耗用摊销量。

【解】 查表 8-20 中的 100 号定额，组合式钢模板 3567.00kg/100m^2，周转次数 50 次，损耗率 1%。

$$组合式钢模定额摊销量=\frac{3567\times(1+1\%)}{50}$$

$$=72.05kg/100m^2$$

其余材料定额摊销量见表 8-24。

现浇有梁板组合钢模板材料摊销量表

（每 100m^2） **表 8-24**

材料名称		每100m^{2}接触面积 一次使用量	单位	周转次数（次）	净摊销量	损耗率（%）	定额摊销量
工具式钢模板		3567	kg	50	71.34	1	72.05
木模板		0.275	m^3	5	0.055	5	0.058
留洞增加木模板		0.008	m^3		0.008		0.008
木支撑	使用钢支撑时	1.276	m^3	10	0.1276	5	0.134
	使用木支撑时	7.890	m^3	10	0.789	5	0.828
木楔	使用钢支撑时	0.116	m^3	2	0.058		0.058
	使用木支撑时	0.166	m^3	2	0.083		0.083
零星卡具		691.2	kg	20	34.56	2	35.25
铁钉	使用钢支撑时	1.667	kg		1.67	2	1.70
	使用木支撑时	29.66	kg		29.66	2	30.25

续表

材料名称		每100m² 接触面积		周转次数（次）	净摊销量	损耗率（%）	定额摊销量
		一次使用量	单位				
8号铁丝	使用钢支撑时	21.71	kg		21.71	2	22.14
	使用木支撑时	31.84	kg		31.84	2	32.48
草板纸80号		取定	张	每1m²0.3张×100			30.00
脱模隔离剂		取定	kg	每1m²0.1kg×100			10.00
1∶2水泥砂浆块		取定	m³	板用30×30×10×3块+梁40×40×25			0.007
22号铁丝		取定	kg				0.18
支撑钢管及扣件		6896.40	kg	120	57.47	1	58.04
梁卡具		267.50	kg	50	5.35	2	5.46

十三、脚手架使用量

1. 脚手架杆距、步距

各种脚手架杆距、步距参考表　　表8-25

项目	木架	竹架	扣件式钢管架
步高	1.2m	1.8m	1.2～1.4m（以1.3m计算）
立杆间距	1.5m以内	1.5m以内	2m以内
架宽	1.5m以内	1.3m以内	1.5m

2. 木外脚手架构造

木外脚手架构造参考表　单位：m

表 8-26

<table>
<tr><th colspan="2" rowspan="2">项　目　名　称</th><th colspan="2">砌筑脚手架</th><th colspan="2">装修脚手架</th></tr>
<tr><th>单　排</th><th>双　排</th><th>单　排</th><th>双　排</th></tr>
<tr><td colspan="2">双排脚手架里立杆离墙面的距离</td><td>—</td><td>0.35～0.50</td><td>—</td><td>0.35～0.50</td></tr>
<tr><td colspan="2">小横杆里端离墙面的距离或插入墙体的长度</td><td>0.30～0.50</td><td>0.10～0.15</td><td>0.30～0.50</td><td>0.15～0.20</td></tr>
<tr><td colspan="2">小横杆外端伸出大横杆外的长度</td><td colspan="4">＞0.15</td></tr>
<tr><td colspan="2">双排脚手架内外立杆横距单排脚手架，立杆与墙面距离</td><td>1.35～1.80</td><td>1.00～1.50</td><td>1.15～1.50</td><td>0.8～1.20</td></tr>
<tr><td rowspan="2">立杆纵距</td><td>单立杆</td><td colspan="4">1.00～2.00</td></tr>
<tr><td>双立杆</td><td colspan="4">1.50～2.00</td></tr>
<tr><td colspan="2">大横杆间距（步高）</td><td colspan="2">≯1.50</td><td colspan="2">≯1.80</td></tr>
<tr><td colspan="2">第一步架步高</td><td colspan="4">一般为1.60～1.80，且≯2.00</td></tr>
<tr><td colspan="2">小横杆间距</td><td colspan="2">≯1.00</td><td colspan="2">≯1.50</td></tr>
<tr><td colspan="2">15～18m高度段内铺板层和作业层的限制</td><td colspan="4">铺板不多于六层，作业不超过两层</td></tr>
<tr><td colspan="2">不铺板时小横杆的部分拆除</td><td colspan="4">每步保留，相间抽拆，上下两步，错开。抽拆后的距离：砌筑架子≯1.50；装修架子≯3.00</td></tr>
<tr><td colspan="2">剪刀撑</td><td colspan="4">沿脚手架纵向两端和转角处起，每隔10m左右设一组，斜杆与地面夹角为45°～60°，并沿全高度布置</td></tr>
<tr><td colspan="2">与结构拉结（联墙杆）</td><td colspan="4">每层设置，垂直距离≯4.0，水平距离≯6.0，且在高度段的分界面上必须设置</td></tr>
</table>

续表

项目名称	砌筑脚手架		装修脚手架	
	单位排	双排	单排	双排
水平斜拉杆	设置在与联墙杆相同的水平面上		视需要	
护身栏杆和挡脚板	设置在作业层，栏杆高 1.00；挡脚板高 0.40			
杆件对接或搭接位置	上下或左右错开，设置在不同的（步架和纵向）网格内			

3. 木里脚手架构造

木里脚手架构造参考表 单位：m **表 8-27**

项目名称	砌筑脚手架	墙面装修脚手架	顶棚装修脚手架
架宽	1.0～1.2	0.5～0.75	满堂
架高	每步架高 1.5～1.8	每步架高 1.5～1.8	距顶棚 1.8～2.0
脚手板与墙间隙	<0.15	0.20～0.30	—
立杆（架）纵距	1.5～1.8	1.8～2.0	1.8～2.2

4. 竹外脚手架构造
5. 扣件式钢管脚手架构造
6. 各种脚手架材料耐用期限及残值
7. 脚手架搭设一次使用期限

竹外脚手架构造参考表　单位：m　**表 8-28**

用途	脚手架构造形式		里立杆离墙面的距离	立杆间距		操作层小横杆间　距	大横杆步　距	小横杆挑向墙面的悬臂
				横向	纵向			
砌筑	竹脚手架	双排	0.5	1.0～1.3	1.3～1.5	≤0.75	1.2	0.4～0.45
装饰	竹脚手架	双排	0.5	1.0～1.3	1.3	≤1.0	1.6～1.8	0.35～0.45

注：1. 大横杆的最下一步均可放大到 1.8m；
2. 单排脚手架立杆横向间距即指立杆离墙面的距离。

扣件式钢管脚手架构造参考表

单位：m　**表 8-29**

用途	脚手架构造形式	里立杆离墙面的距离	立杆间距		操作层小横杆间　距	大横杆步　距	小横杆挑向墙面的悬臂
			横向	纵向			
砌筑	单排	—	1.2～1.5	2.0	0.67	1.2～1.4	—
	双排	0.5	1.5	2.0	1.0	1.2～1.4	0.4～0.45
装饰	单排	—	1.2～1.5	2.2	1.1	1.6～1.8	—
	双排	0.5	1.5	2.2	1.1	1.6～1.8	0.35～0.45

各种脚手架材料耐用期限
及残值参考表　**表 8-30**

材料名称	耐用期限（月）	残值%	备　　注
钢管	180	10	
扣件	120	5	
脚手杆（杉木）	42	10	

续表

材料名称	耐用期限（月）	残值%	备　　注
木脚手板	42	10	并立式螺栓加固
竹脚手板	24	5	
毛竹	24	5	
绑扎材料	1次	—	
安全网	1次	—	

各种脚手架搭设一次使用期限参考表

表 8-31

项　　目	高　　度	一次使用期限
脚手架	16m以内	6个月
脚手架	30m以内	8个月
脚手架	45m以内	12个月
满堂脚手架		25天
挑脚手架		10天
悬空脚手架		7.5天
室外管道脚手架	16m以内	1个月
里脚手架		7.5天

8. 脚手架定额步距和高度计算

(1) 脚手架、斜道、上料平台立杆间距和步高

脚手架、斜道、上料平台立杆间距和步高参考表　**表 8-32**

项　　目	单　位	木脚手架	竹脚手架	钢脚手架
立杆间距	m	1.5	1.5	1.5
每步高度	m	1.2	1.6	1.3
宽度	m	1.4～1.5	1.4	

（2）脚手架高度计算

脚手架的高度按每步高度乘以步数另加操作高度计算，即：

脚手架高度＝步高×步数＋1.2m

竹脚手架一般第一步高度取 2.45m，其高度为：

竹脚手架高度（m)＝2.45＋步高×(步数－1）＋1.2

（3）脚手架定额高度与步数的确定

脚手架定额高度与步数参考表　　表 8-33

项　　目	木脚手架		竹脚手架		钢管脚手架	
	步数	取定高度(m)	步数	取定高度(m)	步数	取定高度(m)
高度在 16m 以内	9	12	76	13.2	8	12
高度在 30m 以内	21	26.4	15	26.0	19	25.9
高度在 45m 以内	32	39.6	23	38.8	29	38.9
满堂脚手架基本层	2	3.6	—	—	—	—

（4）脚手板层数的确定

高度在 16m 以内的脚手架，脚手板按一层计算；高度在 16m 以外的脚手架，考虑交叉作业的需要，按双层计算。

9. 各种形式脚手架一次搭设材料用量

（1）扣件式钢管脚手架

单立杆扣件式钢管脚手架，其不同步距、杆距每 $1m^2$ 钢管参考用量，见表 8-34。

扣件式钢管脚手架的材料综合用量，见表 8-35。

（2）承插式钢管脚手架

见表 8-36。

不同步距、杆距钢管脚手架钢管、扣件用量参考表　单位：kg/m²　表 8-34

步距 h (m)	类别	每 1m² 脚手架的钢管用量 (kg)，当立杆纵距 a 为 (m)					扣件 (个/m²)
		1.2	1.4	1.6	1.8	2.0	
1.2	单排	14.40	13.37	12.64	12.01	11.51	2.09
	双排	20.80	18.74	17.28	16.02	15.02	4.17
1.4	单排	12.31	11.38	10.64	10.11	9.65	1.79
	双排	18.74	16.87	15.39	14.34	13.41	3.57
1.6	单排	10.85	10.00	9.34	8.83	8.37	1.57
	双排	17.20	15.49	14.18	13.16	12.24	3.13
1.8	单排	9.78	8.93	8.35	7.84	7.44	1.25
	双排	16.00	14.30	13.14	12.12	11.31	2.50

注：以上用量为立杆、大横杆和小横杆用量，剪刀撑、斜拉杆、栏杆等另计。

扣件式钢管脚手架材料综合用量参考表

单位：1000m²　表 8-35

名称	单位	墙高 20m			墙高 10m		
		扣件式单排	扣件式双排	组合式	扣件式单排	扣件式双排	组合式
1. 钢管							
立杆	m	573	1093	672	573	1093	704
大横杆	m	877	1684	372	877	1684	413
小横杆	m	752	651	1074	886	733	1143
剪刀撑、斜杆	m	200	200	322	160	160	386
小计	m	2402	3628	2438	2496	3670	2646
钢管重量	t	9.22	13.93	9.36	9.59	14.09	10.16

续表

名称	单位	墙高 20m			墙高 10m		
		扣件式单排	扣件式双排	组合式	扣件式单排	扣件式双排	组合式
2. 扣件							
直角扣件	个	879	1555	1000	933	1593	1072
对接扣件	个	214	412	96	185	350	64
回转扣件	个	50	50	140	40	40	168
底座	个	29	55	32	57	109	64
小计	个	1172	2072	1268	1215	2092	1368
扣件重量	t	1.52	2.70	1.58	1.56	2.69	1.69
3. 桁架重量	t			1.12			2.24
钢材用量	t	10.74	16.63	12.06	11.14	16.78	14.09

注：大横杆中包括栏杆及支承架的连系杆。

承插式钢管脚手架材料综合用量参考表

单位：1000m² 　　表 8-36

名称	单位	甲型			乙型		
		每件重量（kg）	件数	总重量（kg）	每件重量（kg）	件数	总重量（kg）
立杆 3.75m	根	16.67	174	2900	15.77	174	2744
5.55m	根	24.41	116	2832	23.06	116	2675
大横杆	根	7.3	616	4497	8.88	672	5967
小横杆	根	5.18	347	1797	7.27	319	2319
栏杆	根	7.3	28	204	8.88	28	249
斜撑	根	24.41	60	1465	23.06	60	1384
三脚架	个	3.24	29	94			
底座	个	1.99	58	115	1.99	58	115
合计				13904			15453

续表

名　　称	单位	甲　　型			乙　　型		
		每件重量（kg）	件数	总重量（kg）	每件重量（kg）	件数	总重量（kg）
其中：							
ϕ48×3.5 钢管				11983			13508
ϕ25×3.5 钢管				718			325
ϕ60×3.5 钢管				424			424

注：1. 1000m^2 墙面，高 20m 的脚手架按 11 步 28 跨计算；
2. 立杆重量包括连接套管和承插管；
3. 斜撑用 5.55m 立杆或其他长钢管搭设。

(3) 钢脚手板

钢脚手板规格一般为 4.0m×(0.2～0.25m)，不同杆距及架宽每 100m 长作业面钢脚手板用量，见表 8-37。

每 100m 长作业面钢脚手板用量参考表

单位：块/100m　　　　**表 8-37**

立杆横距 b（m）	脚手架宽度（m）		
	1.2	1.4	1.6
0.8	84	87	93
1.0	112	116	124
1.2	112	116	124
1.4	140	145	155
1.6	168	174	186

10. 脚手架材料定额摊销量计算

(1) 脚手架材料的定额摊销量，按下式计算：

$$定额摊销量=\frac{单位一次使用量\times(1-残值率)}{耐用期限\div 一次使用期}$$

（2）钢脚手架材料维护保养费用

钢脚手架钢管的维护保养，是按钢管初次投入使用前刷两遍防锈漆，以后每隔三年再刷一遍考虑，在耐用期限计 240 个月内共刷七遍。其维护保养费用为：

$$一次使用量\times\frac{7\times一次使用期}{240个月}\times刷油漆工料单价$$

刷油漆工料单价可按相应定额项目计算。

第九章　预算定额

一、施工过程

施工过程是指在建筑安装工地范围内所进行的各种生产过程。

施工过程按组织上的复杂程度，一般可分为工序、工作过程和综合工作过程。

1. 工序

工序是指在劳动组织上不可分割，而在技术操作上属于同一类的施工过程。

工序的主要特征：劳动者、劳动对象和劳动工具均不发生变化。

从劳动的观点看，工序又可以分解为更小的组成部分——操作；操作又可以分解为最小的组成部分——动作。

2. 工作过程

工作过程是指同一工人或工人小组所完成的，在技术操作上相互有联系的工序组合。

工作过程的主要特征：劳动者不变、工作地点不变，而材料和工具则可以变换。

3. 综合工作过程

综合工作过程是指在施工现场同时进行的、在组织上有直接联系的，并且最终能获得一定劳动产品的施工过程的总和。

施工过程的划分示意见图 9-1。

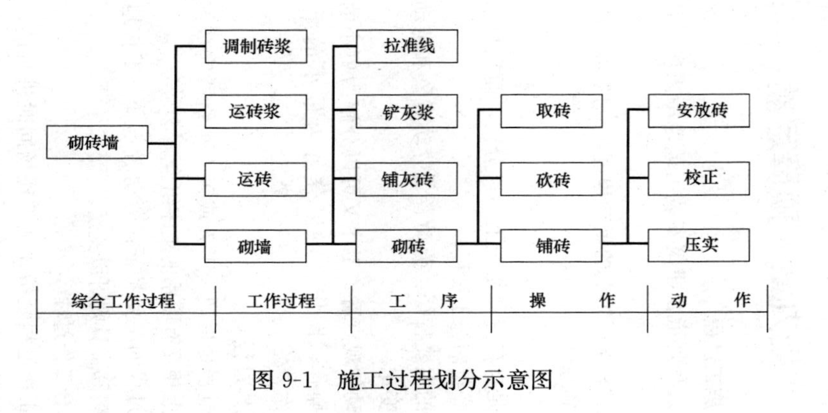

图 9-1　施工过程划分示意图

4. 研究施工过程的主要目的

(1) 寻求工人完成各项工作最有效、最经济、最令人愉快的操作方法。

(2) 通过施工过程的分解，以便我们在技术上有可能采取不同的现场观察方法来研究工料消耗数量，取得编制定额的基础资料。

二、工作时间

工作时间是指工作班的延续时间，即每个工日 8h。

工作时间的研究，是将劳动者整个生产过程中所消耗的工作时间，根据其性质、范围和具体情况进行科学划分、归类，明确定额时间和非定额时间，找出非定额时间损失的原因，充分利用工作时间，提高劳动生产率。

1. 工人工作时间

工人工作时间划分为定额时间和非定额时间两大类，见图 9-2。

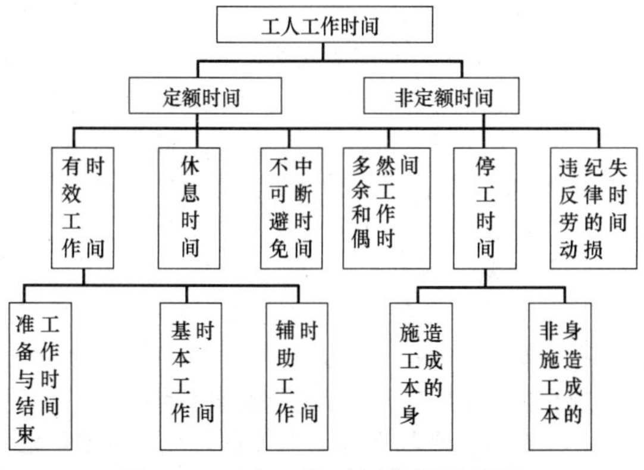

图 9-2　工人工作时间分类示意图

2. 机械工作时间

机械工作时间的分类见图 9-3

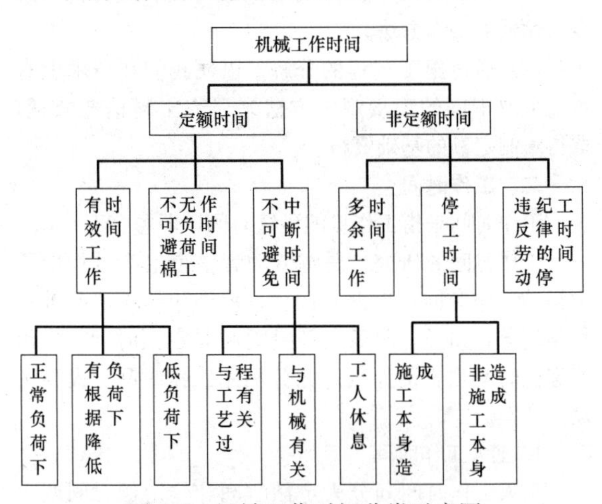

图 9-3 机械工作时间分类示意图

三、技术测定法

技术测定法亦称计时观察法，是一种科学的调查研究方法。它通过对施工过程的具体活动进行实地观察，详细记录工人和机械的工作时间消耗、完成产品的数量及有关影响因素，并将记录结果予以研究、分析，整理出可靠的数据资料，为制定定额提供科学依据。

1. 技术测定法的主要步骤

（1）确定拟编定额项目的施工过程，对其组成部分进行必要的划分；

（2）选择正常的施工条件和观察对象；

（3）在施工现场对观察对象进行测时观察，记录完成产品的数量和工时消耗，记录对工时消耗产生影响的有关因素。

(4) 分析整理观察资料。

2. 技术测定法的准备工作

(1) 划分施工过程的组成部分

一般将施工过程划分为工序为止。

(2) 确定定时点

施工过程中上下两个相互衔接的组成部分之间的分界点称为定时点。

(3) 确定计量单位

先确定各组成部分完成产品的计量单位。

3. 测时法

测时法主要用于观察循环施工过程的定额工时消耗。

(1) 测时法的观察步骤

1) 将事先划分好的各施工过程组成部分的名称填入测时记录表;

2) 连续或有选择地记录各组成部分的工时消耗;

3) 记录测定时间内完成产品的数量及影响工时消耗的因素;

4) 分析整理测时记录表中的数据。

(2) 选择法测时

该方法是有选择地测定其中某一组成部分的工时消耗，经过若干次选择测时后，直到填满表格中规定的测时次数，完成各个组成部分的全部测时工作为止。

选择法测时记录过程见表 9-1。

选择法测时记录表数据整理步骤:

1) 加总每一组成部分各栏中的正常延续时间，然后填入时间总和栏(应扣除偶然因素影响的时间);

2) 将正常循环次数加总后填入循环次数栏;

表 9-1

选择法测时记录表

<table>
<tr><td colspan="3" rowspan="2">观察对象：
大型屋面板吊装</td><td colspan="2">施工单位</td><td colspan="2">工地</td><td colspan="2">日期</td><td colspan="2">开始时间</td><td colspan="2">终止时间</td><td colspan="2">延续时间</td><td colspan="2">观察号次</td><td>页次</td></tr>
<tr><td colspan="2">××××</td><td colspan="2">×××</td><td colspan="2">××</td><td colspan="2">9：00</td><td colspan="2">11：00</td><td colspan="2">2h</td><td colspan="2">××</td><td>××</td></tr>
<tr><td colspan="3">时间精度：1s</td><td colspan="15">施工过程名称：轮胎式起重机（QL_3-16 型）吊装大型屋面板</td></tr>
<tr><td rowspan="3">号次</td><td rowspan="3">组成部分名称</td><td rowspan="3">定时点</td><td colspan="10">每次循环的工时消耗</td><td colspan="3">时间整理</td><td rowspan="3">产品数量</td><td rowspan="3">附注</td></tr>
<tr><td colspan="10">单位：s/块</td><td rowspan="2">正常延续时间总和</td><td rowspan="2">正常循环次数</td><td rowspan="2">算术平均值</td></tr>
<tr><td>1</td><td>2</td><td>3</td><td>4</td><td>5</td><td>6</td><td>7</td><td>8</td><td>9</td><td>10</td></tr>
<tr><td>1</td><td>挂钩</td><td>挂钩后松手离开吊钩</td><td>31</td><td>32</td><td>33</td><td>32</td><td>①43</td><td>30</td><td>33</td><td>33</td><td>33</td><td>32</td><td>289</td><td>9</td><td>32.1</td><td rowspan="3">每循环一次吊装大型屋面板一块，每块重 1.5t</td><td rowspan="3">①挂了两次钩
②吊钩下降高度不够，第一次未脱钩</td></tr>
<tr><td>2</td><td>上升回转</td><td>回转结束后停止</td><td>84</td><td>83</td><td>82</td><td>86</td><td>83</td><td>84</td><td>85</td><td>82</td><td>82</td><td>86</td><td>837</td><td>10</td><td>83.7</td></tr>
<tr><td>3</td><td>下落就位</td><td>就位后停止</td><td>56</td><td>54</td><td>55</td><td>57</td><td>57</td><td>②69</td><td>56</td><td>57</td><td>56</td><td>54</td><td>502</td><td>9</td><td>55.8</td></tr>
</table>

续表

观察对象：大型屋面板吊装	施工单位	工地	日期	开始时间	终止时间	延续时间	观察号次	页次
	××××	×××	××	9：00	11：00	2h	××	××
时间精度：1s	施工过程名称：轮胎式起重机（QL_3-16 型）吊装大型屋面板							

号次	组成部分名称	定时点	每次循环的工时消耗 单位：s/块										时间整理			产品数量	附注
			1	2	3	4	5	6	7	8	9	10	正常延续时间总和	正常循环次数	算术平均值		
4	脱钩	脱钩后开始回升	41	43	40	41	39	42	42	38	41	41	408	10	40.8	每循环一次吊装大型屋面板一块，每块重1.5t	①挂了两次钩 ②吊钩下降高度不够，第一次未脱钩
5	空钩回转	空钩回至构件堆放处	50	49	48	49	51	50	50	47	49	48	492	10	49.2		
													合计		261.6		

3）求时间消耗的算术平均值：

$$算术平均值=\frac{正常延续时间之和}{正常循环次数之和}$$

4）统计该施工过程在观察时间内的产品数量。

（3）接续法则时

接续法测时是根据各组成部分的定时点划分，用双指针秒表连续不断地记录各组成部分完成时间，观察难度较大。见表9-2。

接续法测时的数据整理步骤：

1）计算每一组成部分的延续时间，即终止时间减去开始时间；

2）将正常延续时间汇总；

3）统计正常观察次数；

4）计算算术平均值；

5）统计观察时间内的产品数量。

4. 写实记录法

写实记录法是一种研究各种性质工作时间消耗的技术测定法。

（1）数示法

采用专用记录表格，对1个或2个工人进行计时观察。

（2）图示法

采用专用记录表格，对3个以内工人进行计时观察。

（3）混合法

综合了数示和图示两种方法，可以对3个或3个以上工人进行计时观察。见表9-3。

填写混合法记录表时，各组成部分的延续时间用横线条填画；完成任务的工人人数用数字填写在横线上方。

接续法测时记录表

表 9-2

观察：人力胶轮车 对象：运标准砖	施工单位	工地	日期	开始时间	终止时间	延续时间	观察号次	页次
	××××	×××	××	8：00	10：13′53″	2：13′53″	××	××
时间精度：1s	施工过程名称：人力双轮车运标准砖（运：距 25m）							

号次	组成部分名称	时间	观察次数																				时间整理			产品数量	备注
			1		2		3		4		5		6		7		8		9		10		时间总和	观察次数	算术平均值		
			min	s	min	s	min	s	min	s	min	s	min	s	min	s	min	s	min	s	min	s					
1	装车	终止时间	5	50	19	25	32	43	46	18	59	44	12	57	26	13	39	29	53	03	6	22	3501	10	350.1	每车运100块标准砖	
		延续时间		350		360		345		353		348		347		351		340		355		352					
2	运走	终止时间	6	50	20	26	33	41	47	19	0	43	13	55	27	15	40	29	54	02	7	24	600	10	60		
		延续时间		60		61		58		61		59		58		62		60		59		62					

续表

观察：人力胶轮车	施工单位	工地	日期	开始时间	终止时间	延续时间	观察号次	页次
对象：运标准砖	××××	×××	××	8：00	10：13′53″	2：13′53″	××	××

时间精度：1s			施工过程名称：人力双轮车运标准砖（运距25m）																								
号次	组成部分名称	时间	观察次数																				时间整理			产品数量	备注
			1		2		3		4		5		6		7		8		9		10		时间总和	观察次数	算术平均值		
			min	s	min	s	min	s	min	s	min	s	min	s	min	s	min	s	min	s	min	s					
3	卸车	终止时间	12	30	26	01	39	29	53	00	6	15	19	28	32	54	46	12	59	33	12	58	3376	10	337.6	每车运100块标准砖	
		延续时间		310		335		348		341		332		333		339		343		331		334					
4	空回	终止时间	13	25	26	58	40	25	53	56	7	10	20	22	33	49	47	08	0	30	13	53	556	10	55.6		
		延续时间		55		57		56		56		55		54		55		56		57		55					
																								合计	503.3		

混合法写实记录表

表9-3

观察对象：砖工	施工单位名称	日期	开始时间	终止时间	延续时间	页次
六级工1人，四级工	×××××××	2000年 月 日	8:00	9:00	1h	××
1人，三级工3人	工作过程名称：砌一砖厚标准砖墙					

号次	各组成部分名称 \ 时间（5 10 15 20 25 30 35 40 45 50 55）	工分合计	产品数量	附注
1	挂线　1 1 1 1 1 1	6	完成产品	①因运灰浆
2	铲灰浆　1 1 1	6	数量按	耽误的停工
3	铺灰浆　1 1 1 1 1	40	半个工作	时间
4	摆砖、砍砖　2 1 1 1 1 21 1 1 1 1	48	班计算	
5	砌砖　1 3 2 3 2 32 323 12 3 212 3 23 23 2	115	8.45m³	②小组工人
6	工人转移　2 1 1 1 1 1 1 2 1 1 1 1 1	17		迟到5min
7	休息　2 2 2 2 1	18		
8	施工本身停工　23 ①	25		
9	违反劳动纪律　5 ②	25		
	合计	300		

观察　　　　复核

5. 工作日写实法

工作日写实法是一种研究整个工作班内各种损失时间、休息时间和不可避免中断时间的方法，也是研究有效工作时间的方法。

四、预算定额编制

1. 预算定额编制原则

(1) 平均水平原则

预算定额的编制应遵循价值规律，按生产该产品的社会必要劳动时间来确定其价值。这种以社会必要劳动时间来确定的定额水平，就是通常说的平均水平。

(2) 简明适用原则

也就是预算定额要在适用的基础上力求简明。

2. 预算定额的编制步骤

(1) 拟定编制定额的工作方案，确定编制原则、适用范围，确定项目划分及定额表格形式等；

(2) 调查研究，收集各种编制依据和资料；

(3) 按编制方案中的项目划分选定典型工程施工图计算工程量；

(4) 计算分项工程定额的人工、材料和机械台班消耗量；

(5) 测算定额水平；

(6) 修改和审查定稿。

3. 按选定的典型工程施工图计算工程量

计算工程量的目的是为了综合组成分项工程各实物量的比重，以便采用劳动定额、材料消耗定额计算出项目综合后的消耗量。

例如：编制砌一砖厚标准砖内墙的预算定额项目，要按顺序完成以下工作：

（1）选择具有代表性的各典型工程施工图计算工程量；

（2）综合确定各典型工程施工图每 $10m^3$ 一砖内墙中，双面清水墙、单面清水墙和混水墙所占的比重；

（3）根据各典型工程施工图计算每砌 $10m^3$ 一砖内墙要附带完成的其他工作用工数；

（4）根据典型工程施工图计算砌墙时所需扣除的梁头、板头的体积及这些体积占墙体的百分比。

例如，根据所选的六个典型工程施工图，计算出的一砖内墙各项工程量指标见表 9-4。

计算公式：

$$\text{门窗洞口面积占墙体总面积百分比}=\frac{\text{门窗洞口面积}}{\text{墙体总面积}}\times 100\%$$

$$\text{或}=[\text{门窗面积}\div(\text{砖墙面积}\div\text{墙厚}+\text{门窗面积})]\times 100\%$$

例如，金工车间门窗洞口面积占墙体总面积百分比为：

$$[24.50\div(30.01\div 0.24+24.5)]\times 100\%=16.38\%$$

4. 人工消耗指标确定

预算定额中的人工消耗指标是指完成该分项工程必须消耗的各种用工，包括基本用工、材料超运距用工、辅助用工和人工幅度差。

（1）基本用工

基本用工指完成该分项工程的主要用工。如砌砖工程中的砌砖、调制砂浆、运砖等用工。将劳动定额综合成预算定额的过程中，还要增加砌附墙烟囱、垃圾道等的用工。

基本工的计算见表 9-6。

标准砖一砖内墙及墙内构件体积工程量计算表 **表 9-4**

分部名称：砖石工程　　项目：砖内墙

分节名称：砌砖　　子目：一砖厚

序号	工程名称	砖墙体积(m^3)		门窗面积(m^2)		板头体积(m^3)		梁头体积(m^3)		弧形及圆形旋(m)	附墙烟囱孔(m)	垃圾道(m)	抗震柱孔(m)	墙顶抹灰找平(m^2)	壁橱(个)	吊柜(个)
		1	2	3	4	5	6	7	8	9	10	11	12	13	14	15
		数量	%	数量	%	数量	%	数量	%	数量	数量	数量	数量	数量	数量	数量
一	金工车间	30.01	2.51	24.50	16.38	0.26	0.87									
二	职工宿舍	66.10	5.53	40.00	12.68	2.41	3.65	0.17	0.26	7.18			59.39	8.21		
三	普通中学教学楼	149.13	12.47	47.92	7.16	0.17	0.11	2.00	1.34					10.33		
四	技工校教学楼	164.14	13.72	185.09	21.30	5.89	3.59	0.46	0.28							
五	综合楼	432.12	36.12	250.16	12.20	10.01	2.32	3.55	0.82		217.36	19.45	161.31	28.68		
六	住宅	354.73	29.65	191.58	11.47	8.65	2.44				189.36	16.44	138.17	27.54	2	2
	合计	1196.23	100	739.25	12.92	27.39	2.29	6.18	0.52	7.18	406.72	35.89	358.87	74.76	2	2

(2) 材料超运距用工

因为预算定额综合的材料运距比劳动定额的材料运距要远，所以要增加计算材料超运距用工。超运距计算见表 9-5，用工计算见表 9-6。

预算定额砌砖工程材料超运距计算表　　表 9-5

材料名称	预算定额规定运距	劳动定额规定运距	超运距
砂子	80m	50m	30m
石灰膏	150m	100m	50m
标准砖	170m	50m	120m
砂浆	180m	50m	130m

注：每砌 $10m^3$ 一砖内墙的砂子定额用量为 $2.43m^3$，石灰膏定额用量为 $0.19m^3$。

(3) 辅助用工

辅助用工指施工现场发生的加工材料等的用工。如筛砂子、淋石灰膏的用工。一砖内墙的辅助用工计算见表 9-6。

(4) 人工幅度差

人工幅度差主要指在正常施工条件下，劳动定额中没有包含的用工因素（如工种交叉作业配合的停歇时间、质量检查等时间）和定额水平差。

预算定额的人工幅度差百分比取定为 10%，计算公式为：

人工幅度差=(基本工+超运距用工+辅助用工)×10%

一砖内墙的人工幅度差计算见表 9-6。

5. 材料消耗指标确定

每 $10m^3$ 一砖内墙标准砖定额用量计算过程：

预算定额项目劳动力计算表

表 9-6

子目名称：一砖内墙　　依据：1985 年全国统一劳动定额　　单位：$10m^3$

用工	施工过程名称	工程量	单位	劳动定额编号	工种	时间定额	工日数
	1	2	3	4	5	6	7=2×6
基本用工	单面清水墙	2.0	m^3	§4—2—10	砖工	1.16	2.320
	双面清水墙	2.0	m^3	§4—2—5	砖工	1.20	2.400
	混水内墙	6.0	m^3	§4—2—16	砖工	0.972	5.832
	小计						10.552
	弧形及圆形碹	0.006	m	§4—2 加工表	砖工	0.03	0.002
	附墙烟囱孔	0.34	m	§4—2 加工表	砖工	0.05	0.170
	垃圾道	0.03	m	§4—2 加工表	砖工	0.06	0.018
	预留抗震柱孔	0.30	m	§4—2 加工表	砖工	0.05	0.150
	墙顶面抹灰找平	0.0625	m^2	§4—2 加工表	砖工	0.08	0.050
	壁柜	0.002	个	§4—2 加工表	砖工	0.30	0.006
	吊柜	0.002	个	§4—2 加工表	砖工	0.15	0.003
	小计						0.399
	合计						10.951

续表

用工	施工过程名称	工程量	单位	劳动定额编号	工种	时间定额	工日数
	1	2	3	4	5	6	7=2×6
超运距用工	砂子超运 30m	2.43	m^3	§4—超运距加工表—192	普工	0.0453	0.110
	石灰膏超运 50m	0.19	m^3	§4—超运距加工表—193	普工	0.128	0.024
	标准砖超运 120m	10.00	m^3	§4—超运距加工表—178	普工	0.139	1.390
	砂浆超运 130m	10.00	m^3	§4—超运距加工表—{178 173	普工	{0.0516 0.00816	0.598
	合计						2.122
辅助工	筛砂子	2.43	m^3	§1—4—82	普工	0.111	0.270
	淋石灰膏	0.19	m^3	§1—4—95	普工	0.50	0.095
	合计						0.365
共计	人工幅度差=（10.951+2.122+0.365）×10%=1.344 工日						
	定额用工=10.951+2.122+0.365+1.344=14.782 工日						

(1) 标准砖净用量

$$标砖净用量=\frac{1}{0.24\times0.25\times0.063}\times10m^3=5291块/10m^3$$

(2) 扣除 $10m^3$ 砌体中梁头、板头占墙体积

查表 9-4，(梁头 0.52%+板头 2.29%)=2.81%

$$\begin{aligned}扣除梁板头体积的砖净用量&=5291\times(1-2.81\%)\\&=5142块/10m^3\end{aligned}$$

(3) 砌筑砂浆净用量

$$\begin{aligned}砂浆净用量&=(1-529.1\times0.24\times0.115\times0.053)\times10m^3\times(1-2.81\%)\\&=2.26\times0.9719\\&=2.196m^3/10m^3\end{aligned}$$

(4) 标准砖定额用量

按规定砖内墙的标砖损耗率为1%，其标砖定额用量为：

$$\begin{aligned}标准砖定额用量&=5142\times(1+1\%)\\&=5193块/10m^3\end{aligned}$$

(5) 砂浆定额用量

按规定砌筑砂浆的损耗率为1%，其砂浆定额用量为：

$$\begin{aligned}砌筑砂浆定额用量&=2.196\times(1+1\%)\\&=2.218m^3/10m^3\end{aligned}$$

6. 施工机械台班消耗指标确定

配合工人小组施工的机械台班计算公式如下：

$$分项定额机械台班使用量=\frac{分项定额计量单位值}{小组总人数\times\Sigma\left(\begin{array}{c}分项计算的\\取定比重\end{array}\times\begin{array}{c}劳动定额\\综合产量\end{array}\right)}$$

$$或=\frac{分项定额计量单位值}{小组总产量}$$

劳动定额规定，砌砖工人小组为22人。上述典型工程量数据和劳动定额计算出的小组总产量为：

小组总产量=22人×(单面清水20%×0.862m^3/d+22面清水20%×0.833m^3/d+混水60%×1.029m^3/d)

=22×0.9564=21.04m^3

若一台塔吊和一台砂浆搅拌机为一个工人小组配置，那么工人小组的总产量就是施工机械的台班产量。

一砖内墙定额项目的计量单位为10m^3，故

砌砖分项定额机械台班使用量=$\frac{分项定额计量单位值}{小组总产量}$=$\frac{10}{21.04}$

=0.475台班/10m^3

所以：砌10m^3一砖内墙预算定额的施工机械台班消耗量为：塔吊0.475台班/10m^3

砂浆搅拌机0.475台班/10m^3

7. 编制预算定额项目表

分项工程的人工、材料和机械台班消耗量指标确定后，就可以着手编制定额项目表，最后汇总编制为预算定额。

一砖内墙编制的预算定额项目表见表9-7。

预算定额项目表　　表9-7

工程内容：(略)　　单位：10m^3

定额编号			×××	×××	×××
项目		单位	内墙		
			1砖	3/4砖	1/2砖
人工	砖工	d	12.046		
	其他用工	d	2.736	……	……
	合计	d	14.782		

续表

定额编号			×××	×××	×××
项目		单位	内墙		
			1砖	3/4砖	1/2砖
材料	标准砖	千块	5.193	……	……
	砂浆	m^3	2.218		
机械	2t塔吊	台班	0.475	……	……
	200L灰浆搅拌机	台班	0.475		

五、人工工日单价

人工工日单价是指预算定额基价中，计算人工费的单价。工日单价通常由日工资标准和工资性补贴构成。

1. 工资标准

工资标准是指工人在单位时间内（日或月）按照不同的工资等级所取得的工资数额。

研究工资标准的目的是为了确定工日单价，满足编制预算定额或换算预算定额的需要。

(1) 工资等级

工资等级是按国家或企业有关规定，按照劳动者的技术水平、熟练程度和工作责任大小等因素所划分的工资级别。

(2) 工资等级系数

工资等级系数也称工资级差系数，是某一等级的工资标准与一级工工资标准之间的比值。例如，原国家规定的建筑工人的工资等级为1～7级，第七级与第一级之间的比值为2.800，相邻上一级与下一级之间的比值均为1.187，见表9-8。原安装工人的工资等级分为1～8级，相邻上一级与下一级之间的比值为1.178。

建筑工人工资标准（六类工资区）　表 9-8

工资等级（n）	一	二	三	四	五	六	七
工资等级系数（K_n）	1.000	1.187	1.409	1.672	1.985	2.358	2.800
级差（%）	—	18.7	18.7	18.7	18.7	18.7	18.7
月工资标准（F_n）	33.66	39.95	47.43	56.28	66.82	79.37	95.25

工资等级系数 K_n 的计算公式：

$$K_n=(1.187)^{n-1}$$

式中　n——工资等级；

K_n——n 级工的工资等级系数；

1.187——等比级差的公比。

(3) 工资标准的计算

工资标准可以通过等级系数法和插值法求得。

1) 等级系数法

计算公式：

$$F_n=F_1\times K_n$$

式中　F_n——n 级工的月工资标准；

F_1——一级工的月工资标准；

K_n——n 级工的工资等级系数。

【例】　根据表 9-8 中数据，计算四级工的月工资标准。

【解】　$F_4=F_1\times K_4$

$=33.66\times 1.672$

$=56.28$ 元/月

【例】　已知一级工的月工资标准为 33.66 元，工资等级系数的公比为 1.187，求 4、5 级工的月工资标准。

【解】　$K_{4.5}=(1.187)^{4.5-1}=1.822$

$$F_{4.5}=33.66\times1.822=61.33\text{元/月}$$

2）插值法

计算公式：

$$F_{n\cdot m}=F_n+(F_{n+1}-F_n)\times m$$

式中 $F_{n\cdot m}$——$n\cdot m$ 等级的工资标准，其中 n 为整数，m 为小数；

F_n——n 级工工资标准；

F_{n+1}——$n+1$ 级工工资标准。

【例】 已知五级工的工资标准为 66.82 元/月，六级工的工资标准为 79.37 元/月，求 5.2 级的月工资标准。

【解】 $F_{5.2}=66.82+(79.37-66.82)\times0.20$

$=66.82+2.51$

$=69.33$ 元/月

2. 工日单价计算方法

预算定额基价中人工费单价（工日单价）包括工资标准（基本工资）和工资性补贴，计算公式为：

$$\text{工日单价}=\frac{\text{加权平均月工资标准}+\text{工资性补贴}}{\text{月平均工作天数（20.92）}}$$

注：月平均工作天数$=(365-52\times2-10)\div12=20.92$d

【例】 某砌砖工人小组由 10 人组成，七级工 1 人、六级工 1 个、五级工 3 人、四级工 2 人、三级工 2 人、二级工 1 人，月每人工资性补贴为 265 元，求工日单价；根据预算定额规定，砌 10m^3 砖基础的定额用工为 12.18 个工日，求该定额基价中的人工费。

【解】 （1）求工日单价

$$K_n=\frac{2.80\times1\text{人}+2.358\times1\text{人}+1.985\times3\text{人}+}{1+1+3}$$

$$\frac{+1.672\times 2\text{人}+1.409\times 2\text{人}+1.187\times 1\text{人}}{2+2+1}$$

$$=\frac{18.462}{10}$$

$$=1.8462$$

$$F_{\mathrm{n\cdot m}}=33.66\times 1.8462=62.14\text{元/月}$$

$$\text{工日单价}=\frac{62.14+265}{20.92}=15.64\text{元/d}$$

(2) 求定额基价中的人工费

定额基价人工费$=12.18\times 15.64=190.50$元/10$m^3$

六、标准预算价格

材料预算价格是指材料由其来源地或交货地点运至工地仓库或堆放场地后的出库价格。

1. 材料预算价格的构成

材料预算价格由以下费用构成：

(1) 材料原价；

(2) 材料供销部门手续费；

(3) 材料包装费；

(4) 材料运杂费；

(5) 采购及保管费。

2. 材料预算价格计算公式

计算公式：

材料预算价格=[材料原价×(1+手续费率)+包装费+运杂费]×(1+采购及保管费率)−包装品回收值

当没有发生手续费和包装费时：

材料预算价格=(材料原价+运杂费)×(1+采购及保管费率)

当将运杂费和采购及保管费用综合费来表示时：

材料预算价格＝材料原价×(1＋综合费率)

3. 材料预算价格的编制

(1) 材料原价的确定

材料原价指材料的出厂价、交货地点价格、材料市场价、材料批发价、进口材料批发价等。

加权平均原价计算方法：

1) 总金额法

$$加权平均原价=\frac{\sum（各来源地数量\times各来源地单价）}{\sum各来源地数量}$$

【例】 某工程需 32.5 级普通水泥由甲、乙、丙三地供应，甲地 500t，出厂价 300 元/t，乙地 900t，出厂价 290 元/t；丙地 2000t，出厂价 295 元/t，求加权平均原价。

$$\begin{aligned}32.5级水泥加权平均原价&=\frac{500\times300+900\times290+2000\times295}{500+900+2000}\\&=\frac{1001000}{3400}\\&=294.41\ 元/t\end{aligned}$$

2) 数量比例法

计算公式：

加权平均原价＝Σ(各来源地材料原价×各来源地数量百分比)

式中 $各来源地数量百分比=\frac{各来源地数量}{材料总数量}\times100\%$

【例】 某工程所需白水泥由甲、乙、丙三地供应，甲地 12t，出厂价 420 元/t；乙地 8t，出厂价 440 元/t；丙地 20t，出厂价 410 元/t，求加权平均原价。

【解】 *a*. 各地白水泥占总量百分比

$$甲地=\frac{12}{12+8+20}\times100\%=30\%$$

$$乙地=\frac{8}{12+18+20}\times100\%=20\%$$

$$丙地=\frac{20}{12+18+20}\times100\%=50\%$$

b. 白水泥加权平均原价

$$\text{加权平均原价}=420\times30\%+440\times20\%+410\times50\%=419\text{ 元/t}$$

（2）供销部门手续费

材料供销部门手续费是指购买材料的单位通过供应商向厂家采购、订货所支付的有关费用。

计算公式：

供销部门手续费=材料原价×手续费率

【例】 某工程所需600套高级卫生洁具委托B公司供货，按供销合同，每套洁具单价2500元，收取1.5%的手续费，求应付的全部手续费。

【解】 每套卫生洁具手续费=2500×600×1.5%=22500元

（3）材料包装费

材料包装费是指为了便于储运材料、保护材料、使材料不受损失而发生的包装费用。

包装费已计入材料原价内的，不另行计算。

计算公式：

材料包装费=发生包装品的数量×包装品单价

包装品回收值=材料包装费×包装品回收率×包装品残值率

$$包装品回收率=\frac{包装品回收量}{包装品发生量}\times 100\%$$

$$包装品残值率=\frac{回收包装品的价值}{原包装品的价值}\times 100\%$$

建筑安装材料包装品的回收率和残值率，可根据实际情况确定，也可参照以下（表 9-9）比率确定：

包装品残值率、回收率参考表　　表 9-9

名　　称	回收率（%）	残值率（%）
用木材制品包装	70	20
铁　　桶	95	50
铁　　皮	50	50
铁　　丝	20	50
纸皮、纤维品	60	50
草绳、草袋制品	—	—

【例】　某外墙涂料需塑料桶包装，每吨用 16 个，单价 24 元/个，回收率 75%，残值率 60%，试计算每吨涂料的包装费及包装品回收值。

【解】　涂料包装费＝16×24＝384.00 元/t

包装品回收值＝384.00×75%×60%

＝172.80 元/t

（4）材料运杂费

材料运杂费是指材料由其来源地运至工地仓库或堆放场地时，全部运输过程发生的一切费用，包括车、船等的运费，调车费、出入仓库费、装卸费及合理的运输损耗等，见运输流程示意图 9-4。

计算公式：

$$\text{加权平均运费}=\frac{\sum\left(\text{各来源地运输单价}\times\text{各来源地材料数量}\right)}{\sum\text{各来源地材料数量}}$$

材料运输损耗=(加权平均原价+供销部门手续费+加权平均运费+包装费+装卸费)×运输损耗率

材料运杂费=加权平均运费+装卸费+运输损耗

【例】 某工程需 1800m² 地砖，甲地供货 900m²，运费 5.00 元/m²；乙地供应 400m²；运费 6.00 元/m²；丙地供应 500m²，运费 5.50 元/m²；运输损耗率 1.8%；装卸费 1.20 元/m²，加权平均原价 65.00 元/m²，手续费 0.78 元/m²，计算地砖的运杂费。

【解】

$$\text{加权平均运费}=\frac{5.00\times900+6.00\times400+5.50\times500}{900+400+500}$$

$$=\frac{9650}{1800}$$

$$=5.36\text{ 元/m}^2$$

$$\text{运输损耗}=(65.00+0.78+5.36+1.20)\times1.8\%$$

$$=1.30\text{ 元/m}^2$$

$$\text{运杂费}=5.36+1.30+1.20=7.86\text{ 元/m}^2$$

(5) 采购及保管费

采购及保管费是指材料供应部门在组织采购、供应和保管过程中所发生的各项费用，包括工地仓库的材料储存损耗。

计算公式：

材料采购及保管费=(加权平均原价+供销部门手续费+包装费+运杂费)×采购及保管费率

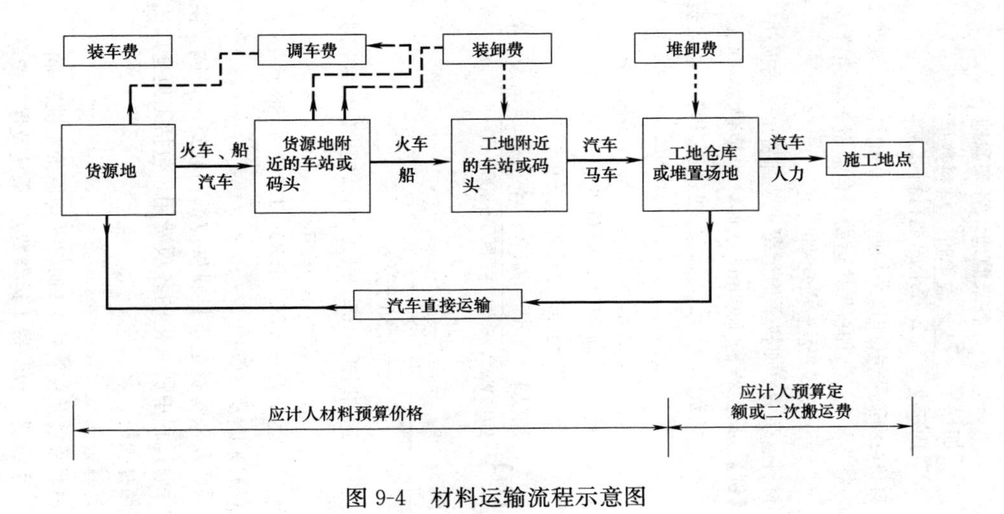

图 9-4　材料运输流程示意图

【例】 根据（表 9-10）下列资料计算乳胶漆的材料预算价格。

表 9-10

货源地	数量（kg）	出厂价（元/kg）	运费（元/kg）	装卸费（元/kg）	运输损耗率（%）	采购及保管费率（%）	供销部门手续费率（%）
甲	560	13.20	0.25	0.18	2.0	2.5	1.8
乙	380	12.80	0.31	0.16	2.0	2.5	1.8
丙	1250	12.50	0.40	0.15	2.0	2.5	1.8
丁	2000	12.60	0.28	0.14	2.0	2.5	1.8

注：乳胶漆用塑料桶包装，每桶 15kg，桶单价 10.00 元/个，回收率 60%，残值率 50%。

【解】（1）加权平均原价

$$\text{加权平均原价}=\frac{13.2\times560+12.80\times380+12.50\times1250+12.60\times2000}{560+380+1250+2000}$$

$$=\frac{53081}{4190}$$

$$=12.67\text{ 元/kg}$$

（2）供销部门手续费

$12.67\times1.8\%=0.23$ 元/kg

（3）包装费

$10\div15=0.67$ 元/kg

（4）包装品回收值

$0.67\times60\%\times50\%=0.20$ 元/kg

（5）运杂费

① $$\text{运费}=\frac{0.25\times560+0.31\times380+0.40\times1250+0.28\times2000}{560+380+1250+2000}$$

$$=\frac{1317.8}{4190}$$

$=0.31$ 元/kg

② 装卸费 $=\dfrac{0.18\times560+0.16\times380+0.15\times1250+0.14\times2000}{4190}$

$=0.15$ 元/kg

③ 运输损耗 $=(12.67+0.23+0.67+0.31+0.15)\times2\%$

$=0.28$ 元/kg

运杂费 $=0.31+0.15+0.28$

$=0.74$ 元/kg

(6) 采购及保管费

$(12.67+0.23+0.67+0.74)\times2.5\%$

$=0.36$ 元/kg

(7) 材料预算价格

乳胶漆材料预算价格 $=(12.67+0.23+0.67+0.74+0.36)-0.20$

$=14.47$ 元/kg

4. 用综合费率法计算材料预算价格

为了简化材料预算价格的计算过程，可以将运杂费、采购及保管费等费用合并成一个综合费率，用综合费率的方法来计算材料预算价格，计算公式为：

材料预算价格=材料原价×(1+综合费率)

【例】 某工程在市区，所需面砖 $800m^2$。甲地采购 $200m^2$，单价 21.00 元；乙地采购 $280m^2$，单价 20.80 元；丙地采购 $320m^2$，单价 21.40 元；综合费率按 3.8%确定，试计算面砖的材料预算价格。

【解】 加权平均原价 $=\dfrac{21\times200+20.80\times280+21.40\times320}{200+280+320}$

$=21.09$ 元/m^2

面砖材料预算价格 $=21.09\times(1+3.8\%)$

$$=21.89\text{元}/\text{m}^2$$

七、施工机械台班预算价格

施工机械台班预算价格亦称施工机械台班费用，是指一台机械在单位工作班中为使机械正常运转所分摊和支出的各项费用。

1. 台班预算价格的费用组成

按性质划分为二类费用；

第一类费用：折旧费、大修理费、经济修理费、安拆费及场外运输费；

第二类费用：人工费、燃料动力费、养路费及车船使用税、保险费。

2. 第一类费用的确定

(1) 折旧费

折旧费是指机械设备在规定的使用年限（耐用总台班）内，陆续收回其原值及支付贷款利息等费用。计算公式为：

$$\text{台班折旧费}=\frac{\text{机械预算价格}\times(1-\text{残值率})+\text{贷款利息}}{\text{耐用总台班}}$$

式中 机械预算价格＝原价×(1＋购置附加税)＋手续费＋运杂费

耐用总台班＝大修理间隔台班×大修理周期

【例】 某型号6t载重汽车预算价格为96000元，残值率为2%，大修理间隔台班为550个，大修理周期为3个，贷款利息为18000元，计算该汽车的台班折旧费

【解】 耐用总台班＝550×3＝1650个

$$\text{台班折旧费}=\frac{96000\times(1-2\%)+18000}{1650}$$

$$=67.93\text{元}/\text{台班}$$

(2) 大修理费

大修理费是指机械设备按规定的大修理间隔台班进行必要的大修理，以恢复正常使用功能的所需费用。计算公式为：

$$台班大修理费=\frac{一次大修理费\times(大修理周期-1)}{耐用总台班}$$

式中　大修理周期=寿命期内大修理次数+1

【例】　6t 载重汽车的一次大修理费为 9800 元，大修理周期为 3 个，耐用总台班 1650 个，求台班大修理费。

【解】　$台班大修费=\frac{9800\times(3-1)}{1650}=11.88$ 元/台班

(3) 经常修理费

经常修理费是指机械设备除大修理外的各级保养及临时故障排除所需费用；为保障机械正常运转所需替换设备，随机配置的工具、附具的摊销费及维护费；机械运转及日常保养所需润滑、擦拭材料费用和机械停置期间的维护保养费用等。计算公式如下：

$$台班经常修理费=\frac{各级保养一次费用\times保养次数+临时故障排除费}{大修理间隔台班}$$

$$+\frac{\Sigma\left[替换设备及工具、附具费\times(1-残值率)\right]+替换设备及工具附具维修费}{替换设备及工具附具耐用台班}$$

$$+\frac{润滑擦拭材料一次费用\times大修理间隔台班内平均次数}{大修理间隔台班}$$

上述计算较复杂，可用测算资料和以下方法简化计算过程：

$$台班经常修理费=台班大修理费\times K$$

式中　$K=\frac{\text{典型机械台班经常修理费测算值}}{\text{典型机械台班大修理费测算值}}$

【例】 查有关资料，6t载重汽车台班经常修理费系数 $K=5.5$，根据上例计算的台班大修理费计算台班经常修理费。

【解】 台班经常修理费$=11.88\times5.5=65.34$元/台班

(4) 安拆费及场外运输费

1) 安拆费

安拆费是指在施工现场进行安装、拆卸所需的人工、材料、机械和试运转费用以及机械辅助设施（基础、底座、固定锚桩、行走轨道、枕木等）的折旧、搭设、拆除等费用。计算公式为：

$$\text{台班安拆费}=\frac{\text{机械一次安拆费}\times\text{年平均安拆次数}}{\text{年工作台班}}+\text{台班辅助设施摊销费}$$

式中

$$\text{台班辅助设施摊销费}=\frac{\text{辅助设施一次费用}\times(1-\text{残值率})}{\text{辅助设施耐用台班}}$$

2) 场外运费

场外运费是指机械整体或分件停放场地运至施工现场或由一个工地运至另一个工地、运距在25km以内的机械进出场运输及转移费用（包括机械的装卸、运输、辅助材料及架线等费用）。计算公式为：

$$\text{台班场外运费}=\frac{\left(\text{一次运输及装卸费}+\text{辅助材料一次摊销费}+\text{一次架线费}\right)\times\text{年平均场外运输次数}}{\text{年工作台班}}$$

3. 第二类费用的确定

(1) 燃料动力费

指机械在运转施工作业中所耗用的电力、固体燃料（煤、木柴等）、液体燃料（汽油等），水和风力等资源费。计算公式为：

台班燃料费＝台班耗用燃料及动力数量×燃料或动力单价

【例】 6t载重汽车每个台班耗柴油32.2kg，每千克单价2.80元，求台班燃料费。

【解】 台班燃料费＝32.2×2.80＝90.16元/台班

（2）人工费

人工费是指机上司机、司炉及其他操作人员的工资及上述人员在机械规定的年工作台班以外的工资和工资性津贴。计算公式为：

$$台班人工费=\frac{机上操作人员}{人工工日数}\times人工单价$$

【例】 6t载重汽车每个台班的机上操作人工工日数为1.25个，人工日工资单价为28元，求台班人工费。

【解】 台班人工费＝1.25×28＝35.00元/台班

（3）养路费及车船使用税

按国家有关规定，应交纳养路费和车船使用税。计算公式为：

$$\begin{array}{l}台班养路费及\\车船使用税\end{array}=\frac{\begin{array}{l}载重量\\或核定吨位\end{array}\times\left[\begin{array}{l}养路费\\(元/吨\cdot月)\end{array}\times12+\left(\begin{array}{l}车船使用\\税元/吨\cdot年\end{array}\right)\right]}{年工作台班}$$

【例】 6t载重汽车，每月应交纳养路费150元/t，每年应交车船使用税50元/t，年工作台班240个，试计算台班养路费及车船使用税。

【解】 $$\begin{array}{l}台班养路费\\及车船使用税\end{array}=\frac{6\times(150\times12+50)}{240}$$

=46.25 元/台班

（4）保险费

指按有关保险规定应缴纳的第三者责任险、车主保险费等。

【例】 6t 载重汽车年缴保险费 480 元，年工作台班 240 个，计算台班保险费。

【解】 台班保险费=480÷240=2.00 元/台班

上述 6t 载重汽车台班预算价格的计算过程汇总见表 9-11。

八、预算定额基价换算

编制施工图预算时，当工程项目中的分项工程不能直接套用预算定额时，就产生了定额的换算。

1. 砌筑砂浆换算

换算特点：

由于砂浆用量不变，所以人工机械费不变，只换算砂浆强度等级和计算换算后的材料用量。

换算公式

$$\text{换算后定额基价}=\text{原定额基价}+\text{定额砂浆用量}\times\left(\text{换入砂浆单价}-\text{换出砂浆单价}\right)$$

【例】 根据表 9-12、9-14 中的定额数据，换算 M10 水泥砂浆砌砖基础的定额基价。

【解】 换算定额号：定—1

换算附录定额号：附—1、附—3

$$(1)\ \text{换算后定额基价}=\overset{\text{定—1}}{1277.30}+2.36\times(\overset{\text{附—3}}{160.14}-\overset{\text{附—1}}{124.32})$$

$$=1277.30+84.54$$

$$=1361.84\ \text{元}/10\text{m}^3$$

机械台班预算价格计算表 **表 9-11**

项目		6t 载重汽车		
		单位	金额	计算式
台班基价		元	318.56	145.15+173.41=318.56
第一类费用	折旧费	元	67.93	[96000×(1−2%)+18000]÷1650=67.93
	大修理费	元	11.88	[9800×(3−1)]÷1650=11.88
	经常修理费	元	65.34	11.88×5.5=65.34
	安拆及场外运费	元	—	—
小计		元	145.15	
第二类费用	燃料动力费	元	90.16	32.2×2.8=90.16
	人工费	元	35.00	1.25×28=35.00
	养路费及车船使用税	元	46.25	$\frac{6\times(150\times12+50)}{240}=46.25$
	保险费	元	2.00	480÷240=2.00
小计		元	173.41	

建筑工程预算定额(摘录) **表 9-12**

工程内容:略

定额编号				定—1	定—2	定—3	定—4
定额单位				$10m^3$	$10m^3$	$10m^3$	$100m^2$
项目		单位	单价	M5 水泥砂浆砌砖基础	现浇 C20 钢筋混凝土矩形梁	C15 混凝土地面垫层	1：2 水泥砂浆墙基防潮层
基价		元		1277.30	7673.82	1954.24	798.79
其中	人工费	元		310.75	1831.50	539.00	237.50
	材料费	元		958.99	5684.33	1384.26	557.31
	机械费	元		7.56	157.99	30.98	3.98
人工	基本工	d	25.00	10.32	52.20	13.46	7.20
	其他工	d	25.00	2.11	21.06	8.10	2.30
	合计	d	25.00	12.43	73.26	21.56	9.5
材料	标准砖	千块	127.00	5.23			
	M5 水泥砂浆	m^3	124.32	2.36			
	木材	m^3	700.00		0.138		
	钢模板	kg	4.60		51.53		
	零星卡具	kg	5.40		23.20		

续表

定额编号				定—1	定—2	定—3	定—4
定额单位				$10m^3$	$10m^3$	$10m^3$	$100m^2$
项目		单位	单价	M5水泥砂浆砌砖基础	现浇C20钢筋混凝土矩形梁	C15混凝土地面垫层	1：2水泥砂浆墙基防潮层
材料	钢支撑	kg	4.70		11.60		
	ϕ10内钢筋	kg	3.10		471		
	ϕ10外钢筋	kg	3.00		728		
	C20混凝土(0.5～4)	m^3	146.98		10.15		
	C15混凝土(0.5～4)	m^3	136.02			10.10	
	1：2水泥砂浆	m^3	230.02				2.07
	防水粉	kg	1.20				66.38
	其他材料费	元			26.83	1.23	1.51
	水	m^3	0.06	2.31	13.52	15.38	
机械	200L砂浆搅拌机	台班	15.92	0.475			0.25
	400L混凝土搅拌机	台班	81.52		0.63	0.38	
	2t内塔吊	台班	170.61		0.625		

建筑工程预算定额(摘录) **表 9-13**

工程内容:略

定额编号				定—5	定—6
定额单位				$100m^2$	$100m^2$
项目		单位	单价	C15混凝土地面面层(60厚)	1∶2.5水泥砂浆抹砖墙面(底13厚、面7厚)
基价		元		1191.28	888.44
其中	人工费	元		332.50	385.00
	材料费	元		833.51	451.21
	机械费	元		25.27	52.23
人工	基本工	d	25.00	9.20	13.40
	其他工	d	25.00	4.10	2.00
	合计	d	25.00	13.30	15.40
材料	C15混凝土(0.5～4)	m^3	136.02	6.06	
	1∶2.5水泥砂浆	m^3	210.72		2.10(底:1.39 面:0.71)
	其他材料费	元			4.50
	水	m^3	0.60	15.38	6.99

续表

定额编号				定—5	定—6
定额单位				100m²	100m²
项目		单位	单价	C15混凝土地面面层(60厚)	1∶2.5水泥砂浆抹砖墙面(底13厚、面7厚)
基价		元		1191.28	888.44
机械	200L砂浆搅拌机	台班	15.92		0.28
	400L混凝土搅拌机	台班	81.52	0.31	
	塔式起重机	台班	170.61		0.28

砌筑砂浆配合比表(摘录)

表 9-14

单位:m³

定额编号				附—1	附—2	附—3	附—4
项目		单位	单价	水泥砂浆			
				M5	M7.5	M10	M15
基价		元		124.32	144.10	160.14	189.98
材料	32.5级	kg	0.30	270.00	341.00	397.00	499.00
	中砂	m³	38.00	1.140	1.100	1.080	1.060

表 9-15

抹灰砂浆配合比表(摘录)

单位:m^3

定额编号				附—5	附—6	附—7	附—8
项目		单位	单价	水泥砂浆			
				1∶1.5	1∶2	1∶2.5	1∶3
基价		元		254.40	230.02	210.72	182.82
材料	32.5级	kg	0.30	734	635	558	465
	中砂	m^3	38.00	0.90	1.04	1.14	1.14

表 9-16

普通塑性混凝土配合比表(摘录)

单位:m^3

定额编号				附—9	附—10	附—11	附—12	附—13	附—14
项目		单位	单价	粗集料最大粒径:40mm					
				C15	C20	C25	C30	C35	C40
基价		元		136.02	146.98	162.63	172.41	181.48	199.18
材料	32.5级	kg	0.30	274	313				
	42.5级	kg	0.35			313	343	370	
	52.5级	kg	0.40						368
	中砂	m^3	38.00	0.49	0.46	0.46	0.42	0.41	0.41
	0.5～4砾石	m^3	40.00	0.88	0.89	0.89	0.91	0.91	0.91

（2）换算后材料用量（每 $10m^3$ 砌体）

32.5 级水泥：2.36×397.00=936.92kg

中　砂：　2.36×1.08=2.549m^3

2. 抹灰砂浆换算

换算特点：

当抹灰厚度发生变化时，砂浆用量要改变，因而定额人工费、材料费、机械费和材料费均要换算。

换算公式

$$\text{换算后定额基价}=\text{原定额基价}+\left(\text{定额人工费}+\text{定额机械费}\right)\times(K-1)$$
$$+\Sigma\left(\text{各层换入砂浆用量}\times\text{换入砂浆单价}-\text{各层砂浆定额用量}\times\text{换出砂浆单价}\right)$$

式中　K——人工、机械费换算系数，

$$K=\frac{\text{设计抹灰砂浆总厚}}{\text{定额抹灰砂浆总厚}}$$

$$\text{各层换入砂浆用量}=\frac{\text{定额砂浆用量}}{\text{定额砂浆厚度}}\times\text{设计厚度}$$

【例】　依据表 9-13、9-15 中定额数据，换算 1∶3 水泥砂浆底 15 厚，1∶2.5 水泥砂浆面 8 厚抹砖墙面的定额基价。

【解】　换算定额号：定—6

换算附录号：附—7、附—8

人工、机械换算系数 $K=\frac{15+8}{13+7}=\frac{23}{20}=1.15$

1∶3 水泥砂浆用量 $=\frac{1.39}{13}\times15=1.604m^3$

1∶2.5 水泥砂浆用量 $=\frac{0.71}{7}\times8=0.811m^3$

（1）$\text{换算后定额基价}=888.44+(385.00+52.23)\times$

$(1.15-1)+[(1.604\times182.82+$

$0.811\times210.72)-(2.10\times210.72)]$

$=888.44+65.58+21.63$

$=975.65$ 元/100m²

（2）换算石材料用量（每 100m² 抹灰面）

32.5 级水泥：$1.604\times465+0.811\times558=1198.40$kg

中　砂：　$1.604\times1.14+0.811\times1.14=2.753$m³

3. 构件混凝土换算

换算特点：

由于混凝土用量不变，所以人工费、机械费不变，只换算混凝土品种、强度等级和石子粒径。

换算公式

$$\text{换算后定额基价}=\text{原定额基价}+\text{定额混凝土用量}\times\left(\text{换入混凝土单价}-\text{换出混凝土单价}\right)$$

【例】 根据表 9-12、9-16 中有关定额数据，换算现浇 C30 钢筋混凝土矩形梁定额基价。

【解】 换算定额号：定—2

换算附录定额号：附—10、附—12

（1）换算后定额基价 $=7673.82+10.15\times(172.41-146.98)$

$=7673.82+258.11$

$=7931.93$ 元/10m³

（2）换算后材料用量（每 10m³ 矩形梁）

42.5 级水泥：$10.15\times343=3481.41$kg

中　砂：　$10.15\times0.42=4.263$m³

0.5～4 砾石：$10.15\times0.91=9.237$m³

4. 楼地面混凝土换算

换算特点同抹灰砂浆。

换算公式

$$\text{换算后定额基价}=\text{原定额基价}+\left(\text{定额人工费}+\text{定额机械费}\right)\times(K-1)+\text{换算混凝土用量}\times\text{换入混凝土单价}-\text{定额混凝土用量}\times\text{换出混凝土单价}$$

式中 K——人工、机械费换算系数，

$$K=\frac{\text{混凝土设计厚度}}{\text{混凝土定额厚度}}$$

$$\text{换入混凝土用量}=\frac{\text{定额混凝土用量}}{\text{定额混凝土厚度}}\times\text{设计混凝土厚度}$$

【例】 根据表9-13、9-16中定额数据，换算C25混凝土地面面层80厚的定额基价。

【解】 换算定额号：定—5

换算附录定额号：附—9、附—11

$$\text{人工、机械费换算系数 }K=\frac{80}{60}=1.333$$

$$\text{换入 C25 混凝土用量}=\frac{6.06}{60}\times 80=8.08\text{m}^3$$

(1) $\text{换算后定额基价}=1191.28+(332.50+25.27)\times(1.333-1)+8.08\times162.63-6.06\times136.02=1191.28+119.14+1314.05-824.28=1800.19$ 元/100m²

(2) 换算后材料用量（每100m² 地面二层）

42.5级水泥：8.08×313=2529.04kg

中　砂：　8.08×0.46=3.717m³

0.5～4砾石：8.08×0.89=7.191m³

5. 乘系数换算

乘系数换算是指在使用某些预算定额项目时，定额的一部分或全部乘以规定的系数。例如，某地区预算定额规定，砌弧形砖墙时，定额人工费乘以1.10系数。

【例】 换算用1∶2.5水泥砂浆抹锯齿形砖墙面的定额基价（按定额规定，人工费增加15%）。

【解】 换算定额号：定—6

换算后定额基价 ＝888.44＋385.00×(1.15－1)

＝888.44＋57.75

＝946.19元/100m²

6. 换他换算

其他换算系指不属于上述换算情况的定额基价换算。

【例】 换算1∶2防水砂浆墙基防潮层的定额基价（加水泥用量的9%防水粉）。

【解】 换算定额号：定—4

换算附录定额号：附—6

防水粉用量＝定额砂浆用量×砂浆配合比中水泥用量×9%

＝2.07×635×9%

＝118.30kg

(1) 换算后定额基价 ＝798.79＋1.20(防水粉单价)×(118.30－66.38)

＝798.79＋1.20×51.92

＝861.09元/100m²

(2) 换算后材料用量（每100m² 防潮层）

32.5级水泥：2.07×635＝1314.45kg

中　砂：　2.07×1.04＝2.153m³

防水粉：　2.07×635×9%＝118.30kg

第十章 工程经济

一、概述

1. 资金时间价值的概念

当货币转化为资金后就开始了资金的循环和周转。具体表现在商品出售后转化的货币与预付的货币在数量上得到了增值。我们说，绝对金额随着时间和推移，发生了金额增加的变化，其增加部分称为资金的时间价值。

2. 利息

借款人支付给贷款人的报酬称为利息。

3. 利率

一定时期内利息金额同贷款（或存款）金额的比率称为利率。

$$利率=\frac{一定时期的利息}{贷款（或存款）金额}\times 100\%$$

4. 单利

只按本金计息，其每期（如一年）利息不加入本金增算利息的方法，称为单利法。

$$F = P(1 + i \cdot n)$$

式中 F——本利和；

P——本金；

i——每一利息周期的利率；

n——计息期数。

5. 复利

将每期（如一年）利息加入次期本金再计算利息，逐期滚算、利上加利计算利息的方法，称为复利法。

$$F = P(1+i)^{n}$$（各字母含义同单利）

6. 现值

资金发生在（或折算为）某一特定时间序列起点时的价值，称为现值。

7. 终值

资金发生在（或折算为）某一特定时间序列终点时的价值，称为终值。

不同利率和期数的现值与终值对比见表 10-1。

不同利率和期数的现值与终对比表　　表 10-1

期数 / 利率	100 元现值的终值（将来值）				100 元终值的现值（贴现）			
	1	5	10	20	1	5	10	20
5%	105.00	127.63	162.89	265.33	95.24	78.35	61.40	37.69
10%	110.00	161.05	259.37	672.75	90.90	62.09	38.55	14.86
20%	120.00	248.83	619.17	3833.76	83.33	40.19	16.15	2.60
30%	130.00	371.29	1378.58	19004.96	76.92	26.93	7.25	0.53

8. 年金

指一定时期内，每期有相等金额的收付款项。按收付方式可分为：

（1）普通年金

指每期期末有等额收付款项的现金流量。例如，每月支付包月制上网费。

（2）预付年金

指每期期初有等额收付款项的现金流量。

例如，预付租房租金。

(3) 延期年金

指最初若干期没有现金收付，后面若干期有等额收付款项的现金流量。例如，投保一定时期的人寿保险。

(4) 永续年金

指无限期支付的年金。例如，优先股股息。

二、资金时间价值

计算公式

1. 单利法

(1) 单利终值计算

$$F = P(1+i \cdot n)$$

【例】 发行3年期债券，年利率3%，不计复利。若一次购买2000元债券，到期后应得现金多少？

【解】 $F = P(1+i \cdot n)$

$=2000 \times (1+3\% \times 3)$

$=2180$ 元

(2) 单利现值计算

$$P = F\frac{1}{(1+i \cdot n)}$$

【例】 某人5年后需一笔教育资金40000元，现在可以通过专项储蓄获得，当年利率为4%（单利）时，现在需存入多少钱，才能在5年后获得这笔资金？

【解】 $P = F\frac{1}{(1+i \cdot n)}$

$=40000 \times \frac{1}{(1+4\% \times 5)}$

$=33333$ 元

2. 复利法

单利法对利息不计息，忽略了利息作为资金而具有的时间价值，因而投资决策一般采用复利法。

（1）复利终值计算

$$F = P(1+i)^{n}$$

式中　F——复利终值

$(1+i)^{n}$——复利终值系数，记为（F/P，i，n），可查表 10-2。

1 元资金的复利终值系数表　　表 10-2

n \ i	5%	6%	7%	8%	9%	10%
1	1.050	1.060	1.070	1.080	1.090	1.100
2	1.102	1.124	1.145	1.166	1.188	1.210
3	1.158	1.191	1.225	1.259	1.295	1.331
4	1.216	1.262	1.311	1.360	1.412	1.464
5	1.276	1.338	1.403	1.469	1.539	1.611
6	1.340	1.419	1.501	1.587	1.677	1.772
7	1.407	1.504	1.606	1.713	1.828	1.949
8	1.477	1.594	1.718	1.851	1.993	2.144
9	1.551	1.689	1.838	1.999	2.172	2.358
10	1.629 *	1.791	1.967	2.159	2.367	2.594

注：* （F/P，5%，10）=1.629

【例】 将 1000 元存入银行，年利率为 5%，10 年后的本利和是多少？

【解】 查复利终值系数表 10-2，(F/P，5%，10)＝1.629

$$F = P(1+i)^n$$
$$= P \times 1.629$$
$$= 1000 \times 1.629$$
$$= 1629 \text{元}$$

（2）复利现值计算

$$P = F\frac{1}{(1+i)^n}$$

式中 $\frac{1}{(1+i)^n}$称为复利现值系数，记为$(P/F,i,n)$。

【例】 某企业10年后的还贷能力为100万，若利率为5%时，银行现在的贷款额多少?

【解】

$$P = F\frac{1}{(1+i)^n}$$
$$= 100 \times \frac{1}{(1+5\%)^{10}}$$
$$= 100 \times 0.6139$$
$$= 61.39 \text{万元}$$

（3）年金终值计算

$$F = A\frac{(1+i)^n - 1}{i}$$

式中 $\frac{(1+i)^n - 1}{i}$称为年金终值系数，记为$(F/A,i,n)$。

1元资金的年金终值系数表 **表10-3**

n \ i	5%	6%	7%	8%	9%	10%
1	1.000	1.000	1.000	1.000	1.000	1.000
2	2.050	2.060	2.070	2.080	2.090	2.100
3	3.153	3.184	3.215	3.246	3.278	3.310

续表

n \ i	5%	6%	7%	8%	9%	10%
4	4.310	4.375	4.440	4.506	4.573	4.641
5	5.526	5.637	5.751	5.867	5.985	6.105
6	6.802	6.975	7.153	7.336	7.523	7.716
7	8.142	8.394	8.654	8.923	9.200	9.487
8	9.549	9.897	10.260	10.637	11.028	11.436
9	11.027	11.491	11.978	12.488	13.021	13.579
10	12.578	13.181	113.816	14.487	15.193	15.937

【例】 某人买养老保险，每年投保800元，当年利率为8%时，10年后可获多少养老金？

【解】 $F=A\frac{(1+i)^n-1}{i}$

$$=800\times\frac{(1+8\%)^{10}-1}{8\%}$$

$$=800\times14.487$$

$$=11589.60\text{元}$$

（4）年金现值计算

$$P=A\frac{(1+i)^n-1}{i(1+i)^n}$$

式中 $\frac{(1+i)^n-1}{i(1+i)^n}$ 称为年金现值系数，记为（P/A，i，n）。

【例】 当银行利率为8%时，现在应存入多少钱，才能使今后10年中每年末得到8000元。

【解】
$$P = A\frac{(1+i)^n - 1}{i(1+i)^n}$$
$$=8000\times\frac{(1+8\%)^{10}-1}{8\%\times(1+8\%)^{10}}$$
$$=8000\times 6.7101$$
$$=53680.80\text{元}$$

三、投资方案决策

1. 投资方案的现金流量

为了对不同技术方案的投资效果比较分析，必须要了解投资方案的现金流量。当一个投资方案的年现金流量有收入又有支出时，应该计算出年净现金流量。

(1) 现金流入量

现金流入量包括产品销售（营业）收入、回收固定资产余值、回收流动资金。

(2) 现金流出量

现金流出量包括投资、付现成本和税金，包括固定资产和流动资产投资，用现金支付的成本。折旧、摊销费及维修费不属于现金流出项目。

(3) 净现金流量

各年净现金流量为各年现金流入量减去对应年份的现金流出量。

全部投资现金流量表见表10-4。

2. 静态投资回收期

静态投资回收期以 P_t 表示，是指以项目每年的净收益回收全部投资所需要的时间，它是考察项目投资回收能力的重要指标，其表达式为

$$\sum_{t=0}^{P_t}(CI-CO)_t = 0$$

式中　P_t——静态投资回收期；

CI——现金流入量；

CO——现金流出量；

$(CI-CO)_t$——第 t 年的净现金流量。

全部投资现金流量表　　　　表 10-4

序号	项目＼年份	建设期		投产期		达到生产能力生产期							
		1	2	3	4	5	6	7	8	9	10	11	12
1	现金流入												
1.1	产品销售收入												
1.2	回收固定资产余值												
1.3	回收流动资金												
1.4	其他收入												
2	现金流出												
2.1	固定资产投资												
2.2	流动资金												
2.3	经营成本												
2.4	销售税金及附加												
2.5	所得税												
3	净现金流量（1-2）												
4	累计净现金流量												

按累计净现金流量计算静态投资回收期公式：

$$P_t=\frac{\text{累计净现金流量开始出现正值的年份}}{}-1+\frac{\text{上一年累计净现金流量绝对值}}{\text{当年净现金流量}}$$

【例】 某项目投资方案净现金流量见表 10-5，试计算静态投资回收期。

某项目投资方案净现金流量表

单位：万元　**表 10-5**

年　　序	0	1	2	3	4	5	6	7
净现金流量	－500	－300	－100	150	200	300	300	300
累计净现金流量	－500	－800	－900	－750	－550	－250	50	350

【解】 从上表中得知：累计净现金流量开始出现正值年份为第 6 年；
上一年累计净现金流量绝对值｜－250｜＝250 万元；
当年净现金流量为：300 万元。

$$\therefore \quad P_t = 6-1+|-250|\div 300 = 5+0.83 = 5.83\ (\text{年})$$

3. 净现值

(1) 净现值计算方法

净现值是指将项目计算期内各年的净现金流量，按照一个给定折现率（基准收益率）折算到建设期初（项目建设期第一年初）的现值之和。该指标是考察项目在计算期内赢利能力的主要动态评价指标。其表达式为：

$$NPV = \sum_{t=0}^{n}(CI - CO)_t(1 + i_c)^{-t}$$

式中　NPV——净现值；

$(CI-CO)_t$——第 t 年的净现金流量；

n——项目计算期；

i_c——标准折现率。

（2）净现值计算结果判断

计算出 NPV 后，其结果有以下三种情况：

①$NPV>0$

若 $NPV>0$，说明方案可行。表示投资方案实施后未来的收益不仅能够达到标准折现率水平，而且还会有赢利，即项目的赢利能力超过投资期望收益水平。

②$NPV=0$

若 $NPV=0$，说明方案可考虑接受，表示投资方案实施后未来收益水平恰好等于标准折现率的水平，即项目的赢利能力可以达到所期望的最低财务赢利水平。

③$NPV<0$

若 $NPV<0$，说明方案不可行。表示投资方案实施后未来收益水平达不到标准折现率的收益水平，即项目的赢利水平较低，甚至可能会出现亏损。

综上所述，净现值的决策规则是：

（*a*）$NPV\geqslant 0$ 时，该项目可以接受，否则方案不可行；

（*b*）若 $NPV_{甲} > NPV_{乙}$，则甲方案优于乙方案。

（3）净现值法计算步骤

用净现值法评价投资项目的计算过程如下：

①计算每年的净现金流量；

②按标准收益率将净现金流量折现；

③计算净现值；

④运用决策规则判断投资方案的优劣。

【例】 某投资项目的各年现金流量见表10-6，当标准折现率 $i_c=10\%$ 时，试用净现值法判断该方案是否可行。

某项目现金流量表

单位：万元　**表10-6**

年序	0	1	2	3	4	5	6	7	8	9	10	11	12	13
投资支出	680	120												
经营成本			400	400	400	400	400	400	400	400	400	400	400	400
收入			450	480	550	550	550	550	550	550	550	550	550	600

【解】 第一步：计算每年净现金流量；

第二步：用公式 $P=\dfrac{1}{F(1+i)^n}$ 计算各年现值系数或查表；

第三步：用各年净现金流量乘以现值系数，计算出各年现值；

第四步：计算净现值 NPV：

$$NPV=-680\times1-120\times0.909+50\times0.826+80\times0.751+150\times0.683+150\times0.621+150\times0.564+150\times0.513+150\times0.467+150\times0.424+150\times0.386+150\times0.350+150\times0.319+200\times0.290=19.35\text{（万元）}$$

现金流量计算表

单位：万元　**表 10-7**

年　　序	0	1	2	3	4	5	6
投资支出	680	120					
经营成本			400	400	400	400	400
收　　入			450	480	550	550	550
净现金流量	－680	－120	50	80	150	150	150
现值系数	1	0.909	0.826	0.751	0.683	0.621	0.564
现　　值	－680	－109.08	41.30	60.08	102.45	93.15	84.60
净现值	19.35						
年　　序	7	8	9	10	11	12	13
投资支出							
经营成本	400	400	400	400	400	400	400
收　　入	550	550	550	550	550	550	600
净现金流量	150	150	150	150	150	150	200
现值系数	0.513	0.467	0.424	0.386	0.350	0.319	0.290
现　　值	76.95	70.05	63.60	57.90	52.50	47.85	58.00
净现值							

第五步：判断该方案是否可行。

由于 NPV＝19.35 万元＞0，故该投资项目是可行的。

（4）净现值指标的评价

① 净现值指标的优点

(a) 考虑了资金的时间价值，全面考虑了投资项目在整个寿命期内的经济状况；

(b) 经济意义直观明确，能够直接反映投资项目的净收益；

(c) 能直接说明项目投资额与资金成本之间的关系。

② 净现值指标的缺点

(a) 必须事先确定一个符合经济规律的标准折现率，这一要求往往很难达到；

(b) 反映出项目投资中单位投资的使用效益。

4. 内部收益率

(1) 内部收益率的概念

内部收益率是指项目在整个计算期内各年净现金流量的现值之和等于零时的折现率，也就是 $NPV=0$ 时的折现率，其表达式为；

$$\sum_{t=0}^{n}(CI-CO)_t(1+IRR)^{-t}=0$$

式中 IRR——内部收益率。

(2) 内部收益率指标评价投资方案的判断准则

① 若 $IRR>i_c$，则 $NPV>0$，方案可以接受；

② 若 $IRR=i_c$，则 $NPV=0$，方案可以考虑接受；

③ 若 $IRR<i_c$，则 $NPV<0$，方案不可行。

(3) 内部收益率的计算

从上述内部收益率的表达式可以看出，内部收益率的计算是求解一个一元多次方程的过程，要想准确求出内部收益率很困难。因此，在实际工作中，一般都采用线性插值法来求得内部收益率的近似解。其基本步骤为：

第一步：根据经验，选定一个适当的折现率 i_c。

第二步：根据投资方案的现金流量表，用选定的

折现率 i_c 求出方案净现值 NPV。

第三步：若 $NPV>0$，适当增大 i_c；

若 $NPV<0$，适当减少 i_c。

第四步：重复第三步的工作，直到找到两个折现率 i_1 和 i_2，使对应求出的净现值 $NPV_1>0$；$NPV_2<0$，其中 i_1-i_2 不超过 2%～5%。

第五步：采用线性插值公式求出内部收益率的近似解，其公式为：

$$IRR=i_1+\frac{NPV}{NPV_1+|NPV_2|}(i_2-i_1)$$

【例】 某项目净现金流量见表 10-8，基准收益率（标准折现率）$i_c=15\%$时，试用内部收益率法判断该项目的可行性。

表 10-8

年序	0	1	2	3	4	5	6
净现金流量	−55	10	12	12	20	20	25

【解】 设 $i_1=15\%$，$i_2=18\%$，计算 NPV_1 和 NPV_2

①计算净现值 NPV_1

表 10-9

年序	0	1	2	3	4	5	6
净现金流量	−55	10	12	12	20	20	25
现值系数	1	0.870	0.751	0.658	0.572	0.497	0.432

续表

年序	0	1	2	3	4	5	6
现值	−55	8.70	9.072	7.896	11.44	9.94	10.80
净现值（NPV_1）	2.848						

NPV_1（i_1）＝−55＋8.70＋9.072＋7.896＋11.44＋9.94＋10.80＝2.848（万元）

②计算净现值 NPV_2

表 10-10

年序	0	1	2	3	4	5	6
净现金流量	−55	10	12	12	20	20	25
现值系数	1	0.847	0.718	0.609	0.516	0.437	0.370
现值	−55	8.47	8.616	7.308	10.32	8.74	9.25
净现值（NPV_2）	−2.296						

NPV_2（i_2）＝−55＋8.47＋8.616＋7.309＋10.32＋8.74＋9.25＝−2.296（万元）

③用线性插值公式计算内部收益率的近似解

$$IRR = i_1 + \frac{NPV}{NPV_1 + |NPV_2|}(i_2 - i_1)$$

$$= 15\% + \frac{2.848}{2.848 + 2.296} \times (18\% - 15\%)$$

$$=15\%+1.7\%$$
$$=16.7\%$$

④判断方案可行性

由于 $IRR=16\%>i_c=15\%$，所以该方案在经济效益上可接受。

(4) 内部收益率指标的评价

①内部收益率 *IRR* 的优点

(a) 考虑了资金的时间价值以及项目在整个寿命期内的经济状况；

(b) 可以直接衡量项目的真正投资收益率；

(c) 不需要事先确定基准收益率，只需知道其大致范围即可。

②内部收益率 *IRR* 的缺点

(a) 计算时需要大量与投资项目有关的数据，较麻烦；

(b) 对于非常规现金流量的项目来说，其内部收益率往往不是惟一的标准。

(5) 内部收益率 *IRR* 范围的测算方法

我们用下面的例子来说明怎样通过列表的方法来确定内部收益率的范围：

【例】 某投资项目年净现金流量见表 10-11，采用列表法测算内部收益率的范围。

单位：万元 **表 10-11**

年序	0	1	2	3	4	5
年净现金流量	−10000	4000	2000	2000	2000	2000

【解】 用下表测算 *IRR* 的范围

表 10-12

年序	年净现金流量	测算 6%		测算 7%		测算 8%	
		现值系数	现值	现值系数	现值	现值系数	现值
0	−10000	1	−10000	1	−10000	1	−10000
1	4000	0.943	3772	0.935	3740	0.926	3704
2	2000	0.890	1780	0.873	1746	0.857	1714
3	2000	0.840	1680	0.816	1632	0.749	1588
4	2000	0.792	1584	0.763	1526	0.735	1470
5	2000	0.747	1494	0.713	1426	0.618	1362
净现值(*NPV*)			310		70		−162

从表中可以确定，计算 *IRR* 采用 NPV_1 的 $i_1=7\%$；NPV_2 的 $i_2=8\%$

四、不确定分析

1. 概述

对建设项目进行经济效益分析时，需要运用价格、折现率、寿命期生产规模等一些基本变量来计算各种经济评价指标，最后得出建设性结论。但是，由于在实践中各种评价指标只能对未来的政治、经济、社会发展、技术进步、市场供求关系等方面进行假设和预测确定的。这些预测数据必然会因外界客观状况发生变化而变化，所以，未来实际情况不一定会与假设和预测一致。因此，这些以后可能变化的不确定因素，将影响项目最后决策的可靠性。

知道上述情况后，在项目评价过程中就要求对其中有重大影响的各种可变因素进行分析，随着这些可变因素变量的增减，计算出他们对项目收益的变化幅度，从而使项目的投资决策建立较为可靠的基础上。这种对不确定因素影响项目经济效益的分析，称为不确定分析。

建设项目经济评价中产生不确定分析的主要原因有：

（1）物价因素

项目的投入和产出价格，往往随着时间的变化而改变，因此，物价因素具有不确定性。

（2）技术进步

技术进步会引起新产品和新工艺的替代，从而影响销售收入等各项指标。

（3）政治、政策因素

政府政策的变化，新的法律、法规的颁布，国际政治形势的变化，均会对项目的经济效益产生一定的影响，将会给项目带来一定的风险。

（4）市场供求状况

当市场供求状况发生变化时，将直接影响项目的经济效果。

（5）数据统计偏差

主要指原始数据统计误差、统计样本点不足、公式或数学模型不合理造成的误差。

不确定分析包括盈亏平衡分析、敏感性分析和概率分析三种方法。

2. 盈亏平衡分析

盈亏平衡分析又称损益分析，它是通过盈亏平衡点（BEP），分析项目的成本与收益之间平衡关系的一种方法。

盈亏平衡分析就是通过对建设项目正常生产年份的产品产量、生产成本、产品价格及销售收入和利润等之间的关系进行分析，确定在利润为零时，即不盈不亏——盈亏平衡点，分析这些点对项目经济效果评价可靠性的影响。

（1）盈亏平衡点的确定

盈亏平衡点是赢利与亏损的分界点，在这一点上收入等于成本。若收入再低或成本再高，就要亏了。因此，盈亏平衡点是收入的下限，成本的上限，一个项目的盈亏平衡点越低表明项目适应市场变化的能力越强，抗风险能力越大；反之，项目适应市场变化的能力越小，抗风险能力越弱。

盈亏平衡点通常用产量来表示，也可以用生产能力利用率、销售收入、产品单价等来表示。

盈亏平衡点定义为：在盈亏平衡点处，项目处于不盈不亏的状态，即项目的收益与成本相等，其表达式如下：

$$TR = TC$$

式中 TR——项目总收益；

TC——项目总成本。

【例】 某新建项目生产一种环保设备，根据市场预测，每台售价为 2 万元，已知该单位产品的成本为 1.8 万元，总固定成本为 100 万元，试求该项目的盈亏平衡产量。

【解】 $\because TR=$单价×产量$=P\times Q=2Q$

$TC=$固定成本＋可变成本$=100+1.8Q$

设该项目盈亏平衡点产量为 Q^*，则当产量为 Q^* 时，应有 $TR=TC$

$$\therefore \quad 2Q^*=100+1.8Q^*$$

$$2Q^*-1.8Q^*=100$$

$$Q^*=500\text{（台）}$$

（2）线性盈亏平衡分析

线性盈亏平衡分析一般基于以下假设条件下进行：

（a）产品产量与销售量是一致的；

（b）单位产品的价格保持稳定不变；

（c）产品成本分为可变成本与固定成本，其中可变成本与产量成正比关系，固定成本与产量无关。

线性盈亏平衡分析的方法一般有两种：图解法和解析法。

1）图解法

图解法中，再以横轴表示产量，纵轴表示收益与成本的坐标系中，画出收益与成本曲线，求出其交点，即盈亏平衡点。其步骤如下：

第一步：画出坐标图，以横轴表示产量，纵轴表示收益与成本；

第二步：以原点为起始点，按下面公式在坐标图上画出收益线：

$TR=$(单位产品价格－单位产品销售税金及附加)×产量；

第三步：画出固定成本线。由于固定成本与产量无关，因此固定成本线是一条与横轴平行的水平线；

第四步：以固定成本与纵轴的交点为起始点，按照以下公式在坐标图上画出成本线：

TC＝固定成本＋可变成本

＝固定成本＋单位产品可变成本×产量

第五步：收益线与成本线的交点即为盈亏平衡点。

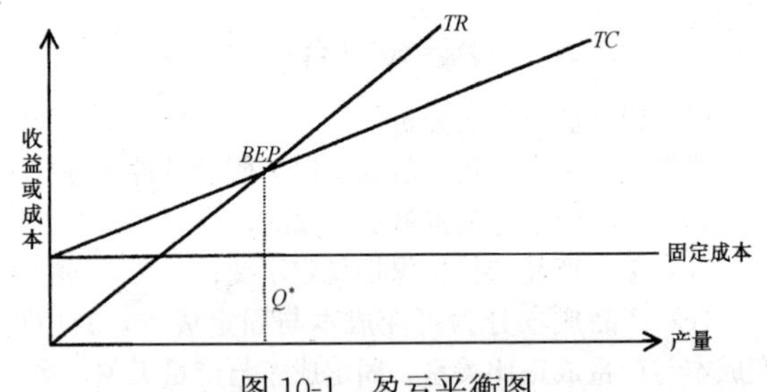

图 10-1　盈亏平衡图

从盈亏平衡图可以看出，当产量水平低于盈亏平衡产量时，收益线 TR 在成本线 TC 的下方，项目是亏损的；反之，项目是赢利的。盈亏平衡点越低，达到此点的盈亏平衡产量和成本也就越少，因而项目的赢利机会就越大，亏损的风险就越小。

2）解析法

解析法是指通过数学解析方法计算出盈亏平衡点的方法。

设，以 Q 表示产量，R 表示销售收入，C 表示生产成本，F 表示固定成本，V 表示单位产品可变成本，P 表示产品价格，t 表示单位产品销售税金及附加，则根据 $TR=TC$，则有下列函数关系：

$$TR = (P - t)Q$$

$$TC = F + VQ$$

设盈亏平衡产量为 Q^*，则当 $Q=Q^*$ 时，有：

$$(P - t)Q^* = F + VQ^*$$

$$Q^* = \frac{F}{P - t - V}$$

【例】 某项目设计生产能力为 80 万台，根据资料分析，预测的单位产品价格为 189 元，单位产品可变成本为 150 元，固定成本为 150 万元，已知该产品销售税金及附加含税率为 5%，求该产品盈亏平衡产量。

【解】 $\because TR = (P - t)Q = 189 \times (1 - 5\%)Q$

$$TC = F + VQ = 1500000 + 150Q$$

$$\therefore 189 \times (1 - 5\%)Q^* = 1500000 + 150Q^*$$

$$(189 - 9)Q^* = 1500000 + 150Q^*$$

$$180Q^* - 150Q^* = 1500000$$

$$Q^* = \frac{15000000}{30}$$

$$= 50000(台)$$

3. 敏感性分析

敏感性分析是通过寻找影响项目的敏感性因素，计算在敏感性因素变动的情况下，项目经济效益受影响的程度，从而判断项目承受风险的一种不确定分析方法。

什么是敏感性因素呢？我们知道，影响项目经济效益的不确定因素很多，在这些不确定因素中，有的稍有变动就会使项目经济效益受到很大影响；有的即使变动很大，也不会对项目经济效益产生大的影响。一般，我们把前一种不确定因素称为敏感性因素。

所谓敏感性分析是指在影响一个工程项目或技术方案经济效益评价指标的许多因素中，对其中变化最敏感的，对评价指标发生较大影响的一个或几个因素，如销售量、产品单价、成本、寿命期限等，进行变化程度的预测分析。分析过程可以显示某种因素的改变如何引起评价指标（如净现值、内部收益率）数值的变化。分析时通常用百分数来表示某种因素的改变，比如当产品单价提高10％时净现值的变化幅度。

（1）因素敏感性分析

单因素敏感性分析是指在进行敏感性分析时，每次假定只有一个因素变化，其他因素保持不变，分析变化因素对评价指标的影响程度和敏感程度。

（2）敏感性分析的步骤

敏感性分析的主要步骤如下：

第一步：确定敏感性分析的对象。一般根据项目的特点、不同研究阶段、实际需求情况和指标的重要程度来选择，常用的指标有净现值（*NPV*）和内部收益率（*IRR*）。

第二步：选择需分析的不确定因素。一般选择一些主要的一影响因素，如项目投资、寿命期限、产品价格、经营成本、标准折现率等。

第三步：计算不确定因素对评价指标影响后的指

标值和影响程度，该影响程度通过计算指标变化率来表达，其计算式为：

$$变化率(\beta)=\frac{评价指标变化幅度}{|变量因素变化幅度|}=\frac{\Delta Y_j}{|\Delta X_i|}$$

$$=\frac{Y_{j1}-Y_{j0}}{Y_{j0}}\div|\Delta X_i|$$

式中 β——变化率，亦称敏感程度；

ΔY_j——第 j 各指标受变量因素变化影响的差额幅度；

ΔX_i——第 i 个变量因素的变化幅度；

ΔY_{j1}——第 j 个指标受变化因素影响后达到的指标值；

Y_{j0}——第 j 个指标未受变化因素影响时的指标值。

其计算过程为：按照预先指定的变化范围，先改变一个变量的因素，其他变量不变，计算该变量变化的经济效益指标，并与原方案指标对比，计算出这变量的变化率即敏感程度，然后再选择另一变量，进行经济效益指标的计算和敏感程度计算，诸如此类。最后进行判断，敏感程度最大的变量是最敏感因素。

【例】 某项目总投资 550 万元，设计年生产能力为 6000 台，预计产品价格为 500 元/台，年经营成本为 200 万元，项目寿命期为 10 年，残值不计，标准折现率为 10%，试分析该项目净现值对各项因素的敏感性。

【解】 ① 画出现金流量示意图

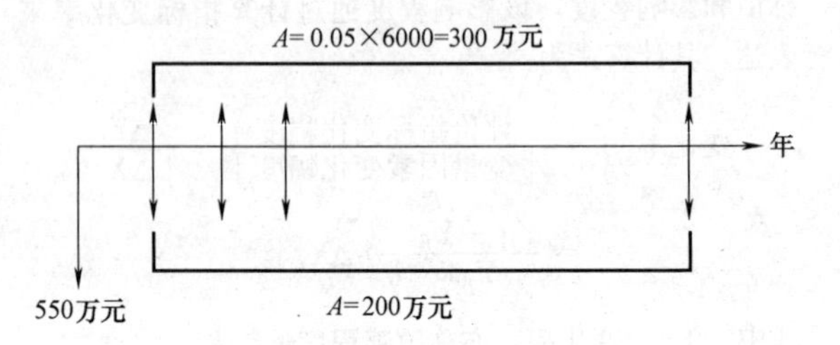

② 计算项目的净现值

$$NPV = -550 + (0.05 \times 6000 - 200)(P/A, 10\%, 10)$$
$$= -550 + 100 \times 6.144$$
$$= 64.4 \text{ 万元}$$

由于 $NPV > 0$，该项目是可行的。

③ 敏感性因素确定

在上述总投资、产品价格、经营成本的因素中，任何一个因素的变化都会导致净现值发生变化，所以需要对这些变化因素的影响进行敏感性分析。

④ 敏感性分析

我们确定三个因素，中投资、产品价格、经营成本为变化因素，分别令其在初始值的基础上按±10%、±20%的变化幅度变化，分别计算初相对应净现值的变化情况，得出结果如表 10-13。

⑤ 画出敏感性分析图

由表 10-13 和图 10-2 可以看出，在各个变量因素变化率相同的情况下，产品价格的变动对净现值的影响程度最大。在其他因素不变的情况下，产品价格每下降或上升 1%，净现值下降或上升 28.62%；其次是经营成本因素变化对净现值有较大影响；最后是总投资因

（单位：万元）　　**表 10-13**

项目＼变化幅度	−20%	−10%	0	10%	20%	平均+1%	平均−1%	敏感程度
总投资	174.4	119.4	64.4	9.6	−45.6	−8.54%	8.54%	较敏感
产品价格	−304.24	−119.92	64.4	248.72	433.04	28.62%	−28.62%	最敏感
经营成本	310.16	187.28	64.4	−58.84	−181.36	−19.08%	19.08%	很敏感

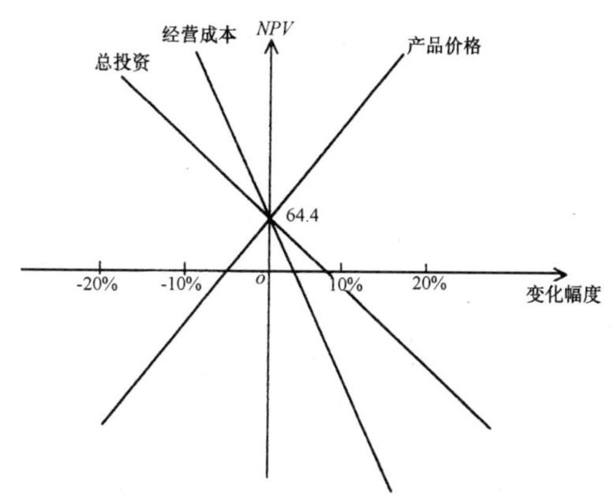

图 10-2　敏感性分析示意图

素变化对净现值的影响。他们对净现值的敏感程度排序是：①产品价格、②经营成本、③总投资，最敏感的是产品价格。因此，应对该项目的产品价格作进一步的测算，因为产品价格的变化会给投资带来较大的风险。

五、复利系数表

1. 资金时间价值计算公式

资金时间价值计算公式　　表 10-14

公式名称	已知	欲求	系数符号	公　式
一次支付终值	P	F	$(F/P,i,n)$	$F=P(1+i)^{n}$
一次支付现值	F	P	$(P/F,i,n)$	$P=F(1+i)^{-n}$
年金终值	A	F	$(F/A,i,n)$	$F=A\frac{(1+i)^{n}-1}{i}$
偿债基金	F	A	$(A/F,i,n)$	$A=F\frac{i}{(1+i)^{n}-1}$
资金回收	P	A	$(A/P,i,n)$	$A=P\frac{i(1+i)^{n}}{(1+i)^{n}-1}$
年金总值	A	P	$(P/A,i,n)$	$P=A\frac{(1+i)^{n}-1}{i(1+i)^{n}}$

2. 复利系数表

复利系数表 **表 10-15**

	F/P	P/F	A/F	A/P	F/A	P/A
	$(1+i)^n$	$\frac{1}{(1+i)^n}$	$\frac{i}{(1+i)^n-1}$	$\frac{i\ (1+i)^n}{(1+i)^n-1}$	$\frac{(1+i)^n-1}{i}$	$\frac{(1+i)^n-1}{i\ (1+i)^n}$
t			$i=2\%$			
1	1.0200	0.9804	1.00000	1.02000	1.000	0.980
2	1.0404	0.9612	0.49505	0.51505	2.020	1.942
3	1.0612	0.9423	0.32675	0.34675	3.060	2.884
4	1.0824	0.9238	0.24262	0.26262	4.122	3.808
5	1.1041	0.9057	0.19216	0.21216	5.204	4.713
6	1.1262	0.8880	0.15853	0.17853	6.308	5.601
7	1.1487	0.8706	0.13451	0.15451	7.434	6.472
8	1.1717	0.8535	0.11651	0.13651	8.583	7.325
9	1.1951	0.8368	0.10252	0.12252	9.755	8.162
10	1.2190	0.8203	0.09133	0.11133	10.950	8.983
11	1.2434	0.8043	0.08218	0.10218	12.169	9.787
12	1.2682	0.7885	0.07456	0.09456	13.412	10.575
13	1.2936	0.7730	0.06812	0.08812	14.680	11.348
14	1.3195	0.7579	0.06260	0.08260	15.974	12.106
15	1.3459	0.7430	0.05783	0.07783	17.293	12.849
16	1.3728	0.7284	0.05365	0.07365	18.639	13.578
17	1.4002	0.7142	0.04997	0.06997	20.012	14.292
18	1.4282	0.7002	0.04670	0.06670	11.412	14.992
19	1.4568	0.6864	0.04378	0.06378	22.841	16.678
20	1.4859	0.6730	0.04116	0.06116	24.297	16.351
21	1.5157	0.6598	0.03878	0.05876	25.783	17.011
22	1.5460	0.6468	0.03663	0.05663	27.299	17.658
23	1.5769	0.6342	0.03467	0.5467	28.845	18.292
24	1.6084	0.6217	0.03287	0.05287	30.422	18.914
25	1.6406	0.6095	0.03122	0.05122	32.030	19.523
26	1.6734	0.5976	0.02970	0.04970	33.671	20.121
27	1.7069	0.5859	0.02829	0.04829	35.344	20.707
28	1.7410	0.5744	0.02699	0.04699	37.051	21.281
29	1.7758	0.5631	0.02578	0.04578	38.792	21.844

续表

	F/P	P/F	A/F	A/P	F/A	P/A
	$(1+i)^n$	$\frac{1}{(1+i)^n}$	$\frac{i}{(1+i)^n-1}$	$\frac{i(1+i)^n}{(1+i)^n-1}$	$\frac{(1+i)^n-1}{i}$	$\frac{(1+i)^n-1}{i(1+i)^n}$
t			$i=2\%$			
30	1.8114	0.5521	0.02465	0.04465	40.568	22.396
31	1.8476	0.5412	0.02360	0.04360	42.379	22.938
32	1.8845	0.5306	0.02261	0.04261	44.227	23.468
33	1.9222	0.5202	0.02169	0.04169	46.112	23.989
34	1.9607	0.5100	0.02082	0.04082	48.034	24.499
35	1.9999	0.5000	0.02000	0.04000	49.994	24.999
40	2.2080	0.4529	0.01656	0.03656	60.402	27.355
45	2.4379	0.4102	0.01391	0.03391	71.893	29.490
50	2.6916	0.3715	0.01182	0.03182	84.579	31.424
55	2.9717	0.3365	0.01014	0.03014	98.587	33.175
60	3.2810	0.3048	0.00877	0.02877	114.052	34.761
65	3.6225	0.2761	0.00763	0.02763	131.126	36.197
70	3.9996	0.2500	0.00667	0.02667	149.978	37.499
75	4.4158	0.2265	0.00586	0.02586	170.792	38.677
80	4.8754	0.2051	0.00516	0.02516	193.772	39.745
85	5.3829	0.1858	0.00456	0.02456	219.144	40.711
90	5.9431	0.1683	0.00405	0.02405	247.157	41.587
95	6.5617	0.1524	0.00360	0.02360	278.085	42.380
100	7.2446	0.1380	0.00320	0.02320	312.232	43.098

注：*F/P*：一次支付付复利系数
P/F：一次支付现值系数
A/F：偿债基金系数
A/P：资金回收系数
F/A：年金终值系数
P/A：年金现值系数

续表

	F/P	P/F	A/F	A/P	F/A	P/A
	$(1+i)^n$	$\frac{1}{(1+i)^n}$	$\frac{i}{(1+i)^n-1}$	$\frac{i(1+i)^n}{(1+i)^n-1}$	$\frac{(1+i)^n-1}{i}$	$\frac{(1+i)^n-1}{i(1+i)^n}$
t			$i=2.5\%$			
1	1.0250	0.9756	1.00000	0.02500	1.00	0.976
2	1.0506	0.9518	0.49383	0.51883	2.02	1.927
3	1.0769	0.9286	0.32514	0.35014	3.07	2.856
4	1.1038	0.9060	0.24082	0.26582	4.15	3.762
5	1.1314	0.8839	0.19025	0.21525	5.25	4.646
6	1.1597	0.8623	0.15655	0.18155	6.38	5.508
7	1.1887	0.8413	0.13250	0.15750	7.54	6.349
8	1.2184	0.8207	0.11447	0.13947	8.73	7.170
9	1.2489	0.8007	0.10046	0.12546	9.95	7.971
10	1.2801	0.7812	0.08926	0.11426	11.20	8.752
11	1.3121	0.7621	0.08011	0.10511	12.48	9.514
12	1.3449	0.7436	0.07249	0.09749	13.79	10.258
13	1.3785	0.7254	0.06605	0.09105	15.14	10.983
14	1.4130	0.7077	0.06054	0.08554	16.51	11.691
15	1.4483	0.6905	0.05577	0.08077	17.93	12.381
16	1.4845	0.6736	0.05160	0.07660	19.38	13.055
17	1.5216	0.6572	0.04793	0.07293	20.86	13.712
18	1.5597	0.6412	0.04467	0.06967	22.38	14.353
19	1.5987	0.5255	0.04176	0.06676	23.94	14.979
20	1.6386	0.6103	0.03915	0.06415	25.54	15.589
21	1.6796	0.5954	0.03679	0.06179	27.18	16.185
22	1.7216	0.5809	0.03465	0.05965	28.86	16.765
23	1.7646	0.5667	0.03270	0.05770	30.58	17.332
24	1.8087	0.5529	0.03091	0.05591	32.34	17.885
25	1.8539	0.5394	0.02928	0.05428	34.15	18.424

续表

t	F/P $(1+i)^n$	P/F $\frac{1}{(1+i)^n}$	A/F $\frac{i}{(1+i)^n-1}$	A/P $\frac{i(1+i)^n}{(1+i)^n-1}$	F/A $\frac{(1+i)^n-1}{i}$	P/A $\frac{(1+i)^n-1}{i(1+i)^n}$
			$i=2.5\%$			
26	1.9003	0.5262	0.02777	0.05277	36.012	18.951
27	1.9478	0.5134	0.02638	0.05138	37.912	19.464
28	1.9965	0.5009	0.02509	0.05009	39.860	19.965
29	2.0464	0.4887	0.02389	0.04889	41.856	20.454
30	2.0976	0.4767	0.02278	0.04778	43.903	20.930
31	2.1500	0.4651	0.02174	0.04674	46.000	21.395
32	2.2038	0.4538	0.02077	0.04577	48.150	21.849
33	2.2589	0.4427	0.01986	0.04486	50.354	22.292
34	2.3153	0.4319	0.01901	0.04401	52.613	22.724
35	2.3732	0.4214	0.01821	0.04321	54.928	23.145
40	2.6851	0.3724	0.01484	0.03984	67.403	25.103
45	3.0379	0.3292	0.01227	0.03727	81.516	26.883
50	3.4371	0.2909	0.01026	0.03526	97.484	28.362
55	3.8888	0.2572	0.00865	0.03365	115.551	29.714
60	4.3998	0.2273	0.00735	0.03235	135.992	30.909
65	4.9780	0.2009	0.00628	0.03128	159.118	31.965
70	5.6321	0.1776	0.00540	0.03040	185.284	32.899
75	6.3722	0.1569	0.00465	0.02965	214.888	33.723
80	7.2100	0.1387	0.00403	0.02903	248.383	34.452
85	8.1570	0.1226	0.00349	0.02849	286.279	35.096
90	9.2289	0.1084	0.00304	0.02804	329.154	35.666
95	10.4416	0.0958	0.00265	0.02765	377.664	36.169
100	11.8137	0.0846	0.00231	0.02731	432.349	36.614

续表

	F/P	P/F	A/F	A/P	F/A	P/A
	$(1+i)^n$	$\frac{1}{(1+i)^n}$	$\frac{i}{(1+i)^n-1}$	$\frac{i(1+i)^n}{(1+i)^n-1}$	$\frac{(1+i)^n-1}{i}$	$\frac{(1+i)^n-1}{i(1+i)^n}$
t			$i=3\%$			
1	1.0300	0.9709	1.00000	1.03000	1.000	0.971
2	1.0609	0.9426	0.49261	0.52261	2.030	1.913
3	1.0927	0.9151	0.32353	0.35353	3.091	2.829
4	1.1255	0.8885	0.23903	0.26903	4.184	3.717
5	1.1593	0.8626	0.18835	0.21835	5.309	4.580
6	1.1941	0.8375	0.15460	0.13460	6.468	5.417
7	1.2299	0.8131	0.13051	0.16051	7.662	6.230
8	1.2668	0.7894	0.11246	0.14246	8.892	7.020
9	1.3048	0.7664	0.09843	0.12843	10.159	7.786
10	1.3439	0.7441	0.08723	0.11723	11.464	8.530
11	1.3842	0.7224	0.07808	0.10808	12.808	9.253
12	1.4258	0.7014	0.07046	0.10046	14.192	9.954
13	1.4685	0.6810	0.06403	0.09403	15.618	10.635
14	1.5126	0.6611	0.05853	0.08853	17.086	11.296
15	1.5560	0.6419	0.05377	0.08377	18.599	11.938
16	1.6047	0.6232	0.04961	0.07961	20.157	12.561
17	1.6528	0.6050	0.04595	0.07595	21.762	13.166
18	1.7024	0.5874	0.04271	0.07271	23.414	13.754
19	1.7535	0.5703	0.03981	0.06981	25.117	14.324
20	1.8061	0.5537	0.03722	0.06722	26.870	14.877
21	1.8603	0.5375	0.03487	0.06487	28.676	15.415
22	1.9161	0.5219	0.03275	0.06275	30.537	15.937
23	1.9736	0.5097	0.03081	0.06081	32.453	16.444
24	2.0328	0.4919	0.02905	0.05905	34.426	16.936
25	2.0938	0.4776	0.02743	0.05743	36.459	17.413

续表

	F/P	P/F	A/F	A/P	F/A	P/A
	$(1+i)^n$	$\frac{1}{(1+i)^n}$	$\frac{i}{(1+i)^n-1}$	$\frac{i(1+i)^n}{(1+i)^n-1}$	$\frac{(1+i)^n-1}{i}$	$\frac{(1+i)^n-1}{i(1+i)^n}$
t	$i=3\%$					
26	2.1566	0.4637	0.02594	0.05594	38.553	17.877
27	2.2213	0.4502	0.02456	0.05456	40.710	18.327
28	2.2879	0.4371	0.02329	0.05329	42.931	18.764
29	2.3566	0.4243	0.02211	0.05211	45.219	19.188
30	2.4273	0.4120	0.02102	0.05102	47.575	19.600
31	2.5001	0.4000	0.02000	0.05000	50.003	20.000
32	2.5751	0.3883	0.01905	0.04905	52.503	20.389
33	2.6523	0.3770	0.01816	0.04816	55.078	20.766
34	2.7319	0.3660	0.01732	0.04732	57.730	21.132
35	2.8139	0.3554	0.01654	0.04654	60.462	21.487
40	3.2620	0.3066	0.01326	0.04326	75.401	23.115
45	3.7816	0.2644	0.01079	0.04079	92.720	24.519
50	4.3839	0.2281	0.00887	0.03887	112.797	25.730
55	5.0821	0.1968	0.00735	0.03735	136.072	26.774
60	5.8916	0.1697	0.00613	0.03613	163.053	27.676
65	6.8300	0.1464	0.00515	0.03515	194.333	28.453
70	7.9178	0.1263	0.00434	0.03434	230.594	29.123
75	9.1789	0.1089	0.00367	0.03367	272.631	30.702
80	10.6409	0.0940	0.00311	0.03311	321.363	30.201
85	12.3357	0.0811	0.00265	0.03265	377.857	30.631
90	14.3005	0.0699	0.00226	0.03226	443.349	31.002
95	16.5782	0.0603	0.00193	0.03193	519.272	31.323
100	19.2186	0.0520	0.00165	0.03165	607.288	31.599

续表

	F/P	P/F	A/F	A/P	F/A	P/A
	$(1+i)^n$	$\frac{1}{(1+i)^n}$	$\frac{i}{(1+i)^n-1}$	$\frac{i(1+i)^n}{(1+i)^n-1}$	$\frac{(1+i)^n-1}{i}$	$\frac{(1+i)^n-1}{i(1+i)^n}$
t			i=3.5%			
1	1.0350	0.9662	1.00000	1.03500	1.000	0.966
2	1.0712	0.9335	0.49140	0.52640	2.035	1.900
3	1.1087	0.9019	0.32193	0.35693	3.106	2.802
4	1.1475	0.8714	0.23725	0.27225	4.215	3.673
5	1.1877	0.8420	0.18648	0.22148	5.362	4.515
6	1.2293	0.8135	0.15267	0.18767	6.550	5.329
7	1.2723	0.7860	0.12854	0.16354	7.779	6.115
8	1.3168	0.7594	0.11048	0.14548	9.052	6.874
9	1.3629	0.7337	0.09645	0.13145	10.368	7.608
10	1.4106	0.7089	0.08524	0.12024	11.731	8.317
11	1.4600	0.6849	0.07609	0.11109	13.142	9.002
12	1.5111	0.6618	0.06848	0.10348	14.602	9.663
13	1.5640	0.6394	0.06206	0.09706	16.113	10.303
14	1.6187	0.6178	0.05657	0.09157	17.677	10.921
15	1.6753	0.5969	0.05183	0.08683	19.296	11.517
16	1.7340	0.5767	0.04768	0.08268	20.971	12.094
17	1.7947	0.5572	0.04404	0.07904	22.705	12.651
18	1.8575	0.5384	0.04082	0.07582	24.500	13.190
19	1.9225	0.5202	0.03794	0.07294	26.357	13.710
20	1.9898	0.5026	0.03536	0.07036	28.280	14.212
21	2.0594	0.4856	0.03304	0.06804	30.269	14.698
22	2.1315	0.4692	0.03093	0.06593	32.329	15.167
23	2.2061	0.4533	0.02902	0.06402	34.460	15.620
24	2.2833	0.4380	0.02727	0.06227	36.667	16.058
25	2.3632	0.4231	0.02567	0.06067	38.950	16.482

续表

	F/P	P/F	A/F	A/P	F/A	P/A
	$(1+i)^n$	$\frac{1}{(1+i)^n}$	$\frac{i}{(1+i)^n-1}$	$\frac{i(1+i)^n}{(1+i)^n-1}$	$\frac{(1+i)^n-1}{i}$	$\frac{(1+i)^n-1}{i(1+i)^n}$
t			$i=3.5\%$			
26	2.4460	0.4088	0.02421	0.05921	41.313	16.890
27	2.5316	0.3950	0.02285	0.05785	43.759	17.285
28	2.6202	0.3817	0.02160	0.05660	46.291	17.667
29	2.7119	0.3687	0.02045	0.05545	48.911	18.036
30	2.8068	0.3563	0.01937	0.05437	51.623	18.392
31	2.9050	0.3442	0.01837	0.05337	54.429	18.736
32	3.0067	0.3326	0.01744	0.05244	57.335	19.069
33	3.1119	0.3213	0.01657	0.05157	60.341	19.390
34	3.2209	0.3105	0.01576	0.05076	63.453	19.701
35	3.3336	0.3000	0.01500	0.05000	66.674	20.001
40	3.9593	0.2526	0.01183	0.04683	84.550	21.355
45	4.7024	0.2127	0.00945	0.04445	106.782	22.495
50	5.5849	0.1791	0.00763	0.04263	130.998	23.456
55	6.6331	0.1508	0.00621	0.04121	160.947	24.264
60	7.8781	0.1269	0.00509	0.04009	196.517	24.945
65	9.3567	0.1069	0.00419	0.03919	238.763	25.518
70	11.1128	0.0900	0.00346	0.03846	288.938	26.000
75	13.1986	0.0758	0.00287	0.03787	348.530	26.407
80	15.6757	0.0638	0.00238	0.03738	419.307	26.749
85	18.6179	0.0537	0.00199	0.03699	503.367	27.037
90	22.1122	0.0452	0.00166	0.03666	603.205	27.279
95	26.2623	0.0381	0.00139	0.03639	721.781	27.484
100	31.1914	0.0321	0.00116	0.03616	862.612	27.655

续表

	F/P $(1+i)^n$	P/F $\frac{1}{(1+i)^n}$	A/F $\frac{i}{(1+i)^n-1}$	A/P $\frac{i(1+i)^n}{(1+i)^n-1}$	F/A $\frac{(1+i)^n-1}{i}$	P/A $\frac{(1+i)^n-1}{i(1+i)^n}$
t			$i=4\%$			
1	1.0400	0.9615	1.00000	1.04000	1.000	0.962
2	1.0816	0.9246	0.49020	0.53020	2.040	1.886
3	1.1249	0.8890	0.32035	0.36035	3.122	2.775
4	1.1699	0.8548	0.23549	0.27549	4.246	3.630
5	1.2167	0.8219	0.18463	0.22463	5.416	4.452
6	1.2653	0.7903	0.15076	0.19076	6.633	5.242
7	1.3159	0.7599	0.12661	0.16661	7.898	6.002
8	1.3686	0.7307	0.10853	0.14853	9.214	6.733
9	1.4233	0.7026	0.09449	0.13449	10.583	7.435
10	1.4802	0.6756	0.08329	0.12329	12.006	8.111
11	1.5395	0.6496	0.07415	0.11415	13.486	8.760
12	1.6010	0.6246	0.06655	0.10655	15.026	9.385
13	1.6651	0.6006	0.06014	0.10014	16.627	9.986
14	1.7317	0.5775	0.05467	0.09467	18.292	10.563
15	1.8009	0.5553	0.04994	0.08994	20.024	11.118
16	1.8730	0.5339	0.04582	0.08582	21.825	11.652
17	1.9479	0.5134	0.04220	0.08220	23.698	12.166
18	2.0258	0.4936	0.03899	0.07899	25.645	12.659
19	2.1068	0.4746	0.03614	0.07614	27.671	13.134
20	2.1911	0.4564	0.03358	0.07358	29.778	13.590
21	2.2788	0.4388	0.03128	0.07128	31.969	14.029
22	2.3699	0.4220	0.02920	0.06920	34.248	14.451
23	2.4647	0.4057	0.02731	0.06731	36.618	14.857
24	2.5633	0.3901	0.02559	0.06559	39.083	15.247
25	2.6658	0.3751	0.02401	0.06401	41.646	15.622

续表

t	F/P $(1+i)^n$	P/F $\frac{1}{(1+i)^n}$	A/F $\frac{i}{(1+i)^n-1}$	A/P $\frac{i(1+i)^n}{(1+i)^n-1}$	F/A $\frac{(1+i)^n-1}{i}$	P/A $\frac{(1+i)^n-1}{i(1+i)^n}$
	$i=4\%$					
26	2.7725	0.3607	0.02257	0.06257	44.312	15.983
27	2.8834	0.3468	0.02124	0.06124	47.084	16.330
28	2.9987	0.3335	0.02001	0.06001	49.968	16.663
29	3.1187	0.3207	0.01888	0.05888	52.966	16.984
30	3.2434	0.3083	0.01783	0.05783	56.085	17.292
31	3.3731	0.2965	0.01686	0.05686	59.328	17.588
32	3.5081	0.2851	0.01595	0.05595	62.701	17.874
33	3.6484	0.2741	0.01510	0.05510	66.210	18.148
34	3.7943	0.2636	0.01431	0.05431	69.858	18.411
35	3.9461	0.2534	0.01358	0.05358	73.652	1.665
40	4.8010	0.2083	0.01052	0.05052	95.026	19.793
45	5.8412	0.1712	0.00826	0.04826	121.029	20.720
50	7.1067	0.1407	0.00655	0.04655	152.667	21.482
55	8.6464	0.1157	0.00523	0.04523	191.159	22.109
60	10.5196	0.0951	0.00420	0.04420	237.991	22.623
65	12.7987	0.0781	0.00339	0.04339	294.968	23.047
70	15.5716	0.0642	0.00275	0.04275	364.290	23.395
75	18.9453	0.0528	0.00223	0.04223	448.631	23.680
80	23.0500	0.0434	0.00181	0.04181	551.245	23.915
85	28.0436	0.0357	0.00148	0.04148	676.090	24.109
90	34.1193	0.0293	0.00121	0.04121	827.983	24.267
95	41.5114	0.0241	0.00099	0.04099	1012.785	24.398
100	50.5049	0.0198	0.00081	0.04081	1237.624	24.505

续表

	F/P	P/F	A/F	A/P	F/A	P/A
	$(1+i)^n$	$\frac{1}{(1+i)^n}$	$\frac{i}{(1+i)^n-1}$	$\frac{i(1+i)^n}{(1+i)^n-1}$	$\frac{(1+i)^n-1}{i}$	$\frac{(1+i)^n-1}{i(1+i)^n}$
t			$i=4.5\%$			
1	1.0420	0.9569	1.00000	1.04500	1.000	0.957
2	1.0920	0.9157	0.48900	0.53400	2.045	1.873
3	1.1412	0.8763	0.31877	0.36377	3.137	2.749
4	1.1925	0.8386	0.23374	0.27874	4.278	3.588
5	1.2462	0.8025	0.18279	0.22773	5.471	4.390
6	1.3023	0.7679	0.14888	0.19388	6.717	5.158
7	1.3609	0.7348	0.12470	0.16970	8.019	5.893
8	1.4221	0.7032	0.10661	0.15161	9.380	6.596
9	1.4861	0.6729	0.09257	0.13757	10.802	7.269
10	1.5530	0.6439	0.08138	0.12638	12.288	7.913
11	1.6229	0.6162	0.07225	0.11725	13.841	8.529
12	1.6959	0.5897	0.06467	0.10967	15.464	9.119
13	1.7722	0.5643	0.05828	0.10328	17.160	9.683
14	1.8519	0.5400	0.05282	0.09782	18.932	10.223
15	1.9353	0.5167	0.04811	0.09311	20.784	10.740
16	2.0224	0.4945	0.04402	0.08902	22.719	11.234
17	2.1134	0.4732	0.04042	0.08542	24.742	11.707
18	2.2085	0.4528	0.03724	0.08224	26.855	12.160
19	2.3079	0.4333	0.03441	0.07941	29.064	12.593
20	2.4117	0.4146	0.03188	0.07688	31.371	13.008
21	2.5202	0.3968	0.02960	0.07460	33.783	13.405
22	2.6337	0.3797	0.02755	0.07255	36.303	13.784
23	2.7522	0.3634	0.02568	0.07068	38.937	14.148
24	2.8760	0.3477	0.02399	0.06899	41.689	14.495
25	3.0054	0.3327	0.02244	0.06744	44.565	14.828

续表

	F/P	P/F	A/F	A/P	F/A	P/A
	$(1+i)^n$	$\frac{1}{(1+i)^n}$	$\frac{i}{(1+i)^n-1}$	$\frac{i(1+i)^n}{(1+i)^n-1}$	$\frac{(1+i)^n-1}{i}$	$\frac{(1+i)^n-1}{i(1+i)^n}$
t			$i=4.5\%$			
26	3.1407	0.3184	0.02102	0.06602	47.571	15.147
27	3.2820	0.3047	0.01972	0.06472	50.711	15.451
28	3.4397	0.2916	0.01852	0.6352	53.993	15.743
29	3.5840	0.2790	0.01741	0.06241	57.423	16.022
30	3.7453	0.2670	0.01639	0.06139	61.007	16.289
31	3.9139	0.2555	0.01544	0.06044	64.752	16.544
32	4.0900	0.2445	0.01456	0.05956	68.666	16.789
33	4.2740	0.2340	0.01374	0.05874	72.756	17.023
34	4.4664	0.2239	0.01298	0.05798	77.030	17.247
35	4.6673	0.2143	0.01227	0.05727	81.497	17.461
40	5.8164	0.1719	0.00934	0.05434	107.030	18.402
45	7.2482	0.1380	0.00720	0.05220	138.850	19.156
50	9.0326	0.1107	0.00560	0.05060	178.503	19.762
55	11.2563	0.0888	0.00439	0.04939	227.918	20.248
60	14.0274	0.0713	0.00345	0.04845	289.498	20.638
65	17.4807	0.0572	0.00273	0.04773	366.238	20.951
70	21.7841	0.0459	0.00217	0.04717	461.870	21.202
75	27.1470	0.0368	0.00172	0.04672	581.044	21.404
80	33.8301	0.0296	0.00137	0.04637	729.558	21.565
85	42.1585	0.0237	0.00109	0.04609	914.622	21.695
98	52.5371	0.0190	0.00087	0.04587	1145.269	21.799
99	65.4708	0.0153	0.00070	0.04570	1432.684	21.883
100	81.5885	0.0123	0.00056	0.04556	1790.856	21.950

续表

	F/P	P/F	A/F	A/P	F/A	P/A
	$(1+i)^n$	$\frac{1}{(1+i)^n}$	$\frac{i}{(1+i)^n-1}$	$\frac{i(1+i)^n}{(1+i)^n-1}$	$\frac{(1+i)^n-1}{i}$	$\frac{(1+i)^n-1}{i(1+i)^n}$
t			$i=5\%$			
1	1.0500	0.9524	0.00000	1.05000	1.000	0.952
2	1.1025	0.9070	0.48780	0.53780	2.050	1.859
3	1.1576	0.8638	0.31721	0.36721	3.153	2.723
4	1.2155	0.8227	0.23201	0.28201	4.310	3.546
5	1.2763	0.7835	0.18097	0.23097	5.526	4.329
6	1.3401	0.7462	0.14702	0.19702	6.802	5.076
7	1.4071	0.7107	0.12282	0.17282	8.142	5.786
8	1.4775	0.6768	0.10472	0.15472	9.549	6.463
9	1.5513	0.6446	0.09069	0.14069	11.027	7.108
10	1.6289	0.6139	0.07950	0.12950	12.578	7.722
11	1.7103	0.5847	0.07039	0.12039	14.207	8.306
12	1.7959	0.5568	0.06283	0.11283	15.917	8.863
13	1.8856	0.5303	0.05646	0.10646	17.713	9.394
14	1.9800	0.5051	0.05102	0.10102	19.599	9.899
15	2.0789	0.4810	0.04634	0.09634	21.579	10.380
16	2.1829	0.4581	0.04227	0.09227	23.657	10.838
17	2.2920	0.4363	0.03870	0.08870	25.840	11.274
18	2.4066	0.4155	0.03555	0.08555	28.132	11.690
19	2.5270	0.3957	0.03275	0.08275	30.539	12.085
20	2.6533	0.3769	0.03024	0.08024	33.066	12.462
21	2.7860	0.3589	0.02800	0.07800	35.719	12.821
22	2.9253	0.3418	0.02597	0.07597	38.505	13.163
23	3.0715	0.3256	0.02414	0.07414	41.430	13.489
24	3.2251	0.3101	0.02247	0.07247	44.502	13.799
25	3.3864	0.2953	0.02095	0.07095	47.727	14.094

续表

	F/P	P/F	A/F	A/P	F/A	P/A
	$(1+i)^n$	$\frac{1}{(1+i)^n}$	$\frac{i}{(1+i)^n-1}$	$\frac{i(1+i)^n}{(1+i)^n-1}$	$\frac{(1+i)^n-1}{i}$	$\frac{(1+i)^n-1}{i(1+i)^n}$
t			$i=5\%$			
26	3.5557	0.2812	0.01956	0.06956	51.113	14.375
27	3.7335	0.2678	0.01829	0.06829	54.669	14.643
28	3.9201	0.2551	0.01712	0.06712	58.403	14.898
29	4.1161	0.2429	0.01605	0.06605	62.323	15.141
30	4.3219	0.2314	0.01505	0.06505	66.439	15.372
31	4.5380	0.2204	0.01413	0.06413	70.761	15.593
32	4.7649	0.2099	0.01328	0.06328	75.299	15.803
33	5.0032	0.1999	0.01249	0.06249	80.064	16.003
34	5.2533	0.1904	0.01176	0.06176	85.067	16.193
35	5.5160	0.1813	0.01107	0.06107	90.320	16.374
40	7.0400	0.1420	0.00828	0.05828	120.800	17.159
45	8.9850	0.1113	0.00626	0.05626	159.700	17.774
50	11.4674	0.0872	0.00478	0.05478	209.348	18.256
55	14.0356	0.0683	0.00367	0.05367	272.713	18.633
60	18.6792	0.0535	0.00283	0.05283	353.584	18.929
65	23.8399	0.0419	0.00219	0.05219	456.798	19.161
70	30.4264	0.0329	0.00170	0.05170	588.529	19.343
75	38.8327	0.0258	0.00132	0.05132	756.654	19.485
80	49.5614	0.0202	0.00103	0.05103	971.229	19.596
85	63.2544	0.0158	0.00180	0.05080	1245.087	19.684
90	80.7304	0.0124	0.00063	0.05063	1594.607	19.752
95	103.0357	0.0097	0.00049	0.05049	2040.894	19.806
100	131.5013	0.0076	0.00038	0.05038	2610.025	19.848

续表

	F/P	P/F	A/F	A/P	F/A	P/A
	$(1+i)^n$	$\frac{1}{(1+i)^n}$	$\frac{i}{(1+i)^n-1}$	$\frac{i(1+i)^n}{(1+i)^n-1}$	$\frac{(1+i)^n-1}{i}$	$\frac{(1+i)^n-1}{i(1+i)^n}$
t			i=5.5%			
1	1.0550	0.9479	1.00000	1.05500	1.000	0.948
2	1.1130	0.8985	0.48662	0.54162	2.055	1.846
3	1.1742	0.8516	0.31565	0.37065	3.168	2.698
4	1.2388	0.8072	0.23029	0.28529	4.342	3.505
5	1.3070	0.7651	0.17918	0.23418	5.587	4.270
6	1.3788	0.7252	0.14518	0.20018	6.888	4.996
7	1.4547	0.6874	0.12096	0.17596	8.267	5.683
8	1.5347	0.6516	0.10286	0.15786	9.722	6.335
9	1.6191	0.6176	0.08884	0.14384	11.256	6.952
10	1.7081	0.5854	0.07767	0.13267	12.875	7.538
11	1.8021	0.5549	0.06857	0.12357	14.583	8.093
12	1.9012	0.5260	0.06103	0.11603	16.386	8.619
13	2.0058	0.4986	0.05468	0.10968	18.287	9.117
14	2.1161	0.4726	0.04928	0.10428	20.293	9.590
15	2.2325	0.4479	0.04463	0.09963	22.409	10.038
16	2.3553	0.4248	0.04058	0.09558	24.641	10.462
17	2.4848	0.4024	0.03704	0.09204	26.996	10.865
18	2.6215	0.3815	0.03392	0.08892	29.481	11.246
19	2.7656	0.3616	0.03115	0.08615	32.103	11.608
20	2.9178	0.3427	0.02868	0.08368	34.868	11.950
21	3.0782	0.3249	0.02646	0.08146	37.786	12.275
22	3.2475	0.3079	0.02447	0.07947	40.864	12.583
23	3.4262	0.2919	0.02267	0.07767	44.112	12.875
24	3.6146	0.2767	0.02104	0.07604	47.538	13.152
25	3.8134	0.2622	0.01955	0.07455	51.153	13.414

续表

t	F/P $(1+i)^a$	P/F $\frac{1}{(1+i)^n}$	A/F $\frac{i}{(1+i)^n-1}$	A/P $\frac{i(1+i)^n}{(1+i)^n-1}$	F/A $\frac{(1+i)^n-1}{i}$	P/A $\frac{(1+i)^n-1}{i(1+i)^n}$
			i=5.5%			
26	4.0231	0.2486	0.01819	0.07319	54.966	13.662
27	4.2444	0.2356	0.01695	0.07195	58.989	13.898
28	4.4778	0.2233	0.01581	0.07081	63.234	14.121
29	4.7241	0.2117	0.01477	0.06977	67.711	13.333
30	4.9840	0.2006	0.01381	0.06881	72.435	14.534
31	5.2581	0.1902	0.01292	0.06792	77.419	14.724
32	5.5473	0.1803	0.01210	0.06710	82.677	14.904
33	5.8524	0.1709	0.01133	0.06633	88.225	15.075
34	6.1742	0.1620	0.01063	0.06563	94.077	15.237
35	6.5138	0.1535	0.00997	0.06497	100.251	15.391
40	8.5133	0.1175	0.00732	0.06232	136.606	16.046
45	11.1266	0.0899	0.00543	0.06043	184.119	16.548
50	14.5420	0.0688	0.00406	0.05906	246.217	16.932
55	19.0058	0.0526	0.00305	0.05805	327.377	17.225
60	24.8398	0.0403	0.00231	0.05731	433.450	17.450
65	32.4646	0.0308	0.00175	0.05675	572.083	17.622
70	42.4299	0.0236	0.00133	0.05633	753.271	17.753
75	55.4542	0.0180	0.00101	0.05601	990.076	17.854
80	72.4764	0.0138	0.00077	0.05577	1299.571	17.931
85	94.7238	0.0106	0.00059	0.05559	1704.069	17.990
90	123.8002	0.0081	0.00045	0.05545	2232.731	18.035
95	161.8019	0.0062	0.00034	0.05534	2928.671	18.069
100	211.4686	0.0047	0.00026	0.05526	3826.702	18.096

续表

	F/P	P/F	A/F	A/P	F/A	P/A
	$(1+i)^n$	$\frac{1}{(1+i)^n}$	$\frac{i}{(1+i)^n-1}$	$\frac{i(1+i)^n}{(1+i)^n-1}$	$\frac{(1+i)^n-1}{i}$	$\frac{(1+i)^n-1}{i(1+i)^n}$
t			$i=6\%$			
1	1.0600	0.9434	1.00000	1.06000	1.000	0.943
2	1.1236	0.8900	0.48544	0.54544	2.060	1.833
3	1.1910	0.8396	0.31411	0.37411	3.184	2.673
4	1.2625	0.7921	0.22859	0.28859	4.375	3.465
5	1.3382	0.7473	0.17740	0.23740	5.637	4.212
6	1.4185	0.7050	0.14336	0.20336	6.975	4.917
7	1.5036	0.6651	0.11914	0.17914	8.394	5.582
8	1.5938	0.6274	0.10104	0.16104	9.897	6.210
9	1.6895	0.5919	0.08702	0.14702	11.491	6.802
10	1.7908	0.5584	0.07587	0.13587	13.181	7.360
11	1.8983	0.5268	0.06679	0.12679	14.972	7.887
12	2.0122	0.4970	0.05928	0.11928	16.870	8.384
13	2.1329	0.4688	0.05296	0.11296	18.882	8.853
14	2.2609	0.4423	0.04758	0.10758	21.015	9.295
15	2.3966	0.4173	0.04296	0.10296	23.276	9.712
16	2.5404	0.3936	0.03895	0.09895	25.673	10.106
17	2.6928	0.3714	0.03544	0.09544	28.213	10.477
18	2.8543	0.3503	0.03236	0.09236	30.906	10.828
19	3.0256	0.3305	0.02962	0.08962	33.760	11.158
20	3.2071	0.3118	0.02718	0.08718	36.786	11.470
21	3.3996	0.2942	0.02500	0.08500	39.993	11.764
22	3.6035	0.2775	0.02305	0.08305	43.392	12.042
23	3.8197	0.2618	0.02128	0.08128	46.996	12.303
24	4.0489	0.2470	0.01968	0.07968	50.816	12.550
25	4.2919	0.2330	0.01823	0.07823	54.865	12.783

续表

t	F/P $(1+i)^n$	P/F $\frac{1}{(1+i)^n}$	A/F $\frac{i}{(1+i)^n-1}$	A/P $\frac{i(1+i)^n}{(1+i)^n-1}$	F/A $\frac{(1+i)^n-1}{i}$	P/A $\frac{(1+i)^n-1}{i(1+i)^n}$
			$i=6\%$			
26	4.5494	0.2198	0.01690	0.07690	59.156	13.003
27	4.8223	0.2074	0.01570	0.07570	63.706	13.211
28	5.1117	0.1956	0.01459	0.07459	68.528	13.406
29	5.4184	0.1846	0.01358	0.07358	73.640	13.591
30	5.7435	0.1741	0.01265	0.07265	79.058	13.765
31	6.0881	0.1643	0.01179	0.07179	84.802	13.929
32	6.4534	0.1550	0.01100	0.07100	90.890	14.084
33	6.8406	0.1462	0.01027	0.07027	97.343	14.230
34	7.2510	0.1379	0.00960	0.06960	104.184	14.368
35	7.6861	0.1301	0.00897	0.06897	111.435	14.498
40	10.2857	0.0972	0.00646	0.06646	154.762	15.046
45	13.7646	0.0727	0.00470	0.06470	212.744	15.456
50	18.4202	0.0543	0.00344	0.06344	290.336	15.762
55	24.6503	0.0406	0.00254	0.06254	394.172	15.991
60	32.9877	0.0303	0.00188	0.06188	533.128	16.161
65	44.1450	0.0227	0.00139	0.06139	719.083	16.289
70	59.0759	0.0169	0.00103	0.06103	967.932	16.385
75	79.0569	0.0126	0.00077	0.06077	1300.949	16.456
80	105.7960	0.0095	0.00057	0.06057	1746.600	16.509
85	141.5789	0.0071	0.00043	0.06043	2342.982	16.549
90	189.4645	0.0053	0.00032	0.06032	3141.075	16.579
95	253.5463	0.0039	0.00024	0.06024	4209.104	16.601
100	339.3021	0.0029	0.00018	0.06018	5638.368	16.618

续表

	F/P	P/F	A/F	A/P	F/A	P/A
	$(1+i)^n$	$\frac{1}{(1+i)^n}$	$\frac{i}{(1+i)^n-1}$	$\frac{i(1+i)^n}{(1+i)^n-1}$	$\frac{(1+i)^n-1}{i}$	$\frac{(1+i)^n-1}{i(1+i)^n}$
t			$i=7\%$			
1	1.0700	0.9346	1.00000	1.07000	1.000	0.935
2	1.1449	0.8734	0.48309	0.55309	2.070	1.808
3	1.2250	0.8163	0.31105	0.38105	3.215	2.624
4	1.3108	0.7629	0.22523	0.29523	4.440	3.387
5	1.4026	0.7130	0.17389	0.24389	5.751	4.100
6	1.5007	0.6663	0.13980	0.20980	7.153	4.767
7	1.6058	0.6227	0.11555	0.18555	8.654	5.389
8	1.7182	0.5820	0.09747	0.16747	10.260	5.971
9	1.8385	0.5439	0.08349	0.15349	11.978	6.515
10	1.9672	0.5083	0.07238	0.14238	13.816	7.024
11	2.1049	0.4751	0.06336	0.13336	15.784	7.499
12	2.2522	0.4440	0.05590	0.12590	17.888	7.943
13	2.4098	0.4150	0.04965	0.11965	20.141	8.358
14	2.5785	0.3878	0.04434	0.11434	22.550	8.745
15	2.7590	0.3624	0.03979	0.10979	25.129	9.108
16	2.9522	0.3387	0.03566	0.10586	27.888	9.447
17	3.1588	0.3166	0.03243	0.10243	30.840	9.763
18	3.3799	0.2959	0.02941	0.09941	33.999	10.059
19	3.6165	0.2765	0.02675	0.09675	37.379	10.336
20	3.8697	0.2584	0.02439	0.09439	40.995	10.594
21	4.1406	0.2415	0.02229	0.09229	44.865	10.836
22	4.4304	0.2257	0.02041	0.09041	49.006	11.061
23	4.7405	0.2109	0.01871	0.08871	53.436	11.272
24	5.0724	0.1971	0.01719	0.08719	58.177	11.469
25	5.4274	0.1842	0.01581	0.08581	63.249	11.654

续表

t	F/P $(1+i)^n$	P/F $\frac{1}{(1+i)^n}$	A/F $\frac{i}{(1+i)^n-1}$	A/P $\frac{i(1+i)^n}{(1+i)^n-1}$	F/A $\frac{(1+i)^n-1}{i}$	P/A $\frac{(1+i)^n-1}{i(1+i)^n}$
				$i=7\%$		
26	5.8074	0.1722	0.01456	0.08456	68.676	11.826
27	6.2139	0.1609	0.01343	0.08343	74.484	11.987
28	6.6488	0.1504	0.01239	0.08239	80.698	12.137
29	7.1143	0.1406	0.01145	0.08145	87.347	12.278
30	7.6123	0.1314	0.01059	0.08059	94.461	12.409
31	8.1451	0.1228	0.00980	0.07980	102.073	12.532
32	8.7153	0.1147	0.00907	0.07907	110.218	12.647
33	9.3253	0.1072	0.00841	0.07841	118.933	12.754
34	9.9781	0.1002	0.00780	0.07780	128.259	12.854
35	10.6766	0.0937	0.00723	0.07723	138.237	12.948
40	14.9745	0.0668	0.00501	0.07501	199.635	13.332
45	21.0025	0.0476	0.00350	0.07350	285.749	13.606
50	29.4570	0.0339	0.00246	0.07246	406.529	13.801
55	41.3150	0.0242	0.00174	0.07174	575.929	13.940
60	57.9464	0.0173	0.00123	0.07123	813.520	14.039
65	81.2729	0.0123	0.00087	0.07087	1146.755	14.110
70	113.9894	0.0088	0.00062	0.07062	1614.134	14.160
75	159.8760	0.0063	0.00044	0.07044	2269.657	14.196
80	224.2344	0.0045	0.00031	0.00031	3189.063	14.222
85	314.5003	0.0032	0.00022	0.07022	4478.576	14.240
90	441.1030	0.0023	0.00016	0.07016	6287.185	14.253
95	618.6697	0.0016	0.00011	0.07011	8823.854	14.263
100	867.7163	0.0012	0.00008	0.07008	12381.662	14.269

续表

	F/P	P/F	A/F	A/P	F/A	P/A
	$(1+i)^n$	$\frac{1}{(1+i)^n}$	$\frac{i}{(1+i)^n-1}$	$\frac{i(1+i)^n}{(1+i)^n-1}$	$\frac{(1+i)^n-1}{i}$	$\frac{(1+i)^n-1}{i(1+i)^n}$
t			$i=8\%$			
1	1.0800	0.9259	1.00000	1.08000	1.000	0.926
2	1.1664	0.8573	0.48077	0.56077	2.080	1.783
3	1.2597	0.7938	0.30803	0.38803	3.246	2.577
4	1.3605	0.7350	0.22192	0.30192	4.506	3.312
5	1.4693	0.6606	0.17046	0.25046	5.867	3.993
6	1.5869	0.6302	0.13632	0.21632	7.336	4.623
7	1.7138	0.5835	0.11207	0.19207	8.923	5.206
8	1.8509	0.5403	0.09401	0.17401	10.637	5.747
9	1.9990	0.5002	0.08008	0.16008	12.488	6.247
10	2.1589	0.4632	0.06903	0.14903	14.487	6.710
11	2.3316	0.4289	0.06008	0.14008	16.645	7.139
12	2.5182	0.3971	0.05270	0.16270	18.977	7.536
13	2.7196	0.3677	0.04652	0.12652	21.495	7.904
14	2.9372	0.3405	0.04130	0.12130	24.215	8.244
15	3.1722	0.3152	0.03683	0.11683	27.152	8.559
16	3.4259	0.2919	0.03298	0.11293	30.324	8.851
17	3.7000	0.2703	0.02963	0.10963	33.750	9.122
18	3.9960	0.2502	0.02670	0.10670	37.450	9.372
19	4.3157	0.2317	0.02413	0.10413	41.446	9.604
20	4.6610	0.2145	0.02185	0.10185	45.762	9.818
21	5.0338	0.1987	0.01983	0.09983	50.423	10.017
22	5.4365	0.1839	0.01803	0.09803	55.457	10.201
23	5.8715	0.1703	0.01642	0.09642	60.893	10.371
24	6.3412	0.1577	0.01498	0.09498	66.765	10.529
25	6.8485	0.1460	0.01368	0.09368	73.106	10.675

续表

	F/P	P/F	A/F	A/P	F/A	P/A
	$(1+i)^n$	$\frac{1}{(1+i)^n}$	$\frac{i}{(1+i)^n-1}$	$\frac{i(1+i)^n}{(1+i)^n-1}$	$\frac{(1+i)^n-1}{i}$	$\frac{(1+i)^n-1}{i(1+i)^n}$
t			$i=8\%$			
26	7.3964	0.1352	0.01251	0.09251	79.954	10.810
27	7.9881	0.1252	0.01145	0.09145	87.351	10.935
28	8.6271	0.1159	0.01049	0.09049	95.339	11.051
29	9.3173	0.1073	0.00962	0.08962	103.966	11.158
30	10.0627	0.0994	0.00883	0.08883	113.283	11.258
31	10.8677	0.0920	0.00811	0.08811	123.346	11.350
32	11.7371	0.0852	0.00745	0.08745	134.214	11.435
33	12.6760	0.0789	0.00685	0.08685	145.951	11.514
34	13.6901	0.0730	0.00630	0.08630	158.627	11.587
35	14.7853	0.0676	0.00580	0.08580	172.317	11.655
40	21.7245	0.0460	0.00386	0.08386	259.057	11.925
45	31.9204	0.0313	0.00259	0.08259	386.506	12.108
50	46.9016	0.0213	0.00174	0.08174	573.770	12.233
55	68.9139	0.0145	0.00118	0.08118	848.923	12.319
60	101.2571	0.0099	0.00080	0.08080	1253.213	12.377
65	148.7798	0.0067	0.00054	0.08054	1847.248	12.416
70	216.6064	0.0046	0.00037	0.08037	2720.080	12.443
75	321.2045	0.0031	0.00025	0.08025	4002.557	12.461
80	471.9348	0.0021	0.00017	0.08017	5886.935	12.474
85	693.4565	0.0014	0.00012	0.08012	8655.706	12.482
90	1018.9151	0.0010	0.00008	0.08008	12723.939	12.488
95	1497.1205	0.0007	0.00005	0.08005	18701.507	12.492
100	2199.7613	0.0005	0.00004	0.08004	27484.516	12.494

续表

	F/P	P/F	A/F	A/P	F/A	P/A
	$(1+i)^n$	$\frac{1}{(1+i)^n}$	$\frac{i}{(1+i)^n-1}$	$\frac{i(1+i)^n}{(1+i)^n-1}$	$\frac{(1+i)^n-1}{i}$	$\frac{(1+i)^n-1}{i(1+i)^n}$
t	$i=10\%$					
1	1.1000	0.9091	1.00000	1.10000	1.000	0.909
2	1.2100	0.8264	0.47619	0.57619	2.100	1.736
3	1.3310	0.7513	0.30211	0.40211	3.310	2.487
4	1.4641	0.6830	0.21547	0.31547	4.641	3.170
5	1.6105	0.6209	0.16380	0.26380	6.105	3.791
6	1.7716	0.5645	0.12961	0.22961	7.716	4.355
7	1.9487	0.5132	0.10541	0.20541	9.487	4.868
8	2.1436	0.4665	0.08744	0.18744	11.436	5.335
9	2.3579	0.4241	0.07364	0.17364	13.579	5.759
10	2.5937	0.3855	0.06275	0.16275	15.937	6.144
11	2.8531	0.3505	0.05396	0.15396	18.531	6.495
12	3.1384	0.3186	0.04676	0.14676	21.384	6.814
13	3.4523	0.2897	0.04078	0.14078	24.523	7.103
14	3.7975	0.2633	0.03575	0.13575	27.975	7.367
15	4.1772	0.2394	0.03147	0.13147	31.772	7.606
16	4.5950	0.2176	0.02782	0.12782	35.950	7.824
17	5.0545	0.1978	0.02466	0.12466	40.545	8.022
18	5.5599	0.1799	0.02193	0.12193	45.599	8.201
19	6.1159	0.1635	0.01955	0.11955	51.159	8.365
20	6.7275	0.1486	0.01746	0.11746	57.275	8.514
21	7.4002	0.1351	0.01562	0.11562	64.002	8.649
22	8.1403	0.1228	0.01401	0.11401	71.403	8.772
23	8.9543	0.1117	0.01257	0.11257	79.543	8.883
24	9.8497	0.1015	0.01130	0.11130	88.497	8.985
25	10.8347	0.0923	0.01017	0.11017	98.347	9.077

续表

	F/P	P/F	A/F	A/P	F/A	P/A
	$(1+i)^n$	$\frac{1}{(1+i)^n}$	$\frac{i}{(1+i)^n-1}$	$\frac{i(1+i)^n}{(1+i)^n-1}$	$\frac{(1+i)^n-1}{i}$	$\frac{(1+i)^n-1}{i(1+i)^n}$
t			i=10%			
26	11.9182	0.0839	0.00916	0.10916	109.182	9.161
27	13.1100	0.0763	0.00826	0.10826	121.100	9.237
28	14.4210	0.0693	0.00745	0.10745	134.210	9.307
29	15.6631	0.0630	0.00673	0.10673	148.631	9.370
30	17.4494	0.0573	0.00608	0.10608	164.494	9.427
31	19.1943	0.0521	0.00550	0.10550	181.943	9.479
32	21.1138	0.0474	0.00497	0.10497	201.138	9.526
33	23.2252	0.0431	0.00450	0.10450	222.252	9.569
34	25.5477	0.0391	0.00407	0.10407	245.477	9.609
35	28.1024	0.0356	0.00369	0.10369	271.024	9.644
40	45.2593	0.0221	0.00226	0.10226	442.593	9.779
45	72.8905	0.0137	0.00139	0.10139	718.905	9.863
50	117.3909	0.0085	0.00086	0.10086	1163.909	9.915
55	189.0591	0.0053	0.00053	0.10053	1880.591	9.947
60	304.4816	0.0033	0.00033	0.10033	3034.816	9.967
65	490.3707	0.0020	0.00020	0.10020	4893.707	9.980
70	789.7470	0.0013	0.00013	0.10013	7687.470	9.987
75	1271.8952	0.0008	0.00008	0.10008	12708.954	9.992
80	2048.4002	0.0005	0.00005	0.10005	20474.002	9.995
85	3298.9690	0.0003	0.00003	0.10003	32979.690	9.997
90	5313.0226	0.0002	0.00002	0.10002	53120.226	9.998
95	8556.6760	0.0001	0.00001	0.10001	85556.760	9.999
100	13780.6123	0.0001	0.00001	0.10001	137796.123	9.999

续表

	F/P $(1+i)^n$	P/F $\frac{1}{(1+i)^n}$	A/F $\frac{i}{(1+i)^n-1}$	A/P $\frac{i(1+i)^n}{(1+i)^n-1}$	F/A $\frac{(1+i)^n-1}{i}$	P/A $\frac{(1+i)^n-1}{i(1+i)^n}$
t	i=12%					
1	1.1200	0.8929	1.00000	1.12000	1.000	0.893
2	1.2544	0.7972	0.47170	0.59170	2.120	1.690
3	1.4049	0.7118	0.29635	0.41635	3.374	2.402
4	1.5735	0.6355	0.20923	0.32923	4.779	3.037
5	1.7623	0.5674	0.15741	0.27741	6.353	3.605
6	1.9738	0.5066	0.12323	0.24323	8.115	4.111
7	2.2107	0.4523	0.09912	0.21912	10.089	4.564
8	2.4760	0.4039	0.08130	0.20130	12.300	4.968
9	2.7731	0.3606	0.06768	0.18768	14.776	5.328
10	3.1058	0.3220	0.05698	0.17698	17.549	5.650
11	3.4785	0.2875	0.04842	0.16842	20.655	5.938
12	3.8960	0.2567	0.04144	0.16144	24.133	6.194
13	4.3635	0.2292	0.03568	0.15568	28.029	6.424
14	4.8871	2.2046	0.03087	0.15087	32.393	6.628
15	5.4736	0.1827	0.02682	0.14682	37.280	6.811
16	6.1304	0.1631	0.02339	0.14339	42.753	6.974
17	6.8660	0.1456	0.02046	0.14046	48.884	7.120
18	7.6900	0.1300	0.01794	0.13794	55.750	7.250
19	8.6128	0.1161	0.01576	0.13576	63.440	7.366
20	9.6463	0.1037	0.01388	0.13388	72.052	7.469

续表

	F/P	P/F	A/F	A/P	F/A	P/A
	$(1+i)^n$	$\frac{1}{(1+i)^n}$	$\frac{i}{(1+i)^n-1}$	$\frac{i(1+i)^n}{(1+i)^n-1}$	$\frac{(1+i)^n-1}{i}$	$\frac{(1+i)^n-1}{i(1+i)^n}$
t	$i=12\%$					
21	10.8038	0.0926	0.01224	0.13224	81.699	7.562
22	12.1003	0.0826	0.01081	0.13081	92.503	7.645
23	13.5523	0.0738	0.00959	0.12956	104.603	7.718
24	15.1786	0.0659	0.00846	0.12846	118.155	7.784
25	17.0001	0.0588	0.00750	0.12750	133.334	7.843
26	19.0401	0.0525	0.00665	0.12665	150.334	7.896
27	21.3249	0.0469	0.00590	0.12590	169.374	7.943
28	23.8839	0.0419	0.00524	0.12524	190.699	7.984
29	26.7499	0.0374	0.00466	0.12466	214.583	8.022
30	26.9599	0.0334	0.00414	0.12414	241.333	8.055
31	33.5551	0.0298	0.00369	0.12369	271.292	8.085
32	37.5817	0.0266	0.00328	0.12328	304.847	8.112
33	42.0915	0.0238	0.00292	0.12292	342.429	8.135
34	47.1425	0.0212	0.00260	0.12260	384.520	8.157
35	52.7996	0.0189	0.00232	0.12232	431.663	8.176
40	93.0510	0.0107	0.00130	0.12130	767.091	8.244
45	163.9876	0.0061	0.00074	0.12074	1358.230	8.283
50	289.0022	0.0035	0.00042	0.12042	2400.018	8.305

续表

	F/P	P/F	A/F	A/P	F/A	P/A
	$(1+i)^n$	$\frac{1}{(1+i)^n}$	$\frac{i}{(1+i)^n-1}$	$\frac{i(1+i)^n}{(1+i)^n-1}$	$\frac{(1+i)^n-1}{i}$	$\frac{(1+i)^n-1}{i(1+i)^n}$
t			$i=15\%$			
1	1.1500	0.8696	1.00000	1.15000	1.000	0.870
2	1.3225	0.7561	0.46512	0.61512	2.150	1.626
3	1.5209	0.6575	0.28798	0.43798	3.472	2.283
4	1.7490	0.5718	0.20026	0.35027	4.993	2.855
5	2.0114	0.4972	0.14822	0.29832	6.742	3.352
6	2.3131	0.4323	0.11424	0.26424	8.754	3.784
7	2.6600	0.3759	0.09036	0.24036	11.067	4.160
8	3.0590	0.3269	0.07285	0.22285	13.727	4.487
9	3.5179	0.2843	0.05957	0.20957	16.786	4.772
10	4.0456	0.2472	0.04925	0.19925	20.304	5.019
11	4.6524	0.2149	0.04107	0.19107	24.349	5.234
12	5.3503	0.1869	0.03448	0.18448	29.002	5.421
13	6.1528	0.1625	0.02911	0.17911	34.352	5.583
14	7.0757	0.1413	0.02469	0.17469	40.505	5.724
15	8.1371	0.1229	0.02102	0.17102	47.580	5.847
16	9.3576	0.1069	0.01795	0.16795	55.717	5.954
17	10.7613	0.0929	0.01537	0.16537	65.075	6.047
18	12.3755	0.0808	0.01319	0.16319	75.836	6.128
19	14.2318	0.0703	0.01134	0.16134	88.212	6.198
20	16.3665	0.0611	0.00976	0.15976	102.444	6.259

续表

	F/P $(1+i)^n$	P/F $\frac{1}{(1+i)^n}$	A/F $\frac{i}{(1+i)^n-1}$	A/P $\frac{i(1+i)^n}{(1+i)^n-1}$	F/A $\frac{(1+i)^n-1}{i}$	P/A $\frac{(1+i)^n-1}{i(1+i)^n}$
t			$i=15\%$			
21	18.8215	0.0531	0.00842	0.15842	118.810	6.312
22	21.6447	0.0462	0.00727	0.15727	137.632	6.359
23	24.8915	0.0402	0.00628	0.15628	159.276	6.399
24	28.6252	0.0349	0.00543	0.15543	184.168	6.434
25	32.9190	0.0304	0.00470	0.15470	212.793	6.464
26	37.8568	0.0264	0.00407	0.15407	245.712	6.491
27	43.5353	0.0230	0.00353	0.15353	283.569	6.514
28	50.0656	0.0200	0.00306	0.15306	327.104	6.534
29	57.5755	0.0174	0.00265	0.15265	377.170	6.551
30	66.2118	0.0151	0.00230	0.15230	434.745	6.566
31	76.1435	0.0131	0.00200	0.15200	500.957	6.579
32	87.5651	0.0114	0.00173	0.15173	577.100	6.591
33	100.6998	0.0099	0.00150	0.15150	664.666	6.600
34	115.8048	0.0086	0.00131	0.15131	765.365	6.609
35	133.1755	0.0075	0.00113	0.15113	881.170	6.617
40	267.8635	0.0037	0.00056	0.15056	1779.090	6.642
45	538.7693	0.0019	0.00028	0.15028	3585.128	6.654
50	083.6574	0.0009	0.00014	0.15014	7217.716	6.661

续表

	F/P $(1+i)^n$	P/F $\frac{1}{(1+i)^n}$	A/F $\frac{i}{(1+i)^n-1}$	A/P $\frac{i(1+i)^n}{(1+i)^n-1}$	F/A $\frac{(1+i)^n-1}{i}$	P/A $\frac{(1+i)^n-1}{i(1+i)^n}$
t			i=20%			
1	1.2000	0.8333	1.00000	1.20000	1.000	0.833
2	1.4400	0.6944	0.45455	0.65455	2.200	1.528
3	1.7280	0.5787	0.27473	0.47473	3.640	2.106
4	2.0736	0.4823	0.18629	0.38629	5.368	2.589
5	2.4883	0.4019	0.13438	0.33438	7.442	2.991
6	2.9860	0.3349	0.10071	0.30071	9.930	3.326
7	3.5832	0.2791	0.07742	0.27742	12.916	3.605
8	4.2998	0.2326	0.06061	0.26061	16.499	3.837
9	5.1598	0.1938	0.04808	0.24808	20.799	4.031
10	6.1917	0.1615	0.03852	0.23852	25.959	4.192
11	7.4301	0.1346	0.03110	0.23110	32.150	4.327
12	8.9161	0.1122	0.02526	0.22526	39.581	4.439
13	10.6993	0.0935	0.02062	0.22062	48.497	4.533
14	12.8392	0.0779	0.01689	0.21689	59.196	4.611
15	15.4070	0.0649	0.01388	0.21388	72.035	4.675
16	18.4884	0.0541	0.01144	0.21144	87.442	4.730
17	22.1861	0.0451	0.00944	0.20944	105.931	4.775
18	26.6233	0.0376	0.00781	0.20781	128.117	4.812
19	31.9480	0.0313	0.00646	0.20646	154.740	4.844
20	38.3376	0.0261	0.00536	0.20536	186.688	4.870

续表

	F/P	P/F	A/F	A/P	F/A	P/A
	$(1+i)^a$	$\frac{1}{(1+i)^n}$	$\frac{i}{(1+i)^n-1}$	$\frac{i(1+i)^n}{(1+i)^n-1}$	$\frac{(1+i)^n-1}{i}$	$\frac{(1+i)^n-1}{i(1+i)^n}$
t			i=20%			
21	46.0051	0.0217	0.00444	0.20444	225.026	4.891
22	55.2061	0.0181	0.00369	0.20369	271.031	4.909
23	66.2474	0.0151	0.00307	0.20307	326.237	4.925
24	79.4968	0.0126	0.00255	0.20255	392.484	4.937
25	95.3962	0.0105	0.00212	0.20212	471.981	4.948
26	114.4755	0.0087	0.00176	0.20176	567.377	4.956
27	137.3706	0.0073	0.00147	0.20147	681.853	4.964
28	164.8447	0.0061	0.00122	0.20122	819.223	4.970
29	197.8136	0.0051	0.00102	0.20102	984.068	4.975
30	237.3763	0.0042	0.00085	0.20085	1181.882	4.979
31	284.8516	0.0035	0.00070	0.20070	1419.258	4.982
32	341.8219	0.0029	0.00059	0.20059	1704.109	4.985
33	410.1863	0.0024	0.00049	0.20049	2045.931	4.988
34	492.2235	0.0020	0.00041	0.20041	2456.118	4.990
35	590.6682	0.0017	0.00034	0.20034	2948.341	4.992
40	1469.7716	0.0007	0.00014	0.20014	7343.858	4.997
45	3657.2620	0.0008	0.00005	0.20005	18281.310	4.999
50	9100.4382	0.0001	0.00002	0.20002	45497.191	4.999

续表

	F/P	P/F	A/F	A/P	F/A	P/A
	$(1+i)^n$	$\frac{1}{(1+i)^n}$	$\frac{i}{(1+i)^n-1}$	$\frac{i(1+i)^n}{(1+i)^n-1}$	$\frac{(1+i)^n-1}{i}$	$\frac{(1+i)^n-1}{i(1+i)^n}$
t			$i=25\%$			
1	1.2500	0.8000	1.00000	1.25000	1.000	0.800
2	1,5625	0.6400	0.44444	0.69444	2.250	1.440
3	1.9531	0.5120	0.26230	0.51230	3.813	1.952
4	2.4414	0.4096	0.17344	0.42344	5.766	2.362
5	3.0518	0.3277	0.12185	0.37185	8.207	2.689
6	3.8147	0.2621	0.08882	0.33882	11.259	2.951
7	4.7684	0.2097	0.06634	0.31634	15.073	3.161
8	5.9605	0.1678	0.05040	0.30040	19.842	3.329
9	7.4506	0.1342	0.03876	0.28876	25.802	3.463
10	9.3132	0.1074	0.03007	0.28007	33.253	3.571
11	11.6415	0.0859	0.02349	0.27349	42.566	3.656
12	14.5519	0.0687	0.01845	0.26845	54.208	3.725
13	18.1899	1.0550	0.01454	0.26454	68.760	3.780
14	22.7374	0.0440	0.01150	0.26150	86.949	3.824
15	28.4217	0.0352	0.00912	0.25912	109.687	3.859
16	35.5271	0.0281	0.00724	0.25724	138.109	3.887
17	44.4089	0.0225	0.00576	0.25576	173.636	3.910
18	55.5112	0.0180	0.00459	0.25459	218.045	3.928
19	69.3889	0.0144	0.00366	0.25366	273.556	3.942
20	86.7362	0.0115	0.00292	0.25292	342.045	3.954

续表

	F/P	P/F	A/F	A/P	F/A	P/A
	$(1+i)^n$	$\frac{1}{(1+i)^n}$	$\frac{i}{(1+i)^n-1}$	$\frac{i(1+i)^n}{(1+i)^n-1}$	$\frac{(1+i)^n-1}{i}$	$\frac{(1+i)^n-1}{i(1+i)^n}$
t			i=25%			
21	108.4202	0.0092	0.00233	0.25233	429.681	3.963
22	135.5253	0.0074	0.00186	0.25186	538.101	3.970
23	169.4066	0.0059	0.00148	0.25148	673.626	3.976
24	211.7582	0.0047	0.00119	0.25119	843.033	3.981
25	264.6978	0.0038	0.00095	0.25095	1054.791	3.985
26	330.8722	0.0030	0.00076	0.25076	1319.489	3.988
27	413.5903	0.0024	0.00061	0.25061	1650.361	3.990
28	516.9879	0.0019	0.00048	0.25048	2063.952	3.992
29	646.2349	0.0015	0.00039	0.25039	2580.939	3.994
30	807.7936	0.0012	0.00031	0.25031	3227.174	3.995
31	1009.7420	0.0010	0.00025	0.25025	4084.968	3.996
32	1262.1774	0.0008	0.00020	0.25020	5044.710	3.997
33	1577.7218	0.0006	0.00016	0.25016	6306.887	3.997
34	1972.1523	0.0005	0.00013	0.25013	7884.609	3.998
35	2465.1903	0.0004	0.00010	0.25010	9856.761	3.998
40	7523.1638	0.0001	0.00003	0.25003	30088.655	3.999
45	22958.8740	0.0001	0.00001	0.25001	91831.496	4.000
50	70064.9232	0.0000	0.00000	0.25000	280255.693	4.000

续表

	F/P	P/F	A/F	A/P	F/A	P/A
	$(1+i)^n$	$\frac{1}{(1+i)^n}$	$\frac{i}{(1+i)^n-1}$	$\frac{i(1+i)^n}{(1+i)^n-1}$	$\frac{(1+i)^n-1}{i}$	$\frac{(1+i)^n-1}{i(1+i)^n}$
t			$i=30\%$			
1	1.3000	0.7692	1.00000	1.30000	1.000	0.769
2	1.6900	0.5917	0.43478	0.73478	2.300	1.361
3	2.1970	0.4552	0.25063	0.55063	3.990	1.816
4	2.8561	0.3501	0.16163	0.46163	6.187	2.166
5	3.7129	0.2693	0.11058	0.41058	9.043	2.436
6	4.8268	0.2072	0.07839	0.37839	12.756	2.643
7	6.2749	0.1594	0.05687	0.35687	17.583	2.802
8	8.1573	0.1226	0.04192	0.34192	23.858	2.925
9	10.6045	0.0943	0.03124	0.33124	32.015	3.019
10	13.7858	0.0725	0.02346	0.32346	42.619	3.092
11	17.9216	0.0558	0.01773	0.31773	56.405	3.147
12	23.2981	0.4029	0.01345	0.31345	74.327	3.190
13	30.2875	0.0330	0.01024	0.31024	97.625	3.223
14	39.3738	0.0254	0.00782	0.30782	127.913	3.249
15	51.1859	0.0195	0.00598	0.30598	167.286	3.268
16	66.5417	0.0150	0.00458	0.30458	218.472	3.283
17	86.5042	0.0116	0.00351	0.30351	285.014	3.295
18	112.4554	0.0089	0.00269	0.30269	371.518	3.304
19	146.1920	0.0068	0.00207	0.30207	483.973	3.311
20	190.0496	0.0053	0.00159	0.30159	630.165	3.316

续表

	F/P $(1+i)^{a}$	P/F $\frac{1}{(1+i)^n}$	A/F $\frac{i}{(1+i)^n-1}$	A/P $\frac{i(1+i)^n}{(1+i)^n-1}$	F/A $\frac{(1+i)^n-1}{i}$	P/A $\frac{(1+i)^n-1}{i(1+i)^n}$
t			$i=30\%$			
21	247.0645	0.0040	0.00122	0.30122	820.215	3.320
22	321.1839	0.0031	0.00094	0.30094	1067.280	3.323
23	417.5391	0.0024	0.00072	0.30072	1388.464	3.325
24	542.8008	0.0018	0.00055	0.30055	1.806.003	3.327
25	705.6410	0.0014	0.00043	0.30043	2348.803	3.329
26	917.3333	0.0011	0.00033	0.30033	3054.444	3.330
27	1192.5333	0.0008	0.00025	0.30025	3971.778	3.331
28	1550.2933	0.0006	0.00019	0.30019	5164.311	3.331
29	2015.3813	0.0005	0.00015	0.30015	6714.604	3.332
30	2619.9956	0.0004	0.00011	0.30011	8729.985	3.332
31	3405.9943	0.0003	0.00009	0.30009	11349.981	3.332
32	4427.7926	0.0002	0.00007	0.30007	14755.975	3.333
33	5756.1304	0.0002	0.00005	0.30005	19183.768	3.333
34	7482.9696	0.0001	0.00004	0.30004	24939.899	3.333
35	9727.8604	0.0001	0.00003	0.30003	32422.868	3.333

续表

	F/P	P/F	A/F	A/P	F/A	P/A
	$(1+i)^n$	$\frac{1}{(1+i)^n}$	$\frac{i}{(1+i)^n-1}$	$\frac{i(1+i)^n}{(1+i)^n-1}$	$\frac{(1+i)^n-1}{i}$	$\frac{(1+i)^n-1}{i(1+i)^n}$
t			$i=35\%$			
1	1.3500	0.7407	1.00000	1.35000	1.000	0.741
2	1.8225	0.5487	0.42553	0.77553	2.350	1.289
3	2.4604	0.4064	0.23968	0.58966	4.172	1.696
4	3.3215	0.3011	0.15076	0.50076	6.633	1.997
5	4.4840	0.2230	0.10046	0.45046	9.954	2.220
6	6.0534	0.1652	0.06926	0.41926	14.438	2.385
7	8.1722	0.1224	0.04880	0.39880	20.492	2.507
8	11.0324	0.0906	0.03489	0.38489	28.664	2.598
9	14.8937	0.0671	0.02519	0.37519	39.696	2.665
10	20.1066	0.0497	0.01832	0.36832	54.590	2.716
11	27.1439	0.0368	0.01339	0.36339	74.697	2.752
12	36.6442	0.0273	0.00982	0.35982	101.841	2.779
13	49.4697	0.0202	0.00722	0.35722	138.485	2.799
14	66.7841	0.0150	0.00532	0.35532	187.954	2.814
15	90.1585	0.0111	0.00393	0.35393	254.738	2.825
16	121.7139	0.0082	0.00290	0.35290	344.897	2.834
17	164.3138	0.0061	0.00214	0.35214	466.611	2.840
18	221.8236	0.0045	0.00159	0.35158	630.925	2.844
19	299.4619	0.0033	0.00117	0.35117	852.748	2.848
20	404.2736	0.0025	0.00087	0.35087	1152.210	2.850

续表

	F/P	P/F	A/F	A/P	F/A	P/A
	$(1+i)^n$	$\frac{1}{(1+i)^n}$	$\frac{i}{(1+i)^n-1}$	$\frac{i(1+i)^n}{(1+i)^n-1}$	$\frac{(1+i)^n-1}{i}$	$\frac{(1+i)^n-1}{i(1+i)^n}$
t			$i=35\%$			
21	545.7693	0.0018	0.00064	0.35064	1556.484	2.852
22	736.7886	0.0014	0.00048	0.35048	2102.253	2.853
23	994.6646	0.0010	0.00035	0.35035	2839.042	2.854
24	1342.7973	0.0007	0.00026	0.35026	3833.706	2.855
25	1812.7763	0.0006	0.00019	0.35019	5176.504	2.856
26	2447.2480	0.0004	0.00014	0.35014	6989.280	2.856
27	3303.7848	0.0003	0.00011	0.35011	9436.528	2.856
28	4460.1095	0.0002	0.00008	0.35008	12740.313	2.857
29	6021.1478	0.0002	0.00006	0.35006	17200.422	2.857
30	8128.5495	0.0001	0.00004	0.35004	23221570	2857
31	10973.5418	0.0001	0.00003	0.35003	31.350.120	2.857
32	14814.2815	0.0001	0.00002	0.35002	42323.661	2.857
33	19999.2800	0.0001	0.00002	0.35002	57.137.943	2.857
34	26999.0285	0.0000	0.00001	0.35001	77137.223	2.857
35	36448.6878		0.00001	0.35001	104136.251	2.857

续表

	F/P	P/F	A/F	A/P	F/A	P/A
	$(1+i)^n$	$\frac{1}{(1+i)^n}$	$\frac{i}{(1+i)^n-1}$	$\frac{i(1+i)^n}{(1+i)^n-1}$	$\frac{(1+i)^n-1}{i}$	$\frac{(1+i)^n-1}{i(1+i)^n}$
t			$i=40\%$			
1	1.4000	0.7143	1.00000	1.40000	1.000	0.714
2	1.9600	0.5102	0.41667	0.81667	2.400	1.224
3	2.7440	0.3644	0.22936	0.62936	4.360	1.589
4	3.8416	0.2603	0.14077	0.54077	7.104	1.849
5	5.3782	0.1859	0.09136	0.49136	10.946	2.035
6	7.5295	0.1328	0.06126	0.46126	16.324	2.168
7	10.5414	0.0949	0.04192	0.44192	23.853	2.263
8	14.7579	0.0678	0.02907	0.42907	34.395	2.331
9	20.6610	0.0484	0.02034	0.42034	49.153	2.379
10	23.9255	0.0346	0.01432	0.41432	69.814	2.414
11	40.4957	0.0247	0.01013	0.41013	98.739	2.438
12	56.6939	0.0176	0.00718	0.40718	139.235	2.456
13	79.3715	0.0126	0.00510	0.40510	195.929	2.469
14	111.1201	0.0090	0.00363	0.40363	275.300	2.478
15	155.5681	0.0064	0.00259	0.40259	386.420	2.484
16	217.7953	0.0046	0.00185	0.40185	541.988	2.489
17	304.9135	0.0033	0.00132	0.40132	759.784	2.492
18	426.8789	0.0023	0.00094	0.40094	1064.697	2.494
19	597.6304	0.0017	0.00067	0.40067	1491.576	2.496
20	836.6826	0.0012	0.00048	0.40048	2089.206	2.497

续表

	F/P $(1+i)^a$	P/F $\frac{1}{(1+i)^n}$	A/F $\frac{i}{(1+i)^n-1}$	A/P $\frac{i(1+i)^n}{(1+i)^n-1}$	F/A $\frac{(1+i)^n-1}{i}$	P/A $\frac{(1+i)^n-1}{i(1+i)^n}$
t			$i=40\%$			
21	1171.3554	0.0009	0.00034	0.40034	2925.889	2.498
22	1639.8976	0.00006	0.00024	0.40024	4097.245	2.498
23	2295.8569	0.0004	0.00317	0.40017	5737.142	2.499
24	3214.1997	0.0003	0.00012	0.40012	8032.999	2.499
25	4499.8796	0.0002	0.00009	0.40009	11247.199	2.499
26	6299.8314	0.0002	0.0006	0.40006	15747079	2.500
27	8819.7640	0.0001	0.00005	0.40005	22046.910	2.500
28	12347.6696	0.0001	0.00003	0.40003	30866.674	2.500
29	17286.7374	0.0001	0.00002	0.40002	43214.343	2.500
30	24201.4324	0.0000	0.00001	0.40002	60501.081	2.500
31	33882.0053		0.00001	0.40001	84702.513	2.500
32	47434.8074		0.00001	0.40001	118584.519	2.500
33	66408.7304		0.00001	0.40001	166.019.326	2.500
34	92972.2225		0.00000	0.4000	232428.056	2.500
35	130161.1116			0.40000	325400.279	2.500

续表

	F/P	P/F	A/F	A/P	F/A	P/A
	$(1+i)^n$	$\frac{1}{(1+i)^n}$	$\frac{i}{(1+i)^n-1}$	$\frac{i(1+i)^n}{(1+i)^n-1}$	$\frac{(1+i)^n-1}{i}$	$\frac{(1+i)^n-1}{i(1+i)^n}$
t	$i=45\%$					
1	14500	0.6897	1.00000	1.45000	1.000	0.690
2	2.1025	0.4756	0.40816	0.85816	2.450	1.165
3	3.0486	0.3280	0.21966	0.66966	4.552	1.493
4	4.4205	0.2262	0.13156	0.58156	7.601	1.720
5	6.4097	0.1560	0.08318	0.53318	12.022	1.876
6	9.2941	0.1076	0.05426	0.50426	18.431	1.983
7	13.4765	0.0742	0.03607	0.48607	27.725	2.057
8	19.5409	0.0512	0.02427	0.47427	41.202	2.109
9	28.3343	0.0353	0.01646	0.46646	60.743	2.144
10	41.0847	0.0243	0.01123	0.46123	89.077	2.168
11	59.5728	0.0168	0.00768	0.45768	130.162	2.185
12	86.3806	0.0116	0.00527	0.45527	189.735	2.196
13	125.2518	0.0080	0.00362	0.45362	276.115	2.204
14	181.6151	0.0055	0.00249	0.45249	401.367	2.210
15	263.3419	0.0038	0.00172	0.45172	582.982	2.214
16	381.8458	0.0026	0.00118	0.45118	846.324	2.216
17	553.6764	0.0018	0.00081	0.45081	1228.170	2.218
18	802.8308	0.0012	0.00056	0.45056	1781.846	2.219
19	1164.1047	0.0009	0.00039	0.45039	2584.677	2.220
20	1687.9518	0.0006	0.00027	0.45027	3748.782	2.221
21	2447.5301	0.0004	0.00018	0.45018	5436.734	2.221
22	3548.9187	0.0003	0.00013	0.45013	7884.264	2.222
23	5145.9321	0.0002	0.00009	0.45009	11433.182	2.222
24	7461.6015	0.0001	0.00006	0.45006	16579.115	2.222
25	10819.3222	0.0001	0.00004	0.45004	24040.716	2.222
26	15688.0173	0.0001	0.00003	0.45003	34860.038	2.222
27	22747.6250	0.0000	0.00002	0.45002	50548.056	2.222
28	32984.0563		0.00001	0.45001	73295.681	2.222
29	47826.8816		0.00001	0.45001	106279.737	2.222
30	69.348.9783		0.00001	0.45001	154106.618	2.222

第十一章　工程量清单计价

一、概述

《建设工程工程量清单计价规范》（GB 50500—2008）规范了工程量清单、招标控制价、投标报价、工程价款结算等工程造价文件的编制原则和编制方法。

本章主要介绍工程量清单和投标报价的编制方法。

1. 工程量清单计价的概念

工程量清单计价是一种国际上通行的工程造价计价方式。即在建设工程招标投标中，招标人按照国家统一规定的《建设工程工程量清单计价规范》的要求以及施工图，提供工程量清单，由投标人依据工程量清单、施工图、企业定额或预算定额、市场价格自主报价，并经评审后，以合理低价中标的工程造价计价方式。

2. 工程量清单的概念

工程量清单是指表达建设工程的分部分项工程项目、措施项目、其他项目、规费项目和税金项目的名称和相应数量等的明细清单。

分部分项工程量清单表明了拟建工程的全部分项实体工程的名称和相应的工程数量。例如，某工程现浇 C20 钢筋混凝土基础梁，167.26m^3；低压碳钢 Φ219×8 无缝钢管安装，320m 等。

措施项目清单主要表明了为完成拟建工程全部分项实体工程而必须采取的措施性项目，例如，某工程大型施工机械设备（塔吊）进场及安拆、脚手架搭拆等。

其他项目清单主要表明了，招标人提出的与拟建工程有关的特殊要求所发生的费用，例如，某工程考虑可能发生工程量变更而预先提出的暂列金额项目，以及材料暂估价、专业工程暂估价、计日工、总承包服务费等项目。

规费项目清单是指根据省级政府或省级有关权力部门规定必须缴纳的，应计入建筑安装工程造价的费用项目，例如，工程排污、养老保险、失业保险、医疗保险、住房公积金、危险作业意外伤害保险等。

税金项目清单是根据目前国家税法规定应计入建筑安装工程造价内的税种，包括营业税、城市建设维护税及教育费附加。

工程量清单是招标投标活动中，对招标人和投标人都具有约束力的重要文件，是招标投标活动的重要依据。

3. 工程量清单编制原则

工程量清单编制原则包括：四个统一、三个自主、两个分离。

（1）四个统一

分部分项工程量清单包括的内容，应满足两方面的要求，一是满足方便管理和规范管理的要求；二是满足工程计价的要求。为了满足上述要求，工程量清单编制必须符合四个统一的要求，即项目编码统一、项目名称统一、计量单位统一、工程量计算规则统一。

（2）三个自主

工程量清单报价是市场形成工程造价的主要形式。

《建设工程工程量清单计价规范》第4.3.1条指出“除本规范强制性规定外，投标价由投标人自主确定，但不得低于成本。”

这一要求使得投标人在报价时自主确定工料机消耗量、自主确定工料机单价、自主确定除规范强制性规定外的措施项目费及其他项目费的内容和费率。

（3）两个分离

两个分离是指，量价分离、清单工程量与计价工程量分离。

量价分离是从定额计价方式的角度来表达的。因为定额计价的方式采用定额基价计算直接费，工料机消耗量和工料机单价是固定的，量价没有分离。而工程量清单计价按规范规定可以自主确定工料机消耗量、自主确定工料机单价，量价是分离的。

清单工程量与计价工程量分离是从工程量清单报价方式来描述的。清单工程量是根据《建设工程工程量清单计价规范》计算的，计价工程量是根据所选定的计价定额或企业定额等消耗量定额计算的，两者的工程量计算规则有所不同，算出的工程数量是不同的，两者是分离的。

二、工程量清单编制内容

工程量清单主要包括五部分内容，一是分部分项工程量清单，二是措施项目清单，三是其他项目清单。四是规费项目清单，五是税金项目清单。

1．分部分项工程量清单

一般，每个分部分项工程量清单项目由项目编码、项目名称、项目特征、计量单位和工程量五个要素构成。

（1）项目编码

项目编码是指分部分项工程量清单项目名称的数字标识。

分部分项工程量清单的项目编码，应采用12位阿拉伯数字表示。1～9位应按附录的规定设置，10～12位编制人根据拟建工程的工程量清单项目名称设置，同一招标工程的项目编码不得有重码。

编制工程量清单出现附录中未包括的项目，编制人应作补充，并报省级或行业工程造价管理机构备案。

补充项目的编码由附录的顺序码与B和3位阿拉伯数字组成，并应从×B001起顺序编制，同一招标工程的项目不得重码。工程量清单中需附有补充项目的名称、项目特征、计量单位、工程量计算规则、工程内容等。

（2）项目名称

分部分项工程量清单的项目名称应按《建设工程工程量清单计价规范》附录的项目名称，结合拟建工程的实际情况确定。

（3）项目特征

项目特征是指构成分部分项工程量清单项目的本质特征。

分部分项工程量清单项目特征应按附录中规定的项目特征、结合拟建工程项目的实际予以描述。

（4）计量单位

分部分项工程量清单的计量单位应按附录中规定的计量单位确定。

（5）工程量

工程量即工程的实物数量。分部分项工程量清单项目工程量的计算依据有：施工图纸、《建设工程工程量清单计价规范》等。

分部分项工程量清单中所列工程量应按附录中规定的工程量计算规则计算。

2. 措施项目清单

措施项目清单的编制应考虑多种因素，除了工程本身的因素外，还要考虑水文、气象、环境、安全和施工企业的实际情况。

措施项目中可以计算工程量的项目清单宜采用分部分项工程量清单的方式编制，列出项目编码、项目名称、项目特征、计量单位和工程量计算规则；不能计算工程量的项目清单，以“项”为计量单位。

3. 其他项目清单

工程建设项目标准的高低、工程的复杂程度、工程的工期长短、工程的组成内容等直接影响其他项目清单中的具体内容。

其他项目清单应根据拟建工程的具体情况确定，一般包括暂列金额、暂估价、计日工、总承包服务费等。

暂列金额设置主要考虑可能发生的工程量变更而预留的资金。工程量变更主要指工程量清单漏项、有误所引起工程量的增加或施工中的设计变更引起标准提高或工程量的增加等。

总承包服务费包括配合协调招标人工程分包和材料采购所需的费用，此处提出的分包是指国家允许的分包工程。

计日工应根据拟建工程的具体情况，详细列出人工、材料、机械的名称、计量单位和相应数量，例如，某办公楼建筑工程，在设计图纸以外发生的零星工作项目，家具搬运用工 30 个工日。

4. 规费项目清单

规费是政府和有关权力部门规定必须缴纳的费用，主要包括工程排污费、社会保障费、住房公积金、危险作业意外伤害保险等。

5. 税金项目清单

税金项目清单是根据目前国家税法规定应计入建筑安装工程造价内的税种，包括营业税、城市建设维护税及教育费附加等。

三、工程量清单报价编制内容

工程量清单计价编制的主要内容包括：工料机消耗量的确定、分部分项工程量清单费的确定、措施项目清单费的确定、其他项目清单费的确定、规费项目清单费的确定、税金项目清单费的确定。

1. 工料机消耗量的确定

工料机消耗量是根据分部分项工程量和有关消耗量定额计算出来的。

在套用定额分析计算工料机消耗量时，分两种情况：一是直接套用；二是分别套用。

（1）直接套用定额，分析工料机用量

当分部分项工程量清单项目与定额项目的工程内容和项目特征完全一致时，就可以直接套用定额消耗量，计算出分部分项的工料机消耗量。

（2）分别套用不同定额，分析工料机用量

当定额项目的工程内容与清单项目的工程内容不完全相同时，需要按清单项目的工程内容，分别套用不同的定额项目。

2. 分部分项工程量清单费的确定

分部分项工程量清单费是根据分部分项清单工程

量分别乘以对应的综合单价计算出来的。

(1) 综合单价的确定

综合单价是有别于预算定额基价的另一种计价方式。

综合单价以分部分项工程项目为对象，从我国的实际情况出发，包含了人工费、材料费、机械费、管理费、利润、风险费等费用。

综合单价的计算公式表达为：

分部分项工程量清单项目综合单价=
人工费+材料费+机械费+管理费+利润+风险费

其中：

$$人工费 = \sum_{i=1}^{n}(定额工日 \times 人工单价)_i$$

$$材料费 = \sum_{i=1}^{n}(某种材料定额消耗量 \times 材料单价)_i$$

$$机械费 = \sum_{i=1}^{n}(某种机械台班定额消耗量 \times 台班单价)_i$$

管理费=人工费(或直接费)×管理费费率

利润=人工费(或直接费)×利润率

(2) 分部分项工程量清单费计算

分部分项工程量清单费按照下列公式计算：

$$分部分项工程量清单费 = \sum_{i=1}^{n}(清单工程量 \times 综合单价)_i$$

3. 措施项目费确定

措施项目费应该由投标人根据拟建工程的施工方案或施工组织设计计算确定，一般，可以采用以下几种方法确定。

(1) 依据消耗量定额计算

脚手架、大型机械设备进出场及安拆费、垂直运输机械费等可以根据已有的定额计算确定。

(2) 按系数计算

临时设施费、安全文明施工增加费、夜间施工增加费等，可以按直接费为基础乘以适当的系数确定。

(3) 按收费规定计算

室内空气污染测试费、环境保护费等可以按有关规定计取费用。

4. 其他项目费的确定

招标人部分的其他项目费可按估算金额确定。投标人部分的总承包服务费应根据招标人提出要求按所发生的费用确定。计日工项目费应根据“计日工表”确定。

其他项目清单中的暂列金额为预测和估算数额，虽在投标时计入投标人的报价中，但不应视为投标人所有。竣工结算时，应按承包人实际完成的工作内容结算，剩余部分仍归招标人所有。

5. 规费项目清单费的确定

规费应该根据国家、省级政府和有关权力部门规定的项目、计算方法、计算基数、费率进行计算。

6. 税金项目清单费的确定

税金是按照国家税法或地方政府及税务部门依据职权对税种进行调整规定的项目、计算方法、计算基数、税率进行计算。

7. 清单报价确定工程造价的数学模型

按照《建设工程工程量清单计价规范》(GB 50500—2008) 的要求，清单报价确定工程造价的数学模型如下：

$$\text{单价工程工程造价}=\left[\sum_{i=1}^{n}(\text{清单工程量}\times\text{综合单价})_i+\text{措施项目清单费}+\text{其他项目清单费}+\text{规费}\right]\times(1+\text{税率})$$

其中：

$$\text{综合单价}=\left\{\left[\sum_{i=1}^{n}(\text{计价工程量}\times\text{人工消耗量}\times\text{人工单价})+\sum_{i=1}^{m}(\text{计价工程量}\times\text{材料消耗量}\times\text{材料单价})_j+\sum_{k=1}^{p}(\text{计价工程量}\times\text{机械台班消耗量}\times\text{台班单价})\right]_k\times(1+\text{管理费率}+\text{利润率})\right\}\div\text{清单工程量}$$

上述清单报价确定工程造价的数学模型反映了编制报价的本质特征，同时也反映了编制清单报价的步骤与方法，这些内容可以通过工程量清单报价编制程序来表述，见图 11-1。

四、工程量清单计价与定额计价的区别

工程量清单计价与定额计价主要有以下几个方面的区别。

1. 计价依据不同

（1）依据不同定额

定额计价按照政府主管部门颁发的预算定额计算各项消耗量；工程量清单计价按照企业定额计算各项消耗量，也可以选择政府主管部门颁发的计价定额或消耗量定额计算工料机消耗量。选择何种定额，由投标人自主确定。

（2）采用的单价不同

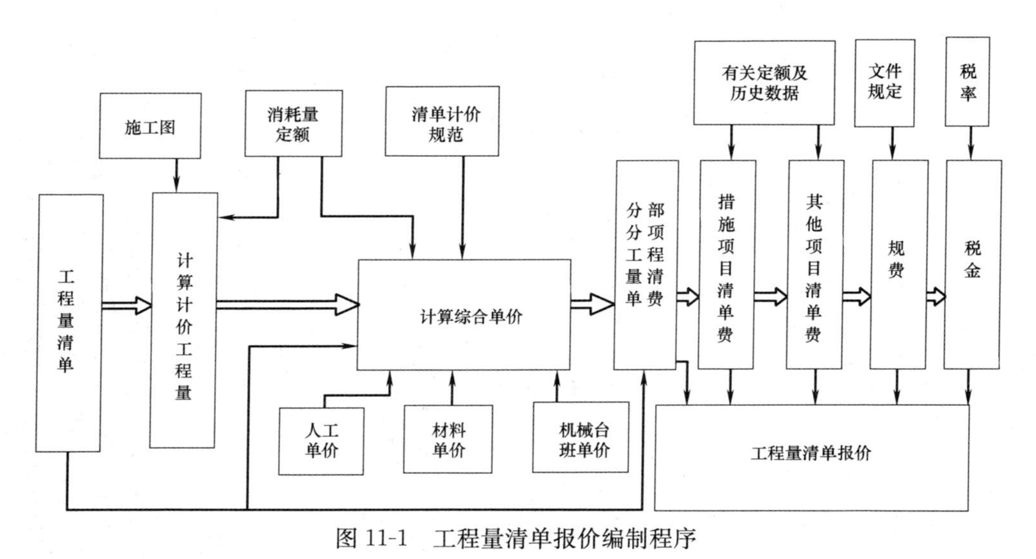

图 11-1　工程量清单报价编制程序

定额计价的人工单价、材料单价、机械台班单价采用预算定额基价中的单价或政府指导价；工程量清单计价的人工单价、材料单价、机械台班单价采用市场价或政府指导价，由投标人自主确定。

（3）费用项目不同

定额计价的费用计算，根据政府主管部门颁发的费用计算程序所规定的项目和费率计算；工程量清单计价的费用除清单计价规范和文件规定强制性的项目外，可以按照工程量清单计价规范的规定和根据拟建工程和本企业的具体情况自主确定费用项目和费率。

2. 费用构成不同

定额计价方式的工程造价费用构成一般由直接费（包括直接工程费和措施费）、间接费（包括规费和企业管理费）、利润和税金（包括营业税、城市维护建设税和教育费附加）构成；工程量清单计价的工程造价费用由分部分项工程项目费、措施项目费、其他项目费、规费和税金构成。

3. 计价方法不同

定额计价方式常采用单位估价法和实物金额法计算直接费，然后再计算间接费、利润和税金。而工程量清单计价则采用综合单价的方法计算分部分项工程量清单项目费，然后再计算措施项目费、其他措施项目费、规费和税金。

4. 本质特性不同

定额计价方式确定的工程造价，具有计划价格的特性；工程量清单计价方式确定的工程造价具有市场价格的特性。两者有着本质上的区别。

两种计价方式费用划分对照见表11-1。

两种计价方式费用划分对照表 **表 11-1**

<table>
<tr><th colspan="2">清单计价方式</th><th>费用划分</th><th colspan="3">定额计价方式</th></tr>
<tr><td rowspan="8">分部分项工程量清单费</td><td rowspan="2">人工费</td><td rowspan="6">直接费</td><td>人工费</td><td rowspan="3">直接工程费</td><td rowspan="6">直接费</td></tr>
<tr><td>材料费</td></tr>
<tr><td rowspan="2">材料费</td><td>机械使用费</td></tr>
<tr><td>二次搬运</td><td rowspan="3">措施费</td></tr>
<tr><td rowspan="2">机械使用费</td><td>脚手架</td></tr>
<tr><td>……</td></tr>
<tr><td>管理费</td><td>间接费</td><td colspan="2">企业管理费</td><td>间接费</td></tr>
<tr><td>利润</td><td>利润</td><td colspan="2">利润</td><td>利润</td></tr>
<tr><td rowspan="5">措施项目清单费</td><td>临时设施</td><td rowspan="5">直接费</td><td colspan="2" rowspan="5"></td><td rowspan="5"></td></tr>
<tr><td>夜间施工</td></tr>
<tr><td>二次搬运</td></tr>
<tr><td>脚手架</td></tr>
<tr><td>……</td></tr>
</table>

续表

清单计价方式		费用划分	定额计价方式		
其他项目清单费	暂定金额	直接费			
	暂估价				
	计日工				
	总承包服务费	间接费	工程排污费	规费	间接费
	……		定额测定费		
规费	工程排污费		社会保障费		
	工程定额测定费		……		
	社会保障费				
	……				
税金	营业税	税金	营业税		税金
	城市维护建设税		城市维护建设税		
	教育费附加		教育费附加		

五、工程量清单报价编制方法

1. 工程量清单报价编制依据

（1）建设工程工程量清单计价规范。

（2）招标文件及其补充通知、答疑纪要。

（3）工程量清单。

（4）施工图及相关资料。

（5）施工现场情况、工程特点及拟定的投标施工组织设计或施工方案。

（6）企业定额，国家或省级、行业建设主管部门颁发的计价定额等消耗量定额。

（7）市场价格信息或工程造价管理机构发布的价格信息。

2. 工程量清单报价编制内容

按编制顺序排列，工程量清单报价编制的主要内容包括：

（1）计算清单项目的综合单价。

（2）计算分部分项工程量清单计价表。

（3）计算措施项目清单计价表（包括表式一和表式二）。

（4）计算其他项目清单计价汇总表（包括暂列金额明细表、材料暂估单价表、专业工程暂估价表、计日工表、总承包服务费计价表）。

（5）计算规费、税金项目清单计价表。

（6）计算单位工程投标报价汇总表。

（7）计算单项工程投标报价汇总表。

（8）编写总说明。

（9）填写投标总价封面。

3. 工程量清单报价编制步骤

（1）根据清单计价规范、招标文件、工程量清单、施工图、施工方案、消耗量定额计算计价工程量。

（2）根据清单计价规范、工程量清单、消耗量定额（计价定额）、工料机市场价（指导价）、计价工程量等分析和计算综合单价。

（3）根据工程量清单和综合单价计算分部分项工程量清单计价表。

（4）根据措施项目清单和确定的计算基础及费率计算措施项目清单计价表。

（5）根据其他项目清单和确定的计算基础及费率计算其他项目清单计价表。

（6）根据规费和税金项目清单和确定的计算基础及费（税）率计算规费和税金项目清单计价表。

（7）将上述分部分项工程量清单计价表、措施项目清单计价表、其他项目清单计价表、规费和税金项目清单计价表的合计金额填入单位工程投标报价汇总表，计算出单位工程投标报价。

（8）将单位工程投标报价汇总表合计数汇总到单项工程投标报价汇总表。

（9）编写总说明。

（10）填写投标总价封面。

4. 计价工程量计算方法

（1）计价工程量的概念

计价工程量也称报价工程量，他是计算工程投标报价的重要数据。

计价工程量是投标人根据拟建工程施工图、施工方案、清单工程量和所采用定额及相对应的工程量计算规则计算出的，用以确定综合单价的重要数据。

清单工程量作为统一各投标人工程报价的口径，这是十分重要的，也是十分必要的。但是，投标人不能根据清单工程量直接进行报价。这是因为，施工方案不同，其实际发生的工程量是不同的，例如，基础挖方是否要留工作面，留多少，不同的施工方法其实际发生的工程量是不同的；采用的定额不同，其综合单价的综合结果也是不同的。所以在投标报价时，各投标人必然要计算计价工程量。我们就将用于报价的实际工程量称为计价工程量。

(2) 计价工程量计算方法

计价工程量是根据所采用的定额和相对应的工程量计算规则计算的，所以，承包商一旦确定采用何种定额时，就应完全按其定额所划分的项目内容和工程量计算规则计算工程量。

计价工程量的计算内容一般要多于清单工程量。因为，计价工程量不但要计算每个清单项目的主项工程量，而且还要计算所包含的附项工程量。这就要根据清单项目的工程内容和定额项目的划分内容具体确定。

5. 综合单价编制

(1) 综合单价的概念

综合单价是相对各分项单价而言，是在分都分项清单工程量以及相对应的计价工程量项目乘以人工单价、材料单价、机械台班单价、管理费费率、利润率的基础上综合而成的。形成综合单价的过程不是简单地将其汇总的过程，而是根据具体分部分项清单工程量和计价工程量以及工料机单价等要素的结合，通过具体计算后综合而成的。

(2）综合单价的编制方法

本手册介绍两种综合单价的编制方法。

1）计价定额法

是以计价定额为主要依据计算综合单价的方法。

该方法是根据计价定额分部分项的人工费、机械费、管理费和利润来计算综合费，其特点是能方便的利用计价定额的各项数据。

该方法采用2008清单计价规范推荐的“工程量清单综合单价分析表”（称为用“表式一”计算）的方法计算综合单价。

2）消耗量定额法

是以企业定额、预算定额等消耗量定额为主要依据计算的方法。

该方法只采用定额的工料机消耗量，不用任何货币量，其特点是较适合于由施工企业自主确定工料机单价，自主确定管理费、利润的综合单价确定。该方法采用“表式二”计算综合单价。

(3）采用计价定额法（表式一）的综合单价编制方法

编制步骤与方法如下：

1）根据分部分项工程量清单将清单编码、项目名称、计量单位填入“表式一”的第一行。

2）将清单项目（计价工程量的主项项目）名称填入“清单综合单价组成明细”的定额名称栏目第一行。

3）将主项项目选定的定额编号、定额单位、工料机单价、管理费和利润填入对应栏目，将一个单位的工程数量填入“数量”栏目内。

4）将计价工程量附项项目选定的定额编号、定额单位、工料机单价、管理费和利润填入第二行的对应栏目，将附项工程量除以主项工程量的系数填入本行的“数量”栏目内，如果还有计价工程量附项项目就按上述方法接着填完。

5）根据主项项目、附项项目所套用定额的材料名称、规格、型号、单位、单价等填入“工程量清单综合单价分析表”下部分的“材料费明细”中对应的栏目内。将材料消耗量以主项工程量为计算基数，经计算和汇总后分别填入“数量”栏目内。数量乘以单价计算出合价，再汇总成材料费。

6）计算主项项目和全部附项项目人工费、材料费、机械费、管理费和利润的合价并汇总成小计，再加总未计价材料费后成为该项目的综合单价。

说明：如果人工单价、材料单价、管理费、利润发生了变化，那么就要调整后再计算各项费用。

（4）采用“表式一”的综合单价编制实例

1）综合单价编制条件

① 清单计价定额：某地区清单计价定额见表 11-2。

② 清单工程量项目编码：010301001001。

③ 清单工程量项目及工程量：砖基础 86.25m^3。

④ 计价工程量项目及工程量：主项 M7.5 水泥砂浆砌砖基础 86.25m^3。

附项 1∶2 水泥砂浆墙基防潮层 38.50m^2。

2）综合单价编制过程

根据上述条件，采用“表式一”计算综合单价。

“表式一”详细的计算步骤如下（见表 11-3）：

① 在“表式一”中填入清单工程量项目的项目编码、项目名称、计量单位。

工程量清单计价定额摘录 **表 11-2**

工程内容：略

定额编号				AC0004	AG0523
项目		单位	单价	M7.5 水泥砂浆砌砖基础	1∶2 水泥砂浆墙基防潮层
				$10m^3$	$10m^2$
综合单（基）价		元		1843.41	1129.61
其中	人工费	元		605.80	455.68
	材料费	元		1092.46	565.65
	机械费	元		6.10	3.97
	综合费	元		139.05	104.31
材料	M7.5 水泥砂浆	m^3	127.80	2.38	
	红（青）砖	块	0.15	5240	
	水泥 32.5 级	kg	0.30	(599.76)	(1242.00)
	细砂	m^3	45.00	(2.761)	
	水	m^3	1.30	1.76	4.42
	防水粉	kg	1.20		66.38
	1∶2 水泥砂浆	m^3	232.00		2.07
	中砂	m^3	50.00		(2.153)

注：人工单价 50 元/工日。

表 11-3

工程量清单综合单价分析表（表式一）

工程名称：××工程　　　　标段：　　　　第1页共1页

项目编码	010301001001	项目名称	砖基础	计量单位	m^3

清单综合单价组成明细

定额编号	定额名称	定额单位	数量	单价				合价			
				人工费	材料费	机械费	管理费和利润	人工费	材料费	机械费	管理费和利润
AC0004	M7.5水泥砂浆砌砖基础	$10m^3$	0.100	605.80	1092.46	6.10	139.05	60.58	109.25	0.61	13.91
AG0523	1:2水泥砂浆墙基防潮层	$100m^2$	0.00464	455.68	565.65	3.97	104.31	2.11	2.62	0.02	0.48
人工单价		小计						62.69	111.87	0.63	14.39
元/工日		未计价材料费									
清单项目综合单价								189.58			

续表

项目编码	010301001001		项目名称	砖基础	计量单位		m^3
材料费明细	主要材料名称、规格、型号	单位	数量	单价（元）	合价（元）	暂估单价（元）	暂估合价（元）
	M7.5 水泥砂浆	m^3	0.238	127.80	30.41		
	红（青）砖	块	524	0.15	78.60		
	水泥 32.5 级	kg	(65.74)	0.30	(19.72)		
	细砂	m^3	(0.2761)	45.00	(12.42)		
	水	m^3	0.1965	1.30	0.26		
	防水粉	kg	0.308	1.20	0.37		
	1∶2 水泥砂浆	m^3	0.0096	232.00	2.23		
	中砂	m^3	(0.010)	50.00	(0.50)		
	其他材料费			—		—	
	材料费小计			—	111.87	—	

注：1. 如不使用省级或行业建设主管部门发布的计价依据，可不填定额项目、编号等。

2. 招标文件提供了暂估单价的材料，按暂估的单价填入表内“暂估单价”栏及“暂估合价”栏。

② 在“表式一”“清单综合单价组成明细”部分的定额编号栏、定额名称栏、定额单位栏中对应填入计价工程量主项选定的定额（见表 11-2）编号“AC0004、M7.5”、“水泥砂浆砌砖基础”、“$10m^3$”。

③ 在单价大栏的人工费、材料费、机械费、管理费和利润栏目内填入“AC0004”定额号、人工费单价“605.80”、材料费单价“1092.46”、机械费单价“6.10”、管理费和利润单价“139.05”。

④ 将主项工程量“$1m^3$”填入对应的数量栏目内。注意，由于定额单位是 $10m^3$，所以实际填入的数据是“0.100”。

⑤ 根据数量和各单价计算合价。$0.100\times605.80=60.58$ 的计算结果“60.58”填入人工费合价栏目；$0.100\times1092.46=109.25$ 的计算结果“109.25”填入材料费合价栏目；$0.100\times6.10=0.61$ 的计算结果“0.61”填入机械费合价栏目；$0.100\times139.05=13.91$ 的计算结果“13.91”填入管理费和利润合价栏目。

⑥ 计价工程量的附项各项费用的计算方法同第②步到第⑤步的方法。应该指出附项最重要的不同点是附项的工程量要通过公式换算后才能填入对应的“数量”栏目内，即：

附项数量＝附项工程量÷主项工程量

例如：1∶2 水泥砂浆墙基防潮层数量＝$38.50\div86.25=0.464m^2$

由于 AG0523 定额单位是 $100m^2$，所以填入该项的数量栏目的数据是：$0.464\div100=0.00464$。该数据也可以看成是附项材料用量与主项材料用量相加的换算系数。

⑦ 根据定额编号“AC0004、AG0523”中“材料”栏内的各项数据对应填入“表式一”的“材料费明细”各栏目，例如，将“M7.5水泥砂浆”填入“主要材料名称、规格、型号”栏目；将“m^3”填入“单位”栏目；将“0.238”填入“数量”栏目：将单价“127.80”填入“单价”栏目。然后在本行中用“0.238×127.80＝30.4”的计算结果“30.4”填入“合价”栏目。

⑧ 当遇到某种材料是主项和附项都发生时，就要进行换算才能计算出材料数量，例如，水泥32.5用量＝1242.00×0.00464(系数)＋599.76÷10m^3＝65.74(kg)

⑨ 各种材料的合价计算完成后，就加总没有括号的材料合价，将“111.87”填入材料费小计栏目。该数据应该与“清单综合单价组成明细”部分的材料费合价小计“111.87”是一致的。

⑩ 最后，将“清单综合单价组成明细”“小计”那行中的人工费、材料费、机械费、管理费和利润合价加总，得出该清单项目的综合单价“189.58”，将该数据填入“清单项目综合单价”栏目内。

(5) 采用消耗量定额法（表式二）确定综合单价的数学模型

我们知道，清单工程量乘以综合单价等于该清单工程量对应各计价工程量发生的全部人工费、材料费、机械费、管理费、利润、风险费之和，其数学模型如下：

清单工程量×综合单价＝

$$\left[\sum_{i=1}^{n}(\text{计价工程量}\times\text{定额用工量}\times\text{人工单价})_i + \sum_{j=1}^{n}(\text{计价工程量}\times\text{定额材料量}\times\text{材料单价})_j + \sum_{k=1}^{n}(\text{计价工程量}\times\text{定额台班量}\times\text{台班单价})_k\right] \times(1+\text{管理费率}+\text{利润率})\times(1+\text{风险率})$$

上述公式整理后，变为综合单价的数学模型：

$$\text{综合单价}=\left\{\left[\sum_{i=1}^{n}(\text{计价工程量}\times\text{定额用工量}\times\text{人工单价})_i + \sum_{j=1}^{n}(\text{计价工程量}\times\text{定额材料量}\times\text{材料单价})_j + \sum_{k=1}^{n}(\text{计价工程量}\times\text{定额台班量}\times\text{台班单价})_k\right] \times(1+\text{管理费率}+\text{利润率})\times(1+\text{风险率})\right\} \div\text{清单工程量}$$

(6) 采用消耗量定额法（表式二）编制综合单价的方法

编制步骤和方法如下：

① 根据分部分项工程量清单将清单编码、项目名称、计量单位、清单工程量填入“表式二”表的上部各对应栏目内。

② 根据计价工程量的主项及选定的消耗量定额，将定额编号、定额名称、定额单位、计价工程量填入“表式二”“综合单价分析”部分的第一列对应位置。

③ 根据主项选定的消耗量定额，将人工工日、单

位填入“人工”栏目对应的位置，将一个定额单位的人工消费量填入“耗量”对应的栏目，将确定的人工单价填入“单价”对应的栏目，然后再计算人工耗量小计和人工合价，该部分的计算方法为：

人工耗量小计＝计价工程量×人工定额消费量

人工合价＝人工耗量小计×人工单价

④ 根据主项选定的消耗量定额，将各材料名称、单位、一个定额单位的材料消费量填入“材料”栏目对应的位置内，将确定的各材料单价填入各材料对应的“单价”栏目内，然后再计算各材料耗量小计和各材料合价，该部分费用的计算方法为：

材料耗量小计＝计价工程量×材料定额消费量

材料合价＝材料耗量小计×材料单价

⑤机械费计算分两种情况：第一种情况是定额列出了机械台班消费量；第二种情况是定额只列出了机械使用费。

当第一种情况时：根据主项选定的消耗量定额，将各机械名称、单位、一个定额单位的机械台班消费量填入“机械”栏目对应的位置内，将确定的各机械台班单价填入各机械对应的“单价”栏目内，然后再计算各机械台班耗量小计和各机械费合价，该部分费用的计算方法为：

机械台班耗量小计＝计价工程量×机械台班定额消费量

机械费合价＝机械台班耗量小计×机械台班单价

当第二种情况时：根据主项选定的消耗量定额，将各机械名称、单位、一个定额单位的机械费耗用量填入“机械”栏目的“单价”栏位置内，然后再乘以计价工程量得出机械费合价，该部分费用的计算方法为：

机械费合价=计价工程量×机械费单价

⑥ 将主项大栏内的人工、材料、机械各合价位置上的合价汇总后，填入工料机小计栏目内。

⑦ 各计价工程量的附项工料机小计计算方法同第②步到第⑥步。

⑧ 计价工程量的主项和各附项工料机小计计算出来后汇总填入工料机合价栏目内。

⑨ 根据工料机合计和确定的管理费率、利润率计算管理费和利润填入对应的栏目内，将工料机合计、管理费、利润汇总后填入清单合价栏目内。

⑩ 清单合价除以清单工程量就得到了该清单项目的综合单价。

综合单价计算方法示意见图 11-2

(7) 采用“表式二”的综合单价编制实例

① 预算定额：某地区预算定额见表 11-4。

② 清单工程量项目编码：010301001001。

③ 清单工程量项目及工程量：砖基础 86.25m^3。

④ 计价工程量项目及工程量：主项 M7.5 水泥砂浆砌砖基础 86.25m^3。

附项 1∶2 水泥砂浆墙基防潮层 38.50m^2。

⑤ 人工单价：50 元/工日。

⑥ 材料单价：

红（青）砖：0.40 元/块。

水泥 42.5：0.45 元/kg。

细砂：60.00 元/m^3。

水：2.00 元/m^3。

防水粉：2.10 元/kg。

中砂：65.00 元/m^3。

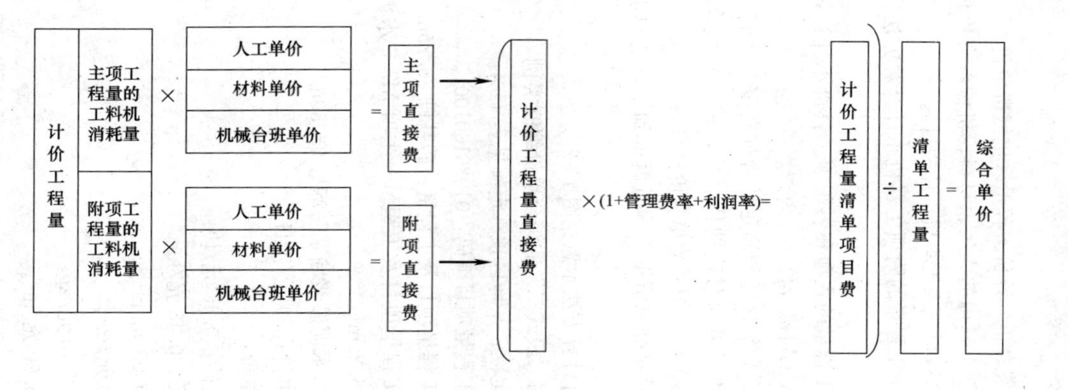

图 11-2　综合单价计算方法示意图

预算定额摘录 **表 11-4**

工程内容：略

定额编号				1C0004	1H0058
项目		单位	单价	M7.5 水泥砂浆砌砖基础	1：2 水泥砂浆墙基防潮层
				$10m^3$	$10m^2$
综合单（基）价		元		1311.56	740.41
其中	人工费	元		273.92	207.34
	材料费	元		1031.49	529.07
	机械费	元		6.15	4.00
材料	M7.5 水泥砂浆	m^3	124.50	2.38	
	红（青）砖	块	0.14	5240	
	水泥 42.5 级	kg	0.30	(711.62)	(1242.00)
	细砂	m^3	30.00	(2.761)	
	水	m^3	0.90	1.76	4.42
	防水粉	kg	1.00		66.38
	1：2 水泥砂浆	m^3	221.60		2.07
	中砂	m^3	40.00		(2.153)

注：人工单价 20 元/工日。

⑦机械费按预算定额数据。

⑧管理费率：5%。

⑨利润率：3%。

（8）综合单价编制过程

根据上述条件，采用“表式二”计算综合单价。

“表式二”详细的计算步骤如下（见表11-5）：

① 在“表式二”“清单编码、清单项目名称、计量单位、清单工程量”栏目内分别填入010301001001、砖基础、m^3、86.25等内容和数据。

② 根据预算定额在综合单价分析大栏的第一列“定额编号、定额名称、定额单位、计价工程量”栏目内分别填入1C0004、M7.5水泥砂浆砌砖基础、m^3、86.25等内容和数据，在“工料机名称”内的“人工”栏内填入“人工”、“单位”栏填入“工日”、人工“耗量”（在分子位置）栏填入定额用工“1.37”（1.37=273.92÷20元/工日÷$10m^3$），将人工单价50元填入对应的单价栏（在分子位置），将“耗量小计=计价工程量×耗量=86.25×1.37=118.16”的结果“118.16”填入对应的“小计”内（在分母位置），将“合价=耗量小计×人工单价=118.16×50=5908.00”的计算结果“5908.00”填入对应的“合价”内（在分母位置）。

③ 根据预算定额在综合单价分析大栏的第一列的材料栏目的“材料名称、单位、定额耗量（在分子位置）”内按材料品种分别填入“红砖、块、524”，“水泥42.5、kg、71.16”，“细砂、m^3、0.276”，“水、m^3、0.176”，将上述材料的单价“0.40、0.45、60.00、2.00”分别填入对应的单价栏内（在分子位置），将“耗量小计=计价工程量×耗量”的结果分别

分部分项工程量清单综合单价计算表（表式二）　　表 11-5

工程名称：某工程　　　　第 1 页共 1 页

序号	1		
清单编码	010301001001		
清单项目名称	砖基础		
计量单位	m^3		
清单工程量	86.25		
综合单价分析			
定额编号	1C0004	1H0058	
定额名称	M7.5 水泥砂浆砌砖基础	1：2 水泥砂浆墙基防潮层	
定额单位	m^3	m^2	
计价工程量	86.25	38.50	

续表

工料机名称		单位	耗量	单价	耗量	单价	耗量	单价
			小计	合价	小计	合价	小计	合价
人工	人工	工日	1.37	50.00	0.104	50.00		
			118.16	5908.00	4.004	200.20		
材料	红砖	块	524	0.40				
			45195	18078.00				
	水泥 42.5级	kg	71.16	0.45	12.42	0.45		
			6137.55	2761.9	478.17	215.18		
	细砂	m^3	0.276	60.00				
			23.81	1428.60				
	水	m^3	0.176	2.00	0.044	2.00		
			15.18	30.36	1.694	3.39		
	防水粉	kg			0.664	2.10		
					25.56	53.68		
	中砂	m^3			0.02153	65.00		
					0.829	53.89		

续表

工料机名称		单位	耗量	单价	耗量	单价	耗量	单价
			小计	合价	小计	合价	小计	合价
机械	机械费	元		0.62		0.04		
				53.48		1.54		
工料机小计			28260.34		526.14			
工料机合计			28786.48					
管理费			1439.32					
利润			863.59					
清单合价			31089.39					
综合单价			360.46					
			其中	人工费	材料费	机械费	管理费和利润	
				70.82	262.32	0.64	26.70	

注：管理费=工料机合计× 5%；利润=工料机合计×3%

填入对应的“小计”内（在分母位置），将“合价＝耗量小计×材料单价”的计算结果分别填入对应的“合价”内（在分母位置）。

④ 根据预算定额在综合单价分析大栏的第一列的机械栏目的“机械名称、单位、单价（在分子位置）”内填入“机械费、元、0.62”。将“合价＝计价工程量×机械费单价＝86.25×0.62＝53.48”的计算结果“53.08”填入对应的“合价”内（在分母位置）。

⑤ 将主项工程量计算出来的合价汇总后填入该列的“工料机小计”栏目内。

⑥ 附项工程量工料机费用计算方法同第②步到第⑤步的方法。

⑦ 在一个清单项目范围内的计价工程量的主项和各附项工料机小计计算出来后汇总填入工料机合价栏目内。

⑧ 根据工料机合计和确定的管理费率、利润率计算管理费和利润填入对应的栏目内，将工料机合计、管理费、利润汇总后填入清单合价栏目内。

⑨ 清单合价除以清单工程量就得到了该清单项目的综合单价。

6. 措施项目费计算方法

措施项目费的计算方法一般有以下几种：

（1）定额分析法

定额分析法是指，凡是可以套用定额的项目，通过先计算工程量，然后再套用定额分析出工料机消耗量，最后根据各项单价和费率计算出措施项目费的方法，例如，脚手架搭拆费可以根据施工图算出的搭设的工程量，然后套用定额、选定单价和费率，计算出除规费和税金之外的全部费用。

(2) 系数计算法

系数计算法是采用与措施项目有直接关系的分部分项清单项目费为计算基础，乘以措施项目费系数，求得措施项目费，例如，临时设施费可以按分部分项清单项目费乘以选定的系数（或百分率）计算出该项费用。计算措施项目费的各项系数是根据已完工程的统计资料，通过分析计算得到的。

(3) 方案分析法

方案分析法是通过编制具体的措施实施方案，对方案所涉及的各项费用进行分析计算后，汇总成某个措施项目费。

7. 其他项目费

(1) 其他项目费的概念

其他项目费是指暂列金额、材料暂估价、总承包服务费、计日工项目费、总承包服务费等估算金额的总和，包括：人工费、材料费、机械台班费、管理费、利润和风险费。

(2) 其他项目费的确定

1) 暂列金额

暂列金额主要指考虑可能发生的工程量变化和费用增加而预留的金额。引起工程量变化和费用增加的原因很多，一般主要有以下几个方面：

① 清单编制人员错算、漏算引起的工程量增加；

② 设计深度不够、设计质量较低造成的设计变更引起的工程量增加；

③ 在施工过程中应业主要求，经设计或监理工程师同意的工程变更增加的工程量；

④ 其他原因引起应由业主承担的增加费用，如风险费用和索赔费用。

暂列金额由招标人根据工程特点，按有关计价规定进行估算确定，一般可以按分部分项工程量清单费的10%～15%作为参考。

暂列金额作为工程造价的组成部分计入工程造价，但暂列金额应根据发生的情况和必须通过监理工程师批准方能使用，未使用部分归业主所有。

2）暂估价

暂估价根据发布的清单计算，不得更改。暂估价中的材料必须按照暂估单价计入综合单价；专业工程暂估价必须按照其他项目清单中列出的金额填写。

3）计日工

计日工应按照其他项目清单列出的项目和估算的数量，自主确定各项综合单价并计算费用。

4）总承包服务费

总包服务费应该依据招标人在招标文件列出的分包专业工程内容和供应材料、设备情况，按照招标人提出协调、配合与服务要求和施工现场管理需要自主确定。

8. 规费

(1) 规费的概念

规费是指根据省级政府或省级有关权力部门规定必须缴纳的，应计入建筑安装工程造价的费用。

(2) 规费的内容

规费一般包括下列内容：

1）工程排污费

工程排污费是指按规定缴纳的施工现场的排污费。

2）养老保险费

养老保险费是指企业按规定标准为职工缴纳的养老保险费（指社会统筹部分）。

3）失业保险费

失业保险费是指企业按照国家规定标准为职工缴纳的失业保险金。

4）医疗保险费

医疗保险费是指企业按规定标准为职工缴纳的基本医疗保险费。

5）住房公积金

住房公积金是指企业按规定标准为职工缴纳的住房公积金。

6）危险作业意外伤害保险

是指按照《中华人民共和国建筑法》规定，企业为从事危险作业的建筑安装施工人员支付的意外伤害保险费。

（3）规费的计算

规费可以按“人工费”或“人工费＋机械费”作为基数计算。投标人在投标报价时必须按照国家或省级、行业建设主管部门的规定计算规费。

规费的计算公式为：

$$规费=计算基数\times对应的费率$$

9. 税金

税金是指国家税法规定的应计入建筑安装工程造价内的营业税、城市维护建设税以及教育费附加等。投标人在投标报价时必须按照国家或省级、行业建设主管部门的规定计算税金。

其计算公式为：

税金=(分部分项清单项目费+措施项目费+其他项目费+规费项目费+税金项目费)×税率

上述公式变换后成为:

$$税金=(分部分项清单项目费+措施项目费+其他项目费+规费)\times\frac{税率}{1-税率}$$

例如,营业税税金计算公式为:

$$营业税金=\left(\begin{matrix}分部分项\\清单项目费\end{matrix}+\begin{matrix}措施\\项目费\end{matrix}+\begin{matrix}其他\\项目费\end{matrix}+规费\right)\times\frac{3\%}{1-3\%}$$

第十二章　工程造价控制

一、建设工程招标投标

1. 建设工程招标投标理论基础

建设工程招标投标是运用于建设工程交易的一种方式。它的特点是由固定的买主设定包括以商品质量、价格、期限为主的标的，邀请若干卖主通过秘密报价，由买主选择优胜者后，与其达成交易协议，签订工程承包合同，然后按合同实现标的的竞争过程。

建设工程招标投标制是在市场经济条件下产生的，因而必然受竞争机制、供求机制、价格机制的制约。

（1）竞争机制

竞争是商品经济的普遍规律。竞争的结果是优胜劣汰。竞争机制不断促进企业经济效益的提高，从而推动本行业乃至整个社会生产力的不断发展。

投标体制体现了商品供给者之间的竞争，以及商品供给者和商品需求者之间的竞争。

在招标投标制中，商品供给者之间的竞争是建筑市场竞争的主体。为了争夺和占领有限的市场容量，在竞争中处于不败之地，进而促使投标者力图从质量、价格、交货期限等方面提高自己的竞争能力，尽可能将其他投标者挤出市场。因而，这种竞争的实质是投标者之间，经营实力、科学技术、商品质量、服务质量、经营思想、合理定价、投标策略等方面的竞争。

（2）供求机制

供求机制是市场经济的重要规律。供求规律在提高经济效益和保障社会生产平衡发展方面起到了积极作用。实行招标投标制是利用供求规律解决建筑商品供求问题的一种方式。利用这种方式，必须建立供略大于求的买方市场，使建筑商品招标者在市场上处于有利地位，对商品和商品生产者有较充裕的选择范围。其特点表现为，招标者需要什么，投标者就生产什么；需要多少，就生产多少；需求何种质量，就按什么质量等级生产。

实行招标投标的买方市场，是招标者导向的市场。其主要表现为，商品的价格由市场较低的报价中标，并能获得较好的经济效益。另外，在买方市场条件下，由于招标者对投标者有充分的选择余地，市场能为投标者提供广泛的需求信息，从而对投标者的经营活动起到了导向作用。

(3) 价格机制

实行招标投标的建设工程，同样受到价格机制的制约。其表现为，以本行业的社会必要劳动量为指导，制定合理的标底价格，通过招标选择报价合理、社会信誉高的投标者为中标单位，完成商品交易活动。因此，由于价格竞争成为重要内容，生产同种建筑产品的投标者，为了提高中标率，必然会自觉运用价值规律，使报价低而合理的投标者取胜。

2. 建设工程招标方式与程序

按现行规定，施工招标可采用项目全部工程招标、单位工程招标、特殊专业工程招标等方式进行。但不得对单位工程的分部分项工程进行招标。

工程施工招标常采用两种方式。

(1) 公开招标

公开招标是指招标人以招标公告的方式，邀请不特定的法人或其他组织投标。

公开招标程序如下：

1) 发布招标信息；

2) 组织招标工作小组；

3) 对报名的投标单位进行资格审查；

4) 编制标底；

5) 组织投标单位踏勘现场及答疑；

6) 确定评标方法；

7) 召开决标会，确定中标单位；

8) 发出中标通知书；

9) 与中标单位签订工程施工承包合同。

(2) 邀请招标

1) 邀请招标方式

邀请招标是指招标人以投标邀请书的方式邀请特定的法人或者其他组织投标。

2) 邀请招标程序

邀请招标的程序与公开招标的程序基本相同。

二、建设工程标底价的确定

1. 标底的编制原则

编制标底应遵循下列原则：

(1) 编制依据具有可靠性

(2) 标底价应具有完整性

标底价应由工程成本、利润和税金组成，一般应控制在批准的总概算限额内。

(3) 标底价与招标文件的一致性

标底价的内容、编制依据应该与招标文件的规定相一致。

(4) 标底价格的合理性

标底价作为招标单位的期望价格，应力求与建筑市场的实际情况相吻合，要有利于竞争和保证工程质量。

(5) 一个工程只能编制一个标底

2. 标底的编制依据

(1) 招标文件的商务条款。

(2) 工程施工图及有关资料。

(3) 施工现场有关资料。

(4) 施工方案或施工组织设计。

(5) 现行的预算定额、材料预算价格及费用定额等。

3. 标底的编制内容

(1) 标底编制单位名称、编制人员资格证章。

(2) 标底编制说明。

(3) 标底价审定书。

(4) 标底价格计算书。

(5) 主要材料用量。

(6) 标底有关附件。

4. 标底编制方法

(1) 以施工图预算为基础确定标底

采用该方法编制工程标底的特点是：工程项目划分较符合施工实际情况，人工、材料、机械台班消耗量比较详细准确，若无设计和材料价格的变化，算出的工程造价比较准确。因此，采用该方法编制工程标底有较高的准确性。

(2) 以工程概算为基础确定标底

采用该方法编制标底，既适合于施工阶段进行招标工作，也适用于扩大初步设计阶段进行招标工作。

(3) 以综合预算定额为基础确定标底

综合预算定额是介于预算定额与概算定额之间的扩大综合定额。其主要特点是在预算定额的基础上，对有关子目进行合并，也可以进行“并费”，即将其他直接费、间接费、利润和税金等所有费用均纳入扩大分项工程单价内，构成专门为编制标底使用的完全工程单价，从而进一步简化标底编制工作。

(4) 以平方米造价包干为基础确定标底

该方法主要适用于采用标准设计及大量建造的住宅工程。其做法是由地方工程造价管理部门对不同结构体系的住宅的工程造价进行测算分析后，制定每平方米建筑面积造价包干标准，供编制标底价使用。

三、标底价及中标价的控制

标底价是业主的期望价格，在开标前具有保密的特性。因此，在实际招标工作中应研究标底价的控制方法。

1. 不低于成本的合理标底

不低于工程成本的合理标底，是指在保证税收的前提下，标底价不能低于直接工程费与间接费之和。我国的招标投标法作了上述规定。

【例】 某单位将临街面的围墙拆除后，修建 2000m^2 建筑面积的砖混结构商业用房，拟采用不低于工程成本价的方法选择施工单位。

【解】 ① 计算工程预算造价

根据施工图、预算定额和有关资料计算出的工程预算造价为：

直接工程费：705250 元 ⎤ 工程成本 ⎤
间接费：　　94142 元 ⎦ 799392 元 ⎥ 工程预算造价
利润：31975 元 ⎥ 860465 元
税金：29098 元 ⎦

② 确定标底价

考虑到本地区施工企业较多且队伍素质较好，有竞争能力，有降低工程造价的空间。建设单位通过贷款获得建设资金，应尽量减少支出。因此，拟定在原工程造价的基础上调减$\frac{3}{4}$利润后作为工程标底价。

调减后的工程标底价 $=860465-31975\times\frac{3}{4}=836484$ 元

（注：工程预算成本为：799392 元）

③ 确定中标价

在本工程开标会议上，根据甲、乙、丙、丁四个施工单位的报价与标底价对比分析，甲施工单位符合中标条件，即不低于工程成本的最低价，结果如下表（表 12-1）：

表 12-1

单　位	工程投标报价（元）	工程标底价（元）	工程成本（元）	中标单位
甲施工单位	805060			√
乙施工单位	878134			
丙施工单位	790468			
丁施工单位	836400			
建设单位		836484	799392	

2. 综合评分确定中标单位

综合评分法是指对标价、质量、工期、社会信誉等方面分别评分，选择总分最高的为中标单位的评标方法。

(1) 确定评标定标目标

评标定标目标是指综合评分法的具体计算项目。如，某地区建设工程招标评标实施办法中规定，以工程报价合理、工期适当、工程质量好、企业信誉良好等为评标定标目标。

(2) 评标定标目标的量化

上述四个方面的评标定标过于原则和笼统，在操作中很难把握，所以要确定这些目标的量化方法，见表 12-2。

1) 评标定标量化指标计算方法

评标定标目标量化指标计算方法　　表 12-2

评标定标目标	量化指标	计算方法
工程报价合理程度	相对报价 x_p	$x_p=100-\left\|\frac{标价}{标底}-1\right\|\times100$ 注：当$\left\|\frac{标价}{标底}\times100\%\right\|\leqslant5\%$时计算
工期适当	工期缩短率 x_t	$x_t=\left\|\frac{招标工期-投标工期}{招标工期}\right\|\times1000$ 注：将工期缩短 10%定为 100 分，超过或低于 10% 取消资格，在 101%～110%之间扣分
工程质量好	优良工程率 x_q	$x_q=\frac{上二年度优良工程竣工面积}{上二年度承包工程竣工面积}\times100$

续表

评标定标目标	量化指标	计算方法		
		项　目	评定级别	分　值
企业信誉好	企业信誉 x_n	企业资质 x_1	一级 二级 三级以下	20 15 10
		上年度企业获荣誉称号 x_2	获省部级 获地市级 获县级	30 25 20
		上年底工程质量奖 x_3	获“鲁班奖” 获省优奖 获地市级工程质量奖	50 40 30

2）确定各评标定标量化指标的相对权重

对于不同的工程项目，由于侧重点不同，各评标定标指标的权重确定是不同的。

对于商业用建筑和生产性建筑来说，一般优先侧重工期。如果能将工期提前，则可以提前给业主带来经济效益。例如，商场、宾馆等工程可以提前营业，就会产生早盈利、缩短投资回收期、少付贷款利息等效益。

对非经营性的工程，如政府办公大楼、污水处理站等则可以侧重工程造价，尽量节约投资。而对一些公共建筑如展览馆、体育馆等工程则应侧重工程质量，保证工程的牢固性、可靠性和美观性。因此，需要根据不同的工程类别和性质分别确定各指标的权重。

某地区确定的住宅工程各指标相对权重见表 12-3。

住宅工程各指标相对权重（%）　　表 12-3

工程报价权重 k_1	工期权重 k_2	质量权重 k_3	企业信誉权重 k_4
50	10	25	15

3）对投标单位进行综合评价

在实际工作中，往往对各评定指标规定了一个上限和下限，超出这个界限的投标单位就要出局，不能继续参加评标活动。例如，某地区规定工程报价超出了标底价格的±5%范围，就认定为脱标，中止参加后续的评标工作。

我们通过以下例子说明综合评分法的评标过程。

某住宅工程，标底价为 850 万，标底工期为 360d，评定指标的相对权重见表 12-3，拟对以下甲、乙、丙、丁四个投标单位（见表 12-4）进行综合评价，确定其中标单位。

各投标单位报价情况一览表　　表 12-4

投标单位	工程报价（万元）	投标工期(d)	上二年度优良工程建筑面积（m^2）	上二年度承建工程建筑面积（m^2）	企业资质等级	上年度获荣誉称号	上年度获工程质量奖
甲	809	355	24000	50600	一级	地市级	鲁班奖
乙	861	365	46000	60090	一级	地市级	省优
丙	798	350	18000	46000	二级	县级	无
丁	824	340	21500	73060	二级	无	市优

4）根据评分标准及评分方法计算各指标值

各投标单位指标值计算见表 12-5。

各投标单位指标值计算表 **表 12-5**

指标 投标单位	相对报价 x_p	工期缩短率 x_t	优良工程率 x_q	企业信誉			
				企业资质 x_1	荣誉称号 x_2	质量奖 x_3	$x_n = x_1 + x_2 + x_3$
甲	$100 - \left\lvert \frac{809}{850} - 1 \right\rvert \times 100 = 95.2$	$\frac{360-355}{360} \times 1000 = 13.9$	$\frac{24000}{50600} \times 100 = 47.4$	20	25	50	95
乙	$100 - \left\lvert \frac{861}{850} - 1 \right\rvert \times 100 = 98.7$	$\frac{360-365}{360} \times 1000 = -13.9$	$\frac{46000}{60090} \times 100 = 76.6$	20	25	40	85
丙	$100 - \left\lvert \frac{798}{850} - 1 \right\rvert \times 100 = 93.9$	$\frac{360-350}{360} \times 1000 = 27.8$	$\frac{18000}{46000} \times 100 = 39.1$	15	20	—	35
丁	$100 - \left\lvert \frac{824}{850} - 1 \right\rvert \times 100 = 96.9$	$\frac{360-340}{360} \times 1000 = 55.6$	$\frac{21500}{73060} \times 100 = 29.4$	15	—	30	45

各投标单位总分计算及名次表　　表 12-6

指标 / 计算式 / 投标单位	工程报价	工期	优良率	企业信誉	总分	名次
	$x_p \times k_1$	$x_t \times k_2$	$x_q \times k_3$	$x_n \times k_4$		
甲	95.2×50%=47.60	13.9×10%=1.39	47.4×25%=11.85	95×15%=14.25	75.09	2
乙	98.7×50%=49.35	−13.9×10%=−1.39	76.6×25%=19.15	85×15%=12.75	79.86	1
丙	标价低于标底5%取消评标资格	—	—	—	—	—
丁	96.9×50%=48.45	55.6×10%=5.56	29.4×25%=7.35	45×15%=6.75	68.11	3

根据指标值和表12-3相对权重确定投标单位名次。

通过计算，各投标单位名次见表12-6。

根据表12-6的评定结果，最后确定乙施工企业为中标单位。

3. 以各投标报价的算术平均值为实施标底价

(1) 基本思路

该方法的基本思路：根据各有效投标报价的算术平均值来确定工程标底价。其基本做法是，工程招标时也按规定编制标底价，开标时先判断各投标报价是否在该标底价的有效范围之内（例如±5%），如果有若干个投标价符合该条件，就将这些有效报价的算术平均值确定为工程实施标底价，然后选定最接近实施标底价的报价为中标价，或者以实施标底价为依据计算报价的分值。

采用该方法确定中标单位，应首先评定各投标单位在工程质量、工期、社会信誉等方面是否符合招标工程的要求。只有那些符合条件的投标单位才有资格参加工程投标的评定工作。

用该方法确定中标单位，除了符合现行招标投标工作的各项规定外，还更有效地提高了工程标底、标价的保密性。这对于那些个别投标单位非法获得标底方面情报，使自己在投标中占有利地位的做法起到了制约作用，也使得类似于上述不正当的做法失去了作用，从而维护了招标投标工作的客观公正性。

(2) 计算方法与步骤

这里只对如何计算和确定中标价及实施标底价作介绍，其他方面不再叙述。

1) 编制工程标底

某工程按照招标文件的要求，编制出的工程标底价为270万元。

2）筛选有效工程报价

根据下列工程报价资料以及必须在标底价±5%以内的规定，筛选有效工程报价（见表12-7）。

有效工程报价筛选表　　　　表12-7

投标单位	工程报价（万元）	是标底价的百分比	超出百分比	有效报价认定
A	285	$\frac{285}{270}\times100\%=105.56\%$	5.56%	×
B	272	$\frac{272}{270}\times100\%=100.74\%$	0.74%	√
C	260	$\frac{260}{270}\times100\%=96.30\%$	−3.7%	√
D	256	$\frac{256}{270}\times100\%=94.81\%$	−5.19%	×
E	258	$\frac{258}{270}\times100\%=95.56\%$	−4.44%	√
F	263	$\frac{263}{270}\times100\%=97.41\%$	−2.59%	√

3）计算实施标底价格

根据表12-7中有效报价的数据，计算实施标底价格。

$$实施标底价=\frac{\sum 有效投标价值}{有效投标价个数}$$

$$=\frac{272+260+258+263}{4}$$

$$=\frac{1053}{4}=263.25\text{万元}$$

4）计算最接近实施标底的工程报价顺序

计算出的最接近实施标底价的工程报价顺序见表12-8。

最接近实施标底价计算表　　表12-8

投标单位	工程报价（万元）	实施标底价（万元）	工程报价是实施标底价的倍数	差额绝对值	最接近顺序
①	②	③	④=②÷③	⑤=|④−1|	⑥
B	272	263.25	1.033	0.033	4
C	260	263.25	0.988	0.012	2
E	258	263.25	0.980	0.020	3
F	263	263.25	0.999	0.001	1

从表12-8计算结果可以看出，F投标单位的工程报标最接近实施标底价。

4. 以算术平均投标价和标底价的加权平均值为中标价

（1）概述

该方法与算术平均投标报价确定实施标底价的方法有许多相同之处。不同的是，先要划分算术平均投标标价与标底价的权重百分比，然后计算出期望工程造价，接近期望工程造价者得高分，技术评标和商务评标得分最高者为中标单位。

（2）计算方法与步骤

这里只介绍商务评价的做法，技术评标不再赘述。

1）投标单位的确定

招标单位从申请投标合格单位中和没有申请投标但符合条件的施工单位中随机抽取七个或以上单位作为该工程的投标单位。

2）标底价的确定

根据施工图纸、预算定额、费用定额、现行材料预算价格和招标文件编制工程标底。

3）投标价的确定

根据施工图纸、企业定额、参照预算定额、费用定额、市场材料预算价格和招标文件编制投标价。

4）确定权重

权重应在招标文件中确定。比如，投标价和标底价各占50%左右，或者投标价、标底价各占40%～60%左右。具体权重在开标时由评标小组的专家确定。

5）计算期望工程造价

第一步，根据开标后的投标报价去掉一个最高报价和一个最低报价，再将剩余的工程报价算术平均，得出工程报价的综合价；

第二步，确定综合报价与标底价的权重；

第三步，根据权重和综合报价、标底价计算期望工程造价。

计算接近程度

$$\text{投标价接近期望工程造价程度}=\left(1-\left|1-\frac{\text{投标价}}{\text{期望工程造价}}\right|\right)\times 100\%$$

（3）实例

1）招标单位按规定随机选定7个投标单位。

2）根据施工图纸、预算定额、费用定额、现行材料预算价格、招标文件等编制出工程标底价为560万元。

3）按招标文件标底和标价各占50%左右的规定和

开标评标小组专家的意见，确定投标价占55%、标底价占45%的权重。

4）下列投标单位的技术评标已获通过，根据表12-9各自所报标价和确定的标底价各自权重，计算期望工程造价。

表 12-9

投标单位	投标报价（万元）	标价值排列顺序
A	600	1
B	580	2
C	550	4
D	565	3
E	480	7
F	490	6
G	545	5

去掉表12-9中A施工企业的投标价（最高）和E施工企业的投标价（最低）后，计算期望工程造价。

$$\text{期望工程造价}=560\times45\%+\frac{580+550+565+490+545}{5}\times55\%$$

$$=252+300.3=552.3\ \text{万元}$$

5）计算各投标价接近期望工程造价程度

$$\text{B标价接近程度}=\left(1-\left|1-\frac{580}{552.3}\right|\right)\times100\%$$

$$=94.98\%$$

$$\text{C标价接近程度}=\left(1-\left|1-\frac{550}{552.3}\right|\right)\times100\%$$

$$=99.58\%$$

$$D标价接近程度=\left(1-\left|1-\frac{565}{552.3}\right|\right)\times100\%$$

$$=97.70\%$$

$$F标价接近程度=\left(1-\left|1-\frac{490}{552.3}\right|\right)\times100\%$$

$$=88.72\%$$

$$G标价接近程度=\left(1-\left|1-\frac{545}{552.3}\right|\right)\times100\%$$

$$=98.68\%$$

上述投标报价接近期望工程造价的顺序见表12-10。

表12-10

投标单位	接近程度（%）	排列顺序
B	94.98	4
C	99.58	1
D	97.70	3
F	88.72	5
G	98.68	2

5. 用完全工程单价法编制标底价

(1) 概述

工程单价法编制标底是根据给出的工程量清单，分别确定每个分项工程项目的完全工程单价后，再计算出工程标底价的方法。

按照现行招标投标实施办法规定，招标文件中应包括工程量清单，这时，中标的关键是完全工程单价的高低。这里所指的完全工程单价包括了分项工程的直接工程费、利润和税金等全部费用。因此，编制合理的完全工程单价是编制工程标底的关键工作。

(2) 完全工程单价的确定

完全工程单价是以分项工程为对象确定的，所以亦称分项工程单价。

通常，可采用现行预算定额，费用定额和材料预算价格编制分项工程单价，其计算式如下：

$$\text{分项工程单价}=\text{单位分项工程直接费（基价）}\times\left(1+\text{其他直接费费率}\right)\times\left(1+\text{间接费费率}\right)\times(1+\text{利润率})\times(1+\text{税率})$$

(3) 实例

根据下列建筑工程基础定额、某地区工日单价、材料预算价格、机械台班预算价格、费用定额等资料，编制 M5 水泥砂浆砌砖基础和现浇 C25 混凝土过梁两个分项工程单价。

建筑工程基础定额摘录　　表 12-11

计量单位：10m³

定额编号			4-1	5-409
项目		单位	砖基础	现浇过梁
人工	综合工日	工日	12.18	26.10
材料	M5 水泥砂浆	m³	2.36	—
	黏土标准砖	千块	5.236	—
	C25 混凝土	m³	—	10.15
	水	m³	1.05	13.17
	草袋子	m²	—	18.57
机械	200L 灰浆搅拌机	台班	0.39	—
	400L 混凝土搅拌机	台班	—	0.63
	插入式混凝土振捣器	台班	—	1.25

人工单价：25.00元/工日

M5水泥砂浆：124.32元/m^3

黏土标准砖：140.00元/千块

C25混凝土：155.93元/m^3

水：0.80元/m^3

草袋子：0.85元/m^2

200L灰浆搅拌机：15.92元/台班

400L混凝土搅拌机：81.52元/台班

插入式混凝土振捣器：10.60元/台班

其他直接费费率：8.90%

间接费费率：9.78%

利润率：6%

税率：3.37%

【解】 ① M5水泥砂浆砌砖基础完全工程单价

单位分项工程直接费 =（12.18×25+2.36×124.32+5.236×140.00+1.05×0.80+0.39×15.92）÷10

=133.80元/m^3

完全工程单价 =133.80×(1+8.9%)×(1+9.78%)×(1+6%)×(1+3.37%)

=175.27元/m^3

② 现浇C25混凝土过梁完全工程单价

单位分项工程直接费 =（26.10×25.00+10.15×155.93+13.17×0.80+18.57×0.85+0.63×81.52+1.25×10.60）÷10

=232.61元/m^3

完全工程单价 $=232.61\times(1+8.9\%)\times(1+9.78\%)+(1+6\%)+(1+3.37\%)$

$=304.71$ 元/m^3

(4) 用完全工程单价法编制标底的意义

通过以上计算，我们算出了两个项目的完全工程单价，当某招标工程的工程量清单中列出了砖基础为 $78.51m^3$，现浇过梁为 $14.35m^3$ 时，就可以快速简便地算出该两个项目的工程造价为：

M5 水泥砂浆砌砖基础工程造价 $=78.51\times175.27=13760.45$ 元

现浇 C25 混凝土过梁工程造价 $=14.35\times304.71=4372.59$ 元

诸如此类，求出各分项工程造价后就可以汇总得到单位工程预算造价。

用完全工程单价法编制标底，具有以下几个方面的意义：

1) 明显反映各投标报价的水平

由于采用统一的工程量清单，采用完全工程单价法编制标底后，各投标报价与标底价的差额明显反映出了各施工企业的报价水平，能为选择中标单位提供明确的依据。

2) 工程单价固定，工程量按实调整

当施工单位中标后，其工程单价一般是不允许改变的，补充项目的工程单价水平也应该一致。但是，工程量可以按实调整。这种做法，将投标的侧重点放在工程单价的报价上，而不会由于工程量计算产生的错误而影响标底或标价的准确性。

3) 调整工程造价简单方便

在签订施工合同到竣工结算的整个过程中，由于各种原因，总会发生减少或增加若干项目的情况。这时，用完全工程单价法调整工程造价就会感到非常方便，容易操作。

6. 异地编制标底

为了避免本地编制标底，参加投标的单位利用复杂的关系网获取标底情报，可以采取异地编制标底的方式来进行。

具体做法是：行业协会有计划地联系若干城市的标底编制小组建成协作网。当某地需要编制标底时，在招标主管部门的监督下，用随机的方式，选定异地编标底的城市，然后将招标资料送达编标底小组所在地，本地人员不参加，最后在规定的时间内将编好的标底密封后交委托方。

该方法的作用有两个，一是保证标底保密性的一项措施，也是人为设置一些关口，防止有人通过不正当手段获取标底信息；二是充分利用技术力量，保证标底的高质量。

采用异地编制标底的操作程序为：

(1) 招标单位向行业协会提出异地编制标底的申请；

(2) 协会按有关规定采用随机的方式选定编制标底的地点；

(3) 将完整的招标文件送达指定的具有资格资质的编制小组或事务所；

(4) 招标单位与编制单位签订异地编制标底的合同书；

(5) 编制小组按合同规定的要求和时间将标底密

封后交委托单位。

7. 先分后合法

在招标过程中为了保障这项工作的公开、公正、公平和诚实信用，在操作上采用必要的手段，例如，用先分开编制一部分，然后汇总的方法也可以达到这一目的。

先分后合法的操作思路是：当采用施工图预算的方法来确定标底时，适当将单位工程划分为若干个分部工程，分别由若干个编制人员分别计算，互不通气，然后在开标时再将各个分部当场汇总成一个完整的标底价。不难看出，这一操作方法增强了标底的保密性，在现阶段具有一定的现实意义。

采用先分后合法编制标底的操作过程如下：

(1) 分解单位工程

通常一个单位工程可以分解为以下若干个可以独立计算的部分：

1) 基础工程（以室外地坪为界）；

2) 金属结构工程（制、运、安、油漆）；

3) 门窗工程（制、运、安、油漆）；

4) 钢筋混凝土构件（制、运、安）；

5) 墙体、内外抹灰、脚手架工程；

6) 钢筋工程；

7) 屋面、楼地面工程。

(2) 编制步骤与方法

一个单位工程，若按上述方法划分，可以组织 2～7 人分头编制，具体步骤和方法为：

1) 每人一套完整的招标文件（含施工图等）；

2) 每人根据分配的任务列出分项工程名称，交组长汇总，由组长协调和处理重复和漏算项目；

3）分别计算工程量、计算定额直接费、分析汇总工料用量、计算本部分的工程造价；

4）将各自编制那部分工程标底价、主要材料用量，填写在标底指标一览表中，用专用密封信封加盖密封章。

（3）先分后合法采用的主要表格

1）分部工程量清单表

分部工程量清单表见表 12-12。

分部工程量项目清单表　　　　表 12-12

单位工程名称：　　　　　　　汇总代码：

序号	分部名称	分项工程名称	备注	序号	分部名称	分项工程名称	备注

年　　　月　　　日　　　　　　　　　编制人：

2）单位工程工程量项目汇总表

单位工程工程量项目汇总表见表 12-13。

单位工程工程量项目汇总表　　表 12-13

单位工程名称：

序号	汇总代码	分部名称	分项工程名称	备注

年　　　月　　　日　　　　　　　　　汇总人：

3）分部标底指标一览表

分部标底指标一览表见表12-14。

分部标底指标一览表　　　表12-14

单位工程名称：　　　　汇总代码：

序号	分部名称	工程标底价（元）	钢材用量（t）	水泥用量（t）	木材用量（m^3）

年　　月　　日　　编制人资格证章：

4）单位工程标底指标汇总表

单位工程标底指标汇总表见表12-15。

单位工程标底指标汇总表　　　表12-15

单位工程名称：

序号	汇总代码	工程标底价（元）	钢材用量（t）	水泥用量（t）	木材用量（m^3）
	合计				

年　　月　　日　　　　　　汇总人：

8. 用工程主材费控制标底价

用工程主材控制标底价是指在编制标底时，一律按招标单位规定的材料价格计算材料费，或者主材费不列入标底价的控制方法。

在建筑安装工程造价中，材料费往往占一半以上。

如果在编制标底阶段能控制好工程材料费，那么就可以有效地控制工程造价。

用主材费控制标底价的方法是：

（1）统一规定材料价格

在招投标工作中，招标单位统一规定材料价格是有一定条件的。首先，确定的材料价格一般不能高于工程造价主管部门制定的指导价；其次，没有指导价的材料要通过市场调查的平均价确定；三是，新材料、高档材料应先制定暂估价，执行价在工程建设中解决。

统一材料价格的作用是：

1）从总体上能实现控制工程造价的目标；

2）在提供工程量清单条件下，材料价格的确定能降低标价与标底的误差率，增强标底的稳定性和可靠性。另外，还可以呈现出被淘汰的标价是由编制失误造成的原因。

3）可灵活地实施采用材料包干或可调整的承包方式，使权利和义务很好结合，使风险和获利的机会共存。

（2）不计算主材费

在编制标底时，不计算主材费，这是对装饰工程和安装工程比较适用的方法。

不计算主材费的打算有两种：一是将来由招标单位供应材料，施工单位只收取部分材料保管费；二是招标时不计算，中标后由建设单位和施工单位共同确定材料价格。

该方法通过控制主材费达到了控制工程造价的目的。

四、建设工程投标价的确定

1. 投标价的编制内容

标价一般应包括下列内容：

(1) 标价编制单位，编制人资格证章；

(2) 标价编制说明；

(3) 标价计算书，包括直接费计算，工程造价计算等的全部内容；

(4) 主要材料用量汇总表。

2. 标价的编制方法与计算步骤

(1) 做好标价计算前的准备工作

在计算标价前首先要熟悉、研究招标文件，掌握市场信息，在广泛收集资料、了解竞争对手实力的基础上，确定计算标价的基本原则。另外，还应做好施工现场的实地勘察工作，因为不同的施工场地和环境，发生的费用也不同。

(2) 计算或复核工程量

如果需要计算工程量，则应该根据施工图、工程量计算规则认真、详尽地计算，并且要注意以下几点：

1) 所划分的分部分项工程项目要与（概）预算定额中的项目一致；

2) 严格按设计图纸规定的数据和说明计算；

3) 计算的工程量要与拟定的施工方案相呼应；

4) 认真检查和复核，避免重算或漏算工程项目。

如果招标文件提供了工程量清单，也应根据施工图认真复核，以便发现问题后在投标书中说明。

(3) 确定工程单价

分项工程单价（基价）一般可以直接从预算定额、概算定额、单位估价表及单位估价汇总表中查得。但是，各施工企业为了增强在投标中的竞争能力，可以根据本企业的劳动效率、技术水平、材料供应渠道、管理水平等状况自己编制分项工程单价表，为计算投标价提供依据。

本企业的分项工程单价表的编制过程为，先编制人工工日单价、材料预算价格、机械台班预算价格，然后再根据企业积累的各有关人工、材料、机械台班的消耗量资料，计算出分项工程单价。

(4) 计算直接工程费

工程量乘以分项工程单价汇总成单位工程直接费后再根据规定的取费等级计算其他直接费。

(5) 计算间接费

根据直接工程费和规定的费率计算间接费。

(6) 计算利润和税金

根据工程预算成本和利润率计算利润。根据成本加利润为基础及税率计算税金。

(7) 确定基础标价和工程实际投标价

将上述费用汇总后，就构成该工程的基础标价，再运用投标策略和调整有关费用确定工程实际标价。

将上述计算步骤的各种表格装订成册，汇总成工程标底计算书。

五、建设工程投标价的控制

为了提高在建筑市场的竞争能力，在做到心中有数的情况下，合理控制工程报价，会收到好的效果。

1. 用企业定额确定工程消耗量

(1) 概述

目前，我们一般以预算定额的消耗量作为标价的计算依据。如果采用比预算定额水平更高的企业定额来编制标价，就能有根据地降低工程成本，编制出合理的工程报价。

施工企业内部使用的定额，称为施工定额。施工定额是企业根据自身的生产力水平和管理水平制定的内部定额。显然，为了能使施工定额从客观上起到提高劳动生产率和管理水平的作用，其定额水平必然要高于预算定额。

我们知道，预算定额确定建筑产品价格，建筑产品也是商品，按照马克思主义政治经济学有关理论，商品的价值由生产这个商品的社会必要劳动量确定，因此，预算定额的水平是平均水平。既然施工定额的水平要高于预算定额的水平，那么我们就将该定额的水平定格在平均先进水平上。很明确，施工企业应该编制出劳动效率高、消耗量低的施工定额用于企业管理的基础工作，并促使企业内部通过技术革新、采用新材料、采用新工艺及新的操作方法，努力降低成本，不断降低各种消耗，使自己处于低报价而又有较好收益的有利地位。所以，采用企业内部定额，无疑是控制工程报价的有效手段。

用企业定额编制工程标价应完成两个阶段的工作，一是不断编制和修订施工定额，二是根据施工定额计算工程消耗量。

(2) 标价计算中施工定额与预算定额的对比分析

施工定额反映了本企业的技术和管理水平，采用该定额确定消耗量，计算投标价，不仅可以使企业生产成本低于行业平均成本，而且还能使企业在投标中处于价格优势地位。下面通过某地区预算定额和某企业施工定额在计算标价时的消耗量对比分析来说明施工定额的运用带来的价格优势（见表 12-16、12-17）。

某投标工程砖石分部工料分析表（预算定额） **表 12-16**

序号	预算定额编号	项目名称	单位	工程量	定额工日	工日小计	M5 水泥砂浆（m^3）	标准砖（块）	M2.5 混合砂浆（m^3）	M5 混合砂浆（m^3）
1	1C0003	M5 水泥砂浆砌砖基础	m^3	145.00	1.36	197.20	$\frac{0.236}{34.22}$	$\frac{523}{75835}$		
2	1C0011	M2.5 混合砂浆砌砖墙	m^3	264.90	1.76	466.22		$\frac{526}{139337}$	$\frac{0.224}{59.338}$	
3	1C0035	M5 混合砂浆砌砖柱	m^3	22.00	2.37	52.14		$\frac{545}{11990}$		$\frac{0.228}{5.016}$
		小计				715.56	34.22	227162	59.338	5.016

某投标工程砖石分部工料分析表（施工定额） **表 12-17**

序号	施工定额编号	项目名称	单位	工程量	定额工日	工日小计	M5 水泥砂浆（m^3）	标准砖（块）	M2.5 混合砂浆（m^3）	M5 混合砂浆（m^3）
1	4-1-1	M5 水泥砂浆砌砖基础	m^3	145.00	1.056	153.12	$\frac{0.248}{35.96}$	$\frac{512}{74240}$		
2	4-2-13	M2.5 水泥砂浆砌一砖内墙	m^3	84.70	1.39	117.73		$\frac{520}{44044}$	$\frac{0.229}{19.396}$	
3	4-2-18	M2.5 水泥砂浆砌一砖外墙	m^3	180.20	1.39	250.48		$\frac{523}{94245}$	$\frac{0.229}{41.266}$	
4	4-3-37	M5 混合砂浆砌砖柱	m^3	22.00	2.25	49.50		$\frac{542}{11924}$		$\frac{0.218}{4.796}$
5	4-2 注	立皮数杆加工	m^3	264.90	0.025	6.62				
		小计				577.45	35.96	224453	60.662	4.796

某投标工程砖石分部人工、材料费对比分析表 表 12-18

序号	项目名称	单位	预算定额	施工定额	节约或超支	单价	节约或超支金额	预算定额消耗量的金额	节约和超支占预算定额百分比
①	②	③	④	⑤	⑥=④－⑤	⑦	⑧=⑥×⑦	⑨=④×⑦	⑩=⑧÷⑨
1	人工	工日	715.56	577.45	138.11	15.80	2182.14	11305.85	19.30%
2	M5 水泥砂浆	m^3	34.22	35.96	－1.74	124.32	－216.32	4254.23	－5.08%
3	标准砖	块	227162	224453	2709	0.14	379.26	31802.68	1.19%
4	M2.5 混合砂浆	m^3	59.338	60.662	－1.324	102.30	－135.45	6070.28	－2.23%
5	M5 混合砂浆	m^3	5.016	4.796	0.22	120.0	26.40	601.92	4.39%
	小计						2236.03	54034.96	4.14%

通过表12-18的分析，最后结果为：该投标工程砖石分部的人工、材料费报价可以在预算定额的基础上降低54034.96元，降低率为4.14%。

2. 预算成本法

(1) 概述

预算成本法是指根据投标工程施工图、预算定额和招标文件先计算预算成本价，然后在此基础上进行有关费用的调整，再确定工程报价的方法。

预算成本法确定标价的运用条件：

1) 采用预算定额编制标底和标价的地区。

2) 招标文件中允许间接费率、利润率浮动。

3) 招标文件中规定以最接近标底的较低标价为中标价。

(2) 预算成本法确定标价的步骤

预算成本法确定投标价的步骤为：

1) 根据施工图和预算定额及有关文件计算工程量；

2) 根据工程量、预算定额和生产要素单价计算工程直接费；

3) 根据直接费和间接费定额计算间接费后确定工程预算成本；

4) 根据工程预算成本和利润率、税率计算利润和税金；

5) 汇总上述费用确定工程造价；

6) 根据投标策略和企业经营管理水平、施工技术水平状况调减间接费用和利润，使工程标价总额控制在企业预算成本加税金的范围内。

3. 不平衡报价法

（1）概述

所谓不平衡报价是相对于常规的平衡报价而言，是指在总报价保持不变的前提下，与正常计算方法相比，提高某些分项工程单价，同时降低另外一些工程单价的报价方法。其主要目的是尽早收取工程备料款和进度款，从而增加流动资金数量，有利于资金周转；尽可能获得银行存款利息或减少贷款利息而获取额外利润。

（2）不平衡报价的原则

不平衡报价总的原则是保持正常报价的总额不变，而人为地调整某些项目的工程单价。

由于工程设计深度的不同或设计单位在设计中产生差错等原因，招标文件中提供的工程量清单中的数量准确性往往不会太高，加上设计图纸的基础工程量与实际施工的工程量也会发生变化。所以，在确定投标报价时，对那些预计实际工程量将增加的分项工程适当调增工程单价；对那些预计实际工程量将减少的分项工程适当调减工程单价；对早期完成的分项工程适当调增单价；对于后期完成的分项工程适当调减工程单价。

（3）不平衡报价的数学模型

假设在工程量清单中存在 x 个分项工程可以进行不平衡报价，其工程量为 A_1、A_2、A_3、……A_x，正常报价为 V_1、V_2、V_3、……V_x；在工程量清单中存在 m 个分项工程可以调整工程单价，其工程量为 B_1、B_2、B_3………B_m，工程单价经不平衡调增为 P_1、P_2、P_3……P_m；在工程量清单中存在 n 个分项工程可以调减工程单价，其工程量为 C_1、C_2、C_3……C_n，工程单

价经不平衡调减为 Q_1、Q_2、Q_3……Q_n，则不平衡报价的数学模型为：

$$\sum_{i=1}^{x}(A_i \times V_i)=\sum_{i=1}^{m}(B_i \times P_i)+\sum_{i=1}^{n}(C_i \times Q_i)$$

(4) 不平衡报价的计算方法与步骤

1）分析工程量清单，确定调增工程单价的分项工程项目

例如，根据某招标工程的工程量清单，将早期完成的基础垫层、混凝土满堂基础、混凝土挖孔桩的工程单价适当提高；将少计算工程量的外墙花岗岩贴面、不锈钢门安装的工程单价提高。

2）分析工程量清单，确定调减工程单价的分项工程项目

根据上述招标工程的工程量清单，将后期成的混合砂浆抹内墙面、混合砂浆抹顶棚面、铝塑窗、屋面保温层的工程单价降低；将多算工程量的铝合金卷帘门、抹灰面乳胶漆的工程单价降低。

3）根据数学模型，用不平衡报价计算表分析计算

不平衡报价计算分析表见表 12-19。

4）不平衡报价效果分析

不平衡报价效果分析见表 12-20。

通过上述分析可以看出，该部分工程量实行不平衡报价后，比平衡报价增加了 7130.51＋150581.41＝157711.92 元的工程直接费，比平衡报价直接费提高了 $\frac{157711.92}{1261515.13}\times 100\%=12.5\%$，其效果是显著的。

4. 相似程度估价法

表 12-19

不平衡报价计算分析表

序号	项目名称	单位	平衡报价			不平衡报价			差额
			工程量	工程单价	合价	工程量	工程单价	合价	
1	C15 混凝土挖孔桩护壁	m^3	303.60	272.63	82770.47	303.60	299.89	91046.60	8276.13
2	C20 混凝土挖孔桩桩芯	m^3	1079.90	194.61	210159.34	1079.90	214.07	231174.19	21014.85
3	C10 混凝土基础垫层	m^3	139.69	169.20	23635.55	139.69	186.12	25999.10	2363.55
4	C20 混凝土满堂基础	m^3	2016.81	196.64	396585.52	2016.81	216.30	436236.00	39650.48
5	不锈钢门安装	m^2	265.72	237.47	63100.52	265.72	291.50	78040.38	14939.86
6	花岗岩贴外墙面	m^2	77.35	377	29160.95	77.35	810.76	63176.39	34015.44
7	混合砂浆抹内墙面	m^2	13685.00	6.71	91826.35	13685.00	5.21	71298.85	−20527.50
8	混合砂浆抹顶棚	m^2	8015.927	6.01	48175.72	8016.00	4.32	34629.12	−13546.60
9	铝塑窗安装	m^2	981.00	216	211896	981.00	160	156960	−54936
10	屋面珍珠岩混凝土保温层	m^3	285.41	212.46	60638.21	285.41	150	42811.50	−17826.71
11	铝合金卷帘门	m^2	235.50	185	43567.50	235.50	128	30144	−13423.50
	小计				1261516.13			1261516.13	0

不平衡报价效果分析表 **表 12-20**

早期施工项目			预计工程量增加项目						
项目名称	提高工程单价后可多结算费用（见表 12-19）	多结算费用带来利息收入（10%）	项目名称	预计增加工程量（m^2）	平衡报价金额		不平衡报价金额		增加金额
					工程单价	小计	工程单价	小计	
C15 混凝土挖孔桩护壁	8276.13	827.61	不锈钢门安装	105.60	237.47	25076.83	291.50	30782.40	5705.57
C20 混凝土挖孔桩芯	21014.85	2101.49	花岗岩贴外墙面	334.00	377.00	125918	810.76	270793.84	144875.84
C10 混凝土基础垫层	2363.55	236.36							
C20 混凝土满堂基础	39650.48	3965.05							
合　计		7130.51							150518.41

相似程度估价法是指利用已办竣工结算的资料估算投标工程造价的方法。

(1) 适用范围

1) 工程报价的时间紧迫；

2) 定额缺项较多；

3) 建筑装饰工程。

(2) 计算思路

我们知道，在一定地区的一定时期内，同类建筑或装饰工程在建筑物层高、开间、进深等方面具有一定的相似性；在建筑物的结构类型、各部位的材料使用及装饰方案上具有一定的可比性。因此，我们可以采用已完同类工程的结算资料，通过相似程度系数计算的方法来确定投标工程报价。

(3) 采用相似程度估价法的基本条件

1) 投标工程要与类似工程的结构类型基本相同；

2) 投标工程要与类似工程的施工方案基本相同；

3) 投标工程要与类似工程的装饰材料基本相同；

4) 投标工程的建筑面积、层高、进深、开间等特征要素应与类似工程基本相同；

5) 类似工程的施工工期与竣工日期应接近投标工程的工期和日期。

(4) 计算公式

$$\begin{matrix}\text{投标工程}\\\text{估算造价}\end{matrix}=\begin{matrix}\text{投标工程}\\\text{建筑面积}\end{matrix}\times\begin{matrix}\text{类似工程}\\\text{平方米造价}\end{matrix}\times\begin{matrix}\text{投标工程相}\\\text{似程度系数}\end{matrix}$$

式中

$$\begin{matrix}\text{投标工程相}\\\text{似程度系数}\end{matrix}=\sum\left\{\begin{matrix}\text{类似工程的分}\\\text{部工程造价占}\\\text{总造价的百分比}\end{matrix}\times\begin{matrix}\text{投标工程的分}\\\text{部工程造价相}\\\text{似程度百分比}\end{matrix}\right\}$$

其中

$$\text{Ⅰ}\ \begin{matrix}\text{类似工程的分部工程}\\\text{造价占总造价百分比}\end{matrix}=\frac{\text{类似工程的分部工程造价}}{\text{类似工程总造价}}\times100\%$$

$$\text{Ⅱ}\ \begin{matrix}\text{投标工程的分部工程}\\\text{相似程度百分比}\end{matrix}=\frac{\text{主要材料单价}}{\begin{matrix}\text{类似工程的分部工程}\\\text{主要材料单价}\end{matrix}}\times100\%$$

$$\text{或}=\frac{\text{投标工程的分部工程主要项目定额基价}}{\text{类似工程的分部工程主要项目定额基价}}\times100\%$$

(5) 用相似程度估价法确定工程报价实例

我们以估算装饰工程造价的实例来说明该方法的操作过程。

【例】 根据表 12-21 中类似住宅工程和投标住宅工程的有关资料，估算住宅装饰工程报价：

【解】 1) 计算投标工程与类似工程相似程度百分比

$$\begin{matrix}\text{地面装饰分部}\\\text{相似程度百分比}\end{matrix}=\frac{\text{投标工程地面装饰材料单价}}{\text{类似工程地面装饰材料单价}}\times100\%$$

$$=\frac{36}{30}\times100\%=120\%$$

$$\begin{matrix}\text{顶棚装饰分部}\\\text{相似程度百分比}\end{matrix}=\frac{\text{投标工程顶棚装饰项目定额基价}}{\text{类似工程顶棚装饰项目定额基价}}\times100\%$$

$$=\frac{59.03}{34.87}\times100\%=169\%$$

$$\begin{matrix}\text{墙面装饰分部}\\\text{相似程度百分比}\end{matrix}=\frac{\text{投标工程墙面装饰材料单价}}{\text{类似工程墙面装饰材料单价}}\times100\%$$

$$=\frac{51}{48}\times100\%=106\%$$

$$\begin{matrix}\text{灯饰分部相}\\\text{似程度百分比}\end{matrix}=\frac{\text{投标工程每户灯具估算费用}}{\text{类似工程每户灯具结算费用}}\times100\%$$

$$=\frac{750}{800}\times100\%=94\%$$

住宅装饰工程有关资料　表 12-21

有关资料 工程对象	每平方米造价（元/m^2）	建筑面积（m^2）	主房间开间（m）	主房间进深（m）	层高（m）	地面装饰材料单价（元/m^2）	顶棚装饰项目定额基价（元/m^2）	墙面装饰材料单价（元/m^2）	灯饰（元/套）	卫生洁具（元/户）
类似工程	346	2000	3.90	5.10	3.10	30	34.87	48	800	5000
投标工程		2300	3.60	4.80	3.00	36	59.03	51	750	5200
类似工程分部造价占总造价百分比						22%	30%	24%	10%	14%

$$\text{卫生洁具相似程度百分比}=\frac{\text{投标工程每户卫生洁具估算费用}}{\text{类似工程每户卫生洁具结算费用}}\times 100\%$$

$$=\frac{5200}{5000}\times 100\%=104\%$$

2）计算投标工程相似程度系数

投标工程相似程度系数计算见表 12-22。

投标工程相似程度系数计算表　　　表 12-22

分部工程名称	类似工程各分部工程造价占总造价百分比（%）	投标工程各分部相似程度百分比（%）	投标工程相似程度系数
①	②	③	④=②×③
地面	22	120	0.2640
顶棚	30	169	0.5070
墙面	24	106	0.2544
灯饰	10	94	0.0940
卫生洁具	14	104	0.1456
小计	100		1.2650

3）计算投标工程估算造价

$$\text{投标工程估算造价}=2300\text{m}^2\times 346\ \text{元/m}^2\times 1.2650=1006687\ \text{元}$$

4）确定投标工程报价

按照企业确定的投标策略，考虑其他不可预见费用和该工程的竞争情况，根据估算造价确定工程投标报价。

5. 面积系数法

面积系数法是通过有关面积系数的计算估算建筑装饰工程造价来确定装饰工程投标价的方法。

建筑装饰工程的主要内容是装饰建筑物的内外表面。由于同一建筑物的建筑面积与建筑装饰面积具有相关性，所以，我们可以利用建筑面积或墙面面积等乘上相关系数，就可以较方便地估算建筑装饰工程造价。

（1）面积系数法的主要思路

用面积系数法估算装饰工程造价的主要思路：根据建筑面积、墙面面积与各个装饰面相关性的内在联系，用统计、测算的方法确定若干相关系数，再用投标工程的建筑面积（或轴线间的面积）、墙面面积乘以对应的相关系数估算出装饰工程量，再乘以单位造价后汇总出整个装饰工程造价。

（2）主要工程量计算公式及相关系数

主要装饰工程量计算公式及相关系数见表12-23。

主要装饰工程量计算公式及相关系数表　　表 12-23

序号	项目名称	计算公式	相关系数（统计计算取得）
1	楼地面	工程量＝建筑面积（或轴线尺寸面积）×净面积系数	净面积系数： 商场：0.98 住宅：0.90 宾馆：0.93
2	顶棚	工程量＝建筑面积（或轴线尺寸面积）×复杂程度系数	顶棚复杂程度系数： 在同一平面上：1.0 高差10cm内：1.05 高差20cm内：1.10
3	外墙面	工程量＝外墙面全部面积－门窗面积＋门窗面积×门窗洞口侧面面积系数	门窗洞口侧面面积系数： 门：0.36 窗：0.26

续表

序号	项目名称	计算公式	相关系数（统计计算取得）
4	内墙面	工程量＝净高×［（内墙轴线长×2＋外墙轴线长）－装饰房间数×0.96］－内外墙门窗面积×调整系数	门窗面积调整系数： 内墙上门：1.64 外墙上门：0.64 有内窗台：0.74 无内窗台：0.97 铝塑窗：0.82
5	台阶	工程量＝台阶投影水平面面积×台阶装饰系数	台阶装饰系数：1＋0.15×台阶踏步数
6	楼梯	工程量＝梯间轴线面积（或净面积）×展开系数	展开系数：1.45

（3）面积系数法估算装饰工程造价计算公式

$$装饰工程造价=\sum（各分项装饰工程量\times单位造价）$$

其中：

$$单位造价=装饰工程预算定额基价\times(1+其他直接费费率)\times(1+间接费费率)\times(1+利润率)\times(1+风险率)\times(1+税率)$$

式中

$$风险率=\frac{装饰材料费增长额}{(直接费+间接费+利润)}+\frac{工程量误差引起的直接费、间接费、利润误差}{(直接费+间接费+利润)}$$

按照在市场经济条件下，费用应浮动的观点，可以将各种费率规定一个浮动的范围，供估算工程造价时取定使用。如表 12-24 就是费率按三个等级浮动的例子。

面积系数估价法主要费率表　　表 12-24

浮动等级	其他直接费率（%）	间接费率（%）	利润率（%）	风险率（%）	税率（%）
一	5.5	11	10	3	3.5
二	4.5	9.5	8	3	3.5
三	3	7.5	6.5	3	3.5

注：1. 以定额基价为取费基础。
2. 上述费率参考某地区有关费率确定。

(4) 计算步骤

1) 基本数据计算

建筑面积。

按不同装饰材料分类计算轴线尺寸水平面积。

室内净高。

建筑物总高。

门窗及洞口面积。

台阶投影面积。

内、外墙轴线尺寸长。

2) 计算装饰工程量

装饰工程量＝基本数据×相关系数

3) 估算装饰工程造价

(5) 面积系数估价法实例

1) 某商住楼装饰工程的基本数据如下：

建筑面积＝2561.60＋12.96（半个山墙厚所占面

积）=2574.56m²

每层建筑面积=2574.56÷5=514.91m²

层数：商店一层、住宅四层，共五层。

水磨石楼梯：	57.60m²	2561.60m²（按轴线尺寸计算）
地砖地面：	88.0m²	
花岗岩地面（含走道）：	456.00m²	
木地板楼面：	856.00m²	
地砖楼面：	1104.00m²	

花岗岩台阶（二步踏步）：　37.31m²

底层商店净高：　4.32m

住宅净高：　2.95m

外墙总高：　18.20m

装饰房间数：20×4 层+3=83 间（其中商店 3 间）

内墙上木门面积：　324.00m²

（木门已算费用）　（其中商店 21.60m²）

铝塑窗面积：　412.00m²

（外墙上）

铝合金卷帘门：　97.20m²

金属防盗门：　36.00m²

（内墙上）

每层住宅：外墙长：108.00m　墙厚：0.24m；内墙长：366.00m　墙厚：0.24m

底层商店：外墙长：108.00m　墙厚：0.24m；内墙长：89m　墙厚：0.24m

底层顶棚面高差：16cm

（轻钢龙骨、埃特板面、乳胶漆面）

住宅顶棚、无高差

（混合砂浆底已算费用，需算乳胶漆面）

内墙面装饰：乳胶漆面

外墙面装饰：墙面砖

2）装饰工程量计算

水磨石楼梯

$$S=57.60\times1.45^{*}=83.52\text{m}^2$$

（注：带“*”号的数据为表 12-23 中的相关系数，下同）

商场地砖地面

$$S=88.00\times0.98^{*}=86.24\text{m}^2$$

住宅地砖楼面

$$S=1104.00\times0.90^{*}=993.60\text{m}^2$$

商场花岗岩地面

$$S=456.00\times0.98^{*}=446.88\text{m}^2$$

住宅木地板楼面

$$S=856.00\times0.90^{*}=770.40\text{m}^2$$

花岗岩台阶

$$S=37.31\times(1+0.15\times2)=48.50\text{m}^2$$

铝塑窗安装

$$S=412.00\text{m}^2$$

铝合金卷帘门安装

$$S=97.20\text{m}^2$$

金属防盗门安装

$$S=36.00\text{m}^2$$

商场轻钢龙骨、埃特板面吊顶，面刷乳胶漆

$$S=514.91\times0.98^{*}\times1.10^{*}=555.07\text{m}^2$$

住宅顶棚面刷乳胶漆

$S=514.91\times0.90^{*}\times1.0\times4$ 层 $=1853.68m^2$

商场、住宅内墙面刷乳胶漆

$S_{商场}=4.32\times[(89.0\times2+108.0)-3\times0.96^{*}]$

卷帘门　　　　　　木门

$-97.20\times0.64^{*}-21.60\times1.64^{*}$

$=4.32\times283.12-62.21-35.42$

$=1125.45m^2$

$S_{住宅}=2.95\times[(366\times2+108)-20\times0.96^{*}]\times4$ 层

木门—

$(324.0-21.60)\times1.64^{*}-412.00\times0.82^{*}$

$-36.00\times1.64^{*}=9685.44-892.82$

$=8792.62$

小计：$9918.07m^2$

外墙面砖

高　　　门窗面积

$S=108.0\times18.00-(412+97.20)$

门 窗 洞 口 侧 面 积

$+412\times0.26^{*}+97.20\times0.36^{*}$

$=1965.60-509.20+142.11=1598.51m^2$

3）装饰工程单位造价计算

根据某地区装饰工程预算定额及表 12-24 中第二等级费率，计算装饰工程单位造价（见表 12-25）。

4）装饰工程造价计算

装饰工程造价计算见表 12-26。

5）装饰工程标价确定

根据投标策略与其他条件调整装饰工程造价后确定工程投标报价。

装饰工程单位造价计算表　　表 12-25

序号	项目名称	定额基价（元/m^2）	综合费率：(1+4.5%)×(1+9.5%)×(1+8%)×(1+3%)×(1+3.5%)	单位造价（元/m^2）
①	②	③	④	⑤=③×④
1	水磨石楼梯	25.88	1.3174	34.09
2	地砖地面	45.34	1.3174	59.73
3	地砖楼面	39.07	1.3174	51.47
4	花岗岩地面	198.24	1.3174	261.16
5	木地板楼面	86.50	1.3174	113.96
6	花岗岩台阶	198.94	1.3174	262.08
7	铝塑窗安装	323.76	1.3174	426.52
8	铝合金卷帘门安装	210.84	1.3174	277.76
9	金属防盗门安装	281.52	1.3174	370.87
10	轻钢龙骨、埃特板、乳胶漆吊顶	73.61	1.3174	96.97
11	顶棚面乳胶漆	15.98	1.3174	21.05
12	内墙面乳胶漆	15.31	1.3174	20.17
13	外墙面贴面砖	61.06	1.3174	80.44

装饰工程造价计算表　　表 12-26

序号	项目名称	工程量 (m^2)	单位造价 (元/m^2)	分项工程造价 (元)
①	②	③	④	⑤=③×④
1	水磨石楼梯	83.52	34.09	2847.20
2	商场地砖地面	86.24	59.73	5151.12
3	住宅地砖地面	993.60	51.47	51140.59
4	商场花岗岩地面	446.88	261.16	116707.18
5	住宅木地板楼面	770.40	113.96	87794.78
6	花岗岩台阶	48.50	262.08	12710.88
7	铝塑窗安装	412.00	426.52	175726.24
8	铝合金卷帘门安装	97.20	277.76	26998.27
9	金属防盗门安装	36.00	370.87	13351.32
10	商场轻钢龙骨、埃特板、乳胶漆面吊顶	555.07	96.97	53825.14
11	住宅顶棚面刷乳胶漆	1853.68	21.05	39019.96
12	商场、住宅内墙面刷乳胶漆	9918.07	20.17	200047.47
13	外墙面砖	1598.51	80.44	128584.14
	工程造价			913904.29
	单方造价:354.97 元/m^2			

六、施工组织设计的优化

施工组织设计的编制，应考虑全局，抓住主要矛盾，预见薄弱环节，实事求是地做好施工全过程的合理安排。在实际编制过程中，可以从以下几个方面对施工组织设计进行优化。

1. 充分做好施工准备工作

在收到中标通知书后，施工单位应着手编制详尽的施工组织设计。

由于工程开工前的一系列准备工作可以采用不同的方法去完成，不论在技术或者组织方面，通常都有许多方案供施工人员选择。但是，必须注意到，采用不同的施工方案，其经济效果是不同的。所以，造价工程师应结合工程项目的性质、规模、工期、劳动力数量、机械装备程度、材料供应情况、构件生产情况、运输条件、地质条件等各项具体的技术经济条件，对施工组织设计、施工方案、施工进度计划进行优化，提出改进意见，使方案更趋合理。

2. 遵循均衡原则安排施工进度

在编制施工进度计划时，应按照工程项目合理的施工程序排列施工的先后顺序，根据施工情况划分施工段，安排流水作业，避免工作过分集中，有目的地削减高峰期工作量，减少临时设施的搭设，避免劳动力、材料、机械耗用量大进大出，保证施工过程按计划、有节奏地进行。

施工均衡性指标，可按下列算式计算：

$$\text{主要分项工程施工不均衡系数}=\frac{\text{高峰月工程量}}{\text{平均月工程量}}$$

$$\text{主要材料、资源消耗不均衡系数}=\frac{\text{高峰月耗用量}}{\text{平均月耗用量}}$$

$$\frac{劳动力消耗量}{不均衡系数}=\frac{高峰月劳动力消耗量}{平均月劳动力消耗量}$$

以上算式中的系数值越大，说明均衡性越差。

3. 力求提高施工机械利用率

在工程施工中，主要施工机械利用率的高低，直接影响工程成本和施工进度。因此，必须充分利用现有机械装备，在不影响工程总进度的前提下，对计划进行合理调整，以便提高主要施工机械的利用率，从而达到降低工程成本的目的。

4. 施工方法、施工技术的采用，以简化工序、提高经济效益为原则

在保证工程质量的前提下，尽量采用成熟的施工方法，采用简化工序和提高经济效益的施工技术。因为成熟的施工方法只要提出要求，施工人员不需花更多的时间去掌握它。简化工序的施工技术既节约了时间，又达到了提高劳动生产率的目的。

5. 施工方案的优化

施工方案的优化，应灵活运用定性和定量的方法，对各种施工方案从技术上和经济上进行对比评价，最后选定能合理利用人力、物力、财力、各种资源的，项目投资最低的方案。

(1) 定性分析

根据以往的经验，对施工方案的优劣进行分析。例如，工期是否适当，可以按常规做法或工期定额进行分析；选择的施工机械是否适当，主要看能否满足使用要求及机械的可靠性；施工平面图设计是否合理，主要看现场利用是否合理，临时设施设置是否恰当等。

用定性分析的方法优化施工方法，比较方便，但

不精确，要求有关人员必须具有丰富的施工经验和管理经验。

(2) 定量分析方法

1) 价值量分析法

通过对多种方案发生的费用进行计算，以价值量最低的方案为优选方案。

例如，某工程框架柱内的竖钢筋连接，可采用电渣压力焊、帮条焊及搭接焊三种方案，若每层大楼有2560个接头，试分析采用哪种方法较经济。

钢筋接头焊点价值量分析表12-27。

从表12-27中分析的结果来看，采用电渣压力焊的方法价值量最低，分别比帮条焊节约20326.40元，比搭接焊节约8012.80元，故应采用电渣压力焊的施工方案。

2) 价值工程分析法

我们可以通过运用价值工程的基本原理来优选施工方案。下面通过某综合楼的土方工程施工方案的选择过程来说明其应用过程。

(a) 确定价值工程研究对象

研究对象为：某综合楼满堂基础挖土方工程。

(b) 功能定义

安全、迅速、高效、高质量挖5500m^3土方。

(c) 施工方案分析

按要求，挖出土方堆放在距施工地点100m处，留作回填。施工人员先提出了基本方案A方案。后经过实地勘察和反复研究，又提出了另外四种方案（见表12-28）。

(d) 方案评价

通过表12-29对提出的五个方案进行分析比较，考

某工程钢筋接头焊点价值量分析表　　表 12-27

名称	电渣压力焊		帮条焊		搭接焊		对比分析	
	用量	金额	用量	金额	用量	金额	电渣压力焊比帮条焊节约	电渣压力焊比搭接焊节约
钢筋	0.18kg	0.54	2.04kg	6.12	1.02kg	3.06		
焊药、焊条	0.25kg	0.96	0.31kg	1.86	0.16kg	0.96		
人工	0.02 工日	0.46	0.05 工日	1.15	0.03 工日	0.69		
用电量	2.1W·h	0.07	25.2W·h	0.84	13.5W·h	0.45		
每个接头小计		2.03		9.97		5.16		
每层接头合计		5196.80		25523.20		13209.60	20326.40	8012.80

注：每层接头个数：2560 个。

施工方案分析表 表 12-28

施工方案	施工方法	施工机械	工程量（m^3）	主要施工方法	工期（d）	工程成本（元）	方案优缺点
A	挖运	挖土机 1 台 汽车 3 台 推土机 1 台	5500	挖土机挖土装汽车，推土机配合卸土	14	5900	1. 质量、安全有把握 2. 施工管理较容易 3. 成本较高
B	挖推	挖土机 1 台 推土机 2 台	5500	挖土机挖土，推土机将土推到存土场地	13	3100	1. 节约费用 2. 现场较乱 3. 施工安全不能保证
C	挖运推	挖土机 1 台 汽车 2 台 推土机 1 台	5500	A、B 两种方法相结合	12	3800	1. 施工质量较好 2. 成本较高 3. 较安全
D	推土	推土机 2 台	5500	用推土机将土推出基坑外再推往存土场地	20	3600	1. 放坡面积大，破坏了基坑边坡 2. 效率低、工期长 3. 施工安全较差
E	铲运	铲运机 2 台	5500	铲运机挖土运土	10	3650	1. 工程质量高 2. 坑底平整、边坡好 3. 较安全

虑到综合楼的施工现场狭窄，综合考虑工程质量、工程成本、施工安全、方案总分等因素，采用E方案比较合适，该方案比基本方案（A方案）缩短工期4d，降低成本2250元。

施工方案评价表　　表12-29

指标	评分等级	评分标准	施工方案				
			A	B	C	D	E
工程成本	1. 高 2. 适中 3. 低	0 10 15	0	 15	 10	 10	 10
工期	1. 长 2. 适中 3. 短	0 10 15	 10	 10	 10	0	 15
工程质量	1. 高 2. 有把握 3. 无把握	20 10 5	20	 5	20	 5	20
施工安全	1. 能保证 2. 不能保证	10 5	10	10	10	 5	10
施工管理	1. 费用低 2. 费用高	10 5	10	 5	 5	 5	10
方案总分			50	45	55	25	65
排列顺序			3	4	2	5	1

七、用施工预算控制工程成本

1. 施工预算编制方法

(1) 施工预算的概念

施工预算是为了适应施工企业管理的需要，按照队、组核算的要求，根据施工图纸、施工定额（企业定额)、施工组织设计，考虑挖掘企业内部潜力，在开工前由施工单位编制的技术经济文件。

施工预算规定了单位工程或分部工程、分层、分段工程的人工、材料、施工机械台班消耗量和工程直接费需用量，是施工企业加强管理、控制工程成本的重要手段。

(2) 施工预算的编制内容

1) 计算工程量；

2) 套用施工定额（或企业定额)；

3) 人工、材料、机械台班用量分析和汇总；

4) 进行“两算”对比分析。

(3) 施工预算编制依据

1) 经过会审的施工图、会审纪要及有关标准图；

2) 施工定额（企业定额)；

3) 施工方案；

4) 工日单价、机械台班预算价格、材料预算价格及市场价格。

(4) 施工预算编制方法

1) 实物法

根据施工图纸、施工定额（企业定额)，结合施工方案确定的施工技术措施，计算工程量后，套用定额，分析人工、材料、机械台班消耗量，总后汇总这些用量的方法叫实物法。

2) 实物金额法

在用实物法计算出的人工、材料、机械台班数量的基础上，分别乘以工日单价、材料预算价格和机械台班价格，求出人工费、材料费、机械使用费的编制过程，就是实物金额法。

3) 单位估价法

根据施工图、施工定额（企业定额）计算工程量后，套用定额基价，逐项算出直接费后再汇总成单位工程、分部工程或分层分段的工程直接费的编制方法，称为单位估价法。

2. 两算对比

“两算”是指施工图预算和施工预算。前者是确定工程造价的依据，后者是施工企业控制工程成本的尺度。

通过两算对比，分析工程消耗量节约和超支的原因，以便提出解决问题的措施，防止工程成本的亏损，为降低工程成本提供依据。

（1）两算对比的方法

1）实物对比法

将施工预算和施工图预算计算出的人工、材料消耗量，分别填入两算对比表进行对比分析，算出节约或超支的数量及百分比，并分析其原因。

2）金额对比法

将施工预算和施工图预算计算出的人工费、材料费、机械费分别填入两算对比表进行对比分析，算出节约或超支的金额及百分比，并分析其原因。

（2）两算对比的内容

1）人工数量及人工费的对比分析

施工定额的用工量一般比预算定额的用工量低，主要有以下几个方面的原因：

(a) 施工现场的材料、半成品运距，预算定额综合的运距比施工定额远；

(b) 预算定额还考虑了各工种之间工序搭接的用工因素；

(c) 预算定额还包括了工程质量验收和隐蔽工程

验收而影响工人操作的时间。

2）材料消耗量及材料费的对比分析

施工定额的材料损耗率，一般都低于预算定额。所以，通常情况下，施工预算的材料消耗量及材料费一般低于施工图预算。

3）施工机械费的对比分析

施工预算的机械费，是根据施工组织设计或施工方案所规定的实际进场机械，按其种类、型号、台数、使用期限和台班单价计算的。而施工图预算的机械费是预算定额综合确定的，与实际情况可能不一致。因此，施工机械采用两种预算的机械费进行对比分析。如果发生施工预算的机械费大量超支，而无特殊原因时，则应考虑改变原施工方案，尽量做到不亏损而略有节余。

4）周转材料使用费的对比分析

周转材料主要指脚手架和模板。施工预算的脚手架费是根据施工方案确定的搭设方式和材料计算的；施工图预算通常都综合了脚手架搭设方式，按不同结构和高度，以建筑面积为基数计算的（有的地区也按搭设方式单独计算）。施工预算的模板摊销量是按混凝土与模板的接触面积计算的；施工图预算的模板摊销量（费）计算，各地区规定不同，有采用与施工预算相同的方法，也有按混凝土体积综合计算的。因而，周转材料宜采用发生的费用进行对比分析。

（3）两算对比实例

1）人工工日对比

某会议室工程人工工日“两算”对比实例见表 12-30。

2）主要材料对比

某会议室工程主要材料两算对比实例见表 12-31。

人工工日两算对比表 **表 12-30**

工程名称：××会议室

建筑面积：54.08m²

结构与层数：砖混结构、单层

序号	分部工程名称	施工预算（工日）	施工图预算		对比分析			
			工日	占单位工程百分比（%）	节约（工日）	超支（工日）	节约或超支占本分部百分比（%）	节约或超支占单位工程百分比（%）
①	②	③	④	⑤	⑥=④−③	⑦=④−③	⑧=⑥/⑦÷④	⑨=⑤×⑧
1	土方	28.85	42.13	14.82	13.28		31.52	4.67
2	砖石	53.28	63.46	22.33	10.18		16.04	3.58
3	脚手架	6.65	2.43	0.86		−4.22	−173.66	−1.49
4	混凝土	28.72	37.87	13.32	9.15		24.16	3.22
5	木结构	24.09	15.13	5.32		−8.96	−59.22	−3.15

续表

序号	分部工程名称	施工预算（工日）	施工图预算		对比分析			
			工日	占单位工程百分比（%）	节约（工日）	超支（工日）	节约或超支占本分部百分比（%）	节约或超支占单位工程百分比（%）
①	②	③	④	⑤	⑥=④-③	⑦=④-③	⑧=$\frac{⑥}{⑦}$÷④	⑨=⑤×⑧
6	楼地面	27.16	29.53	10.39	2.37		8.03	0.84
7	屋面	13.78	15.57	5.48	1.79		11.50	0.63
8	装饰	70.93	78.12	27.48	7.19		9.20	2.53
小计		253.46	284.24	100	43.96 （节约:30.78）	-13.18		10.83

主要材料两算对比表 **表 12-31**

工程名称：××会议室

建筑面积：54.08m^2

结构与层数：砖混结构、单层

序号	材料名称	单位	施工预算			施工图预算			对比分析					
									数量差			金额差		
			数量	单价	金额	数量	单价	金额	节约	超支	%	节约	超支	%
①	②	③	④	⑤	⑥=④×⑤	⑦	⑧	⑨=⑦×⑧	⑩=⑦−④	⑪=⑦−④	⑫=$\frac{⑩}{⑪}$÷⑦	⑬=⑨−⑥	⑭=⑨−⑥	⑮=$\frac{⑬}{⑭}$÷⑨
1	标准砖	千块	21.615	127.00	2745.11	21.639	127.00	2748.15	0.024		0.11	3.04		0.11
2	32.5 级水泥	t	10.266	160.00	1704.16	9.179	166.00	1523.71		−1.087	−11.84		−180.45	−11.84
3	42.5 级水泥	t	1.366	188.00	256.81	2.633	188.00	495.00	1.267		48.12	238.19		48.12

续表

序号	材料名称	单位	施工预算			施工图预算			对比分析					
									数量差			金额差		
			数量	单价	金额	数量	单价	金额	节约	超支	%	节约	超支	%
①	②	③	④	⑤	⑥=④×⑤	⑦	⑧	⑨=⑦×⑧	⑩=⑦−④	⑪=⑦−④	⑫=⑩/⑪÷⑦	⑬=⑨−⑥	⑭=⑨−⑥	⑮=⑬/⑭÷⑨
4	φ4冷拔丝	t	0.209	2171.00	453.74	0.209	2171.00	453.74	0		0	0		
	小计				5159.82			5220.60				241.23 −180.45 (节约:60.78)		

3. 施工任务单和限额领料单

用施工预算控制分部分项工程成本是通过向生产班组下达施工任务单和限额领料单来实现的。

在施工前，施工队（或工程项目部）向生产班组下达施工任务单和限额领料单，在分部分项工程完工后，按两单结算付酬，从而在基本环节上控制了人工、机械、材料的消耗量。

(1) 施工任务单

根据施工预算，以施工班组为对象，将应完成的工程量项目所需的定额工日数、材料需用量分别填入施工任务单。完工后通过质量验收，记录实耗工日数、材料量，并据此计算劳动报酬。

施工任务单见表 12-32。

(2) 限额领料单

以施工班组为对象，根据施工任务单中所完成的各项材料需用量签发限额领料单，材料管理人员根据领料单发料，控制施工中的材料用量，工程结束后，计算实际耗用量，节约有奖，超支扣减酬劳。

限额领料单见表 12-33，限额领料发放记录见表12-34。

4. 通过分项成本分析、控制工程成本

在施工过程中，可以采取分项成本分析的方法，找出显著的成本差异，有针对性地采取有效措施，努力降低工程成本。

绘制成本控制折线图。将分部分项工程的承包成本、施工预算（计划）成本按时间顺序绘制成本折线图。在成本计划实施的过程中，将发生的实际成本绘在图中，进行比较分析（见图 12-1）。

施工任务单 表 12-32

项目名称______ 编　　号______ 开工日期______

部位名称______ 签 发 人______ 交 底 人______

施工班组______ 签发日期______ 回收日期______

定额编号	分项工程名称	单位	定额工数			实际完成情况				考勤记录															
			工程量	时间定额 定额系数	定额工数	工程量	实需工数	实耗工数	工效(%)	姓名	日期														
小计																									

续表

定额编号	分项工程名称	单位	定额工数			实际完成情况			
			工程量	时间定额 / 定额系数	定额工数	工程量	实需工数	实耗工数	工效(%)

材料名称	单位	单位定额	定额数量	实需数量	实耗数量	施工要求及注意事项

验收内容	签证人
质量分	
安全分	
文明施工分	

考勤记录															
姓名	日期														
合计															

计划施工日期：　月　日～　月　日　实际施工日期：　月　日～　月　日　工期超　d

拖　d

限额领料单

表 12-33

年　月　日

<table>
<tr><td>单位工程</td><td></td><td>施工预算
工程量</td><td colspan="3"></td><td>任务单编号</td><td colspan="4"></td></tr>
<tr><td>分项工程</td><td></td><td>实际
工程量</td><td colspan="3"></td><td>执行班组</td><td colspan="4"></td></tr>
<tr><td>材料名称</td><td>规格</td><td>单位</td><td>施工定额</td><td>计划用量</td><td>实际用量</td><td>计划单价</td><td>金额</td><td>级配</td><td>节约</td><td>超用</td></tr>
<tr><td></td><td></td><td></td><td></td><td></td><td></td><td></td><td></td><td></td><td></td><td></td></tr>
<tr><td></td><td></td><td></td><td></td><td></td><td></td><td></td><td></td><td></td><td></td><td></td></tr>
<tr><td></td><td></td><td></td><td></td><td></td><td></td><td></td><td></td><td></td><td></td><td></td></tr>
<tr><td></td><td></td><td></td><td></td><td></td><td></td><td></td><td></td><td></td><td></td><td></td></tr>
<tr><td></td><td></td><td></td><td></td><td></td><td></td><td></td><td></td><td></td><td></td><td></td></tr>
<tr><td></td><td></td><td></td><td></td><td></td><td></td><td></td><td></td><td></td><td></td><td></td></tr>
</table>

限额领料发放记录 表 12-34

月/日	名称、规格	单位	数量	领用人	月/日	名称、规格	单位	数量	领用人	月/日	名称、规格	单位	数量	领用人

实际偏差=实际成本－承包成本

计划偏差=承包成本－计划成本

目标偏差=实际成本－计划成本

目标偏差=实际偏差＋计划偏差

分项成本分析表见表 12-35。

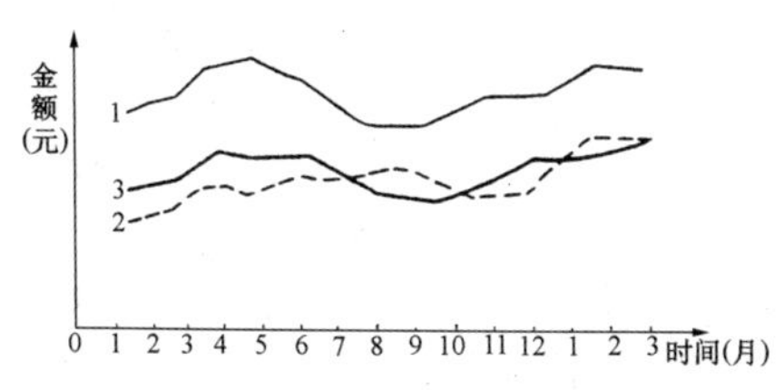

图 12-1　成本控制折线图

1—承包成本；2—计划成本；3—实际成本

单位工程：　　**分项成本分析表**　　**表 12-35**

分部或分项工程	计划成本(施工预算成本)			实际成本			成本分析				显著的成本差异
							增		减		
	数量	单价	金额	数量	单价	金额	金额	单价	金额	单价	

八、工程直接费控制

1. 工程人工费控制

在施工过程中，人工费的控制具有较大难度。尽管如此，我们可以从控制支出和按实签证两个方面来着手。

从定额的编制时间和执行时间来分析，定额的人工费具有滞后性。

在编制预算定额时，首先要测算预算定额的综合平均工资等级，再根据现行的工资标准和有关规定计算人工工日单价，工日单价乘以定额用工数就计算出了构成定额基价的人工费。但是，预算定额的执行有一个周期，一般要3～5年修订一次。而在这期间，每年的工资指数在不断增长，使得定额人工费具有滞后性。假如每半年或每季度调整一次工日单价，但由于调整数据都是已发生的人工费情况，不能预测到执行调整系数的情况，所以，也会产生滞后性。因此，从这一实际情况出发，人工费的控制要分步进行。

第一步，尽量以下达施工任务单的方式承包用工；

第二步，用其他直接费、间接费适当补充一些。因为这些费用中属于现场人工费部分，属于因采用承包方式减少管理人员的人工费节约等都可以对其进行补充；

第三步，对如实产生预算外的用工项目，应及时按实签证。

2. 工程材料费的控制

我们知道，材料费是构成工程成本的主要内容。由于材料品种规格多，用量大，所以其变数也较大。因而，只要施工单位能控制好材料费的支出，就掌握了降低成本的主动权。

材料费的控制应从以下几个方面着手。

(1) 以最佳方式采购材料，努力降低采购成本

1) 采购地点、渠道不同价格不同

同一种材料，从生产厂家采购或从供应商处采购，价格不同。如果工程和材料生产厂家在同一地点，显然应从厂家直接采购最合算；如果工程与材料生产厂家不在同一地点时，应计算分析一下采购费用，包括运杂费、采购人员发生的费用后再决定选择自己采购还是由中间商供货。

2) 建立长期合作关系的采购方式

建筑材料经销商往往以较低的价格给老客户，以吸引他们建立长期的合作关系，以薄利多销的策略来经销建筑材料。

施工单位与材料供应商之间的合作关系，除了有优惠的折扣外，还有一种相互信任的关系，例如质量上、数量上、付款方式上都是互相信任的。良好的信誉是双方合作的基础。

3) 按工程进度计划采购供应材料

在施工的各个阶段，施工现场需要多少材料进场，应以保证正常的施工进度为原则。由于材料供应不能大量积压，因为积压的材料增加了材料的损耗和保管费用，所以，为了控制好材料成本，必须按施工进度计划采购和供应材料。

(2) 根据施工实际情况确定材料规格

在施工中，当材料品种确定后，材料规格的选定对节约材料有较重要的意义。

例如，在净尺寸长和宽均为5.40m的房间里铺花岗岩板地面，有三种不同的规格可供选用，即450mm×450mm；500mm×500mm；600mm×600mm；每块的

单价分别为：60.75 元/块、80 元/块、122.4 元/块。这时，我们应根据上述情况进行分析，选用哪种规格的花岗岩板材最经济。通过计算可知：

第一种：5.40m÷0.45m=12 块（行、列都取定为 12 块）

12×12=144 块（每个房间需用块数）

144×60.75 元/块＝8748 元（花岗岩板材总费用）

第二种：5.40m÷0.50m≐11 块（行列取定为 11 块）

11×11=121 块（房间需用块数）

121×80 元/块=9680 元（总费用）

第三种：5.40m÷0.60m=9 块（行列取定为 9 块）

9×9=81 块（房间需用块数）

81×122.40 元/块=9914.4 元（总费用）

分析上述三组数据可知，采用第一种和第三种规格都不需切割，不浪费材料。但第一种比第三种规格费用更低，所以在施工图设计没有具体要求的情况下，应首选使用 450mm×450mm 规格的花岗岩板材。

又如，楼梯踏步贴瓷砖，当楼梯净宽为 1350mm，踏步宽为 300mm，踏步高为 150mm 时，选用哪种规格的地面砖较合理。通过市场调查，符合楼梯用的地面砖有 350mm×350mm、400mm×400mm、450mm×450mm、500mm×500mm、600mm×600mm 等规格，假如各种规格地面砖的每平方米价格是一致的，怎样选择更合理。

上述问题中规格不同，但每平方米价格是一致的，我们可以通过哪种规格的损耗最低的原则来选定，具体分析如下：

由于楼梯踏步板和踢脚板贴瓷砖时，缝要对齐，所以我们只能选择其中一种规格，不能混用。

1）以踏步宽计算

350mm×350mm 规格：踏步板切割一次，丢掉50mm 宽；踢脚板切割二次，丢掉 50mm 边角；

400mm×400mm 规格：踏步板切割一次，丢掉100mm 宽；踢脚板切割二次丢掉 100mm 宽；

450mm×450mm规格：分成 300mm 宽、150mm 宽两块，无浪费；

500mm×500mm 规格：切割二次分成 300mm 宽、150mm 宽二块，丢掉 50mm 宽；

600mm×600mm 规格：切割一次分成 300mm 两块或切割三次分成 150mm 四块，无浪费。

结论：采用 450mm×450mm 或 600mm×600mm 规格较合理，无浪费。

2）以楼梯宽计算

350mm×350mm 规格：1.35÷0.35=3.86≐4 块

400mm×400mm 规格：1.35÷0.40=3.38≐4 块

450mm×450mm 规格：1.35÷0.45=3 块

500mm×500mm 规格：1.35÷0.50=2.70≐3 块

600mm×600mm 规格：1.35÷0.60=2.25≐3 块

结论：450mm×450mm 比 600mm×600mm 更合理，没有浪费，所以该楼梯应选用 450mm×450mm 规格地面砖最经济合理。

（3）合理使用周转材料

金属脚手架、模板等周转材料的合理使用，也能达到节约和控制材料费的目的。这一目标可以通过以下几个方面来实现：

1）合理控制施工进度，减少模板的总投入量，尽量发挥其周转使用效率。

2)控制好工期，做到不拖延工期或合理提前工期，尽量降低脚手架的占用时间，充分提高周转使用率。

3）做好周转材料的保密、保养工作，及时除锈、防锈，通过延长周转使用次数达到降低摊销费用的目的。

（4）合理设计施工现场的平面布置

施工现场布置与材料有关的内容有：

1）材料堆放场地合理

材料堆放场地合理是指根据现有条件，合理布置各种材料或构件堆放地点，尽量不发生或少发生二次搬运费用；尽量减少施工损耗和其他损耗。

2）混凝土、砂浆搅拌机位置合理

在没有使用商品混凝土的工地上，需使用混凝土搅拌机。混凝土搅拌机、砂浆搅拌机的位置应设在与原材料和半成品运输线路之间的较短的一条线上。因为较短的距离可以相对减少砂、石、水泥等原材料或半成品混凝土、砂浆的运输损耗，从而达到控制材料费的目的。

九、工程变更控制

在工程项目的实施过程中，由于建设单位、设计、施工进度等方面的原因，常常会出现工程量、材料、施工进度等变化。这些变化会导致工程费用发生改变，因此，应该合理控制工程变更事件。

1. 工程变更的原因

工程内容的变更是建筑施工生产的特点之一。对一个较为复杂的工程，在实施过程中，可能会发生几十项甚至几百项的内容变化。

工程内容变更的主要原因是：

（1）建设单位对工程提出新的要求。例如，修改项目总计划；削减预算；更换不同材质的门窗等。

（2）由于设计上的错误，必须对设计图纸作修改。

（3）由于使用新技术，有必要改变原设计、原施工方案。

（4）由于施工现场的环境发生了变化，预定的工程条件不准确。

（5）政府部门对建设项目有新的要求，如环境保护要求、城市规划要求等。

2. 工程变更程序

实际工作中的工程变更，情况较复杂，一般有以下几种：

（1）工程尚未开始

当与变更的相关分项工程尚未开始时，只需对工程设计进行修改和补充。例如，发现标高有错误等。

（2）工程正在施工

当变更所涉及的工程正在施工，这种变更通常时间很紧迫，甚至可能发生现场停工、等待变更指令的情况。

（3）工程已完工

对已完工的工程进行变更时就必须作返工处理。

工程变更程序一般由合同规定。最理想的变更程序是，在变更执行前，双方就变更中涉及的费用增加和工期延长的补偿达成协议。但是，合同双方对于费用和工期的补偿谈判常常会有反复和争执，这会影响变更的实施和整个工程的施工进度。所以，在国际承包工程中，施工合同通常赋予监理工程师以直接指令变更工程的权力。承包商在接到指令后必须执行变更。对具体的价格、费用和工期的调整由监理工程师、承包商、业主共同协商后确定。

3. 工程变更申请

在工程项目管理中，工程变更通常要经过一定的手续，如申请，审查、批准、通知等。申请表的格式和内容可根据具体工程需要设计。某工程项目的工程变更申请表见表12-36。

工程变更申请表 **表12-36**

<table>
<tr><td>申请人：</td><td colspan="2">申请表编号</td><td colspan="2">合同号：</td></tr>
<tr><td colspan="5">变更的分项工程内容及技术资料说明：

工程号：
施工段号：　　　　　　　　　　图号：</td></tr>
<tr><td>变更依据</td><td></td><td colspan="2">变更说明</td><td></td></tr>
<tr><td>变更所涉及的资料</td><td colspan="4"></td></tr>
<tr><td colspan="5">变更的影响：　　　　　　工程成本：
技术要求：　　　　　　　材　料：
对其他工程的影响：　　　机　械：
　　　　　　　　　　　　劳动力：</td></tr>
<tr><td colspan="5">计划变更实施日期</td></tr>
<tr><td colspan="5">变更申请人（签字）</td></tr>
<tr><td colspan="5">变更批准人（签字）</td></tr>
<tr><td colspan="5">备　注</td></tr>
</table>

4. FIDIC 合同条件下工程变更的控制

FIDIC 合同条件授予监理工程师很大的工程变更权力。只要监理工程师认为必要，便可对工程的形式、质量或数量做出变更。同时又规定，没有监理工程师的指示，承包商不得作任何变更（工程量表上规定的增加或减少工程量除外）。

（1）工程变更程序

FIDIC 合同条件下，工程变更的一般程序是：

1）提出变更要求

工程变更可由承包商提出，也可由业主或监理工程师提出。承包商提出的变更多数是从方便承包商施工条件出发，提出变更要求的同时，提出变更后的图纸设计和费用计算问题；业主提出设计变更大多是由于当地政府有关要求或者工程性质发生改变等；监理工程师提出工程变更大多是发现设计错误或不足。

2）监理工程师审查变更

无论是哪一方提出工程变更，均需由监理工程师审查批准。监理工程师审批工程变更时应与业主和承包商进行适当的协商。尤其是一些费用增加较多的工程变更项目，更要与业主进行充分的协商，征得业主同意后才能批准。

3）编制工程变更文件

工程变更文件包括：

（a）工程变更令

主要说明变更的理由和工程变更的概况，工程变更估价及对合同价的影响。

（b）工程量清单

工程变更的工程量清单与合同中的工程量清单相

同，并附工程量的计算式及有关确定工程单价的资料。

(c) 设计图纸

(d) 其他有关文件

4) 发出变更指标

监理工程师的变更指示应以书面形式发出。如果监理工程师有必要以口头形式发出指示，当口头指示发出后应尽快加以书面确认。

(2) 工程变更估价

工程变更后，不应作废原合同，但是对变更产生的影响应按 FIDIC 合同条件第 52 条的规定进行估价。

如果监理工程师认为适当，应以合同中规定的费率及价格进行估价。当合同中未包括适用于该变更项目的价格和费率时，则应在合理的范围内使用合同中的费率和价格作为估价基础。若工程量清单中既没有与变更项目相同的项目，也没有相似的项目时，由监理工程师与业主和承包商适当协商后确定一个合适的费率或价格作为结算的依据；当双方意见不一致时，监理工程师有权单方面确定其认为合适的费率或价格。

为了支付的方便，在费率和价格没有取得一致意见前，监理工程师应确定暂行费率和价格，按期中暂付款支付。

5. 工程变更中应注意的问题

(1) 监理工程师的认可权应合理限制

在国际承包工程中，业主常常通过工程师对材料的认可权，提高材料的质量标准；对设计的认可权，提高设计质量标准；对施工认可权提高施工质量标准。如果施工合同条文规定比较含糊，这方面的争执在工程中比较多；如果这种认可权超过合同明确规定的范围和标准，它就变为业主的修改指令。因此，承包商对超出合同规定的要求应争取业主或工程师的书面确认，然后再提出工期和额外费用的索赔。

(2) 工程变更不能超过合同规定的工程范围

工程变更不能超出合同规定的工程范围。如果超过了这个范围，承包商有权不执行变更或坚持先商定价格后进行变更的操作程序。

(3) 变更程序的对策

在国际工程中，经常出现变更已成事实后，再进行价格谈判，这对承包商很不利。当遇到这种情况时，可采取以下对策：

1) 控制（或拖延）施工进度，等待变更谈判结果。这样不仅损失较小，而且谈判回旋余地较大；

2) 争取以计时工或按承包商的实际费用支出计算费用补偿。例如采用成本加酬金的方法计算。这样可以避免价格谈判中的争执；

3) 应有完整的变更实施的记录和照片，并请监理工程师签字，为索赔做准备。

(4) 承包商不能擅自主张进行工程变更

对任何工程问题，承包商不能自作主张，进行工程变更。特别是在国际承包工程中更不能这样做。如果施工中发现图纸错误或其他问题需进行变更，应首先通知工程师，经同意或通过变更程序后再进行变更。否则，不仅得不到应有的补偿，还会带来不必要的麻烦。

(5) 承包商在签订变更协议过程中须提出补偿问题

在商讨变更工程、签订变更协议过程中，承包商必须提出变更索赔问题。在变更执行前就应对补偿范围、补偿办法、索赔值的计算方法、补偿款的支付时间等问题双方达成一致的意见。

十、施工索赔

1. 索赔及起因

（1）索赔的概念

索赔是在经济合同的实施过程中，合同一方因对方不履行或未能正确履行合同所规定的义务而受到损失，向对方提出的赔偿要求。

（2）索赔要求

在承包工程中，索赔要求通常有以下两个方面：

1）合同工期的延长；

2）费用补偿。

（3）索赔的起因

1）由现代承包工程的特点引起

现代承包工程的特点是工程量大、投资大、结构复杂、技术和质量要求高、工期长等等。再加上工程环境的不准确性和市场因素、社会因素的变化等，导致地质条件的变化、建筑材料市场的变化、货币的贬值、城建环保部门对工程的建议要求等等，形成了对工程实施的内部和外部干扰，从而直接影响工程建设计划、设计、施工，进而影响工期和工程成本。

2）合同内容的有限性

施工合同是在工程开始前签订的，对如此复杂的工程和环境变化因素的影响，合同不可能对所有问题做出预见和规定，对所有的工程做出准确的说明。

另外，由于施工合同条件越来越复杂，合同中难免有考虑不同的条款，有缺陷和不足之处，如措词不当，说明不清楚有二义性等，都会导致合同内容的不完整性。

3）应业主要求

业主可能会在施工中提出建筑形式、功能、质量、实方式等合同以外的要求。

4）各承包商之间的相互影响

一个工程往往需要多个承包商共同完成。当一方失误不仅造成自己的损失，而且还会殃及其他合作者，影响整个工程的实施。因此，在总体上应按合同条件，平等对待各方利益，坚持“谁过失、谁赔偿”的原则，进行索赔。索赔是受损失者的权力。

5）对合同理确的差异

由于合同文件十分复杂，内容又多，再加上双方看问题的立场和角度不同，会造成对合同权利和义务的范围界限划分的理解不一致，造成合同上的争执。

2. 索赔的条件

索赔的根本目的在于保护自身利益，挽回损失。要想取得索赔成功，提出索赔要求必须符合以下基本条件：

（1）客观性

（2）合法性

（3）合理性

3. 索赔意识

在市场经济条件下，索赔意识主要体现以下三个方面：

（1）法律意识

索赔是法律赋予承包商的正当权利，是保护自己正当权益的手段。

(2) 市场经济意识

索赔是在合同规定的规范内，合理合法地追求经济效益的手段。

(3) 工程管理意识

索赔工程涉及工程项目管理的各个方面，要取得索赔成功，必须提高整个工程项目的管理水平。在工程管理中，必须有专人负责索赔管理工作，将索赔管理贯穿于工程项目管理全过程。

4. 索赔的分类

(1) 按干扰事件的性质分

1) 工期拖延索赔

2) 不可预见的外部障碍或条件索赔

例如，地质条件与预计的不同，出现淤泥或地下水等。

3) 工程变更索赔

4) 工程终止索赔

由于非承包商的原因，使工程被迫停止实施，使承包商蒙受经济损失，提出的索赔。

5) 其他索赔

如货币贬值、汇率变化、物价上涨、政策法令变化、业主推迟支付工程款等引起的索赔。

(2) 按索赔要求分类

1) 工期索赔

2) 费用索赔

(3) 按索赔的起因分类

1) 业主违约

2) 合同错误

3) 合同变更

4）工程环境变化

5）不可抗力因素

（4）按索赔的处理方式分类

1）单项索赔

2）总索赔

5. 索赔程序

索赔工作通常可以分为以下几个步骤进行：

（1）索赔意向通知

当干扰事件发生后，承包商向监理工程师和业主递交索赔意向通知（FIDIC 合同条件规定为在 28 天内）。

（2）索赔的内部处理

1）事态调查

2）原因分析

3）索赔依据

4）损失调查

5）收集证据

6）起草索赔报告

（3）提交索赔报告

（4）解决索赔

1）工程师审查索赔报告

2）业主审批索赔报告

6. 工程索赔计算

（1）比例法

在工程实施过程中，业主推迟设计资料、设计图纸、建设场地、行驶道路等条件的提供，会直接造成工期的推迟或中断，从而影响整个工期。通常，上述活动的推迟时间可直接作为工期的延长天数。但是，当提供的条件可满足部分施工时，应按比例法来计算工期索赔天数。

【例】 某承包工程，承包商总承包该工程的全部设计和施工任务。合同规定，业主应于1997年5月中旬前向承包商提供全部设计资料。该工程的主要结构设计部分占80%，其他轻型结构和零星设计部分占20%。但是，在合同实施过程中，业主在1997年12月至1998年6月之间才陆续将主要结构设计资料交付齐全，其余资料在1998年5月至1998年10月才交付齐全（设计资料交付时间由资料交接表及交接手续为证）。对此，承包商提出工期拖延索赔要求。其索赔计算如下：

【解】 对主要结构设计资料的提供时间可以取1997年12月初到1998年6月底的中间月份，即为1998年的3月中旬。其他结构设计资料的提供期可取1998年5月初到1998年10月底的中间月份，即为1988年7月底。综合这两方面的日期，按比例以平衡点的月份为全部设计资料的提供期。

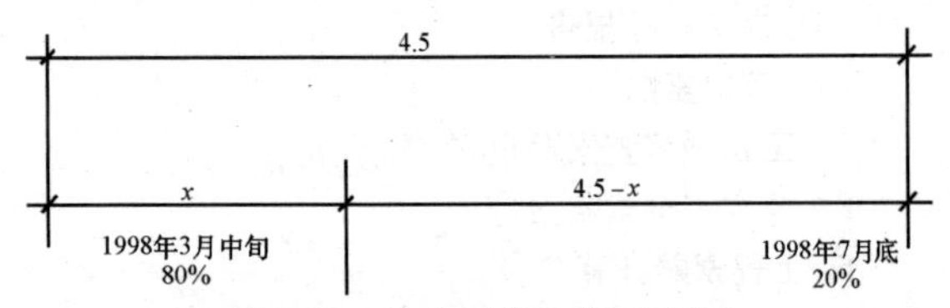

图12-2 综合平衡日期示意图

按所示列出的计算式及计算结果为：

$$x \times 80\% = (4.5 - x) \times 20\%$$

$$0.8x = 0.9 - 0.2x$$

$$x = \frac{0.90}{0.60} = 1.5\text{月}$$

即全部设计资料提供期应为 1998 年 4 月底，则索赔工期为 11.5 个月（由 1997 年 5 月中旬拖延到 1998 年 4 月底）。

在实际工程中，干扰事件常常仅影响某些分项工程，要分析它们对总工期的影响，可以采用比例法分析。

【例】 某工程施工中，业主推迟工程室外楼梯设计图纸的批准，使该楼梯的施工延期 20 周，该室外楼梯工程的合同造价为 45 万元，而整个工程的合同总价为 500 万元，则承包商应提出索赔工期多少周？

【解】

$$总工期索赔=\frac{受干扰部分的工程合同价}{工程合同总价}\times 该部分工程受干扰工期拖延量$$

$$=\frac{45}{500}\times 20=1.8 周$$

答：承包商应提出 1.8 周的工期索赔。

【例】 某工程合同总价为 360 万元，总工期为 12 个月，现业主指令增加附属工程的合同价为 60 万元，计算承包商应提出的工期索赔时间。

【解】

$$总工期索赔=\frac{增加工程量的合同价}{原合同总价}\times 原合同总工期$$

$$=\frac{60}{360}\times 12=2 个月$$

答：承包商应提出 2 个月的工期索赔。

（2）相对单位法

工程的变更必须会引起劳动量的变化，这时我们可以用劳动量相对单位法来计算工期索赔天数。

【例】 某工程原合同规定的工期为：土建工程 30

个月，安装工程6个月。现以一定量的劳动力需用量作为相对单位，则合同所规定的土建工程可折算为520个相对单位，安装工程可折算为140个相对单位。另外，合同规定，在工程量增减5%的范围内，承包商不能要求工期补偿。但是，在实际施工中，土建和安装各分项工程量都有较大幅度的增加。通过计算，实际土建工程量增加了110个相对单位、安装工程量增加了50个相对单位。对此，承包商应提出多少个月的工期赔偿？

【解】 (1) 考虑工程量增加5%作为承包商的风险

土建工程为：520×1.05=546相对单位

安装工程为：140×1.05=147相对单位

(2) 计算工期延长

$$土建工程=30\times\left(\frac{520+110}{546}-1\right)=4.6个月$$

$$安装工程=6\times\left(\frac{140+50}{147}-1\right)=1.8个月$$

故：总工期索赔=4.6+1.8=6.4个月

(3) 网络分析法

网络分析法是通过分析干扰事件发生前后的网络计划，对比两种工期的计算结果，从而计算出索赔工期。

(4) 平均值计算法

合同规定，某工程A、B、C、D四个分项工程由业主供应水泥。在实际施工中、业主没有能按合同规定的日期供应水泥，造成停工待料。根据现场工程有关资料和合同双方的有关文件证明，由于业主水泥供应不及时对施工造成的停工时间如下：

A 分项工程：　15d

B 分项工程：　8d

C 分项工程：　10d

D 分项工程：　11d

承包商在一揽子索赔中，对业主由于材料供应不及时造成工期延长提出工期索赔的计算如下：

总延长天数：　15＋8＋10＋11＝44d

平均延长天数：　44÷4＝11d

工期索赔值：　11d

(5) 其他方法

在实际工程中，工期补偿天数的确定方法可以是多样的。例如，在干扰事件发生前由双方商讨在变更协议或其他附加协议中直接确定补偿天数；或者按实际工期延长记录确定补偿天数等。

7. 费用索赔计算

(1) 总费用法

总费用法是一种较简单的计算方法。它的基本思路是，把固定总价合同转化为成本加酬金合同，即以承包商的额外成本为基础加上管理费和利息等附加费作为索赔值。

【例】 某工程原合同报价如下：

现场成本（工程直接费＋工地管理费）	2500000 元
公司管理费（现场成本×8%）	200000 元
利润、税金（现场成本＋公司管理费）×9%	243000 元
合同总价	2943000 元

在实际工程中，由于非承包商原因造成现场实际成本增加 180000 元，试用总费用法计算索赔值。

【解】

现场成本增加值	180000 元
公司管理费（现场成本增量×8%）	14400 元
利息支付（按实际发生计算）	2000 元
利润、税金（现场成本+公司管理费+利息）×9%	17676 元
索赔值小计：	214076 元

（2）分项法

分项法是按每个或每类干扰事件引起费用项目损失分别计算索赔值的方法。

【例】 某工程因设计资料的拖延引起额外费用的索赔值计算如下：

项目	费用（元）
①现场管理人员工资损失	2510
②工地上劳动力浪费损失	580
③现场管理人员和工人膳食补贴增加	650
④工地办公费增加	310
⑤工地交通费增加	340
⑥工地施工机械费增加	2150
⑦保险费增加	1800
⑧分包商索赔	4160
⑨总部管理费（①～⑧项之和×10%）	12500×10%=1250

(3) 因素分析法

因素分析法亦称连环替代法。

为了保证分析结果的可比性，将各指标按客观存在的经济关系，分解为若干因素指标连乘积的形式。

如：某材料成本费＝

材料消耗量×单价

完成工程量×单位工程量材料消耗量×单价

完成工程量×单位工程量材料费用

采用因素分析法进行因素分析的基本过程为：

1) 分别列出各因数指标的数值，如计划与实际数值；基期与报告期数值；本项目数值与先进（平均）水平数值等，以便进行比较。

2) 分析原则：用除法进行相对程度比较，即计算各指标。结论是各因素指标相对变动（指数）的连乘积等于成本指标的总相对变动（指数）；用减法进行绝对差异比较，结论是，各因素指标绝对变动的代数和等于成本指标的绝对增减额。

【例】 某项工程量计划为 850m³，由于采取了一定的技术和组织措施，实际只完成了 830m³ 就达到了设计要求。但是，核算中发现某种材料费用实际是 73372 元，比计划材料费 71400 元增加了 1972 元，试分析该种材料成本上升的原因。

【解】 我们知道，影响材料成本费用的因素除了工程量外，还受单位工程消耗量和单位材料价格（单价）的影响，于是可以对材料成本变动进行多因数分析。分析资料及分析过程见表 12-37。

某材料成本变动影响因素分析表 表 12-37

因素	单位	计划	实际	指　数（相对比较）	增减量（差异比较）	因素变动引起成本绝对变动		
		①	②	③=②÷①	④=②－①	变动因素	工程量×单耗×单价	成本的绝对变动
工程量	m^3	850	830	0.97647	－20	工程量减少	④×①×① －20×0.28×300	－1680
单耗	t	0.28	0.26	0.92857	－0.02	单耗降低	②×④×① 830×(－0.02)×300	－4980
单价	元	300	340	1.13333	40	价格上涨	②×②×④ 830×0.26×40	8632
成本	元	71400	73372	1.02762	1972	综合影响	(－1680)+(－4980) +8632	1972

上表因素分析结果表明，影响材料成本的因素是，工程量实际比计划减少 $20m^3$，是计划的 97.647%，使材料费下降了 1680 元；单耗实际比计划减少了 0.02t，是计划的 92.857%，使材料费下降了 4980 元；单价实际比计划上涨了 40 元，是计划的 113.333%，使材料费上升了 8632 元。三种因素综合作用的结果是，材料费用比计划上涨了 2.762%，多花了 1972 元。因此，采取的对策是向甲方索取价格补贴。如果能得到价格差异补偿 8632 元，则该分项工程的材料费可以节约 6660 元（1680＋4980）。

十一、工程价款结算

当工程承包合同签订后，承包商在施工前应根据工程合同价向业主收取预付备料款；在工程施工进程中需拨付工程进度款；工程进度到一定阶段时，开始抵扣预付备料款并进行中间结算；承包工程全部完工后，应办理竣工结算。

1. 工程备料款

按合同规定，在工程开工前，建设单位要支付一笔工程材料、预制结构构件的备料款给施工单位。需支付的工程备料款以形成工程实体的材料需用量及其储备的时间长短来计算，其计算公式如下：

$$\text{工程备料款}=\frac{\text{年度建安工作量}\times\text{主要材料所占比重}}{\text{年度施工日历天数}}\times\text{材料储备天数}$$

上式中，材料储备天数可以根据当地材料供应情况确定。

在实际工作中，工程备料款的额度，通常由各地区根据工程类型、施工工期、材料供应状况规定的。一般为当年建安工作量的 25%左右。对于大量采用预制构件的工程可以适当增加。

【例】 某工程承包合同规定，工程备料款按当年工作量的28%计算，该工程当年工作量为254万元，试计算工程备料款。

【解】 工程备料款＝254×28%＝71.12万元

2. 工程备料款的扣还

由于工程备料款是按建安工作量与所需占用的储备材料计算的，随着工程的进展，材料储备随之减少，相应备料款也减少，因此，预收的备料款应当陆续扣还，直到工程全部竣工之前扣完。扣款的方法是，从未施工工程尚需的主要材料及构件的价值相当于备料款数额时起扣，从每次结算工程价款中，按材料比重扣抵工程价款。备料款的起扣点可按下列公式计算：

$$\text{预付备料款起扣点}=\text{承包工程价款总额}-\frac{\text{预付备料款的限额}}{\text{主要材料所占比重}}$$

需要说明的是，在实际工作中，情况比较复杂，有些工程工期较短，只有几个月，就无需分期扣还；有些工程工期较长，需跨年度，其备料款的占用时间较长，根据需要可以少扣或不扣。在一般情况下，工程进度达到65%时，开始抵扣预付备料款。

3. 工程进度款

(1) 按月完成工作量收取

该方法一般在中旬或月初收取上旬或上月完成的工程进度款，当工程进度达到预收备料款起扣点时，则应从应收工程进度款中减去应扣除的数额。收取工程进度款的计算公式为：

$$\text{本期工程进度款}=\text{本期完成工作量}-\text{应扣还的预收备料款}$$

【例】 某工程上个月末完成建安工作量 250000 元（占年计划工作量的 8%），应扣还的预收备料款为 100000 元，本月初应向建设单位收进多少工程进度款。

【解】

本期工程进度款＝250000－100000＝150000 元

（2）按逐月累计完成工作量计算

以逐月累计完成工作量收取工程进度款是国际承包工程常用的方法之一。具体做法是：

1）业主不支付承包商的工程备料款，工程所需的备料款全部由承包人自筹或向银行贷款。

2）承包商进入施工现场的材料、构配件和设备，均可以报入当月的工程进度款，由业主负责支付。

3）工程进度款采取逐月累计倒扣合同总金额的方法支付。该方法的优点是，如果上月累计多支付，即可在下期累计工作量中扣回，不会出现长期超支工程款的现象。

4）支付工程进度款同时，扣除按合同规定的保留金。保留金一般为工程合同价的 5%，大工程可在合同中固定一个数额。

5）计算方法

（a）工程量计算方法

累计完成工程量＝本月完成工程量＋上月累计完成工程量

未完工程量＝合同工程量－累计完成工程量

（b）工作量计算方法

累计完成工作量＝本月完成工作量＋上月累计完成工作量

未完工作量＝合同总金额－累计完成工作量

【例】 某工程花岗岩地面工程量为 $2600m^2$，4～6 月份累计完成工程量 $1800m^2$，本月（7 月份）完成

$500m^2$，计算累计完成工程量和未完成工程量。

【解】 $\text{花岗岩地面累计工程量}=1800+500=2300m^2$

$\text{花岗岩地面未完成工程量}=2600-2300=300m^2$

【例】 某工程合同总金额为 7800000 元，上半年累计完成工作量 3650000 元，本月份完成工作量 710000 元（其中包括进场材料金额 200000 元），试计算本月累计完成工作量和未完工作量及扣除 5%保留金后应收取的工程进度款。

【解】 $\text{累计完成工作量}=3650000+710000=4360000\text{ 元}$

$\text{未完工作量}=7800000-4360000=3440000\text{ 元}$

$\text{本期应收工程进度款}=710000-710000\times5\%=674500\text{ 元}$

4. 竣工结算

施工单位完成合同规定的工程内容，交工后，应向建设单位办理竣工结算。

办理竣工结算的一般公式为：

$$\text{竣工结算工程价款}=\text{预算造价或合同价}+\text{索赔金额或调整额}-\text{预付已结算工程价款}-\text{保留金}$$

5. 综合例题

某建筑工程合同承包价为 800 万元，预付备料款占工程价款的 25%，主要材料及预制构件金额占工程价款的 64%，实际完成工作量和合同价款调整增加额如表 12-38 所示，当保留金为合同价的 5%时（竣工结算时扣除），求预付备料款、每月结算工程款、竣工结算工程款、保留金各为多少？

某建筑工程逐月完成工作量和合同价调整增加额表　　表 12-38

月份	1	2	3	4	5	6	7	8	9	合同价调整增加额
完成工作量（万元）	27	45	100	200	180	95	66	54	33	80

【解】（1）预付备料款

800×25%＝200 万元

（2）计算预付备料款起扣点

$$\text{预付备料款起扣点}=800-\frac{200}{64\%}=487.5\text{ 万元}$$

即：当累计结算工程价款为 487.5 万元时，开始扣备料款。

（3）一月份应结算工程款为 27 万元，累计拨款 27 万元；

（4）二月份应结算工程款 45 万元，累计拨款 72 万元；

（5）三月份应结算工程款 100 万元，累计拨款 172 万元；

（6）四月份应结算工程款 200 万元，累计拨款 372 万元；

（7）五月份应结算工程款 180 万元，累计拨款 552 万元；

因五月份累计拨款已超过 487.5 万元，且 552－487.5＝64.5 万元，所以应从五月份的 180 万元工程拨款中扣除一定数额的预付备料款。五月份应结算的工程款为：

（180－64.5）＋64.5×（1－64%）＝138.72 万元

故五月份累计拨款为：372＋138.72＝510.72 万元

(8) 六月份应结算工程款为：

95×(1−64%)=34.20万元

六月份累计拨款 544.92 万元

(9) 七月份应结算工程款为：

66×(1−64%)=19.44万元

七月份累计拨款 568.68 万元

(10) 八月份应结算工程款：

54×(1−64%)=19.44万元

八月份累计拨款 588.12 万元

(11) 九月份应结算工程款：

33×(1−64%)=11.88万元

九月份累计拨款为 600 万元，加上预付备料数 200 万元，加上合同价调整增加款 80 万元共 880 万元工程款。

(12) 扣除保留金后竣工结算价款：

880−880×5%=836 万元

故九月份工程竣工交付使用后应拨付工程款为：

11.88+(836−800)=47.88万元

保留金 44 万元，等一年保修期满后再付给承包商。

6. 工程价款的动态结算

现行的工程价款结算方法是静态结算，没有反映价格等因素变化的影响。因此，要全面反映工程价款的结算，应实行工程价款的动态结算。所谓动态结算就是要把各种动态因素渗透到结算过程中，使结算价大体能反映实际的消耗费用。

常用的动态结算方法有：

(1) 按竣工调价系数办理结算

目前，有些地区按竣工调价系数办理竣工结算。该方法是合同双方采用现行的概、预算定额基价为合同承包价。竣工时，根据合理的工期及当地建设工程造价管理部门颁发的各个季度的竣工调价系数，以直接工程费为基础，调整由于人工费、材料费、机械费用上涨（或下降）及工程变更等影响造成的价差。

【例】 某建筑工程已竣工，按预算定额计算的合同承包价为 4360000 元，其中，直接工程费 3700000 元，间接费 360000 元，利润 169200 元，税金 130800 元，查工程造价部门颁布的该类工程本年度竣工调价系数为 1.024，试计算竣工工程价款。

【解】 ① 计算间接费占直接工程费的百分比

$$\frac{360000}{3700000}\times100\%=9.73\%$$

② 计算利润占直接工程费、间接费的百分比

$$\frac{169200}{3700000+360000}\times100\%=4.17\%$$

③ 计算税金占直接工程费、间接费、利润的百分比

$$\frac{130800}{3700000+360000+169200}\times100\%=3.093\%$$

④ 计算调整后的工程结算价款

$$\begin{aligned}\text{调整后的工程结算价款}&=\text{直接工程费}\times1.024\times(1+9.73\%)\times(1+4.17\%)\times(1+3.093\%)\\&=3700000\times1.024\times1.0973\times1.0417\times1.03093\\&=4464768.05\text{元}\end{aligned}$$

（2）按实际价格计算

由于建筑材料市场的建立和发展，材料采购的范围和选择余地越来越大。为了调动合同双方的积极性，合理降低成本，工程主要材料费可按地方工程造价管

理部门定期公布的最高限价结算，也可由合同双方根据市场供应情况共同定价。只要符合质量和工程的要求，合同文件规定承包人可以按上述两种方法确定主要材料单价后计算工程材料费。

（3）按调价文件结算

该方法是合同双方按现行的预算定额基价确定承包价。在合同期内，按照工程造价管理部门颁布的调价文件结算工程价款。调价文件一般规定了逐项调整主要材料价差的指导价格，还规定了地方材料按工程材料费为基础用综合系数调整价差的方法。上述调价文件可按季或半年公布一次。当工程跨季或跨年时，还应分段调整材料价差后再计算竣工工程价款。

（4）调值公式法

用调值公式来计算工程实际结算价款，主要调整建筑安装工程造价中有变化的内容。因此，要将工程造价划分为固定不变的费用和变化的费用两部分。一般情况下，人工费、主要材料费需要调整计算。调值公式表达如下：

$$P = P_0\left(a_0 + a_1\frac{A}{A_0} + a_2\frac{B}{B_0} + a_3\frac{C}{C_0} + a_4\frac{D}{D_0} + \cdots\cdots\right)$$

式中　P——调值后的工程实际结算价款；

P_0——调值前的合同价款或工程进度款；

a_0——固定不变的费用，不需要调整部分；

a_1、a_2、a_3、a_4 …——分别表示各有关费用在合同总价中的比重；

A_0、B_0、C_0、D_0 …——签订合同时与 a_1、a_2、a_3、a_4 …对应的各项费用的基期价格或价格指数；

A、B、C、D…——在工程结算月份与 a_1、a_2、a_3、a_4…对应的各项费用的现行价格或价格指数。

各部分费用占合同总价的比重，在投标时要求承包方提出，并在价格分析中予以论证，也可以由业主在招标文件中规定一个范围，由投标人在此范围内选定。如某国际承包工程的标书在对用外币支付项目的各费用比重规定了以下范围（见表 12-39），并允许投标人根据其施工方法在该范围内选定具体系数。

某国际承包工程用外币支付项目的各费用比重　　表 12-39

外籍人员工资	水泥	钢材	设备	海上运输	固定费用
0.10～0.20	0.10～0.16	0.09～0.13	0.35～0.48	0.04～0.08	0.17

【例】 某建筑工程，合同总价为 160 万元，合同签订日期为 1999 年 2 月，工程于 1999 年 5 月建成交付使用，根据表 12-40 所列各项费用构成比重及有关价格指数，计算该工程的实际结算价款。

表 12-40

项　目	人工费	钢材	木材	水泥	粗集料	砂	不调价费用
比重	a_1 12%	a_2 18%	a_3 3%	a_4 16%	a_5 7%	a_6 5%	39%
1999 年 2 月价格指数	A_0 110.3	B_0 101.2	C_0 98.5	D_0 103.2	E_0 97.4	F_0 95.7	

续表

项　目	人工费	钢材	木材	水泥	粗集料	砂	不调价费用
1999年5月价格指数	A 118.5	B 100.9	C 107.2	D 104.1	E 98.6	F 96.4	

【解】

实际结算工程价款 $P=160\times\left(0.39+0.12\times\frac{118.5}{110.3}+0.18\times\frac{100.9}{101.2}+0.03\times\frac{107.2}{98.5}+0.16\times\frac{104.1}{103.2}+0.07\times\frac{98.6}{97.4}+0.05\times\frac{96.4}{95.7}\right)=$

$160\times1.013=162.08$ 万元

7. FIDIC合同条件下的工程费用计算

(1) 工程结算的范围和条件

1) 工程结算的范围

FIDIC合同条件所规定的工程结算范围主要包括两部分（见图12-3）。一部分是工程量清单中的费用，这部分是承包商在投标时，根据合同条件的有关规定提出报价，并经业主认可的费用；另一部分是工程量清单以外的费用，这部分费用虽然在工程量清单中没有规定，但是在合同条件中有明确规定，因此也是工程结算的一部分。

2) 工程结算的条件

(a) 质量合格

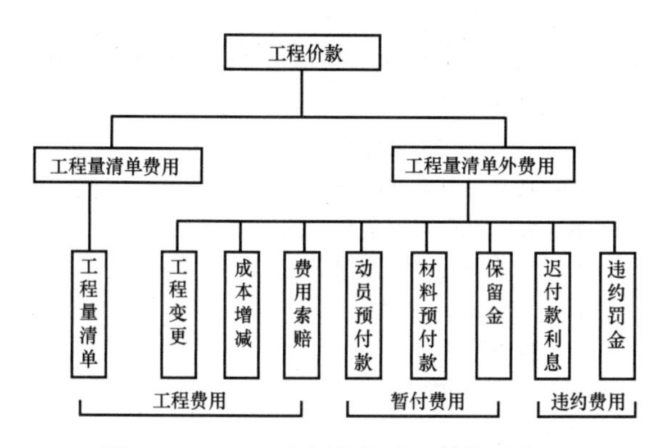

图 12-3　FIDIC 合同条件费用结算示意图

(b) 符合合同条件

(c) 变更项目必须符合规定

(d) 支付金额的限制

FIDIC 合同条件规定，如果在扣除保留金和其他金额之后的净额，小于投标书附件规定的临时支付证书的最小限额时，工程师没有义务开具任何支付证明。不予支付的金额将按月结转，直到达到或超过最低限额时才予以支付。

(e) 承包商的工作使监理工程师满意

(2) 工程结算的项目

1) 工程量清单项目

(a) 一般项目

(b) 暂定金额

(c) 计日工

2) 工程量清单以外的项目

(a) 动员预付款

动员预付款是业主借给承包商进驻场地和工程施工准备的用款。

动员预付款的付款条件：

Ⅰ. 业主与包承商已签订合同书；

Ⅱ. 提供了履约押金或履约保函；

Ⅲ. 提供动员预付款保函。

(b) 材料设备预付款

(c) 保留金

(d) 工程变更费用

(e) 索赔费用

(f) 价格调整费用

(g) 迟付款利息

(h) 违约罚金

(3) 工程费用结算程序

1) 承包商提出付款申请

2) 造价工程师审核

3) 业主支付

十二、固定资产折旧

1. 直线法

直线法亦称年限法，即将固定资产损耗价值按其原始价值和使用年限，平均计入产品成本。

$$\text{年折旧额}=\frac{\text{固定资产原值}-\text{预计残值}}{\text{固定资产使用年限}}$$

或： 年折旧额＝固定资产原值×年折旧率

$$\text{固定资产折旧率}=\frac{\text{固定资产折旧额}}{\text{固定资产原值}}\times 100\%$$

2. 余额递减法

余额递减法亦称定律递减法。其特点是，每年计提折旧的基数及折旧额均不相同，且呈递减趋势，但折旧率却固定不变。

$$\text{固定资产折旧率}=\left(1-n\sqrt{\frac{\text{固定资产残值收入}-\text{清理费用}}{\text{固定资产原值}}}\right)\times100\%$$

式中 n——使用年限

固定资产年折旧额=固定资产净值×折旧率

【例】 某固定资产原值20000万，预计使用5年，残值收入600元，清理费用400元。试求固定资产折旧率以及各年累计折旧额和固定资产净值。

【解】

$$\text{折旧率}=\left(1-\sqrt[5]{\frac{600-400}{20000}}\right)\times100\%$$

$$=(1-0.398)\times100\%$$

$$=60.2\%$$

3. 双倍余额递减法

双倍余额递减法又称倍率余额递减折旧法。其特点是，按使用年限折旧法所求折旧率的两倍并以固定资产净值为基数求得折旧额。

表 12-41

年次	年折旧额（元）	累计折旧额（元）	固定资产净值（元）
0			20000
1	20000×60.2%=12040	12040	7960
2	7960×60.2%=4791.92	16831.92	3168.08
3	3168.08×60.2%=1907.18	18739.10	1260.90

续表

年次	年折旧额（元）	累计折旧额（元）	固定资产净值（元）
4	1260.90×60.2%=759.06	19498.16	501.84
5	501.84×60.2%=301.84	19800.00	200.00

双倍余额递减法折旧率＝直线法折旧率×2

由于 $\text{直线法折旧率}=\dfrac{1}{\text{固定资产使用年限}}\times100\%$

所以 $\text{双倍余额递减法的折旧率}=\dfrac{2}{\text{固定资产使用年限}}\times100\%$

【例】 某项固定资产15000元，预计使用4年，残值收入900元，清理费用800元。试用双倍余额递减法求折旧率、各年累计折旧额和固定资产净值。

【解】

$$\text{双倍余额递减折旧率}=\frac{2}{4}\times100\%=50\%$$

表 12-42

年次	年折旧额（元）	累计折旧额（元）	固定资产净值（元）
1	15000×50%=7500	7500	7500
2	7500×50%=3750	11250	3750
3	3750×50%=1875	13125	1875
4	1875×50%=937.5	14062.5	937.5
	小计：14062.5		

4. 级数法

级数法又称年限总额法。其特点是，以固定资产原值减残值收入加清理费用为基数，乘以递减的各年折旧率，从而确定年折旧额。

$$年度折旧率=\frac{折旧年限+1-折旧年度}{折旧年限（折旧年限+1）÷2}$$

年度折旧额=（固定资产原值－残值+清理费用）×年度折旧率

【例】 某固定资产原值为30000元，折旧年限为6年，预计收入残值700元，清理费用550元。试求各年折旧率和折旧费。

【解】

表 12-43

年次	折　旧　率	原值－残值+清理费用	折旧额（元）	固定资产净值(元)
1	$\frac{6+1-1}{6\times(6+1)\div2}=\frac{6}{21}$	29850	8528.57	21321.43
2	$\frac{6+1-2}{6\times(6+1)\div2}=\frac{5}{21}$	29850	7107.14	14214.29
3	$\frac{6+1-3}{6\times(6+1)\div2}=\frac{4}{21}$	29850	5685.71	8528.58
4	$\frac{6+1-4}{6\times(6+1)\div2}=\frac{3}{21}$	29850	4264.29	4264.29
5	$\frac{6+1-5}{6\times(6+1)\div2}=\frac{2}{21}$	29850	2842.86	1421.43
6	$\frac{6+1-6}{6\times(6+1)\div2}=\frac{1}{21}$	29850	1421.43	0

十三、工程造价指数

1. 人工价格指数

人工价格指数=(Σ某工种预算工日数×该工种报告期工日单价)/(Σ某工种预算工日数×该工种基期工日单价)×100%

2. 材料价格指数

材料价格指数=(Σ某种材料预算用量×该种材料报告期材料价格)/(Σ某材料预算用量×该种材料基期材料价格)×100%

3. 机械价格指数

机械价格指数=(Σ某机械预算台班量×该机械报告期台班价格)/(Σ某机械预算台班量×该机械基期台班价格)×100%

4. 工程造价指数

工程造价指数=[(报告期人工价格指数×基期人工费占直接费比重+

报告期材料价格指数×基期材料费占直接费比重+

报告期机械价格指数×基期机械费占直接费比重)×

基期平方米直接费×(1+报告期其他直接费率)×

(1+报告期间接费率)×(1+报告期利润率)×

(1+报告期税率)]÷基期平方米造价×100%

【例】 根据下列资料，计算报告期造价指数：

(1) 某工程报告期有关数据

人工价格指数： 207.41%

材料价格指数： 124.79%

机械价格指数： 125.51%

其他直接费率： 8.84%

间接费率： 7.65%

利润率： 5.5%

税率： 3.31%

(2) 基期有关数据

平方米直接费： 256.56 元/m^2

平方米造价： 310.73 元/m^2

人工费占直接费比重： 10.2%

材料费占直接费比重： 82.5%

机械费占直接费比重：　　7.3%

【解】

某工程报告期价格指数 $=[(2.0741\times10.2\%+1.2479\times82.5\%+1.2551\times7.3\%)\times256.56\times(1+8.84\%)\times(1+7.65\%)\times(1+5.5\%)\times(1+3.31\%)\div310.73]\times100\%$

$=436.64\div310.73\times100\%=140.52\%$

5. 工程造价指数的应用

(1) 工程造价指数实例

某市房屋建筑工程造价指数（%）　　表 12-44

序号	结构类型＼时期	1995年	1996年	1997年	1998年	1999年	2000年
1	砖混(标砖、单层)	100	127.76	158.44	175.61	185.58	187.41
2	砖混(标砖、多层)	100	118.84	136.52	150.02	158.72	160.75
3	框架(复合墙板,多层)	100	115.24	137.37	144.46	148.04	149.97
4	框架(砌块、多层)	100	124.18	150.49	169.35	173.13	178.69
5	1～2层框架,上部砖混	100	120.47	134.41	146.69	153.78	155.91

(2) 应用实例

【例】　某六层砖混结构住宅工程，建筑面积4600m²，建造日期为2000年10月；查基期1995年六层砖混结构住宅平方米造价为360元/m²，根据表12-44中工程造价指数，估算该六层住宅工程造价。

【解】

六层住宅工程造价＝类似工程基期平方米造价×报告期造价指数×拟建工程建筑面积

$=360.00\times160.75\%\times4600$

$$=578.70\times4600=2662020\text{元}$$

十四、与建筑有关的技术经济指标

1. 建筑面积

建筑面积亦称建筑展开面积，是建筑物各层面积的总和。

建筑面积包括使用面积、辅助面积和结构面积。各面积的关系如下：

建筑面积＝使用面积＋辅助面积＋结构面积

＝有效面积＋结构面积

＝建筑净面积＋结构面积

2. 平方米造价

$$\text{建筑平方米造价（元/m}^2\text{）}=\frac{\text{建筑工程造价}}{\text{建筑面积}}$$

其中：

$$\text{土建平方米造价（元/m}^2\text{）}=\frac{\text{土建工程造价}}{\text{建筑面积}}$$

$$\text{给排水平方米造价（元/m}^2\text{）}=\frac{\text{给排水工程造价}}{\text{建筑面积}}$$

$$\text{电气照明平方米造价（元/m}^2\text{）}=\frac{\text{电气照明工程造价}}{\text{建筑面积}}$$

$$\text{装饰平方米造价（元/m}^2\text{）}=\frac{\text{装饰工程造价}}{\text{建筑面积}}$$

3. 平方米用工及实物消耗量

$$\text{平方米用工量（工日/m}^2\text{）}=\frac{\text{单位工程用工量}}{\text{建筑面积}}$$

$$\text{平方米材料消耗量（材料单位/m}^2\text{）}=\frac{\text{单位工程某种材料用量}}{\text{建筑面积}}$$

4. 建筑面积系数

$$\text{使用面积系数}=\frac{\text{使用面积}}{\text{建筑面积}}$$

$$辅助面积系数=\frac{辅助面积}{建筑面积}$$

$$结构面积系数=\frac{结构面积}{建筑面积}$$

5. 建筑体积系数

$$建筑体积系数=\frac{建筑体积}{有效面积}$$

6. 建筑物占地面积空缺率

$$建筑物占地面积空缺率=\left(\frac{建筑物长\times建筑物宽}{建筑面积}-1\right)\times100\%$$

7. 容积率

$$容积率=\frac{建筑面积}{占用土地面积}$$

8. 外墙周长系数

$$外墙周长系数(m/m^2)=\frac{外墙周长}{底层建筑面积}$$

9. 内墙密度系数

$$内墙密度系数(m/m^2)=\frac{某层内墙长}{某层建筑面积}$$

10. 建筑系数

$$建筑系数=\frac{(建筑物+构筑物+堆置场地)的占地面积}{总平面占地面积}$$

十五、工程造价资料积累与分析

1. 工程造价资料积累的主要内容

工程造价资料积累的基本对象是单位工程，主要包括以下内容：

(1) 工程概况

包括工程名称、工程地点、结构类型、结构特征、装饰标准等。

(2) 费用构成

以单位工程为对象的直接费、间接费、利润、税金构成情况。

(3) 分部分项工程量

反映主要分部分项工程量。

(4) 定额工料消耗量

人工工日，各主要材料消耗量。

2. 工程造价资料的分析与使用

工程造价资料的分析和使用是积累资料的主要目的。通过分析资料，可以研究各种影响工程造价的因素是如何起作用的；利用工程造价资料进行建设成本分析，得出建设成本上升或下降的额度及比率；不同时期同类工程造价的对比分析，找出造价及其构成的变化规律；对不同地区同类工程造价的对比分析，反映出地区之间的造价差异，并分析原因。

工程造价资料的主要作用：

(1) 编制投资估算及初步设计概算的依据；

(2) 确定标底或投标报价的参考资料；

(3) 用以编制定额的依据；

(4) 测定调价系数的依据；

(5) 编制工程造价指数的依据。

3. 工程造价分析实例

(1)工程概况(表 12-45)； (2)费用分析(表 12-46)；

(3)主要工程量(表 12-47)；(4)定额工料消耗量(表 12-48)。

十六、房地产估价方法

1. 市场比较法

市场比较法又称买卖实例比较法、市场比较法、市场资料比较法、交易案例比较法等，简称比较法。

(1)市场比较法估价步骤

1)通过市场调查，收集交易实例；

某商住楼工程造价分析

表 12-45

<table>
<tr><td colspan="3">工程名称:底商住宅楼</td><td colspan="2">开工日期:2000.10</td><td colspan="2">建筑面积</td><td colspan="2">工程类别:三类</td></tr>
<tr><td colspan="3">结构类型:底框、砖混</td><td colspan="2">竣工日期:2001.6</td><td colspan="2">工程地点:市中区</td><td colspan="2">取费级别:三级</td></tr>
<tr><td rowspan="4">结构特征</td><td>基础深</td><td>层数</td><td>底层高</td><td>标准层高</td><td>顶层高</td><td>檐高</td><td>开间</td><td>进深(m)</td></tr>
<tr><td>2.10m</td><td>7</td><td>4.2m</td><td>3.0m</td><td>3.0m</td><td>22.2m</td><td>4.8m</td><td>12.9,6.0</td></tr>
<tr><td>基础</td><td>柱</td><td>梁</td><td>楼板</td><td colspan="2">屋面防水层</td><td>屋面保温层</td><td>内外墙</td></tr>
<tr><td>独立基础</td><td>框架柱</td><td>矩形梁</td><td>空心板</td><td colspan="2">聚氯乙烯卷材</td><td>炉渣混凝土</td><td>标准砖</td></tr>
<tr><td rowspan="4">装饰标准</td><td colspan="2">柱面</td><td colspan="2">外墙面</td><td colspan="2">门</td><td>窗</td><td>楼地面</td></tr>
<tr><td colspan="2">面砖</td><td colspan="2">彩色水刷石</td><td colspan="2">防盗门、夹板门</td><td>塑钢推拉窗</td><td>豆石</td></tr>
<tr><td colspan="4">内墙面</td><td colspan="2">顶棚</td><td>栏杆</td><td>扶手</td></tr>
<tr><td colspan="6">混合砂浆、乳胶漆</td><td>钢栏杆</td><td>塑料</td></tr>
</table>

表 12-46

费用 / 项目 / 专业工程		工程造价单位指标		各项费用占本专业工程造价%									
				直接工程费					其他直接工程费		间接费	利润	税金
				定额直接费				其他直接费					
		元/m²	%	人工	材料	机械	小计		小计	其中材料价差			
全部		672.25	100	10.82	35.49	3.59	49.91	6.74	31.02	29.92	6.24	2.32	3.78
其中	土建	426.86	63.50	12.47	52.50	5.09	70.06	7.36	8.30	7.25	7.80	2.47	4.01
	水电	77.45	11.52	6.05	7.02	0.86	13.93	4.28	74.14	73.23	2.69	1.58	3.38
	装饰	167.94	24.98	8.84	5.37	1.04	15.25	6.25	68.90	67.58	3.93	2.30	3.37

表 12-47

分部分项工程名称	单位	每百平方米建筑面积工程量	分部分项工程名称	单位	每百平方米建筑面积工程量
挖土方	m^3	17.77	预制钢筋混凝土构件	m^3	2.4468
回填土	m^3	15.50	其中:梁	m^3	0.155
基础混凝土垫层	m^3	0.786	空心板	m^3	2.1868
混凝土基础	m^3	0.74	砖墙	m^3	11.924
现浇钢筋混凝土构件	m^3	8.2297	防盗门	m^2	0.48
其中:柱	m^3	3.8307	塑钢窗	m^2	7.48
梁	m^3	1.7407	内墙、顶棚抹灰	m^2	108.01
板	m^3	2.1680	外墙彩色水刷石	m^2	22.34
豆石地面	m^2	30.27			

表 12-48

项目名称	单位	每百平方米建筑面积消耗量	项目名称	单位	每百平方米建筑面积消耗量
土建用工	工日	407.45	砾石	m^3	35.50
水电用工	工日	14.50	中砂	m^3	20.76
钢材	t	2.95	标准砖	千块	15.86
水泥	t	18.69	乳胶漆	kg	51.34
锯材	m^3	0.37	油漆	kg	5.20

2）选取供比较参照用的交易实例；

3）交易情况修正；

4）地区因素、个别因素修正；

5）交易日期修正；

6）确定估价对象估价值。

（2）市场比较法基本公式

计算公式：

$$P' = F \times A \times B \times C \times D$$

式中 P'——待估房地产评估价格；

F——可比交易实例价格；

A——交易情况修正系数，

$$A=\frac{100}{\text{可比实例交易情况指数}}$$

B——交易日期修正系数，

$$B=\frac{估价期日价格指数}{100}$$

C——区域因素修正系数，

$$C=\frac{100}{可比实例所处区域因素条件指数}$$

D——个别因素修正系数，

$$D=\frac{100}{可比实例个别因素条件指数}$$

（3）市场比较法实例

一块600m² 的长方形用地，地势平坦，南临公路，拟兴建综合楼，试用市场比较法对该块土地进行评估。评估基准日2001年8月。

收集到的类似土地交易实例如下：

1）交易情况修正

表12-49

土地名称	土地面积（m²）	交易时间	买卖价格（元/m²）	地块概要
A	700	2001年1月	1800	略，近邻地区
B	1000	2001年2月	1890	略，类似地区
C	900	2001年4月	2100	略，近邻地区

实例A、B为正常交易，无须修正。实例C比正常交易价格偏高2%。

2）交易日期修正

以附近地区综合楼用地买卖价格变动趋势确定，每月增长0.8%，即A地块增长5.6%；B地块增长4.8%；C地块增长3.2%。

3）区域因素修正

A 地块区域条件基本类似，不必修正；B 地块由于街道、环境等因素优于待估土地，修正+5%；C 地块区域条件比 B 地块更好，修正+8%。

4）个别因素修正

由于地块形状、交通条件等个别因素的差别，分别综合比较会得出修正素数，A 地区为－4%；B 地块为+2%；C 地块为－6%。

5）待估土地价格计算

用算术平均数法求待估土地价格：

待估土地价格＝（1980.63＋1847.93＋2092.56）÷3

＝1973.71 元/m²

待估土地总价＝600×1973.71＝1184226 元

表 12-50

修正因素 / 地块	交易价格（元/m²）	情况修正	日期修正	区域因素修正	个别因素修正	修正后的地块价格(元/m²)
A	1800	$\frac{100}{100}$	$\frac{105.6}{100}$	$\frac{100}{100}$	$\frac{100}{96}$	1800×1×1.056×1×1.042=1980.63
B	1890	$\frac{100}{100}$	$\frac{104.8}{100}$	$\frac{100}{105}$	$\frac{100}{102}$	1890×1×1.048×0.952×0.980=1847.93
C	2100	$\frac{100}{102}$	$\frac{103.2}{100}$	$\frac{100}{108}$	$\frac{100}{94}$	2100×0.980×1.032×0.926×1.064=2092.56

2. 成本法

成本法又称成本逼近法、承包商法、原价法或重置成本法等。是依据开发或建造待估不动产或类似不动产所需要的各项必要正常费用，包括正常成本、利润、利息、税费等。

(1) 成本法的基本思路

成本法估价原理建立在重置成本的理论基础上。成本法是以假设重新复制待估房地产所需要的成本为依据而评估房地产价格的一种方法，即以重置一宗与待估房地产可以产生同等效用的房地产所需投入的各项费用之和为依据，再加上一定的利润和应纳税金来确定房地产价格。

(2) 成本法估价基本公式

计算公式：

新建房地产价格＝土地使用费＋开发成本＋期间费用＋投资利息＋税收＋正常利润

式中 土地使用费——包括土地征用费和拆迁补偿费；

开发成本——包括前期工程费、基础设施费、建筑安装工程费、公共设施配套费、各项间接费等；

期间费用——包括管理费用、财务费用、销售费用等。

待估房地产价格＝基地价＋建筑物重置价－总折旧

(3) 成本法估价实例

1) 待估房地产概况

位于某市住宅区的一幢住宅楼，建筑面积 1540m^2，占地面积 240m^2，系砖混结构，8 年前建成使用，剩余使用年限估计为 40 年，评估 2001 年 5 月份的价格。

2) 估价过程

(a) 基地价（土地完全重置价）

将土地作熟地估价。选用两块类似的熟地用市场比较法进行估价。其中实例一为 310m²，2000 年 7 月成交，每平方米 800 元；实例二为 500m²，2000 年 12 月成交，每平方米 860 元。再根据其他测算方法测算，确定上述 2001 年 5 月份的基地价为每平方米 850 元。

(b) 建筑物重置价

根据类似建筑物计算，待估住宅楼的重置价为每平方米 760 元。

(c) 建筑物折旧

采用直线法折旧。该住宅楼耐用年限为 48 年，已使用 8 年，即磨损额为$\frac{8}{48}=16.7\%$

(d) 住宅楼价格

$$
\begin{aligned}
\text{待估住宅楼价格} &= 850\times240+760\times1540\times(1-16.7\%)\\
&= 204000+974943.20\\
&= 1178943.20\ \text{元}
\end{aligned}
$$

3. 收益还原法

收益还原法又称收入资本化法、投资法、收益法。

(1) 收益还原法的基本原理

收益还原法的理论前提是，收益性房地产能够在未来的时期内形成源源不断的收益，房地产所有者可以凭借拥有权合法取得这些收益。以一定的还原利率将房地产未来年所能产生的正常纯收益全部贴现到估价时点的之和作为待估房地产的价格。

(2) 收益还原法基本公式

计算公式：

$$P=\frac{I}{R}\left[1-\frac{1}{(1+R)^{n}}\right]$$

式中 P——待估房地产价格；

I——年纯收益；

R——还原利率；

n——收益年期。

(3) 收益还原法估价实例

拟建某写字楼，建筑面积 26000m^2，土地总面积 8000m^2，钢筋混凝土框架结构，总层数 18 层，土地使用权年期为 50 年，从 1999 年 5 月起计。要求评估该写字楼 2001 年 5 月的出售价格。

1) 收集估价资料

可供出租的净面积为 15080m^2，占建筑面积的 58%，其余为公共过道、管理用房及设备用房等。月租金按净面积计算，每月 100 元/m^2，平均出租率为 78%。建筑物建造成本约为 8900 万，估计家具设备费用 200 万元，经营费每月 10 万元。房产税按建筑物原值减去 30%后的余值 1%交纳（每年），其他税费约为月总收入的 4%（每月）。

2) 计算总收益

年总收益$=15080\times100\times12\times78\%=1411.49$ 万元

3) 计算总费用

建筑物采用直线法折旧，残值率为零，折旧年限按 50 年土地使用期减 2 年建设期后 48 年计算。家具设备折旧采用直线法，折旧年限为 8 年，残值率 4%。

$$年折旧费=\frac{8900}{48}+\frac{200\times(1-4\%)}{8}=209.42 万元$$

年经营费$=10\times12=120$ 万元

年房产税$=8900\times(1-30\%)\times1\%=62.30$ 万元

年其他税费$=15080\times100\times78\%\times4\%\times12=$ 56.46 万元

年总费用＝209.42＋120＋62.30＋56.46

＝448.18 万元

4）计算纯收益

年纯收益＝年总收益－年总费用＝1411.49－448.18

＝963.31 万元

5）计算估价额

还原利率选取为 8％，采用下列公式计算：

$$P=\frac{I}{R}\left[1-\frac{1}{(1+R)^{n}}\right]$$

$$=\frac{963.31}{8\%}\times\left[1-\frac{1}{(1+8\%)\ 48}\right]$$

$$=12041.38\times0.97513$$

$$=11741.92\text{ 万元}$$

6）估价结果

该写字楼 2001 年 5 月的评估价格为 11741.92 万元。

4. 剩余法

剩余法又称假设开发法、倒算法、余值法或预期开发法。

（1）剩余法的基本思路

利用剩余法评估待建筑土地价格的基本思路是，通过计算未来建造完成的建筑物连同基地可实现的价格，扣除为建造和销售所需花费的各项费用（如建筑费、管理费、利息、税金等）以及应取得的正常利润，推算出土地价格。

（2）剩余法的基本公式

土地价格＝预期楼价－建筑费－专业费用－

销售费用－利息－税费－利润

（3）剩余法估价实例

某市招商项目地块，用剩余法评估土地价格。

1）估价对象概况

该地块位于市区一环路，面积为 4800m²，容积率为 5，建筑密度为 55%，建筑高度 60m，地皮已定成三通一平。

2）估价要求

确定该地块在 2001 年 4 月末出售时的批租价格。

3）估价过程

考虑到该地段较繁华，故拟建商住楼，即 1～2 层建商场，3 层及 3 层以上为住宅，其商场面积为：

$$4800 \times 55\% \times 2\text{层} = 5280\text{m}^2$$

住宅建筑面积为：

$$4800 \times 5 - 5280 = 18720\text{m}^2$$

预计楼价：预计 2003 年 4 月完工后的商场售价为 8000 元/m²，住宅售价为 2700 元/m²。

预计开发费用、税费及利润：勘察设计等前期费用为 32 万元，建筑安装工程费为 2880 万元，贷款利息约为 95 万元，税金约为 300 万元，利润定为 600 万元。

4）地价估算

商住楼销售收入＝5280×8000＋18720×2700
＝9278.4 万元

总开发费用＝32＋2880＋95＋300＝3307 万元

总地价＝9278.4－3307－600（利润）＝5371.4 万元

5）估价结果

总地价＝5371.4 万元

单位地价＝11190 元/m²

楼面地价＝2238 元/m²

第十三章　施工常用数据

一、现场临时设施所需面积参数

1. 材料及半成品堆放所需面积的确定

当材料和半成品的堆放位置初步确定之后，则应根据材料储备量确定所需面积，其计算方法如下：

（1）按材料储备天数计算存放面积：

$$F=\frac{QKN}{365Ma}$$

式中　F——仓库、棚、露天堆放所需面积；

Q——年度最大材料需要量；

K——不均衡系数（见表 13-1）；

N——材料储备天数（见表 13-1）；

M——每平方米储料定额（见表 13-1）；

a——储料面积有效利用系数（见表 13-1）；

365——全年日历天数。

按材料储备天数计算面积参数　　表 13-1

材料名称	单位	N	K	M	a	仓库类型
水　　泥	t	40～50	1.2～1.4	2	0.65	仓库
小五金、铁钉、铁件、螺栓	t	30	1.2～1.5	1.5～2.5	0.5～0.6	仓库
钢 丝 绳	t	30	1.5	1.2～1.3	0.5～0.6	仓库
油漆材料	t	30～40	1.2	0.6～0.8	0.6	仓库
电　　线	t	50	1.5	0.3～0.4	0.5～0.7	仓库
电气器材	t	40	1.5	0.3～0.6	0.4	仓库

续表

材料名称	单位	N	K	M	a	仓库类型
石　膏	t	30	1.6	2	0.6	仓库
石　棉	t	30	1.3	1.5～2	0.6	仓库
黑白铁皮	t	35	1.3～1.5	4	0.5～0.6	仓库
润滑油	t	30	1.2	0.6	0.6	半地下库
汽、柴油	t	30	1.2	0.6	0.6	半地下库
石　灰	t	30～35	1.2～1.4	1.5	0.7	棚
耐火砖	t	60	1.5～2	2.2	0.6	棚
锯末、板条	m^3	30	1.2～1.4	0.6	0.6	棚
钢　筋	t	60～70	1.2～1.4	0.6	0.6	棚
电　缆	t	50	1.5	0.3～0.4	0.5～0.7	棚
玻　璃	箱	50～55	1.2～1.4	25	0.6	棚
沥　青	t	55～60	1.3～1.5	0.6～1	0.7	棚
卷　材	t	50～60	1.5～1.7	30	0.7～0.8	棚
木门窗扇	m^2	30	1.2	15～20	0.6	棚
钢门窗	t	30～40	1.3～1.5	1～1.2	0.6	棚
卫生设备及附件	t	40	1.5	0.7	1.5	棚
砂	m^3	25～35	1.2～1.4	1.2	0.7	露天
石　子	m^3	25～35	1.2～1.4	1.2	0.7	露天
块　石	m^3	25～35	1.5～1.7	0.8	0.7	露天
砖	千块	25～30	1.4～1.8	0.8	0.6	露天
硅酸盐砌块	m^3	14	1.1	8	0.7	露天
瓦	千块	25～30	1.6～1.8	0.4	0.7	露天
木　材	m^3	70～80	1.2～1.4	1.4	0.45	露天
原　木	m^3	45	1.2～1.4	0.9～1.1	0.4	露天
枕　木	m^3	30	1.2～1.4	1.5	0.7	露天
废木材	m^3	30	1.2～1.4	1.5	0.5～0.6	露天
型　钢	t	60～70	1.3～1.5	2～2.4	0.4	露天
工字钢、槽钢	t	60～70	1.3～1.5	2～2.4	0.5～0.6	露天
钢　板	t	60～70	1.3～1.5	3～4	0.5～0.6	露天
钢　轨	t	30	1.3	4	0.5～0.7	露天
金属管材	t	35	1.8～2	0.6～1.2	0.4	露天

续表

材料名称	单位	N	K	M	a	仓库类型
小钢管	t	35	1.3～1.5	1.5～1.7	0.5～0.6	露天
水泥管及陶瓦管	t	30	1.3～1.5	0.6	0.6	露天
暖气片	t	50	1.5	0.8～1	0.5～0.6	露天
预制钢筋混凝土板	m^3	30～60	1.2～1.3	0.3～0.4	0.4	露天
预制钢筋混凝土柱、梁	m^3	30～60	1.3	0.3～0.6	0.4	露天
木屋架	m^3	30	1.2	0.6	0.6	露天
木模板	m^3	15～20	1.4	0.8～1.2	0.5～0.7	露天
粗木制品	m^3	20	1.2～1.3	0.6～0.8	0.6	露天
钢筋构件	t	10～20	1.2～1.3	0.1～0.3	0.6	露天
金属构件	t	30～40	1.2～1.4	0.2～0.4	0.6	露天
混凝土轨枕	根	20～30	1.2～1.3	10	0.7	露天
石棉水泥瓦	张	20～30	1.2～1.3	50	0.5	露天
煤	t	60～90		1.5～2	0.7	露天
泡沫混凝土构件	m^3	45	1.3～1.5	1～1.5	0.6～0.7	棚

注：仓库及露天堆场面积计算：

①材料储备量（M）的计算如下：

$$M=\frac{Q}{T}N\cdot K$$

式中 Q——计划期内需用的材料数量；

T——需用该项材料的时间；

N——储备天数；

K——材料消耗量不均衡系数；$\left(\frac{\text{日最大消耗量}}{\text{平均消耗量}}\right)$

②仓库面积（F）计算如下：

$$F=\frac{Q}{M}$$

式中 Q——材料储备量；

M——每平方米面积上存放材料数量。

（2）预制构件堆存场地面积：

钢筋及钢筋混凝土预制构件堆存参数（见表13-2）

钢筋及钢筋混凝土预制构件堆存参数　　表13-2

构件名称	堆置高度(层)	通道系数	堆置定额
梁类钢筋骨架	3	1.5	$0.05t/m^2$
板类钢筋骨架	3	1.9	$0.04t/m^2$
屋面板构件	5	1.6	$0.23m^3/m^2$
空心板构件	6	1.6	$0.40m^3/m^2$
槽形板构件	5～6	1.5	$0.5～0.6m^3/m^2$
大型梁类构件	1～3	1.5	$0.28m^3/m^2$
小型梁类构件	6	1.5	$0.8m^3/m^2$
其他构件	5	1.5	$0.8m^3/m^2$

注：①钢筋骨架半成品贮存量一般为5～7d；

②钢筋混凝土成品贮存量一般为30d。

（3）按系数计算仓库面积参数

按系数计算仓库面积参数（见表13-3）。

按系数计算仓库面积参数　　表13-3

仓库类型	计算基数(n)	单位	系数(φ)
综合仓库	按年平均全员人数(工地)	m^2/人	0.7～0.8
水 泥 库	按当年水泥用量的40%～50%	m^2/t	0.7
其他仓库	按当年工作量	m^2/万元	2～3

续表

仓库类型	计算基数(n)	单位	系数(φ)
五金杂品库	按年建安工作量计算	m^2/万元	0.2～0.3
五金杂品库	按年平均在建建筑面积计算	$m^2/100m^2$	0.5～1
土建工具库	按高峰年(季)平均全员人数	m^2/人	0.1～0.2
水暖器材库	按年平均在建建筑面积	$m^2/100m^2$	0.2～0.4
电气器材库	按年平均在建建筑面积	$m^2/100m^2$	0.3～0.5
化工油漆危险品仓库	按年建安工作量	m^2/万元	0.1～0.15
三大工具堆场(脚手、跳板、模板)	按年平均在建建筑面积	$m^2/100m^2$	1～2
	按年建安工作量	m^2/万元	0.5～1

2. 临时加工厂所需面积参数

临时加工厂所需面积参数（见表 13-4）。

3. 现场作业棚所需面积参数

现场作业棚所需面积参数（见表 13-5）。

4. 行政生活福利临时设施建筑面积参数

行政生活福利临时设施建筑面积参数（见表 13-6）。

临时加工厂所需面积参数

表 13-4

序号	加工厂名称	年产量		单位产量所需建筑面积	占地总面积（m^2）	备注
		单位	数量			
1	混凝土搅拌站	m^3	3200	0.022(m^2/m^3)	按砂石堆考虑	4001 搅拌机 2 台
		m^3	4800	0.021(m^2/m^3)		4001 搅拌机 3 台
		m^3	6400	0.020(m^2/m^3)		4001 搅拌机 4 台
2	临时性混凝土预制厂	m^3	1000	0.25(m^2/m^3)	2000	生产屋面材和中小型梁柱板等配有蒸养设施
		m^3	2000	0.20(m^2/m^3)	3000	
		m^3	3000	0.15(m^2/m^3)	4000	
		m^3	5000	0.125(m^2/m^3)	小于 6000	
3	永久性混凝土预制厂	m^3	3000	0.6(m^2/m^3)	9000～1260	
		m^3	5000	0.4(m^2/m^3)	1200～15000	
		m^3	10000	0.3(m^2/m^3)	15000～20000	
4	木材加工厂	m^3	15000	0.0244(m^2/m^3)	1800～3600	进行原木、大方加工
		m^3	24000	0.0199(m^2/m^3)	2200～4800	
		m^3	30000	0.0181(m^2/m^3)	3000～5500	

续表

序号	加工厂名称	年产量		单位产量所需建筑面积	占地总面积（m^2）	备注
		单位	数量			
4	综合木工加工厂	m^3	200	0.30（m^2/m^3）	100	加工门窗、模板、地板、屋架等
	综合木工加工厂	m^3	500	0.25（m^2/m^3）	200	
		m^3	1000	0.20（m^2/m^3）	300	
		m^3	2000	0.15（m^2/m^3）	420	
	粗木加工厂	m^3	5000	0.012（m^2/m^3）	1350	
		m^3	10000	0.10（m^2/m^3）	2500	
		m^3	15000	0.09（m^2/m^3）	3750	
		m^3	20000	0.08（m^2/m^3）	4800	
	细木加工厂	万 m^2	5	0.0140（m^2/万 m^2）	700	
		万 m^2	10	0.0114（m^2/万 m^2）	10000	
		万 m^2	15	0.0106（m^2/万 m^2）	14300	

续表

序号	加工厂名称	年产量		单位产量所需建筑面积	占地总面积(m^2)	备注
		单位	数量			
5	钢筋加工厂	t t t t	200 500 1000 2000	0.35(m^2/t) 0.25(m^2/t) 0.20(m^2/t) 0.15(m^2/t)	280～560 380～750 400～800 450～900	
	现场钢筋调直或冷拉 拉直场 卷扬机棚 冷拉场 时效场	所需场地(长×宽) 70～80×3～4(m) 15～20(m^2) 40～60×3～4(m) 30～40×6～8(m)				包括材料及成品堆放 3～5t电动卷扬机一台 包括材料及成品 包括材料及成品
	钢筋对焊 对焊场地 对焊棚	所需场地(长×宽) 30～40×4～5(m) 15～24(m^2)				包括材料及成品堆放，寒冷地区适当增加

续表

序号	加工厂名称	年产量		单位产量所需建筑面积	占地总面积(m^2)	备注
		单位	数量			
5	钢筋冷加工 冷拔、冷轧机 剪断机 弯曲机 φ12 以下 弯曲机 φ40 以下	所需场地(长×宽) 40～50 30～40 50～60 60～70				
6	金属结构加工 (包括一般铁件)	所需场地(m^2/t) 年产 500t 为 10 年产 1000t 为 8 年产 2000t 为 6 年产 3000t 为 5				按一批加工数量计算
7	石灰消化 贮灰池 淋灰池 淋灰池	 5×3=15(m^2) 4×3=12(m^2) 3×2=6(m^2)				
8	沥青锅场地	20～24(m^2)				台班产量 1～1.5t/台

表 13-5

序号	作业棚名称	单位	面积(m^2)	备注
1	木工作业棚	m^2/人	2	860～910mm 圆锯1台
2	电锯房	m^2	80	小圆锯1台
3	电锯房	m^2	40	
4	钢筋作业棚	m^2/人	3	
5	搅拌棚	m^2/台	10～18	
6	卷扬机棚	m^2/台	6～12	
7	烘炉房	m^2	30～40	
8	焊工房	m^2	20～40	
9	电工房	m^2	15	
10	白铁工房	m^2	20	
11	油漆工房	m^2	20	
12	机、钳工修理房	m^2	20	
13	立式锅炉房	m^2/台	6～10	
14	发电机房	m^2/kW	0.2～0.3	
15	水泵房	m^2/台	3～8	
16	空压机房(移动式)	m^2/台	13～30	
17	空压机房(固定式)	m^2/台	9～15	

行政生活福利临时设施建筑面积参数 表 13-6

临时房屋名称	指标使用方法	参考指标(m^2/人)
一、办公室	按干部人数	3～4
二、宿舍	按高峰年(季)平均职工人数(扣除不在工地住宿人数)	2.5～3.5
单层通铺		2.5～3

续表

临时房屋名称	指标使用方法	参考指标（m^2/人）
单层床		3.5～4
双层床		2.0～2.5
三、家属宿舍	按高峰年平均职工人数	16～25m^2/户
四、食堂	按高峰年平均职工人数	0.5～0.8
五、食堂兼礼堂	按高峰年平均职工人数	0.6～0.9
六、其他合计	按高峰年平均职工人数	0.5～0.6
医务室		0.05～0.07
浴　室		0.07～0.1
理发室		0.01～0.03
浴室兼理发		0.08～0.10
俱乐部		0.10
小卖店		0.03
招待所		0.06
托儿所		0.03～0.06
子弟小学		0.06～0.08
其他公用		0.05～0.10
七、现场小型设施	按高峰年平均职工人数	
开水房	（按一个开水房的面积）	10～40
厕　所		0.02～0.07
工人休息室		0.15

注：①工区以上设置的会议室已包括在办公室指标内。

②家属宿舍应以施工期长短和离基地情况而定，一般按高峰年职工平均人数的10%～30%考虑。

③食堂包括厨房、库房，应考虑在工地就餐人数和几次进餐。

二、施工临时供水计算

施工临时供水分别为施工工程用水、生活用水及消防用水临时供水系统的计算：

1. 施工工程用水量

$$q_1 = K_1 \Sigma \frac{Q_1 N_1}{T_1 t} \cdot \frac{K_2}{8 \times 3600}$$

式中 q_1——施工用水量（L/s）；

K_1——未预计施工用水系数（1.05～1.115）；

Q_1——年（季）度工程量（以实物计量单位表示）；

N_1——施工用水定额（见表 13-7）；

T_1——年（季）度有效作业天；

t——每天工作班数；

K_2——用水不均衡系数（见表 13-8）。

表 13-7

序号	用 水 名 称	单位	耗水量(L)
1	人工洗石	m^3	1000
2	机械洗石	m^3	600
3	洗 砂	m^3	1000
4	混凝土搅拌	m^3	250
5	钢筋混凝土浇注养生	m^3	500～700
6	消化石灰	t	2500～3500
7	砂浆搅拌	m^3	300～360
8	浇 砖	1000 块	500
9	抹 灰	m^2	4～6
10	耐火砖砌体	m^3	100～150
11	素土路面路基	m^2	0.2～0.3
12	模板湿润	m^2	10～15

用水不均衡系数　　　表 13-8

符　号	用　水　名　称	系　　数
K_2	施工工程用水 生产企业	1.5 1.25
K_3	施工机械运输机具 动力设备	2.0 1.05～1.10
K_4	施工现场生活用水	1.3～1.5
K_5	居民区生活用水	2.0～2.5

2. 施工机械用水量

$$q_2 = K_1 \Sigma Q_2 N_2 \frac{K_3}{8 \times 3600}$$

式中　q_2——机械用水量（L/s）；

K_1——未预计的用水系数（1.05～1.15）；

Q_2——同一种机械台班数；

N_2——机械台班用水定额（见表 13-9）；

K_3——施工机械用水不均衡系数（见表 13-8）。

机械用水量（N_2）参考定额　　表 13-9

序号	机械名称	单位	耗水量（L）	说　明
1	内燃挖土机	m^3/台班	200～300	以斗容量立方米计
2	内燃挖土机	t/台班	15～18	以起重吨数计
3	蒸汽起重机	t/台班	300～400	以起重吨数计
4	蒸汽打桩机	t/台班	1000～1200	以锤重吨数计
5	蒸汽压路机	t/台班	100～150	以压路机吨数计

续表

序号	机械名称	单位	耗水量(L)	说　明
6	内燃压路机	t/台班	12～15	以压路机吨数计
7	拖拉机	台/台班	200～300	
8	机准轴蒸汽机车	台/昼夜	10000～20000	
9	窄轨蒸汽机车	台/昼夜	400～700	
10	空气压缩机	m^3/min 班	40～80	以空压机立方米计
11	汽　车	台/台班	400～700	
12	锅　炉	t/h	1000	以小时蒸发量计
13	锅　炉	m^2/h	15～30	以受热面积计

3. 施工现场生活用水量

$$q_3 = \frac{P_1 N_3 K_4}{t \times 8 \times 3600}$$

式中　q_3——施工现场生活用水量（L/s）；

P_1——施工现场高峰昼夜人数；

N_3——施工现场生活用水定额（20L/人·班）；

K_4——现场生活用水不均衡系数（见表 13-8）；

t——每天工作班数。

4. 生活区生活用水量

$$q_4 = \frac{P_2 \cdot N_4 \cdot K_5}{24 \times 3600}$$

式中　q_4——生活区生活用水量（L/s）；

P_2——生活区居民人数；

N_4——生活区生活用水定额（见表 13-10）；

K_5——生活区用水不均衡系数（见表 13-8）。

生活用水量（N_4）参考定额　表 13-10

序号	用水名称	设施条件	用水量标准（L/人·日）	说　明
1	职　　工	有卫生设备	20～25	入浴人数按出勤人数的30%计
2	职　　工	无卫生设备	10～15	
3	家　　属	有卫生设备	50～60	
4	家　　属	无卫生设备	25～30	
5	淋　　浴		25～30	
6	食　　堂		10～15	
7	施工现场工人		10	
8	洗　　衣		30～35	

5. 消防用水量（q_5）

表 13-11

序号	用水名称	火灾同时发生次数	单位	用水量
一	居住区消防用水			
1	5000 人以内	一次	L/s	10
2	10000 人以内	二次	L/s	10～15
3	25000 人以内	二次	L/s	15～20
二	施工现场消防用水			
1	施工现场在 25ha 内	二次	L/s	10～15
2	每增加 25ha			5

6. 总用水量的计算

① 当 $q_1+q_2+q_3+q_4 \leqslant q_5$ 时：

$$Q=q_5+\frac{1}{2}(q_1+q_2+q_3+q_4)$$

② 当 $q_1+q_2+q_3+q>q_5$ 时：

$$Q=q_1+q_2+q_3+q_4$$

③ 当工地面积小于 5ha（公顷），而且 $q_1+q_2+q_3+q_4<q_5$ 时：

$$Q=q_5$$

7. 管径计算

(1) 计算公式：

$$D=\sqrt{\frac{4Q\cdot 1000}{\pi V}}\ (\text{mm})$$

式中 D——配水管直径（m）；

Q——耗水量（L/s）；

V——管网内水的流速（m/s）（见表 13-11）；

π——圆周率。

临时管网中水流速度（V）值　　表 13-12

管　径　(m)	流　速　(m/s)	
	正常时间	消防时间
支管 $D<0.10$	2	
生产消防管道 $D=0.1\sim0.3$	1.3	>3.0
生活消防管道 $D>0.3$	1.5～1.7	2.5
生产用水管道 $D>0.3$	1.5～2.5	3.0

(2) 简明查表法：

根据流速（表 13-12）及临时供水的用水量（秒流量），可查表 13-13、13-14 即得出所需供水管的直径。

给水钢管计算表　　表 13-13

管径 D (mm)	25		40		50		70		80	
流量 q (L/s)	i	V	i	V	i	V	i	V	i	V
0.1	—	—	—	—	—	—	—	—	—	—
0.2	21.3	0.38	—	—	—	—	—	—	—	—
0.4	74.8	0.75	8.98	0.32	—	—	—	—	—	—
0.6	159	1.13	18.4	0.48	—	—	—	—	—	—
0.8	279	1.51	31.4	0.64	—	—	—	—	—	—
1.0	437	1.88	47.3	0.80	12.9	0.47	3.76	0.28	1.61	0.2
1.2	629	2.26	66.3	0.95	18	0.56	5.18	0.34	2.27	0.24
1.4	856	2.64	88.4	1.11	23.7	0.66	6.83	0.4	2.97	0.28
1.6	1118	3.01	114	1.27	30.4	0.75	8.7	0.45	3.76	0.32
1.8	—	—	144	1.43	37.8	0.85	10.7	0.51	4.66	0.36
2.0	—	—	178	1.59	46	0.94	13	0.57	5.62	0.4
2.6	—	—	301	2.07	74.9	1.22	21	0.74	9.03	0.52
3.0	—	—	400	2.39	99.8	1.41	27.4	0.85	11.7	0.60
3.6	—	—	577	2.86	144	1.69	38.4	1.02	16.3	0.72
4.0	—	—	—	—	177	1.88	46.8	1.13	19.8	0.81
4.6	—	—	—	—	235	2.17	61.2	1.3	25.7	0.93
5.0	—	—	—	—	277	2.35	72.3	1.42	30	1.01
5.6					348	2.64	90.7	1.59	37	1.13
6.0					399	2.82	104	1.7	42.1	1.21

给水铸铁管计算表　　　　表 13-14

管径 D (mm)	75		100		150		200		250	
流量 q (L/s)	i	V	i	V	i	V	i	V	i	V
2	7.98	0.46	1.94	0.26	—	—	—	—	—	—
4	28.4	0.93	6.69	0.52	—	—	—	—	—	—
6	61.5	1.39	14	0.78	1.87	0.34	—	—	—	—
8	109	1.86	23.9	1.04	3.14	0.46	0.765	0.26	—	—
10	171	2.33	36.5	1.80	4.69	0.57	1.13	0.32	—	—
12	246	2.76	52.6	1.56	6.55	0.69	1.58	0.39	0.529	0.25
14	—	—	71.6	1.82	8.71	0.80	2.08	0.45	0.695	0.29
16	—	—	93.6	2.08	11.1	0.92	2.64	0.51	0.836	0.33
18	—	—	118	2.34	13.9	1.03	3.28	0.58	1.09	0.37
20	—	—	146	2.6	16.9	1.15	3.97	0.64	1.32	0.41
22	—	—	177	2.86	20.2	1.26	4.73	0.71	1.57	0.45
24	—	—	—	—	24.1	1.38	5.56	0.77	1.83	0.49
26	—	—	—	—	28.3	1.49	6.64	0.84	2.12	0.53
28	—	—	—	—	32.8	1.61	7.38	0.90	2.42	0.57
30	—	—	—	—	37.7	1.72	8.4	0.96	2.75	0.62
32	—	—	—	—	42.8	1.84	9.46	1.03	3.09	0.66
34	—	—	—	—	48.4	1.94	10.6	1.09	3.45	0.70
36	—	—	—	—	54.2	2.06	11.8	1.16	3.83	0.74
38	—	—	—	—	60.4	2.18	13.0	1.22	4.23	0.78

注：表中 i 为单位管长的水头损失（m/km 或 mm/m）；V 为管网内水的流速（m/s）。

【例】 按图选择厂区内给水铸铁管局部管段的计算流量 q 和管径 d。

① 求从水源至工地及加工厂主干管的流量（q_1）和管径（d_1）。

$$q_1=\frac{40+30+20}{3600}=0.025\text{m}^3/\text{s}=25\text{L/s}$$

查表 13-14，得管径 $d_1=150$mm（用插入法求得流速$V=1.44$m/s，满足表 13-12 规定流速的要求）。

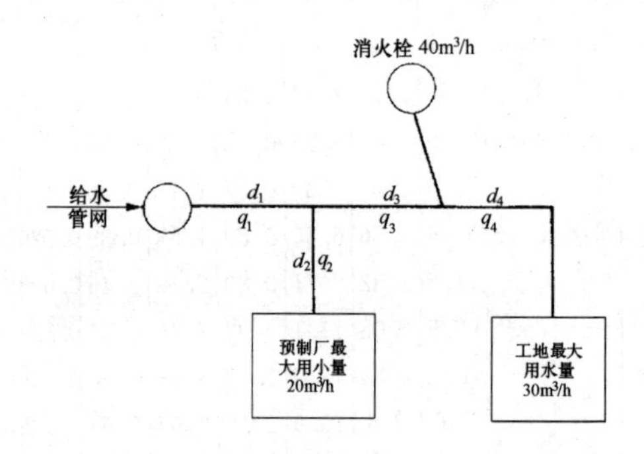

厂区给水示意图

② 求 q_2 和 d_2：

$$q_2=\frac{20}{3600}=0.0055\text{m}^3/\text{s}=5.5\text{L/s}$$

查表 13-14，得管径 $d_2=75$mm（用插入法求得流速 $V=1.27$m/s，满足表 13-12 规定流速的要求）。

③ q_3 和 d_3：

$$q_3=\frac{40+30}{3600}=0.0195\text{m}^3/\text{s}=19.5\text{L/s}$$

查表 13-14，得管径 $d_3=150$mm（用插入法求得流速 $V=1.12$m/s，满足表 13-12 规定流速的要求）。

④ 求 q_4 和 d_4：

$$q_4=\frac{30}{3600}=0.00833\mathrm{m^3/s}=8.33\mathrm{L/s}$$

查表 13-14，得管径 $d_4=100\mathrm{mm}$（用插入法求得流速 $V=1.08\mathrm{m/s}$，满足表 13-12 规定流速的要求）。

三、施工临时供电计算

1. 用电量计算

建筑施工工地临时供电，包括动力用电与照明用电两种，在计算用电量时，应考虑下列因素：

(1) 全工地所使用的机械动力设备，其他电气工具及照明用电的数量；

(2) 施工总进度计划中施工高峰阶段同时用电的机械设备最高数量；

(3) 各种机械设备在工作中需用的情况。

总用电量按下列公式计算：

$$p=1.05\sim1.10\left(K_1\frac{\Sigma P_1}{\cos\varphi\cdot\eta}+K_2\Sigma P_2+K_3\Sigma P_3+K_4\Sigma P_4\right)(\mathrm{kVA})$$

式中 P——施工用电总容量（kVA）；

P_1——电动机额定功率（kW）；

P_2——电焊机额定容量（kVA）；

P_3——室内照明容量（kW）；

P_4——室外照明容量（kW）；

$\cos\varphi$——电动机的平均功率因素，一般在 0.75～0.93 之间；

K_1、K_2、K_3、K_4——需要系数（见表 13-15）；

η——各台电动机平均效率，采用 0.86。

需要系数（K值）　　表 13-15

用电名称	数量	需要系数	
		K	数值
电动机	3～10台 11～30台 30台以上	K_1	0.70 0.60 0.50
加工厂动力设备		K_1	0.50
电焊机	3～10台 10台以上	K_2	0.60 0.50
室内照明		K_3	0.80
室外照明		K_4	1.00

注：如施工中需要电热时，应将其用电量计算进去。为使计算结果接近实际，式中各项动力和照明用电，应根据不同工作性质分类计算。

由于照明用电量所占的比重较动力用电量要少得多，所以在估算总用量时，可按动力用电总容量10%计算。

查表选择配电变压器，其产品目录如下：

配电变压器产品目录　　表 13-16

型号	额定容量(kVA)	额定电压(kV)		外形尺寸(mm)长×宽×高	总重(kg)
		高压	低压		
SJ—10/6	10	3;3.15;6;6.3	0.4	895×450×937	228
SJ—10/10	10	10	0.4	895×450×952	225
SJ—20/6	20	3;3.15;6;6.3	0.4	985×450×976	285
SJ—20/10	20	10	0.4	985×450×976	275

续表

型　号	额定容量(kVA)	额定电压(kV)		外形尺寸(mm)长×宽×高	总重(kg)
		高　压	低压		
SJ—30/6	30	3;3.15;6;6.3	0.4	1000×745×1021	335
SJ—30/10	30	10	0.4	1000×745×1021	340
SJ—50/6	50	3;3.15;6;6.3	0.4	1060×765×1037	445
SJ—0/10	50	10	0.4	1060×765×1037	445
SJ—75/6	75	3;3.15;6;6.3	0.4	1145×780×1107	595
SJ—75/10	75	10	0.4	1145×780×1107	595
SJ—100/6	100	3;3.15;6;6.3	0.4	1380×885×1235	660
SJ—100/10	100	10	0.4	1380×885×1235	660
SJ—135/10	135	10	0.4	1500×923×1276	550
SJ—180/6	180	3;3.15;6;6.3	0.4	1665×1075×1307	660
SJ—180/10	180	10	0.4	1665×1075×1307	660
SJ—240/6	240	3;3.15;6;6.3	0.4	1866×1240×1390	660
SJ—240/10	240	10	0.4	1866×1240×1390	660
SJ—320/6	320	3;3.15;6;6.3	0.4	1860×1205×1490	660
SJ—320/10	320	10	0.4	1860×1205×1490	660
SJ—420/10	420	3;3.15;6;6.3	0.4	1914×1214×1465	660
SJ—420/10	420	10	3 3.15 6		
SJ—560/10	560	3; 3.15; 6; 6.3	0.4	2258×1530×1670	820
SJ—560/10	560	10	3 3.15 6		
SJ—750/10	750	3; 3.16; 6; 6.3	0.4	2450×1519×2505	3376
SJ—750/10	750	10	3.15 6.3	2450×1519×2505	3483
SJ—1000/10	1000	3; 3.15×6; 6.3	0.4	2465×1412×2530	4160
SJ—1000/10	1000	10	3.15 6.3	2710×1663×2560	4450

续表

型　号	额定容量(kVA)	额定电压(kV)		外形尺寸(mm)长×宽×高	总重(kg)
		高　压	低压		
SJ—1800/10	1800	3.15;6.3;10	0.4	2680×1800×3315	7310
SJ—1800/10	1800	10	6.3		
			3.15		
SJ—2400/10	2400	10	6.3		
			3.15		
SJ—3200/6	3200	6.3	3.15	2745×3500×3740	10960

施工机具电动机额定容量参数　表 13-17

序号	机具名称及其特征	电动机额定功率(kW)
1	建筑师Ⅰ型塔式起重机(2～6t)	34.5
2	红旗Ⅱ型塔式起重机(1～2t)	19.5
3	QT_1—6 型塔式起重机(6t)	42.5
4	TQ60/80 型塔式起重机(3～8t)	48.0
5	QT—20 型塔式起重机(20t)	100.5
6	自升塔式起重机(3～4t)	35.7
7	QT_4—10 型附着式塔式起重机(10t)	72.5
8	TQC—6 型高塔起重机(6t)	43.5
9	少先式起重机(0.5t)	3.7
10	平台式起重机(0.35～0.75t)	3.7
11	屋面吊(1.5t)	7.0
12	1t 单筒卷扬机	7.5
13	1.5t 单筒卷扬机	11.0
14	3t 慢速卷扬机	7.5
15	5t 慢速卷扬机	11.0
16	轻便卷扬机(自制电动辘辘)	2.8

续表

序号	机具名称及其特征	电动机额定功率(kW)
17	500L 混凝土搅拌机	7.3
18	400L 混凝土搅拌机	11.0
19	325L 混凝土搅拌机	5.5
20	250L 砂浆搅拌机	5.5
21	200L 砂浆搅拌机	2.2
22	200～325L 砂浆搅拌机	2.2
23	灰浆泵 C—251(生产率 $1m^3/h$)	1.2
24	灰浆泵 C—263(生产率 $3m^3/h$)	2.2
25	灰浆泵 C—210(生产率 $6m^3/h$)	6.0
26	蛙式打夯机 HW—20A	1.1
27	蛙式打夯机 HW—01	3.0
28	蛙式打夯机 HW—20	1.5
29	蛙式打夯机 HW—60	2.8
30	插入式振捣器	2.2
31	外附振捣器 HZ_2—4 至 HZ_2—20	0.5～2.2
32	喷浆机 C—250	1.5
33	水磨石磨光机	1.7
34	50mm 水泵 C—203(生产率 $24m^3/h$)	1.5
35	100mm 水泵 C—204(生产率 $120m^3/h$)	7.2
36	钢筋切断机	7.5
37	钢筋调直切断机	9.2
38	钢筋调直机	2.21
39	钢筋弯曲机	2.2
40	交流电弧焊机 50—450A	21(kVA)
41	直流电弧焊机 45—375A	10

2. 选择配电导线截面

需满足三个基本要求：机械强度、安全电流、容许电压降。

(1) 机械强度（见表13-18）。

导线按机械强度所允许的最小截面　　表13-18

导线用途	导线最小截面(mm^2)	
	铜线	铝线
照明装置用导线:户内用	0.5	2.5*
户外用	1.0	2.5
双芯软电线:用于吊灯	0.35	—
用于移动式生产用电设备	0.5	—
多芯软电线及软电线:用于移动式生产用电设备	1.0	—
绝缘导线:用于固定架设在户内绝缘支持件上		
其间距为:2m及以下	1.0	2.5*
6m及以下	2.5	4
25m及以下	4	10
裸导线:户内用	2.5	4
户外用	6	16
绝缘导线:穿在管内	1.0	2.5*
木槽板内	1.0	2.5*
绝缘导线:户外沿墙敷设	2.5	4
户外其他方式	4	10

注：根据市场供应情况，可采用小于2.5mm^2的铝芯导线。

(2) 安全电流：

根据下式计算安全电流值，查表13-19、13-20得导线截面：

$$I=\frac{P_{机}}{\sqrt{3}\cdot V\cdot \eta\cdot \cos\varphi} \quad (A)$$

式中 $P_{机}$——为电动机铭牌上的额定功率（kW）；

V——额定电压（V）；

η——效率$\left(\text{电动机输出功率与输入功率的比值，}\eta=\frac{P_{机}}{P_{电}}\right)$；

$\cos\varphi$——功率因数（现场施工电网可取 0.7～0.75）。

1kV 以下铜芯导线连续允许负荷表（A）

表 13-19

<table>
<tr><th rowspan="3">导线标称截面(mm²)</th><th rowspan="3">橡皮或聚氯乙烯绝缘导线明敷在绝缘支架上</th><th colspan="5">橡皮或聚氯乙烯绝缘导线敷设在一根支管内</th><th colspan="3">橡皮或聚氯乙烯绝缘的铠装及外包铝皮电力电缆明敷设</th><th rowspan="3">裸铜线</th></tr>
<tr><th colspan="3">单芯导线管中根数</th><th rowspan="2">一根双芯</th><th rowspan="2">一根三芯</th><th rowspan="2">单芯</th><th rowspan="2">双芯</th><th rowspan="2">三芯</th></tr>
<tr><th>2</th><th>3</th><th>4</th></tr>
<tr><td>1.0</td><td>15</td><td>14</td><td>13</td><td>12</td><td>13</td><td>11</td><td>22</td><td>18</td><td>16</td><td>—</td></tr>
<tr><td>1.5</td><td>20</td><td>17</td><td>15</td><td>14</td><td>16</td><td>13</td><td>27</td><td>22</td><td>20</td><td>—</td></tr>
<tr><td>2.5</td><td>27</td><td>24</td><td>22</td><td>20</td><td>22</td><td>19</td><td>36</td><td>29</td><td>27</td><td>—</td></tr>
<tr><td>4</td><td>36</td><td>34</td><td>31</td><td>27</td><td>28</td><td>24</td><td>48</td><td>38</td><td>35</td><td>—</td></tr>
<tr><td>6</td><td>46</td><td>41</td><td>47</td><td>34</td><td>36</td><td>31</td><td>61</td><td>48</td><td>44</td><td>—</td></tr>
<tr><td>10</td><td>68</td><td>57</td><td>53</td><td>47</td><td>49</td><td>45</td><td>85</td><td>74</td><td>63</td><td>—</td></tr>
<tr><td>16</td><td>92</td><td>77</td><td>70</td><td>63</td><td>69</td><td>53</td><td>111</td><td>98</td><td>62</td><td>130</td></tr>
<tr><td>25</td><td>123</td><td>100</td><td>91</td><td>82</td><td>90</td><td>76</td><td>145</td><td>127</td><td>106</td><td>180</td></tr>
<tr><td>35</td><td>152</td><td>121</td><td>111</td><td>100</td><td>109</td><td>92</td><td>177</td><td>153</td><td>129</td><td>220</td></tr>
</table>

续表

导线标称截面（mm²）	橡皮或聚氯乙烯绝缘导线明敷在绝缘支架上	橡皮或聚氯乙烯绝缘导线敷设在一根支管内					橡皮或聚氯乙烯绝缘的铠装及外包铝皮电力电缆明敷设			裸铜线
		单芯导线管中根数			一根双芯	一根三芯	单芯	双芯	三芯	
		2	3	4						
50	192	165	151	135	142	119	221	186	158	270
70	242	201	184	166	173	154	267	227	191	340
95	292	245	223	200	216	186	326	276	236	415
120	342	280	255	230	262	221	376	325	276	485
150	392	319	302	—	—	—	425	374	319	570
185	450	—	—	—	—	—	481	431	370	625
240	532	—	—	—	—	—	557	—	—	770

1kV 以下铝芯导线连续允许负荷表（A）

表 13-20

导线标称截面（mm²）	橡皮或聚氯乙烯绝缘导线明敷在绝缘支架上	橡皮或聚氯乙烯绝缘导线敷设在一根支管内					橡皮或聚氯乙烯绝缘的铠装及外包铝皮电力电缆明敷设			裸铜线
		单芯导线管中根数			一根双芯	一根三芯	单芯	双芯	三芯	
		2	3	4						
2.5	21	19	19	17	17	13	21	19	17	—
4	28	27	24	21	19	19	28	27	24	—
6	36	32	29	27	27	25	36	32	29	—

续表

<table>
<tr><th rowspan="3">导线标称截面（mm^2）</th><th rowspan="3">橡皮或聚氯乙烯绝缘导线明敷在绝缘支架上</th><th colspan="5">橡皮或聚氯乙烯绝缘导线敷设在一根支管内</th><th colspan="3">橡皮或聚氯乙烯绝缘的铠装及外包铝皮电力电缆明敷设</th><th rowspan="3">裸铜线</th></tr>
<tr><th colspan="3">单芯导线管中根数</th><th rowspan="2">一根双芯</th><th rowspan="2">一根三芯</th><th rowspan="2">单芯</th><th rowspan="2">双芯</th><th rowspan="2">三芯</th></tr>
<tr><th>2</th><th>3</th><th>4</th></tr>
<tr><td>10</td><td>53</td><td>47</td><td>43</td><td>35</td><td>38</td><td>35</td><td>53</td><td>47</td><td>43</td><td>—</td></tr>
<tr><td>16</td><td>70</td><td>58</td><td>55</td><td>50</td><td>54</td><td>46</td><td>70</td><td>58</td><td>55</td><td>105</td></tr>
<tr><td>25</td><td>97</td><td>78</td><td>70</td><td>62</td><td>69</td><td>58</td><td>97</td><td>78</td><td>70</td><td>135</td></tr>
<tr><td>35</td><td>117</td><td>94</td><td>86</td><td>77</td><td>85</td><td>69</td><td>117</td><td>94</td><td>86</td><td>170</td></tr>
<tr><td>50</td><td>148</td><td>129</td><td>117</td><td>104</td><td>108</td><td>93</td><td>148</td><td>129</td><td>117</td><td>215</td></tr>
<tr><td>70</td><td>187</td><td>156</td><td>144</td><td>127</td><td>134</td><td>120</td><td>137</td><td>156</td><td>144</td><td>265</td></tr>
<tr><td>95</td><td>226</td><td>189</td><td>172</td><td>154</td><td>155</td><td>146</td><td>226</td><td>189</td><td>172</td><td>325</td></tr>
<tr><td>120</td><td>265</td><td>230</td><td>209</td><td>177</td><td>200</td><td>170</td><td>265</td><td>230</td><td>209</td><td>375</td></tr>
<tr><td>150</td><td>304</td><td>254</td><td>231</td><td>—</td><td>—</td><td>—</td><td>304</td><td>254</td><td>231</td><td>440</td></tr>
<tr><td>185</td><td>351</td><td>292</td><td>265</td><td>—</td><td>—</td><td>—</td><td>351</td><td>292</td><td>265</td><td>500</td></tr>
<tr><td>240</td><td>417</td><td>—</td><td>—</td><td>—</td><td>—</td><td>—</td><td>417</td><td>—</td><td>—</td><td>—</td></tr>
</table>

3. 容许电压降

根据下式计算导线截面：

$$S=\frac{P_{电}\cdot L}{C\cdot \varepsilon}(mm^2)$$

式中 $P_{电}$——电流输入功率（kW），

$$P_{电}=\frac{P_{机}}{\eta};$$

L——送电线路的距离（m）；

ε——容许的电压降为5%；

C——系数（见表13-21）。

按容许电压降计算导线截面系数 C 值　　表13-21

线路额定电压(V)380/220	线路系统及电流种类三相四线	系数 C 值	
		铜　线	铝　线
		77	46.3
220		12.8	7.75
110		3.2	1.90
36		0.34	0.21
24		0.153	0.092
12		0.038	0.023

导线截面估算：

可用查表方法直接估算导线截面（见表13-22、13-23）。

裸导线截面与功率关系表　　表13-22

截面(mm^2)	电　压　(V)											
	220			380			6000			10000		
	功　率　(kW)											
	铜	铝	钢	铜	铝	钢	铜	铝	钢	铜	铝	钢
4	7.7	—	—	23.0	—	—						
6	10.8	—	2.6	32.2	—	7.8						
10	14.6	—	3.2	43.8	—	9.6						
16	20.0	16.2	4.2	59.5	48.2	12.8						
25	27.7	20.8	4.9	82.5	62.0	14.7	1300	980	230			
35	33.9	26.2	11.8	101	78	35.4	1600	1230	560			
50	41.6	33.0	16.0	124	99	41.8	1960	1560	660	3270	2600	1100

续表

截面(mm²)	电压(V) 220			380			6000			10000		
	功率(kW)											
	铜	铝	钢	铜	铝	钢	铜	铝	钢	铜	铝	钢
60	48.6	—	—	147	—	—	2300	—	—	3820	—	—
70	52.4	40.8	19.1	156	122	58.0	2480	1920	900	4120	3200	1500
95	64.0	50.0	21.8	190	150	66.3	3010	2350	1020	5050	3550	1720
120	74.5	58.0	27.1	222	173	82.5	3520	2720	1280	5850	4550	2130
150	83.0	67.5	—	260	203	—	4150	3200	—	6900	5330	—
185	98.5	77.0	—	296	230	—	4700	3640	—	7800	6050	—
240	120	—	—	364	—	—	5600	—	—	9300	—	—

注：功率因数 cosφ 按 0.7 计，周围空气温度为+25℃导线极限温度为+70℃。

绝缘导线截面与功率关系表　　表 13-23

截面(mm²)	电压(V) 220		380		6000		10000	
	功率(kW)							
	铜芯	铝芯	铜芯	铝芯	铜芯	铝芯	铜芯	铝芯
2.5	4.2	3.2	12.4	9.7				
4	5.5	4.3	16.5	12.9				
6	7.1	5.5	22.1	16.5				
10	10.5	8.2	31.3	24.3				
16	14.1	10.8	42.3	32.3				
25	19.0	14.9	56.5	44.5	894	705		
35	23.4	18.0	70.0	54.0	1110	850		
50	29.6	22.8	88.5	68.0	1395	1080	2320	1790

续表

截面 (mm²)	电压 (V)							
	220		380		6000		10000	
	功率 (kW)							
	铜芯	铝芯	铜芯	铝芯	铜芯	铝芯	铜芯	铝芯
70	37.4	28.8	111	86.0	1750	1360	2930	2730
95	45.0	34.8	134	104	2120	1640	2530	2730
120	52.5	41.0	157	122	2480	1925	4140	3210
150	60.5	47.0	180	140	2840	2210	4740	3680
185	69.5	54.0	207	162	3260	2543	5450	4250
240	82.0	64.0	244	192	3860	3020	6440	5050

注：功率因数 $\cos\varphi$ 按 0.7 计。

4. 施工照明用电定额参数

(1) 室内照明用电定额（见表 13-24）。

表 13-24

序号	用电场所	容量 (W/m³)	序号	用电场所	容量 (W/m³)
1	混凝土及砂浆搅拌站	5	13	锅炉房	3
2	钢筋室内加工	8	14	仓库及棚仓库	2
3	钢筋室外加工	10	15	办公室、试验室、文艺室	6
4	木材加工锯木及细木作	5～7	16	浴室、盥洗室、厕所	3
5	木材加工模板	8	17	理发室	10
6	混凝土预制构件厂	6	18	宿舍	3
7	金属结构及机电修配	12	19	食堂或俱乐部	5
8	空气压缩机及泵房	7	20	诊疗所	6
9	卫生技术管道加工厂	8	21	托儿所	5
10	设备安装加工厂	8	22	学校	6
11	发电站及变电所	10	23	招待所	9
12	汽车库及机车库	5	24	其他文化福利	3

（2）室外照明用电定额（见表13-25）。

表 13-25

序号	用电场所	容量（W/m³）	序号	用电场所	容量（W/m³）
1	人工挖土	0.8	7	卸车部	1.0
2	机械挖土	1.0	8	设备、砂、石、木材、钢筋堆放	0.8
3	混凝土浇筑	1.0	9	夜间运料	0.8
4	砖石砌筑	1.2	10	车辆行人主要干道	20W/km
5	打桩	0.6	11	车辆行人非主要干道	100W/km
6	安装及铆焊	2.0	12	警卫照明	100W/km

四、临时施工道路

1. 简易道路技术标准

（1）简易道路技术标准（见表13-26）。

表 13-26

名称	单位	技术标准
路基宽度	m	双车道6～6.5；单车道4～4.5；困难地段3.5
路面宽度	m	双车道5～5.5；单车道3～3.5
平面线最小半径	m	平原、微丘50；山岭重丘15；回头弯道12
最大纵坡	%	8；特殊艰巨的山岭区可增加1%；海拔2000m以上地区不得增加
纵坡最短长度	m	≥100；当受到限制时，可减至80
桥面宽度	m	木桥4～4.5
桥涵载重等级	t	木桥涵10

(2) 道路与建筑物、构筑物的最小间距（见表13-27）。

表 13-27

道路与建(构)筑物关系	最小间距(m)
1. 距建筑物、构筑物外墙	
(1)靠路无出入口	1.5
(2)靠路有人力车、电瓶车出入口	3
(3)靠路有汽车出入口	8
2. 距标准轨、铁路中心线	3.75
距窄轨铁路中心线	3
3. 距围墙	
(1)在有汽车出入口附近	6
(2)无汽车出入口，有电杆时	2
(3)无汽车出入口，无电杆时	1.5
4. 距树木	
(1)乔木	0.75～1.0
(2)灌木	0.5

2. 施工现场最小道路宽度（见表13-28）

表 13-28

序号	车辆类别及要求	道路宽度(m)
1	汽车单行道	≮3.0
2	汽车双行道	≮6.0
3	平板拖车单行道	≮4.0
4	平板拖车双行道	≮8.0

3. 施工现场最小转弯半径（见表13-29）

表 13-29

车辆类型	路面内侧的最小曲线半径(m)			备注
	无拖车	有一辆拖车	有二辆拖车	
小客车、三轮汽车	6			
一般二轴载重汽车：单车道 双车道	9 7	12	15	如 4t 5t
三轴载重汽车、重型载重汽车、公共汽车	12	15	18	如 12t 25t
超重型载重汽车	15	18	21	如 40t

4. 道路的最大纵向坡度（见表 13-30）

表 13-30

序号	道路类别	纵向坡度
1	土　　路	≯4%
2	土路特殊段	≯6%
3	加骨料的路面	≯6%
4	加骨料的路面特殊段	≯8%

5. 路边排水沟最小尺寸表（见表 13-31）

表 13-31

边沟形状	最小尺寸(m)		边坡坡度	适用范围
	深	底宽		
梯　　形	0.4	0.4	1∶1～1∶1.5	土质路基
三角形	0.3	—	1∶2～1∶3	岩石路基
方　　形	0.4	0.3	1∶0	岩石路基

6. 路面类型的选择（见表 13-32）

表 13-32

路面种类	特　点	路基土质	路面厚度（cm）	材料配合比
级配砾石路面	雨天照常通车，可通行较多车辆，材料级配要求严格	砂质土	10～15	体积比 黏土∶砂∶石子=1∶0.7∶3.5 重量比 面层 黏土∶砂石混合=(13～15)∶(85～87)底层 黏土∶砂石混合=10∶90
		黏质土或黄土	14～18	
碎(砾)石土路面	雨天照常通车，碎(砾)石中含土较多，而又不产砂时	砂质土	10～18	碎（砾）石大于65%
		黏质土或黄土	15～20	当地土不大于35%
炉（矿）渣路面	雨天可维持通车，通行车辆少，可就地取材时	一般土	10～15	炉渣或矿渣75%
		较松土	15～30	当地土25%
砂土路面	雨天停止通车，通行车辆少，附近不产石料而盛产砂时	砂质土	15～20	粗砂50%
		黏质土	15～30	细粉砂和黏质土50%

7. 各种路面面层每 $100m^2$ 材料需用量（见表13-33）

表 13-33

序号	路面类型	厚度(cm)	碎石2.5～4(m^3)	碎石0.5～1(m^3)	碎石1.5～3(m^3)	碎石1～1.2(m^3)	砂(m^3)	水泥41.7MPa(kg)
1	泥结碎石面层	10	12.0	0.2	—	—	—	—
2	水泥结碎石面层	19	22.5	—	—	—	7.5	5625
3	水泥混凝土石面层	20	—	—	24	—	12	8000
4	浇沥青碎石面层	7.5	6.5	1.5	2.0	—	—	—
5	浇沥青敷面		—	1.5	—	—	—	—
6	沥青碎石面层	5	—	5.6	—	1.2	—	—

序号	路面类型	钢筋(kg)	柏油(kg)	煤(kg)	黄泥(m^3)	沥青(kg)	劈柴(kg)
1	泥结碎石面层	—	—	—	4	—	—
2	水泥结碎石面层	—	—	—	—	—	—
3	水泥混凝土石面层	120	—	—	—	—	—
4	浇沥青碎石面层	—	900	150	—	—	30
5	浇沥青敷面	—	150	50	—	—	15
6	沥青碎石面层	—	—	280	—	600	25

注：表中柏油系指煤沥青；沥青系指石油沥青。

第十四章　单项工程工期定额

一、工期定额使用说明

1. 本定额包括±0.00以下工程、±0.00以上工程、影剧院和体育馆工程。

2. ±0.00以下工程按土质分类，划分无地下室和有地下室两部分。无地下室按基础类型及首层建筑面积划分，有地下室按地下室层数及建筑面积划分。其工期包括±0.00以下全部工程内容。

3. ±0.00以上工程按工程用途、结构类型、层数及建筑面积划分。其工期包括结构、装修、设备安装全部工程内容。

4. 影剧院和体育馆工程按结构类型、檐高及建筑面积划分，其工期不分±0.00以上、以下，均包括基础、结构、装修全部工程内容。

5. 综合楼适用于购物中心、贸易中心、商场（店）、科研楼、业务楼、写字楼、培训楼、幼儿园、食堂等公共建筑。

6. 高级住宅是指装修做法为：

（1）内墙面贴墙纸、软包、高级涂料、木墙裙；

（2）木地板、块料面层、铺地毯；

（3）高级装修抹灰、吊顶；

（4）硬木门窗、塑钢门窗、铝合金门窗；

（5）厨房、卫生间墙面贴面砖、地面块料面层。

7. 高级住宅、别墅、公寓工程的工期按相应住宅总工期乘以 1.2 系数计算。

8. 有关规定：

(1) ±0.00 以下工期：无地下室按首层建筑面积计算，有地下室按地下室建筑面积总和计算。

(2) ±0.00 以上工期：按±0.00 以上部分建筑面积总和计算。

(3) 总工期为：±0.00 以下工期与±0.00 以上工期之和（不包括影剧院和体育馆工程）。

(4) 单项工程±0.00 以下由 2 种或 2 种以上类型组成时，按不同类型部分的面积查出相应工期，相加计算。

(5) 单项工程±0.00 以上结构相同，使用功能不同。无变形缝时，按使用功能占建筑面积比重大的计算工期；有变形缝时，先按不同使用功能的面积查出相应工期，再以其中一个最大工期为基数，另加其他部分工期的 25%计算。

(6) 单项工程±0.00 以上由 2 种或 2 种以上结构组成。无变形缝时，先按全部面积查出不同结构的相应工期，再按不同结构各自的建筑面积加权平均计算；有变形缝时，先按不同结构各自的面积查出相应工期，再以其中一个最大工期为基数，另加其他部分工期的 25%计算。

(7) 单项工程±0.00 以上层数不同，有变形缝时，先按不同层数各自的面积查出相应工期，再以其中一个最大工期为基数，另加其他部分工期的 25%计算。

(8) 单项工程中±0.00 以上分成若干个独立部分时，先按各自的面积和层数查出相应工期，再以其中一个最大工期为基数，另加其他部分工期的 25%计算，

4 个以上独立部分不再另增加工期。如果±0.00 以上有整体部分，将其并入到最大部分工期中计算。

二、±0.00 以下工程

1. 无地下室工程

表 14-1

编号	基础类型	建筑面积（m^2）	工期天数	
			Ⅰ、Ⅱ类土	Ⅲ、Ⅳ类土
1-1	带形基础	500 以内	30	35
1-2		1000 以内	45	50
1-3		1000 以外	65	70
1-4	满堂红基础	500 以内	40	45
1-5		1000 以内	55	60
1-6		1000 以外	75	80
1-7	框架基础（独立柱基）	500 以内	25	30
1-8		1000 以内	35	40
1-9		1000 以外	55	60

2. 有地下室工程

表 14-2

编号	层数	建筑面积（m^2）	工期天数	
			Ⅰ、Ⅱ类土	Ⅲ、Ⅳ类土
1-10	1	500 以内	75	80
1-11	1	1000 以内	90	95
1-12	1	1000 以外	110	115

续表

编号	层数	建筑面积（m^2）	工期天数	
			Ⅰ、Ⅱ类土	Ⅲ、Ⅳ类土
1-13	2	1000以内	120	125
1-14	2	2000以内	140	145
1-15	2	3000以内	165	170
1-16	2	3000以外	190	195
1-17	3	3000以内	195	205
1-18	3	5000以内	220	230
1-19	3	7000以内	250	260
1-20	3	10000以内	280	290
1-21	3	15000以内	310	320
1-22	3	15000以外	345	355
1-23	4	5000以内	255	270
1-24	4	7000以内	285	300
1-25	4	10000以内	315	330
1-26	4	15000以内	345	360
1-27	4	20000以内	380	395
1-28	4	20000以外	415	430

三、±0.00以上工程

1. 住宅工程

（1）结构类型：砖混结构

表 14-3

编号	层数	建筑面积 (m^2)	工期天数		
			Ⅰ 类	Ⅱ 类	Ⅲ 类
1-29	1	500 以内	55	60	75
1-30	1	1000 以内	60	65	80
1-31	1	1000 以外	70	75	90
1-32	2	500 以内	70	75	90
1-33	2	1000 以内	75	80	95
1-34	2	2000 以内	85	90	105
1-35	2	2000 以外	95	100	115
1-36	3	1000 以内	90	95	110
1-37	3	2000 以内	100	105	125
1-38	3	3000 以内	110	115	135
1-39	3	3000 以外	125	130	150
1-40	4	2000 以内	115	125	145
1-41	4	3000 以内	125	135	155
1-42	4	5000 以内	135	145	165
1-43	4	5000 以外	150	160	185
1-44	5	3000 以内	145	155	180
1-45	5	5000 以内	155	165	190
1-46	5	5000 以外	170	180	205
1-47	6	3000 以内	170	180	205
1-48	6	5000 以内	180	190	215
1-49	6	7000 以内	195	205	235
1-50	6	7000 以外	210	225	255
1-51	7	3000 以内	195	205	235
1-52	7	5000 以内	205	220	250
1-53	7	7000 以内	220	235	265
1-54	7	7000 以外	240	255	285

（2）结构类型：内浇外砌结构

表 14-4

编号	层数	建筑面积（m^2）	工期天数		
			Ⅰ类	Ⅱ类	Ⅲ类
1-55	4	2000 以内	100	110	130
1-56	4	3000 以内	105	115	135
1-57	4	5000 以内	110	120	145
1-58	4	5000 以外	120	130	155
1-59	5	3000 以内	125	135	160
1-60	5	5000 以内	135	145	170
1-61	5	5000 以外	145	155	180
1-62	6	3000 以内	150	160	185
1-63	6	5000 以内	160	170	200
1-64	6	7000 以内	170	180	210
1-65	6	7000 以外	185	195	225
1-66	7	3000 以内	175	185	215
1-67	7	5000 以内	185	195	225
1-68	7	7000 以内	195	205	235
1-69	7	7000 以外	210	220	250
1-70	5	3000 以内	110	115	145
1-71	5	5000 以内	120	125	155
1-72	5	5000 内外	130	140	170
1-73	6	3000 以内	130	140	170
1-74	6	5000 以内	140	150	180
1-75	6	7000 以内	155	165	195
1-76	6	7000 以外	175	185	215
1-77	8 以下	5000 以内	185	195	225
1-78	8 以下	7000 以内	200	210	240
1-79	8 以下	10000 以内	210	225	255
1-80	8 以下	15000 以内	225	240	270
1-81	8 以下	15000 以外	240	260	290
1-82	10 以下	7000 以内	220	235	265

续表

编号	层数	建筑面积（m^2）	工期天数		
			Ⅰ类	Ⅱ类	Ⅲ类
1-83	10以下	10000以内	235	250	280
1-84	10以下	15000以内	245	265	295
1-85	10以下	20000以内	260	280	310
1-86	10以下	20000以外	280	300	330
1-87	12以下	10000以内	255	275	305
1-88	12以下	15000以内	270	290	320
1-89	12以下	20000以内	285	305	335
1-90	12以下	25000以内	305	325	355
1-91	12以下	25000以外	325	345	380
1-92	14以下	10000以内	290	305	335
1-93	14以下	15000以内	305	320	350
1-94	14以下	20000以内	320	335	370
1-95	14以下	25000以内	335	350	385
1-96	14以下	25000以内	350	370	405
1-97	16以下	10000以外	320	335	370
1-98	16以下	15000以内	335	350	385
1-99	16以下	20000以内	345	365	400
1-100	16以下	25000以内	360	380	415
1-101	16以下	25000以外	380	400	435
1-102	18以下	15000以内	360	380	415
1-103	18以下	20000以内	375	395	430
1-104	18以下	25000以内	390	410	445
1-105	18以下	30000以内	400	425	460
1-106	18以下	30000以外	420	445	480
1-107	20以下	15000以内	385	410	445
1-108	20以下	20000以内	400	425	460
1-109	20以下	25000以内	415	440	475
1-110	20以下	30000以内	430	455	495
1-111	20以下	30000以外	450	475	515

（3）结构类型：全现浇结构

表 14-5

编号	层数	建筑面积（m^2）	工期天数		
			Ⅰ 类	Ⅱ 类	Ⅲ 类
1-112	8 以下	5000 以内	205	215	255
1-113	8 以下	7000 以内	220	230	270
1-114	8 以下	10000 以内	230	245	285
1-115	8 以下	15000 以内	250	265	305
1-116	8 以下	15000 以外	270	285	325
1-117	10 以下	7000 以内	240	250	290
1-118	10 以下	10000 以内	250	265	305
1-119	10 以下	15000 以内	270	285	325
1-120	10 以下	20000 以内	290	305	345
1-121	10 以下	20000 以外	315	330	370
1-122	12 以下	10000 以内	280	295	335
1-123	12 以下	15000 以内	300	315	355
1-124	12 以下	20000 以内	320	335	375
1-125	12 以下	25000 以内	345	360	400
1-126	12 以下	25000 以外	370	385	425
1-127	14 以下	10000 以内	310	325	365
1-128	14 以下	15000 以内	330	345	385
1-129	14 以下	20000 以内	350	365	405
1-130	14 以下	25000 以内	375	390	430
1-131	14 以下	25000 以外	395	415	455
1-132	16 以下	10000 以内	340	355	395
1-133	16 以下	15000 以内	360	375	415
1-134	16 以下	20000 以内	380	395	435
1-135	16 以下	25000 以内	400	420	460
1-136	16 以下	25000 以外	425	445	485

续表

编号	层数	建筑面积（m^2）	工期天数		
			Ⅰ类	Ⅱ类	Ⅲ类
1-137	18以下	15000以内	390	405	445
1-138	18以下	20000以内	405	425	465
1-139	18以下	25000以内	430	450	490
1-140	18以下	30000以内	455	475	515
1-141	18以下	30000以外	475	500	540
1-142	20以下	15000以内	415	435	475
1-143	20以下	20000以内	435	455	495
1-144	20以下	25000以内	460	480	520
1-145	20以下	30000以内	480	505	545
1-146	20以下	30000以外	505	530	570

（4）结构类型：现浇框架结构

表 14-6

编号	层数	建筑面积（m^2）	工期天数		
			Ⅰ类	Ⅱ类	Ⅲ类
1-147	6以下	3000以内	205	220	250
1-148	6以下	5000以内	220	235	265
1-149	6以下	7000以内	235	250	280
1-150	6以下	7000以外	255	270	300
1-151	8以下	5000以内	285	300	330
1-152	8以下	7000以内	300	315	345
1-153	8以下	10000以内	320	335	365
1-154	8以下	15000以内	340	355	385

续表

编号	层数	建筑面积(m^2)	工期天数		
			Ⅰ 类	Ⅱ 类	Ⅲ 类
1-155	8 以下	15000 以外	365	380	415
1-156	10 以下	7000 以内	330	345	375
1-157	10 以下	10000 以内	350	365	400
1-158	10 以下	15000 以内	370	385	420
1-159	10 以下	20000 以内	390	410	445
1-160	10 以下	20000 以外	415	435	470
1-161	12 以下	10000 以内	380	400	435
1-162	12 以下	15000 以内	405	425	460
1-163	12 以下	20000 以内	430	450	485
1-164	12 以下	25000 以内	455	475	510
1-165	12 以下	25000 以外	480	505	545
1-166	14 以下	10000 以内	415	435	470
1-167	14 以下	15000 以内	440	460	495
1-168	14 以下	20000 以内	465	485	520
1-169	14 以下	25000 以内	485	510	550
1-170	14 以下	25000 以外	515	540	580
1-171	16 以下	10000 以内	450	470	505
1-172	16 以下	15000 以内	475	495	535
1-173	16 以下	20000 以内	500	520	560
1-174	16 以下	25000 以内	520	545	585

续表

编号	层数	建筑面积（m^2）	工期天数		
			Ⅰ类	Ⅱ类	Ⅲ类
1-175	16以下	25000以外	550	575	615
1-176	18以下	15000以内	505	530	575
1-177	18以下	20000以内	530	555	600
1-178	18以下	25000以内	555	580	625
1-179	18以下	30000以内	580	610	655
1-180	18以下	30000以外	610	640	690
1-181	20以下	15000以内	540	565	610
1-182	20以下	20000以内	560	590	635
1-183	20以下	25000以内	585	615	660
1-184	20以下	30000以内	615	645	695
1-185	20以下	30000以外	645	675	725
1-186	22以下	15000以内	570	600	650
1-187	22以下	20000以内	595	625	675
1-188	22以下	25000以内	620	650	700
1-189	22以下	30000以内	650	680	730
1-190	22以下	30000以外	675	710	770
1-191	24以下	20000以内	630	660	710
1-192	24以下	25000以内	655	685	745
1-193	24以下	30000以内	680	715	775
1-194	24以下	35000以内	710	745	805
1-195	24以下	35000以外	740	775	835

（5）结构类型：砖木结构

表 14-7

编号	层数	建筑面积（m^2）	工期天数		
			Ⅰ 类	Ⅱ 类	Ⅲ 类
1-196	1	300 以内	45	50	60
1-197	1	500 以内	50	55	65
1-198	1	500 以外	60	65	75

（6）结构类型：砌块结构

表 14-8

编号	层数	建筑面积（m^2）	工期天数		
			Ⅰ 类	Ⅱ 类	Ⅲ 类
1-199	1	500 以内	55	60	75
1-200	1	1000 以内	60	65	80
1-201	1	1000 以外	70	75	90
1-202	2	500 以内	70	75	90
1-203	2	1000 以内	75	80	95
1-204	2	2000 以内	85	90	105
1-205	2	2000 以外	95	100	120
1-206	3	1000 以内	95	100	120
1-207	3	2000 以内	105	110	130
1-208	3	3000 以内	115	120	140
1-209	3	3000 以外	130	135	160
1-210	4	2000 以内	120	125	150
1-211	4	3000 以内	130	135	160
1-212	4	5000 以内	140	145	170
1-213	4	5000 以外	155	160	185

续表

编号	层数	建筑面积（m^2）	工期天数		
			Ⅰ 类	Ⅱ 类	Ⅲ 类
1-214	5	3000 以内	150	155	180
1-215	5	5000 以内	160	165	190
1-216	5	5000 以外	170	180	205
1-217	6	3000 以内	165	175	200
1-218	6	5000 以内	175	185	210
1-219	6	7000 以内	190	200	230
1-220	6	7000 以外	210	220	250
1-221	7	3000 以内	190	200	230
1-222	7	5000 以内	205	215	245
1-223	7	7000 以内	220	230	260
1-224	7	7000 以外	235	250	280

（7）结构类型：内板外砌结构

表 14-9

编号	层数	建筑面积（m^2）	工期天数		
			Ⅰ 类	Ⅱ 类	Ⅲ 类
1-225	4	2000 以内	100	105	125
1-226	4	3000 以内	110	115	135
1-227	4	5000 以内	120	125	145
1-228	4	5000 以外	135	140	170
1-229	5	3000 以内	130	135	165
1-230	5	5000 以内	140	145	175
1-231	5	5000 以外	155	160	190
1-232	6	3000 以内	150	155	185

续表

编号	层数	建筑面积（m^2）	工期天数		
			Ⅰ类	Ⅱ类	Ⅲ类
1-233	6	5000以内	160	165	195
1-234	6	7000以内	165	175	205
1-235	6	7000以外	180	190	220
1-236	7	3000以内	165	175	205
1-237	7	5000以内	175	185	215
1-238	7	7000以内	185	195	225
1-239	7	7000以外	200	210	240

2. 宾馆、饭店工程

(1) 结构类型：砖混结构

表 14-10

编号	层数	建筑面积（m^2）	工期天数		
			Ⅰ类	Ⅱ类	Ⅲ类
1-324	1	500以内	85	90	100
1-325	1	1000以内	95	100	110
1-326	1	1000以外	105	115	130
1-327	2	500以内	100	110	125
1-328	2	1000以内	110	120	135
1-329	2	2000以内	120	130	145
1-330	2	2000以外	135	145	165
1-331	3	1000以内	130	140	160
1-332	3	2000以内	140	150	170
1-333	3	3000以内	155	165	180
1-334	3	3000以外	175	185	200
1-335	4	2000以内	160	170	185

续表

编号	层数	建筑面积（m^2）	工期天数		
			Ⅰ 类	Ⅱ 类	Ⅲ 类
1-336	4	3000 以内	175	185	200
1-337	4	5000 以内	195	205	220
1-338	4	5000 以外	215	225	240
1-339	5	3000 以内	200	210	230
1-340	5	5000 以内	220	230	250
1-341	5	5000 以外	240	250	270
1-342	6	3000 以内	230	240	265
1-343	6	5000 以内	250	260	285
1-344	6	7000 以内	270	280	305
1-345	6	7000 以外	295	305	330
1-346	7	3000 以内	255	270	300
1-347	7	5000 以内	275	290	320
1-348	7	7000 以内	295	310	340
1-349	7	7000 以外	320	335	365

（2）结构类型：全现浇结构

表 14-11

编号	层数	建筑面积（m^2）	工期天数		
			Ⅰ 类	Ⅱ 类	Ⅲ 类
1-350	8 以下	5000 以内	270	280	320
1-351	8 以下	7000 以内	285	295	335
1-352	8 以下	10000 以内	305	320	360
1-353	8 以下	15000 以内	330	345	385
1-354	8 以下	15000 以外	360	375	415
1-355	10 以下	7000 以内	315	325	365

续表

编号	层数	建筑面积 (m^2)	工期天数		
			Ⅰ类	Ⅱ类	Ⅲ类
1-356	10以下	10000以内	335	350	390
1-357	10以下	15000以内	360	375	415
1-358	10以下	20000以内	385	400	450
1-359	10以下	20000以外	415	430	480
1-360	12以下	10000以内	370	385	435
1-361	12以下	15000以内	395	410	460
1-362	12以下	20000以内	420	435	485
1-363	12以下	25000以内	445	460	510
1-364	12以下	25000以外	475	490	540
1-365	14以下	10000以内	405	420	470
1-366	14以下	15000以内	430	445	495
1-367	14以下	20000以内	455	470	520
1-368	14以下	25000以内	480	495	545
1-369	14以下	25000以外	505	525	585
1-370	16以下	10000以内	440	455	505
1-371	16以下	15000以内	465	480	530
1-372	16以下	20000以内	485	505	565
1-373	16以下	25000以内	510	530	590
1-374	16以下	25000以外	540	560	620
1-375	18以下	15000以内	495	515	575
1-376	18以下	20000以内	520	540	600
1-377	18以下	25000以内	545	565	625
1-378	18以下	30000以内	575	595	655
1-379	18以下	30000以外	600	625	695
1-380	20以下	15000以内	530	550	610
1-381	20以下	20000以内	555	575	635

续表

编号	层数	建筑面积（m^2）	工期天数		
			Ⅰ 类	Ⅱ 类	Ⅲ 类
1-382	20 以下	25000 以内	585	600	670
1-383	20 以下	30000 以内	605	630	700
1-384	20 以下	30000 以外	635	660	730
1-385	22 以下	15000 以内	570	590	650
1-386	22 以下	20000 以内	590	615	685
1-387	22 以下	25000 以内	615	640	710
1-388	22 以下	30000 以内	645	670	740
1-389	22 以下	30000 以外	670	700	770
1-390	24 以下	20000 以内	630	655	725
1-391	24 以下	25000 以内	655	680	750
1-392	24 以下	30000 以内	680	710	780
1-393	24 以下	30000 以外	710	740	810
1-394	26 以下	20000 以内	670	695	765
1-395	26 以下	25000 以内	690	720	790
1-396	26 以下	30000 以内	720	750	820
1-397	26 以下	30000 以外	750	780	860
1-398	28 以下	25000 以内	730	760	840
1-399	28 以下	30000 以内	760	790	870
1-400	28 以下	35000 以内	785	820	900
1-401	28 以下	35000 以外	820	855	935
1-402	30 以下	25000 以内	765	800	880
1-403	30 以下	30000 以内	795	830	910
1-404	30 以下	35000 以内	825	860	940
1-405	30 以下	35000 以外	860	895	985
1-406	32 以下	30000 以内	835	870	960
1-407	32 以下	35000 以内	865	900	990

续表

编号	层数	建筑面积 (m²)	工 期 天 数		
			Ⅰ 类	Ⅱ 类	Ⅲ 类
1-408	32 以下	40000 以内	890	930	1020
1-409	32 以下	40000 以外	925	965	1055
1-410	34 以下	30000 以内	875	915	1005
1-411	34 以下	35000 以内	905	945	1035
1-412	34 以下	40000 以内	935	975	1065
1-413	34 以下	40000 以外	965	1010	1100
1-414	36 以下	35000 以内	950	990	1080
1-415	36 以下	40000 以内	975	1020	1110
1-416	36 以下	45000 以内	1010	1055	1155
1-417	36 以下	45000 以外	1045	1090	1190
1-418	38 以下	35000 以内	995	1035	1135
1-419	38 以下	40000 以内	1025	1065	1165
1-420	38 以下	45000 以内	1055	1100	1200
1-421	38 以下	45000 以外	1090	1135	1235

(3) 结构类型：现浇框架结构

表 14-12

编号	层数	建筑面积 (m²)	工 期 天 数		
			Ⅰ 类	Ⅱ 类	Ⅲ 类
1-422	6 以下	3000 以内	290	300	345
1-423	6 以下	5000 以内	305	320	365
1-424	6 以下	7000 以内	325	340	385
1-425	6 以下	7000 以外	350	365	415
1-426	8 以下	5000 以内	380	400	450

续表

编号	层数	建筑面积(m^2)	工期天数		
			Ⅰ类	Ⅱ类	Ⅲ类
1-427	8以下	7000以内	400	420	470
1-428	8以下	10000以内	425	445	495
1-429	8以下	15000以内	455	475	525
1-430	8以下	15000以外	480	505	555
1-431	10以下	7000以内	430	455	505
1-432	10以下	10000以内	455	480	530
1-433	10以下	15000以内	485	510	570
1-434	10以下	20000以内	510	540	600
1-435	10以下	20000以外	545	575	635
1-436	12以下	10000以内	490	515	575
1-437	12以下	15000以内	520	545	605
1-438	12以下	20000以内	550	575	635
1-439	12以下	25000以内	580	605	665
1-440	12以下	25000以外	610	640	700
1-441	14以下	10000以内	525	550	610
1-442	14以下	15000以内	555	580	640
1-443	14以下	20000以内	585	610	670
1-444	14以下	25000以内	610	640	700
1-445	14以下	25000以外	645	675	745
1-446	16以下	10000以内	570	595	655
1-447	16以下	15000以内	595	625	695
1-448	16以下	20000以内	625	655	725
1-449	16以下	25000以内	655	685	755

续表

编号	层数	建筑面积(m^2)	工期天数		
			Ⅰ类	Ⅱ类	Ⅲ类
1-450	16 以下	25000 以外	685	720	800
1-451	18 以下	15000 以内	640	670	740
1-452	18 以下	20000 以内	670	700	780
1-453	18 以下	25000 以内	695	730	810
1-454	18 以下	30000 以内	725	760	840
1-455	18 以下	30000 以外	760	795	885
1-456	20 以下	15000 以内	690	720	800
1-457	20 以下	20000 以内	720	750	830
1-458	20 以下	25000 以内	750	780	870
1-459	20 以下	30000 以内	775	810	900
1-460	20 以下	30000 以外	810	845	935
1-461	22 以下	15000 以内	740	770	860
1-462	22 以下	20000 以内	765	800	890
1-463	22 以下	25000 以内	795	830	920
1-464	22 以下	30000 以内	825	860	950
1-465	22 以下	30000 以外	860	895	985
1-466	24 以下	20000 以内	815	850	940
1-467	24 以下	25000 以内	845	880	970
1-468	24 以下	30000 以内	870	910	1000
1-469	24 以下	35000 以内	900	940	1030
1-470	24 以下	35000 以外	935	975	1065

3. 综合楼工程

(1) 结构类型：砖混结构

表 14-13

编号	层数	建筑面积 (m^2)	工期天数		
			Ⅰ 类	Ⅱ 类	Ⅲ 类
1-649	1	500 以内	70	75	90
1-650	1	1000 以内	80	85	100
1-651	1	1000 以外	95	100	115
1-652	2	500 以内	90	95	110
1-653	2	1000 以内	100	105	120
1-654	2	2000 以内	110	115	130
1-655	2	2000 以外	125	130	150
1-656	3	1000 以内	120	125	145
1-657	3	2000 以内	130	135	155
1-658	3	3000 以内	140	145	165
1-659	3	3000 以外	155	160	180
1-660	4	2000 以内	150	155	175
1-661	4	3000 以内	160	165	185
1-662	4	5000 以内	175	180	200
1-663	4	5000 以外	190	195	215
1-664	5	3000 以内	180	185	205
1-665	5	5000 以内	195	200	230
1-666	5	5000 以外	210	220	250
1-667	6	3000 以内	200	210	240
1-668	6	5000 以内	215	225	255
1-669	6	7000 以内	235	245	275
1-670	6	7000 以外	255	265	295
1-671	7	3000 以内	225	235	265
1-672	7	5000 以内	240	250	280
1-673	7	7000 以内	260	270	300
1-674	7	7000 以外	285	295	325

（2）结构类型：全现浇结构

表 14-14

编号	层数	建筑面积（m^2）	工期天数		
			Ⅰ 类	Ⅱ 类	Ⅲ 类
1-675	8 以下	5000 以内	230	240	275
1-676	8 以下	7000 以内	245	255	290
1-677	8 以下	10000 以内	265	275	310
1-678	8 以下	15000 以内	285	295	330
1-679	8 以下	15000 以外	305	320	355
1-680	10 以下	7000 以内	275	285	320
1-681	10 以下	10000 以内	295	305	340
1-682	10 以下	15000 以内	310	325	360
1-683	10 以下	20000 以内	335	350	390
1-684	10 以下	20000 以外	360	375	415
1-685	12 以下	10000 以内	320	335	375
1-686	12 以下	15000 以内	340	355	395
1-687	12 以下	20000 以内	365	380	420
1-688	12 以下	25000 以内	385	405	445
1-689	12 以下	25000 以外	410	430	470
1-690	14 以下	10000 以内	350	365	405
1-691	14 以下	15000 以内	370	385	425
1-692	14 以下	20000 以内	390	410	450
1-693	14 以下	25000 以内	415	435	475
1-694	14 以下	25000 以外	440	460	510
1-695	16 以下	10000 以内	380	395	435
1-696	16 以下	15000 以内	395	415	455
1-697	16 以下	20000 以内	420	440	490
1-698	16 以下	25000 以内	445	465	515

续表

编号	层数	建筑面积 (m^2)	工期天数		
			Ⅰ类	Ⅱ类	Ⅲ类
1-699	16 以下	25000 以外	470	490	540
1-700	18 以下	15000 以内	425	445	495
1-701	18 以下	20000 以内	450	470	520
1-702	18 以下	25000 以内	475	495	545
1-703	18 以下	30000 以内	495	520	570
1-704	18 以下	30000 以外	520	545	595
1-705	20 以下	15000 以内	460	480	530
1-706	20 以下	20000 以内	480	505	555
1-707	20 以下	25000 以内	505	530	580
1-708	20 以下	30000 以内	530	555	605
1-709	20 以下	30000 以外	555	580	640
1-710	22 以下	15000 以内	490	515	565
1-711	22 以下	20000 以内	515	540	590
1-712	22 以下	25000 以内	540	565	615
1-713	22 以下	30000 以内	565	590	650
1-714	22 以下	30000 以外	585	615	675
1-715	24 以下	20000 以内	550	575	635
1-716	24 以下	25000 以内	575	600	660
1-717	24 以下	30000 以内	595	625	685
1-718	24 以下	30000 以外	620	650	710
1-719	26 以下	20000 以内	585	615	675
1-720	26 以下	25000 以内	610	640	700
1-721	26 以下	30000 以内	635	665	725
1-722	26 以下	30000 以外	665	695	755

（3）结构类型：现浇框架结构

表 14-15

编号	层数	建筑面积（m²）	工期天数		
			Ⅰ类	Ⅱ类	Ⅲ类
1-723	6 以下	3000 以内	245	255	285
1-724	6 以下	5000 以内	260	270	300
1-725	6 以下	7000 以内	275	285	315
1-726	6 以下	7000 以外	295	305	335
1-727	8 以下	5000 以内	325	340	370
1-728	8 以下	7000 以内	340	355	385
1-729	8 以下	10000 以内	360	375	405
1-730	8 以下	15000 以内	385	400	430
1-731	8 以下	15000 以外	410	430	470
1-732	10 以下	7000 以内	370	385	425
1-733	10 以下	10000 以内	385	405	445
1-734	10 以下	15000 以内	410	430	470
1-735	10 以下	20000 以内	435	455	495
1-736	10 以下	20000 以外	465	485	525
1-737	12 以下	10000 以内	420	440	480
1-738	12 以下	15000 以内	445	465	505
1-739	12 以下	20000 以内	470	490	530
1-740	12 以下	25000 以内	495	520	560
1-741	12 以下	25000 以外	525	550	590
1-742	14 以下	10000 以内	455	475	515
1-743	14 以下	15000 以内	475	500	540
1-744	14 以下	20000 以内	500	525	565
1-745	14 以下	25000 以内	530	555	595
1-746	14 以下	25000 以外	565	585	635
1-747	16 以下	10000 以内	495	515	555

续表

编号	层数	建筑面积 (m²)	工期天数		
			Ⅰ类	Ⅱ类	Ⅲ类
1-748	16 以下	15000 以内	520	540	580
1-749	16 以下	20000 以内	545	565	615
1-750	16 以下	25000 以内	575	595	645
1-751	16 以下	25000 以外	595	625	675
1-752	18 以下	15000 以内	560	585	635
1-753	18 以下	20000 以内	580	610	660
1-754	18 以下	25000 以内	610	640	690
1-755	18 以下	30000 以内	645	675	735
1-756	18 以下	30000 以外	680	710	770
1-757	20 以下	15000 以内	600	630	680
1-758	20 以下	20000 以内	625	655	715
1-759	20 以下	25000 以内	655	685	745
1-760	20 以下	30000 以内	685	720	780
1-761	20 以下	30000 以外	720	755	815
1-762	22 以下	15000 以内	645	675	735
1-763	22 以下	20000 以内	670	700	760
1-764	22 以下	25000 以内	695	730	790
1-765	22 以下	30000 以内	730	765	825
1-766	22 以下	30000 以外	760	800	870
1-767	24 以下	20000 以内	710	745	805
1-768	24 以下	25000 以内	740	775	845
1-769	24 以下	30000 以内	770	810	880
1-770	24 以下	35000 以内	805	845	915
1-771	24 以下	35000 以外	840	880	950

4. 办公、教学楼工程

（1）结构类型：砖混结构

表 14-16

编号	层数	建筑面积（m^2）	工期天数		
			Ⅰ 类	Ⅱ 类	Ⅲ 类
1-949	1	500 以内	65	70	85
1-950	1	1000 以内	70	75	90
1-951	1	1000 以外	80	85	100
1-952	2	500 以内	80	85	100
1-953	2	1000 以内	85	90	105
1-954	2	2000 以内	95	100	115
1-955	2	2000 以外	110	115	135
1-956	3	1000 以内	105	110	130
1-957	3	2000 以内	115	120	140
1-958	3	3000 以内	125	130	150
1-959	3	3000 以外	140	145	165
1-960	4	2000 以内	135	140	160
1-961	4	3000 以内	145	150	170
1-962	4	5000 以内	160	165	185
1-963	4	5000 以外	175	180	205
1-964	5	3000 以内	165	170	195
1-965	5	5000 以内	180	185	210
1-966	5	5000 以外	190	200	225
1-967	6	3000 以内	185	190	215
1-968	6	5000 以内	195	205	230
1-969	6	7000 以内	210	220	250
1-970	6	7000 以外	230	240	270
1-971	7	3000 以内	205	215	245
1-972	7	5000 以内	220	230	260
1-973	7	7000 以内	235	245	275
1-974	7	7000 以外	255	265	295

（2）结构类型：全现浇结构

表 14-17

编号	层数	建筑面积（m^2）	工期天数		
			Ⅰ 类	Ⅱ 类	Ⅲ 类
1-975	8 以下	5000 以内	210	220	250
1-976	8 以下	7000 以内	225	235	265
1-977	8 以下	10000 以内	240	250	280
1-978	8 以下	15000 以内	260	270	300
1-979	8 以下	15000 以外	280	290	320
1-980	10 以下	7000 以内	245	255	285
1-981	10 以下	10000 以内	260	270	300
1-982	10 以下	15000 以内	280	290	320
1-983	10 以下	20000 以内	295	310	350
1-984	10 以下	20000 以外	320	335	375
1-985	12 以下	10000 以内	285	300	340
1-986	12 以下	15000 以内	305	320	360
1-987	12 以下	20000 以内	325	340	380
1-988	12 以下	25000 以内	350	365	405
1-989	12 以下	25000 以外	375	390	430
1-990	14 以下	10000 以内	315	330	370
1-991	14 以下	15000 以内	335	350	390
1-992	14 以下	20000 以内	355	370	410
1-993	14 以下	25000 以内	380	395	435
1-994	14 以下	25000 以外	400	420	460
1-995	16 以下	10000 以内	345	360	400
1-996	16 以下	15000 以内	365	380	420
1-997	16 以下	20000 以内	380	400	440
1-998	16 以下	25000 以内	405	425	465
1-999	16 以下	25000 以外	430	450	500
1-1000	18 以下	15000 以内	390	410	450

续表

编号	层数	建筑面积（m^2）	工期天数		
			Ⅰ类	Ⅱ类	Ⅲ类
1-1001	18 以下	20000 以内	410	430	480
1-1002	18 以下	25000 以内	435	455	505
1-1003	18 以下	30000 以内	460	480	530
1-1004	18 以下	30000 以外	480	505	555
1-1005	20 以下	15000 以内	420	440	490
1-1006	20 以下	20000 以内	440	460	510
1-1007	20 以下	25000 以内	465	485	535
1-1008	20 以下	30000 以内	485	510	560
1-1009	20 以下	30000 以外	510	535	585

（3）结构类型：现浇框架结构

表 14-18

编号	层数	建筑面积（m^2）	工期天数		
			Ⅰ类	Ⅱ类	Ⅲ类
1-1010	6 以下	3000 以内	220	230	260
1-1011	6 以下	5000 以内	235	245	275
1-1012	6 以下	7000 以内	250	260	290
1-1013	6 以下	7000 以外	270	280	310
1-1014	8 以下	5000 以内	295	305	335
1-1015	8 以下	7000 以内	305	320	350
1-1016	8 以下	10000 以内	325	340	370
1-1017	8 以下	15000 以内	350	365	395
1-1018	8 以下	15000 以外	380	395	425
1-1019	10 以下	7000 以内	335	350	380
1-1020	10 以下	10000 以内	355	370	400

续表

编号	层数	建筑面积 (m^2)	工期天数		
			Ⅰ 类	Ⅱ 类	Ⅲ 类
1-1021	10 以下	15000 以内	380	395	425
1-1022	10 以下	20000 以内	400	420	460
1-1023	10 以下	20000 以外	430	450	490
1-1024	12 以下	10000 以内	390	405	445
1-1025	12 以下	15000 以内	410	430	470
1-1026	12 以下	20000 以内	435	455	495
1-1027	12 以下	25000 以内	465	485	525
1-1028	12 以下	25000 以外	490	515	555
1-1029	14 以下	10000 以内	420	440	480
1-1030	14 以下	15000 以内	445	465	505
1-1031	14 以下	20000 以内	470	490	530
1-1032	14 以下	25000 以内	495	520	560
1-1033	14 以下	25000 以外	525	550	600
1-1034	16 以下	10000 以内	460	480	520
1-1035	16 以下	15000 以内	480	505	545
1-1036	16 以下	20000 以内	505	530	580
1-1037	16 以下	25000 以内	535	560	610
1-1038	16 以下	25000 以外	565	590	640
1-1039	18 以下	15000 以内	520	545	595
1-1040	18 以下	20000 以内	545	570	620
1-1041	18 以下	25000 以内	570	600	650
1-1042	18 以下	30000 以内	600	630	680
1-1043	18 以下	30000 以外	630	660	720
1-1044	20 以下	15000 以内	560	585	635
1-1045	20 以下	20000 以内	580	610	660
1-1046	20 以下	25000 以内	610	640	700

续表

编号	层数	建筑面积（m^2）	工期天数		
			Ⅰ类	Ⅱ类	Ⅲ类
1-1047	20以下	30000以内	640	670	730
1-1048	20以下	30000以外	665	700	760
1-1049	22以下	15000以内	595	625	675
1-1050	22以下	20000以内	620	650	710
1-1051	22以下	25000以内	650	680	740
1-1052	22以下	30000以内	675	710	770
1-1053	22以下	30000以外	705	740	810
1-1054	24以下	20000以内	660	690	750
1-1055	24以下	25000以内	685	720	790
1-1056	24以下	30000以内	715	750	820
1-1057	24以下	35000以内	745	780	850
1-1058	24以下	35000以外	770	810	880

（4）结构类型：内浇外挂结构

表14-19

编号	层数	建筑面积（m^2）	工期天数		
			Ⅰ类	Ⅱ类	Ⅲ类
1-1186	16以下	15000以内	350	365	400
1-1187	16以下	20000以内	365	380	415
1-1188	16以下	25000以内	380	395	430
1-1189	16以下	25000以外	395	415	455
1-1190	18以下	15000以内	380	395	430
1-1191	18以下	20000以内	390	410	450
1-1192	18以下	25000以内	405	425	465

续表

编号	层数	建筑面积（m^2）	工期天数		
			Ⅰ类	Ⅱ类	Ⅲ类
1-1193	18以下	30000以内	420	440	480
1-1194	18以下	30000以外	440	460	500
1-1195	20以下	15000以内	405	425	465
1-1196	20以下	20000以内	420	440	480
1-1197	20以下	25000以内	435	455	495
1-1198	20以下	30000以内	450	470	510
1-1199	20以下	30000以外	470	490	530

5. 医疗、门诊楼工程

(1) 结构类型：砖混结构

表14-20

编号	层数	建筑面积（m^2）	工期天数		
			Ⅰ类	Ⅱ类	Ⅲ类
1-1200	1	500以内	80	85	105
1-1201	1	1000以内	90	95	115
1-1202	1	1000以外	105	110	130
1-1203	2	500以内	100	105	125
1-1204	2	1000以内	110	115	135
1-1205	2	2000以内	120	125	145
1-1206	2	2000以外	135	140	160
1-1207	3	1000以内	130	135	155
1-1208	3	2000以内	140	145	165
1-1209	3	3000以内	155	160	190
1-1210	3	3000以外	175	180	210

续表

编号	层数	建筑面积（m^2）	工期天数		
			Ⅰ类	Ⅱ类	Ⅲ类
1-1211	4	2000以内	160	165	195
1-1212	4	3000以内	175	180	210
1-1213	4	5000以内	195	200	230
1-1214	4	5000以外	210	220	250
1-1215	5	3000以内	195	205	235
1-1216	5	5000以内	215	225	255
1-1217	5	5000以外	235	245	275
1-1218	6	3000以内	225	235	265
1-1219	6	5000以内	245	255	285
1-1220	6	7000以内	265	275	315
1-1221	6	7000以外	285	300	340

（2）结构类型：现浇框架结构

表14-21

编号	层数	建筑面积（m^2）	工期天数		
			Ⅰ类	Ⅱ类	Ⅲ类
1-1222	4以下	2000以内	215	225	265
1-1223	4以下	3000以内	230	240	280
1-1224	4以下	5000以内	250	260	300
1-1225	4以下	5000以外	275	285	325
1-1226	5	3000以内	250	260	300
1-1227	5	5000以内	270	280	320
1-1228	5	7000以内	290	300	340
1-1229	5	7000以外	310	325	365
1-1230	6	3000以内	270	280	320

续表

编号	层数	建筑面积（m^2）	工期天数		
			Ⅰ类	Ⅱ类	Ⅲ类
1-1231	6	5000 以内	290	300	340
1-1232	6	7000 以内	305	320	360
1-1233	6	7000 以外	330	345	395
1-1234	8 以下	5000 以内	365	380	430
1-1235	8 以下	7000 以内	385	400	450
1-1236	8 以下	10000 以内	405	425	475
1-1237	8 以下	15000 以内	435	455	505
1-1238	8 以下	15000 以外	465	485	535
1-1239	10 以下	7000 以内	415	435	485
1-1240	10 以下	10000 以内	440	460	510
1-1241	10 以下	15000 以内	470	490	540
1-1242	10 以下	20000 以内	495	520	580
1-1243	10 以下	20000 以外	530	555	615
1-1244	12 以下	10000 以内	475	495	545
1-1245	12 以下	15000 以内	500	525	585
1-1246	12 以下	20000 以内	530	555	615
1-1247	12 以下	25000 以内	560	585	645
1-1248	12 以下	25000 以外	590	620	680
1-1249	14 以下	10000 以内	505	530	590
1-1250	14 以下	15000 以内	535	560	620
1-1251	14 以下	20000 以内	565	590	650
1-1252	14 以下	25000 以内	590	620	680
1-1253	14 以下	25000 以外	625	655	715
1-1254	16 以下	10000 以内	550	575	635
1-1255	16 以下	15000 以内	575	605	665
1-1256	16 以下	20000 以内	605	635	695
1-1257	16 以下	25000 以内	635	665	735
1-1258	16 以下	25000 以外	665	700	770

6. 图书馆工程

结构类型：砖混结构

表 14-22

编号	层数	建筑面积 (m^2)	工期天数		
			Ⅰ 类	Ⅱ 类	Ⅲ 类
1-1296	1	500 以内	75	80	95
1-1297	1	1000 以内	85	90	105
1-1298	1	1000 以外	100	105	120
1-1299	2	500 以内	95	100	115
1-1300	2	1000 以内	105	110	125
1-1301	2	2000 以内	115	120	140
1-1302	2	2000 以外	130	135	155
1-1303	3	1000 以内	125	130	150
1-1304	3	2000 以内	135	140	160
1-1305	3	3000 以内	150	155	175
1-1306	3	3000 以外	170	175	195
1-1307	4	2000 以内	155	160	180
1-1308	4	3000 以内	170	175	195
1-1309	4	5000 以内	190	195	225
1-1310	4	5000 以外	205	215	245
1-1311	5	3000 以内	190	200	230
1-1312	5	5000 以内	210	220	250
1-1313	5	5000 以外	230	240	270
1-1314	6	3000 以内	220	230	260
1-1315	6	5000 以内	240	250	280
1-1316	6	7000 以内	260	270	300
1-1317	6	7000 以外	285	295	325

7. 体育馆工程

结构类型：现浇框架结构

表 14-23

编号	檐 高 (m)	建筑面积 (m^2)	工期天数		
			无地下室		
			Ⅰ 类	Ⅱ 类	Ⅲ 类
1-1491	20 以内	3000 以内	460	475	520
1-1492	20 以内	5000 以内	495	515	560
1-1493	20 以内	5000 以外	545	565	615
1-1494	30 以内	3000 以内	505	525	570
1-1495	30 以内	5000 以内	545	565	615
1-1496	30 以内	7000 以内	580	605	660
1-1497	30 以内	10000 以内	625	650	710
1-1498	30 以内	15000 以内	670	695	760
1-1499	30 以内	15000 以外	720	750	820
1-1500	45 以内	5000 以内	590	615	670
1-1501	45 以内	7000 以内	635	660	720
1-1502	45 以内	10000 以内	675	705	770
1-1503	45 以内	15000 以内	720	750	820
1-1504	45 以内	20000 以内	765	800	870
1-1505	45 以内	20000 以外	820	855	930

编号	檐 高 (m)	建筑面积 (m^2)	工期天数		
			带一层地下室		
			Ⅰ 类	Ⅱ 类	Ⅲ 类
1-1506	20 以内	3000 以内	505	525	570
1-1507	20 以内	5000 以内	550	570	620
1-1508	20 以内	5000 以外	600	625	680
1-1509	30 以内	3000 以内	555	575	625
1-1510	30 以内	5000 以内	595	620	675

续表

编号	檐　高 (m)	建筑面积 (m^2)	工　期　天　数		
			带一层地下室		
			Ⅰ　类	Ⅱ　类	Ⅲ　类
1-1511	30 以内	7000 以内	640	665	725
1-1512	30 以内	10000 以内	685	715	780
1-1513	30 以内	15000 以内	735	765	835
1-1514	30 以内	15000 以外	790	825	900
1-1515	45 以内	5000 以内	645	670	730
1-1516	45 以内	7000 以内	690	720	785
1-1517	45 以内	10000 以内	740	770	840
1-1518	45 以内	15000 以内	785	820	895
1-1519	45 以内	20000 以内	840	875	955
1-1520	45 以内	20000 以外	895	935	1020

主要参考文献

1 袁建新. 建筑工程定额与预算. 北京：高等教育出版社，1992

2 袁建新. 建筑工程概预算. 北京：中国建筑工业出版社，1997

3 袁建新. 建筑设计经济评价与法规. 北京：中国建筑工业出版社，1997

4 袁建新. 高级建筑装饰工程预算与估价. 北京：中国建筑工业出版社，1997

5 袁建新. 建筑装饰工程预算. 北京：中国建筑工业出版社，1999

6 袁建新. 施工图预算与工程造价控制. 北京：中国建筑工业出版社，2000

7 袁建新. 建筑工程预算. 北京：高等教育出版社，2001

8 纪恩成等. 建筑工程造价计算. 沈阳：辽宁科学技术出版社，1999

9 编写组. 建筑施工手册（第三版）. 北京：中国建筑工业出版社，1997

10 全国统一建筑工程基础定额. 北京：中国计划出版社，1995

11 全国统一建筑安装工程工期定额. 北京：中国计划出版社，2000